土壤污染与修复理论和实践研究丛书

土壤污染特征、过程与有效性

骆永明 等 著

科学出版社

北 京

内 容 简 介

本书是作者近 20 年来开展我国经济快速发展地区（特别是长江、珠江三角洲地区）、不同土地利用方式和不同自然条件下土壤重金属和有机污染特征、过程与有效性研究工作的全面总结。系统介绍了典型区域大宗作物农田、设施菜地、果园、长期施肥定位试验站、市政污泥农用地、电子废旧产品拆解场地及周边、冶炼场地及周边、矿区及周边、石油开采场地及周边、化工场地及周边、地球化学高背景区等农用地和建设用地土壤污染特征，解析了土壤污染源与成因。在此基础上，系统阐明了土壤中重金属（镉、铜、锌、铅、砷、汞等）和有机污染物（多环芳烃、多氯联苯、酞酸酯、抗生素、二苯砷酸、二噁英等）的形态、吸附、分配、富集、迁移等特性、过程及预测模型。这些研究成果对认识区域土壤环境质量演变和制定土壤污染防控修复策略具有重要的学术价值和实践指导意义。

本书可作为土壤污染防治与修复、环境保护、农业管理、生态建设、国土资源利用等专业和领域的管理者、科研工作者、研究生等的参考书，也可作为高等院校、科研院所土壤学、环境科学、环境工程、生态学、农学等相关学科的研究生教学参考教材。

图书在版编目（CIP）数据

土壤污染特征、过程与有效性/骆永明等著. —北京：科学出版社，2016
（土壤污染与修复理论和实践研究丛书）

ISBN 978-7-03-052184-2

Ⅰ. ①土… Ⅱ. ①骆… Ⅲ. ①土壤污染-特征 ②过程-有效性

中国版本图书馆 CIP 数据核字（2016）第 022183 号

责任编辑：周 丹 梅靓雅/责任校对：刘亚琦
责任印制：张 伟/封面设计：许 瑞

科学出版社 出版
北京东黄城根北街 16 号
邮政编码：100717
http://www.sciencep.com

北京凌奇印刷有限责任公司 印刷
科学出版社发行 各地新华书店经销

*

2016 年 12 月第 一 版 开本：787×1092 1/16
2023 年 3 月第五次印刷 印张：35 3/4
字数：850 000
定价：198.00 元

（如有印装质量问题，我社负责调换）

作 者 名 单

主要著者

骆永明　章海波　吴龙华　滕　应　宋　静

刘五星　涂　晨　李　远

著者名单（按姓氏笔画排序）：

卜元卿	马婷婷	王阿楠	韦　婧	邓绍坡
尹春艳	尹雪斌	平立凤	申荣艳	付传城
邢维芹	毕　德	过　园	乔显亮	刘五星
刘鸿雁	刘增俊	汤志云	孙玉焕	李　远
李　敏	李士杏	李志博	李清波	吴龙华
吴春发	宋　静	张长波	张红振	陈永山
罗　飞	郑茂坤	胡宁静	姚春霞	骆永明
倪进治	徐　莉	高　军	涂　晨	黄树焘
章海波	韩存亮	谭长银	滕　应	潘　霞
潘云雨				

序　言

自 20 世纪 80 年代以来，随着高强度的人类活动和经济社会的快速发展，大量人为排放的重金属和有机污染物以不同类型、方式、途径进入土壤，造成土壤污染，危及土壤质量安全与生态系统及人体健康。土壤环境质量与安全健康保障令人担忧。土壤污染管控与修复成为国家生态环境治理的重大现实需求。土壤污染与修复的基础理论研究、技术装备研发、监管体系建设和产业化发展已是新时期我国土壤环境保护的重要任务。

骆永明研究员应聘 1997 年度中国科学院"百人计划"，于 1998 年从英国留学回国，在南京土壤研究所组建了"土壤圈污染物循环与修复"研究团队。2001 年起，先后在国家杰出青年科学基金项目、973 计划项目、863 计划项目、国家自然科学基金重点、面上及重大国际合作项目、中国科学院创新团队项目、环保部公益性行业科技专项项目、江苏省攀登学者计划项目等支持下，他带领团队成员，系统开展了我国沿海经济快速发展地区（长江、珠江、黄河三角洲及香港地区）土壤环境污染状况、过程、效应、评估、植物修复、微生物修复及化学——生物联合修复等理论、方法、技术、标准及工程应用方面的研究与实践，取得了诸多创新性研究成果。于 2005 年撰文他提出了"土壤修复"是一门土壤科学和环境科学的分支学科的论述。自 2000 年以来，发起并连续组织召开了"第一、二、三、四、五届土壤污染与修复国际会议"，不仅促进和带动了自身的科学前沿研究与技术发展，而且引领和推动了我国乃至世界土壤环境和土壤修复科技的研究与发展。

即将出版的"土壤污染与修复理论和实践研究丛书"正是骆永明及其团队（包括博士后、研究生）近 20 年来研究工作的系统总结。该丛书共分四册，分别介绍了《土壤污染特征、过程与有效性》、《土壤污染毒性、基准与风险管理》、《重金属污染土壤的修复机制与技术发展》和《有机污染土壤的修复机制与技术发展》。这是目前我国乃至全球土壤污染与修复研究领域的大作，既有先进的理论与方法，又有实用的技术与规范，还有田间实践经验与基准标准建议，为土壤科学进步与区域可持续发展做出了重大贡献。该丛书的出版，正逢国家"土壤污染防治行动计划"（"土十条"）颁布和各省（市、区）制定"土壤污染防治行动计划"实施方案之际。相信，该丛书可供全国土壤污染防治行动计划的实施借鉴，将推进我国土壤污染与修复的创新研究和产业化发展。

中国科学院院士、南京土壤研究所研究员

2016 年 12 月于南京

前　　言

　　土壤污染是一个全球性环境问题，可以发生在农用地，也可以出现在建设用地，还可以存在于矿区和油田。早在 20 世纪 70 年代，世界上工业先进、农业发达的国家就开始调查研究工业场地和农业土壤的污染问题，寻找其解决的技术途径。在同一时期，我国进行了污灌区农田土壤污染与防治研究，开启了土壤环境保护工作。进入上世纪 80 年代，我国在土壤有机氯农药和砷、铬等重金属污染及其控制研究上取得了明显进展；90 年代初基于第二次全国土壤调查数据确定了土壤环境背景值，揭示了其区域分异性，并于 1995 年首次颁布了土壤环境质量标准，为全国土壤污染防治与环境保护奠定了新基础。至 90 年代末，土壤重金属、农药、石油污染的微观机制和物化控制、微生物转化技术研究取得了新进展，重金属污染土壤的植物修复研究在我国起步。2000 年 10 月在杭州召开了第一届 "International Conference of Soil Remediation"，标志着我国土壤修复科学、技术、工程和管理研究与发展序幕的全方位拉开。迈入新世纪后，我国土壤污染与修复工作得到进一步重视。科技部、国家自然科学基金委员会、中国科学院等相继部署了土壤污染与控制修复科技研究项目；2001 年污染土壤修复技术与大气、水环境控制技术同步纳入国家 "863" 计划。2006 年环保部和国土资源部首次联合开展了全国土壤污染调查与防治专项工作，2014 年两部委联合发布的《全国土壤污染状况调查公报》明确指出，全国土壤环境状况总体不容乐观，部分地区土壤污染较重，耕地土壤环境质量堪忧，工矿业废弃地土壤环境问题突出。土壤污染防治与修复成为国家环境治理和生态文明建设的重大现实需求。土壤修复的基础研究、技术研发、监管支撑和产业发展已是新时期我国土壤环境保护的重要任务。

　　恰逢其时，我应聘了 1997 年度中国科学院 "百人计划"，于 1998 年回国，在南京土壤研究所开辟了土壤污染与修复研究方向。近 20 年来，在国家、地方和国际合作项目资助下和各方支持下，率领研究团队，系统研究了在我国经济快速发展过程中不同区域和不同土地利用方式下土壤重金属和有机污染规律，建立了土壤污染诊断、风险评估、基准与标准制定方法，发展了土壤污染的风险管理和修复技术，提出了 "土壤修复" 学科。"土壤污染与修复理论和实践研究丛书" 就是这些研究工作及其进展的系统总结，分成四册，分别为《土壤污染特征、过程与有效性》、《土壤污染毒性、基准与风险管理》、《重金属污染土壤的修复机制与技术发展》和《有机污染土壤的修复机制与技术发展》。希望该丛书的出版有助于全国各地土壤污染防治行动计划的设计与实施，有益于我国土壤污染与修复的创新研究和产业化发展。

　　本著作为第一册，系统介绍了典型区域农田、菜地、果园、长期施肥定位试验站、污水污泥农用地、电子废旧产品拆解场地及周边、冶炼场地及周边、矿区及周边、石油开采场地及周边、化工场地及周边、地球化学高背景区等农用地和建设用地土壤污染特征，及其污染源解析方法，并分析了污染成因。同时，以镉、铜、锌、铅、砷、汞等重金属和多环芳烃、多氯联苯、酞酸酯、抗生素、二苯砷酸、二噁英等有机污染物为研究对象，阐明了其在土壤中的形态、吸附、分配、富集、迁移等特性、过程及预测模型。这些研究成果对认识区域土壤环境质量演变和制定土壤污染防控修复策略具有重要的科学价值和指导意义。

全书共分两篇。第一篇介绍土壤污染特征、来源与成因，共分十三章：第一章 长江、珠江三角洲区域土壤污染特征；第二章 设施菜地土壤污染特征；第三章 果园土壤污染特征；第四章 长期施肥定位试验点土壤污染特征；第五章 市政污泥农用土壤污染特征；第六章 电子废旧产品场地周边土壤及水气环境污染特征；第七章 冶炼场地及周边土壤污染特征；第八章 矿区土壤及尾矿砂污染特征；第九章 石油开采场地土壤及油泥污染特征；第十章 化工场地及周边土壤污染特征；第十一章 高背景区土壤重金属积累与污染特征；第十二章 土壤污染源解析；第十三章 土壤污染成因分析。第二篇介绍土壤中污染物的形态、过程与有效性，共分两章：第十四章 土壤中重金属的形态、过程与有效性；第十五章 土壤中有机污染物的形态、过程与有效性。

本书吸收了国家科技部"十五""973"计划项目（2002CB410800）、"十二五""863"计划重大项目（2012AA06A200），国家自然科学基金委杰出青年科学基金（40125005）、重点（40432005、41230858）、面上（49871042）及重大国际合作项目（40821140539），中国科学院"百人计划"项目（重金属污染土壤的评价与生物修复）、创新团队国际合作伙伴计划项目（CXTD-Z2005-4）、知识创新工程重要方向项目（KZCX2-YW-404）、环保部公益性行业科技专项项目（201009016）、江苏省攀登学者计划项目（BK2009016）等科研项目的部分研究成果，是在研究团队成员（包括博士后和研究生）的辛勤努力下共同完成的。本书的主要执笔人为：骆永明、章海波、吴龙华、滕应、宋静、刘五星、涂晨、李远；参加相关研究和本书撰写工作的还有：卜元卿、马婷婷、王阿楠、韦婧、尹春艳、尹雪斌、邓绍坡、平立凤、申荣艳、付传城、邢维芹、过园、毕德、乔显亮、刘鸿雁、刘增俊、汤志云、孙玉焕、李士杏、李志博、李敏、李清波、吴春发、张长波、张红振、陈永山、罗飞、郑茂坤、胡宁静、姚春霞、倪进治、徐莉、高军、黄树煮、韩存亮、谭长银、潘云雨、潘霞，以及张瑞昌、马海青、周倩等。全书由章海波、李远和骆永明统稿，骆永明定稿。需要指出的是考虑到丛书的系统性，经科学出版社同意，本书中的部分内容来自我们早期出版的有关专著。还需要一提的是为保持早期研究工作的原始性，我们在研究内容及其参考文献上未作新的补充。

由于作者水平有限，书中疏漏之处在所难免，恳切希望各位同仁给予批评指正。

2016 年 12 月于烟台

缩 写 词

简称	全称	中文
Aba	Abamectin	阿维菌素
Acp	Acenaphthene	苊
AcPy	Acenaphthylene	苊烯
ADD	Average Daily Dose	日平均剂量
ADFI	Average Daily Feed Intake	平均日采食量
ADG	Average Daily Gain	平均日增重
Al	Aluminum	铝
ALM	Adult Blood Lead Model	成人血铅模型
Ant	Anthracene	蒽
APCS	Absolute Principal Component Scores	绝对主成分得分
APx	Ascorbate Peroxidase	抗坏血酸过氧化物酶
As	Arsenic	砷
ASTM	American Society for Testing Materials	美国试验材料学会
ATP	Adenosine Triphosphate	三磷酸腺苷
Aver	Average	平均值
AWCD	Average Well Color Development	平均吸光值
BaA	Benzo（a）anthracene	苯并[a]蒽
BAF	Bioaccumulation Factor	生物积累系数
BaP	Benzo（a）pyrene	苯并[a]芘
BbF	Benzo（b）fluoranthene	苯并[b]荧蒽
BBP	Benzyl butyl phthalate	邻苯二甲酸丁苄酯
BCF	Bioconcentration Factor	生物富集系数
BCR	European Community Bureau of Reference	欧共体参比司
BghiP	Benzo（g,h,i）perylene	苯并[g,h,i]苝
BkF	Benzo（k）fluoranthene	苯并[k]荧蒽
BMD	Benchmark Dose	基准剂量
BOT	Build-Operate-Transfer	建设-经营-转让
Br	Bromine	溴
Ca	Calcium	钙
CAS	Chemical Abstracts Service	美国化学文摘服务社
CAT	Catalase	过氧化氢酶
CBA	Cost-Benefit Analysis	费用效益分析

简称	全称	中文
CCA	Canonical Correspondence Analysis	典范对应分析
CCE	Coordination Center for Effects	欧洲效应研究合作中心
CCME	Canadian Council of Ministers of the Environment	加拿大环境部长理事会
Cd	Cadmium	镉
CDF	Cumulative Distribution Function	累积分布函数
CDK	Cyclin Dependent Protein Kinases	周期蛋白依赖性蛋白激酶
Ce	Cerium	铈
CEC	Cation Exchange Capacity	阳离子交换量
CFD	Cumulative Frequency Distribution	累积频率分布
cfu	Colony Forming Units	菌落数
CHR	Chrysene	䓛
CICAD	Concise International Chemical Assessment Document	简明国际化学评估文件
Cl-CB	Cl-Chlorinated biphenyl	氯化联苯
Co	Cobalt	钴
CoA	Coenzyme A	辅酶 A
COC	Chemicals of Concern	关注污染物
CPC	Chloramphenicol	氯霉素
Cr	Chromium	铬
CSF	Cancer Slope factor	致癌斜率因子
CTC	Chlorotetracycline	金霉素
Cu	Copper	铜
CV	Coefficient of Variation	变异系数
DBA	Dibenzo（a,h）anthracene	二苯并[a,h]蒽
DCM	Dichloromethane	二氯甲烷
DDE	Dichlorodiphenyldichloroethylene	滴滴伊
DDT	Dichlorodiphenyltrichloroethane	滴滴涕
DE	Dimensional Electrophoresis	双向电泳
DEFRA	The Department for Environment, Food and Rural Affairs	英国环境、食品、农村事务部
DEHP	Di 2-Ethylhexyl Phthalate	邻苯二甲酸二异辛酯
DEP	Diethylphthalate	邻苯二甲酸二乙酯
DGGE	Denaturing Gradient Gel Electrophoresis	变性梯度凝胶电泳
DGT	Diffusive Gradient in Thin film	薄层梯度扩散
DHDPS	Dihydrodipicolinate Synthase	二氢吡啶二羧酸合酶
DIN	German Institute for Standardization	德国标准所
DMP	Dimethylphthalate	邻苯二甲酸二甲酯
DMSO	Dimethylsulfoxide	二甲亚砜

简称	全称	中文
DMT	Donnan Membrane Technology	道南膜技术
DNA	Deoxyribonucleic Acid	脱氧核糖核酸
DnBP	Di-n-Butyl Phthalate	邻苯二甲酸二正丁酯
DnOP	Di-n-Octyl Phthalate	邻苯二甲酸二正辛酯
DOC	Dissolved Organic Carbon	溶解性有机碳
DOM	Dissolved Organic Matter	溶解性有机质
DPAA	Diphenylarsinic Acid	二苯砷酸
DPSIR	Driving Force-Pressure-State-Impact-Responses	驱动力-压力-状态-影响-响应
DR	Detection Rate	检出率
DTPA	Diethylenetriamine Pentaacetic Acid	二乙烯三胺五乙酸
DW	Dry Weight	干重
DXC	Doxycycline	多西环素
EC	Electric Conductivity	电导率
EC	Effective Concentration	有效浓度
EC	European Commission	欧洲委员会
EDDS	Ethylenediaminedisuccinic Acid	乙二胺二琥珀酸
EDTA	Ethylene Diamine Tetraacetic Acid	乙二胺四乙酸
EDX	Energy Dispersive X-ray Detector	能量弥散 X 射线探测器
EER	Expected Ecological Risk	预期生态风险
EGME	Ethylene Glycol Monoethyl Ether	乙二醇单乙醚
Eh	Redox Potential	氧化还原电位
EPA	US Environmental Protection Agency	美国环保局
ERD	European Rural Development	欧洲农村发展文件
EROD	Ethoxycoumarin-O-Dealkylase	乙氧基香豆素-O-脱乙基酶
ESIC	Soil Investigation Criteria for Protecting Ecosystem	保护生态系统的土壤指导值
ETM-H$_2$O	Erythromycin-H$_2$O	红霉素
Eu	Europium	铕
FA	Fulvic Acid	富里酸
FAO	United Nations Food and Agriculture Organization	联合国粮食及农业组织
FC	Fecal Coliform	粪大肠菌群
FDOM	Fulvic Acid extraced Soluble Organic Matter	富里酸提取溶解性有机质
FE	Feeding Efficiency	饲料利用率
Fe	Ferrum	铁
FFC	Florfenicol	氟苯尼考
FL	Fluoranthene	荧蒽
Flu	Fluorene	芴

续表

简称	全称	中文
f_{oc}	Organic Carbon Fraction	有机碳分数
FOS	Fosthiazate	噻唑磷
Gd	Gadolinium	钆
GDP	Gross Domestic Product	国内生产总值
GIS	Geographic Information System	地理信息系统
GPS	Global Position System	全球定位系统
GPx	Glutathion Peroxidase	谷胱甘肽过氧化物酶
GR	Glutathione Reductase	谷胱甘肽还原酶
GS	Glutamine Synthetase Isomer	谷氨酰胺合成酶异构体
GSH	Reduced Glutathione	还原型谷胱甘肽
GSSG	Oxidized Glutathione	氧化型谷胱甘肽
GST	Glutathione S-Transferase	谷胱甘肽转移酶
HA	Humic Acid	胡敏酸
HC	Harm Concentration	危害浓度
HCH	Hexachlorocyclohexane	六六六
HESP	Human Exposure to Soil Pollution	土壤污染人体暴露
HF	Heavy Fraction	重组
Hg	Mercury	汞
HI	Hysteresis Index	滞后系数
HpCDD	Heptachlorodibenzo-P-Dioxin	七氯代二苯并噁英
HpCDF	Heptachlorinated Dibenzofurans	七氯代二苯并呋喃
Hsp	Heat Shock Protein	热激蛋白
HxCDD	Hexachlorodibenzo-P-Dioxin	六氯代二苯并噁英
HxCDF	Hexachlorinated Dibenzofurans	六氯代二苯并呋喃
IAEA	International Atomic Energy Agency	国际原子能机构
IARC	International Agency for Research on Cancer	国际癌症研究署
IC	Inhibitory Concentration	抑制剂量
IEUBK	Integrated Exposure Uptake Biokinetic Model	儿童血铅预测模型
IGCP	International Geological Correlation Programme	国际地质对比计划
I_{geo}	Geoaccumulation Index	地累积指数
INP	Indeno（1,2,3-cd）pyrene	茚并[1,2,3-cd]芘
IRIS	Integrated Risk Information System	美国综合风险信息系统
ISO	International Standard Organization	国际标准化组织
IRIS	Integrated Risk Information System	美国综合风险信息系统
ISO	International Standard Organization	国际标准化组织
IUPAC	International Union of Pure and Applied Chemistry	国际理论和应用化学联合会

续表

简称	全称	中文
IV	Intervention Values	荷兰土壤修复干预值
JPC	Joint Probability Curve	联合概率曲线
K_{oc}	Octanol-Organic Carbon Partioning Coefficient	正辛醇-有机碳分配系数
K_{ow}	Octanol-Water Partioning Coefficient	正辛醇-水分配系数
La	Lanthanum	镧
LBT	Luminescence Bacterium Test	明亮发光菌试验
LC	Lethal Concentration	致死浓度
LCA	Life Cycle Assessment	生命周期评估
LF	Light Fraction	轻组
LOEC	Lowest Observed Effect Concentration	最低有影响浓度
LTAE	Long-term agroecosystem experiment	农业生态系统长期试验
MAC	Macrolide	大环内酯类
MALDI-TOF MS/MS	Matrix Assisted Laser Desorption/Ionization Time-of-Flight Mass Spectrometry	基质辅助激光解吸电离飞行时间质谱
Max	Maximum	最大值
MCA	Monte Carlo Analysis	蒙特卡罗分析
MD	Multi Domain	多畴
MDA	Malondialdehyde	丙二醛
MDL	method detection limit	方法检出限
MDSS	Multicriteria Decision Support System	多标准决策支持系统
MeHg	Methylmercury	甲基汞
Mg	Magnesium	镁
Mid	Median	中值
Min	Minimum	最小值
MLR	Multiple Linear Regression	多元线性回归
Mn	Manganese	锰
Mont	Montmorillonite	蒙脱石
MPN	Most Probable Number	最大或然数
Na	Sodium	钠
NADPH	Reduced Nicotinamide Adenine Dinucleotide Phosphate	还原型烟酰胺腺嘌呤二核苷酸磷酸
Nap	Naphthalene	萘
NAPL	Non Aqueous Phase Liquids	非水相液体
NATO/CCMS	North Atlantic Treaty Organization/Committee on the Challenges of Modern Society	北约现代科学委员会
ND	Not Detected	未检出
NE	North East	东北方
NEPC	Australia's National Environmental Protection Committee	澳大利亚国家环保委员会

简称	全称	中文
NFC	Norfloxacin	诺氟沙星
NGSO	National Guidelines and Standards Office	加拿大国家指导方针和标准办公室
Ni	Nickel	镍
NICA	Non-Ideal Competitive Adsorption	非理想竞争性吸附
NOEC	No Observed Effect Concentration	最大无影响浓度
NtRB	Retinoblastoma Associated Protein	视网膜母细胞瘤相关蛋白
NW	North West	西北方
OCDD	Octachlorodioxin	八氯代二苯并噁英
OCDF	Octachlorodibenzofuran	八氯代二苯并呋喃
OCP	Organochlorine Pesticide	有机氯农药
OECD	Organisation for Economic Co-operation and Development	国际经合组织
OFC	Ofloxacin	氧氟沙星
OM	Organic Matter	有机质
OTC	Oxytetracycline	土霉素
OTU	Operational Taxonomy Unit	操作分类单元
ox	Oxalic Acid	草酸
PA	Phenanthrene	菲
PAE	Phthalic Ester	酞酸酯
PAF	Potentially Affected Fraction	潜在危害物种百分比
PAH	Polycyclic Aromatic Hydrocarbon	多环芳烃
Pb	Lead	铅
PCA	Principal Component Analysis	主成分分析
PCB	Polychlorinated Biphenyl	多氯联苯
PCDD/Fs	Polychlorinated dibenzo-p-dioxins and Dibenzofurans	二噁英/呋喃
PCR	Polymerase Chain Reaction	聚合酶链反应
PCs	Phytochelatins	植物螯合肽
PD	Proportional Deviation	比例偏差
PDF	Probability Density Function	概率密度函数
PeCDD	Pentachlorodibenzo-p-dioxin	五氯代二苯并噁英
PeCDF	Pentachlorinated dibenzofurans	五氯代二苯并呋喃
PID	Photoionization Detector	光离子化检测器
PLFA	Phospholipid Fatty Acid	磷脂脂肪酸
PM	Pig Manure	猪粪
PM_{10}	Particulate matter $\leqslant 10\ \mu m$	空气动力学当量直径$\leqslant 10\mu m$ 的颗粒物
$PM_{2.5}$	Particulate matter $\leqslant 2.5\ \mu m$	空气动力学当量直径$\leqslant 2.5\mu m$ 的颗粒物
POPs	Persistent Organic Pollutants	持久性有机污染物

续表

简称	全称	中文
Pr	Praseodymium	镨
PRG	Preliminary Remediation Goals	初步修复目标值
PSD	Pseudosingle Domain	假单畴
PUF	Polyurethane Foam	聚氨酯
PV	Pore Volume	孔隙体积
PVC	Polyvinyl Chloride	聚氯乙烯
Pyr	Pyrene	芘
PZC	Point of Zero Charge	零电荷点
QN	Quinolone	喹诺酮类
QSAR	Quantitative Structure-Activity Relationship	定量构效关系
RAIS	Risk Assessment Information System	美国风险信息系统
Rb	Rubidium	铷
RCF	Root Concentration Factor	根浓缩系数
RDF	Radial Distribution Function	径向结构函数
REC	Risk Reduction-Environment Merit-Cost	风险降低-环境友好程度-修复费用
REE	Rare Earth Element	稀土元素
RfC	Reference Concentration	参考浓度
RfD	Reference Dose	参考剂量
RI	Potential Ecological Risk Index	潜在生态风险指数
RIVM	National Institute for Public Health and the Environment	荷兰公共卫生与环境国家研究院
RL	Relative Luminance	相对发光率
RNA	Ribonucleic Acid	核糖核酸
ROS	Reactive Oxygen Species	活性氧
RS	Remote Sensing	遥感
RSL	Regional Screening Levels	区域筛选值
RTM	Roxithromycin	罗红霉素
RuBisCO	Ribulose Bisphosphate Carboxylase Oxygenase	二磷酸核酮糖羧化酶加氧酶
SA	Sulfanilamide	磺胺
Sb	Stibium	锑
SCD	Surface Charge Density	表面电荷密度
SCF	Stem Concentration Factor	茎浓缩系数
SCGE	Single Cell Gel Electrophoresis	单细胞凝胶电泳
SD	Sulfadiazine	磺胺嘧啶
SD	Standard Deviation	标准偏差
Se	Selenium	硒
SE	South East	东南方

简称	全称	中文
SEE	Sequential Extraction	连续提取法
SEIS	Soil Environmental Information System	土壤环境信息系统
SEM	Scanning Electron Microscope	扫描电子显微镜
Si	Silicon	硅
SIE	Single Extraction	单一提取法
SIRM	Saturation Isothermal Remanent Magnetisation	饱和等温剩磁
Sm	Samarium	钐
SM2	Sulfadimidine	磺胺二甲嘧啶
SMX	Sulfamethoxazole	磺胺甲噁唑
SOD	Superoxide Dismutase	超氧化物歧化酶
SOM	Soil Organic Matter	土壤有机质
SP	Superparamagnetism	超顺畴
SQG	Soil Quality Guidelines	土壤质量指导值
Sr	Strontium	锶
SRC	Serious Risk Concentration	荷兰土壤污染物严重风险程度
SSA	Specific Surface Area	比表面积
SSD	Stable Single Domain	稳定单畴
SSD	Species Sensitivity Distribution	物种敏感性分布
SSL	Soil Screening Levels	美国土壤筛选值
SVOC	Semi Volatile Organic Compounds	半挥发性有机化合物
SW	South West	西南方
TBARS	Thiobarbituric Acid Reactive Substance	硫代巴比妥酸反应物
TC	Tetracycline	四环素
TC	Total Carbon	总碳
TCDD	Tetrachlorodibenzo-p-dioxin	四氯代二苯并噁英
TCDF	Tetrachlorinated dibenzofurans	四氯代二苯并呋喃
TDI	Tolerable Daily Intake Values	日最大容忍摄入量
TEA	Triethanolamine	三乙醇胺
TEQ	Toxic Equivalent Quantity	毒性当量
THQ	Target Hazard Quotients	目标风险商
TN	Total Nitrogen	总氮
TPC	Thiamphenicol	甲砜霉素
TSCF	Transpiration Stream Concentration Factor	蒸腾流浓度系数
TSP	Total Suspended Particulates	总悬浮颗粒物
UPGMA	Unweighted Pair-Group Method with Arithmetic Mean	非加权成对算术平均法
UPW	Ultra Pure Water	超纯水

续表

简称	全称	中文
URF	Unit of Risk Factor	单位风险因子
USNRC	United State National Research Council	美国国家研究委员会
VOC	Volatile Organic Compounds	挥发性有机化合物
VORM	Netherlands Ministry of Housing, Spatial Planning and the Environment	荷兰住房、空间规划与环境部
WGE	Working Group on Effects	欧洲效应研究工作组
WHO	World Health Organization	世界卫生组织
XAFS	X-ray Absorption Fine Structure	X 射线吸收精细结构
XANES	X-ray Absorption Near Edge Structure	X 射线吸收近边结构
χ_{fd}	Frequency Dependent Magnetic Susceptibility	频率磁化率
χ_{lf}	Low Frequency Magnetic Susceptibility	低频磁化率
XRD	X-Ray Diffraction	X 射线衍射
XRF	X-Ray Fluorescence	X 射线荧光光谱仪
Y	Yttrium	钇
Yb	Ytterbium	镱
Zn	Zinc	锌
Zr	Zirconium	锆

目　录

第一篇 土壤污染特征、来源与成因

2014 年 4 月 17 日，环境保护部和国土资源部联合发布了《全国土壤污染状况调查公报》，历经 8 年的调查成果显示，全国土壤环境状况总体不容乐观。耕地土壤污染加剧，全国工业企业搬迁遗留场地复合污染触目惊心，金属矿区、油田以及饮用水源地区土壤环境安全问题不容忽视，土壤污染呈现出流域性、区域化和深层化的态势。造成上述土壤污染的主要原因是在我国工业化、城市化和农业集约化的快速发展过程中，大量的有毒有害污染物不断以污水灌溉、粉尘沉降、原料渗流、废弃物堆放或雨水冲刷、肥料农药及污泥的施用等方式进入土壤，经长期累积、快速叠加或突发事故而造成土壤污染。近年来，我国"点—线—带—面"的土壤污染态势，已导致损害粮食产量、农产品质量、饮用水安全及公众健康等重大环境事件的连续发生，有的地方甚至形成了"癌症村"。若不对土壤污染加以有效遏制、控制和修复，我们付出的环境代价将更大，危害食物安全和国民健康的问题将更突出。本篇通过系统介绍我国长江三角洲区域、珠江三角洲区域、设施菜地区域、长期施肥定位试验区域、电子废旧产品拆解场地周边区域、冶炼场地及周边区域、矿山开采区域、石油开采区域、化工场地及周边区域和高背景区域的土壤环境污染态势、来源与成因，以期推动我国土壤环境科学、技术和管理的系统研究，更好地服务于我国土壤环境保护宏观战略体系的构建。

第一章 长江、珠江三角洲区域土壤污染特征

长江、珠江三角洲地区是我国经济快速发展的典型代表和重要支柱地区,这两个地区工业化、城市化和农业集约化特征明显,污染负荷居高不下。伴随着高强度的人类活动,大量污染物进入土壤环境,从而可能对区域农产品质量安全、人居环境安全、陆地生态系统健康以及经济社会可持续发展产生严重影响。本章基于长江、珠江三角洲地区的典型类型土壤剖面和表层样品,分析了土壤重金属、多环芳烃、多氯联苯和有机氯农药等污染物的污染现状及空间分布。研究成果可为长江、珠江三角洲地区土壤环境质量标准制定和土壤污染防治提供基础数据和科学依据,具有重要的科学与现实意义。

第一节 重金属污染特征

一、土壤重金属的区域分布差异

长江三角洲区域共采集代表性土壤类型的 30 个典型剖面(按照发生层取样)和 15 个表层样品(0~20 cm),共计样品数 155 个;珠江三角洲区域总共采集了 30 个剖面(按发生层取样)和 78 个表层样品(0~20 cm),共计样品数量为 190 个。土壤类型主要包括地带性土壤(黄棕壤、黄褐土、棕红壤、黄壤、红壤和赤红壤等)、水稻土类(淹育、渗育、潴育、漂洗、潜育、脱潜和盐渍型水稻土)和沿海地带土壤(潮土、堆叠土、滨海盐土、滨海盐渍沼泽土、滨海沙土等)。

长江三角洲和珠江三角洲在成土母质、气候、土壤发育程度等方面都具有很大的差异,因此在土壤重金属的含量上也存在着较大的分异(表 1.1)。长江三角洲自然土壤中,砷(As)、钴(Co)、铬(Cr)、镍(Ni)和锌(Zn)等元素的含量都要高于珠江三角洲自然土壤中对应的元素含量,表层土壤中的差异最为显著($p<0.05$)。两个区域水稻土表层除硒(Se)外,其余元素的含量差异均不显著,Se 含量在长江三角洲表层水稻土中稍高。两个区域重金属在水稻土心土层的差异最为显著($p<0.05$),其中砷(As)、镉(Cd)、铅(Pb)和硒(Se)四种元素,在珠江三角洲水稻土中含量都要明显高于长江三角洲水稻土中对应元素的含量,而 Ni 和 Zn 两元素则在长江三角洲水稻土中含量稍高。水稻土底土层中,长江三角洲 Ni 的含量仍然要高于珠江三角洲,而 Pb 和 Se 含量则明显低于珠江三角洲。潮土中的元素含量差异也主要体现在心土层,Co、Cd、Cu、Ni 和 Zn 在长江三角洲潮土中的含量要高于珠江三角洲对应元素的含量;而表土 Cd、Cu 以及底土的汞(Hg)在长江三角洲潮土中的含量要低于珠江三角洲对应元素的含量。因此,总体来看,两个区域重金属的分异在自然土壤主要体现在表层,而灌溉耕作土壤主要体现在心土层;在元素的相对富集上,长江三角洲土壤中 Co、Ni 和 Zn 相对珠江三角洲有明显富集,珠江三角洲土壤中则是 Pb 和 Se 相对长江三角洲土壤有明显富集。

表 1.1　长江、珠江三角洲地区自然土壤、水稻土和潮土/盐土剖面中重金属含量

采样区域	土壤类别	N	As	Cd	Co	Cr	Cu	Hg	Ni	Pb	Se	Zn
			表土层 (0~20 cm) 微量元素含量/ (mg/kg)									
长江三角洲	自然土壤	5	20.9a	0.13be	15.5a	65.6a	24.0be	0.099a	21.6b	30.3b	0.50ab	69.4b
	水稻土	17	8.9b	0.17be	13.2a	74.2a	30.7b	0.286a	30.8ab	37.6ab	0.29c	86.0ab
	潮土/盐土	15	9.3b	0.22b	14.6a	81.5a	38.6b	0.270a	34.7a	31.6ab	0.26c	117.5a
珠江三角洲	自然土壤	16	9.1b	0.06c	2.8b	29.0b	8.7c	0.68a	3.0c	27.1b	0.60a	27.4c
	水稻土	40	17.1ab	0.27b	10.8a	64.9a	34.7b	0.337a	21.9b	55.1a	0.48ab	92.9ab
	潮土/盐土	6	15.4ab	0.41a	14.4a	63.5a	55.8a	0.311a	27.5ab	45.9ab	0.40bc	119.7a
			心土层 (20~80 cm) 微量元素含量/ (mg/kg)									
长江三角洲	自然土壤	5	14.2ab	0.09bc	14.6ab	60.6b	20.2be	0.64a	23.7b	44.9ab	0.41b	96.8a
	水稻土	17	8.5b	0.13b	14.7ab	78.4ab	29.3ab	0.176a	34.6a	31.7b	0.20c	81.4a
	潮土/盐土	15	10.1b	0.17ab	15.0a	80.1a	31.5a	0.226a	35.6a	28.2b	0.17c	78.9a
珠江三角洲	自然土壤	16	5.9b	0.03c	3.1d	33.1c	8.9d	0.072a	4.3c	25.0b	0.69a	78.6a
	水稻土	40	18.5a	0.24a	11.1b	63.1ab	30.0ab	0.254a	21.7b	54.1a	0.43b	40.4b
	潮土/盐土	6	5.7b	0.16ab	6.7c	31.6c	14.2cd	0.23a	10.5c	26.2b	0.23c	26.4b
			底土层 (>80 cm) 微量元素含量/ (mg/kg)									
长江三角洲	自然土壤	5	19.0a	0.10ab	10.7b	50.5b	20.0ab	0.047b	20.1b	38.6ab	0.32bc	77.6a
	水稻土	17	9.4a	0.10a	16.5a	83.1a	27.2a	0.045b	39.0a	25.8b	0.15c	81.7a
	潮土/盐土	15	10.2a	0.16ab	16.0a	80.2a	29.2a	0.064b	37.1a	23.6b	0.12c	84.2a
珠江三角洲	自然土壤	16	10.2a	0.03b	3.2c	39.5b	11.1b	0.059b	5.4c	30.4b	0.75a	32.1b
	水稻土	40	17.6a	0.32a	11.6ab	61.2ab	28.5a	0.106ab	22.1b	50.8a	0.42b	85.2a
	潮土/盐土	6	13.0a	0.36a	14.8ab	66.1ab	33.7a	0.166a	28.0ab	32.4b	0.33bc	92.2a

注：采用 Duncan 新复极差法进行多重比较。表中尾随数字 a、b 等字母表示差异 0.05 的差异显著性水平，下同。

二、重金属在不同类型土壤中的含量特征

土壤重金属在不同类型土壤中的差异也较明显。从大的类别上来看，自然土壤同水稻土与潮土的差异最为明显，但后两种类型土壤的重金属含量在长江三角洲（地区）没有表现出显著的差异。长江三角洲地区中，自然土壤 As 和 Se 的含量在三个土层中都要高于水稻土和潮土，其中尤以表土层最为显著（$p<0.05$）。其他 8 种重金属的含量趋势基本上都是自然土壤低于其他两种类型的土壤，其中尤以 Ni、Zn、Cr、Cu 和 Co 的含量差异最为显著，并且潮土中的含量要显著高于自然土壤中的含量，而与水稻土重金属的含量没有发现显著差异。这种差异在整个土壤剖面中也不一致，Zn 主要是在表土中的差异最为显著，Cu 主要在心土层的差异最为显著，Co 在底土层中的差异最为显著，而 Cr 则在心土层和底土层中都有显著差异，唯有 Ni 的含量在两个类别土壤的整个剖面中都表现了显著的差异。珠江三角洲地区中，除 Se 外，所有元素都是在自然土壤中最低，Se 在自然土壤的整个剖面中的含量都要高于其他两种类型土壤。As 主要在心土层中差异最为显著，而 Hg 则在底土层中的差异最为显著；其他 7 种重金属元素的含量在整个剖面中都表现出显著差异（$p<0.05$）。Cd 和 Cu 在三种类型土壤的表土层之间都具有显著的差异自然土壤<水稻土<潮土。此外，珠江三角洲土壤重金属的分布规律中，最为显著的特点是水稻土心土层中所有重金属的含量都要高于潮土，并且除 Cd 和 Zn 外，其他元素的差异均达到了显著性水平（$p<0.05$），以 As 的差异最大，水稻土中的含量是潮土中的 3 倍多，而其他元素也均在 2 倍左右。

各土壤类别中，不同发生类型的土壤之间重金属含量也有明显的差异。图 1.1 是自然土壤中不同类型土壤的重金属含量比较。其中，黄棕壤和黄褐土两种类型的土壤之间重金属含量的差异不大，这两种土壤同属淋溶土纲，尽管成土母质不同，但由于采自同一个地区，其他成土因素基本相同，这两种类型土壤的重金属地球化学行为基本类似，受到的人类活动的影响也非常接近。两种土壤中的 Cu、Co 和 Ni 的含量均高于其他类型的土壤，而剖面中 Se 的含量是所有自然土壤中最低的。长江三角洲另外两种地带性土壤（黄壤和红壤）中的重金属含量也具有较大的差异，总体上红壤中的重金属含量要高于黄壤，红壤中的 As、Cd、Cr、Hg、Pb 和 Zn 等重金属含量在所有土壤中相对较高，其中表层的差异更为明显。珠江三角洲地区的三种赤红壤中，侵蚀赤红壤中 As 和 Hg 的含量显著高于其他两种类型的赤红壤，而耕型赤红壤中 Co、Se、Pb 和 Zn 的含量则高于其他两种类型的赤红壤。同一区域内不同类型水稻土的重金属含量差别并没有自然土壤那么明显（图 1.2）。因此，对于水稻土来说，其重金属的含量与土壤的发育程度关系不大，而农业生产方式和成土母质可能是主要的原因。水稻土中，重金属含量差异最为明显的是 Hg 元素，这在长江、珠江两个三角洲土壤中均有所体现。长江三角洲水稻土中，脱潜型水稻土中 Hg 含量要显著高于其他类型土壤，尤其以表层最为显著，而底土层差异不大，脱潜水稻土表层汞含量达到了 0.4 mg/kg 左右，而其他类型的水稻土均在 0.2 mg/kg 以下。珠江三角洲潴育水稻土表土和心土层 Hg 含量也要比盐渍水稻土高 1 倍左右，其表层含量可达 0.36 mg/kg。

其他类型土壤中，长江三角洲地区滨海潮间盐土的重金属含量一般都要比灰潮土高，以底土层的 As 最为显著，但 Hg 除外（图 1.3）。灰潮土表土层和心土层中 Hg 的含量要

略高于滨海潮间盐土。珠江三角洲土壤中滨海砂土的重金属含量最低，堆叠土中的含量相对较高；滨海盐渍沼泽土在表层的重金属含量与堆叠土相当。

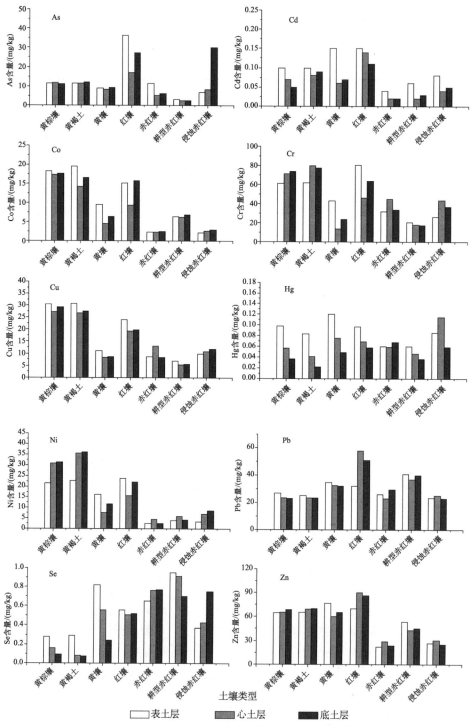

图 1.1 不同类型自然土壤的重金属含量比较

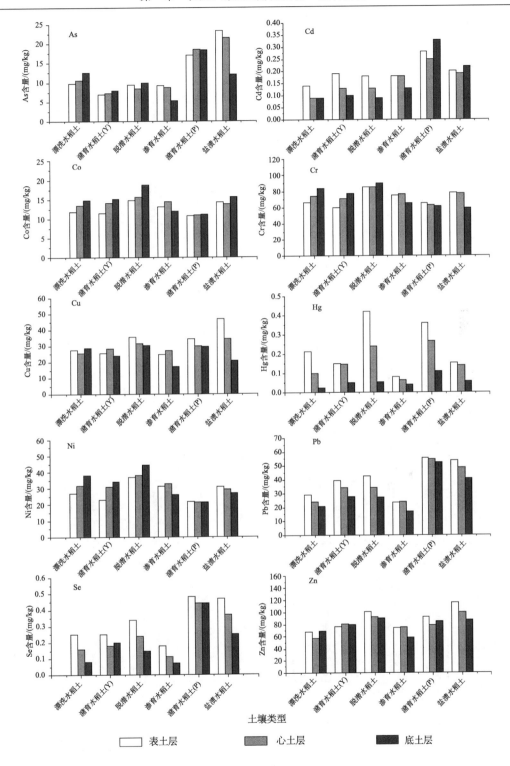

图 1.2 水稻土中重金属的含量比较（潴育水稻土和盐渍水稻土属于珠江三角洲水稻土，其他为长江三角洲水稻土）

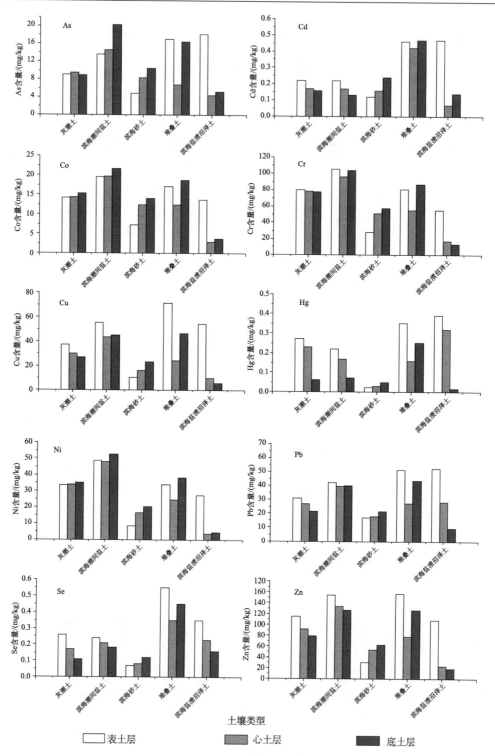

图 1.3 潮土和盐土中微量元素的含量比较（堆叠土和滨海盐渍沼泽土为珠江三角洲的土壤，
其他为长江三角洲的潮土和盐土）

三、重金属在土壤剖面中的分布规律

土壤中重金属的剖面分布模式往往是人为影响和元素迁移能力综合影响的结果（Wong et al.，2002）。自然土壤中（图 1.1），所有类型土壤中 Cd 的含量都是表土层大于心土层和底土层，而 Cu、Hg 和 Se 的含量则在长江三角洲地区所有自然土壤表层相对富集。红壤中的 As 和 Cr，赤红壤中的 As 以及黄壤中的 Cr 也都在表层有相对富集的现象。但在其他一些土壤（如侵蚀赤红壤）中重金属呈现心土或底土的相对富集。除 Cd 和 Zn 外，其他元素都在底土或心土相对富集，其中尤以 As、Hg、Se 表现最为明显，底土、心土中的含量与表土含量差异最大；红壤中的 Pb 和 Zn 也在心土和底土层有相对富集的趋势。

水稻土中重金属表层相对富集的元素要比自然土壤更多（图 1.2）。Hg、Pb 和 Se 在所有水稻土表层中均有相对富集的现象；而长江三角洲水稻土中的 Cd、Cu 和 Zn 也都在表层中有相对富集。这些元素中，以长江三角洲脱潜水稻土中的 Hg 在表土层和底土层的含量差异最大，表土层含量是底土层含量的 8 倍左右。多数水稻土中的重金属含量未呈现显著的心土或底土富集特征。但一些水稻土中呈现从表土层向底土层增加的趋势，如长江三角洲水稻土（除渗育水稻土外）中的 Co、Cr 和 Ni 含量呈现了由上往下聚集的趋势。其他类型土壤中，滨海砂土由于质地较粗，重金属比较容易向下淋溶，因此剖面所有元素的含量都是由上往下逐渐增加。而滨海盐渍沼泽土则相反，具有明显的"表聚性"，所有元素都在表土层相对富集。而未受沼泽化影响的滨海盐土，重金属在剖面中的分布相对较为均匀，有些元素甚至具有"底聚性"，如 As。

灰潮土中的 As、Co、Cr 和 Ni 的含量在剖面中分布较为均匀（图 1.3）；其他 6 种元素都是表土层相对富集，并且剖面由上往下含量逐渐降低，其中表土层和底土层的差距以 Hg 元素最大，表土层含量是底土层含量的 5 倍左右。珠江三角洲的潮土类土壤堆叠土剖面中的重金属含量分布规律也较为一致，基本是心土层最低，表土层和底土层相差不大。

第二节　多环芳烃污染特征

一、长江三角洲土壤多环芳烃污染特征

（一）土壤中多环芳烃含量与分布规律

1. 表层土壤中 15 种多环芳烃含量及其空间分布

长江三角洲地区 30 个类型土壤剖面表层样品中 15 种多环芳烃（polycyclic aromatic hydrocarbon，PAHs）总量在 8.6～3881 μg/kg（图 1.4），平均浓度为 397 μg/kg。在波兰农业土壤中 16 种 PAHs 总量平均浓度为 264 μg/kg（Maliszewska-Kordybach，1996）。挪威森林土壤具有较低的 PAHs 含量，平均为 144 μg/kg（Aamot et al.，1996）。Motelay-Massei 等（2004）报道法国塞纳河流域盆地土壤 14 种 PAHs 总量为 450～5650 μg/kg，并指出所研究区域内工业和城市地区土壤具有较高的 PAHs 含量。许多研究

者因此将研究集中在市区土壤，如美国新奥尔良市区土壤 PAHs 含量平均为 3700 µg/kg（Mielke et al.，2001）。已经报道的最高的土壤 PAHs 含量是在爱沙尼亚市区，含量为 2200～12 300 µg/kg（Trapido，1999）。至今，我国报道的耕地土壤中 PAHs 总量最大浓度为 4523 µg/kg，位于辽宁省沈抚污灌区（宋玉芳等，1997）；而西藏自治区拉鲁湿地中 PAHs 含量较低，为 82.4 µg/kg，因为该区域的人为 PAHs 输入较少（祁士华等，2003）。我国重要的工业城市天津市土壤 PAHs 总量达 818 µg/kg（Wang et al.，2003）。因此长江三角洲地区主要类型土壤中 PAHs 含量处于已有报告含量的中低水平。

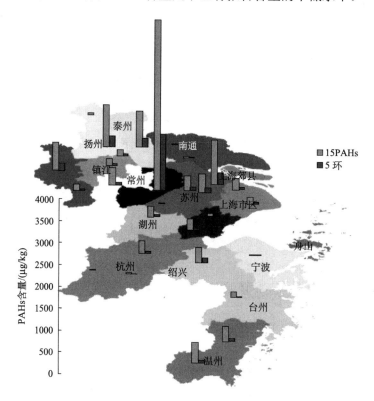

图 1.4　长江三角洲地区 30 个类型土壤剖面表层土壤 PAHs 含量与分布

　　Maliszewska-Kordybach（1996）根据欧洲农业土壤 PAHs 含量分布情况，提出土壤 PAHs 污染程度分类，指出临界浓度为 200 µg/kg、600 µg/kg 和 1000 µg/kg，将土壤污染程度分成 4 个水平：无污染（<200 µg/kg）、轻微污染（200～600 µg/kg）、中等污染（600～1000 µg/kg）和严重污染（>1000 µg/kg）。依据这一分类水平，本书研究的长江三角洲地区主要类型土壤中有一半存在一定程度的污染（图 1.5），其中有两个土壤样品 PAHs 含量超过 1000 µg/kg，最高的一个样品 PAHs 含量超过 3000 µg/kg，属于污染严重，这两个样品分别采自江苏省苏州市西北部和无锡市东部郊区。苏州市西北部可能与以燃煤为主要能源的小型的工厂存在，交通发达，并存在露天秸秆燃烧等现象有关，导致土壤 15 种 PAHs 总量为 1006.2 µg/kg。无锡市东部郊区采集的土壤样品 PAHs 总量高达 3880.6 µg/kg，5 环 PAHs 含量高达 1279 µg/kg，很可能是高 PAHs 风险区。在无锡市东部郊区高风险区有以燃煤为能源的中小型工厂、高度发达的交通、较多的加油站和部分区域存在露天秸秆燃烧、修路进行沥青燃烧等现象,所有这些均有可能导致土壤 PAHs 污染,可见长江三角洲区域的某些地区已存在土壤 PAHs 污染。

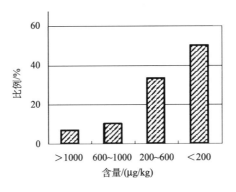

图 1.5　30 个表层土壤样品 PAHs 总量的比例

表层土壤中单个多环芳烃浓度和不同环数的多环芳烃浓度均存在较大变异(表 1.2)。每种 PAH 的检出率和中值浓度相差很大,显示出在不同的点位的类型土壤中 PAHs 有不同的来源。所有表层土壤单个 PAH 的平均浓度均高于 1 μg/kg,大多数 PAHs 平均浓度高于 25　μg/kg。此外,不同采样地点单个 PAH 浓度有明显的差异,最大浓度是最小浓度的几百倍,进一步说明不同地区的主要类型土壤中 PAHs 有不同的来源。5 环和 6 环 PAHs 变异大,一方面与污染物输入有关,另一方面可能与不同类型土壤性质有直接关系。

表 1.2　土壤中 15 种多环芳烃的浓度和检出率

多环芳烃 PAHs	最小值	最大值	平均值	中位值	变异系数	检出率
			/（μg/kg）		/%	/%
萘（Nap）	ND	112	15.8	0.0	187	43.3
苊（Acp）	ND	34.7	1.4	0.0	583	23.3
芴（Flu）	0.5	21.8	5.4	3.4	104	100
菲（PA）	5.1	390	55.5	31.5	165	100
蒽（Ant）	ND	34.7	4.7	1.6	205	73.3
荧蒽（FL）	ND	842	75.9	34.8	260	73.3
芘（Pyr）	ND	278	32.3	19.5	205	70.0
苯并[a]蒽（BaA）	ND	313	26.7	8.1	277	96.7
䓛（CHR）	0.5	428	36.7	14.6	273	100
苯并[b]荧蒽（BbF）	ND	229	19.2	9.8	278	86.7
苯并[k]荧蒽（BkF）	ND	202	17.8	6.8	266	96.7
苯并[a]芘（BaP）	ND	482	36.2	10.7	313	96.7
二苯并[a,h]蒽（DBA）	ND	57.6	5.8	2.3	247	70.0
茚并[1,2,3-cd]芘（InP）	ND	310	27.7	11.8	261	90.0

续表

多环芳烃 PAHs	最小值	最大值	平均值	中位值	变异系数	检出率
			/ (μg/kg)		/%	/%
苯并[g,h,i]芘（BghiP）	ND	484	35.7	15.6	316	80.0
2 环	0.0	112	15.8	0.0	187	43.3
3 环	6.3	479	67.0	39.2	168	100
4 环	0.5	1633	172	74.6	226	100
5 环	0.0	1280	107	42.6	280	96.7
6 环	0.0	484	35.7	15.6	316	80.0

注：ND，未检出。

本研究中菲在土壤中有较高的含量（图 1.6），但在 15 种 PAHs 中，高环 PAHs 占有相当高的比例，如苯并[a]芘、荧蒽和苯并[g,h,i]芘。总体上，高分子量 PAHs 在土壤中占有相当大的比例，而低分子量 PAHs 由于容易降解和挥发，在土壤中积累较少。

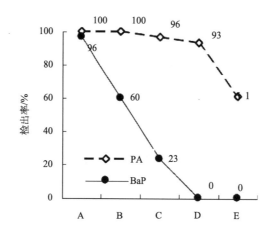

图 1.6　PAHs 在不同剖面层次的检出率（A～E：土壤表层到第五层）

2. 菲和苯并[a]芘在整个土壤剖面的含量与分布

从土壤剖面表层到底层，菲和苯并[a]芘的检出率有不同的变化趋势（图 1.7）。菲和苯并[a]芘垂直分布趋势不同可能是由两种 PAHs 不同的溶解性决定的，苯并[a]芘的溶解度非常低，而菲相对较高导致菲更容易迁移到土壤剖面底部。菲具有较低的分子量，比较容易降解或输出，而很多土壤剖面的所有层次都有菲的存在，这可能与剖面所在地区频繁有木材、煤、石油等的不完全燃烧现象有关。菲在表层和亚表层的检出率高达 100%，说明菲很容易迁移到土壤亚表层，可以推断 3 环及 3 环以下的低分子量 PAHs 容易迁移到土壤剖面下层，在表层输入较多的情况下，对地下水有一定的风险。苯并[a]芘从表层到底层检出率和含量的剧烈下降表明 4 环及以上高分子量 PAHs 较难迁移到土壤剖面下层，如果没有外界的翻动和历史性输入，即使表层土壤中高环 PAHs 的含量较高，其在土壤表层以下的含量也会很低，对地下水污染的风险较小。

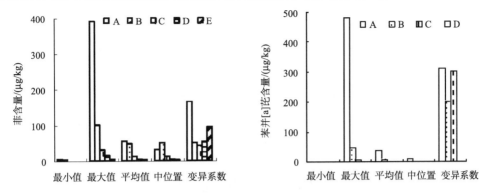

图 1.7　菲和苯并[a]芘在土壤剖面不同层次的含量分布（A～E：表层到第五层）

菲和苯并[a]芘浓度从剖面表层到底层逐渐降低。菲的含量在剖面不同层次之间差异很大（图 1.7）；同时，菲在土壤剖面表层和底层的变异系数都较大，说明菲的浓度在不同采样点土壤剖面的表层和底层均有较大的变异性。苯并[a]芘在剖面每个层次变异系数都大于 100%，表明不同位点污染程度的差异较大。不同类型的土壤来自不同的采样地点，母质存在差异，具有不同的发生过程，土壤性质（有机质和矿物组成等）存在差异，土壤性质的差异可能引起 PAHs 垂直分布的不同。Chiou 等（1998）指出 PAHs 在土壤和底泥上的分配与有机质关系密切。随着土壤有机质的分解程度增加，高分子量 PAHs 富集，而低分子量 PAHs 则消散（Krauss and Wilcke，2002）。因此，土壤有机质是影响 PAHs 分配的主要因素。另外，离子强度、pH 和胶体特性同样影响 PAHs 与土壤的结合，进一步影响其分布和迁移。因此，PAHs 含量在 30 个采样地点主要类型土壤剖面明显差异可以归结于土壤和 PAHs 本身性质的差异。

（二）不同土地利用方式对土壤多环芳烃含量的影响

图 1.8 和图 1.9 比较了岗地、旱地、荒地、林灌地等不同土地利用方式下土壤中多环芳烃的平均浓度差异。方差分析表明，除了萘和芘外，其余 13 种 PAHs 均是荒地显著（$p<0.05$）高于其他利用方式：荒地菲和蒽含量显著高于岗地（$p<0.05$），岗地菲和蒽含量显著高于其他利用方式。另外，苯并[a]蒽、苯并[a]芘、苯并[b]荧蒽和苯并[k]荧蒽在岗地中含量显著低于荒地（$p<0.05$）。大多数 PAHs 在水田、水旱轮作和林灌地有较低的含量。在不同土地利用方式之间，环数不同的 PAHs 含量也存在差异。荒地 3～6 环 PAHs 含量显著高于其他利用方式（$p<0.05$）；岗地 3 环 PAHs 含量显著高于旱地、林灌地和水旱轮作利用方式；岗地土壤中 4～6 环 PAHs 含量显著低于荒地（$p<0.05$）。

研究表明，由于耕种的稀释效应，耕作土壤中的多环芳烃浓度相对较低（Brüne，1986）。同时，土壤扰动有助于提高多环芳烃的生物有效性，将底土翻至上层暴露于阳光下，由于光解作用也增加了污染物的降解。在长期撂荒的土壤中，由于缺乏耕种导致的稀释效应，多环芳烃的积累显得更加明显（Brüne，1986）。良好的水分条件有助于土壤中多环芳烃的消减（Doick and Semple，2003），但这种趋势在本研究中并不明显，这可能与本书采集的是发育于不同母质和利用方式下的不同土壤类型有关。

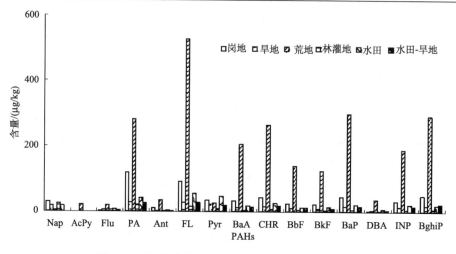

图 1.8　不同土地利用方式下土壤中多环芳烃的浓度

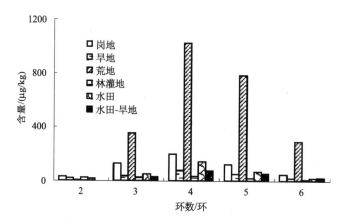

图 1.9　不同土地利用方式下土壤中多环芳烃同系物浓度分布

　　结合采样区的实际情况，荒地中 PAHs 的积累与荒地的形成过程有关。一是某些荒地由于污染过于严重而被撂荒；二是未进行种植利用，而使 PAHs 在荒地上积累。本书通过研究发现，林灌地的多环芳烃浓度比荒地低得多，大多数比耕作的旱地土壤低，这一结果与以往研究结果（Matzner，1984）相似。

二、珠江三角洲土壤多环芳烃污染特征

（一）土壤中多环芳烃的含量特征

　　珠三角表层土壤中检测到的 PAHs 含量在 8.4～1200.3 μg/kg，平均值为 89.7 μg/kg（表 1.3）。区域内 PAHs 的含量变异较大，呈非正态分布，如果剔除个别采样点较高含量的影响，以中位值反映整个地区的土壤 PAHs 水平，则为 62.3 μg/kg。其中美国 EPA确定的 7 种致癌性 PAHs 的含量在 1.3～698.4 μg/kg，平均为 55.0 μg/kg。从单个 PAH化合物在土壤中的检出率看，不同的化合物差异较大，范围在 14.3%～100%。所有土

壤样品均能检测的化合物有苯并[a]芘和苯并[k]荧蒽，而菲和荧蒽也只有一个样品未检测到；而二苯并[a,h]蒽的检出率最低，只有 14.3%，这与过去在香港土壤中的检测结果类似（Zhang et al.，2006a）。萘在所有土壤样品中均未检测出，萘是较易挥发的化合物，因此，一方面可能是样品中萘的含量很低，另一方面样品在运输和存放期间挥发损失。珠三角土壤中 PAHs 的含量，总体上是 4 环 PAHs>2~3 环 PAHs>5~6 环 PAHs，从单个化合物的平均值来看，4 环和 3 环的菲与 5 环的苯并[a]芘的含量都在 10 μg/kg 以上，是该地区主要的 PAHs 化合物，但从中位值来看，䓛、菲和荧蒽是三个主要的化合物。从统计上来看，中位值表示不受离群值影响的平均含量，因此有时候可以作为基线值来看待，而对平均值来说，个别污染点含量的高值会使其随之增大。因此，从苯并[a]芘的平均值与中位值的差异可以看出，苯并[a]芘是珠三角 PAHs 污染土壤的特征化合物。

表 1.3　珠三角土壤中 PAHs 的含量

PAHs		土壤含量特征/（μg/kg）			检出率/%	CCME[a]
全称	简写	平均值	中位值	范围		
苊	Acp	3.1	2.4	ND~7.0	49.0	—
芴	Flu	0.6	0.5	ND~2.4	87.8	—
菲	PA	12.0	9.5	ND~97.1	99.0	100
蒽	Ant	3.9	2.4	ND~30.7	43.9	—
芘	Pyr	9.3	6.8	ND~152.9	99.0	—
苯并[a]蒽	BaA	9.6	5.7	ND~223.9	95.9	100
䓛	CHR	8.7	5.2	ND~129.7	95.9	100
苯并[b]荧蒽	BbF	13.6	8.5	0.7~112.3	100	—
苯并[k]荧蒽	BkF	9.5	5.9	ND~114.9	96.9	100
苯并[a]芘	BaP	8.6	5.6	0.3~96.2	100	—
茚并[1,2,3-cd]芘	InP	11.7	4.5	ND~214.9	78.6	100
二苯并[a,h]蒽	DBA	4.4	3.2	ND~31.7	34.7	100
苯并[g,h,i]芘	BghiP	4.1	2.7	ND~16.9	14.3	100
2~3 环∑PAHs		6.4	4.4	ND~58.9	72.4	—
4 环∑PAHs		24.9	20.2	1.7~278.0		—
5~6 环∑PAHs		48.9	32.0	3.4~616.9		—
∑15 PAHs		15.9	6.0	0.0~305.4		—
∑7 PAHs[c]		89.7	62.3	8.4~1200.3		1000[b]
		55.0	35.3	1.3~698.4		—

注：ND 表示低于检测限；

a：加拿大农业用地土壤质量指导值（CCME，1996）；b：数据来自文献（VROM，2000）；c：美国 EPA 提出的 7 种致癌性 PAHs 的总和。

　　PAHs 是一种非极性疏水物质，极易吸附在土壤有机质中。许多研究都表明土壤 PAHs 含量与有机质呈现很好的线性相关关系（Chen et al.，2005；Tang et al.，2005）。

由于土壤中的 PAHs 含量值为非正态分布，因此在对 PAHs 和有机质进行线性回归前，对 PAHs 的数值进行了对数转换。与有机质的线性拟合结果见图 1.10。由图 1.10 可以看出，珠三角土壤中 PAHs 与有机质具有显著的正相关性（$R=0.470$）。从相关系数的大小比较可以看出，不同环数 PAHs 与有机质的相关性具有一定程度的差异，4 环 PAHs>2~3 环 PAHs>5~6 环 PAHs。这可能是因为以气态形式赋存的中、低环 PAHs 常吸附于大气颗粒物的有机质中，并随之沉降进入土壤，因此与有机质的相关性较高；而高环数的 PAHs 多以颗粒态形式存在，可以通过直接的大气传输和沉降进入土壤，因此，高环 PAHs 与土壤有机质的相关性相对较低（刘国卿，2005）。

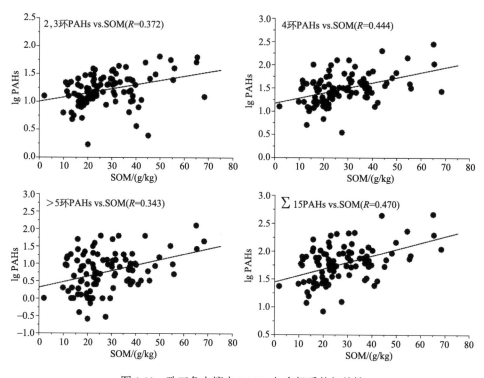

图 1.10　珠三角土壤中 PAHs 与有机质的相关性

（二）土壤中多环芳烃含量的空间分布特征

图 1.11 是珠江三角洲及中国香港地区土壤 PAHs 含量的空间分布图。从图中可以看出，整个珠三角地区有两个明显的 PAHs 高值区，分别是广州市和香港，这两个地区的 PAHs 含量普遍在 400 μg/kg 以上。PAHs 含量最高（1200.3 μg/kg）的点分布在广州某蔬菜地中（图 1.11 中的异常值所在点）。Chen 等（2005）对广州市几个区的蔬菜地中 PAHs 的调查表明，16 种 PAHs 的最高含量可达 3077 μg/kg，但该采样点位于中心城区，而本研究中的采样点都离中心城区较远。Chen 等（2005）的研究中其余采样点的 PAHs 普遍在 200~700 μg/kg，与本书的分析结果较为接近。如果不计特殊点源污染影响的点（如番禺蔬菜地），则 PAHs 在广州地区的分布基本呈现由中心城区向远郊递减的趋势，

西线由离中心城区最近的黄埔区（447.3 μg/kg）向增城方向递减，分别为：增城新塘镇（191.7 μg/kg）—增城仙村（100.8 μg/kg）—增城石滩镇（67.7 μg/kg）。香港地区是世界人口最为密集的地区之一，交通流量大。Xu 等（2006）采用排放因子估算香港地区通过汽车尾气排放的 PAHs 量为 16 t/a，占总排放量的 93%。

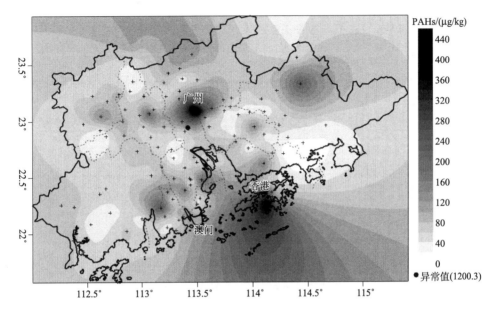

图 1.11　珠三角及香港地区土壤 PAHs 含量的空间分布图（采样范围内的数据为可信部分）

　　珠江三角洲中其他地区土壤的 PAHs 含量都呈现点源散布。但含量高值相对集中的地区有珠海市、深圳市等，PAHs 含量在 100～250 μg/kg 的采样点有较多的分布。而总体含量相对较低的地区有江门和肇庆两个地区，江门地区土壤 PAHs 含量普遍都在 70 μg/kg 以下，而肇庆地区土壤 PAHs 含量也普遍在 100 μg/kg 以下。

（三）土壤中多环芳烃的特征化合物

　　土壤中多环芳烃类化合物有上百种之多，目前检测的为美国 EPA 确定的 16 种优控化合物。但对每个地区来说，由于污染情况不同，这 16 种化合物对 PAHs 总量的贡献也不完全相同。因此，本书希望通过对这些 PAHs 组分与总量做相关分析来确定珠江三角洲地区 PAHs 的特征化合物，作为 PAHs 污染土壤的标识，相关分析的结果见图 1.12。根据相关系数（R）的大小及其显著性水平可以确定珠江三角洲土壤中芘、苯并[a]蒽、苯并[k]荧蒽、苯并[a]芘、茚并[1,2,3-cd]芘、苯并[g,h,i]苝这六种化合物为该地区土壤中的特征化合物。当土壤中这些组分含量的上升，在一定程度上也意味着土壤 PAHs 污染程度的加大。张天彬等（2005）在对珠江三角洲东莞市土壤中 PAHs 污染调查时也发现，苯并[a]蒽、茚并[1,2,3-cd]芘、苯并[k]荧蒽和苯并[a]芘对土壤 PAHs 的总量贡献很大，随着土壤 PAHs 污染程度的加大其含量显著增加。

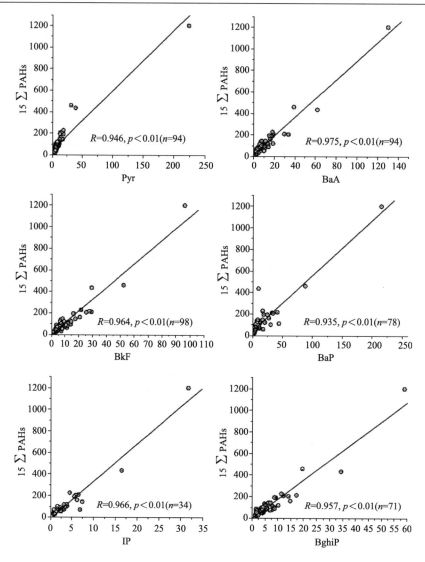

图 1.12　珠三角土壤中 PAHs 总量与各组分之间的关系

第三节　多氯联苯污染特征

一、长江三角洲土壤多氯联苯污染特征

（一）表层土壤中多氯联苯的含量与分布特征

长江三角洲地区土壤中多氯联苯（polychlorinated biphenyl，PCBs）总含量在 0.46～55.5 μg/kg，平均为 14 μg/kg（表 1.4），根据不同氯代 PCBs 的平均值计算 PCBs 的组成情况：该地区表层土壤中以五氯联苯最多，占 PCBs 总量的 55%，四氯和六氯联苯均在

19%左右，三氯和七氯联苯则均在 4%左右，只有极个别样本监测到八氯联苯。从各个 PCB 单体的检出率来看，三氯联苯的 PCB 28 最高，为98%，几乎全部土壤样品都能检测到该类 PCB 单体；其次是五氯联苯的 PCB 118，也在90%以上。我国过去生产使用的 PCBs 主要以三氯和五氯联苯为主，其中 3 氯联苯大约有 9000 t，主要用于电器设备的电容器上，而五氯联苯大约有 1000 t，主要用于涂料添加剂上（SEPA，2003）。综合目前土壤中的 PCBs 的组成成分和检出率情况来看，基本还是符合我国过去 PCBs 的使用情况，以五氯联苯和三氯联苯为主，但也可能存在外来污染来源。PCBs 总共有 209 种单体化合物，其中 PCB 28、PCB 52、PCB 101、PCB 118、PCB 138、PCB 153 和 PCB 180 这 7 种单体由于其在商业 PCB 混合物中占主要成分，并在环境中难以被降解而在环境监测中通常被作为典型 PCBs 分析，荷兰的土壤标准目标值规定其中的 6 种（未包括 PCB 118）化合物总和不能超过 20 μg/kg（VROM，2000）。表 1.5 列出了一些研究区对这 7 种 PCBs 单体之和的检测结果，通过比较可以看出，长江三角洲土壤个别地区的 PCBs 含量已经超过了荷兰的控制标准，并且在世界土壤 PCBs 含量的水平中要略高于中国香港、泰国曼谷和英国等地区，低于中国台湾和法国塞纳河盆地这些电子工业发达的地区。因此，长江三角洲地区土壤中 PCBs 的整体污染程度不是十分严重，但个别地区需要引起关注。尤其是对一些具有致癌作用的类二噁英 PCBs 含量加以重视。在 3 种列入检测的类二噁英 PCBs 单体中（PCB 118，136，167），3 个单体之和的最大值为 27.0 μg/kg，平均为 6.4 μg/kg（表 1.4）。大多数样品中 3 种类二噁英 PCB 单体总量占了 PCBs 总量的 40% 左右，最高可达 80% 左右。3 个单体中，PCB 118 的检出率达到 90% 以上，最高含量达到 21.6 μg/kg；PCB 167 的检出率也较高，在 70% 左右，最高含量达到 19.2 μg/kg，均为水田土壤样品。因此，需要进一步探讨这些类二噁英 PCBs 的来源及其在水田土壤中的环境行为，并评估它们对通过食物链或其他暴露途径对人体健康造成的潜在风险。

表 1.4　表层土壤 PCBs 含量特征　　　　　　（单位：μg/kg）

PCBs	最小值	最大值	平均值	中位值
3Cl-CB	0	1.4	0.53	0.48
4Cl-CB	0	19.6	2.7	1.1
5Cl-CB	0	30.1	7.7	5.8
6Cl-CB	0	21.4	2.6	0.8
7Cl-CB	0	7.4	0.50	0
8Cl-CB	0	0.38	0.03	0
PCBs 总量	0.46	55.5	14.0	8.9
$\sum$ 7PCBs	0.46	28.3	7.7	5.2
类二噁英 PCBs	0	27.0	6.4	2.7

注：$\sum$ 7PCBs 为 PCB 28、52、101、118、138、153 和 180 这 7 个单体之和；类二噁英 PCBs 为 PCB 118、126 和 167 这 3 个单体之和。

表 1.5　其他研究区类似结果比较

研究区	平均值	中位值	范围	参考文献
			/（μg/kg）	
中国香港	2.45	0.53	0.07～9.87	Zhang et al.，2007
泰国曼谷	1.46	0.47	0.10～10.8	Wilcke et al.，1999
中国台湾	94.9	23.5	1.3～960	Thao et al.，1993
英国	3.53	1.05	0.48～22.77	Creaser et al.，1989
法国塞纳河盆地	73.9	50.3	21.5～150	Motelay-Massei et al.，2004
荷兰标准目标值	20	—	—	VROM，2000

　　不同土地利用方式下，水田土壤中的 PCBs 含量要明显高于旱田和山地土壤，并且在 PCBs 的组成上差异也较明显，水田土壤中五氯和七氯联苯的比例要略高于其他两种利用方式，而水田土壤中四氯联苯则要低于其他两种利用方式（图 1.13）。

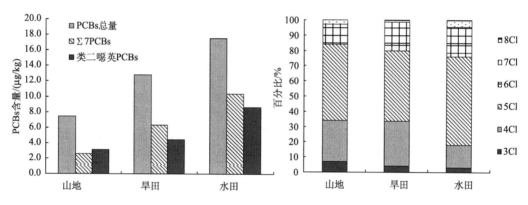

图 1.13　不同土地利用方式下的 PCBs 含量（左图）和组成差异（右图）

（二）土壤剖面中多氯联苯的含量与组成分布特征

　　多氯联苯是工业合成物质，属于外源污染物。因此，在土壤剖面的底层多氯联苯的含量都非常低，绝大多数样品底层 PCBs 总量在 10 μg/kg 以下。在不同氯代 PCBs 的组成上，根据所有样品的中位值统计结果显示：表层土壤 PCBs 中五氯代 PCBs 的含量占了总 PCBs 含量的 71%，而三氯代和四氯代等低氯代 PCBs 只占 20%左右；而底层土壤 PCBs 的组成却大有不同，三氯代和四氯代 PCBs 含量占了 84%，而五氯代 PCBs 只占了 14%（图 1.14），表明总体上低氯代 PCBs 容易在土壤剖面中向下迁移。这种分布趋势与过去的研究基本是一致的（Gao et al.，2006）。但不同的利用方式及土壤性质情况下会有所区别。图 1.15 是山地土壤、旱田的潮土和水田土壤 3 种类型 6 个典型剖面中的 PCBs 含量与组成的分布情况。从含量的分布规律来看，从表层到亚表层甚至到心土层，PCBs 的含量会随着剖面深度增加而增加，在旱田土壤中更是如此，两个剖面均表现出由表层往下 PCBs 含量增加的趋势。但再往下层，PCBs 含量会迅速降低至较低水平。表明在类似潮土这样的砂质土壤中，PCBs 主要在亚表层或心土层（20～50 cm 厚土层）积累。而在水稻土中，两个典型剖面均表现出 PCBs 从表层向下递减的趋势，并且在犁底层以下向下迅速递减至较低水平，而在犁底层以上，PCBs 含量变异较小。对于剖面中 PCBs 的组成情况，黄褐土剖面中表层以五氯联苯为主，心土层以五氯和四氯联苯为主，底层以四氯联苯为主；黄壤剖面表层不同氯代 PCBs 的组成复杂，三—六氯代联苯的 PCBs 均有一定的组成比例，表层以下均以三氯和四氯代为主，但在 55～100 cm 的土层检测到一定比例的七氯代 PCBs，其来源难以确定，可能是生物扰动引起的高氯代 PCBs 向下迁移富集（Cousins et al.，1999）。在旱田土壤中，高氯代向下迁移的现象较为明显，比如在潮土剖面的 80 cm 以下，五氯代和六氯代 PCBs 的比例之和仍然占了 50% 以上；而在夹砂土中，48～75cm 土层中也是如此，表明土壤质地可能是影响高氯代 PCBs 向下迁移的主要因素。而在水田土壤中，土壤剖面中主要是低氯代 PCBs 向下迁移，但在一些层次也会出现高氯代 PCBs 比例突然增加的现象，可能是由于人为扰动（如翻耕等）引起的高氯代 PCBs 向下富集。

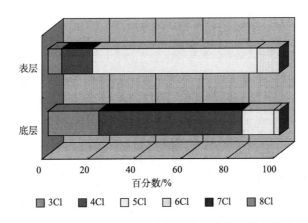

图 1.14　土壤剖面表层与底层的多氯联苯的组成情况

由于 PCBs 含量在土壤样品中呈非正态分布，因此采用中位值进行统计比较

二、珠江三角洲土壤多氯联苯污染特征

（一）土壤中多氯联苯的含量与组成

珠三角及中国香港地区土壤中的 20 种目标 PCBs 中，能够检测到 14 种，PCB105，170，195，206，209 未被检测到，结果见表1.6。由于这 20 种 PCBs 单体具有一定的代表性，根据这些单体含量之和来初步估算各种数量的氯代 PCBs 的含量，可以反映这个地区土壤中 PCBs 的组成情况。从表 1.6 中可以看出，20 种 PCBs 单体总量的平均值为 17.6 µg/kg，范围在 0.18～202.1 µg/kg。其中 7 种最典型 PCBs 的单体的总量平均为 6.65，范围在 0.1～61.2 µg/kg，大约占这 20 种 PCBs 总量的 37.8%。这 7 种 PCBs 单体在样品中的检出率都不相同，其中低氯代的 PCB28 和 PCB52 的检出率较高，在 50% 左右，PCB101 的检出率最低，只有 1.4%。通过监测这 20 种 PCB 反映地多氯联苯在这个地区

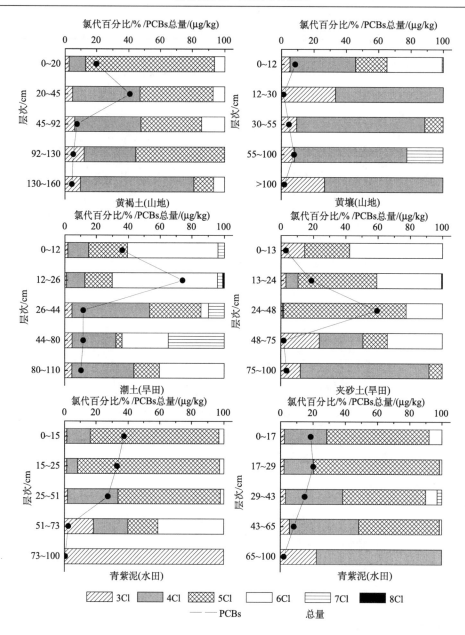

图 1.15　长江三角洲典型土壤剖面中 PCBs 含量和组成的情况

的组成情况大致是以低氯代的二—四氯联苯为主，大约占总 PCBs 含量的 90%；在高氯代 PCBs 中，以平均含量顺序来看，六氯联苯>五氯联苯>八氯联苯。这与国内无论在典型污染区还是非典型污染区环境样品中 PCBs 的组成是一致的，即都以低氯代的多氯联苯为主（李春雷等，2004）。由于废旧电容器油是当地 PCBs 污染的源，而国内用于电容器的介质油主要是低氯代的 PCBs，相对于国外常用的高氯代 Aroclor 1254 和 Aroclor 1260 而言，其低氯代的 PCBs 所占比例较大。因此，目前环境中检测到的也大多为低氯代的 PCBs（Xing et al.，2005）。

表 1.6　珠三角及中国香港地区土壤中 PCBs 含量

多氯联苯（PCBs）	平均值	中位值	最小值	最大值	检出率/%
			/ (μg/kg)		
2Cl-CB	6.54	1.03	0.01	109.9	—
3Cl-CB	5.55	1.01	0.03	37.1	—
4Cl-CB	3.74	0.43	0.02	60.4	—
5Cl-CB	0.57	0.03	0.03	18.3	—
6Cl-CB	0.99	0.09	0.09	20.7	—
7Cl-CB	0.13	0.03	<0.05	0.39	—
8Cl-CB	0.23	0.01	0.01	3.73	—
PCB28	4.22	0.68	<0.01	37.1	58.6
PCB52	2.03	0.01	<0.01	24.1	47.1
PCB101	0.01	0.01	<0.01	0.09	1.4
PCB118	0.45	0.01	<0.02	18.3	18.6
PCB138	0.74	0.05	<0.1	9.75	25.7
PCB153	0.04	0.03	<0.05	0.41	5.7
PCB180	0.13	0.03	<0.05	0.39	16.7
Σ7PCBs	6.65	1.67	0.1	61.2	—
Σ20PCBs	17.6	8.2	0.18	202.1	—

　　不同研究检测到的 PCBs 种类有很大的差别，因而通常缺乏可比性。但是 7 种最为典型的 PCBs 则已有许多研究报道，可以作为比较区域间土壤 PCBs 污染程度的指标。同其他研究区土壤中 PCBs 含量的比较可以发现，与那些具有严重 PCBs 污染源地区（如中国台湾和法国塞纳河盆地）土壤的 PCBs 含量相比要小许多，而与泰国曼谷和英国地区的 PCBs 含量相当（表 1.7）。但珠三角也有个别地区土壤中的 PCBs 含量需要引起警惕，其值已经超过了荷兰制定的土壤标准的目标值，对生态系统具有潜在的危害。

表 1.7　其他研究区土壤中的 PCBs 含量

研究区	平均值	中位值	范围	参考文献
			/ (μg/kg)	
泰国曼谷	1.46	0.47	0.10~10.8	Wilcke et al., 1999
中国台湾	94.6	23.5	1.3~960	Thao et al., 1993
英国*	3.53	1.05	0.48~22.8	Creaser et al., 1989
法国塞纳河盆地	73.9	50.3	21.5~150	Motelay-Massei et al., 2004
荷兰标准目标值*		20.0		VROM, 2000

*该值表示不包括单体 PCB 118 的其余 6 个 PCBs 总量。

（二）土壤中多氯联苯的分布特征

　　珠三角地区土壤中 PCBs 含量的分布极不均匀，图 1.16 是不同地区（包括中国香港地区）土壤中 7 种典型 PCBs 总量的比较。从图中可以看出，有两个地区（肇庆和清远）的 PCBs 含量要显著高于其他地区。而有一定程度 PAHs 和 DDT 污染的广州地区，其土壤中的 PCBs 含量并不高，平均含量在 5 μg/kg 以下。清远和肇庆分别位于珠三角的北部和西北部地区，属于珠三角的外围，向来被认为是相对清洁的地区。但李春雷等（2004）对肇庆鼎湖山大气中 PCBs 的研究表明，其含量要比国外大气浓度高许多，表明该地区仍然存在 PCBs 污染的可能。香港地区土壤中的 PCBs 含量较低，与珠海地区土壤中的 PCBs 水平相当。香港地区早在 20 世纪 90 年代就把许多工业搬迁到内地，因此，境内基本没有 PCBs 污染源的存在。Tam 和 Yao（2002）对香港地区红树林湿地土壤的 PCBs 检测结果显示，其含量也在 0.5～5.9 μg/kg，无明显的污染。

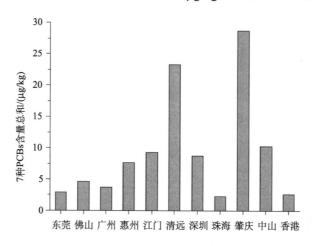

图 1.16　珠三角及香港地区土壤中 PCBs 含量分布情况

深圳、广州和惠州都是珠三角典型的工业和电子产业集中分布地区，而江门、清远和肇庆则无集中的工业分布，发展相对缓慢。通过比较这两类地区的土壤中 PCBs 的组成发现（图 1.17），这两类地区土壤中的 PCBs 组成有明显的差异，主要体现在高氯代

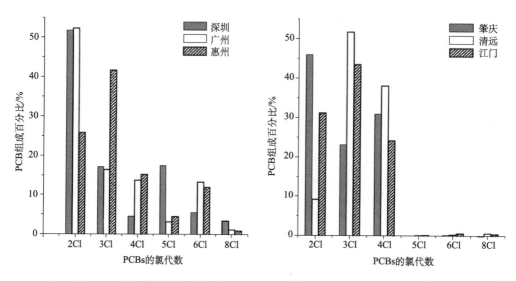

图 1.17　珠三角典型工业和电子产业区与一般地区土壤 PCBs 的组成差异

PCBs（5 氯和 6 氯 CB）的组成方面。以深圳、广州和惠州为代表的工业和电子产业区土壤中高氯代 PCBs 的比例明显要高于以肇庆、清远和江门为代表的一般地区。这表明这两类地区土壤中的 PCBs 来源有可能是不同的。深圳、广州和惠州的电子产业主要是对国外的电子产品进行加工生产，其原材料许多都是国外的，尤其是电容部分。而国外电容的介质油中高氯代的比例较高。因此，这些地区废弃电子产品的散布释放可能是环境中 PCBs 的来源之一。而像肇庆、清远和江门这些地区土壤中的 PCBs 可能主要是本土污染源。

第四节　有机氯农药污染特征

一、长江三角洲土壤有机氯农药污染特征

（一）表层土壤中有机氯农药的含量与分布特征

　　长江三角洲地区土壤有机氯农药的检出情况参见表 1.8。从表中可以看出 3 种有机氯农药中，六六六（hexachlorocyclohexane，HCH）的检出率最高，几乎全部样品均能检测到 HCH，其次为滴滴涕（dichlorodiphenyltrichloroethane，DDT）及其衍生物，六氯苯（hexachlorobenzene，HCB）的检出率最低，只有 22%。但从土壤含量来看，DDT 检出的含量平均值几乎是 HCH 平均含量的 3 倍，HCB 的平均含量最低，在 1.0 μg/kg 以下。HCH 的平均含量与中位值较为接近，都在 3 μg/kg 左右，而 DDT 的平均含量与中位值差别较大，表明个别采样点的 DDT 含量污染明显。DDT 在该区域土壤中检出的最高含量为 484.24 μg/kg，远远高于 HCH 和 HCB 的最高含量。在组成上，DDT 以 p,p'-DDE 衍生物为主，而 HCH 以 β-HCH 为主。DDT 和 HCH 的污染与过去使用历史有密切关系，DDT 过去在棉花地中有大量的使用，如江苏南通和浙江宁波等地；而 HCH 过去在苏南地区的水稻田有大量使用（Cai，1996）。从检测结果来看，江苏南通的棉花地中的 DDT 残留量依然很高，目前为 484.24 μg/kg，是本次采集样品中检出最高的含量，而采自浙江宁波棉花地中的土壤样品，DDT 含量也在 300 μg/kg 以上；HCH 最高检出量 17.93 μg/kg 来自浙江台州的水稻田样品。

表 1.8　长江三角洲地区土壤有机氯农药含量特征

有机氯农药组分	N	检测率/%	有机氯农药含量/（μg/kg）		
			范围	平均值	中位值
α-HCH	138	84.1	0.22～1.22	0.48	0.40
β-HCH	153	93.3	0.10～8.98	1.59	1.06
γ-HCH	147	89.6	0.13～3.84	0.52	0.32
δ-HCH	148	90.2	0.10～16.85	0.90	0.53
p,p'-DDT	52	31.7	1.25～102.58	11.98	3.88
p,p'-DDE	112	68.3	0.50～425.03	21.16	3.28
p,p'-DDD	62	37.8	0.28～26.93	5.46	4.02
o,p'-DDT	32	19.5	1.10～16.81	2.94	1.91
o,p'-DDE	92	56.1	0.30～6.68	1.01	0.72
o,p'-DDD	53	32.3	0.59～24.68	3.89	2.42

续表

有机氯农药组分	N	检测率/%	有机氯农药含量/（μg/kg）		
			范围	平均值	中位值
HCB	36	22.0	0.02~6.09	0.62	0.34
t-HCH	161	98.2	0.28~17.93	3.23	2.70
t-DDT	129	78.7	0.46~484.24	28.87	4.34

注：t-HCH=α-HCH+β-HCH+γ-HCH+δ-HCH；

t-DDT=p,p'-DDT+p,p'-DDE+ p,p'-DDD+o,p'-DDT+o,p'-DDE+o,p'-DDD。

就 DDT 而言，目前除了天津污染区报道过接近 1000 μg/kg 的含量外（表 1.9），农田土壤中如此高的残留量报道还并不多（Li et al.，2008；Wang et al.，2007a）。总体上，长江三角洲地区的土壤有机氯农药的含量接近珠江三角洲地区，而比太湖地区、喜马拉雅山和哥斯达黎加地区都要高。但从历史残留量来看，土壤 DDT 和 HCH 的残留含量已有大幅度的降低。

表 1.9　长江三角洲地区土壤有机氯农药的残留量与其他研究区比较

研究区	采样时间	t-HCH	t-DDT	HCB	参考文献
珠江三角洲	2002	<MDL~24.4	0.27~414	—	Li et al.，2006
太湖地区	2004	10.1~41.5	19.0~92.6	<MDL~8.62	Wang et al.，2007a
天津污染区	2001	1.3~1095	0.7~972.2	—	Wang et al.，2006
喜马拉雅山	2005	<MDL	0.385~6.06	<MDL	Wang et al.，2007b
哥斯达黎加地区	2004	0.86~34.2	0.1~112.67	—	Reichman et al.，2000
长江三角洲	2003	0.28~17.93	0.46~484.24	0.02-6.09	本书

注：MDL，方法检出限。

以江苏无锡水稻田土壤中的 t-HCH 和江苏南通棉花地土壤中的 t-DDT 在三个时间段的变化趋势分析来看，t-DDT 和 t-HCH 在表层土壤中的残留量已经分别降低至 20 世纪 80 年代禁用初期的 0.8%和 2.3%（图 1.18），也就是说，在过去的 20 多年里，基本上是每 10 年里减少 80%的残留量。

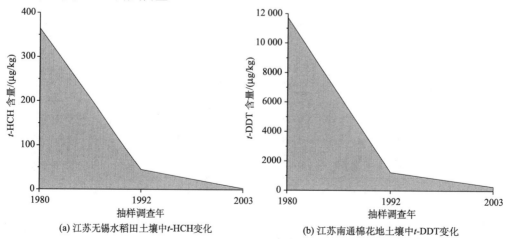

(a) 江苏无锡水稻田土壤中 t-HCH 变化　　　(b) 江苏南通棉花地土壤中 t-DDT 变化

图 1.18　典型地区土壤中 t-HCH 和 t-DDT 残留的变化趋势

（二）有机氯农药在土壤剖面中的变化规律

同多氯联苯的剖面分布分析类似，土壤有机氯农药的剖面分布也从不同的土地利用方式和不同的土壤类型角度开展比较，分为水田土壤、旱田土壤和山地土壤（图1.19）。水稻土剖面中，DDT和HCH的总量随土壤发生层变化的趋势基本一致，由表层向下逐渐降低，并且与多氯联苯较为类似的是，在犁底层以下，有机氯农药总量急剧下降，这可能是由于致密的犁底层使得有机氯农药难以向下发生迁移。对于DDT来说，在旱田土壤中也有类似的规律，但HCH由于具有较强的水溶性，在水稻土中没有发现类似的现象。林地土壤中，整个剖面的DDT和HCH都小于4.0 μg/kg，并且剖面的变化比较缓和，与该种利用方式的土壤中的有机氯农药主要来自大气沉降，与没有直接的人为活动输入有关（Wang et al.，2006）。

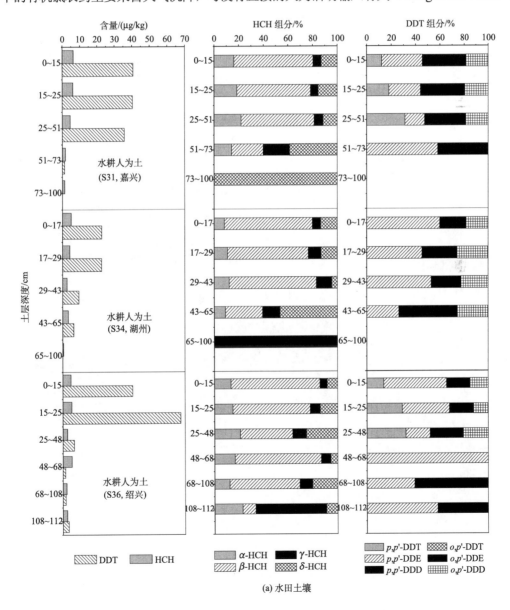

(a) 水田土壤

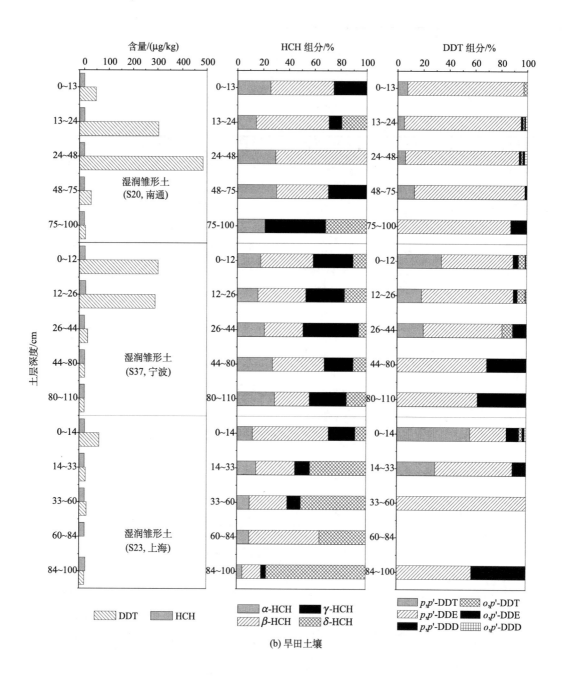

(b) 旱田土壤

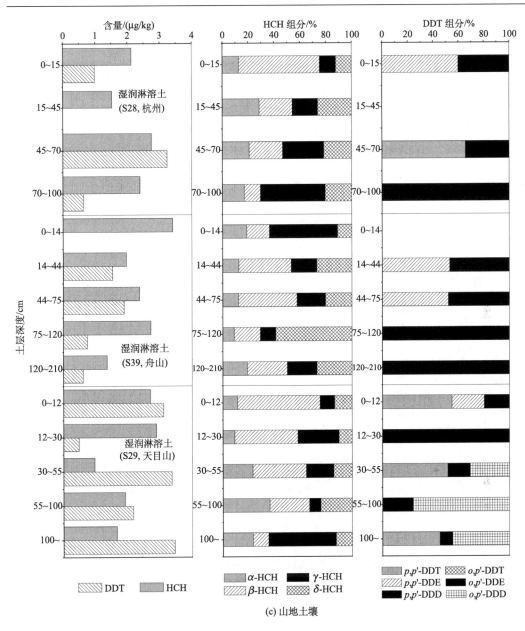

图 1.19　典型土壤剖面中 DDT 衍生物和 HCH 异构体的分布规律

　　DDT 及其衍生物、HCH 及其异构体在土壤剖面中随着发生层的组成变化同样也有一定的规律性，并且可以作为研究土壤中有机氯农药迁移行为的一个重要依据（Cousins et al.，1999）。从图 1.19 可以看出，水田土壤剖面中，犁底层以上，DDT 衍生物和 HCH 异构体的组成在不同的发生层中组成较为均一；但在犁底层以下，一些水溶性较强的化合物，比如 HCH 异构体中的 γ-HCH 和 δ-HCH 以及 DDT 衍生物中的 o,p'-DDE 和 p,p'-DDE 都占有较高的比例。Cousins 等（1999）通过对土壤剖面中的 PAHs 和 PCBs 的分布规律研究表明，剖面中非选择性的化合物分布体现了生物扰动的作用，通过生物扰动,即使一些难以被水溶解的 POPs 物质也会随着土壤颗粒或黏着在生物体表面向下迁移。而 Gao 等(2006)在土壤剖面中发现一些水溶性较高的化合物会优先从有机质层被水溶液淋洗到矿质层,从而在矿质层中具有较高比例的水溶性 POPs 污染物。因此,本书中水稻土犁底层上下的不同分布特征可能是由于在犁底层以上主要是生物扰动或物理扰动引起的有机氯农药向下迁移,但迁移至致密的犁底层以后,主要以水动力向下迁移为主,从而使一些水溶性较大的异构体和衍生物在犁底层以下富集。在 DDT 及其衍生物组成特征上,水田土壤另外一个较为突出的特征是 p,p'-DDD 和 o,p'-DDD 在整个土壤剖面中的比例都要高于旱田土壤和林地土壤,证实水田土壤中的 DDT 降解主要是 DDT 到 DDD 的厌氧降解途径(Li et al.,2008)。在旱田土壤中,DDT 及其衍生物的组成总体上以 p,p'-DDE 为主,但 o,p'-DDE 由于具有较高水溶性会被优先淋溶而在剖面底层富集;HCH 异构体在剖面中的组成特征也有类似的趋势。在林地土壤,o,p'-DDE 和 o,p'-DDD 在土壤剖面中的比例相对较高。这两种衍生物的土壤-大气分配系数较低,较易从污染的土壤中挥发进入大气(Tao et al.,2008)。Qiu 等(2004)曾在太湖周围的大气中检测到较高浓度的这两种衍生物的母体化合物——o,p'-DDT,并认为主要来自周边地区棉花地中三氯杀螨醇的使用。因此 o,p'-DDT 的代谢产物 o,p'-DDE 和 o,p'-DDD 可能会随着大气沉降进入林地土壤中。HCH 异构体在林地土壤剖面中的分布规律较为复杂,随着采样点的不同而有较大差别,既有生物扰动作用下的迁移,也存在着向下的淋溶迁移。

二、珠江三角洲土壤有机氯农药污染特征

(一)土壤中六六六和滴滴涕的含量特征

珠三角地区土壤样品中 DDT 和 HCH 的含量见表 1.10。从表中可以看出,8 种有机氯农药单体的检出率有很大的差别,检出率最高的是 β-HCH,所有土壤样品中均能检测到该化合物的存在,其次是 o,p'-DDT,检出率为 91.8%;检出率最低的化合物为 p,p'-DDT,只有 10% 的土壤样品检测到该化合物的存在。

表 1.10 珠江三角洲地区土壤有机氯农药的含量

有机氯农药	平均值	中位值	最小值	最大值	标准值	检出率/%
			/ (μg/kg)			
α-HCH	0.16	0.07	ND	1.41	2.5	73.6
β-HCH	0.57	0.28	0.10	9.39	1	100
γ-HCH	0.39	0.21	ND	2.53	0.05	81.8
δ-HCH	0.82	0.03	ND	6.66	—	52.7
p,p'-DDE	0.44	0.00	ND	4.06	—	49.1
p,p'-DDD	0.12	0.00	ND	2.49	—	18.2
p,p'-DDT	0.23	0.00	ND	17.6	—	10.0
o,p'-DDT	3.55	1.21	ND	39.4	—	91.8
ΣHCH	1.94	0.87	0.14	10.1	10/100[*]	—
ΣDDT	4.35	1.63	0.00	40.9	2.5/100[*]	—

*表示我国《食用农产品产地土壤环境质量指标限值》(HJ332—2006),其余标准值采用荷兰土壤标准目标值。

　　珠三角土壤中 HCH 的残留水平为 0.14～10.1 μg/kg，DDT 的残留水平为 0～40.9 μg/kg，DDT 残留的平均含量要高于 HCH，残留水平均未超过我国 2006 年颁布的《食用农产品基地土壤环境质量指标限值》，但与荷兰土壤标准的目标值比较，DDT 和 γ-HCH 的平均含量都要高于该目标值。荷兰土壤标准的目标值主要是基于生态风险评估的方法确定的，因此超过该值，可能意味着有机氯农药对生态系统有危害作用（VROM，2000）。但与差不多同时期的其他研究区的检测结果比较（表 1.11）可以发现，HCH 的含量与香港土壤、东莞土壤、珠三角耕作土壤和长三角典型土壤相当；而 DDT 则与东莞土壤、广东蔬菜地土壤的含量相当，但总体上来看要比长三角的苏南地区和杭嘉湖地区土壤有机氯农药的残留量低许多。这固然与过去的使用量多少有关，但纬度带的差异导致气候和土壤有机质的差异也是南方地区土壤中有机氯农药含量要低于偏北地区的残留量的重要原因（Meijer et al.，2003）。在 HCH 的四个异构体中，其平均含量以 δ-HCH 最大，而 α-HCH 最小，这与 α-HCH 具有较强的挥发性有关。DDT 的四个同系物中，o,p'-DDT 的平均含量最高，并且远大于 p,p'-DDT 及其代谢产物，而在 p,p'-DDT 的代谢产物中，又以 p,p'-DDE 为主。这表明 p,p'-DDT 在土壤中以有氧代谢为主（Zhang et al.，2006b）。

表 1.11　其他研究区土壤中的有机氯农药含量

研究区	采样时间	N	ΣDDT/(μg/kg)	ΣHCH/(μg/kg)	参考文献
长三角典型土壤	2003	44	0.57～302.73	2.13～10.09	李清波，2004
江苏南京	2002～2003	176	6.3～1050.7	2.7～130.6	安琼等，2005
太湖地区	2003	336	0.01～0.989	0.01～0.32	Shen et al.，2005
苏南农田	2002	89	17～1115.4	4.5～22.8	安琼等，2004
浙江嘉兴农田	2004	81	1.5～362.84	0.2～20.1	邱黎敏等，2005
浙江富阳	2003	131	n.d.～198.04	n.d.～38.03	Gao et al.，2006
广州蔬菜地	1999～2002	10	3.58～831	0.19～42.3	Chen et al.，2005
东莞土壤	2002	64	0.05～36.33	n.d.～16.11	张天彬等，2005a
香港土壤	2000	51	n.d.～5.7	2.5～11.0	Zhang et al.，2006b
珠三角耕作土壤	2003	13	0.55～9.38	0.37～5.78	万大娟和贾晓，2005

（二）土壤中六六六和滴滴涕的分布特征

　　DDT 和 HCH 在空间中的分布有明显的差异（图 1.20），HCH 在不同地区的含量较为一致，都在 2.0 μg/kg 左右，而 DDT 在各个地区的含量明显不同，广州地区土壤中的含量要明显地高于其他地区，其他 DDT 含量较高的地区还有江门、深圳和中山。广州地区土壤中 DDT 含量在 0～32.8 μg/kg，其含量要比 1999 年在广州蔬菜地的调查结果低（Chen et al.，2005），但在空间分布规律上较为一致，都以黄埔区、萝岗区以及西北部白云区土壤中的 DDT 含量相对较高，都在 20 μg/kg 以上，而其他地区都在 10 μg/kg 以下。

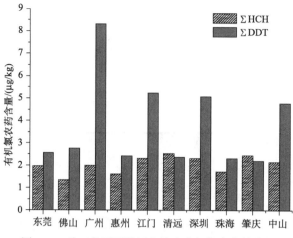

图 1.20 珠三角不同地区土壤中有机氯农药的含量

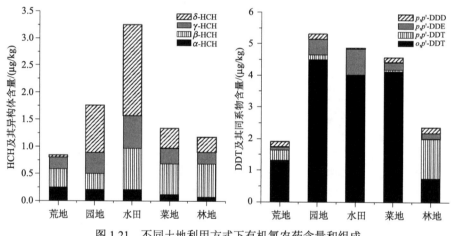

图 1.21 不同土地利用方式下有机氯农药含量和组成

通过比较不同土地利用方式下 DDT 和 HCH 含量差异（图 1.21），可以发现 DDT 和 HCH 的变化趋势较为一致，都是以农业用地土壤高于非农业用地土壤，而水田土壤中 HCH 含量要明显地高于其他几种利用类型的土壤。这可能是过去水田中 HCH 的使用量要高于其他几种土地利用方式。园地、水田和菜地土壤中的 DDT 含量都较高，并且都以 o,p'-DDT 为主；林地土壤中则以 p,p'-DDT 为主，但其 DDT 的总量并不高。通过线性回归表明，水田土壤中的 HCH 总量与 p,p'-DDE 含量具有极其显著的相关性，相关系数近乎为 1；而在非农业用地土壤（林地和荒地土壤）中，它们之间的相关性还未达到统计显著性水平（图 1.22）。p,p'-DDE 是 p,p'-DDT 在土壤中的代谢产物，它在土壤中具有很强的持久性，并且是主要的代谢产物，其含量的相对高低可以反映过去有机氯农药使用量的多少。p,p'-DDE 与 HCH 的相关性说明了当前水稻土中 DDT 和 HCH 的同源性。李军（2005）通过 HCH 的持水特征证实了珠三角水稻土中的 HCH 主要是受到过去使用量的影响，并且处于由土壤向环境释放的过程，而非耕作土壤则正在从大气中接受 HCH。因此，这个相关分析也进一步证实了珠三角地区水稻土和非耕作土壤中 HCH 的不同来源，前者主要是过去使用后的残留物，而后者主要来自大气沉降，由于大气中的 HCH 往往是多源性的，因此与土壤中的 p,p'-DDE 不具有相关性。

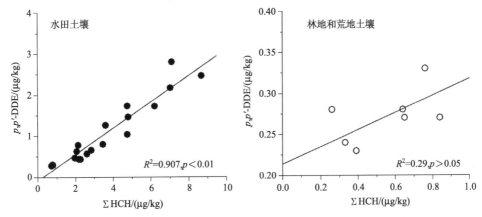

图 1.22 水田土壤与非农田土壤中 HCH 总量与 p,p'-DDE 的相关性

（三）土壤中六六六和滴滴涕残留的演变规律

我国在 1983 年开始禁止使用 HCH 和 DDT 等有机氯农药，但环境中有机氯农药的残留问题一直受到研究者的关注。尽管这些研究在采样和分析方法上都有一些差异，特别是早期的调查研究，在一定程度上影响了数据的可比性，但仍然可以从趋势上反映出土壤中 DDT 和 HCH 在被禁用后的残留规律。20 世纪 90 年代的数据暂时没能找到，因此，本书中选择了珠三角土壤中近 20 年（1984～2005 年）的 5 个时间段，从 HCH 和 DDT 的含量和组成上反映了它们的残留特征的演变（图 1.23）。

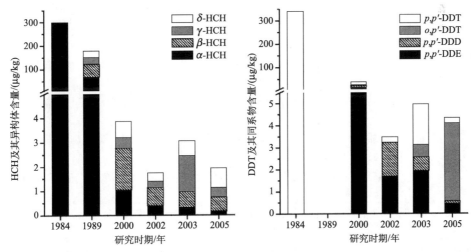

图 1.23 珠三角土壤中 HCH 和 DDT 含量和组成的变化趋势（1984 年的数据为总量而非单体的含量，
DDT 中 1989 年的数据暂时未查到）

数据来源：1984 年数据来自广东土壤普查办公室（1993）；1989 年数据来自张友松（1989）；2000 年数据来自李军（2005）；
2002 年数据来自张天彬等（2005）；2003 年数据来自万大娟和贾晓（2005）；2005 年的数据为本书研究实测数据

　　从图中可以发现，近 20 年来，土壤中 DDT 和 HCH 的残留总量已经有明显的下降，从禁用初期的 300 μg/kg 到目前 5 μg/kg 以下。尤其是 2000 年以后，除个别点的含量仍然较高外，这个区域的含量与禁用初期相比，都有了普遍的下降。从它们的同系物组成来看，HCH 在禁用初期以 α-HCH 为主，这是工业 HCH 的特征，到了 2000 年后 α-HCH 开始明显下降，而 β-HCH 的比例开始增大，总体上表现了土壤中的 HCH 转向稳定异构体存在，但也有一些检测例外的现象，如 2003 年 γ-HCH 的比例很高，这可能是由于个别地区仍然在使用林丹的缘故（万大娟和贾晓，2005）。DDT 的组成中，p,p'-DDE 的含量从 1989 年到现在已经有明显地降低了，但是值得注意的是，从 2003 年和本书的检测结果来看，o,p'-DDT 在土壤中的比例开始上升，而其他研究区的环境中也检测到相对高含量的 o,p'-DDT（Qiu et al.，2004；李清波，2004）。这是否意味着 o,p'-DDT 在环境中的含量有上升的趋势，还需要今后更多的调查数据来支持。因此，当前三氯杀螨醇的使用对土壤 DDT 的累积作用值得进一步的关注。

参 考 文 献

安琼, 董元华, 王辉, 等. 2004. 苏南农田土壤有机氯农药残留规律. 土壤学报, 41(3): 414~419.

安琼, 董元华, 王辉, 等. 2005. 南京地区土壤中有机氯农药残留及其分布特征. 环境科学学报, 25(4): 470~474.

广东土壤普查办公室, 1993. 广东土壤. 北京: 科学出版社.

李春雷, 麦碧娴, 郝永梅, 等. 2004. 珠江三角洲空气中多氯联苯污染的区域背景研究. 中国环境科学, 24(4): 501~504.

李清波. 2004. 长江三角洲地区土壤多氯联苯空间分布及其风险评估. 南京: 中国科学院南京土壤研究所博士后出站报告.

刘国卿. 2005. 珠江三角洲地区多环芳烃的区域地球化学初步研究. 北京: 中国科学院研究生院博士学位论文.

祁士华, 张干, 刘建华, 等. 2003. 拉萨市城区大气和拉鲁湿地土壤中的多环芳烃. 中国环境科学, 23(4): 349~352.

邱黎敏, 张建英, 骆永明. 2005. 浙北农田土壤中 HCH 和 DDT 的残留及其风险. 农业环境科学学报, 24(6): 1161~1165.

宋玉芳, 常士俊, 李利, 等. 1997. 污灌土壤中多环芳烃(PAHs)的积累与动态变化研究. 应用生态学报, 8(1): 93~98.

万大娟, 贾晓珊. 2005. 耕作土壤中多氯代有机污染物的含量与分布特征——以珠江三角洲部分地区为例. 环境科学学报, 25(8): 1078~1084.

张天彬, 杨国义, 万洪富, 等. 2005. 东莞市土壤中多环芳烃的含量、代表物及其来源. 土壤, 37(3): 265~271.

张友松, 徐烽, 杜笑容, 等. 1989. 珠江三角洲水稻土内农药六六六残留量的初步研究. 农药环境保护, 8(1): 4~9.

Aamot E, Steinnes E, Schmid R. 1996. Polycyclic aromatichydrocarbons in Norwegian forest soils: impact of long rangeatmospheric transport. Environmental Pollution, 92(3): 275~280.

Brüne H. 1986. Schadstoffeintrag in Böden durch Industrie. Besiedlung, Verkehr und Landbewirtschaftung. VDLUFA-Schriftenreihe 16(Kongreβband, 1985): 85~102.

Cai D J. 1996. Pesticide usage in China. Prepared for Environment Canada, Downsview, Ontario, Canada.

CCME(Canadian Council of Ministers of the Environment). 1996. A protocol for the derivation of environmental and human health soil quality guidelines. CCME-EPC-101E. Ottawa, Canada, 169.

Chen L G, Ran Y, Xing B S, et al. 2005. Contents and sources of polycyclic aromatic hydrocarbons and organochlorine pesticides in vegetable soils of Guangzhou, China. Chemosphere, 60: 879~890.

Chiou C T, McGroddy R L, Kile D E. 1998. Partition characteristics of polycyclic aromatic hydrocarbons on soils and sediments. Environmental Science & Technology, 32: 264~269.

Cousins I T, Mackay D, Jones K C. 1999. Measuring and modelling the vertical distribution of semi-volatile organic compounds in soils. II: Model development. Chemosphere, 39(14): 2519~2534.

Creaser C S, Fernandes A R, Harrad S J, et al. 1989. Background levels of polychlorinated biphenyls in British soils-II. Chemosphere, 19(8): 1457~1466.

Doick K J, Semple K T. 2003. The effect of soil: water ratios on the internalization of phenanthrene: LNAPL mixtures in soil. FEMS microbiology letters, 220: 29~33.

Gao J, Luo Y M, Li Q B, et al. 2006. Distribution patterns of polychlorinated biphenyls in soils collected from Zhejiang province, east China. Environmental Geochemistry and Health, 28: 79~87.

Krauss M, Wilcke W. 2002. Photochemical oxidation of polycyclic aromatic hydrocarbons (PAHs) and polychlorinated biphenyls (PCBs) in soils-a tool to assess theirdegradability. Journal of Plant Nutrition and Soil Science, 165: 173~178.

Li J, Zhang G, Qi S, et al. 2006. Concentrations, enantiomeric compositions, and sources of HCH, DDT and chlordane in soils from the Pearl River Delta, South China. Science of the Total Environment, 372(1): 215~224.

Li Q B, Zhang H B, Luo Y M, et al. 2008. Residues of DDTs and their spatial distribution characteristics in soils from the Yangtze River Delta, China. Environmental Toxicology and Chemistry, 27: 24~30.

Maliszewska-Kordybach B. 1996. Polycyclic aromatic hydrocarbonsin agricultural soils in Poland: preliminary proposalsfor criteria to evaluate the level of soil contamination. Applied Geochemistry, 11(1~2): 121~127.

Matzner E. 1984. Annual rates of deposition of polycyclic aromatic hydrocarbons in different forest ecosystems. Water Air and Soil Pollution, 21(1~4): 425~434.

Meijer S N, Ockenden W A, Sweetman A, et al. 2003. Global distribution and budget of PCBs and HCB in background surface soils: implications for sources and environmental processes. Environmental Science & Technology, 37: 667~672.

Mielke H W, Wang G, Gonzales C R, et al. 2001. PAH and Metal Mixtures in New Orleans Soils and Sediments. The Science of the Total Environment, 281(1~3): 217~227.

Motelay-Massei A, Ollivon D, Garban B, et al. 2004. Distribution and spatial trends of PAHs and PCBs in soils in the Seine River basin, France. Chemosphere, 55: 555~565.

Qiu X H, Zhu T, Li J, et al. 2004. Organochlorine pesticides in the air around Taihu Lake, China. Environmental Science & Technology, 38: 1368~1374.

Reichman R, Mahrer Y, Wallach R. 2000. A combined soil-atmosphere model for evaluating the fate of surface-applied pesticides. 2. The effect of varying environmental conditions. Environmental Science & Technology, 34(7): 1321~1330.

SEPA. 2003. Building the capacity of the Peoples Republic of China to implement the Stockholm convention on POPs and develop a National implementation plan. GEF Project Brief(GF/CPR/02/010).

Shen G Q, Lu Y T, Wang M N, et al. 2005. Status and fuzzy comprehensive assessment of combined heavy metal and organo-chlorine pesticide pollution in the Taihu Lake region of China. Journal of Environmental Management, 76: 355~362.

Tam N F Y, Yao M W Y. 2002. Concentrations of PCBs in coastal mangrove sediments of Hong Kong. Marine Pollution Bulletin, 44: 642~651.

Tang L, Tang X Y, Zhu Y G, et al. 2005. Contamination of polycyclic aromatic hydrocarbons(PAHs)in urban soils in Beijing, China. Environment International, 31(6): 822~828..

Tao S, Liu W X, Li Y, et al. 2008. Organochlorine pesticides contaminated surface soil as reemission source in the Haihe Plain, China. Environmental Science & Technology, 42: 8395~8400.

Thao V D, Kawano M, Tatsukawa R. 1993. Persistent organochlorine residues in soils from tropical and sub-tropical Asian countries. Environmental Pollution, 81(1): 61~71.

Trapido M. 1999. Polycyclic aromatic hydrocarbons in Estonian soil: contamination and profiles. Environmental Pollution, 105(1): 67~74.

VROM(The Housing, Spatial Planning and Environment). 2000. Circular on Target Values and Intervention Values for Soil Remediation. DBO/07494913.

Wang F, Jiang X, Bian Y R, et al. 2007. Organochlorine pesticides in soils under different land usage in the Taihu Lake region, China. Journal of Environmental Sciences, 19(5): 584~590.

Wang X J, Zheng Y, Liu R M, et al. 2003. Medium scale spatial structures of polycyclic aromatic hydrocarbons in the topsoil of Tianjin area. Journal of Environmental Science and Health-Part B, 38: 327~335.

Wang X P, Yao T D, Cong Z Y, et al. 2007. Distribution of persistent organic pollutants in soil and grasses around Mt. Qomolangma, China. Archives of Environmental Contamination and Toxicology, 52(2): 153~162.

Wang X, Piao X, Chen J, et al. 2006. Organochlorine pesticides in soil profiles from Tianjin, China. Chemosphere, 64: 1514~1520.

Wilcke W, Müller S, Kanchanakool N. 1999. Urban soil contamination in Bangkok: concentrations and patterns of polychlorinated biphenyls (PCBs) in topsoils. Australian Journal of Soil Research, 37: 245~254.

Wong S C, Li X D, Zhang G, et al. 2002. Heavy metals in agricultural soils of the Pearl River Delta, South China. Environmental Pollution, 119: 33~44.

Xing Y, Lu Y L, Dawson R W, et al. 2005. A spatial temporal assessment of pollution from PCBs in China. Chemosphere, 60: 731~739.

Xu S S, Liu W X, Tao S. 2006. Emission of Polycyclic Aromatic Hydrocarbons in China. Environmental Science & Technology, 40: 702~708.

Zhang H B, Luo Y M, Wong M H, et al. 2007. Soil organic carbon storage and changes with reduction in agricultural activities in Hong Kong. Geoderma, 139: 412~419.

Zhang H B, Luo Y M, Wong M H, et al. 2006a. Distributions and Concentrations of PAHs in Hong Kong Soils. Environmental Pollution, 141: 107~114.

Zhang H B, Luo Y M, Wong M H, et al. 2006b. Residues of Organochlorine Pesticides in Soils of Hong Kong. Chemosphere, 63: 633~641.

第二章　设施菜地土壤污染特征

设施农业土壤是保障城市蔬菜供给与安全生产的重要基础。我国设施农业主要以日光温室、塑料大棚、小拱棚（遮阳棚）三类为主，也有少量的玻璃/PC 板连栋温室。塑料大棚和小拱棚应用较为广泛，其中农用化学品的高频、高剂量投入以及农膜大量使用，导致重金属、农药、抗生素、酞酸酯在土壤中残留及积累。本章分别介绍大棚土壤重金属、农药和抗生素的污染特征以及中小拱棚土壤中酞酸酯和抗生素的污染特征，旨在为我国设施农业土壤污染特征提供基础数据，对进一步合理发展我国设施农业和优化农田环境管理具有重要的现实意义。

第一节　茄果类大棚土壤污染特征

一、重金属污染特征

山东是蔬菜大省，也是全国设施蔬菜发展的中心，设施农业生产基地多为日光温室和塑料大棚。本节土壤样品采自山东省某地区典型设施蔬菜基地的 20 个蔬菜大棚，主要种植黄瓜、西红柿、丝瓜和圆椒，复种重茬现象普遍存在，黄瓜-西红柿、黄瓜-丝瓜、西红柿-丝瓜、西红柿-圆椒等轮种。调查区土壤样品中重金属含量如表 2.1 所示，土壤中重金属镉污染最严重，最高测定含量为 2.8 mg/kg，平均含量为 1.1 mg/kg，远远高于温室蔬菜产地限值（0.3 mg/kg），镉超标率达 66.7%，镉平均含量是温室蔬菜产地限值的 3.7 倍。其他重金属诸如 Cu、Zn、Hg、Pb、As、Cr、Ni 等在土壤中的含量较低，均满足温室蔬菜产地土壤环境要求，但是土壤中重金属 Cu、Zn、Hg 平均含量高于国家土壤环境质量一级标准及山东省褐土自然背景值。

表 2.1　土壤中重金属的含量　　　　　　（单位：mg/kg）

元素	含量范围	平均值±标准偏差 [a]	国家一级标准 [b]	温室蔬菜产地限值 [b] pH6.5～7.5/pH>7.5	山东省褐土自然背景值 [c]
Cd	0.4～2.8	1.1±1.0	0.20	0.30/0.40	0.08
Cu	33～93	58.8±22.9	35	100/100	23.58
Zn	82～200	163.38±0.1	100	250/300	64.49
Hg	0.1～0.33	0.2±0.1	0.15	0.30/0.35	0.02
Pb	13～21	15.8±3.2	35	50/50	25.98
As	10～12	11.0±0.9	15	25/20	10.49
Cr	30～66	45.3±11.8	90	200/250	66.02
Ni	17～33	24.5±5.1	40	50/60	28.58

a《土壤环境质量标准》GB15618—1995；b《温室蔬菜产地环境质量评价标准》HJ/333—2006；c 引自刘苹等（2008）。

近年来，我国菜地重金属污染问题备受关注，局部地区特别是设施蔬菜基地重金属积累严重。土壤重金属含量呈现设施菜地>露天菜地>大田>林地的特征（白玲玉等，2010）。山东寿光市是我国著名的蔬菜之乡，全市设施蔬菜种植面积占全国设施蔬菜总面积的 1/5。大多数研究表明山东寿光市农田表层土壤中重金属含量总体上处于较低水平，其中重金属 Cd 含量在 0.03～0.93 mg/kg，平均为 0.2 mg/kg；Cu 含量在 16.0～57.6 mg/kg，均值为 29.9 mg/kg；Zn 含量在 48.7～222.6 mg/kg，均值为 91.9 mg/kg；Hg 含量在 0.01～0.17 mg/kg，平均为 0.08 mg/kg；而 As、Pb、Cr、Ni 的含量较低，均低于自然背景值（刘苹等，2008；刘庆等，2009）。与上述研究结果相似，本研究区所调查的设施蔬菜大棚土壤 As、Pb、Cr、N 的含量较低，均低于自然背景值；而 Cd、Cu、Zn、Hg 的平均含量分别为 1.1、58.8、163、0.2 mg/kg，远远高于刘苹等（2008）的调查结果，表明本研究调查区大棚土壤重金属积累严重（表 2.1）。其他研究结果也表明，设施菜地土壤重金属主要是 Cd 含量超标严重（白玲玉等，2010）。土壤中重金属除来自母质以外，其含量受人为活动影响较大，如生活污水灌溉、农用化学品（化肥、农药）的超高量使用、工业废水灌溉、交通污染等。山东省设施蔬菜大棚环境质量优良，受工业和交通污染的可能性不大，因此推测土壤重金属主要来源于农用化学品，如化肥、有机粪肥及农药。李俊良等（2002）调查发现山东寿光市蔬菜大棚施肥量很大，养分比例不协调，氮肥、磷肥施用量较大，以氮肥和含磷复合肥为主，有机粪肥（猪粪、鸡粪）常作为底肥施入土壤。刘苹等（2008）调查结果表明磷肥、氮肥及有机肥中常含有较多的重金属，如 Cd、Cu、Hg、Zn、As、Pb 等。白玲玉等（2010）研究结果表明猪粪中 Cu、Zn 含量高达 1006.8 mg/kg、830.9 mg/kg，As、Cd 含量分别高达 66.8 mg/kg、6.1 mg/kg；鸡粪中 Zn 平均含量为 481.7 mg/kg；复合肥中 Cd 平均含量为 6.3 mg/kg，最高达 54.1 mg/kg。因此，由于 Cu、Zn 常作为饲料添加剂使用，会导致畜禽粪便中 Cu、Zn 含量超标，设施蔬菜土壤中重金属积累可能来自于化肥及有机粪肥的施用。此外，某些常用农药中含有重金属，如代森锰锌等的施用，也是导致土壤重金属积累的原因之一。本研究区土壤中 Cu、Zn、Hg 含量虽未超标，但是土壤中重金属会随种植年限的延长而增加（李德成等，2003），并随着化肥及有机粪肥的逐年施用，具有一定的积累趋势，因此肥料中的 Cu、Zn、Hg，Cd 含量问题也应引起关注。

二、农药残留特征

研究区土壤中主要残留的农药品种及含量见表 2.2，其中有机氯类农药普遍检出。除 18 号样品（种植圆椒—黄瓜）外，其余样品中 ΣHCH 和 ΣDDT 的含量均低于国家《土壤环境质量标准》（GB15618—1995）一级标准（≤50 μg/kg），而 18 号样品 ΣDDT 和 ΣHCH 含量分别为 150 μg/kg 和 100 μg/kg，在国家二级标准（50～500 μg/kg）范围内。硫丹的残留范围在 4～1013 μg/kg，平均为 197 μg/kg，样品 18 中硫丹含量高达 1013 μg/kg。氯丹的残留范围在 2～50 μg/kg，平均为 12.7 μg/kg，残留量较低。Σ（艾氏剂+狄氏剂+异狄氏剂）的残留含量在 3～75 μg/kg，平均为 19 μg/kg。当前广泛使用的低毒有机氯农药三氯杀螨醇在两个土样中被检测到，检出含量分别为 36 μg/kg 和 60 μg/kg。有机磷类农药检出的品种主要是噻唑磷和毒死蜱，其平均检出量分别为 56.5 μg/kg 和

75 μg/kg，二者都是目前在设施农业生产中分别被广泛用来防治根结线虫、稻飞虱、蚜虫、斜纹夜蛾、卷叶螟等农业害虫。呋喃丹（克百威）属于氨基甲酸酯类农药，只在一个土样中被检出，其检出含量为 106 μg/kg。土壤中残留拟除虫菊酯类农药种类经检测主要为氯氰菊酯和三氟氯氰菊酯，其平均含量分别为 50 μg/kg 和 131 μg/kg，其中氯氰菊酯在所测土样中具有较高的检出率（检出率为 50%）。

表 2.2　土壤中主要农药残留种类及含量　　　　　（单位：μg/kg）

编号	噻唑磷	毒死蜱	呋喃丹	氯氰菊酯	三氟氯氰菊酯	三氯杀螨醇	ΣDDTs	ΣHCH	Σ硫丹	Σ氯丹	ΣDrins
1	52	—	—	—	—	60	50	4	13	2	3
2	61	75	106	40	—	—	30	20	80	10	15
6	—	—	—	40	—	36	30	20	65	10	15
14	—	—	—	70	—	—	7	4	4	2	3
18	—	—	—	—	131	—	150	100	1013	50	75
20	—	—	—	—	—	—	6	4	8	2	3
平均值	56.5	75	106	50	131	48	45.5	25.3	197	12.7	19

注：编号 1、2、6、14、18、20 分别代表的种植种类为黄瓜-西红柿（20 年）、西红柿-黄瓜（20 年）、黄瓜-圆椒（15 年）、丝瓜-黄瓜（7 年）、圆椒-黄瓜（6）年、黄瓜-西红柿（2 年）；$\Sigma HCH=\alpha\text{-}HCH+\beta\text{-}HCH+\gamma\text{-}HCH+\delta\text{-}HCH$；$\Sigma DDTs=p,p'\text{-}DDT+p,p'\text{-}DDE+p,p'\text{-}DDD+o,p'\text{-}DDT+o,p'\text{-}DDE+o,p'\text{-}DDD$；Σ硫丹$=\alpha\text{-}$硫丹$+\beta\text{-}$硫丹$+$硫丹硫酸盐；Σ氯丹$=\alpha\text{-}$氯丹$+\beta\text{-}$氯丹；ΣDrins=艾氏剂+狄氏剂+异狄氏剂；—：未检出。

关于土壤中有机氯类农药的研究主要集中于 DDT 和 HCH，其他种类的有机氯 POPs 研究较少。最近一些研究表明，有机氯农药仍是土壤中主要化学污染物之一，全国大部分地区仍有残留。本书研究区设施菜地土壤中 HCH 和 DDTs 等有机氯农药污染依然存在，但浓度基本上已远低于一级标准限值（50 μg/kg），只有个别被检土壤中浓度高于 50 μg/kg，却远低于 500 μg/kg（二级标准限值）。DDTs 残留量高于 HCH，ΣDDT 残留量为 6～150 μg/kg，平均残留量为 45.5 μg/kg，ΣHCH 残留量为 4～100 μg/kg，平均残留量为 25.3 μg/kg。南京市无公害蔬菜基地 ΣDDT 残留量为 3.36～74.19 μg/kg，平均为 12.61 μg/kg；ΣHCH 残留量为 2.48～17.80 μg/kg，平均 6.02 μg/kg（张海秀等，2007）。很明显，本书研究区土壤中 DDTs、HCH 残留水平相对偏高。与我国其他地区蔬菜地 DDTs 和 HCH 残留量相比（表 2.3），本书研究区设施蔬菜土壤 DDT 残留量高于南京八卦洲、东莞、雷州半岛，但低于沈阳、宁波、呼和浩特、青岛、孝感；而 HCH 残留量低于沈阳、呼和浩特，但高于南京八卦洲、东莞、宁波、青岛、雷州半岛、孝感。这可能与各地区间农药使用量、使用种类及环境条件差异有关。

由表 2.2 可知，除了 DDTs 和 HCH 外，有机氯类农药还检测出三氯杀螨醇、硫丹、氯丹、狄氏剂、异狄氏剂和艾氏剂，而硫丹、七氯及常用的杀菌剂（百菌清）均未被检出。其中氯丹、狄氏剂、异狄氏剂和艾氏剂的残留很可能是由于历史上大量使用来防治

表 2.3　我国不同地区菜地土壤中 DDT 和 HCH 残留量 [a]

区域	ΣDDTs/（μg/kg）	ΣHCHs/（μg/kg）
山东省典型设施蔬菜土壤	45.5（6～150）	25.3（4～100）
南京八卦洲	12.61±0.01	6.02±2.73
东莞	4.12（0.05～36.33）	1.71（ND～16.11）
沈阳	97.0（8.0～252.0）	211.0（97.0～367.0）
宁波	265.4（18.0～524.2）	6.4（1.3～14.5）
呼和浩特	192（5～852）	256（40～830）
青岛	57.04	7.34
雷州半岛	5.57（0.12～52.00）	5.50（ND～65.95）
孝感	56.000（0.072～133.670）	1.820（0.222～3.610）

引自张海秀等（2007）。

地下害虫。研究结果表明氯丹、狄氏剂、异狄氏剂和艾氏剂残留含量很低，但是个别大棚土壤中硫丹残留量非常大（1013 μg/kg），表明硫丹目前可能还在蔬菜上被滥用，对农产品质量安全存在一定的风险。史双昕等（2007）对采自北京 115 个土壤表层样品进行分析，结果表明北京土壤中六氯苯、滴滴涕的检出率很高，狄氏剂、异狄氏剂、七氯、灭蚁灵未检出；六氯苯残留量很低；氯丹检出率和残留量均很低。由于三氯杀螨醇的化学结构与 DDT 很相似，并且三氯杀螨醇含有 15% DDT 类物质，因此本地区 DDT 的输入可能与使用三氯杀螨醇有关。

　　有机氯类农药被禁用后，有机磷、氨基甲酸酯、拟除虫菊酯类农药被广泛应用。目前我国对土壤中有机磷类、氨基甲酸酯类、拟除虫菊酯类农药的残留也有了一些研究。这些非持久性农药与土壤有较强的结合能力，研究表明有机磷杀虫剂在土壤中的结合残留量高达 26%～80%，氨基甲酸酯类农药（西维因）的结合残留量达 49%，拟除虫菊酯类农药的结合残留量达 36%～54%。近年来不乏有机磷在农田土壤中被检出的报道，检出率高，且检出含量高，检出种类有甲胺磷、氧化乐果、毒死蜱等。这些有机磷类农药严重威胁到农作物安全。我国对氨基甲酸酯类农药残留的研究报道尚不多。目前菜地土壤中被检测到的氨基甲酸酯类农药有 3-羟基克百威和灭虫威，检出浓度较低，但是某些氨基甲酸种类农药的代谢物检出浓度较高，检出率较高，如涕灭威及其代谢物（张劲强等，2006）。然而本研究却检测到高毒克百威（别名呋喃丹）的残留，残留量高达 106 μg/kg，未检测出涕灭威、3-羟基克百威、丁硫克百威和杀线威。由于国家已禁止在蔬菜、果树、茶叶、中草药材上使用呋喃丹，因此反映出该设施农区在蔬菜生产中存在已禁高毒农药乱用、滥用的现象。

　　拟除虫菊酯类农药是 20 世纪 70 年代模拟天然的除虫菊酯而合成的一类杀虫剂，目前其使用量仅次于有机磷类农药。随着拟除虫菊酯类农药的施用范围增大及施用次数的增多，拟除虫菊酯农药在土壤中的残留也不可小觑。残留拟除虫菊酯类农药频被检出，如浙江省农田土壤中检出残留种类有氯氰菊酯、顺氯氰菊酯和顺氰戊菊酯，其中顺氰戊菊酯残留量最高，最高残留量达 1227.14 μg/kg；在云南滇池周边菜地土壤中检测到氯氰菊酯、三氟氯氰菊酯、氟氯氰菊酯、氰戊菊酯和溴氰菊酯，检出浓度平均值以氟氯氰菊酯最高，为 44.9 μg/kg（郭子武等，2008）。在研究中检测到 2 种拟除虫菊酯类农药残留，分别是氯氰菊酯和三氟氯氰菊酯，残留平均量分别为 50 μg/kg 和 131 μg/kg，氯氰菊酯检出率较高。不同地区拟除虫菊酯类农药检出种类及含量差异大可能与用药习惯如农药种类、农药施用量及使用频率等不同有关。总之，山东省典型设施蔬菜土壤农药残留较普遍，残留种类较多。

三、抗生素残留特征与积累规律

土壤中抗生素的检出含量见表 2.4。所有土壤样品均不同程度地检出四环素类抗生素，四种四环素类抗生素总含量 Σ（TCs）最高达 1010.1 μg/kg，平均为 274 μg/kg。

表 2.4　设施菜地土壤中 14 种抗生素含量

名称	英文缩写	范围/（μg/kg）	均值/（μg/kg）	检出率（n=20）/%	检出限[2)] LOQ/（ng/L）
四环素	TC	2.1～139.2	29.3	100	0.1
土霉素	OTC	6.1～332.0	107.2	100	1.0
金霉素	CTC	1.0～8391.3	71.2	100	1.0
多西环素	DXC	22.2～248.6	66.3	100	0.1
四环素类	Σ（TCs）	26.8～1010.1	274.0	100	
磺胺嘧啶	SD	ND[1)]～8.4	0.8	75	0.1
磺胺甲噁唑	SMX	ND～0.5	0.2	65	0.1
磺胺二甲嘧啶	SM2	0.01～29.9	2.8	95	0.1
磺胺类	Σ（SAs）	0.01～33.6	3.9	100	
诺氟沙星	NFC	ND～373.7	28.0	55	0.1
氧氟沙星	OFC	ND～643.3	45.1	65	0.1
喹诺酮类	Σ（QNs）	0～1017.1	73.1	85	
红霉素	ETM-H$_2$O	ND～0.02	0.003	70	0.1
罗红霉素	RTM	0.03～2.1	0.3	100	0.1
大环内酯类	Σ（MACs）	0.00～2.1	0.3	100	
氯霉素	CPC	ND	0	0	1
甲砜霉素	TPC	ND	0	0	1
氟苯尼考	FFC	ND	0	0	1

1）ND：未检出；2）方法检出限：连续 7 个重复，计算该分析方法条件下的方法检出限 LOQ（LOA=$S \times t_{n-1}$, 0.99；S 为 7 个重复的标准差；$n-1$ 为自由度；0.99 为 99%的置信区间 LOQ）。

由表 2.4 可知，四环素类和磺胺类抗生素在设施农业土壤中普遍存在。众多研究表明，不同地区菜地土壤中抗生素含量差异很大，如东莞市、广州市、深圳市等地区土壤中四环素类抗生素的平均含量从几 µg/kg 到几十 µg/kg，甚至上百 µg/kg（李彦文等，2009；郑义萍等，2011）。广州市、深圳市和合肥市的菜地土壤中磺胺类抗生素的平均含量分别为 45 µg/kg 和 10.8 µg/kg（李彦文，2009）。诺氟沙星在东莞市蔬菜基地和珠江三角洲长期施用有机粪肥的某菜地土壤中被检测到，平均含量大约为 5 µg/kg（郑义萍等，2011）。与已有的这些报道相比，本研究区典型设施菜地土壤中四环素类抗生素和喹诺酮类抗生素污染较严重，其中土霉素和金霉素的最高检出含量（分别为 332 µg/kg 和 391 µg/kg）是迄今为止报道最高的，而磺胺类抗生素污染较轻。

研究区土壤中四环素类抗生素总量，有 15%的样品含量低于 100 µg/kg；75%的样品含量在 100～400 µg/kg；10%的样品含量高于 800 µg/kg（图 2.1）。四环素类抗生素单个化合物检出率均为 100%，其中土霉素的最高检出含量为 332.0 µg/kg，平均为 107.2 µg/kg；四环素最高含量为 139.2 µg/kg，平均为 29.3 µg/kg；金霉素最高含量为 391.3 µg/kg，均值为 71.2 µg/kg；多西环素最高含量为 248.6 µg/kg，均值为 66.3 µg/kg。该设施菜地土壤中 4 种四环素类抗生素的污染程度依次为土霉素>金霉素>多西环素>四环素，土霉素污染程度高可能与土霉素廉价，在禽畜养殖中使用量最大有关。

在所检测的 2 种喹诺酮类抗生素中，诺氟沙星的检出含量范围为 ND（检测限以下）～373.7 µg/kg，平均含量为 28.0 µg/kg；氧氟沙星的检出含量范围在 ND～643.3 µg/kg，平均为 45.1 µg/kg，都主要集中在 0～100 µg/kg（表 2.4，图 2.1）。但是此次调查中个别土壤样品中诺氟沙星和氧氟沙星含量分别高达 373.7 µg/kg 和 643.3 µg/kg（表 2.4）。

与四环素类抗生素相比，设施菜地土壤中磺胺类抗生素的检出含量较低，均低于 100 µg/kg（表 2.4，图 2.1），磺胺嘧啶、磺胺二甲嘧啶、磺胺甲噁唑的检出率分别为 75%、95%、65%，其含量分别为 ND～8.4 µg/kg，0.01～29.9 µg/kg，ND～0.5 µg/kg。其中磺胺二甲嘧啶的检出含量最高，均值为 2.8 µg/kg，其次为磺胺嘧啶和磺胺甲噁唑，均值分别为 0.8 µg/kg 和 0.2 µg/kg。

氯霉素类抗生素没有被检出，而大环内酯类抗生素虽然检出结果较低但其较高的检出率（>70%）需引起注意，可能存在较大的低剂量抗性筛选风险。

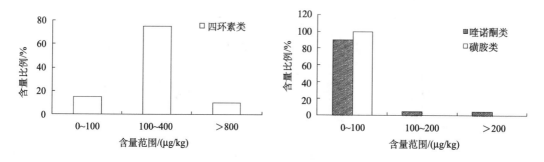

图 2.1　设施菜地土壤中四环素类、喹诺酮类和磺胺类抗生素的总含量分布特征

　　种植不同蔬菜土壤中四环素类、喹诺酮类、磺胺类抗生素的含量及组成特征差异明显（图 2.2）。土霉素、金霉素、四环素和多西环素 4 种化合物在种植黄瓜、西红柿、丝瓜、圆椒的大棚土壤中均被检出。在种植西红柿、丝瓜、圆椒的大棚土壤中土霉素的平均检出含量最高，尤其是种植丝瓜的土壤中含量高达 160 μg/kg，同时种丝瓜的土壤中金霉素与多西环素的平均含量也较高，分别为 137 μg/kg 和 148 μg/kg。在种植黄瓜的大棚土壤中，土霉素与多西环素的检出含量大体相当。而种植西红柿的大棚土壤中则金霉素的含量仅次于土霉素。总体上在种植西红柿和丝瓜的大棚土壤中四环素类抗生素污染较严重，而在种植黄瓜和圆椒的土壤中污染相对较轻。对于喹诺酮类抗生素，在种植黄瓜、西红柿的土壤中氧氟沙星、诺氟沙星均有检出；在种植丝瓜的土壤中仅检测出氧氟沙星，在种植圆椒的土壤中仅检测出诺氟沙星。喹诺酮类抗生素在种植黄瓜的土壤中污染较严重。与四环素类和喹诺酮类抗生素相比，磺胺类抗生素在种植不同蔬菜的土壤中检出量很低。在种植丝瓜的土壤中磺胺二甲嘧啶平均检出含量最高（6.7 μg/kg），其次为磺胺嘧啶，但在种植圆椒的土壤中没有检测出磺胺嘧啶。

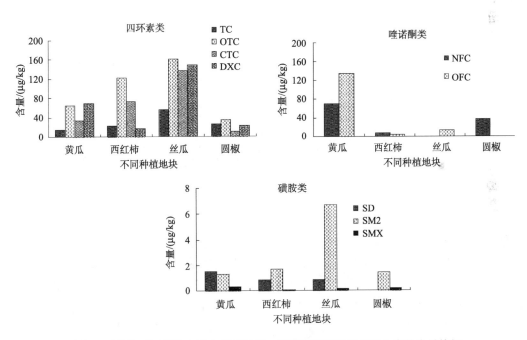

图 2.2　种植不同蔬菜土壤中四环素类、喹诺酮类和磺胺类抗生素的含量特征

　　设施菜地土壤利用强度大，有机肥施用量较露天菜地施入量大，在山东某些地区有机粪肥最高施用量达 198 750 kg/hm² （余海英等，2005）。我国畜禽粪肥中四环素类抗生素含量高达数十至数百 mg/kg（Zhao et al.，2010）。据文献报道，猪粪中土霉素、金霉素含量变异很大，含量为 3.1~354 mg/kg，金霉素含量在 1.8~764.4 mg/kg（Pan et al.，2011；Chen et al.，2012）。一般养殖场菜地抗生素含量高于普通菜地（李彦文等，2009）。说明菜地土壤大量施加含有抗生素的有机肥后，加重了土壤抗生素污染。由于典型规模

化养猪场废水处理工艺对抗生素去除效率不高（陈永山等，2010），因此含有抗生素的猪粪和鸡鸭粪施于菜地是菜地土壤中抗生素的主要来源。喹诺酮类抗生素是人畜共用抗生素，在我国城市污水、饮用水中均检测到该类抗生素（Yiruhan et al.，2010），如我国医疗诊所污水中氧氟沙星、诺氟沙星浓度分别为 1.7～4.3 μg/L、0.1～1.6 μg/L（Chang et al.，2010）。

本研究区典型设施农区蔬菜大棚是由农户自己生产经营，复种重茬现象普遍存在。该设施农区种植不同蔬菜种类的土壤中抗生素种类和含量差异很大，这与他人的研究结果相似（李彦文等，2009）。究其原因可能主要是与农户的施肥方式有关，如施用的粪肥种类、施用量、粪肥中含有的抗生素种类和含量以及施肥后取样时间等。通常条件下，土壤中抗生素消减速率与施用量呈负相关，与时间呈正相关。此外，研究区个别大棚种植种类单一，未出现轮作现象（如种植丝瓜的个别大棚），因此不同植物的根系分泌物不同导致植物根际微生物种群和结构的差异及其对外源抗生素的利用及降解能力的差异，也是造成种植不同蔬菜土壤中抗生素的含量和组成差异的重要原因（Mo et al.，2008）。抗生素在大棚土壤中的积累规律取决于抗生素本身性质和土壤的性质。高强度利用下的大棚土壤，其基本理化性质发生了很大的改变，如 pH、有机质含量、阳离子交换量、黏粒组成等，因此很可能已改变了这些抗生素在土壤中的环境归趋。已有的研究结果表明土壤的理化性质直接影响着抗生素在土壤中的环境化学行为，如四环素类抗生素在酸性、黏粒含量高的土壤中吸附性强；土壤对磺胺嘧啶的吸附性随土壤有机碳含量及 pH 变化而变化等（Lertpaitoonpan et al.，2009）。

第二节　叶菜和茄果类中小拱棚土壤污染特征

一、酞酸酯污染特征

中小拱棚在南京市郊应用较为广泛，是主要的设施菜地种植方式之一。中小拱棚的农膜质量较差，再加上农膜的回收并无相关的政策进行指导，致使大量的农膜残留，导致土壤酞酸酯的污染。本节在南京市郊选择了四个典型的设施农业基地作为主要调查对象，采集不同种植年限和不同蔬菜类型（青菜、白菜、茄子、辣椒等）土壤样品进行酞酸酯组分及其含量的分析，明确这些地区土壤酞酸酯污染现状。基地情况如下：

1. 设施农业区 HS：公司+农户经营，种植 1～4 年，使用的农膜质量很差；
2. 设施农业区 GL：公司+农户经营，种植 4～6 年，使用的农膜质量较差；
3. 设施农业区 SS：农户经营，种植 10 年以上，使用的农膜质量一般；
4. 设施农业区 PLK：公司经营，有机农业，种植 7～10 年，使用的农膜质量一般。

从调查情况看，近年来，南京地区各种类型的设施农业，呈现快速发展的态势。PLK属于纯公司化经营与管理，设施栽培、施肥、用药等都由公司统一管理，只是雇佣当地农民从事设施农业生产和操作，在设施发展过程中也很注重休地和环境保护。

对南京市郊的四个典型设施农业蔬菜基地土壤的酞酸酯含量进行分析，结果见图2.3～图 2.7。各典型设施基地采样点总体情况比较如图 2.3 所示。由图可知，四个采样基地的土壤中 6 种目标酞酸酯总含量介于（0.93±0.84）～（2.45±0.71）mg/kg 干重之间，且总含量排序为 HS＞GL＞PLK＞SS。各种酞酸酯组分的含量从未检出到（980.98±139.76）μg/kg，各种组分在不同采样点的总含量排序为 DEHP＞DnBP＞DEP ＞DMP＞DnOP＞BBP。但四个采样地区的代表性酞酸酯污染物组分并不完全相同。其各自的代表性组分分别为 HS：DEHP＞DEP＞DnBP；GL：DEHP＞DEP＞DnBP；SS：DnBP ＞DEHP＞DEP；PLK：DnBP＞DEP＞DEHP。

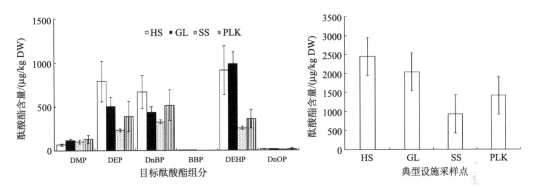

图 2.3　四个典型设施农业区土壤中的酞酸酯组分和含量

　　HS 的土壤样品测定结果见图 2.4。由图可知，HS 设施蔬菜基地土壤样品中六种目标物的总含量为（2.45±0.71）mg/kg 干重，主要的酞酸酯组分及排序为 DEHP＞DEP＞DnBP，含量依次分别为（0.91±0.28）mg/kg 干重、（0.79±0.23）mg/kg 干重和（0.70±0.19）mg/kg 干重。三种代表性污染物的含量之和占六种目标酞酸酯总量的 96.68%。各设施大棚土壤中虽然含有的主要酞酸酯组分一致，但六种组分的总量和各组分的含量差别较大。

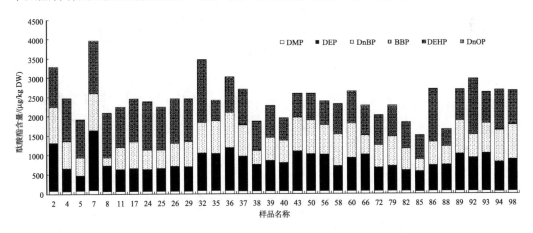

图 2.4　HS 设施基地土壤样品中的酞酸酯组分和含量

　　GL 设施蔬菜科技示范基地的土壤样品进行测定结果见图 2.5。由图可知，GL 设施蔬菜科技示范基地土壤样品中六种目标物的总含量约为（2.05±0.33）mg/kg 干重，其中主要的酞酸酯组分及其排序为 DEHP＞DEP＞DnBP＞DMP，其含量依次分别为

（0.98±0.14）mg/kg 干重、（0.50±0.11）mg/kg 干重、（0.44±0.06）mg/kg 干重和（0.13±0.02）mg/kg 干重。这四种主要组分的含量之和占六种目标酞酸酯总量的 99.31%。

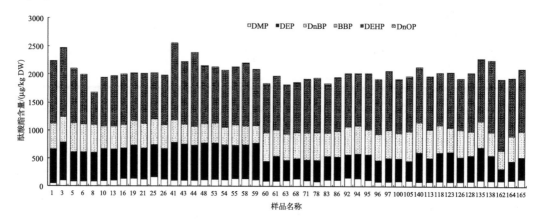

图 2.5　GL 设施基地土壤样品中的酞酸酯组分和含量

SS 设施基地种植年限超过了 10 年，从图 2.6 可以看出，该地区土壤中六种酞酸酯目标物的总含量为（0.93±0.84）mg/kg 干重，其中主要的酞酸酯组分及其排序为 DnBP＞DEHP＞DEP＞DMP，其含量依次分别为（0.33±0.02）mg/kg 干重、（0.26±0.02）mg/kg 干重、（0.23±0.02）mg/kg 干重和（0.10±0.02）mg/kg 干重，这四种代表性组分的含量总和占六种目标酞酸酯总量的 98.71%。

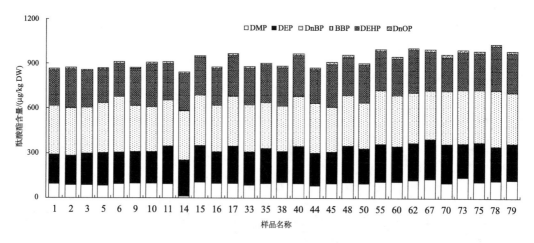

图 2.6　SS 设施基地土壤样品中的酞酸酯组分和含量

PLK 设施蔬菜基地的土壤中六种酞酸酯目标物的总含量为（1.42±0.51）mg/kg 干重，各个大棚内酞酸酯的总含量差别较大（图 2.7）。主要的酞酸酯组分及排序为 DnBP＞DEP＞DEHP＞DMP，其含量依次分别为（0.52±0.18）mg/kg 干重、（0.39±0.17）mg/kg 干重、（0.36±0.10）mg/kg 干重和（0.13±0.05）mg/kg 干重，共占六种目标酞酸酯总量的 98.74%。

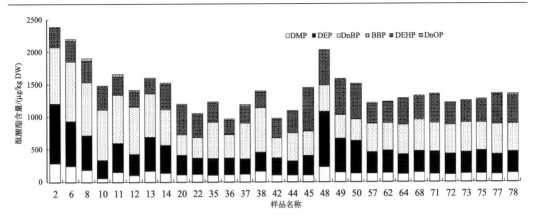

图 2.7 PLK 设施基地土壤样品中的酞酸酯组分和含量

作为公司与农户同时经营的 HS 设施基地，在选择的南京市郊的四个典型调查区中是种植年限最短的（1～4 年）。但由于很少得到相关技术指导，该地区农户为了追求利润大批量使用质量较差的农膜。事实上选择质量较差的农膜不但增加了其更换频率，农膜使用效果也受到影响，农户的支出反而相对变大。且地膜和棚膜的快速老化会导致大量的酞酸酯的释放，这与本地区土壤中的酞酸酯含量最高的结果相一致。GL 设施基地的种植年限为 4～6 年，使用的棚膜质量与 HS 类似，也比较差。理论上讲，随着投产年限的增加其土壤中应该有高于 HS 地区土壤酞酸酯含量的趋势。但实际上，由于生产过程中并非无间断的常年连茬种植，以及为了减少棚中病虫害的发生，农户经常进行揭膜通风等操作，这些操作能够加快土壤中酞酸酯的光降解、化学降解和生物降解，并且能将棚内空气中的酞酸酯转移到棚外，减少了它们在土壤中积累的机会，从而一定程度上减少了土壤中残留的酞酸酯的量。SS 设施基地是一个农户独立经营的种植年限超过了 10 年的设施蔬菜基地。该地区虽然种植年限较长，但使用的农膜的质量比前两个地区好，酞酸酯的释放影响比前两个区域略低。由于该地区设施大棚投入使用之后，多年来不同蔬菜种类的常年连茬种植，每种作物的种植，由于地膜和棚膜的使用及残留会向土壤中引入一部分新的酞酸酯，但是每种作物种植期间也会对土壤中已有的酞酸酯产生一定程度的吸收和积累。而在设施大棚的日常管理中，经常性的揭棚通风等措施，可以加速棚内空气及土壤中酞酸酯的消减。当植物吸收及其他方式消减所去除的土壤酞酸酯的量大于种植期间进入土壤中的酞酸酯量时，土壤中残留的酞酸酯便会出现不增反降的现象。PLK 设施基地的大棚种植年限为 7～10 年，在公司经营的模式下，该设施基地使用中等质量的棚膜，本身酞酸酯的释放情况就应该略低于其他几个调查区域。该地区土壤中总的酞酸酯含量不高，与 SS 的情况基本类似。尤其是该地区以大量生产有机蔬菜而闻名，其大棚内蔬菜连年接茬种植的现象比较严重，因此土壤中酞酸酯残留量较少，更多可能是由于收获时不同蔬菜体内积累了酞酸酯而导致土壤酞酸酯总量的减少。

与美国控制标准和治理标准比较发现（表 2.5），四个地区土壤中单一酞酸酯组分中，所有的 DnBP 与 DEP 含量均超过了控制标准，但未达到治理标准。研究表明设施大棚内的酞酸酯来源，主要是棚膜和地膜的释放，但是这种释放是通过两种不同的方式发生的，即农膜上的酞酸酯以气体形式的释放以及大棚中的水汽产生的浸沥作用（王丽霞，2007）。这两种作用都可以直接导致土壤中的酞酸酯含量升高。而大棚的类型、棚内温度、地膜覆盖频率、揭膜情况以及设施大棚的管理方式等都会直接影响土壤中酞酸酯的含量。如选择酞酸酯含量高、质量较差、易破碎的棚膜则会增加酞酸酯的释放速度和量；棚内温度越高，棚膜越容易老化，酞酸酯的释放也会加快；及时敞棚通风能够加快棚内空气流通，促进空气中酞酸酯的扩散，促进土壤中酞酸酯的降解，减少土壤酞酸酯的含量。对于地膜的使用，由于很多蔬菜在苗期需要保温保湿，促进小苗的发育和生长，因此都会较多的覆盖黑色保温地膜。地膜由于与土壤贴近，且回收过程中容易残留在土壤中，因而会直接导致土壤中酞酸酯含量的升高。另外，棚内的酞酸酯释放之后也会发生自身的降解和生物降解，这也是土壤酞酸酯含量减少的原因之一。

表 2.5　美国六种酞酸酯目标物的土壤控制标准和治理标准及欧盟食品安全标准（单位：mg/kg）

	控制标准	推荐土壤治理标准	食品污染浓度限值
DMP	0.020	2.0	
DEP	0.071	7.1	
DnBP	0.081	8.1	0.3
BBP	1.215	50.0	30
DEHP	4.350	50.0	1.5
DnOP	1.200	50.0	

二、四环素类抗生素污染特征

（一）不同地区土壤中四环素类抗生素污染特征

设施菜地土壤抗生素污染的调查区域包括：南京市江宁区的谷里村和锁石村的设施菜地；江宁区南部的溧水区永阳镇东庐村的有机农场，其中，谷里村和锁石村均为南京农业科技示范园区，东庐村的有机农场为有机农业示范基地。不同调查区的设施菜地土壤中，4 种四环素类抗生素亦全部被检出，且除四环素和多西环素之外，土霉素和金霉素的浓度范围也差异显著（$p<0.05$）（表 2.6）。就 4 种四环素类抗生素含量的平均值而言，由高到低依次为谷里村、东庐村和锁石村，其均值分别为 77.9 μg/kg、15.1 μg/kg、14.9 μg/kg。其中，土霉素的含量是 4 种抗生素中最高的，其所占比例分别为四环素类抗生素总含量的 76.4%、70.2% 和 56.0%，其在谷里村的含量尤为突出，最高达到 432 μg/kg；金霉素、四环素和多西环素含量则相对较低，其中四环素和多西环素的含量较为接近。可见，各个调查区中，谷里村四环素类抗生素的污染特征较为明显，污染程度较高；而各类抗生素中，土霉素的污染最为严重，金霉素等虽然检出含量相对较低，但由于其可能存在低剂量抗性筛选风险，仍需引起关注。

表 2.6　不同地区设施菜地土壤中四环素类抗生素含量 （单位：μg/kg）

抗生素名称	谷里村（25 个）		锁石村（18 个）		东庐村（23 个）	
	范围	均值	范围	均值	范围	均值
四环素	1.17～48.9a	5.81	0.97～22.1a	2.36	1.02～1.82a	1.30
土霉素	13.3～432b	59.5	1.73～36.6b	8.34	2.14～41.1b	10.6
金霉素	0～102c	7.34	1.36～4.94a	2.12	0～4.30bc	2.13
多西环素	1.18～47.4a	5.24	0～21.5a	2.09	0.80～1.51a	1.03
ΣTCs	18.4～483	77.9	5.56～57.9	14.9	5.46～45.7	15.1

注：除谷里村土壤中的金霉素检出率为96.2%、锁石村土壤中多西环素检出率为94.4%、东庐村土壤中金霉素检出率为95.7%以外，其余抗生素在各种土壤中的检出率均为100%；同列不同小写字母表示结果之间存在着显著性差异（$P<0.05$）。

（二）不同蔬菜地类型下土壤中四环素类抗生素污染特征

不同土地利用方式即露天和大棚菜地土壤中，四环素类抗生素的污染特征见表2.7。露天菜地中 3 个调查区的四环素类抗生素均值分别为 114 μg/kg、17.5 μg/kg、14.2 μg/kg，大棚菜地中分别为 63.9 μg/kg、14.4 μg/kg、15.4 μg/kg。从总体上看，露天菜地土壤中的四环素类抗生素总含量比大棚菜地土壤略高，特别是谷里村，露天菜地比大棚菜地土壤中含量高出 78.4%。据调查，露天菜地常以附近地表水作为灌溉水源，而地表水受抗生素污染的几率较高，因此露天菜地比大棚菜地中抗生素含量高的另一个原因可能是与露天菜地的灌溉方式有关；而东庐村大棚土壤中的四环素类抗生素的平均含量比露天土壤的高出 8.45%。其中，4 种抗生素在露天菜地土壤中的平均含量由高到低依次为土霉素、四环素、多西环素和金霉素，而在大棚菜地土壤中的平均含量由高到低依次为土霉素、金霉素、四环素和多西环素。可见，无论是在露天还是大棚的设施土壤中，土霉素的含量总是最高的，平均含量 87.2 μg/kg，占四环素类抗生素总浓度均值的 76.5%，而多西环素的含量则是四环素类抗生素中最低的，仅为抗生素浓度均值的 4.16%。

表 2.7　不同土地利用方式的设施菜地土壤中四环素类抗生素含量（单位：μg/kg）

土地利用方式	抗生素名	谷里村		锁石村		东庐村	
		范围	均值	范围	均值	范围	均值
露天	四环素	1.49～48.9	12.6	1.04～1.11	1.07	1.02～1.46	1.18
	土霉素	13.8～432	87.2	3.87～19.3	13.3	2.14～32.5	10.3
	金霉素	1.41～5.05	2.32	1.42～3.64	2.18	1.38～2.23	1.68
	多西环素	1.35～47.4	11.9	0.87～0.95	0.91	0.81～1.30	0.97
	四环素类	19.4～483	114	9.45～22.7	17.5	5.46～36.2	14.2
大棚	四环素	1.17～11.9	3.17	0.97～22.1	2.62	1.10～1.82	1.34
	土霉素	13.3～239	48.8	1.73～36.6	7.35	2.26～41.1	10.7
	金霉素	0～102	9.29	1.36～4.94	2.11	0～4.30	2.26
	多西环素	1.18～9.95	2.66	0～21.5	2.33	0.80～1.51	1.05
	四环素类	18.4～262	63.9	5.56～57.9	14.4	6.67～45.7	15.4

注：除谷里村和大棚土壤中的金霉素检出率均为94.4%、锁石村的大棚土壤中多西环素的检出率为93.3%以外，其余均为100%。

（三）不同种植年限下土壤中四环素类抗生素污染特征

　　不同种植年限对设施菜地土壤（包括露天和大棚蔬菜地）中的四环素类抗生素残留特征的影响（图 2.8）。从图 2.8 中不难看出，3 个调查区中，土霉素的含量是 4 种抗生素中最高的，而谷里村的抗生素总含量也是 3 个地区中最高的。随着种植年限的增加，谷里村的四环素类抗生素平均含量呈先减后增的趋势，在种植 4～6 年时，其土壤中的抗生素含量最低，均值为 46.8 μg/kg；东庐村和锁石村的抗生素总含量相对略低，且东庐村与谷里村含量变化的趋势大致相同，均为先下降后逐渐上升，种植年限为 8 年时，这种随年限变化的趋势可能与实际各蔬菜地施用有机肥的结构和数量有关。由于有机肥的施用量因种植作物类型的不同而存在较大变化，且各设施土壤上种植的蔬菜种类复杂，年限差异较大，因此需进一步调查分析和详细了解相关信息，以准确地解释这一趋势产生的原因。土壤中抗生素含量最低，为 9.11 μg/kg；锁石村土壤中的抗生素含量变化趋势则为先上升后逐渐下降，在种植 10～11 年时，其抗生素含量达到最高均值，为 16.78 μg/kg。可见，土霉素是 3 个地区最主要的抗生素污染物，土霉素的含量影响着各地区抗生素的总含量走势，而四环素、金霉素及多西环素的含量则随着种植年限的增加，呈现出逐渐下降的趋势。总的来说，3 个调查区土壤中的 4 种四环素类抗生素的含量变化趋势为，随着种植年限的增加，土霉素的平均含量不断上升，而四环素、金霉素及多西环素的平均含量却随着时间的推移逐渐减少，即土壤四环素类抗生素的平均含量可通过不断种植作物而使其缓慢下降。

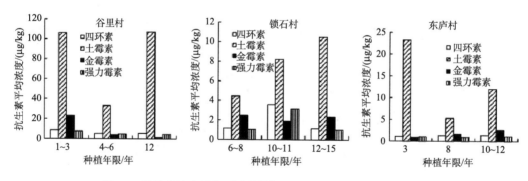

图 2.8　设施菜地土壤中不同种植年限四环素类抗生素的含量均值

　　四环素类抗生素在各种环境土壤中普遍存在。Hamscher 等（2002）检测到畜禽粪便中四环素和金霉素的质量浓度分别为 4.0 mg/kg 和 0.1 mg/kg，土壤中四环素和金霉素的残留分别为 86.2～199 μg/kg 和 4.6～7.3 μg/kg。Wang 等（2008）认为，抗生素一旦从畜禽粪便进入土壤，就会在土壤环境中长期存在。已有研究表明，土壤环境中不同种类抗生素的质量浓度在 0.1～2683 μg/kg 范围内，其中土霉素在土壤环境中的残留量最大，可达 2 683 μg/kg（Brambilla et al.，2007；Hamscher et al.，2005）。此外，不同地区土壤环境中的抗生素残留有很大的区别，Hu 等（2010）检测到中国北方土壤环境中四环素和金霉素的残留质量浓度分别为 20.9～105 μg/kg 和 33.1～1 079 μg/kg。Aust 等（2008）研究发现加拿大土壤中四环素的质量浓度可达 52.0 μg/kg。综上所述，四环素类抗生素的大量使用已经造成了其在土壤环境中的广泛残留，并且对土壤环境造成了很大的潜在威胁。

在调查的 3 个地区中，谷里村的设施菜地中四环素类抗生素含量较高，其次为锁石村和东庐村。其中，谷里村设施菜地所施用的有机肥中四环素和多西环素检出量达到 3 700 μg/kg 和 3685 μg/kg。而 3 个地区的土壤中抗生素的含量则依次是谷里村>锁石村>东庐村，各调查区范围内最高浓度分别为 483 μg/kg、57.9 μg/kg 和 45.7 μg/kg。由于谷里村和锁石村为南京设施农业大棚的两处核心区域，故有机肥施用较为普遍，抗生素检测浓度也比较高；而东庐村有机农场位于溧水区永阳镇东庐村秋湖山麓，该地区倡导农业可持续发展，并多年进行土壤改良、水文环境治理，区域生态环境良好，再加上其使用的有机肥在生产加工过程中的抗生素消耗，故该区域样品中检测出的四环素类抗生素浓度较低。

参 考 文 献

白玲玉, 曹希柏, 李莲芳, 等. 2010. 不同农业利用方式对土壤重金属积累的影响及原因分析. 中国农业科学, 43(1): 96~104.

陈永山, 章海波, 骆永明, 等. 2010. 典型规模化养猪场废水中兽用抗生素污染特征与去除效率研究. 环境科学学报, 30(11): 2205~2212.

郭子武, 陈双林, 张刚华, 等. 2008. 浙江省商品竹林土壤有机农药污染评价. 生态学杂志, 27(3): 434~438.

李德成, 李忠配, 周祥, 等. 2003. 不同使用年限蔬菜大棚土壤重金属含量变化. 农村生态环境, 145 19(3): 38~41.

李俊良, 崔德杰, 孟祥霞, 等. 2002. 山东寿光保护地蔬菜施肥现状及问题的研究. 土壤通报, 33(2): 126~128.

李彦文, 莫测辉, 赵娜, 等. 2009. 菜地土壤中磺胺类和四环素类抗生素污染特征研究. 环境科学, 30(6): 1762~1766.

刘苹, 杨力, 于淑芳, 等. 2008. 寿光市蔬菜大棚土壤重金属含量的环境质量评价. 环境科学研究, 21(5): 66~71.

刘庆, 杜志勇, 史衍玺, 等. 2009. 基于 GIS 的山东寿光蔬菜产地土壤重金属空间分布特征. 农业工程学报, 25(10): 258~263.

史双昕, 周丽, 邵丁丁, 等. 2007. 北京地区土壤中有机氯农药类 POPs 残留状况研究. 环境科学研究, 20(1): 20~29.

邰义萍, 莫测辉, 李彦文, 等. 2011. 东莞市蔬菜基地土壤中四环素类抗生素的含量与分布. 中国环境科学, 31(1): 90~95.

王丽霞, 寇立娟, 潘峰云, 等. 2007. 基质固相分散-液相色谱-质谱法测定蔬菜中的邻苯二甲酸酯. 分析化学, 35(11): 1559~1564.

余海英, 李廷轩, 周建民. 2005. 设施土壤次生盐渍化及其对土壤性质的影响. 土壤, 37(6): 581~586.

张海秀, 蒋新, 王芳, 等. 2007. 南京市城郊蔬菜生产基地有机氯农药残留特征. 生态与农村环境学报, 23(2): 76~80.

张劲强, 董元华, 安琼, 等. 2006. 不同种植方式下土壤和蔬菜中氨基甲酸酯类农药残留状况研究. 土壤学报, 43(5): 772~779.

Aust M O, Godlinski F, Travis G R, et al. 2008. Distribution of sulfamethazine, chlortetracycline and tylosin in manure and soil of Canadian feedlots after subtherapeutic use in cattle. Environmental Pollution, 156:

1243~1251.

Brambilla G, Patrizii M, De Filippis S P, et al. 2007. Oxytetracyclines as environmental contaminant in arable lands. Analytica Chimica Acta, 586(1~2): 326~329.

Chang X S, Meyer M T, Liu X, et al. 2010. Determination of antibiotics in sewage from hospitals, nursery and slaughter house, wastewater treatment plant and source water in Chongqing region of Three Gorge Reservoir in China. Environmental Pollution, 158: 1444~1450.

Chen Y S, Zhang H B, Luo Y M, et al. 2012. Occurrence and assessment of veterinary antibiotics in swine manures: A case study in east China. Environmental Chemistry, 57(6): 606~614.

Hamscher G, Pawelzick H T. 2005. Different behaviour of tetracyclines and sulfonamides in sandy soils after repeated fertilization with liquid manure. Environmental Toxicology and Chemistry, 24(4): 861~868.

Hamscher G, Sczesny S, Höper H, et al. 2002. Determination of persistent tetracycline residues in soil fertilized with liquid manure by high-performance liquid chromatography with electrospray ionization tandem mass spectrometry. Analytical Chemistry, 74(7): 1509~1518.

Hu X G, Zhou Q X, Luo Y. 2010. Occurrence and source analysis of typical veterinary antibiotics in manure, soil, vegetables and ground water from organic vegetable bases, Northern China. Environmental Pollution, 158(9): 2992~2998.

Lertpaitoonpan W, Ong S K, Moorman T B. 2009. Effect of organic carbon and pH on soil sorption of sulfamethazine. Chemosphere, 76: 558~564.

Mo C H, Cai Q Y, Li H Q, et al. 2008. Potential of different species for use in removal of DDT from the contaminated soils. Chemosphere, 73: 120~125.

Pan X, Qiang Z M, Ben W W, et al. 2011. Residual veterinary antibiotics in swine manure from concentrated animal feeding operations in Shandong Province, China. Chemosphere, 84: 695~700.

Wang Q Q, Yates S R. 2008. Laboratory study of oxytetracycline degradation kinetics in animal manure and soil. Journal of Agriculture and Food Chemistry, 56(5): 1683~1688.

Yiruhan, Wang Q J, Mo C H, Li Y W, et al. 2010. Determination of four fluoroquinolone antibiotics in tap water in Guangzhou and Macao. Environmental Pollution, 158(7): 2350~2358.

Zhao L, Dong Y H, Wang H. 2010. Residues of veterinary antibiotics in manures from feedlot livestock in eight provinces of China. Science of the Total Environment, 408: 1069~1075.

第三章 果园土壤污染特征

果园土壤质量是果树生长及水果产量和品质的重要保障,果林业生产中化肥、含铜杀菌剂与农药(杀虫剂、除草剂、除锈剂等)的不当施用以及矿区废水的污灌是造成果园土壤酸化、重金属及有机复合污染的重要因素,已威胁到果树健康及果品品质。自从硫酸铜、氢氧化铜和氯氧化铜等杀菌剂的大量、长期使用,已导致果园土壤中铜的不断富集,并且果园土壤铜的有效性和迁移性会随着土壤酸化程度加剧而增强,从而表现出更强的环境和健康风险。传统的有机氯类农药滴滴涕已于 20 世纪 80 年代初期禁用,但现代农牧业生产中广泛使用的杀虫剂三氯杀螨醇的合成原料与代谢产物均为滴滴涕,导致土壤中滴滴涕的残留。本章以我国著名苹果生产基地为研究区域,探讨了果园长期种植下土壤中铜素的富集、有效性和形态特征及其影响因素,分析监测了滴滴涕和三氯杀螨醇浓度的变化趋势,为防治和改善果园土壤退化、持续利用果园及保障果实产量与品质提供科学依据。

第一节 苹果园土壤污染特征

山东省烟台市地处胶东半岛,地理和环境特征独特,是我国重要的苹果生产基地,苹果栽培面积达 1.2×10^5 hm², 产量达 4.2×10^6 t(烟台市统计局,2014)。“烟台苹果”具有上百年历史,已被认定为中国驰名商标,是具有 92 亿元身价的中国果业第一品牌。这些成就主要归功于近 30 年来烟台苹果种植业的革新和发展。优良的果树品种不断选种和推广,示范性生产基地筹建和发展,地域性生产技术(如苹果套袋技术)的自主改良,果园种植面积的不断拓展等是烟台苹果发展的主要驱动力。随着烟台果业的迅速发展,果园面积在近 20 年不断增长,但由于长年高强度利用,果园土壤质量出现退化,土壤酸化、有机质降低、重金属污染严重等问题凸显。

根据历史调查发现,烟台苹果园、梨园、樱桃园等土壤均已发生不同程度酸化。据王忠和等(2011)对烟台地区 8762 个苹果园调查发现,土壤 pH 已普遍小于 20 世纪 80 年代土壤 pH 范围 5.0~8.8,各县 15.73%~32.03%的土壤已低于苹果适宜种植的土壤 pH(5.5~6.7)。梨园和樱桃园土壤 pH 也存在不同程度的下降,其中梨园土壤 pH<5.5 的需改良园所占比例为 18.5%;甜樱桃园土壤 pH<6.0 的需改良园所占比例为莱山 53.3%,福山 18.4%(王忠和等,2009)。果园土壤酸化,使土壤钙、镁等养分离子流失,铝、铁、锰等金属离子溶出,危害果树生长、使果实品质下降、产量不稳(段小娜等,2012)。一半以上果园土壤有机质含量在 1%以下。土壤有机质的降低,对酸化缓冲性减弱,使土壤更趋恶化。烟台果园在酸化的同时,由于长期喷施波尔多液等含铜制剂,造成果园土壤铜等重金属污染(蔡道基等,2001)。表层土壤全铜含量最高可达 564.2 mg/kg,亚表层也高达 250.6 mg/kg,严重超标,有效铜含量大大增加(王正直,2003)。除铜外,

镉、砷、锌等也有不同程度的积累与污染（许延娜等，2009；杨世琦，2010）。

一、土壤酸化特征

参考烟台县市年鉴并综合文献信息选择各县市区苹果种植相对集中的总计 34 个乡镇开展研究（表3.1）。样品采集工作于 2014 年 4 月至 6 月展开，采样区域如图 3.1 所示，样品分布如图 3.2 所示。

表 3.1 采样县市、乡镇及采样数量一览表

采样县市	采样乡镇	采样数量/个
栖霞市	庙后镇	30
	蛇窝泊镇	74
	寺口镇	69
	松山镇	63
	桃村镇	89
	亭口镇	70
	臧家庄镇	112
招远市	毕郭镇	56
	蚕庄镇	52
	阜山镇	97
	齐山镇	98
	夏甸镇	94
牟平区	观水镇	66
	莒格庄镇	55
	王格庄镇	75
蓬莱市	村里集镇	71
	大辛店镇	123
	刘家沟镇	99
海阳市	发城镇	55
	郭城镇	65
	徐家店镇	60
	朱吴镇	68
莱阳市	沐浴店镇	82
	山前店镇	53
	照旺庄镇	23
龙口市	北马镇	46

续表

采样县市	采样乡镇	采样个数/个
福山区	兰高镇	69
	石良镇	101
	新嘉街道	38
	回里镇	30
	门楼镇	40
	张格庄镇	25
莱州市	郭家店镇	70
	金城镇	51
	朱桥镇	70

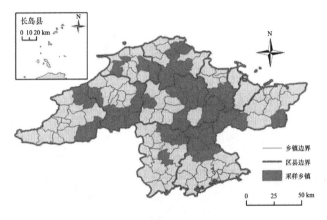

图 3.1 采样乡镇分布图

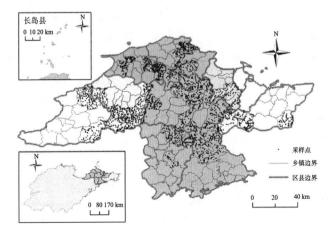

图 3.2 样点分布图

（一）土壤 pH 变化特征

苹果园按照种植年限进行采样，每一田块的种植年限信息通过询问果农的方式获取，然后分为五个等级：<5、5~15、15~25、25~35 和>35 年。以参考农田土壤样品为对照，采集自紧邻苹果园的区域。从表 3.2 可见，烟台苹果园土壤 pH 介于 3.87~8.82 之间，平均为 5.84，标准差为 0.94，这表明该区域土壤多呈酸性或微酸性。棕壤是在暖温带湿润和半湿润大陆季风气候下，发生较强的淋溶和黏化作用形成，土壤剖面通体无石灰反应，棕壤土类是研究区分布最为广泛的土壤类型，因此就平均 pH 而言，可能会呈现酸性或微酸性。烟台苹果园土壤 pH 低于第二次土壤普查时调查得到的平均值（pH=6.96，79 个样品；1987 年）。与第二次土壤普查数据相比，不同土属的土壤均出现了不同程度的酸化，而尤以原本偏碱性的洪冲积褐土、洪冲积淋溶褐土、洪冲积潮褐土、黑土裸露砂姜黑土、壤质石灰性河潮土和壤质滨海氯化物盐化潮土更为明显。从表 3.3 可见，不同土属 pH 之间存在显著性差异（$p<0.001$），各土属 pH 基本都低于第二次土壤普查各土属的 pH，有的土属甚至下降 1.5 个单位以上，表明烟台市苹果园存在明显的土壤酸化的情况。

表 3.2　烟台苹果园土壤 pH 的描述性统计

种植年限/土属	个数	均值	标准差	变异系数	极小值	极大值	第二次普查
农田	97	5.58	0.87	0.16	4.24	8.24	—
< 5	462	5.95	0.94	0.16	4.26	8.82	—
5~15	713	5.89	0.97	0.16	3.93	8.46	—
15~25	799	5.80	0.91	0.16	3.95	8.36	—
25~35	239	5.80	0.92	0.16	3.87	7.94	—
>35	26	5.47	1.06	0.19	3.96	8.13	—
酸性岩残坡积棕壤	264	5.70	0.87	0.15	3.93	8.39	5.93
坡洪积棕壤	594	5.84	0.92	0.16	3.93	8.81	6.35
洪冲积潮棕壤	84	5.86	0.94	0.16	3.98	7.69	6.32
酸性岩残坡积棕壤性土	711	5.67	0.86	0.15	4.04	8.19	6.20
基性岩残坡积棕壤性土	24	6.15	1.20	0.19	4.98	8.13	5.90
非石灰性砂页岩残坡积棕壤性土	49	5.84	0.86	0.15	4.22	8.17	7.05
砾石残坡积棕壤性土	21	5.89	0.95	0.16	4.47	7.39	6.80
坡洪积棕壤性土	11	6.36	1.17	0.18	3.87	8.21	6.30
洪冲积褐土	21	6.88	0.74	0.11	5.33	8.07	8.40
残坡积淋溶褐土	16	7.46	0.73	0.10	6.25	8.28	7.50
洪冲积淋溶褐土	11	5.88	1.26	0.21	4.50	6.97	7.61
洪冲积潮褐土	36	6.31	0.86	0.14	4.59	8.16	7.40
钙质岩残坡积褐土性土	29	6.84	0.85	0.12	5.29	8.46	7.77
基性岩残坡积褐土性土	19	6.70	0.88	0.13	5.68	8.49	8.25
砂页岩残坡积褐土性土	37	6.65	1.04	0.16	4.39	8.29	7.44

续表

种植年限/土属	个数	均值	标准差	变异系数	极小值	极大值	第二次普查
砾石残坡积褐土性土	16	6.78	1.33	0.20	4.80	8.34	7.00
黑土裸露砂姜黑土	15	6.12	0.90	0.15	4.24	7.32	7.60
砂质滨海潮土	13	6.44	1.05	0.16	4.51	8.08	7.25
砂质河潮土	225	5.96	0.96	0.16	4.04	8.82	6.37
壤质河潮土	124	5.98	0.91	0.15	3.99	8.28	6.10
壤质石灰性河潮土	13	6.04	0.75	0.12	4.89	7.24	7.60
壤质滨海氯化物盐化潮土	3	6.17	1.98	0.32	4.27	8.22	7.80
全部	2336	5.84	0.94	0.16	3.87	8.82	6.96

表3.3　土壤类型和种植年限对果园酸度影响的显著性分析

	变异来源	自由度	平方和	均方	F	显著性
种植年限	组内	5	19.127	3.825	4.381	0.000
	组间	2330	2034.649	0.873		
	全部	2335	2053.776			
土属	组内	21	157.843	7.516	9.176	0.000
	组间	2314	1816.041	0.819		
	全部	2335	1973.884			

不同种植年限果园土壤 pH 同样也存在显著差异（$p<0.001$），且随着种植年限的增加而降低。这表明果园土壤酸化与种植年限关系密切，老龄果园土壤 pH 一般比幼龄果园低（Li et al.，2014；Xue et al.，2006）。Li 等（2014）报道，胶东半岛东北部老龄（>30）和中龄（10~30）果园酸化严重，其 pH 分别较幼龄果园降低了 0.53 和 1.90。土壤酸化主要由过量化肥施用（尤其是氮肥）、不合理灌溉、酸沉降和自然酸化有关（徐仁扣，2015；Li et al.，2014；Zhang et al.，2013）。我国农业土壤自上世纪 80 年代以来，集约化利用程度不断加剧（Guo et al.，2010）。种植年限代表着集约化利用时间的长短，集约化利用是果农为了提高果实产量和质量，过量施用化肥，频繁浇灌等的农业活动。这些集约化的活动，很多都是导致土壤酸化的重要原因。如周海燕（2015）研究发现在1980~2005 年间，胶东土壤的酸化程度随氮肥的使用率升高而加重。长期集约化利用加速了土壤的酸化速度，加重了土壤的酸化程度。魏绍冲和姜远茂（2012）调查发现胶东半岛果园氮肥施用量高达 612 kg/ha，这一用量目前还在上升。Goulding 和 Annis（1998）研究表明每年每公顷施 50 kg 氨态氮肥会产生 4 kmol H^+，中和大约需要 500 kg $CaCO_3$。除此之外，果树生长过程中每年需要从土壤中吸收大量盐基离子（Rengel et al.，2000），且降雨和不合理灌溉也会加剧盐基离子的淋失（徐仁扣，2015）。因此，经过长时间的种植，伴随氨态氮肥的不断施用和盐基离子的不断减少，土壤酸化会不断加剧。

（二）土壤 pH 空间分布

收集全国第二次土壤普查烟台市的相关成果，以作为基础资料。将扫描后的 1:20 万的《烟台市土壤图》进行数字化，生成矢量化的土壤图。参考《烟台市土壤》中记录的每种土属的 pH，绘制 pH 背景图（图 3.3），以作为本研究的参照数据。

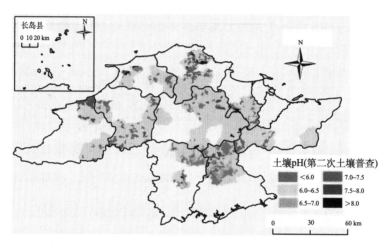

图 3.3　调查区土壤 pH 背景

将本次调查测定的土壤 pH 数据根据 GPS 信息导入到 GIS 软件中（ArcGIS 10.2），运用克里格插值法进行由点到面的插值，获取调查区的 pH 空间分布图。由于采样乡镇并非完全邻接，故把邻接乡镇合并为大区进行分析，这样总共划分了 5 个调查区域。

从果园土壤 pH 的空间分布（图 3.4）可以看出：调查区绝大部分果园土壤 pH 处于 6.5 以下。位于招远市的齐山镇、夏甸镇、毕郭镇、阜山镇和处于牟平区的莒格庄镇、王格庄镇果园土壤 pH 相对较低，大部分区域处于 5.5 以下。位于福山区的张格庄镇的果园

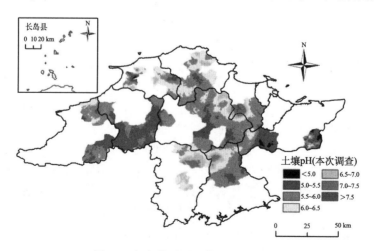

图 3.4　烟台苹果园土壤 pH 空间分布

土壤 pH 相对较高，大部分区域处于 6.5 以上。从表 3.4 可以看出，调查区约有一半的面积 pH 处于 5.5～6.0 之间，处于 5.0～5.5 和 6.0～6.5 之间的面积相当，面积比例分别为 21.38% 和 20.87%。低于 5.0、高于 7.5 的区域面积极小，仅为 0.88%。通过与 pH 背景相对比可以看出：pH<5.0 的区域增加了 0.65%，pH 介于 5.0～5.5 的区域增加了 21.38%，pH 介于 5.5～6.0 的区域增加了 37.99%，pH 介于 6.0～6.5 的区域减少了 58.50%，pH 介于 6.5～7.0 的区域增加了 6.81%，pH 介于 7.0～7.5 的区域减少了 4.86%，pH 介于 7.5～8.0 的区域减少了 2.61%，pH>8.0 的区域减少了 0.86%。尤其以 pH 介于 6.0～6.5 的区域减少最为突出，而这些减少的区域已经补充到了 pH 更低的区域，而使 pH 介于 5.0～5.5 和 5.5～6.0 的区域面积比例大幅提升。因此，调查区内大部分面积果园土壤 pH 出现下降现象，酸化问题普遍存在。

表 3.4　烟台苹果园不同 pH 范围的面积比例　　　（单位：%）

	<5.0	5.0～5.5	5.5～6.0	6.0～6.5	6.5～7.0	7.0～7.5	7.5～8.0	>8.0
pH 背景	0	0	9.86	79.37	0.03	7.05	2.84	0.86
本调查	0.65	21.38	47.85	20.87	6.84	2.19	0.23	0
面积变化	+0.65	+21.38	+37.99	-58.50	+6.81	-4.86	-2.61	-0.86

　　为更直观的分析果园土壤 pH 的变化情况，将本次调查的果园土壤 pH 空间分布图与调查区的土壤 pH 背景值图统一到相同栅格大小，做栅格运算，获得果园土壤 pH 的时空变化图，并统计不同下降幅度的面积比例，结果见图 3.5 和表 3.5。从图 3.5 和表 3.5 可以看出：调查区有 14.27% 的面积出现 pH 上升，其余部分均出现不同程度的酸化，面积比例高达 85.73%。酸化区域以 pH 降低 1 以下为主，面积比例可达 71.83%，其中有 36.39% 降低 0.5 以下。pH 降低 1～1.5 的区域面积可占 10.54%，pH 降低 1.5～2 的区域面积可占 2.45%，pH 降低 2 以上的区域面积仅占 0.91%。

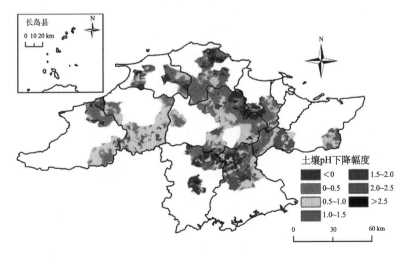

图 3.5　果园土壤 pH 时空变化

表 3.5　烟台苹果园土壤 pH 不同下降幅度的面积比例　　　（单位：%）

pH 下降幅度	<0	0~0.5	0.5~1	1~1.5	1.5~2	2~2.5	>2.5
面积比例	14.27	36.39	35.44	10.54	2.45	0.77	0.14

（三）土壤交换性盐基变化特征

如前文所述，苹果园土壤中的盐基离子会因果树的吸收利用和降雨、灌溉导致的淋失而逐渐减少（Rengel et al.，2000），H^+取代土壤表面的阳离子交换位，产生交换性酸，导致土壤酸化（徐仁扣，2015）。因此，探究交换性盐基离子及盐基饱和度的变化规律对于认识酸化过程及趋势有十分重要的意义。本研究在所有样品中选择了 448 个典型酸性和中性果园土壤样品（外加 51 个农田土壤样品），分析了交换性 Ca^{2+}、Mg^{2+}、K^+、Na^+及盐基饱和度，初步探讨了长期苹果园利用导致的土壤交换性盐基的变化。由于石灰性土壤属于盐基饱和土壤，交换性 Ca^{2+}、Mg^{2+}的含量极高，一般来说并不会影响果树的正常生长，故没有对石灰性土壤交换性盐基进行分析（红梅等，2014）。

表 3.6　烟台苹果园不同种植年限交换性盐基离子的动态变化

	种植年限/年	数目	均值	标准差	变异系数	最小值	最大值	F 值	显著性
交换性 Ca^{2+}	农田	51	8.02	4.08	0.51	1.32	20.23	2.060	0.069
/（cmol/kg）	<5	50	10.42	5.44	0.52	2.62	27.63		
	5~15	188	8.32	4.32	0.52	0.16	23.29		
	15~25	144	8.48	4.61	0.54	0.00	23.21		
	25~35	53	8.02	4.83	0.60	0.00	23.07		
	>35	13	8.18	4.41	0.54	2.13	16.92		
	果园全部	448	8.57	4.64	0.54	0.00	27.63		
交换性 Mg^{2+}	农田	51	1.53	0.76	0.50	0.00	3.29	2.382	0.038
/（cmol/kg）	<5	50	1.79	0.65	0.36	0.06	3.01		
	5~15	188	1.57	0.62	0.39	0.00	3.26		
	15~25	144	1.46	0.56	0.38	0.00	3.23		
	25~35	53	1.53	0.68	0.45	0.00	4.16		
	>35	13	1.40	0.52	0.37	0.22	2.02		
	果园全部	448	1.55	0.62	0.40	0.00	4.16		
交换性 K^+	农田	51	0.048	0.030	0.62	0.013	0.175	4.213	0.001
/（cmol/kg）	<5	50	0.072	0.046	0.63	0.013	0.321		
	5~15	188	0.087	0.087	1.00	0.018	1.157		
	15~25	144	0.092	0.043	0.47	0.004	0.287		
	25~35	53	0.085	0.040	0.47	0.024	0.166		
	>35	13	0.087	0.056	0.64	0.033	0.241		
	果园全部	448	0.087	0.066	0.76	0.004	1.157		

续表

	种植年限/年	数目	均值	标准差	变异系数	最小值	最大值	F值	显著性
交换性 Na^+	农田	51	0.311	0.154	0.50	0.058	0.715	1.244	0.287
/（cmol/kg）	<5	50	0.384	0.369	0.96	0.006	2.480		
	5~15	188	0.349	0.215	0.61	0.005	1.292		
	15~25	144	0.362	0.214	0.59	0.000	1.097		
	25~35	53	0.298	0.194	0.65	0.004	0.834		
	>35	13	0.302	0.165	0.55	0.005	0.520		
	果园全部	448	0.350	0.234	0.67	0.000	2.480	1.864	0.099
盐基饱和度	农田	51	0.67	0.19	0.29	0.32	0.98		
	<5	50	0.75	0.20	0.27	0.26	1.00		
	5~15	188	0.66	0.22	0.34	0.11	1.00		
	15~25	144	0.66	0.22	0.33	0.00	1.00		
	25~35	53	0.62	0.25	0.40	0.00	1.00		
	>35	13	0.65	0.19	0.29	0.29	0.86		
	果园全部	448	0.66	0.22	0.34	0.00	1.00		

注：单因素方差分析仅对"农田"和不同年限苹果园，不包括"果园全部"。

由表 3.6 可见，烟台苹果园 Ca^{2+}、Mg^{2+}、K^+、Na^+变化范围很大，平均含量分别为 8.57、1.55、0.087 和 0.350 cmol/kg，盐基饱和度平均为 0.66，可对应烟台苹果园土壤 pH 的平均水平（5.84）（黄昌勇，2000）。在果园土壤的交换性盐基离子中，以 Ca^{2+} 和 Mg^{2+} 占优势，两者分别占交换性盐基总量的 78.0% 和 16.6%。交换性盐基离子（除 K^+外）基本都呈随种植年限增加而降低的趋势，但仅交换性 Mg^{2+} 和 K^+达到显著性水平（$p<0.05$），交换性 Ca^{2+} 和 Na^+ 尚未达到显著性水平（$p>0.05$）。土壤交换性盐基离子的含量处于变动之中，既有输入，也有输出。施用有机肥常能提高交换性盐基离子的含量，而植物吸收、降雨、灌溉可以使盐基离子含量降低（徐仁扣，2015；范庆锋，2009；Rengel et al.，2000）。交换性 Ca^{2+}、Mg^{2+} 和 Na^+随种植年限而下降可能因为随着果树生长，从土壤中吸收的交换性盐基离子越来越多，而凋落物或有机肥的输入有限，且果园种植中常存在"清园"的管理方式，使其输出量大于输入量，而出现降低趋势。交换性 K^+呈相反趋势可能因为果园中大量施用氮肥增加了土壤的 NH_4^+含量，从而阻碍交换性 K^+的固定而使其含量增加（胡宁等，2010）。土壤胶体上的交换性阳离子是土壤产生缓冲作用的主要原因（沈月，2013），随着作物的吸收和淋溶作用，土壤表面交换位上的盐基阳离子逐渐减少，盐基饱和度逐渐降低，交换性酸（交换性氢和交换性铝）逐渐形成，土壤缓冲性逐渐下降，从而出现酸化（徐仁扣，2015）。从图 3.6 可以看出，交换性盐基离子的总量与 pH 呈线性关系（$r=0.533$，$p<0.01$），即随着盐基离子的不断减少，土壤 pH 不断降低，酸化问题不断突出。在四种交换性盐基离子中，仅 Ca^{2+} 和 Mg^{2+} 与 pH 表现出显著性相关关系（表 3.7），说明两者对土壤酸化的影响较 K^+和 Na^+大。这与 Hartikainen（1996）的观点相一致，他认为外源 H^+的增加使二价盐基离子淋溶量大大增加，但对一价阳离子

的影响要小得多。交换性盐基离子除 K⁺外均与盐基饱和度呈极显著正相关，相关性系数以交换性 Ca²⁺和 Mg²⁺较大，这与两者占交换性盐基总量的比例较高有关。盐基饱和度与土壤 pH 呈极显著性正相关，这意味着盐基饱和度的高低是影响土壤酸化的关键因素。

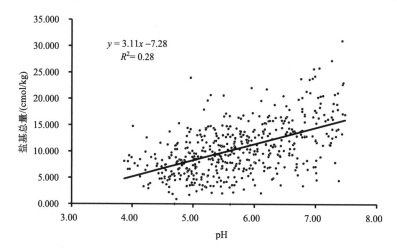

图 3.6　烟台苹果园土壤 pH 和交换性盐基总量的散点图

表 3.7　烟台苹果园土壤盐基离子与土壤 pH、CEC、SOC、TN 的相关性

	交换性 Ca²⁺	交换性 Mg²⁺	交换性 K⁺	交换性 Na⁺	BS	pH	CEC	SOC	TN
交换性 Ca²⁺	1	0.522**	0.125**	0.134**	0.798**	0.533**	0.673**	0.199**	0.112*
交换性 Mg²⁺	0.522**	1	0.081	0.126**	0.392**	0.304**	0.580**	0.061	0.093*
交换性 K⁺	0.125**	0.081	1	0.150**	0.048	0.075	0.182**	0.130**	0.307**
交换性 Na⁺	0.134**	0.126**	0.150**	1	0.171**	0.071	0.119**	0.093*	0.152**
盐基饱和度	0.798**	0.392**	0.048	0.171**	1	0.564**	0.171**	0.055	0.019

* 在 0.05 水平（双侧）上显著相关，** 在 0.01 水平（双侧）上显著相关。

二、土壤铜富集特征

（一）土壤总铜和有效铜含量

烟台苹果园不同种植年限总铜（T-Cu）、有效铜（A-Cu）和有效铜占比（AR）的变化如表 3.8 所示。烟台苹果园 T-Cu、A-Cu 和 AR 在不同种植年限下有着较大的变化范围和变异系数。不同种植年限苹果园（农田参考，<5 年、5～15 年、15～25 年、25～35 年和>35 年）土壤总铜分别为（29.89±15.38）mg/kg、（31.36±11.65）mg/kg、（55.95±27.79）mg/kg、（105.00±55.04）mg/kg、（122.80±30.72）mg/kg 和（164.59±40.19）mg/kg，均显著高于区域背景值（24.0 mg/kg），表明烟台苹果园土壤受到了不同程度的铜污染。与土壤环境标准中的二级标准（Cu=150 mg/kg，pH<6.5）（GB15618—1995）相比，种植年限 15～25 年、25～35 年和>35 年中分别有 13.8%（5/36）、23.5%（4/17）和 71.4%（5/7）

的样点出现超标。不同种植年限果园（农田参考，<5 年、5～15 年、15～25 年、25～35 年和>35 年）土壤有效铜分别为：（3.70±3.22）mg/kg、（4.40±2.91）mg/kg、（11.80±10.43）mg/kg、（29.64±16.94）mg/kg、（39.56±12.17）mg/kg 和（57.52±25.85）mg/kg。值得注意的是：在 15～25 年，25～35 年和>35 的苹果园中，A-Cu 含量甚至高于 T-Cu 的背景值，这意味着这三个种植年限的苹果园存在较强的生态风险。不同种植年限苹果园（农田参考，<5 年，5～15 年，15～25 年，25～35 年和>35 年）土壤有效态铜比例分别为（0.12±0.06）%、（0.13±0.06）%、（0.18±0.09）%、（0.28±0.08）%、（0.32±0.06）% 和（0.34±0.09）%。苹果园土壤总铜、有效铜和有效态比例均值整体上显著高于农田（$p<0.05$），且随着种植年限的增加而显著增加（$p<0.05$）。由于含铜杀菌剂的使用，随着年限的延长，土壤中总铜和有效态含量均会显著升高。据报道，山东省苹果园土壤每年 T-Cu 可增加 2~9 mg/kg，这也支持了本研究的结论（Li et al.，2005）。Li 等（2014）报道，胶东半岛东北部果园铜富集明显（63.6~132 mg/kg），且老龄果园明显高于幼龄果园，这与本研究的结论也是一致的。A-Cu 随年限增长，主要因为在土壤性质的影响下，铜素形态发生转变，易转变为更易溶解或迁移的形态，而有效态在土壤中的饱和是很难达到，所以会不断地转变而使 A-Cu 含量增加（Schramel et al.，2000）。

表 3.8　烟台苹果园不同种植年限总铜、有效铜和有效铜占比的变化特征

	种植年限/年	样点	均值	标准差	变异系数	最小值	最大值	偏度	峰度
T-Cu/	农田	31	29.89a	15.38	0.51	9.02	83.00	3.13	1.58
(mg/kg)	< 5	15	31.36a	11.65	0.37	11.60	55.90	4.36	1.69
	5~15	29	55.95b	27.79	0.50	18.70	134.00	0.33	0.79
	15~25	36	105.00c	55.04	0.52	32.80	307.00	4.14	1.64
	25~35	17	122.80c	30.72	0.25	72.60	166.00	-1.07	-0.03
	> 35	7	164.59d	40.19	0.24	90.10	215.00	-0.89	-0.61
A-Cu/	农田	31	3.70a	3.22	0.87	0.70	15.35	9.60	2.88
(mg/kg)	< 5	15	4.40a	2.91	0.66	0.09	9.86	7.96	2.55
	5~15	29	11.80a	10.43	0.88	0.17	43.81	1.01	1.02
	15~25	36	29.64b	16.94	0.57	3.96	78.89	0.48	0.82
	25~5	17	39.56c	12.17	0.31	15.36	60.23	-0.51	-0.14
	> 35	7	57.32d	25.85	0.45	25.24	101.67	0.05	0.80
AR/%	农田	31	0.12a	0.06	0.52	0.04	0.28	-0.21	0.74
	< 5	15	0.13ab	0.06	0.50	0.01	0.23	-0.89	-0.13
	5~15	29	0.18b	0.09	0.52	0.00	0.37	-0.68	-0.17
	15~25	36	0.28c	0.08	0.28	0.12	0.52	1.73	0.88
	25~35	17	0.32cd	0.06	0.19	0.21	0.44	-0.05	0.45
	> 35	7	0.34d	0.09	0.26	0.26	0.47	-0.99	0.88

（二）土壤总铜、有效铜和有效性比例的影响因素

从表 3.9 可以看出，在苹果园和农田土壤中，T-Cu 和 A-Cu 均与 pH、SOC 呈现显著性相关。在农田土壤中，pH 与 T-Cu、A-Cu 呈显著正相关（$r=0.480$，$r=0.500$，$p<0.01$），而在苹果园土壤中，pH 与 T-Cu、A-Cu 呈显著负相关（$r=-0.289$，$r=-0.342$，$p<0.01$）。苹果园土壤酸化和铜富集均因其强烈集约化利用有关，因此两者呈负相关，且中性-碱性土壤常会减弱重金属的富集（Manta et al.，2002；Kuo et al.，1983）。农田土壤因铜的直接输入较少而能在一定程度上保持自然背景，在 pH 升高时，铜素与氧化物可能有更强的结合能力；因此两者呈显著正相关关系（Naidu et al.，1997；Sims，1986）。pH 是影响铜有效性的关键因素（Mackie et al.，2012；Wu et al.，2010），土壤 pH 增加，会增加铜的沉淀形态而降低其可迁移态含量（Li et al.，2014；Alva et al.，2000）。因此，在苹果园土壤中，A-Cu 和 pH 呈显著负相关。而在农田土壤中，相反的现象可能源自 T-Cu 的强烈影响。在本研究中，T-Cu 和 A-Cu 均呈现出极强的相关性（0.570～0.927，$p<0.01$）。前人研究证实有机质（SOM）是铜素的重要汇之一（Duplay et al.，2014；Ruyters et al.，2013），且 SOM 是影响铜素形态的关键因素之一（Zeng et al.，2011）。铜素在有机质含量高的土壤中移动性和有效性较差，因铜素会与有机质形成稳固的络合物。在本研究中，T-Cu 和 A-Cu 均和 SOC 呈显著性正相关，这可能因为土壤中的铜素只有一小部分与有机质发生络合有关（Wu et al.，2010）。在苹果园土壤中，TN 和 CEC 与 T-Cu、A-Cu 呈显著相关，而在农田土壤中却未表现出相关性。这与 TN 常是与有机质相结合有关，此外，有机质也是影响 CEC 的关键因素（Wu et al.，2010；Yan et al.，2007）。在苹果园和农田土壤中，TP 与 T-Cu、A-Cu 呈显著性正相关。HPO_4^{2-}在土壤中可与 Cu^{2+} 形成沉淀（da Silva et al.，2016；Scheckel and Ryan，2003；Crannell et al.，2000）从而降低铜素的有效性，而在土壤中仅有部分铜与 TP 发生作用，因此两者呈正相关性。在农田土壤中，T-Cu 与 Mn、Ti、SiO_2、Fe_2O_3 和 Al_2O_3 表现出较强的相关性，而在苹果园土壤中 T-Cu 仅与它们表现出较弱的相关性。这些大量元素常被认为是土壤风化的产物（Chen et al.，2008；Lee et al.，2006；Quevauviller et al.，1989），苹果园土壤中由于不断的人为输入铜素从而扰乱了其与大量元素的原始关系（Cai et al.，2015），因此铜素与这些大量元素的相关性会变弱。铁铝氧化物常与铜素表现出较密切的关系，农田土壤中 Cu 与 SiO_2、Al_2O_3、Fe_2O_3 和 Mn 的显著相关性表明铜作为矿物晶体的一部分被吸附或共沉淀，而不是以交换性离子形式存在（Chai et al.，2015）。相反，苹果园土壤中 Cu 与 SiO_2、Al_2O_3、Fe_2O_3 和 Mn 的弱相关性表明铜更多以交换性离子形式存在，这意味着苹果园土壤铜素的有效性更高。A-Cu 与大量元素并未表现出明显的相关性关系，表明 A-Cu 可能受大量元素的影响不显著。

表 3.9　烟台苹果园和参考农田土壤总铜、有效铜和有效铜占比与土壤性质的相关性关系

	农田 (n=31)			苹果园 (n=104)		
	T-Cu	A-Cu	AR	T-Cu	A-Cu	AR
A-Cu	0.570**	1		0.927**	1	

续表

	农田（n=31）			苹果园　（n=104）		
	T-Cu	A-Cu	AR	T-Cu	A-Cu	AR
AR	0.075	0.797**	1	0.621**	0.807**	1
pH	0.480**	0.500**	0.255	−0.289**	−0.342**	−0.437**
SOC	0.528**	0.369*	−0.017	0.421**	0.339**	0.193*
TN	0.446*	0.184	−0.074	0.399**	0.312**	0.159
TP	0.391*	0.567**	0.370*	0.421**	0.294**	0.118
CEC	0.353	0.085	−0.159	0.303**	0.232*	0.188
Mn	0.476**	0.057	−0.122	0.067	−0.067	−0.247*
Ti	0.677**	−0.002	−0.273	0.134	0.069	−0.050
SiO$_2$	−0.684**	0.046	0.512**	−0.283**	−0.093	0.235*
Fe$_2$O$_3$	0.756**	−0.011	−0.407*	0.270**	0.100	−0.162
Al$_2$O$_3$	0.148*	−0.223	−0.466**	0.228*	0.098	−0.151

* 在 0.05 水平（双侧）上显著相关，** 在 0.01 水平（双侧）上显著相关。

苹果园土壤 AR 与 T-Cu 和 A-Cu 呈显著性正相关关系，但在农田土壤中仅与 A-Cu 呈显著相关性，这意味着铜的含量水平，尤其是外源铜是影响 AR 的重要因素。苹果园土壤 AR 与 pH 和 SOC 呈显著相关，但在农田土壤中并未表现出相关性，这表明因集约化利用引起的土壤酸化和 SOC 的动态变化会影响苹果园土壤铜素的 AR。

（三）土壤铜的形态及其影响因素

从图 3.7 可见，不同种植年限苹果园土壤铜素的交换态（F1）、铁锰结合态（F2）、有机结合态（F3）和残渣态（F4）比例分别为（1.70±1.55）%、（0.82±0.90）%、（2.65±1.33）%、（6.51±2.67）%、（7.29±3.03）%和（7.76±2.78）%；（17.56±5.91）%、（18.07±5.37）%、（23.24±5.65）%、（25.80±8.32）%、（27.48±4.83）%和（29.08±2.99）%；（15.20±2.98）%、（12.48±3.92）%、（16.10±9.93）%、（17.98±8.01）%、（20.66±6.09）%和（25.44±4.11）%；（65.54±7.29）%、（68.64±8.14）%、（58.00±14.49）%、（49.71±17.24）%、（44.57±7.21）%和（37.72±6.71）%。不难看出，F4 是铜素的最主要存在形态，F1 含量相对较低。苹果园土壤铜素的 F1、F2 和 F3 整体上显著高于农田（$p<0.05$），且随着种植年限的增加而显著增加（$p<0.05$），而残渣态呈现出相反的趋势（$p<0.05$）。这表明，苹果园的长期种植，致使土壤中铜素浓度提高的同时，也提高了 F1、F2 和 F3 的含量，果园的铜富集风险随着年限的增加而逐渐加剧，这应引起我们的重视。随着含铜杀菌剂的长期使用，潜在可迁移态（F1+F2+F3）含量甚至也高于区域背景值，这意味着苹果园铜污染可能会对果树、果品和人类带来严重的安全风险。

从表 3.10 可见，T-Cu 与 F4 呈显著负相关关系（$r=-0.610$，$p<0.01$），但与 F1、F2 和 F3 呈显著性正相关（$r=0.411$，0.540，0.710，$p<0.01$），表明外源铜在土壤中更易以迁移性强的形态存在（Lu et al.，2003；Liu et al.，2016）。相似的，A-Cu 和 AR 也与 F4

呈显著负相关，与 F1、F2 和 F3 呈显著正相关，这意味着潜在可迁移性形态（F1+F2+F3）是土壤中 A-Cu 的直接来源（Yang et al.，2015）。

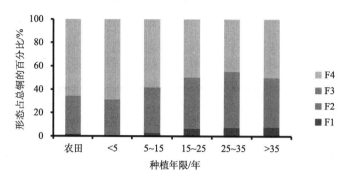

图 3.7　烟台不同种植年限苹果园土壤铜素的形态变化

表 3.10　烟台苹果园土壤铜素形态与土壤性质的相关性

	T-Cu	A-Cu	AR	pH	OC	TN	TP	CEC
F1	0.710**	0.821**	0.773**	−0.500**	0.170	0.369*	0.302*	−0.088
F2	0.540**	0.665**	0.858**	−0.254	0.254	0.350*	0.305*	0.133
F3	0.411**	0.523**	0.609**	−0.524**	0.344**	0.575**	0.200	0.047
F4	−0.610**	−0.746**	−0.866**	0.483**	−0.320*	−0.521**	−0.306*	−0.064

* 在 0.05 水平（双侧）上显著相关，** 在 0.01 水平（双侧）上显著相关。

　　土壤 pH 与 F1、F3 存在显著正相关关系，而与 F4 呈显著正相关关系，这说明土壤酸化会加剧土壤铜素从残渣态转化为可迁移态，从而加剧铜污染的风险。SOC 和 F3 存在显著正相关关系，表明有机质在铜不断富集的过程中扮演重要角色。有机质对铜素有着较强的络合作用，从而可以减少其移动性（Hernández et al.，2007），但当土壤有机质矿化超过腐殖化的强度时，被络合的铜素可能重新被释放而加剧其污染程度（Fernández-Calviño et al.，2009）。TN 与 F1、F2 和 F3 呈显著正相关，而与 F4 呈显著负相关，这可能与氮素的氨化、硝化和反硝化会影响铜素的活性和行为从而影响其形态有关（Chen et al.，2001）。另外，TN 和 SOC 的关系也可在一定程度上解释 TN 与铜素形态的关系。

三、土壤有机氯农药污染特征

　　对洛川县苹果 IPM 示范区于 2011 年和 2012 年分五次进行了样品采集和分析，2011 年和 2012 年的监测数据分别如表 3.11 和表 3.12 所示，土壤样品 DDTs 及三氯杀螨醇的检出率统计结果如表 3.13 所示。

表 3.11　2011 年洛川县苹果 IPM 示范区土壤 DDTs 和三氯杀螨醇浓度监测数据（单位：mg/kg）

采样时间	编号	4,4'-DDD	4,4'-DDE	4,4'-DDT	2,4-DDD	2,4-DDE	2,4-DDT	三氯杀螨醇
4 月	1	<0.1	<0.1	<0.1	<0.1	<0.1	<0.1	<0.1

续表

采样时间	编号	4,4'-DDD	4,4'-DDE	4,4'-DDT	2,4-DDD	2,4-DDE	2,4-DDT	三氯杀螨醇
4月	2	<0.1	<0.1	<0.1	<0.1	<0.1	<0.1	<0.1
	3	<0.1	<0.1	<0.1	<0.1	<0.1	<0.1	<0.1
	4	<0.1	<0.1	<0.1	<0.1	<0.1	<0.1	<0.1
	5	<0.1	<0.1	<0.1	<0.1	<0.1	<0.1	<0.1
	6	<0.1	<0.1	<0.1	<0.1	<0.1	<0.1	<0.1
	7	<0.1	<0.1	<0.1	<0.1	<0.1	<0.1	<0.1
	8	<0.1	<0.1	<0.1	<0.1	<0.1	<0.1	<0.1
	9	<0.1	<0.1	<0.1	<0.1	<0.1	<0.1	<0.1
	10	<0.1	<0.1	<0.1	<0.1	<0.1	<0.1	<0.1
	11	<0.1	<0.1	<0.1	<0.1	<0.1	<0.1	<0.1
	12	<0.1	<0.1	<0.1	<0.1	<0.1	<0.1	<0.1
	13	<0.1	<0.1	<0.1	<0.1	<0.1	<0.1	<0.1
	14	<0.1	<0.1	<0.1	<0.1	<0.1	<0.1	<0.1
	15	<0.1	<0.1	<0.1	<0.1	<0.1	<0.1	<0.1
	16	<0.1	<0.1	<0.1	<0.1	<0.1	<0.1	<0.1
	17	<0.1	<0.1	<0.1	<0.1	<0.1	<0.1	<0.1
	18	<0.1	<0.1	<0.1	<0.1	<0.1	<0.1	<0.1
	19	<0.1	<0.1	<0.1	<0.1	<0.1	<0.1	<0.1
	20	<0.1	<0.1	<0.1	<0.1	<0.1	<0.1	<0.1
	21	<0.1	<0.1	<0.1	<0.1	<0.1	<0.1	<0.1
	22	<0.1	<0.1	<0.1	<0.1	<0.1	<0.1	<0.1
	23	<0.1	<0.1	<0.1	<0.1	<0.1	<0.1	<0.1
	24	<0.1	<0.1	<0.1	<0.1	<0.1	<0.1	<0.1
	25	<0.1	<0.1	<0.1	<0.1	<0.1	<0.1	<0.1
6月	1	<0.1	<0.1	<0.1	<0.1	<0.1	<0.1	<0.1
	2	<0.1	<0.1	<0.1	<0.1	<0.1	<0.1	<0.1
	3	<0.1	<0.1	<0.1	<0.1	<0.1	<0.1	<0.1
	4	<0.1	<0.1	<0.1	<0.1	<0.1	<0.1	<0.1
	5	<0.1	<0.1	<0.1	<0.1	<0.1	<0.1	<0.1
	6	<0.1	<0.1	<0.1	<0.1	<0.1	<0.1	<0.1
	7	<0.1	<0.1	<0.1	<0.1	<0.1	<0.1	<0.1
	8	<0.1	<0.1	<0.1	<0.1	<0.1	<0.1	<0.1
	9	<0.1	<0.1	<0.1	<0.1	<0.1	<0.1	<0.1
	10	<0.1	<0.1	<0.1	<0.1	<0.1	<0.1	<0.1
	11	<0.1	<0.1	<0.1	<0.1	<0.1	<0.1	<0.1
	12	<0.1	<0.1	<0.1	<0.1	<0.1	<0.1	<0.1

采样时间	编号	4,4'-DDD	4,4'-DDE	4,4'-DDT	2,4-DDD	2,4-DDE	2,4-DDT	三氯杀螨醇
	13	<0.1	<0.1	<0.1	<0.1	<0.1	<0.1	<0.1
	14	<0.1	<0.1	<0.1	<0.1	<0.1	<0.1	<0.1
	15	<0.1	<0.1	<0.1	<0.1	<0.1	<0.1	<0.1
	16	<0.1	<0.1	<0.1	<0.1	<0.1	<0.1	<0.1
	17	<0.1	<0.1	<0.1	<0.1	<0.1	<0.1	<0.1
	18	<0.1	<0.1	<0.1	<0.1	<0.1	<0.1	<0.1
	19	<0.1	<0.1	<0.1	<0.1	<0.1	<0.1	<0.1
6月	20	<0.1	<0.1	<0.1	<0.1	<0.1	<0.1	<0.1
	21	<0.1	<0.1	<0.1	<0.1	<0.1	<0.1	<0.1
	22	<0.1	<0.1	<0.1	<0.1	<0.1	<0.1	<0.1
	23	<0.1	<0.1	<0.1	<0.1	<0.1	<0.1	<0.1
	24	<0.1	<0.1	<0.1	<0.1	<0.1	<0.1	<0.1
	25	<0.1	<0.1	<0.1	<0.1	<0.1	<0.1	<0.1
	1	<0.01	<0.01	<0.01	<0.01	<0.01	<0.01	<0.01
	2	<0.01	<0.01	<0.01	<0.01	<0.01	<0.01	<0.01
	3	<0.01	<0.01	<0.01	<0.01	<0.01	<0.01	<0.01
	4	<0.01	<0.01	<0.01	<0.01	<0.01	<0.01	<0.01
	5	<0.01	<0.01	<0.01	<0.01	<0.01	<0.01	<0.01
	6	<0.01	<0.01	<0.01	<0.01	<0.01	<0.01	<0.01
	7	<0.01	<0.01	<0.01	<0.01	<0.01	<0.01	<0.01
	8	<0.01	<0.01	<0.01	<0.01	<0.01	<0.01	<0.01
	9	<0.01	<0.01	<0.01	<0.01	<0.01	<0.01	<0.01
	10	<0.01	<0.01	<0.01	<0.01	<0.01	<0.01	<0.01
	11	<0.01	<0.01	<0.01	<0.01	<0.01	<0.01	0.02
8月	12	<0.01	<0.01	<0.01	<0.01	<0.01	<0.01	<0.01
	13	<0.01	<0.01	<0.01	0.02	<0.01	<0.01	0.07
	14	<0.01	<0.01	<0.01	<0.01	<0.01	<0.01	<0.01
	15	<0.01	<0.01	<0.01	<0.01	<0.01	<0.01	<0.01
	16	<0.01	<0.01	<0.01	<0.01	<0.01	<0.01	<0.01
	17	<0.01	<0.01	<0.01	<0.01	<0.01	<0.01	<0.01
	18	<0.01	<0.01	<0.01	<0.01	<0.01	<0.01	<0.01
	19	<0.01	<0.01	<0.01	<0.01	<0.01	<0.01	<0.01
	20	<0.01	<0.01	<0.01	<0.01	<0.01	<0.01	<0.01
	21	<0.01	<0.01	<0.01	<0.01	<0.01	<0.01	<0.01
	22	<0.01	<0.01	<0.01	<0.01	<0.01	<0.01	<0.01
	23	<0.01	<0.01	<0.01	<0.01	<0.01	<0.01	0.02

续表

采样时间	编号	4,4'-DDD	4,4'-DDE	4,4'-DDT	2,4-DDD	2,4-DDE	2,4-DDT	三氯杀螨醇
	24	<0.01	<0.01	<0.01	<0.01	<0.01	<0.01
	25	<0.01	<0.01	<0.01	<0.01	<0.01	<0.01
	1	<0.01	<0.01	<0.01	<0.01	<0.01	<0.01	<0.01
	2	<0.01	<0.01	<0.01	<0.01	<0.01	<0.01	<0.01
	3	<0.01	<0.01	<0.01	<0.01	<0.01	<0.01	<0.01
	4	<0.01	<0.01	<0.01	<0.01	<0.01	<0.01	<0.01
	5	<0.01	<0.01	<0.01	<0.01	<0.01	<0.01	<0.01
	6	<0.01	<0.01	<0.01	<0.01	<0.01	<0.01	<0.01
	7	<0.01	<0.01	<0.01	<0.01	<0.01	<0.01	<0.01
	8	<0.01	<0.01	<0.01	<0.01	<0.01	<0.01	<0.01
	9	<0.01	<0.01	<0.01	<0.01	<0.01	<0.01	<0.01
	10	<0.01	<0.01	<0.01	<0.01	<0.01	<0.01	<0.01
	11	<0.01	<0.01	<0.01	<0.01	<0.01	<0.01	<0.01
	12	<0.01	<0.01	<0.01	<0.01	<0.01	<0.01	<0.01
10 月	13	<0.01	<0.01	<0.01	<0.01	<0.01	<0.01	0.07
	14	<0.01	<0.01	<0.01	<0.01	<0.01	<0.01	<0.01
	15	<0.01	<0.01	<0.01	<0.01	<0.01	<0.01	<0.01
	16	<0.01	<0.01	<0.01	<0.01	<0.01	<0.01	<0.01
	17	<0.01	<0.01	<0.01	<0.01	<0.01	<0.01	<0.01
	18	<0.01	<0.01	<0.01	<0.01	<0.01	<0.01	<0.01
	19	<0.01	<0.01	<0.01	<0.01	<0.01	<0.01	<0.01
	20	<0.01	<0.01	<0.01	<0.01	<0.01	<0.01	<0.01
	21	<0.01	<0.01	<0.01	<0.01	<0.01	<0.01	<0.01
	22	<0.01	<0.01	<0.01	<0.01	<0.01	<0.01	<0.01
	23	<0.01	<0.01	<0.01	<0.01	<0.01	<0.01	<0.01
	24	<0.01	<0.01	<0.01	<0.01	<0.01	<0.01	<0.01
	25	<0.01	<0.01	<0.01	<0.01	<0.01	<0.01	<0.01

表3.12 2012 年 10 月洛川县 IPM 示范区土壤 DDTs 和三氯杀螨醇浓度监测数据（单位：ng/g）

编号	4,4'-DDD	4,4'-DDE	4,4'-DDT	2,4-DDD	2,4-DDE	2,4-DDT	三氯杀螨醇
1	<1.5	<1.2	<3.6	<1.5	<1.5	<1.5	<1.2
2	<1.5	<1.2	<3.6	<1.5	<1.5	<1.5	<1.2
3	<1.5	1.8	<3.6	<1.5	<1.5	1.6	<1.2
4	<1.5	<1.2	<3.6	<1.5	<1.5	<1.5	<1.2
5	<1.5	<1.2	<3.6	<1.5	<1.5	<1.5	<1.2
6	<1.5	<1.2	22.3	<1.5	<1.5	<1.5	<1.2
7	<1.5	<1.2	<3.6	<1.5	<1.5	<1.5	<1.2

续表

编号	4,4'-DDD	4,4'-DDE	4,4'-DDT	2,4-DDD	2,4-DDE	2,4-DDT	三氯杀螨醇
8	<1.5	<1.2	<3.6	<1.5	<1.5	<1.5	<1.2
9	<1.5	<1.2	<3.6	<1.5	<1.5	<1.5	<1.2
10	<1.5	<1.2	<3.6	<1.5	<1.5	<1.5	<1.2
11	<1.5	<1.2	13.9	<1.5	<1.5	<1.5	<1.2
12	<1.5	<1.2	6.5	<1.5	<1.5	<1.5	<1.2
13	<1.5	3.9	<3.6	<1.5	5.0	9.7	<1.2
14	<1.5	<1.2	4.6	<1.5	<1.5	<1.5	<1.2
15	<1.5	<1.2	<3.6	<1.5	<1.5	<1.5	<1.2
16	<1.5	<1.2	<3.6	<1.5	<1.5	<1.5	<1.2
17	<1.5	<1.2	<3.6	<1.5	<1.5	<1.5	<1.2
18	<1.5	<1.2	<3.6	<1.5	<1.5	<1.5	<1.2
19	<1.5	<1.2	<3.6	<1.5	<1.5	<1.5	<1.2
20	<1.5	<1.2	28.6	<1.5	<1.5	<1.5	<1.2
21	<1.5	<1.2	<3.6	<1.5	<1.5	<1.5	<1.2
22	<1.5	<1.2	<3.6	<1.5	<1.5	<1.5	<1.2
23	<1.5	<1.2	6.7	<1.5	<1.5	<1.5	<1.2
24	<1.5	<1.2	3.8	<1.5	<1.5	<1.5	<1.2
25	<1.5	<1.2	<3.6	<1.5	<1.5	<1.5	<1.2

表3.13 洛川县苹果 IPM 示范区土壤样品 DDTs 及三氯杀螨醇检出率（单位：%）

监测项目	2011 年				2012 年 10 月
	4 月	6 月	8 月	10 月	
4,4'-DDD	0	0	0	0	0
4,4'-DDE	0	0	0	0	8
4,4'-DDT	0	0	0	0	28
2,4-DDD	0	0	4	0	0
2,4-DDE	0	0	0	0	4
2,4-DDT	0	0	0	0	4
三氯杀螨醇	0	0	12	4	0

注：2011 年 4 月份、6 月份检出限均为 0.1 mg/kg；8 月份、10 月份检出限均为 0.01 mg/kg；2012 年 10 月份检出限依次为 1.5 ng/g、1.2 ng/g、3.6 ng/g、1.5 ng/g、1.5 ng/g、1.5 ng/g 和 12 ng/g。

洛川县苹果 IPM 示范区监测结果表明，2011 年 4 月份和 6 月份样品中 DDT 及其衍生物均未检出，这是由于土壤样品中 DDT 含量较低，分析测试的检出限偏高（0.1 mg/kg）的缘故。2011 年 8 月份和 10 月份，分析测试的检出限降为 0.01 mg/kg，两次样品中只有 8 月份检出 2,4-DDD，检出率为 4%，其他监测指标均未检出。2012 年 10 月监测项目的检出限进一步降至 ng/g 级，样品中 2,4-DDD 和 4,4'-DDD 未检出，但 4,4'-DDT、4,4'-DDE、2,4-DDT 和 2,4-DDE 均有检出，且样品中 4,4'-DDT 检出率达到 28%。

2011 年 DDT 及其衍生物只有 8 月份检出 2,4-DDD，其他监测指标均未检出，故 2011

年 8 月份和 10 月份土壤 DDTs 总浓度计算值为<20 ng/g（四种单体 1/2 检出限之和）。经计算，2012 年 10 月份 25 个点位土壤中 DDTs 总浓度范围为 3.9～30.7 ng/g，远小于土壤环境质量二级标准（500 ng/g）。

2011 年洛川 25 个土壤采样点位中三氯杀螨醇在 8 月份仅在 11、13 和 23 号 3 个点位中检出，10 月份仅在 13 号点位检出，而 2012 年 10 月份三氯杀螨醇均未检出。

第二节　柑橘园土壤有机氯农药污染特征

对宜都市柑橘 IPM 示范区于 2011 年和 2012 年分五次进行了样品采集和分析，两年监测的具体数据分别见表 3.14 和表 3.15，土壤样品 DDT 及三氯杀螨醇的检出率统计结果见表 3.16。

表 3.14　2011 年宜都市柑橘 IPM 示范区土壤 DDTs 和三氯杀螨醇浓度监测数据（单位：mg/kg）

采样时间	编号	4,4'-DDD	4,4'-DDE	4,4'-DDT	2,4-DDD	2,4-DDE	2,4-DDT	三氯杀螨醇
	1	<0.1	<0.1	<0.1	<0.1	<0.1	<0.1	<0.1
	2	<0.1	<0.1	<0.1	<0.1	<0.1	<0.1	<0.1
	3	<0.1	<0.1	<0.1	<0.1	<0.1	<0.1	<0.1
	4	<0.1	<0.1	<0.1	<0.1	<0.1	<0.1	<0.1
	5	<0.1	<0.1	<0.1	<0.1	<0.1	<0.1	<0.1
	6	<0.1	<0.1	<0.1	<0.1	<0.1	<0.1	<0.1
	7	<0.1	<0.1	<0.1	<0.1	<0.1	<0.1	<0.1
	8	<0.1	<0.1	<0.1	<0.1	<0.1	<0.1	<0.1
	9	<0.1	<0.1	<0.1	<0.1	<0.1	<0.1	<0.1
	10	<0.1	<0.1	<0.1	<0.1	<0.1	<0.1	<0.1
	11	<0.1	<0.1	<0.1	<0.1	<0.1	<0.1	<0.1
	12	<0.1	0.1	<0.1	<0.1	<0.1	<0.1	<0.1
3 月	13	<0.1	<0.1	<0.1	<0.1	<0.1	<0.1	<0.1
	14	<0.1	<0.1	<0.1	<0.1	<0.1	<0.1	<0.1
	15	<0.1	<0.1	<0.1	<0.1	<0.1	<0.1	<0.1
	16	<0.1	<0.1	<0.1	<0.1	<0.1	<0.1	<0.1
	17	<0.1	<0.1	<0.1	<0.1	<0.1	<0.1	<0.1
	18	<0.1	<0.1	<0.1	<0.1	<0.1	<0.1	<0.1
	19	<0.1	<0.1	<0.1	<0.1	<0.1	<0.1	<0.1
	20	<0.1	<0.1	<0.1	<0.1	<0.1	<0.1	<0.1
	21	<0.1	<0.1	<0.1	<0.1	<0.1	<0.1	<0.1
	22	<0.1	<0.1	<0.1	<0.1	<0.1	<0.1	<0.1
	23	<0.1	<0.1	<0.1	<0.1	<0.1	<0.1	<0.1
	24	<0.1	<0.1	<0.1	<0.1	<0.1	<0.1	<0.1

续表

采样时间	编号	4,4'-DDD	4,4'-DDE	4,4'-DDT	2,4-DDD	2,4-DDE	2,4-DDT	三氯杀螨醇
3月	25	<0.1	<0.1	<0.1	<0.1	<0.1	<0.1	<0.1
7月	1	<0.01	<0.01	0.01	0.01	<0.01	<0.01	0.01
	2	<0.01	<0.01	<0.01	<0.01	<0.01	<0.01	0.01
	3	<0.01	<0.01	0.01	0.04	0.02	0.02	0.20
	4	<0.01	<0.01	<0.01	0.05	<0.01	0.01	0.04
	5	<0.01	<0.01	<0.01	<0.01	<0.01	<0.01	0.10
	6	<0.01	<0.01	<0.01	0.01	<0.01	<0.01	0.01
	7	<0.01	<0.01	<0.01	0.04	0.01	0.01	0.03
	8	<0.01	<0.01	<0.01	<0.01	<0.01	<0.01	<0.01
	9	<0.01	<0.01	<0.01	0.02	<0.01	<0.01	0.08
	10	<0.01	<0.01	<0.01	0.02	<0.01	<0.01	0.07
	11	<0.01	<0.01	<0.01	<0.01	<0.01	<0.01	<0.01
	12	<0.01	<0.01	<0.01	0.13	<0.01	<0.01	0.03
	13	<0.01	<0.01	0.02	<0.01	<0.01	<0.01	0.01
	14	<0.01	<0.01	<0.01	0.05	<0.01	0.01	0.04
	15	<0.01	<0.01	<0.01	0.03	<0.01	<0.01	0.03
	16	<0.01	<0.01	<0.01	0.03	<0.01	<0.01	0.05
	17	<0.01	<0.01	0.01	0.03	<0.01	<0.01	0.02
	18	<0.01	<0.01	<0.01	0.01	<0.01	<0.01	0.03
	19	<0.01	<0.01	<0.01	0.01	<0.01	<0.01	0.03
	20	<0.01	<0.01	<0.01	<0.01	<0.01	<0.01	0.03
	21	<0.01	<0.01	0.01	<0.01	<0.01	<0.01	0.01
	22	<0.01	<0.01	<0.01	<0.01	<0.01	<0.01	0.01
	23	<0.01	<0.01	<0.01	<0.01	<0.01	<0.01	0.04
	24	<0.01	<0.01	<0.01	<0.01	<0.01	<0.01	<0.01
	25	<0.01	<0.01	<0.01	<0.01	<0.01	<0.01	0.02
8月	1	<0.01	<0.01	<0.01	<0.01	<0.01	<0.01	<0.01
	2	<0.01	<0.01	<0.01	<0.01	<0.01	<0.01	<0.01
	3	<0.01	<0.01	<0.01	0.02	<0.01	<0.01	0.05
	4	<0.01	<0.01	<0.01	<0.01	<0.01	<0.01	<0.01
	5	<0.01	<0.01	<0.01	<0.01	<0.01	<0.01	0.08
	6	<0.01	<0.01	<0.01	<0.01	<0.01	<0.01	<0.01
	7	<0.01	<0.01	<0.01	0.02	<0.01	<0.01	0.01
	8	<0.01	<0.01	<0.01	<0.01	<0.01	<0.01	<0.01
	9	<0.01	<0.01	<0.01	0.01	<0.01	<0.01	0.06
	10	<0.01	<0.01	<0.01	<0.01	<0.01	<0.01	<0.01

续表

采样时间	编号	4,4'-DDD	4,4'-DDE	4,4'-DDT	2,4-DDD	2,4-DDE	2,4-DDT	三氯杀螨醇
	11	<0.01	<0.01	<0.01	<0.01	<0.01	<0.01	<0.01
	12	<0.01	<0.01	0.01	0.02	<0.01	<0.01	<0.01
	13	<0.01	<0.01	<0.01	<0.01	<0.01	<0.01	<0.01
	14	<0.01	<0.01	<0.01	<0.01	<0.01	<0.01	0.01
	15	<0.01	<0.01	<0.01	0.02	<0.01	0.01	0.02
	16	<0.01	<0.01	<0.01	<0.01	<0.01	<0.01	<0.01
	17	<0.01	<0.01	<0.01	0.02	<0.01	<0.01	0.03
8月	18	<0.01	<0.01	<0.01	0.02	<0.01	<0.01	0.02
	19	<0.01	<0.01	<0.01	0.03	<0.01	<0.01	0.05
	20	<0.01	<0.01	<0.01	<0.01	<0.01	<0.01	0.02
	21	<0.01	<0.01	<0.01	<0.01	<0.01	<0.01	0.01
	22	<0.01	<0.01	<0.01	<0.01	<0.01	<0.01	<0.01
	23	<0.01	<0.01	<0.01	<0.01	<0.01	<0.01	0.01
	24	<0.01	<0.01	<0.01	<0.01	<0.01	<0.01	<0.01
	25	<0.01	<0.01	<0.01	<0.01	<0.01	<0.01	<0.01
	1	<0.01	<0.01	<0.01	<0.01	<0.01	<0.01	<0.01
	2	<0.01	<0.01	<0.01	<0.01	<0.01	<0.01	<0.01
	3	<0.01	<0.01	<0.01	0.02	<0.01	<0.01	0.11
	4	<0.01	<0.01	<0.01	<0.01	<0.01	<0.01	0.13
	5	<0.01	<0.01	<0.01	<0.01	<0.01	<0.01	<0.01
	6	<0.01	<0.01	<0.01	<0.01	<0.01	<0.01	<0.01
	7	<0.01	<0.01	<0.01	0.04	<0.01	<0.01	0.06
	8	<0.01	<0.01	<0.01	<0.01	<0.01	<0.01	<0.01
	9	<0.01	<0.01	<0.01	0.02	<0.01	<0.01	0.12
	10	<0.01	<0.01	<0.01	<0.01	<0.01	<0.01	0.06
10月	11	<0.01	<0.01	<0.01	0.01	<0.01	<0.01	0.02
	12	<0.01	<0.01	0.02	0.12	<0.01	<0.01	0.06
	13	<0.01	<0.01	<0.01	<0.01	<0.01	<0.01	<0.01
	14	<0.01	<0.01	<0.01	<0.01	<0.01	<0.01	<0.01
	15	<0.01	<0.01	<0.01	0.04	<0.01	0.01	0.13
	16	<0.01	<0.01	<0.01	0.01	<0.01	<0.01	<0.01
	17	<0.01	<0.01	<0.01	0.04	<0.01	<0.01	0.06
	18	<0.01	<0.01	0.06	0.11	<0.01	0.01	0.07
	19	<0.01	<0.01	<0.01	0.02	<0.01	<0.01	0.10
	20	<0.01	<0.01	<0.01	<0.01	<0.01	<0.01	<0.01
	21	<0.01	<0.01	0.01	0.01	<0.01	<0.01	0.04

续表

采样时间	编号	4,4'-DDD	4,4'-DDE	4,4'-DDT	2,4-DDD	2,4-DDE	2,4-DDT	三氯杀螨醇
	22	<0.01	<0.01	<0.01	<0.01	<0.01	<0.01	<0.01
	23	<0.01	<0.01	<0.01	<0.01	<0.01	<0.01	<0.01
10 月	24	<0.01	<0.01	<0.01	<0.01	<0.01	<0.01	<0.01
	25	<0.01	<0.01	<0.01	<0.01	<0.01	<0.01	<0.01

表 3.15　**2012 年 10 月宜都 IPM 示范区土壤 DDTs 和三氯杀螨醇浓度监测数据**（单位：ng/g）

编号	4,4'-DDD	4,4'-DDE	4,4'-DDT	2,4-DDD	2,4-DDE	2,4-DDT	三氯杀螨醇
1	<1.5	<1.2	<3.6	<1.5	<1.5	<1.5	<1.2
2	<1.5	<1.2	<3.6	<1.5	<1.5	<1.5	<1.2
3	<1.5	3.1	<3.6	<1.5	<1.5	<1.5	<1.2
4	<1.5	<1.2	<3.6	<1.5	<1.5	<1.5	<1.2
5	<1.5	<1.2	<3.6	<1.5	<1.5	<1.5	<1.2
6	<1.5	<1.2	<3.6	<1.5	<1.5	<1.5	<1.2
7	<1.5	10.9	2.6	<1.5	<1.5	<1.5	<1.2
8	<1.5	<1.2	<3.6	<1.5	<1.5	<1.5	<1.2
9	<1.5	5.6	<3.6	<1.5	<1.5	<1.5	<1.2
10	<1.5	6.1	4.2	<1.5	<1.5	<1.5	<1.2
11	<1.5	4.6	<3.6	<1.5	<1.5	<1.5	<1.2
12	2.2	5.7	18.2	<1.5	<1.5	2.2	<1.2
13	<1.5	<1.2	<3.6	<1.5	<1.5	<1.5	<1.2
14	<1.5	<1.2	<3.6	<1.5	<1.5	<1.5	<1.2
15	<1.5	26.4	8.6	<1.5	<1.5	9.7	<1.2
16	<1.5	3.5	<3.6	<1.5	<1.5	<1.5	<1.2
17	<1.5	1.3	5.6	<1.5	<1.5	<1.5	<1.2
18	<1.5	5.9	4.1	<1.5	<1.5	<1.5	<1.2
19	<1.5	4.8	<3.6	<1.5	<1.5	<1.5	<1.2
20	<1.5	6.2	<3.6	<1.5	<1.5	2.5	<1.2
21	<1.5	1.6	<3.6	<1.5	<1.5	<1.5	<1.2
22	<1.5	<1.2	<3.6	<1.5	<1.5	<1.5	<1.2
23	<1.5	<1.2	<3.6	<1.5	<1.5	<1.5	<1.2
24	2.7	1.4	13.7	<1.5	<1.5	<1.5	<1.2
25	<1.5	1.2	<3.6	<1.5	<1.5	<1.5	<1.2

　　宜都市 IPM 示范区监测结果表明，2011 年 3 月份样品中 DDT 及其衍生物检出 4,4′-DDE，检出率为 4%，其他的单体均未检出，这是由于土壤样品中 DDT 含量较低，分析测试的检出限偏高（0.1 mg/kg）的缘故。2011 年 7 月份、8 月份和 10 月份，测试的

检出限降为0.01 mg/kg，三次样品中4,4'-DDT和2,4-DDT均未检出，而2,4-DDD、4,4'-DDD和4,4'-DDE均有检出，其中，4,4'-DDE的检出率相对较高，7月份的检出率达到56%。2012年10月监测项目的检出限进一步降至ng/g级，2,4-DDD和2,4-DDE仍然未检出，4,4'-DDT、2,4-DDT、4,4'-DDD和4,4'-DDE有检出，且样品中4,4'-DDE的检出率高达60%。

表3.16　宜都市柑橘IPM示范区土壤样品DDT及三氯杀螨醇检出率（单位：%）

监测项目	2011年				2012年10月
	3月	7月	8月	10月	
4,4'-DDD	0	20	4	12	8
4,4'-DDE	4	56	32	44	60
4,4'-DDT	0	0	0	0	36
2,4-DDD	0	16	4	8	0
2,4-DDE	0	8	0	0	0
2,4-DDT	0	0	0	0	12
三氯杀螨醇	0	88	48	48	0

注：2011年3月份检出限均为0.1mg/kg；7月份、8月份、10月份检出限均为0.01mg/kg；2012年10月份检出限依次为1.5 ng/g、1.2 ng/g、3.6 ng/g、1.5 ng/g、1.5 ng/g、1.5 ng/g和12 ng/g。

根据我国《土壤环境质量标准》（GB 15618—1995），DDTs总浓度定义为4,4'-DDT、2,4-DDT、4,4'-DDE和4,4'-DDD浓度之和，对于低于检出限的监测指标，按1/2检出限进行加和（下同）。经计算，2011年7月、8月、10月和2012年10月四次土壤样品中DDTs总浓度范围分别在20～145 ng/g、20～45 ng/g、20～180 ng/g和3.9～45.45 ng/g，年度间未发现DDTs有明显积累，且DDTs总浓度均未超过我国土壤环境质量二级标准（500 ng/g）。

2011年7月份、8月份和10月份三氯杀螨醇的检出率分别为88%、48%和48%，但2012年10月份土壤样品中三氯杀螨醇均未检出。

参 考 文 献

蔡道基, 单正军, 朱忠林, 等. 2001. 铜制剂农药对生态环境影响研究. 农药学学报, 3(1): 61~68.

范庆锋. 2009. 保护地土壤酸度特征及酸化机理研究. 沈阳: 沈阳农业大学博士学位论文.

国家环境保护总局. 1995. 土壤环境质量标准(GB15618—1995). 北京: 中国环境科学出版社.

国家林业局. 1999. 森林土壤有效铜的测定(LY/T 1260—1999). 北京: 中国标准出版社.

红梅, 郑海春, 魏晓军, 等. 2014. 石灰性土壤交换性钙和镁测定方法的研究. 土壤学报, 51(1): 82~89.

胡宁, 娄翼来, 张晓珂, 等. 2010. 保护性耕作对土壤交换性盐基组成的影响. 应用生态学报, 6: 1492~1496.

黄昌勇. 2000. 土壤学. 北京: 中国农业出版社.

鲁如坤. 1999. 土壤农化分析. 北京: 中国农业科技出版社.

沈月. 2013. 辽宁耕地棕壤酸化特征及其机理研究. 沈阳: 沈阳农业大学博士学位论文.

王见月, 刘庆花, 李俊良, 等. 2010. 胶东果园土壤酸度特征及酸化原因分析. 中国农学通报, 26(16):

164~169.

王正直. 2003. 果园土壤铜素分异特征及化学行为研究. 泰安: 山东农业大学博士学位论文.

王忠和, 李早东, 王义华. 2009. 烟台和威海地区果园土壤酸度评价. 中国果树, 4: 16~18.

王忠和, 李早东, 王义华. 2011. 烟台市苹果园土壤状况调查报告. 落叶果树, 4: 13~15.

魏绍冲, 姜远茂. 2012. 山东省苹果园肥料施用现状调查分析. 山东农业科学, 44(2): 77~79.

徐仁扣. 2015. 土壤酸化及其调控研究进展. 土壤, 47(2): 238~244.

许延娜, 许雪峰, 李天忠, 等. 2009. 胶东半岛苹果园重金属污染评价. 中国果树, 2: 40~44.

烟台市统计局. 2014. 烟台统计年鉴. 北京: 中国统计出版社.

烟台市土壤普查办公室. 1987. 烟台市土壤. 北京: 中国农业出版社, 75~274.

杨世琦, 刘国强, 张爱平, 等. 2010. 典型区域果园表层土壤 5 种重金属累积特征. 生态学报, 22: 6201~6207.

周海燕. 2015. 胶东集约化农田土壤酸化效应及改良调控途径. 北京: 中国农业大学博士学位论文.

Alva A K, Huang B, Paramasivam S. 2000. Soil pH affects copper fractionation and phytotoxicity. Soil Science Society of America Journal, 64(3): 955~962.

Cai L, Xu Z, Bao P, et al. 2015. Multivariate and geostatistical analyses of the spatial distribution and source of arsenic and heavy metals in the agricultural soils in Shunde, Southeast China. Journal of Geochemical Exploration, 148: 189~195.

Chai Y, Guo J, Chai S, et al. 2015. Source identification of eight heavy metals in grassland soils by multivariate analysis from the Baicheng–Songyuan area, Jilin Province, Northeast China. Chemosphere, 134: 67~75.

Chen T, Liu X, Zhu M, et al. 2008. Identification of trace element sources and associated risk assessment in vegetable soils of the urban–rural transitional area of Hangzhou, China. Environmental Pollution, 151(1): 67~78.

Chen Y, Wang K, Lin Q, et al. 2001. Effects of heavy metals on ammonification, nitrification and denitrification in maize rhizosphere. Pedosphere, 11(2): 115~122.

Crannell B S, Eighmy T T, Krzanowski J E, et al. 2000. Heavy metal stabilization in municipal solid waste combustion bottom ash using soluble phosphate. Waste Management, 20(2): 135~148.

da Silva F B V, do Nascimento C W A, Araújo P R M, et al. 2016. Assessing heavy metal sources in sugarcane Brazilian soils: an approach using multivariate analysis. Environmental Monitoring and Assessment, 188(8): 1~12.

Duplay J, Semhi K, Errais E, et al. 2014. Copper, zinc, lead and cadmium bioavailability and retention in vineyard soils (Rouffach, France): the impact of cultural practices. Geoderma, 230: 318~328.

Fernández-Calviño D, Nóvoa-Muñoz J C, Díaz-Raviña M, et al. 2009. Copper accumulation and fractionation in vineyard soils from temperate humid zone (NW Iberian Peninsula). Geoderma, 153(1): 119~129.

Goulding K W T, Annis B. 1998. Lime, liming and the management of soil acidity. Proceedings-Fertiliser Society (United Kingdom).

Guo J, Liu X, Zhang Y, et al. 2010. Significant acidification in major Chinese croplands. Science, 327(5968): 1008~1010.

Hartikainen H. 1996. Soil response to acid percolation: Acid-base buffering and cation leaching. Journal of Environmental Quality, 25(4): 638~645.

Hernandez D, Plaza C, Senesi N, et al. 2007. Fluorescence analysis of copper (II) and zinc (II) binding behaviour of fulvic acids from pig slurry and amended soils. European Journal of Soil Science, 58(4):

900~908.

Kuo S, Heilman P E, Baker A S. 1983. Distribution and forms of copper, zinc, cadmium, iron, and manganese in soils near a copper smelter. Soil Science, 135(2): 101~109.

Lee C S, Li X, Shi W, et al. 2006. Metal contamination in urban, suburban, and country park soils of Hong Kong: a study based on GIS and multivariate statistics. Science of the Total Environment, 356(1): 45~61.

Li L, Wu H, van Gestel C A M, et al. 2014. Soil acidification increases metal extractability and bioavailability in old orchard soils of Northeast Jiaodong Peninsula in China. Environmental Pollution, 188: 144~152.

Li W, Zhang M, Shu H. 2005. Distribution and fractionation of copper in soils of apple orchards. Environmental Science and Pollution Research, 12(3): 168~172.

Li Y, Zhang H, Tu C, et al. 2015. Occurrence of red clay horizon in soil profiles of the Yellow River Delta: Implications for accumulation of heavy metals. Journal of Geochemical Exploration, Doi: http://dx.doi.org/10.1016/j.gexplo.2015.11.006.

Liu G, Wang J, Zhang E, et al. 2016. Heavy metal speciation and risk assessment in dry land and paddy soils near mining areas at Southern China. Environmental Science and Pollution Research, 23(9): 8709~8720.

Lu Y, Gong Z, Zhang G, et al. 2003. Concentrations and chemical speciations of Cu, Zn, Pb and Cr of urban soils in Nanjing, China. Geoderma, 115(1): 101~111.

Mackie K A, Müller T, Kandeler E. 2012. Remediation of copper in vineyards–a mini review. Environmental Pollution, 167: 16~26.

Manta D S, Angelone M, Bellanca A, et al. 2002. Heavy metals in urban soils: a case study from the city of Palermo (Sicily), Italy. Science of the Total Environment, 300(1): 229~243.

Naidu R, Kookana R S, Sumner M E, et al. 1997. Cadmium sorption and transport in variable charge soils: a review. Journal of Environmental Quality, 26(3): 602~617.

Quevauviller P, Lavigne R, Cortez L. 1989. Impact of industrial and mine drainage wastes on the heavy metal distribution in the drainage basin and estuary of the Sado River (Portugal). Environmental Pollution, 59(4): 267~286.

Rengel Z, Tang C, Raphael C, et al. 2000. Understanding subsoil acidification: effect of nitrogen transformation and nitrate leaching. Soil Research, 38(4): 837~849.

Ruyters S, Salaets P, Oorts K, et al. 2013. Copper toxicity in soils under established vineyards in Europe: a survey. Science of the Total Environment, 443: 470~477.

Scheckel K G, Ryan J A. 2003. In vitro formation of pyromorphite via reaction of Pb sources with soft-drink phosphoric acid. Science of the Total Environment, 302(1): 253~265.

Schramel O, Michalke B, Kettrup A. 2000. Study of the copper distribution in contaminated soils of hop fields by single and sequential extraction procedures. Science of the Total Environment, 263(1): 11~22.

Sims J T. 1986. Soil pH effects on the distribution and plant availability of manganese, copper, and zinc. Soil Science Society of America Journal, 50(2): 367~373.

Wang Q, Liu J, Wang Y, et al. 2015. Accumulations of copper in apple orchard soils: distribution and availability in soil aggregate fractions. Journal of Soils and Sediments, 15(5): 1075~1082.

Wu C, Luo Y, Zhang L. 2010. Variability of copper availability in paddy fields in relation to selected soil properties in southeast China. Geoderma, 156(3): 200~206.

Xue D, Yao H, Huang C. 2006. Microbial biomass, N mineralization and nitrification, enzyme activities, and microbial community diversity in tea orchard soils. Plant and Soil, 288(1-2): 319~331.

Yan J, Zhou G, Zhang D, et al. 2007. Changes of soil water, organic matter, and exchangeable cations along a forest successional gradient in Southern China. Pedosphere, 17(3): 397~405.

Yang H, Wang Y, Huang Y. 2015. Chemical fractions and phytoavailability of copper to rape grown in the polluted paddy soil. International Journal of Environmental Science and Technology, 12(9): 2929~2938.

Zeng F, Ali S, Zhang H, et al. 2011. The influence of pH and organic matter content in paddy soil on heavy metal availability and their uptake by rice plants. Environmental Pollution, 159(1): 84~91.

Zhang C, Wu P, Tang C, et al. 2013. The study of soil acidification of paddy field influenced by acid mine drainage. Environmental Earth Sciences, 70(7): 2931~2940.

第四章　长期施肥定位试验点土壤污染特征

农田土壤污染是人们高度关注的环境问题之一。农业生态系统的长期试验（long-term agroecosystem experiments，LTAEs）可以为农业可持续发展的生物学、生物地球化学和农业环境评价提供有价值的信息，并可以用于全球变化的预测和相关预测模型的建立和验证。有机、无机肥料在保持和提高土壤肥力的同时，受到开采原料、添加剂的影响，会导致土壤中重金属和抗生素等污染物的残留和积累，因此长期施肥会带来潜在的生态环境风险。本章选择了分布于我国不同区域、有较强代表性的农业生态系统长期定位试验站，采集或收集了长期施肥试验条件下土壤剖面的土壤、肥料及其他样品。在分析土壤重金属和抗生素等污染物含量的基础上，探讨了不同土壤类型、土地利用方式下土壤的污染状况及其影响因素，分析了长期施肥条件下土壤污染的历史过程，研究结果对加强农产品的产地环境安全及有机农业的安全保障提供基础资料及指导依据。

第一节　土壤表层重金属含量与积累

一、黑土区旱地土壤重金属含量

（一）长期施用化肥对中厚黑土重金属积累的影响

研究区位于黑龙江省海伦市海伦农业生态实验站（47°26′ N，126°38′ E），化肥实验设 7 个处理：CK 为对照，不施肥；NP 为施用 N、P 肥；NK 为施用 N、K 肥；PK 为施用 P、K 肥；NPK 为施用 N、P、K 肥；NP2K 为 N、K 肥与高量 P 肥；NPK2 为 N、P 肥与高量 K 肥。

海伦实验站长期施用化肥试验土壤重金属含量的统计结果如表 4.1 所示。从表中可以看出，Cd 含量的均值范围为 99～136 μg/kg，Pb 为 26.5～37.5 mg/kg，Cu 为 21.9～24.6 mg/kg，Zn 为 65.4～71.6 mg/kg。除 NP2K 处理的 Pb 含量均值略低于黑土 Pb 背景值外，所有处理土壤中 Cd、Pb、Cu、Zn 含量均高于黑土 Cd、Pb、Cu、Zn 的背景值（中国环境监测总站，1990）；各处理土壤中 Cd、Pb、Cu、Zn 含量均低于我国土壤环境质量一级标准值（GB15618—1995）。

所有施用化肥处理土壤 Cd 含量与对照土壤 Cd 含量无显著差异；除 NK 处理土壤 Pb 含量高于对照外，其他施用化肥处理土壤 Pb 含量与对照无显著差异；施用高量 P、K 肥处理（NP2K 和 NPK2）土壤 Cu 含量显著低于对照，其他施用化肥处理土壤 Cu 含量与对照无显著差异；施用高量 K 肥处理土壤 Zn 含量高于对照，其余施用化肥处理土壤 Zn 含量与对照无显著差异。总体看来，试验条件下长期施用化肥对黑土 Cd、Pb、Cu、Zn 的积累作用不明显。

表 4.1　海伦长期施用化肥试验土壤重金属全量

处理	Cd/（μg/kg）	Pb/（mg/kg）	Cu/（mg/kg）	Zn/（mg/kg）
CK	126±22ab	28.1±2.8bc	24.6±1.2a	71.6±3.1b
NK	99±19b	37.5±1.7a	24.3±0.2ab	66.9±2.1b
NP	107±24b	30.0±2.5bc	23.4±0.2abc	65.4±2.1b
PK	136±31a	33.8±2.4ab	24.4±0.3ab	69.2±4.5b
NPK	118±17ab	31.5±9.4abc	23.8±2.4ab	69.9±2.4b
NP2K	122±12ab	26.5±4.6c	21.9±0.7c	68.6±2.2b
NPK2	116±2ab	30.0±0.4bc	22.7±1.4bc	78.9±11a

（二）长期施用氮、磷肥和猪粪对黑土重金属积累的影响

　　黑土区海伦实验站另一组长期施肥试验土壤重金属含量的统计结果如表 4.2 所示。该试验共设 4 个处理，CK 为对照，不施肥；CF1 为低量 N、P 肥；CF2 为高量 N、P 肥处理；MCF2 为"有机肥＋CF2"，有机肥来源于农户猪粪。除 CF2 处理的 Pb 含量均值略低于黑土 Pb 的背景值外，所有处理土壤中 Cd、Pb、Cu、Zn 含量均高于黑土 Cd、Pb、Cu、Zn 背景值（中国环境监测总站，1990）；各处理土壤中 Cd、Pb、Cu、Zn 含量均未超过我国土壤环境质量二级标准值（GB15618—1995）。

　　从表 4.2 可以看出，不同处理间土壤 Cd 含量差异显著。同时施用猪粪和氮磷化肥处理的土壤 Cd 含量显著高于对照和施用氮磷化肥处理的土壤 Cd 含量，施用氮磷化肥处理的土壤 Cd 含量均高于对照的土壤 Cd 含量，说明在试验条件下，氮磷化肥和猪粪的施用均对土壤 Cd 的积累产生了影响，其中猪粪对土壤 Cd 的积累影响更大。各处理间土壤 Pb 含量无显著差异。土壤中 Cu 和 Zn 含量有相同的变化趋势，施用猪粪的处理土壤 Cu、Zn 含量显著高于其他处理的土壤 Cu、Zn 含量，施用氮磷化肥处理的土壤 Cu、Zn 含量与对照的土壤 Cu、Zn 含量无显著差异。

表 4.2　海伦实验站氮磷化肥和有机肥试验土壤重金属全量

处理	Cd/（μg/kg）	Pb/（mg/kg）	Cu/（mg/kg）	Zn/（mg/kg）
CK	96±5c	27.5±3.6a	22.3±0.7b	68.8±0.9b
CF1	112±13b	27.7±3.6a	22.3±1.1b	68.8±2.8b
CF2	117±7b	25.0±7.9a	22.1±0.4b	69.0±2.5b
MCF2	210±11a	26.7±3.7a	27.2±1.5a	76.9±3.2a

（三）化肥、秸秆和猪粪对黑土重金属积累的影响

　　本研究采集了吉林公主岭实验站黑土区肥力与肥效试验 5 个处理的表层和次表层土壤样品。CK 为对照，不施肥；NPK 为施用 N、P、K 化肥；SNPK 为"秸秆＋NPK"；M1NPK 为"低量猪粪＋NPK"；M2NPK 为"高量猪粪＋NPK"。表 4.3 是该试验 5

个处理土壤重金属含量的统计结果。由结果可以看出，除 CK 的 Pb 含量均值略低于黑土 Pb 的背景值外，所有处理表层和次表层土壤中 Pb、Cu、Zn 含量均高于黑土 Pb、Cu、Zn 的背景值（中国环境监测总站，1990）；各处理表层和次表层土壤中 Pb、Cu、Zn 含量均未超过我国土壤环境质量二级标准值，其中 M2NPK 处理表层土壤 Cu 含量和土壤环境质量二级标准值的低限很接近。

表 4.3　公主岭实验站土壤重金属全量

深度/cm	Cd/（μg/kg）		Pb/（mg/kg）		Cu/（mg/kg）		Zn/（mg/kg）	
	0～20	20～40	0～20	20～40	0～20	20～40	0～20	20～40
CK	85±20b	81±43ab	26.2±2.2b	32.6±1.6a	20.9±3.4b	22.5±0.7b	63.3±8.8b	68.3±3.9a
NPK	72±4b	50±4b	31.8±2.6a	31.3±3.7a	23.7±0.6b	23.1±0.7b	67.5±4.4b	65.3±1.6b
SNPK	87±41b	61±8ab	35.5±0.6a	31.6±2.5a	24.0±1.1b	23.7±0.0b	76.0±10b	65.6±0.9b
M1NPK	578±378a	80±24a	42.5±13a	32.1±2.8a	36.1±6.6a	25.6±2.0a	91.9±15a	69.5±5.9ab
M2NPK	569±350a	98±26a	36.1±2.1a	33.4±0.9a	45.2±6.7a	26.1±1.0a	90.3±5.7a	69.2±2.2a

处理 NPK 的表层和次表层、处理 SNPK 的次表层土壤 Cd 含量均值低于黑土 Cd 背景值，其他处理表层和次表层土壤中 Cd 含量均高于黑土 Cd 的背景值（中国环境监测总站，1990）；处理 CK、NPK、SNPK 的表层和次表层土壤 Cd 含量均低于土壤环境质量二级标准值（pH<7.5），但施用猪粪处理（M1NPK 和 M2NPK）表层土壤 Cd 的平均含量已超过土壤环境质量二级标准值近 1 倍。

化肥、秸秆和猪粪的施用使不同处理间重金属含量产生了显著差异（表 4.3）。最显著的变化在于施用猪粪处理表层土壤 Cd 含量远高于其他处理，其次是施用猪粪的处理表层土壤中 Cu、Zn 含量均高于其他处理和对照；表下层土壤的 Cd、Cu、Zn 含量与表层土壤 Cd、Cu、Zn 含量有相似的变化趋势，但元素积累的程度明显弱于表层土壤。产生这种变化的原因在于该试验中施用的猪粪来源于养殖场，猪粪中 Cd、Cu、Zn 含量较高。施用化肥、秸秆和猪粪处理表层土壤 Pb 含量均高于对照，说明试验条件下，肥料的施用对表土 Pb 的积累也产生了影响，这可能与肥料中含有少量的 Pb 有关。

二、黄潮土旱地土壤重金属含量

封丘站潮土长期施肥试验共设 7 个处理，CK 为对照，不施肥；NK 为施用 N、K 化肥；NP 为施用 N、P 化肥；PK 为施用 P、K 化肥；CF 为施用 N、P、K 化肥；FM 为施用一半有机肥和 N、P、K 化肥；OM 为单施有机肥。从结果看（表 4.4），所有处理表层和次表层土壤的 Cd、Pb 含量均值均高于潮土 Cd、Pb 背景值，所有处理表层土壤的 Cu、Zn 含量均低于潮土的 Cu、Zn 背景值，但次表层土壤 Cu、Zn 含量大多高于潮土 Cd、Pb 背景值（中国环境监测总站，1990）。

所有处理的表层和次表层土壤 Cd、Pb、Cu、Zn 含量均低于土壤环境质量二级标准值。统计结果表明，处理 CF 和 FM 表层和次表层土壤 Cd 含量均显著高于对照，处理 NK 表层和次表层土壤的 Cd 含量均显著低于对照（表 4.4），这种变化可以说明：①本试验中的有机肥原料为秸秆和菜籽饼，其对 Cd 的积累作用在试验条件下产生了显著影响；②试验所用 P 肥虽不能显著增加土壤 Cd 含量，但对土壤 Cd 的积累产生了影响。处理 CF、FM、OM 表层土壤的 Pb 含量显著高于对照，但增幅不大，可能与化肥和有机肥中含有微量 Pb 有关。不同施肥处理表层和次表层土壤中 Cu、Zn 含量与对照无显著差异。从表 4.4 还可以看出，各试验处理次表层土壤中 Pb、Cu、Zn 含量普遍高于表层土壤 Pb、Cu、Zn 含量，其原因可能与元素的淋溶有关，也可能与植物吸收带走了部分元素有关。

表 4.4　封丘潮土土壤重金属全量

深度/cm	Cd/（μg/kg）		Pb/（mg/kg）		Cu/（mg/kg）		Zn/（mg/kg）	
	0～20	20～40	0～20	20～40	0～20	20～40	0～20	20～40
CK	157±18cd	170±8c	27.0±0.5d	37.7±5.9a	21.4±1.3a	27.9±2.3a	61.5±5.4abc	77.7±8.6a
NK	147±6d	142±15d	28.5±1.8cd	38.7±1.7a	22.3±0.8a	25.7±1.2a	58.8±1.5bc	68.9±3.7a
NP	171±20bcd	130±18de	26.6±2.5d	39.9±2.2a	21.6±1.9a	27.4±2.4a	56.8±6.3c	70.3±5.1a
PK	188±26abc	116±4e	30.9±2.1bc	40.0±2.5a	21.9±0.9a	27.1±3.7a	62.3±0.9ab	75.5±8.2a
CF	191±19ab	207±25ab	31.9±1.6ab	41.3±2.1a	21.9±0.7a	26.0±0.9a	59.7±1.8bc	73.9±3.3a
FM	217±32a	217±26a	32.5±1.5ab	43.2±1.5a	22.0±1.8a	27.3±2.0a	64.6±4.9ab	74.2±4.5a
OM	190±16ab	199±15bc	34.3±2.4a	40.7±2.2a	23.1±1.6a	25.8±1.1a	64.0±2.0a	67.6±0.8b

三、太湖稻田土壤重金属含量

在太湖流域典型水稻土上设置的长期施肥试验共设 4 个处理，CK 为对照，不施肥；CF 为施用 N、P、K 化肥；CFS1 为"低量秸秆＋CF"；CFS2 为"高量秸秆＋CF"。表 4.5 是该试验不同处理土壤重金属含量的统计结果，由结果可以看出，所有处理表层和次表层土壤的 Cd、Pb、Cu、Zn 含量均值均高于水稻土 Cd、Pb、Cu、Zn 的背景值（中国环境监测总站，1990）。所有处理表层土壤和次表层土壤 Cd、Pb、Zn 含量已高于土壤环境质量一级标准值，但表层和次表层土壤 Cd、Pb、Cu、Zn 含量均低于土壤环境质量二级标准值。

除 CFS2 表层土壤的 Cu 含量低于对照外，所有处理表层土壤和次表层土壤 Cd、Pb、Cu、Zn 含量较对照无显著差异（表 4.5），说明试验期内化肥和有机肥的施用尚未对 Cd、Pb、Cu、Zn 的积累产生显著影响，这可能与该试验实施的时间较短有关。次表层土壤 Cd、Pb、Cu 平均含量普遍高于表层土壤，这可能与河湖沉积物的沉积特性有关，在剖面挖掘时可以看到，表层以下的犁底层区域（主要集中在次表层）有一个螺壳沉积较多的土层，这一土层的土壤性质与表层土壤不同，土壤 pH 高于表土，有机碳含量低于表土，这种土壤性质上的变化可能影响到重金属元素在土壤剖面上的分布状况。

表 4.5 常熟不同施肥处理土壤重金属全量

深度/cm	Cd/（μg/kg）		Pb/（mg/kg）		Cu/（mg/kg）		Zn/（mg/kg）	
	0～15	15～30	0～15	15～30	0～15	15～30	0～15	15～30
CK	230±12a	287±27a	60.5±4.4a	70.1±1.9a	32.8±1.3a	34.1±1.6a	108.0±1.4a	106.8±1.9a
CF	213±4a	238±50a	57.0±4.0a	68.9±6.1a	26.0±4.4ab	33.3±2.8a	107.6±4.1a	105.4±5.2a
CFS1	265±40a	285±11a	57.6±6.0a	68.4±0.4a	28.5±5.4ab	33.8±0.6a	105.7±5.5a	108.1±5.6a
CFS2	244±23a	288±30a	55.5±4.2a	70.4±2.3a	27.6±5.6b	33.6±0.5a	107.2±2.9a	104.4±1.1a

四、红壤区水田和旱地土壤重金属含量

（一）有机物料循环对稻田红壤重金属积累的影响

桃源红壤站长期施肥试验设 8 个处理：不施肥（CK）；不施肥，收获产品中养分循环再利用（以 C 表示），代表有机农业施肥制度；单施 N 肥（N）；施用 N 肥同时进行有机物料循环（NC）；施用 N、P 肥（NP）；施用 N、P 肥同时进行有机物料循环（NPC）；施用 N、P、K 肥（NPK）；施用 N、P、K 肥同时进行有机物料循环（NPKC）。表 4.6 是桃源实验站有机物料循环试验土壤重金属含量的测定结果。从表 4.6 结果看，所有处理 Cd、Pb 含量均值均高于水稻土 Cd、Pb 含量背景值，所有处理 Cu、Zn 含量均低于水稻土 Cu、Zn 含量背景值（中国环境监测总站，1990）。处理 CK 和 NPKC 的土壤 Cd 含量超过了土壤环境质量二级标准值（pH<6.5），其他处理的土壤 Cd 含量均低于土壤环境质量二级标准值；各处理的 Pb、Cu、Zn 含量均低于土壤环境质量二级标准值。

表 4.6 桃源不同施肥处理土壤重金属全量

处理	Cd/（μg/kg）	Pb/（mg/kg）	Cu/（mg/kg）	Zn/（mg/kg）
CK	317±29a	51.6±6.3c	19.3±1.7a	73.1±2.9ab
C	173±12bc	67.5±5.9ab	17.6±0.5b	69.4±4.2b
N	207±11bc	63.4±1.2b	18.0±0.8ab	73.9±1.5a
NC	238±20ab	69.1±5.6ab	18.1±0.5ab	72.5±0.8ab
NP	174±43bc	74.4±3.9a	18.4±0.6ab	70.4±6.4ab
NPC	177±13bc	76.2±7.3a	18.1±0.6ab	73.7±2.2a
NPK	130±10c	74.8±6.1a	18.6±1.1ab	70.3±3.2ab
NPKC	300±135a	76.3±5.3a	18.0±0.3ab	68.8±2.1ab

从表 4.6 可以看出，在红壤稻田中，单施化肥的无循环处理 Cd 含量较对照明显降低，NPK 处理降低的幅度最大，达 59%，其次是 NP 和 N 处理，降幅分别是 45%和 33%。这可能与试验所用肥料 Cd 含量较低以及水稻收获时带走了部分 Cd 有关（鲁如坤等，1993，1992）。有机物料循环与相应的无循环处理相比，NC 处理土壤 Cd 含量较处理 N 平均增加了 31 μg/kg，NPKC 处理土壤 Cd 含量较 NPK 增加了 170 μg/kg，处理 NPC

的土壤 Cd 含量和 NP 无明显差别,说明有机物循环在归还养分的同时也归还了 Cd。由表 4.6 还可以看出,施用化肥和有机物循环处理较对照 Pb 含量均有显著增加,增幅在 23%~48%。其原因可能有两个方面:一是施用化肥增加了土壤 Pb 的输入(刘志红等,2007);二是水稻对 Pb 的吸收量低,施肥所增加的 Pb 主要积累在土壤中,使施肥处理的土壤 Pb 含量比对照高(张潮海等,2003)。有机物料循环处理较单施化肥的相应处理 Pb 含量有所增加,但差异不显著。除处理 C 的土壤 Cu 含量显著高于 CK 外,其余处理间土壤 Cu 含量均无显著差异。有机物料循环处理和无循环处理 Zn 含量无显著差异。

(二)长期施用化肥和猪粪对旱地红壤重金属积累的影响

祁阳红壤站长期施肥试验设 7 个处理,不施肥(CK);施氮钾肥(NK);施氮磷肥(NP);施磷钾肥(PK);施氮磷钾肥(NPK);施有机肥及 NPK 化肥(ONPK);施有机肥(OM)。表 4.7 是祁阳红壤站长期施肥试验不同处理土壤重金属含量的测定结果,从表中可以看出,所有处理表层和次表层土壤 Cd、Pb、Cu、Zn 含量均高于红壤 Cd、Pb、Cu、Zn 背景值(中国环境监测总站,1990)。施用猪粪的处理(OM 和 ONPK)表层和次表层土壤 Cd 含量均高于土壤环境质量二级标准值(pH<6.5),其中 OM 和 ONPK 处理表层土壤 Cd 平均含量已达二级标准值的 4.37 倍和 4.94 倍;单施化肥处理和对照土壤 Cd 含量低于土壤环境质量二级标准值。施用猪粪处理(OM 和 ONPK)表层土壤 Cu 含量高于土壤环境质量二级标准值。所有处理表层和次表层土壤 Pb 和 Zn 含量均未超过土壤环境质量二级标准值。

由表 4.7 可以看出,施用猪粪处理(OM 和 ONPK)的表层和次表层土壤 Cd 含量显著高于对照和施用化肥处理的土壤 Cd 含量,施用化肥处理的表层土壤 Cd 含量与对照无显著差异,说明试验条件下土壤 Cd 的积累主要是由施用猪粪引起的,化肥对土壤 Cd 的积累无显著影响。除 PK 处理表层土 Pb 含量高于对照外,其他处理土壤表层和表下层土壤 Pb 含量与对照无显著差异。施用猪粪处理的表层土壤 Cu 和 Zn 含量显著高于对照和其他施用化肥的处理,表层土壤 Cu、Zn 积累的原因与 Cu、Zn 含量较高的猪粪的施用有关。

表 4.7　祁阳红壤站旱地不同施肥处理土壤重金属全量

深度/cm	Cd/(μg/kg)		Pb/(mg/kg)		Cu/(mg/kg)		Zn/(mg/kg)	
	0~20	20~40	0~20	20~40	0~20	20~40	0~20	20~40
CK	203±5cd	96.0±33d	55.2±7.3bc	56.5±19.1a	35.2±2.8b	36.6±5.7ab	103±3.4bc	107±10.6ab
NK	114±14d	197±16c	60.3±5.2ab	57.9±4.9a	28.7±3.0c	30.1±3.5bcd	97.4±7.9c	105±7.9ab
NP	153±20cd	230±58c	52.7±4.1bc	57.6±7.7a	28.9±3.2c	31.2±3.2abcd	100±7.7bc	118±15.2a
PK	270±23c	124±19d	64.5±4.4a	53.2±11.4a	30.9±1.0bc	27.9±3.9d	111±11.6b	98.2±11.3b
NPK	169±17cd	196±21c	51.6±4.0bc	42.1±11.2a	33.0±2.8bc	27.5±6.3cd	101±5.4bc	95.712.9b
OM	1312±20b	362±34b	54.7±1.4bc	50.8±1.3a	57.5±3.4a	37.8±1.0a	126±5.4a	109±1.4ab
ONPK	14 832±31a	417±34a	50.3±1.7c	48.0±3.0a	58.2±3.2a	34.0±4.7abc	123±5.7a	107±11.5ab

第二节　土壤剖面重金属分布特征

一、不同土壤类型下重金属剖面分布特征

土壤母质对土壤重金属含量有着最初的决定作用，农业生产过程可以影响到土壤重金属含量，也可以影响重金属在土壤剖面中的分布状况。图 4.1 是不同土壤母质、土地利用方式比较接近的三种长期定位试验点土壤重金属的剖面分布图，三个剖面均有 15 年以上的相似种植制度，祁阳剖面土壤母质为第四纪红色黏土，旱作土壤，常年小麦、玉米轮作；常熟剖面土壤母质为湖相沉积物，实行水旱轮作，常年玉米、小麦轮作；海伦站剖面为第四纪黄土状母质，旱作土壤，常年种植玉米。

从图 4.1 可以看出，3 种土壤 0~15 cm 的表层土 Cd 含量均较高，且变异很大，尤其是海伦的中厚黑土，0~5 cm 土层 Cd 含量接近 200 μg/kg，至 20 cm 土层迅速下降至 31 μg/kg。15~30 cm 土层 Cd 平均含量低于表层土壤，但均高于 30~100 cm 土层 Cd 平均含量，说明农业耕作过程使 Cd 在表层土壤产生了积累，其原因可能是外来物质的输入，也可能是生物富集作用的结果。旱地红壤和乌栅土 30 cm 以下土层 Cd 平均含量高于中厚黑土，说明南方地区祁阳的旱地红壤和常熟的乌栅土母质 Cd 含量高于北方的中厚黑土母质 Cd 含量。在常熟剖面 20 cm 以下土层中可以看到 30 cm 和 70~100 cm 土层 Cd 含量较高（但仍低于表层土壤 Cd 含量），这可能与不同时期湖相沉积物的组成有关。

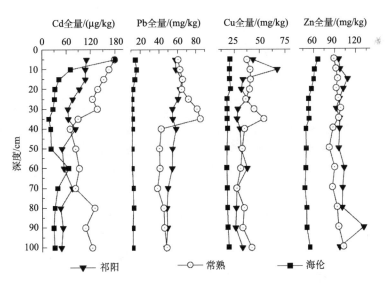

图 4.1　祁阳、常熟、海伦土壤重金属全量的剖面分布

从图 4.1 可以看出，中厚黑土 Pb、Cu、Zn 含量在全剖面均低于旱地红壤和乌栅土 Pb、Cu、Zn 含量，这可能与黑土母质 Pb、Cu、Zn 含量较低有关，同时也说明，试验土壤中现有的农业管理方式对土壤 Pb、Cu、Zn 含量影响较小，因为土壤母质对土壤 Pb、

Cu、Zn 含量的影响仍然起着主导作用。三种土壤 0～15 cm 土层 Pb、Cu、Zn 含量变异较大，平均含量较高，大部分高于其他土层 Pb、Cu、Zn 平均含量，但乌栅土在 20～35 cm 土层 Pb 和 Cu 含量较高，这可能与沉积母质的特性有关。

　　土地利用方式相似的条件下，不同土壤有效态重金属含量在土壤剖面中存在较大差异。由图 4.2 可以看出，三种土壤均以 0～15 cm 土层有效态 Cd 含量最高（最高含量均出现在 0～5 cm 土层），15 cm 以下随着深度的增加，土壤有效态 Cd 含量显著下降，说明农业过程对表层土壤有效态 Cd 含量影响显著；20 cm 以下土层旱地红壤和乌栅土有效态 Cd 含量高于中厚黑土有效态 Cd 含量，这与土壤 Cd 全量的剖面变化是一致的。

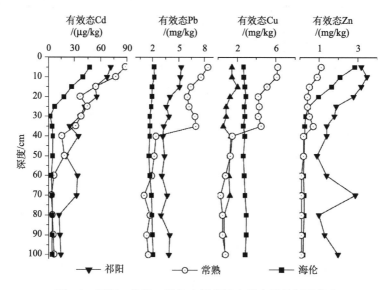

图 4.2　祁阳、常熟、海伦土壤有效态重金属的剖面分布

　　旱地红壤 0～15 cm 土层有效态 Pb 含量高于 15 cm 以下土层有效态 Pb 含量，15 cm 以下土层有效态 Pb 含量趋于稳定，变异较小（图 4.2）；乌栅土 0～35 cm 土层有效态 Pb 含量均较高，但 40 cm 以下土层显著下降，并趋于稳定，这与土壤剖面中 Pb 全量的分布类似；中厚黑土有效态 Pb 含量在全剖面变幅较小，说明土壤母质对有效态 Pb 的影响强烈，这也与 Pb 在土壤中的活性较 Cd、Cu、Zn 低有关。旱地红壤和乌栅土有效态 Cu 含量的剖面分布与 Pb 的剖面分布特征相似，旱地红壤以 0～15 cm 土层有效态 Cu 含量较高，乌栅土以 0～35 cm 土层含量较高；中厚黑土有效态 Cu 含量全剖面变异幅度较小；3 种土壤有效态 Zn 含量均以 0～15 cm 土层最高，中厚黑土和乌栅土 15 cm 以下土层明显下降并趋于稳定，但旱地红壤剖面 60 cm 以下变异较大，这可能与红壤丘岗区深层土壤母质的不均一性有关。结合图 4.1 和图 4.2 可以看出，中厚黑土 Cu 含量低于旱地红壤和乌栅土 Cu 含量，但 30 cm 以下土层中，中厚黑土有效态 Cu 含量高于旱地红壤和乌栅土中有效态 Cu 含量，说明 Cu 在黑土中的活性与其他金属在黑土中的活性有较大差异，这一结果与陆继龙等（2002）对黑土区常量和微量元素环境地球化学特征的研究结果类似，其原因可能与黑土中有机物的组成有关。本研究 3 种土壤中中厚黑土有机质含

量较旱地红壤和乌栅土高，因此有机质的组成和含量对 Cu 有效性的影响起着更重要的作用。

二、不同土地利用方式下重金属剖面分布特征

不同土地利用方式改变了土壤物质组成和土壤物质成分的迁移转化过程，对土壤性质和重金属积累及其有效性产生重要影响，其影响的结果可以通过土壤剖面中物质的组成和性质差异表现出来（孙维侠，2003；Balesdent et al.，2000）。本研究选择了黄潮土上长期耕作的典型旱地和菜地两个土壤剖面，对不同利用方式下黄潮土重金属的垂直分异规律及其与主要土壤性质的关系进行了探讨。

旱地表层土壤 Cd 和 Zn 含量分别为（152±19）μg/kg、（87.1±18.2）mg/kg，Cd 和 Zn 的最高值出现在 0～5 cm 土层；Pb 和 Cu 含量分别为（35.6±0.9）mg/kg、（24.5±1.1）mg/kg。菜地表层土壤 Cd 和 Zn 含量分别为（172±25）μg/kg、（76.9±5.2）mg/kg，最高值均出现在 0～5 cm 土层；Pb 和 Cu 含量为（35.7±1.7）mg/kg、（21.2±0.4）mg/kg。从图 4.3 结果来看，Cd、Zn 含量的最高值出现 0～15 cm 的土层中，尤其是表层 0～5 cm 土层；Cu 和 Pb 在 0～15 cm 土层中的含量较高；在旱地和菜地表层土壤 Cd、Pb、Cu、Zn 含量没有显著差异。

从图 4.3 可以看出，Cd 在剖面中的分布特征比较明显，大致可以分为三层，即表层（0～15 cm）、次表层（15～30 cm）和底层（30～90 cm）。多重比较表明，旱地和菜地表层土壤 Cd 含量显著高于次表层，呈明显的表聚现象，旱地和菜地土壤的富集系数（表层元素含量与次表层该元素含量的比值）均达到 1.3（表 4.8），次表层与底层的 Cd 含量没有显著差异；t 检验结果表明，旱地和菜地之间在各个层次上 Cd 含量无显著差异。

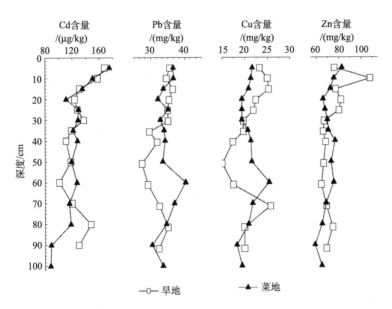

图 4.3　旱地和菜地重金属全量的剖面分布

表 4.8 旱地和菜地的富集系数和有效富集系数

项目	Cd		Pb		Cu		Zn	
	旱地	菜地	旱地	菜地	旱地	菜地	旱地	菜地
富集系数	1.3	1.3	1.0	1.0	1.2	1.0	1.2	1.1
有效富集系数	2.0	2.9	1.4	1.2	2.2	1.7	5.5	3.8

注：富集系数指表层（0～15 cm）金属全量与次表层（15～30 cm）金属全量的比值；有效富集系数指表层 DTPA 可提取态金属含量与次表层 DTPA 可提取态金属含量的比值。

多重比较结果表明，旱地表层土壤 Pb、Cu 和 Zn 含量与次表层无显著差异，显著高于底层土壤 Pb、Cu 和 Zn 含量，但这三种金属在菜地剖面上的垂直分布无显著差异；检验结果表明，除了旱地土壤表层 Cu 含量显著高于菜地外，其余三种金属在旱地和菜地各个层次之间无显著差异。

不同土地利用方式下，Cd 在表土的积累情况也不同，菜地中 Cd 全量和 DTPA 可提取态含量明显高于旱地土壤，这可能是由于菜地复种指数高，大量化肥和农药的使用增加了土壤 Cd 负荷，从而增加了土壤 Cd 尤其是 DTPA 可提取态 Cd 含量（Ju et al.，2007）。

从重金属土壤剖面分布情况看，Cd 具有明显的表聚现象（Cd 的移动性较 Pb、Cu 和 Zn 要强）（江解增等，2006；Tack et al.，1999）。另外，在 0～15 cm 土层中，DTPA 可提取态 Cd、Pb、Cu 和 Zn 含量显著高于次表层和底层。说明黄潮土中容易移动的重金属及处于易移动形态的重金属都有向表层土壤积累的趋势，原因可能包括以下几方面：①潮土形成过程的一个重要特征就是地下水的参与，由于雨季地下水位较浅和干旱条件下季节性的灌溉，使得毛管水前锋能够到达地表，在半干旱条件下很容易产生盐分以及其他重金属的表聚（全国土壤普查办公室，1998）；②常年农作物种植使重金属在土壤表层通过生物小循环产生生物富集作用（江解增等，2006）；③肥料和农业化学品的大量使用，增加了土壤表层重金属的输入（鲁如坤等，1992）；④土壤基本性质对重金属在剖面中的分配产生了重要影响（尚爱安等，2000）。相关分析结果表明，旱地和菜地的 Cd 和 Zn 含量与土壤有机碳、土壤 pH 和 CaCO$_3$ 含量呈显著或极显著相关（旱地中的 CaCO$_3$ 除外）（表 4.9）；但 Pb 和 Cu 只与旱地中土壤有机碳含量呈显著相关；DTPA 可提取态 Cd、Pb、Cu 和 Zn 含量在旱地和菜地土壤剖面中均与土壤有机碳含量呈极显著正相关，与土壤 pH 和土壤 CaCO$_3$ 含量呈显著负相关。

尽管在旱地和菜地土壤剖面上 Pb、Cu 和 Zn 总量差别不明显，但 DTPA 可提取态含量能很好地反映重金属的剖面分异规律，表现为 0～15 cm 土层中变异幅度最大，且最高值主要出现在 0～5 cm 土层；其次是 15～30 cm 土层，30～90 cm 土层变异较小。对 DTPA 可提取态重金属和土壤有机碳含量进行有序样本最优分割聚类分析发现，连续耕作的石灰性土壤 DTPA 可提取态重金属含量在剖面上的最佳分割为 0～15 cm、15～30 cm 和 30～90 cm，说明从环境分析的角度，该区域旱地和菜地剖面按照表层 0～15 cm、表下层 15～30 cm 和底层 30～90 cm 的划分有其合理性。这对科学合理地采集相关土壤类型环境剖面样品有指导意义。此外，旱地和菜地土壤剖面重金属全量和 DTPA

可提取态含量在 0~15 cm 的表层土壤存在较大变异，尤其是 0~5 cm 土层中，Cd 总量和 4 种金属可提取态含量往往是最高的，与下面各层的差异较大，说明在采集环境分析样品时，0~5 cm 土层有着重要意义，该层土壤在采样时不可剔除；同时也表明，在进行重金属剖面分布的精细分析时，表层土壤按 5 cm 为间隔采样有合理性。综合而言，对于石灰性潮土发育的耕作土壤，普查性质的环境分析样品采集以表层 0~15 cm 为宜，且应该取整个 0~15 cm 土层的混合样，如果采集较多的 15 cm 以下土壤样品，对环境分析样品重金属含量的实测结果有稀释作用；而进行垂直方向上的空间分布研究时，表层土壤以 5 cm 为间隔采样较为合理。

表 4.9　土壤剖面重金属全量、DTPA 可提取态和土壤基本性质的相关系数

项目	有机碳		pH		CaCO₃	
	旱地	菜地	旱地	菜地	旱地	菜地
全 Cd	0.770**	0.821**	−0.541*	−0.808**	−0.267	−0.613*
全 Pb	0.545*	0.325	−0.505	−0.295	−0.202	0.027
全 Cu	0.573*	0.190	−0.455	−0.248	−0.144	0.031
全 Zn	0.620*	0.655*	−0.593*	−0.669**	−0.336	−0.606*
DTPA-Cd	0.945**	0.951**	−0.739**	−0.834**	−0.554*	−0.621*
DTPA-Pb	0.925**	0.828**	−0.897**	−0.840**	−0.656*	−0.595*
DTPA-Cu	0.830**	0.940**	−0.795**	−0.901**	−0.639*	−0.739**
DTPA-Zn	0.942**	0.901**	−0.761**	−0.653*	−0.588*	−0.585*

*和**分别代表显著水平为 $p < 0.05$ 和 $p < 0.01$。

第三节　土壤镉积累动态及趋势

一、旱地红壤中镉积累动态及趋势

1990 年以来祁阳红壤站旱地红壤施肥试验不同施肥处理土壤 Cd 含量的测定结果如图 4.4 所示。从图中可以看出，施用化肥处理和对照红壤旱地 Cd 含量均未超过土壤环境质量二级标准值，但施用猪粪的处理土壤 Cd 含量则远高于土壤环境质量二级标准值，单施猪粪处理及同时施用化肥和猪粪处理超标倍数分别为 4.37 和 4.94。

红壤旱地各处理 1990~2006 年土壤 Cd 的年均增长率分别为：CK 5.89%、N 2.07%、NP 1.57%、NK 2.66%、PK 11.3%、NPK 5.34%、OM 70.3%、ONPK 69.2%，以施用猪粪及同时施用化肥和猪粪处理年均增长率最高，其次是施用磷钾肥处理，单施氮肥和施用氮磷肥处理较低。土壤 Cd 含量的年均变异系数分别为：CK 2.00%、N 2.09%、NP 1.72%、NK 1.36%、PK 2.92%、NPK 1.62%、OM 5.26%、ONPK 6.21%，施用猪粪和同时施用化肥和猪粪处理年均变异系数显著高于其他处理，施用氮肥、氮钾肥、氮磷肥处理较低。说明施用猪粪使土壤 Cd 含量增加的速度较快。从图 4.4 中可以看出，20 世纪 90 年代

中后期以来施用猪粪的处理 Cd 积累的速度明显提高，这与这一时期猪粪的来源有直接关系。

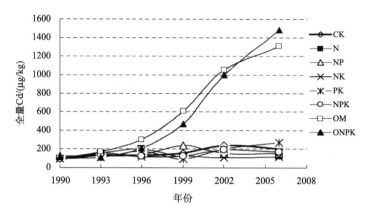

图 4.4　旱地红壤 Cd 积累随时间的变化

对长期定量施用化肥和猪粪条件下旱地红壤 Cd 积累的历史过程进行数学模拟，结果表明，以一元线性回归方程拟合效果较好，其中施用氮磷肥和氮钾肥处理拟合效果较差，未达到显著水平；施用猪粪及同时施用化肥和猪粪的处理拟合效果最好，线性方程分别为

CK　　　$X_2=97.4762+8.1143X_1$　　　$R^2=0.7914$（$p<0.05$，$n=5$）

PK　　　$X_2=79.4750+10.5250X_1$　　$R^2=0.6830$（$p<0.05$，$n=5$）

NPK　　$X_2=103.3779+4.2922X_1$　　$R^2=0.7417$（$p<0.05$，$n=5$）

OM　　　$X_2=-33.3800+82.6800X_1$　$R^2=0.9343$（$p<0.05$，$n=5$）

ONPK　$X_2=-114.9865+88.5635X_1$　$R^2=0.8931$（$p<0.05$，$n=5$）

式中，X_1 为试验实施的年数，X_2 为土壤 Cd 含量。

几个处理中，施用猪粪的处理斜率最大，远大于其他处理的斜率。这与前面计算的年均增长率结果是一致的。按此模型计算，自 2007 年起，不同施肥措施使旱地红壤 Cd 含量达到土壤环境二级标准值的时间分别为 7 年（CK）、3 年（PK）和 28 年（NPK），施用有机肥的处理土壤 Cd 含量则已显著高于土壤环境二级标准值。

二、黑土中镉积累动态及趋势

海伦实验站供试土壤 Cd 含量为 69 μg/kg，至 2005 年各处理 Cd 含量均有增加（图4.5），CK 含量为 96±5 μg/kg，CF1 为 112±13 μg/kg，CF2 为 117±7 μg/kg，MCF2 为 210±11 μg/kg，以同时施用氮磷化肥和有机肥处理（MCF2）Cd 含量增加最显著。各处理 1990～2006 年的年均增长率以 CK 最低为数字 3.20%，其次是 CF1 和 CF2，分别为 4.56%、5.07%，MCF2 最高，达 14.0%；1990～2006 年的年均变异系数分别为 CK 0.77%、CF1 1.14%、CF2 1.51%、MCF2 2.58%。说明 MCF2 处理 Cd 含量的变化幅度远大于其他三个处理，从图 4.5 还可以看出，近年来，MCF2 处理 Cd 含量有加速升高趋势。

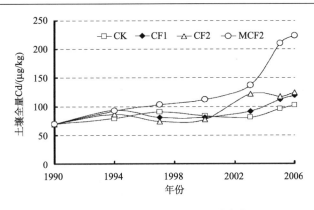

图 4.5　黑土 Cd 积累随时间的变化

经过 17 年的农业耕作，完全没有施肥的处理 Cd 含量略有增加，年均增长 3.20%，说明黑土区自然农业生产过程存在土壤 Cd 的积累，这与王铁宇等（2004）对黑土重金属元素局地分异及环境风险的研究结果是一致的。在自然农业生产过程中，土壤 Cd 的平衡由 Cd 的输入量和输出量决定。在严格施肥控制条件下，大气沉降、灌溉水和农药均可成为土壤 Cd 输入的重要途径；作物收获、地表径流和土壤淋溶均可使土壤 Cd 含量降低，但从总的效应看，黑土区 Cd 的输入量大于输出量，因而导致土壤 Cd 的积累。

Cd 积累的历史过程和 2005 年黑土 Cd 全量的结果均表明，长期施用氮磷化肥可显著增加黑土 Cd 的积累，这是因为各种化肥均含有一定量的 Cd。据刘志红等（2007）对多种进口化肥的分析，进口尿素 Cd 含量可达 0.75 mg/kg，磷肥 Cd 含量可达 41.6 mg/kg。鲁如坤等（1992，1993）的研究表明，我国的这些肥料中 Cd 含量较低，对土壤 Cd 积累的影响较小，这就是本试验中施用 N、P 化肥处理土壤 Cd 的积累显著高于对照，但施用高量化肥处理和低量化肥处理土壤 Cd 的年均增长率及 Cd 含量无显著差异的原因。

同时施用猪粪和化肥处理（MCF2）土壤 Cd 含量变化最显著（年平均变异系数远大于其他处理），Cd 的年均增长率及 2005 年 Cd 含量均显著高于单施氮磷化肥处理（CF1 和 CF2）和对照（CK），说明长期施用猪粪可以显著增加黑土 Cd 的积累，主要原因是猪粪中含有一定量的 Cd，另外，对我国其他地区养殖场猪粪 Cd 含量的调查表明，猪粪Cd 含量也普遍较高。猪粪中 Cd 的来源可能与目前各饲料厂和养殖场均普遍采用高铜、高锌等微量元素饲料添加剂有关，因为高铜、高锌日粮可显著提高平均日增重（ADG）、平均日采食量（ADFI）、饲料利用率（FE）等猪的生长指标，并降低断奶后仔猪腹泻率（许梓荣和王敏奇，2001）。锌添加剂以锌粉和氧化锌居多（方洛云等，2005）。而锌粉和氧化锌 Cd 含量较高，因此饲料添加剂中广泛使用的锌粉和氧化锌可能是猪粪中 Cd 的重要来源。此外，饲料中使用的米糠、鱼粉、石粉等均含有一定量的 Cd，也可能成为猪粪 Cd 的来源（吴文平，2006）。本试验的结果还可以看出，2004 年后施用猪粪的处理土壤 Cd 含量有加速增长的趋势，这可能与研究区近年来饲料添加剂的使用越来越普遍有关。

对长期施肥条件下黑土 Cd 积累的历史过程进行数学模拟，结果表明，以一元线性回归方程拟合效果最好，线性方程分别为

CK	$X_2=71.6892+1.5481X_1$	$R^2=0.6214$（$p<0.05$，$n=6$）
CF1	$X_2=66.9298+2.7347X_1$	$R^2=0.7377$（$p<0.05$，$n=6$）
CF2	$X_2=64.9000+3.4500X_1$	$R^2=0.7838$（$p<0.05$，$n=6$）
MCF2	$X_2=52.2503+8.4962X_1$	$R^2=0.7915$（$p<0.05$，$n=6$）

式中，X_1 为试验实施的年数，X_2 为土壤 Cd 含量。

数学模拟结果表明，一元线性回归方程能较好地拟合长期施肥条件下黑土 Cd 积累的历史过程。几个处理中，MCF2 斜率最大，CK 斜率最小，说明同时施用有机肥和化肥处理土壤 Cd 积累速度最快。利用这些模型对 Cd 积累的趋势进行预测，按现有施肥措施，使中厚黑土 Cd 含量达到 0.3 mg/kg 的土壤环境二级标准值，CK 要 130 年（2007 年起），CF1 要 68 年，CF2 要 51 年，MCF2 只要 12 年。考虑到 CK 的 pH>7.5，二级标准取值为 0.60 mg/kg，CK 达到二级标准值的时间要 324 年（2007 年起）。从理论预测结果看，长期施用猪粪对黑土 Cd 污染的潜在威胁值得关注。以上只是根据模型进行的理论推算，实际情况可能更为复杂，如猪粪 Cd 含量的年际变化、突发的环境污染事故等均可能使预测结果具有较大的不确定性；此外，尽管模型与土壤 Cd 含量的历史过程拟合较好，但从图上可以看出，MCF2 近年来的变化趋势与 2004 前的变化趋势已明显不同，是否要改变拟合方式或采用分段拟合，则有待未来数据的补充。

第四节　畜禽有机肥施用农田土壤中重金属和抗生素污染特征

一、畜禽有机肥中重金属和抗生素含量

（一）畜禽有机肥中重金属含量

本调查以分析长期施用畜禽有机肥后土壤中污染物浓度为主，故仅采集几种典型土地利用方式对应施的畜禽有机肥样品，其重金属测定结果见表 4.10。由表 4.10 可见，来自不同类型养殖场的畜禽有机肥中重金属浓度差异明显，3 种畜禽有机肥中最易造成土壤污染的是猪粪，其次是羊粪。

表 4.10　畜禽有机肥中重金属平均浓度　　　　　（单位：mg/kg）

有机肥类型	Cu	Zn	Pb	Cd
猪粪	197	947	ND	1.35
羊粪	40.8	211	21.9	0.58
鸡粪	14.8	88.7	21.4	0.16
标准值[①]			50	3

注：ND 为未检出；①NY 525—2012《有机肥料》。

采集样品的养羊场和养鸡场，平时以自然放养为主，并配以自产蔬菜作为食料的补充，一般不外购饲料；而猪粪来源是集约化的养殖场，以商品饲料为主食。故而相较于

山羊和肉鸡，猪对重金属的摄入量要高得多，使猪粪中重金属浓度远高于羊粪和鸡粪。但无论何种畜禽有机肥，浓度较高的均为 Cu 和 Zn。Cu 可抑制动物内脏中细菌的滋生和促进对养分的吸收，Zn 可治疗腹泻，是饲料中添加最为广泛的两种元素，过量添加及较低的生物利用率，造成了它们在畜禽粪便中的富集。猪粪中 Cu、Zn 和 Cd 浓度分别为 197 mg/kg、947 mg/kg 和 1.35 mg/kg。

参考农业部发布的 NY525—2012《有机肥料》（2012），研究区畜禽有机肥重金属浓度虽然并未超标，但考虑到重金属在土壤中的积累作用以及形态差异等因素，长期施用畜禽有机肥仍可能造成一定的生态风险。

（二）畜禽有机肥中四环素类抗生素含量

1. 不同种类有机肥中四环素类抗生素含量

有机肥样品采自位于南京市江宁区的谷里村和锁石村的设施菜地，以及位于江宁区南部的溧水区永阳镇东庐村的有机农场，其中谷里村和锁石村均为南京农业科技示范园区，东庐村的有机农场为有机农业示范基地。如表 4.11 所示，在采集的 3 类有机肥，即商品有机肥、人畜粪便和饼肥中，四环素、土霉素、金霉素、多西环素 4 种抗生素均被检出，且 4 种抗生素总量（ΣTCs）最高分别达 8071 μg/kg、7820 μg/kg 和 266 μg/kg，均值分别为 1659 μg/kg、2070 μg/kg 和 237 μg/kg。其中，人畜粪便和饼肥中土霉素的浓度和均值均最高（图 4.6），其均值分别为 1180 μg/kg 和 159 μg/kg，占四环素类抗生素总量的 57.0% 和 67.0%；金霉素浓度最低，均值仅 28.3 μg/kg 和 23.1 μg/kg。商品有机肥中四环素和多西环素的检出量均较高，均值分别为 656 μg/kg 和 651 μg/kg，金霉素的检出量较低，均值为 19.5 μg/kg。由此可见，无论检出量抑或平均值，4 种四环素类抗生素的污染程度由高到低的顺序均为土霉素>四环素>多西环素>金霉素。其中，人畜粪便中四环素类抗生素最高，商品有机肥中抗生素浓度次之，而饼肥中抗生素浓度则相对较低。

表 4.11　设施菜地有机肥中四环素类抗生素的浓度　　　（单位：μg/kg）

抗生素名称	商品有机肥（6 个）		人畜粪便（8 个）		饼肥（2 个）	
	范围	均值	范围	均值	范围	均值
四环素	16.6～3700	656	41.7～2935	437	22.3～27.0	24.6
土霉素	72.5～670	333	156～3078	1180	125～193	159
金霉素	14.7～28.2	19.5	0～130	28.3	21.1～25.1	23.1
多西环素	30.3～3685	651	44.2～2885	42.5	25.7～35.3	30.5
ΣTCs	126～8071	1659	371～7820	2070	208～266	237

注：除人畜粪便中的金霉素检出率为 87.5% 以外，其余抗生素在各种有机肥中的检出率均为 100%。

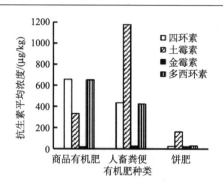

图 4.6　设施菜地有机肥中四环素类抗生素均值

2. 不同地区有机肥中四环素类抗生素含量

由分析结果可以看出，3 个调查区（谷里村、锁石村和东庐村）的设施菜地使用的主要有机肥中，四环素、土霉素、金霉素和多西环素 4 种四环素类抗生素均被检出，且除四环素和多西环素外，土霉素和金霉素的浓度及其污染特征存在着显著差异（$p<0.05$）（表 4.12）。其中谷里村四环素类抗生素的最高浓度可达 8071 μg/kg，而其均值也达到了 2152 μg/kg；锁石村次之，最高浓度和均值为 3326 μg/kg 和 1188 μg/kg；东庐村则相对较低，最高浓度和均值分别为 373 μg/kg 和 356 μg/kg。3 个地区样品中的土霉素的浓度均为最高，平均分别为 266 μg/kg、1002 μg/kg、721 μg/kg；四环素和多西环素的浓度则相对略低，且二者浓度相对持平；金霉素的浓度更低，其均值分别为 16.3 μg/kg、19.2 μg/kg 和 28.0 μg/kg。因此，3 个调查区的 4 种四环素类抗生素的污染程度由高到低依次为土霉素、四环素、多西环素和金霉素；其中，谷里村污染最为严重，锁石村其次，东庐村则污染相对较低（图 4.7）。

表 4.12　不同地区设施菜地有机肥中四环素类抗生素的浓度　　（单位：μg/kg）

抗生素名称	谷里村（25 个）		锁石村（18 个）		东庐村（23 个）	
	范围	均值	范围	均值	范围	均值
四环素	16.6～3700a	706	22.3～117a	86.7	27.4～43.6a	35.5
土霉素	72.5～2000b	721	193～3078b	1002	262～271b	266
金霉素	0～130c	28.0	14.4～25.1c	19.2	14.7～17.9a	16.3
多西环素	13.3～3685a	697	25.7～117a	80.7	31.5～44.0a	37.7
ΣTCs	126～8071	2152	266～3326	1188	339～373	356

注：除谷里村的有机肥样品金霉素检出率为 90.0%以外，其余抗生素在各种有机肥中的检出率均为 100%；同列不同小写字母表示结果之间存在着显著性差异（$p<0.05$）。

本研究主要针对南京市典型设施菜地的有机肥及土壤中四环素类抗生素的污染而进行的调查，从结果看，不同种类有机肥的抗生素浓度有所差异，其中人畜粪便的抗生素浓度相对较高，其四环素、土霉素、金霉素和多西环素的平均浓度分别为 437 μg/kg、

1180 μg/kg、28.3 μg/kg 和 425 μg/kg。在 3 类有机肥中，土霉素含量最高，最高可达 3078 μg/kg。据报道，我国东部大型规模化养猪场猪粪中土霉素最高检出量为 354 mg/kg（Chen et al.，2012），而浙北地区规模化养殖场畜禽粪便中四环素、土霉素和金霉素平均浓度则分别为 1.57 mg/kg、3.10 mg/kg 和 1.80 mg/kg（张慧敏等，2008）。与其他文献报道相比，本书所调查有机肥中四环素类抗生素污染相对较低，但土霉素的污染状况仍然是四环素类抗生素中污染现状最严重的。人畜粪便中抗生素浓度最高，商品有机肥则相较偏低，这可能是由于商品有机肥生产过程中对生产原料的处理方式所致；而饼肥中抗生素的浓度更低，原因可能是由于饼肥本身是植物废弃物，其中抗生素初始含量不高，而其中含有的抗生素也可能在生产过程中得到一定的消减。

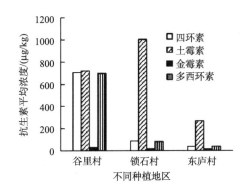

图 4.7 不同地区设施菜地有机肥中四环素类抗生素均值

二、不同土地利用方式下土壤中重金属污染特征

研究区内富阳和余杭 2 个地区种植基地皆长期施用猪粪，但猪粪来源不同。据调查，农户一般将新鲜猪粪发酵后或直接施入土壤，深度约 20 cm，年施用量约 360000 kg/hm^2（以鲜质量计），其中富阳地区年施用量及施用年限总体上均高于余杭地区，且菜地高于林地。图 4.8 是富阳中莎村种植基地不同利用方式下土壤重金属全量的剖面分布，3 种不同利用方式土壤皆长期施用来源相同的猪粪。由图 4.8 可知，剖面 0～20 cm 土层 Cu 浓度明显高于深层土壤，而自剖面 20～40 cm 土层以下，土壤 Cu 浓度趋于稳定。对照田（不施用有机肥的水稻田）0～100 cm 深度土壤 Cu 浓度范围为 15.3～17.9 mg/kg，中莎村种植基地 3 种不同利用方式 0～20 cm 土层及 20～40 cm 土层 Cu 浓度均高于对照值，且与《土壤环境质量标准》（GB 15618—1995）中的二级标准值（农田≤50 mg/kg；果园≤150 mg/kg）相比，菜地 0～20 cm 土层均超过此标准。3 种利用方式土壤 Cu 的富集系数（0～20 cm 土层平均浓度与 20～40 cm 土层平均浓度之比）均>2.0，呈明显的表聚现象。

Zn 也是动植物生长必不可少的微量元素，饲料在生产过程中都会加入 Zn。对照田 0～100 cm 深度土壤 Zn 浓度范围为 84.1～94.5 mg/kg，且 Zn 浓度随土层深度增加没有太大变化。从图 3.1 可知，3 种土地利用方式均表现为 0～20 cm 土层 Zn 浓度最高，且远高于对照值，富集系数均>1，存在表聚现象。设施菜地、露天菜地和桂树林 0～20 cm 土层 Zn 浓度分别为 203 mg/kg、198 mg/kg 和 144 mg/kg，仅 1 个样品超过 GB15618—1995《土壤环境质量标准》中的二级标准值（≤200 mg/kg）。随土层深度增加，中莎村种植基地土壤 Zn 浓度呈明显波动变化，且不同土地利用方式下变化趋势不一致，设施菜地和桂树林在剖面 40～60 cm 土层出现一个峰值，露天菜地则在剖面 60～80 cm 土层出现一个峰值，表明 Zn 在这 3 类土壤中均具有一定的向下迁移现象，但程度不一。

　　Pb 不是猪必需元素，饲料中添加量小，故猪粪中 Pb 浓度较低，取自富阳中莎村种植基地的猪粪样品中未检测出 Pb。Pb 的毒性比 Cu 和 Zn 大，但在土壤和植物体中的迁移性相对较弱（余国营和吴燕玉，1997）。因而 3 种土地利用方式下土壤 Pb 累积均主要体现在 0～20 cm 土层，均高于对照值（22.3 mg/kg），但 0～20 cm 土层以下没有显著差异。

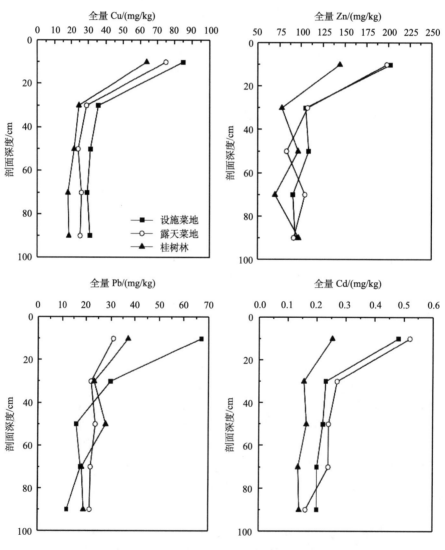

图 4.8　富阳中莎村种植基地不同利用方式土壤重金属全量的剖面分布

Cd 也不是猪必需元素，由表 4.12 可知猪粪 Cd 浓度为 1.35 mg/kg。Cd 具有很强的动物毒性，在土壤中的化学活性也较高，易被作物吸收进入食物链，对人体健康造成威胁。由图 4.8 可见，土壤 Cd 浓度的垂直分布特征与 Cu 类似，3 种土地利用方式均表现为 0～20 cm 土层 Cd 浓度最高，均高于对照值（0.20 mg/kg），其中设施菜地和露天菜地超过 GB15618—1995《土壤环境质量标准》中的二级标准（≤0.30 mg/kg），20～40 cm 土层以下 Cd 浓度迅速下降且趋于稳定。与其余 3 种重金属相似，土壤 Cd 也存在表聚现象。据报道，Cd 的迁移能力较强（Mico et al.，2006），但本次调查中深层土壤 Cd 浓度并未出现峰值，这可能与施用的畜禽有机肥中 Cd 浓度较低有关。

为进一步分析施用来源及成分相似的畜禽有机肥时，土地利用方式及施肥对土壤重金属积累的影响，在余杭采集 4 种不同利用方式的土壤剖面（表 4.13），其中茶园因为基本不施用有机肥或者年施用量较少，可作为对照田，梨园施用量最大，其次为菜地和水稻田。4 种土地利用方式下土壤 Cu、Zn、Pb 和 Cd 重金属全量均低于 GB 15618—1995《土壤环境质量标准》中的二级标准（Cu：农田，≤50 mg/kg；果园，≤150 mg/kg；Zn：≤200 mg/kg；Pb：≤250 mg/kg；Cd：≤0.30 mg/kg），但 0～20 cm 土层重金属浓度高于 20～40 cm 土层。

表 4.13　余杭径山镇种植基地不同土地利用方式下土壤 pH 及重金属浓度的剖面分布

剖面深度 /cm	土地利用方式	pH	全量/（mg/kg）				提取态浓度/（mg/kg）			
			Cu	Zn	Pb	Cd	Cu	Zn	Pb	Cd
0～20	水稻田	5.39	11.8	54.6	18.2	0.07	7.15	21.8	7.62	0.05
	梨园	4.51	25.3	70.1	5.88	0.04	9.33	41.6	4.60	0.03
	蔬菜地	4.97	10.9	54.8	20.5	0.05	4.28	26.2	3.91	0.04
	茶园	3.53	5.15	42.6	8.92	ND	0.47	2.75	4.25	ND
20～40	梨园	5.40	9.90	29.3	14.5	0.03	3.73	9.16	3.94	0.02
	蔬菜地	5.66	5.63	29.8	17.7	0.01	2.63	5.72	2.89	ND
	茶园	3.58	9.83	56.5	4.82	ND	0.44	1.38	4.09	ND

注：ND 为未检出。

畜禽有机肥施入土壤会导致重金属在 0～20 cm 土层积累，长期施用下由于淋溶等作用，表层土壤重金属会向下迁移，引起地下水污染。而不同土地利用方式可改变土壤物质组成和土壤物质成分的迁移转化过程，对土壤性质和重金属积累及其有效性产生重要影响，其影响的结果可以通过土壤剖面中物质组成和性质差异体现出来（孙维侠等，2003）。故分别在富阳和余杭 2 地采集不同土地利用方式下的土壤剖面，测定不同深度土壤中的重金属含量，以探索不同土地利用方式下的重金属垂直分布规律。

分析富阳地区的测定结果，总体上，施用来源及成分相似猪粪的前提下，不同土地利用方式及施肥会造成土壤中积累的重金属种类及量存在差异。两种蔬菜地的重金属积累效应要比桂树林明显得多，尤其是 Zn 和 Cd。两种蔬菜地中又以设施菜地更为突出，可能与设施菜地大量施用畜禽有机肥以提高作物的生长速度有关。此外，设施菜地环境封闭，重金属的降水淋溶作用弱，但蒸腾作用促进其迁移到土壤表层。余杭地区，茶园土壤重金属全量相对较低，梨园最高，与有机肥的施用量呈正相关。同时提取态重金属浓度与全量的分布规律类似。

比较余杭与富阳2地结果，富阳种植基地土壤重金属浓度较高，除富阳土壤对照值较高外，可能还与2地施用的畜禽有机肥成分不同以及年施用次数、施用方式等因素有关，也可能与农药的使用有关（蔡道基等，2001），有待进一步探讨。

三、不同土地利用方式下土壤中抗生素污染特征

富阳中莎村种植基地不同土地利用方式下土壤抗生素浓度的垂直分布情况，如图4.9所示。共测定5类抗生素：四环素类，多西环素（DOC）、四环素（TC）、土霉素（OTC）和金霉素（CTC）；磺胺类，磺胺嘧啶（SD）、磺胺甲噁唑（SMX）和磺胺二甲嘧啶（SMT）；喹诺酮类，诺氟沙星（NFC）和氧氟沙星（OFC）；大环内酯类，脱水红霉素（ETM-H$_2$O）和罗红霉素（RTM）；氯霉素类，氯霉素（CPC）、甲砜霉素（TPC）和氟苯尼考（FFC）。

设施菜地表层土壤4种四环素类抗生素浓度最高，占14种抗生素总量的86.7%，特别是金霉素，浓度高达18.2 µg/kg；喹诺酮类浓度也较高，占14种抗生素总量的12.0%；剩余3类检出量较低，这可能与有机肥种类和抗生素性质等因素有关。有研究表明，通常磺胺类（FFC）抗生素在粪肥中的含量较高，而在施用粪肥土壤中的含量较低，但喹诺酮类和四环素类抗生素的情况则相反（Karci and Balcioglu，2009），两者在土壤中的浓度较高。除了磺胺类以外，其余抗生素在0～20 cm土层中均有检出，需要引起重视，因为抗性基因的污染和传播已经成为新的环境问题（Martinez，2008；周启星等，2007）。氯霉素作为食用动物的禁用药品虽然仍有检出，但浓度较低。由于四环素类化合物在土壤中的吸附性较强，其浓度随土层深度增加迅速降低，在>40 cm土层浓度较低且趋于稳定。随土层深度的增加，喹诺酮类浓度下降幅度较小，在>20 cm土层取代四环素类成为土壤中的主要抗生素种类。另外作为新型氯霉素的替代品，甲砜霉素在60～80 cm土层检出量较高，占14种抗生素总量的93.0%，但至80～100 cm土层中又迅速降低。

露天菜地的测定结果表明，与设施菜地的14种抗生素总量测定结果相接近，且四环素类依旧是主要污染物，其次为喹诺酮类，两者占14种抗生素总量的比例分别为90.6%和9.14%；至20～40 cm土层中，抗生素总量同样迅速降低，在>20 cm土层四环素类抗生素浓度占14种抗生素总量的比例依旧最高。桂树林0～20 cm土层中四环素类抗生素依旧是主要污染物，其次为喹诺酮类；在>20 cm土层四环素类抗生素浓度占14种抗生素总量的比例依旧为最高。

余杭地区水稻田、梨园、菜地和茶园土壤抗生素的检测结果，如表4.14所示。这4种土地利用方式下土壤抗生素总浓度由高到低依次为梨园、水稻田、菜地和茶园，这与重金属的测定结果一致，也与有机肥的施用量相对应。0～20 cm土层中，水稻田的主要污染物为四环素类抗生素，此外还有少量的氯霉素类，其余3种抗生素大多未被检出；而梨园的主要污染物虽然也是四环素类，但占抗生素总量的比例稍低，其次为氯霉素类和磺胺类，占14种抗生素总量的比例分别为57.0%、31.3%和11.6%；菜地则表现为四

环素类、磺胺类以及喹诺酮类 3 种占抗生素总量的比例近似；茶园土壤氯霉素占 14 种抗
生素总量的比例最高，为 75.8 %。

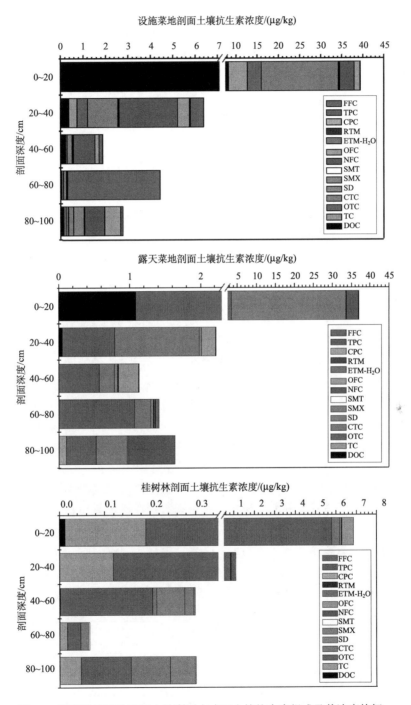

图 4.9　富阳种植基地不同土地利用方式下土壤抗生素组成及其浓度特征

表 4.14　余杭种植基地不同土地利用方式下土壤抗生素组成及其浓度特征（单位：μg/kg）

剖面深度/cm	土地利用方式	DOC	TC	OTC	CTC	SD	SMX	SMT	NFC	OFC	ETM-H$_2$O	RTM	CPC	TPC	FFC
0~20	水稻田	2.41	0.39	0.46	3.26	0.01	ND	0.06	ND	ND	ND	ND	0.15	0.23	0.08
	梨园	4.26	0.71	1.32	5.83	2.27	0.01	0.05	ND	ND	ND	ND	1.61	2.53	2.13
	蔬菜地	ND	0.02	0.40	0.12	0.02	ND	0.50	ND	0.53	ND	ND	ND	0.04	ND
	茶园	ND	0.04	0.07	ND	0.21	0.01	ND	ND	0.94	ND	ND	ND	ND	ND
20~40	梨园	1.76	0.43	0.05	1.58	5.27	ND	0.03	ND	ND	ND	ND	ND	0.34	ND
	蔬菜地	ND	0.08	ND	0.03	ND	0.01	0.12	ND	ND	ND	ND	2.32	1.54	3.25
	茶园	ND	ND	ND	ND	0.05	ND	ND	ND	0.28	ND	ND	ND	ND	ND

注：ND 为未检出。

分析富阳地区的测定结果，比较 3 种土地利用方式下土壤抗生素浓度与组成的差异，桂树林 0~20 cm 土层抗生素总量明显低于设施菜地和露天菜地，这与 3 种土地利用方式土壤中的重金属浓度变化相一致，表明该地区农田土壤中重金属与抗生素的污染与土地利用方式及畜禽有机肥施用量等有关。总体而言，3 种土地利用方式下的主要污染物均为四环素类抗生素，但具体组成因为土地利用方式的不同而有所差异。如 2 种菜地 0~20 cm 土层浓度最高的四环素类抗生素是金霉素，而桂树林土壤则是土霉素。2 种菜地之间又有所差异，露天菜地 0~20 cm 土层金霉素浓度是设施菜地的 1.65 倍；但在设施菜地中 0~100 cm 土层始终表现为金霉素浓度占四环素类总量的比例最高，而露天菜地中>40 cm 土层起变为土霉素浓度占四环素类总量的比例最高。这种差异与植物根系生理生化特征和农户生产方式差异所致的抗生素环境行为不同有关，不同耕作方式直接影响土壤中抗生素的活动性、迁移性及其在土壤剖面中的分布（Blackwell et al.，2009）。

次要污染物喹诺酮类抗生素在 2 种菜地中的检出率明显高于桂树林，氧氟沙星在设施菜地 0~100 cm 深度均有检出，表层最高浓度为 1.30 μg/kg，在露天菜地 0~60 cm 深度均有检出，而桂树林仅在 0~20 cm 土层检出。其余 3 种喹诺酮类抗生素在土壤中的分布情况也因土地利用方式不同而有所差别。甲砜霉素在设施菜地 0~100 cm 深度均有检出，且在 60~80 cm 土层为浓度最高的抗生素，而露天菜地和桂树林仅分别在 60~80 cm 和 20~40 cm 土层有检出，且浓度较低，所占比例较小。磺胺嘧啶在 3 种土壤中的浓度接近，均较低，但在桂树林中由于各类抗生素浓度与菜地相比明显下降，使得其占抗生素总量的比例有所上升，特别是在 40~60 cm 和 80~100 cm 土层。至于大环内酯类抗生素，在 3 种土壤中检出率均较低，这可能与区域用药特征以及物质的迁移性等有关（Davis et al.，2006）。

相对而言，菜地由于施用畜禽有机肥较多，土壤中的抗生素，特别是四环素类和喹诺酮类的污染比林地土壤更为严重。菜地中又以设施菜地的污染较为突出，这与重金属的测定结果一致，表明该地区设施菜地由于大量施用畜禽有机肥带来的土壤重金属和抗生素复合污染问题需要引起进一步关注。

余杭地区，梨园>20 cm 深度土壤抗生素总浓度、氯霉素以及四环素类浓度均随土壤深度的增加而下降，但磺胺类浓度却明显增加，占 14 种抗生素总量的比例升至 58.4%；菜地 20～40 cm 土层抗生素浓度为 0～20 cm 土层的 4.5 倍，这是由于其余种类抗生素浓度都降低的情况下，氯霉素类浓度却增加了几百倍，其中氯霉素的增长幅度巨大，不排除有违规使用的可能性；而茶园 20～40 cm 土层抗生素的种类分布与表层相似，只是浓度明显降低。

参 考 文 献

蔡道基, 单正军, 朱忠林, 等. 2001. 铜制剂农药对生态环境影响研究. 农药学学报, 3(1): 61~68.

方洛云, 邹晓庭, 蒋林树, 等. 2005. 不同锌源对断奶仔猪免疫和抗氧化作用的影响. 中国兽医学报, 25(2): 201~202.

国家环境保护局南京环境科学研究所. 1995. 土壤环境质量标准. 中华人民共和国国家标准(GB15618—1995). 北京: 中国标准出版社.

江解增, 许学宏, 余云飞, 等. 2006. 蔬菜对重金属生物富集程度的初步研究. 中国蔬菜, 26(7): 8~11.

刘志红, 刘丽, 李英. 2007. 进口化肥中有害元素砷、镉、铅、铬的普查分析. 磷肥与复肥, 22(2): 77~78.

鲁如坤, 时正元, 熊礼明. 1992. 我国磷矿磷肥中 Cd 的含量及其对生态环境影响的评价. 土壤学报, 29(2): 150~157.

鲁如坤. 1993. 长期肥料定位试验研究近况. 磷肥与复肥, 4: 70~71, 75.

陆继龙, 周云轩, 周永昶, 等. 2002. 黑土农业区常量和微量元素环境地球化学特征. 农业环境与发展, 1: 27~29.

全国土壤普查办公室. 1998. 中国土壤. 北京: 中国农业出版社.

尚爱安, 刘玉荣, 梁重山, 等. 2000. 土壤中重金属的生物有效性研究进展. 土壤, 32(6): 294~300.

孙维侠, 史学正, 于东升. 2003. 土壤有机碳的剖面分布特征及其密度的估算方法研究. 土壤, 35(3): 236~241.

王铁宇, 汪景宽, 周敏, 等. 2004. 黑土重金属元素局地分异及环境风险. 农业环境科学学报, 23(2): 272~276.

吴文平, 田科雄, 左刚. 2006. 饲料中镉超标对蛋禽生产的危害及对策. 饲料博览, 19(7): 45~46.

许梓荣, 王敏奇. 2001. 高剂量锌促进猪生长的机理探讨. 畜牧兽医学报, 32(1): 11~17.

余国营, 吴燕玉. 1997. 土壤环境中重金属元素的相互作用及其对吸持特性的影响. 环境化学, 16(1): 30~36.

张潮海, 华村章, 邓汉龙, 等. 2003. 水稻对污染土壤中镉、铅、铜、锌的富集规律的探讨. 福建农业学报, 18(3): 147~150.

张慧敏, 章明奎, 顾国平. 2008. 浙北地区畜禽粪便和农田土壤中四环素类抗生素残留. 生态与农村环境学报, 24(3): 69~73.

中国环境监测总站. 1990. 中国土壤元素背景值. 北京: 中国环境科学出版社.

中华人民共和国农业部. 2012. 中华人民共和国农业行业标准——有机肥料(NY 525-2012).

周启星, 罗义, 王美娥. 2007. 抗生素的环境残留、生态毒性及抗性基因污染. 生态毒理学报, 2(3): 243~251.

Balesdent J, Chenu C, Balabane M. 2000. Relationship of soil organic matter dynamics to physical protection and tillage. Soil & Tillage Research, 53: 215~230.

Blackwell P A, Kay P, Ashauer R, et al. 2009. Effects of agriculture conditions on the leaching behavior of veterinary antibiotics in soils. Chemosphere, 75(1): 13~19.

Chen Y S, Zhang H B, Luo Y M, et al. 2012. Occurrence and assessment of veterinary antibiotics in swine manures: A case study in east China. Environmental Chemistry, 57(6): 606~614.

Davis J G, Truman C C, Kim S C, et al. 2006. Antibiotic transport via runoff and soil loss. Journal of Environmental Quality, 35(6): 2250~2260.

Ju X T, Kou C L, Christie P, et al. 2007. Changes in the soil environment from excessive application of fertilizers and manures to two contrasting intensive cropping systems on the North China Plain. Environmental Pollution, 145: 497~506.

Karci A, Balcıoglu A. 2009. Investigation of the tetracycline, sulfonamide, and fluoroquinolone antimicrobial compounds in animal manure and agricultural soils in Turkey. Science of the Total Environment, 407: 4652~4664.

Martinez J L. 2008. Antibiotics and antibiotic resistance genes in natural environments. Science, 321(5587): 365~367.

Mico C, Recatala L, Peris A, et al. 2006. Assessing heavy metal sources in agricultural soils of an European Mediterranean area by multivariate analysis. Chemosphere, 65(5): 863~872.

Tack F M G, Singh S P, Verloo M G. 1999. Leaching behavior of Cd, Cu, Pb and Zn in surface soils derived from dredged sediments. Environmental Pollution, 106: 107~114.

第五章 市政污泥及农用土壤污染特征

市政污泥主要是污水处理厂产生的含水量在 70%～97%不等的固体或流体状物质，其中的固体成分主要是由有机残片、细菌菌体、无机颗粒、胶体等组成。市政污泥是一种以有机成分为主的复杂混合物，其中包含对农业有潜在利用价值的有机质、氮、磷、钾和各种微量养分元素，对农田土壤有很好的培肥效果。但污泥农用也是土壤中重金属、病原物和有机污染物等有害物质的一个重要来源。本章实地调查了我国北方、南方和西部城市污水处理厂的污泥处理处置现状，分析了市政污泥样品和施用污泥土壤样品中的重金属、持久性有机物、病原物的含量以及微生物生态的变化规律，为市政污泥的安全利用和污泥农用土壤的风险评估提供科学依据。

第一节 中国不同城市污泥中重金属含量

一、中国北方城市污泥中重金属的含量

中国北方城市市政污泥中重金属含量如表 5.1 所示。从表中数据可以看出，污泥中含有多种对环境有害的重金属，而且有的含量非常高，如河北保定污泥其 Zn 含量高达 19000 mg/kg。污泥中重金属的种类和含量与污水来源、处理技术、处理水平等有很大关系。一般来说，与生活污水污泥相比，以工业污水为主的污泥重金属的含量普遍较高，如河北保定污泥。济南水质净化厂不是通常所说的污水处理厂，它的主要任务是净化自然水体后供给自来水，所以该厂的污泥中各种重金属含量较低。

表 5.1 不同来源污泥中重金属含量 （单位：mg/kg）

污染来源	Cu	Zn	Pb	Cd	Ni	Cr	Hg	As
上海奉贤南桥污水处理厂脱水间污染	187	2314	57	2.3	57	27	1.4	15.0
上海奉贤南桥污水处理厂二沉池污泥	160	2065	50	2.4	17	21	0.4	13.1
上海曲阳污水处理厂污泥	186	1946	61	1.7	82	49	3.6	15.0
上海东区污水处理厂污泥	489	2357	86	2.2	33	34	3.1	14.4
南京锁金村污水处理厂二沉池污泥	96	756	20	1.6	21	17	0.5	6.2
南京锁金村污水处理厂消化池污泥	239	1556	102	3.0	20	17	5.8	16.7
南京江心洲污水处理厂二沉池污泥	239	970	98	2.4	20	16	1.5	10.4
南京江心洲污水处理厂脱水间污泥	215	704	79	3.1	32	42	1.9	10.3
苏州新区污水处理厂污泥（1999）	10130	1425	973	3.5	728	206	1.1	10.2
苏州新区污水处理厂污泥（2001）	3848	1874	1220	4.2	261	50	1.6	13.9
常州城北污水处理厂污泥	801	1478	63	3.8	37	800	3.2	16.9

续表

污染来源	Cu	Zn	Pb	Cd	Ni	Cr	Hg	As
无锡污水处理厂污泥	404	2128	153	8.4	215	371	4.0	45.3
杭州四堡污水处理厂污泥	576	8696	96	4.8	67	117	4.3	22.6
宁波污水处理厂污泥	282	1462	126	42.7	34	96	1.3	15.9
宁波慈溪污水处理厂污泥	114	3121	58	3.2	40	73	0.3	7.6
合肥王小郢污水处理厂污泥	424	1548	135	3.7	48	34	2.5	9.4
深圳沃绿污泥有机肥	248	1101	88	0.9	40	73	1.3	10.6
深圳罗芳污水处理厂污泥	230	1351	80	1.4	84	24	3.2	15.1
香港碱性污泥	374	1356	351	7.7	80	120	2.4	24.9
佛山污水处理厂污泥	650	1461	190	5.1	60	219	4.0	39.1
北京污泥有机肥	143	840	157	2.9	16	51	13.4	31.0
济南水质净化厂污泥	223	769	243	3.2	100	119	3.0	17.9
河北保定污水处理厂污泥	302	18762	252	3.1	47	339	0.6	20.1
统计分析　平均含量	894	2610	206	5	94	127	3	17
最高含量	10 130	18 762	1220	42.7	728	800	13.4	45.3
最低含量	96	704	20	0.9	16	16	0.3	6.2

对照我国农业部 1984 年颁布的农用污泥标准（表 5.2）可以发现，虽然污泥中同时包含多种具有毒性的其他金属如 Cd、Cr、As、Hg 等，但锌和铜是我国城市污泥中最易超标的元素，特别是锌，如果采用低标准 500 mg/kg，污泥样品全部超标，这可能与我国城市中排水管道大多采用了镀锌材料有关（李季和吴为中，2003）。如果严格执行此标准，所收集的污泥都不能用于农业土壤。1984 年颁布的标准中铜和锌的含量都是参考标准，针对我国污泥中锌和铜容易超标的特点，并参照了其他国家制定的相关标准，在 2002 年中国环境保护总局制定了《城镇污水处理厂污染物排放标准》（GB18918—2002）（表 5.2）。从表 5.2 可见，在农用污泥重金属标准中对锌和铜的含量做了调整，放宽了 3～4 倍。对照 2002 年由国家环保总局制定的新的农业污泥重金属标准，本调查中铜和锌超标

表 5.2　新旧农用污泥标准比较与本试验污泥重金属超标情况

	标准	Cu	Zn	Pb	Cd	Ni	Cr	Hg	As
1984 年农用国标 GB4284—1984	pH<6.5 酸性土壤/（mg/kg）	250	500	300	5	100	600	5	75
	超标样品数	11	23	3	4	3	1	2	0
	pH≥6.5 中碱性土壤/（mg/kg）	500	1000	1000	20	200	1000	15	75
	超标样品数	5	18	1	2	2	0	0	0
2002 年新农用国标 GB18918—2002	pH<6.5 酸性土壤/（mg/kg）	800	2000	300	5	100	600	5	75
	超标样品数	3	7	3	4	3	1	2	0
	pH≥6.5 中碱性土壤/（mg/kg）	1500	3000	1000	20	200	1000	15	75
	超标样品数	2	3	1	2	2	0	0	0

的污泥样品数大大减少，大部分污泥重金属是符合农用污泥标准的。由于"新标准"中对污泥年最大施用量和连续施用年限的规定没变，这意味着允许随污泥施用进入土壤的重金属总量也增加了 3～4 倍。实施（2003 年 7 月 1 日）新的标准后，需要加强对污泥施用土壤的环境风险监测和评价。

二、中国南方城市污泥中重金属的含量

（一）污泥中重金属的总体含量

中国南方城市市政污泥中重金属含量如表 5.3 所示。结果表明，污泥中有多种对环境有害的重金属，而且有的含量非常高，如 Zn 的最高含量达 15306 mg/kg，Cu 的最高含量为 19 656 mg/kg。供试城市污水污泥样品的 Zn、Cu、Pb、Cr、Ni 含量变化幅度很大，极差最高达上万 mg/kg（表 5.3）。污泥样品中各种重金属的平均含量为：Zn（2429 mg/kg）> Cu（2075 mg/kg）>Ni（520 mg/kg）> Cr（453 mg/kg）> Pb（125 mg/kg）>Cd（2.9 mg/kg）。在本书中，Zn 的平均含量是陈同斌等（2003）对中国污泥统计结果的 2 倍多，可能因为调查区域不同等原因造成的。供试样品 Cu 的平均含量远远高于其他研究者的结果（陈同斌，2003；乔显亮，2003），主要原因是由几个极高值引起的。如果把含量超过 10 000 mg/kg 的 4 个样品值去掉，平均为 763 mg/kg，比保留异常值的平均含量降低了 1051 mg/kg。因此在探讨我国污水污泥中重金属的平均含量时，应该考虑异常值的影响，以免做出与事实不符的结论。至于某些污泥样品中重金属含量过高，是因为这些污水处理厂的污水主要来源于工业污水或生活和企业污水混流，某些未达标污水的违规排入致使污泥中重金属含量过高。如苏州新区脱水污泥中铜含量较高，与某电镀厂污水的违规排入有关。奉化污水处理厂的污水主要来源于食品加工厂，食品加工和包装过程中添加的物质和使用的材料含有大量重金属，是导致该厂污泥重金属含量超标的原因。上海桃浦污水处理厂的污水主要来源于工业园区的电子、化工、食品等多种行业，某些企业污水的违规排入是污泥中 Cd 含量较高的主要原因。我们应及时将测定结果返回给污水处理厂，协助他们查找含量过高的原因，防止大量的重金属随污泥进入环境，带来不必要的风险。

为了降低污泥盲目施用带来的环境二次污染风险，农业部颁布了《农用污泥中污染物控制标准》（GB4284—1984，以下简称"1984 年标准"），其中规定了污泥农用的重金属最高含量和允许施用年限。此标准与美国和欧盟的相比，重金属含量指标更为严格。随着我国污水产业的迅速发展，污泥的产生量越来越大，而能够用于污泥处置的场所却越来越少。为了促进城镇污水处理厂的建设和管理，加强城镇污水处理厂污染物的排放控制和污泥资源化利用，维护良好的生态环境和保障人体健康，国家环境保护部曾制定了一套新的《城镇污水处理厂污染物排放标准》（GB18918—2002，以下简称"2002 年标准"）。该标准对部分重金属的控制浓度作了调整，特别是提高了 Cu 和 Zn 的限制含量，这将对我国污泥农用有较大的影响。根据表 5.4 的统计结果可以看出，Cu 和 Zn 是我国污水处理厂污泥中最易超标的元素。按照我国农业部 1984 年颁布的农用污泥标准，供试样品中只有 2 个城市污水处理厂的污泥样品可用于 pH>6.5 的土壤上。如按放宽

污泥土壤利用重金属范围的国家环境保护总局制度的《城镇污水处理厂污染物排放标准》，有 17 个城市污水处理厂的污泥样品土壤利用时不受 6 种重金属含量和土壤 pH 的限制，另有 11 个样品能在 pH>6.5 的土壤上施用。根据我国污泥农用所规定的最高污染物排放浓度，施用量和施用年限，20 年后，土壤中增加的 Cu 和 Zn 分别为 400 mg/kg 和 800 mg/kg，即使不考虑土壤的背景值，其浓度含量也将达到或超过《土壤环境质量标准》（GB15618—1995）的三类标准，这有悖于制定该标准的"保障人体健康，维护良好的生态环境"的初衷。为了尽快完善污泥土壤利用的相关标准和规范，加速污泥在土壤生态系统中的安全、有效循环，还需要有关部门和广大学者共同努力。

表 5.3　供试污泥样品中 6 种重金属的含量　　（单位：mg/kg）

采样地点	污泥样品	Cu	Zn	Pb	Cd	Cr	Ni
杭州市	杭州脱水污泥	446	6053	126	1.9	171	17.2
杭州市	临安脱水污泥	224	1327	68.5	1.3	83.9	124
杭州市	富阳脱水污泥	296	1780	43.9	1.6	122	52.5
杭州市	萧山脱水污泥	224	3166	41.9	1.1	320	55.6
宁波市	宁波脱水污泥	669	1737	147	4.3	109	62.7
宁波市	岩东脱水污泥	170	1082	52.7	0.4	108	82.4
宁波市	慈溪脱水污泥	1046	2651	27.7	3.1	265	4869
宁波市	奉化贮泥池污泥	15731	9676	364	2.1	3447	5349
宁波市	奉化贮泥池污泥焚烧	19656	15306	797	2.9	4694	7740
绍兴市	绍兴脱水污泥	570	6849	154	3.6	222	88.7
嘉兴市	嘉兴脱水污泥	309	2982	20.1	1.2	370	1035
金华市	金华脱水污泥	954	924	79.4	2.4	2050	1252
金华市	义乌脱水污泥	2750	2404	264	7.0	406	559
湖州市	长兴脱水污泥	114	1236	126	2.8	87.9	41.8
湖州市	湖州脱水污泥	336	1182	5.20	0.8	527	48.4
台州市	台州脱水污泥	3036	448	386	0.5	751	58.6
台州市	黄岩脱水污泥	13104	476	12.8	8.8	96.4	53.4
上海市	曲阳脱水污泥	232	2156	52.0	1.7	99.3	33.9
上海市	曲阳脱水污泥处理样	245	2314	95.1	1.8	69.6	35.7
上海市	东区脱水污泥	744	2168	116	6.8	135	178
上海市	程桥脱水污泥	687	3219	124	3.0	115	50.0
上海市	程桥脱水污泥处理样	330	1937	52.2	1.0	146	57.7
上海市	龙华脱水污泥	4944	2089	88.2	4.4	112	93.9
上海市	曹杨脱水污泥	184	1304	100	1.3	110	34.4
上海市	桃浦脱水污泥	7811	6814	279	28.9	1113	670
上海市	吴淞脱水污泥	237	1991	69.8	1.6	178	49.5

续表

采样地点	污泥样品	Cu	Zn	Pb	Cd	Cr	Ni
上海市	石洞口脱水污泥	1838	3116	220	11.5	1274	357
上海市	"河流"污水污泥	1845	2723	112	5.1	167	336
上海市	天山贮泥池污泥	408	2532	48.7	1.4	95.4	40.0
上海市	长桥贮泥池污泥	371	2693	207	1.2	119	45.6
上海市	北郊贮泥池污泥	200	1663	82.4	1.9	69.5	30.9
南京市	锁金村贮泥池污泥	201	1478	47.0	1.8	109	25.8
苏州市	新区脱水污泥	15536	1063	687	0.8	145	422
苏州市	工业园区脱水污泥	1033	415	7.20	0.1	55.3	31.1
苏州市	城东脱水污泥	308	1658	55.3	1.2	155	611
苏州市	福星脱水污泥	167	786	24.7	0.5	208	99.1
苏州市	震泽新鲜脱水污泥	395	1638	188	1.7	58.1	6.00
苏州市	震泽风干脱水污泥	549	2273	238	1.5	91.5	16.1
苏州市	城西贮泥池污泥	182	1238	62.0	1.1	96.2	98.1
无锡市	芦村脱水污泥	308	1551	76.4	2.2	341	136
无锡市	城北脱水污泥	305	1695	66.2	2.9	232	48.3
常州市	城北脱水污泥	908	1013	8.80	1.1	629	29.4
常州市	丽华脱水污泥	387	1497	85.8	1.5	92.8	276
常州市	清潭脱水污泥	523	1501	24.2	1.1	125	9.28
扬州市	汤汪脱水污泥	146	862	61.6	1.2	148	8.70
扬州市	泰兴脱水污泥	563	749	3.10	1.8	114	110
南通市	南通脱水污泥	262	1210	80.2	1.4	1106	43.2
南通市	开发区脱水污泥	149	1654	25.2	0.6	225	18.7
南通市	开发区脱水污泥堆放地土壤	40.2	738	11.0	0.4	629	12.0
南京市	造纸厂污泥	158	207	15.4	0.5	21.7	12.2
南京市	啤酒厂污泥	91.5	472	13.6	3.1	93.1	17.5
南京市	化工厂活性污泥	309	633	4.60	0.3	37.0	9.20
南京市	化工厂脱水污泥	1704	263	6.30	0.3	310	47.6
南京市	石化厂脱水污泥	479	1661	30.3	4.0	102	88.2
南京市	钢铁厂脱水污泥	276	1072	51.4	0.3	185	41.0
嘉兴市	造纸厂脱水污泥	31.5	113	8.1	0.1	7.10	11.5
嘉兴市	化工厂硝化污泥	324	249	136	1.1	117	545.2
嘉兴市	化工厂活性污泥	158	144	109	0.5	99.8	452

表5.4 各类型污泥中6种重金属的超标数量

项目			污泥类型						
			生活污水为主污泥	混流污水污泥	工业污水为主污泥	"河流"污水污泥	消化污泥	污泥制品	企业污泥
样本数/个			26	10	8	1	2	4	9
Cu	1984标准	土壤pH<6.5	16	7	8	1	1	3	5
		土壤pH>6.5	9	4	6	1	0	1	1
	2002标准	土壤pH<6.5	5	4	3	1	0	1	1
		土壤pH>6.5	3	2	3	1	0	1	1
Zn	1984标准	土壤pH<6.5	25	9	7	1	2	4	3
		土壤pH>6.5	23	8	6	1	2	4	2
	2002标准	土壤pH<6.5	9	2	5	1	1	3	0
		土壤pH>6.5	2	2	3	0	1	1	0
Pb		土壤pH<6.5	1	1	1	0	0	1	0
		土壤pH>6.5	0	0	0	0	0	0	0
Cd		土壤pH<6.5	2	1	2	1	0	0	0
		土壤pH>6.5	0	0	1	0	0	0	0
Cr		土壤pH<6.5	2	3	2	0	0	1	0
		土壤pH>6.5	0	3	2	0	0	1	0
Ni		土壤pH<6.5	7	3	4	1	0	2	2
		土壤pH>6.5	4	3	3	1	0	2	2

注："1984年标准"指按《农用污泥中污染物控制标准》（GB4284—1984），"2002年标准"指按《城镇污水处理厂污染物排放标准》（GB18918—2002）。

（二）不同类型污泥中重金属的含量

5种类型污泥重金属含量结果，如表5.5所示。结果表明，除Cd以外，其他5种重金属在各类型污泥（除"河流"污水污泥）中的含量分布为：污泥制品>以工业污水为主的污泥>混流污水污泥>以生活污水为主的污泥>企业污水污泥。需要说明的是本调查的污泥制品样品数量较少，且有一个是污泥焚烧样，属特例，如果将此值去掉，其他3个样品的重金属平均值将大幅度降低。工业污水为主的污泥和混流污水污泥不仅平均Cu含量高，样品超标率也较高，说明污水来源及组成是影响污泥含量的主要因素。大部分供试样品的Zn含量都较高，这可能与我国城市中排水管道大多采用了镀锌材料有关（李季和吴为中，2003）。在本书中，企业污水污泥重金属的含量较低，是因为这些企业是造纸厂、啤酒厂和化工类，不是重金属污染型的电子、电镀等企业。但在土壤利用这些企业污泥之前，应结合该企业的实际情况，检测其他污染物。总之，污泥中重金属的含量范围变化很大，这种变化受污水来源、污水组成、污水处理工艺和水平及污泥处理技术等多种因素的综合影响（Karvelas et al.，2003；USEPA，2002）。在污泥土壤利用前应充分了解其性质，采取有效的削减措施，避免产生环境负效应。

表 5.5 不同类型污泥中 6 种重金属的含量 （单位：mg/kg）

污泥类型	样本数/个	Cu	Zn	Pb	Cd	Cr	Ni
生活污水为主污泥	26	757±1117	1793±699	9282	2.2±1.7	201±169	295±945
混流污水污泥	10	2084±4758	1794±1655	141±203	2.3±3.4	575±679	379±641
工业污水为主污泥	8	4879±6447	3932±3397	157±135	10.7±12.7	689±1168	916±1830
"河流"污水污泥	1	1845	2723	112	5.1	167	335
消化污泥	2	297±210	3854±3111	75±71	1.3±0.9	198±39	18±1
污泥制品	4	5135±9681	5635±6462	241±372	1.7±0.9	1320±2253	2217±3711
企业污水污泥	9	392±511	536±521	42±49	1.1±1.4	108±94	136±208

注：数据为平均值±标准差。

（三）不同城市污泥中重金属的差异

不但各个污泥样品和各类型污泥样品的 6 种重金属含量不同，而且不同地区污水污泥中的含量也不相同。表 5.6 结果表明，上海污泥 Cd 的平均含量最高，其他 5 种重金属在浙江污泥中的平均含量最高，江苏污泥中含量最低。上海桃浦脱水污泥 Cd 的含量高达 28.9 mg/kg，从而导致整个区域的平均含量较高。浙江污泥的重金属含量较高，是因为该区域有几个污泥样品，如奉化贮泥池污泥、奉化贮泥池污泥焚烧样的 Cu、Zn、Cr和 Ni 含量极高，黄岩脱水污泥的 Cu 含量较高。现场调查研究结果表明，大量电子、电镀、食品、印染等企业污水违规排入城市污水收集管网是导致这些污水污泥重金属含量高的主要原因。不仅不同地区污泥中重金属的含量不同，即使同一区域内污泥中重金属的变异也很大，如 Cu 含量最低的样品长兴脱水污泥分布在浙江，而含量最高的样品奉化贮泥池污泥焚烧样也在该省内。总之，污泥中重金属的区域分布主要受该地区污水来源和工业类型的影响。

表 5.6 不同地区城市污水污泥中重金属的含量 （单位：mg/kg）

地区	样本数/个	Cu	Zn	Pb	Cd	Cr	Ni
浙江	17	3508±6208	3487±3951	160±201	2.7±2.3	813±1330	1264±2346
江苏	17	1289±3680	1311±457	102±163	1.3±0.7	231±264	117±168
上海	14	1434±2238	2623±1316	118±70	5.1±7.4	272±393	144±187

注：数据为平均值±标准差。

根据污泥农用的 1984 年标准，浙江地区和上海市的所有城市污水处理厂污泥均不能农用，江苏地区只有 2 个污泥样品可以农用，且只能用于 pH>6.5 的土壤上。根据 2002 年标准，浙江、上海和江苏的城市污水处理厂污泥土壤利用时不受 6 种重金属含量限制的分别有 5、4 和 8 个，不能农用的样品分别有 11、5 和 4 个。

（四）污泥中重金属的年际变化

对部分污水处理厂不同年份污泥中重金属含量的统计结果表明（表 5.7），毒性较大的 Cd 在污泥中的含量逐年下降，Cu 的含量有逐年上升的趋势。Zn、Pb、Cr 和 Ni 4 种重金属，在一些污水污泥中降低，而在另一些中升高，年际变化没有一定规律。污泥中 Cd 逐年下降可能是由于两方面的原因：首先是企业污水的达标排放；其次是一些电子、电镀类企业搬离市区。研究结果表明，6 种重金属在污泥中的年际变化并非全部降低，与其他研究者的结果不符（陈同斌等，2003）。可能是由于：①取样年限间隔太小，只能反映近年内污水污泥中重金属的情况，而不能代表总体趋势。②某些企业将不合格污水违规排入城市污水收集管网，导致污水污泥中重金属含量变异较大。③长江三角洲地区工业化正处于蓬勃发展阶段，大量企业进入该区，特别是一些电子和制造业，致使进入污水污泥中的重金属含量增加。为了清楚地了解污泥中重金属的年际变化，应当选择有代表性的几个污水处理厂，对其重金属含量进行连续的多年动态监测。

表 5.7　污泥中重金属含量的年际变化　　　　（单位：mg/kg）

样品来源	年份*	Cu	Zn	Pb	Cd	Cr	Ni
苏州新区脱水污泥	1999	10130	1425	973	3.5	206	728
	2003	15536	1063	689	0.8	145	422
杭州脱水污泥	2001	576	8696	96	4.8	117	67
	2003	446	6053	126	1.9	171	17.2
宁波脱水污泥	2001	282	1462	126	42.7	96	34
	2003	669	1737	147	4.3	109	63
常州城北脱水污泥	2000	801	1478	63	3.8	800	37
	2003	908	1013	9	1.1	627	29
上海曲阳脱水污泥	2003-04	186	1946	61	1.7	49	82
	2003-10	232	2156	52	1.7	99	34

*1999，2000，2001，2002，2003-04 资料来自乔显亮（2003）。

三、中国西部城市污泥中重金属的含量

（一）污泥中重金属含量水平、区域特征和变化趋势

对污泥中全量 Cu、Zn、Pb、Cd、Cr、Ni、Hg 和类金属 As 等进行了测定，结果如图 5.1 所示。与贵州土壤耕层背景值相比，城市污泥中 Pb 含量与非污染表土的含量（3～189 mg/kg）相差不大、Cd 含量高于土壤 Cd 污染的临界值（1 mg/kg）、Hg 含量普遍高于非污染土壤的临界值（0.4 mg/kg）、As 含量在非污染土壤 1～95 mg/kg 的范围之内。Cu 和 Zn 作为植物生长需要的微量元素，也显著高于土壤平均值（Cu：22 mg/kg，

Zn：100 mg/kg）。从元素的变化情况来看，同一种元素在不同区域变化差异很大，变异系数达 42.7%～135%，其中元素 Zn 含量变幅在 268～9163 mg/kg，平均为 1696 mg/kg，变异系数为 135%；元素 Ni 的含量变幅为 32.4～107 mg/kg，平均为 56.0 mg/kg，变异系数为 42.7%。

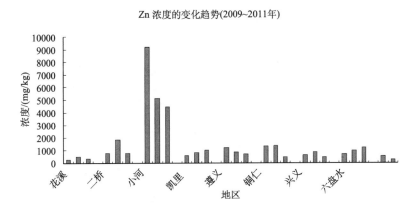

Zn 浓度的变化趋势(2009~2011年)

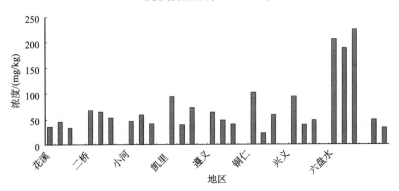

Pb 浓度的变化趋势(2009~2011年)

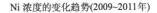

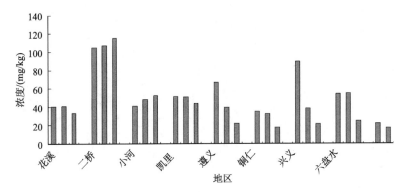

Ni 浓度的变化趋势(2009~2011年)

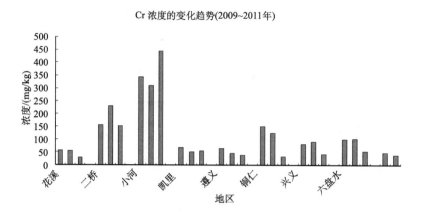

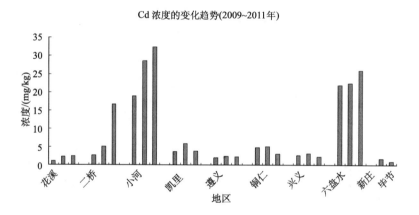

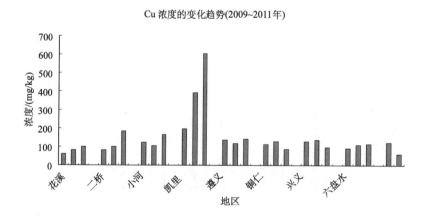

As 浓度的变化趋势(2009~2011年)

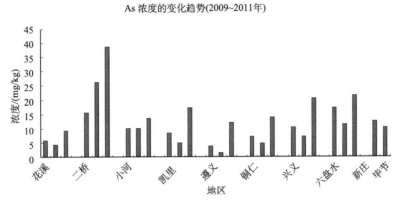

Hg 浓度的变化趋势(2009~2011年)

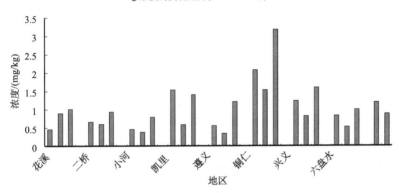

图 5.1　污泥中重金属的变化趋势（2009～2011 年）

从 2009 年到 2011 年，在贵州省多数地区污泥中重金属 Zn、Pb、Ni、Cr 含量普遍呈下降趋势，而 Cu、Cd、As、Hg 则有一定程度的增高（图 5.1）。城市污泥中重金属分布有较强的区域特征。如贵阳市小河区的 Zn、Cd、Cr 含量显著高于其他地区；贵阳市二桥污水处理厂污泥中 Ni 和 As 含量偏高，分别达到 105 mg/kg 和 38.87 mg/kg，Ni 超过了国家污泥农用标准；黔东南凯里的铜含量偏高，最高可达 602.6 mg/kg，六盘水的 Pb 和铜仁地区的 Hg 相对较高。影响重金属区域分布差异的原因主要还是工业的影响。如贵阳市小河区是国家级的高新技术开发区，其中有铸造业等工业企业，从而导致 Zn、Cd 浓度高，同时也与污水处理厂的运营时间有一定关系，小河污水处理厂于 1998 年建成并开始运营，而处在城市下流的新庄污水处理厂于 2011 年建成运营，污泥重金属的各项指标均达到国家污泥农用标准。六盘水 Pb 浓度高与当地的铅锌矿和煤矿的开采和冶炼有关，而铜仁污泥 Hg 浓度高与万山汞矿有一定关系。

（二）污泥重金属相关性分析

研究的 8 种重金属之间的相关性如表 5.8 所示。从表中可以看出，污泥中 Cu 和 Hg 与其他元素呈现负相关关系。Zn、Cd 和 Cr 呈现显著和极显著正相关关系。Pb 与 Cd 之间也呈现显著的正相关关系。Ni 和 As 呈现极显著的正相关关系。Cr 和 As 之间也呈现正相关关系，但是未达到显著或极显著水平。而其他元素之间的相关性不明显。

表 5.8　污泥中重金属的相关系数

项目	Cu	Zn	Pb	Cd	Ni	Cr	As	Hg
Cu	1	−0.0703	−0.1595	−0.0928	−0.1401	−0.2662	−0.3046	0.052
Zn		1	−0.1941	0.5589*	−0.1549	0.893**	0.1087	−0.2916
Pb			1	0.5324*	0.1682	−0.0662	0.4626	0.1128
Cd				1	−0.1735	0.6367**	0.3243	−0.3091
Ni					1	0.1367	0.7156**	−0.1683
Cr						1	0.475	−0.1713
As							1	−0.1121
Hg								1

*0.05 水平显著相关；**0.01 水平显著相关。

第二节　中国南方城市污泥中持久性有机污染物含量及组分

一、多氯联苯的含量与组分

（一）污泥中多氯联苯总量及频数分布

我国长三角地区 46 个污泥样品中多氯联苯总量的分析结果及频数分布见图 5.2 和图 5.3。全部污泥中 PCBs 含量在 0～0.720 mg/kg，平均为 0.076 mg/kg，大部分低于 0.1 mg/kg；由图 5.2 可知，在所收集的 46 个污泥及其制品中，有 37 个样品检测到了多氯联苯的存在，检出率为 76.09%，90%以上的污泥中 PCBs 浓度小于 0.15 mg/kg，仅有两个污泥，即 4.35%的供试样品中 PCBs 含量超过 0.2 mg/kg（我国农用污泥关于 PCBs 的控制标准）。因此，我国长三角地区的绝大部分污泥样品不存在污泥农用的 PCBs 限制。

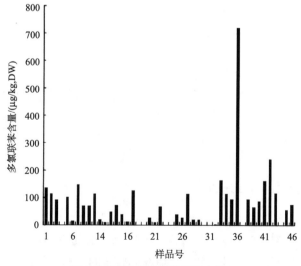

图 5.2　污泥中多氯联苯的含量

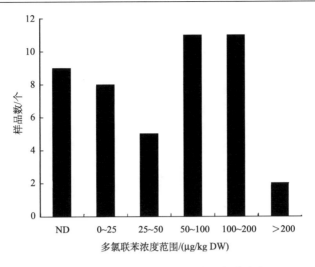

图 5.3　多氯联苯在污泥中的含量频数分布

（二）污泥中多氯联苯单体的含量

各多氯联苯单体含量如表 5.9 所示。从表中可知，19 种多氯联苯单体的检出率为
2.17%～54.35%，检出率比较高的单体为 PCB99（54.35%）、PCB66（50.00%）、PCB18
（47.83%）和 PCB44（47.83%）；多氯联苯单体在污泥样品中的含量为 3.84～480.96 μg/kg，
检出量最高的单体为 PCB44（480.96 μg/kg），比较高的为 PCB99（315.78 μg/kg）、PCB180
（398.15 μg/kg）、PCB52（240.10 μg/kg）和 PCB74（278.14 μg/kg）；多氯联苯单体平
均含量为 0.08～27.44 μg/kg，平均含量最高的单体为 PCB99，比较高的单体为 PCB44
（18.35 μg/kg）和 PCB180（13.30 μg/kg）。

表 5.9　污泥中多氯联苯单体的检出率和含量　　　　　（单位：μg/kg）

多氯联苯单体	最低含量	最高含量	平均含量	变异系数	检出率/%
PCB18	ND	60.10	9.14	159.00	47.83
PCB28	ND	40.10	3.28	291.00	26.09
PCB52	ND	240.10	6.51	34.21	19.57
PCB44	ND	480.96	18.35	50.39	47.83
PCB66	ND	96.48	7.61	75.37	50.00
PCB70	ND	99.73	2.17	70.15	2.17
PCB74	ND	278.14	10.26	298.54	17.39
PCB77	ND	120.73	6.91	95.43	15.22
PCB87	ND	80.13	2.62	30.18	13.04
PCB99	ND	315.78	27.44	32.65	54.35
PCB101	ND	70.43	7.21	186.56	26.09
PCB118	ND	70.02	2.70	124.75	8.70

续表

多氯联苯单体	最低含量	最高含量	平均含量	变异系数	检出率/%
PCB126	ND	97.43	11.08	54.16	32.61
PCB138	ND	36.48	0.88	165.79	4.35
PCB141	ND	60.78	1.43	246.11	4.35
PCB153	ND	7.80	0.75	358.66	15.22
PCB167	ND	103.96	3.25	54.35	6.52
PCB180	ND	398.15	13.30	30.47	15.22
PCB194	ND	3.84	0.08	300.87	2.17
≤3Cl	ND	60.10	6.21	225.00	36.96
4Cl	ND	480.96	8.64	104.02	25.36
5Cl	ND	315.78	10.21	85.66	26.96
6Cl	ND	103.96	1.58	206.23	7.61
7Cl	ND	398.15	13.30	30.47	15.22
8Cl	3.84	3.84	0.08	300.87	2.17

注：ND 表示未检出。

　　19 种多氯联苯单体的变异系数为 30.18%～358.66%（表 5.9），PCB28、PCB74、PCB101、PCB138、PCB141、PCB153 和 PCB194 的变异系数较大（165.79%～358.66%），说明这几种多氯联苯单体在不同污泥样品中的含量差异较大，其余变异系数较低（30.18%～159.00%），而且在污泥样品中这些多氯联苯单体含量差异较小。从多氯联苯单体所含氯原子数目来看，最高含量比较高的单体（315.78～480.96 μg/kg）所含氯原子数目为 4、5 和 7，它们的平均含量相对也很高，检出率也较高（表 5.9）；变异系数比较大的多氯联苯单体含有 6Cl 和 8Cl，说明含有 6 个和 8 个氯原子的多氯联苯单体在不同污泥中的含量差异较大。从以上检出率和检出量来看，多氯联苯单体均以 PCB99 和 PCB44 较高，平均含量也很高，因此长三角地区污泥中以这两种多氯联苯单体污染比较严重，即污泥中多氯联苯污染以高氯同系物为主，这种结果同样可以从图 5.4 看出，多氯联苯同系物中以 4 氯 和 5 氯所占比例最高（>40%），其余均低于 10%。这主要与我国生产的多氯联苯以高氯同系物为主，占总多氯联苯产量的 80%，且基本上都作为变压器的浸渍液等有关。同时在测定的 19 种同系物中，5 氯同系物在污泥中的最高含量达到 315.78 μg/kg，平均含量也较高，检出率相对也很高（表 5.9），在多氯联苯同系物中的组成比例高于 40%（图 5.4），从而在一定程度上说明长三角地区污泥中的多氯联苯污染可能与废旧变压器处理不当、与某些污水处理厂距离油漆厂较近、该地区某些城市油漆使用量过高、剩余油漆处置不合理等有关。

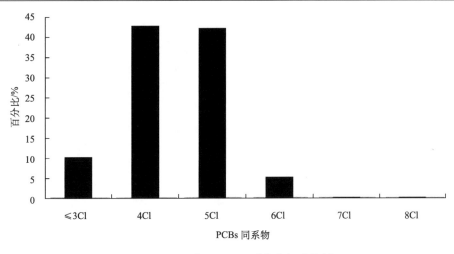

图 5.4　污泥中 PCBs 同系物的组成比例

（三）不同地区污泥中多氯联苯的含量

根据污水处理厂所处的地理位置，将收集到的污泥划分为三个地区污泥：浙江地区污泥、江苏地区污泥和上海地区污泥。不同地区城市污水处理厂的污泥中多氯联苯和有机氯农药的含量差异较大（表 5.10）。从表 5.10 可知，江苏地区污泥中 PCBs 平均含量最高，为 0.106 mg/kg；上海地区污泥中 PCBs 平均含量最低，为 0.028 mg/kg。由于江苏地区（多个城市）整体的工业化布局较上海（单一城市）要复杂，人均生活水平也较高，因此该地区产生的生活和工业污水等也较其他地区复杂和多样化，从而有污染较重的趋势。同一地区内的污泥中 PCBs 含量变化也很大，如江苏地区污泥和浙江地区污泥 PCBs 最低含量均未检出，最高含量分别为 0.720 mg/kg 和 0.147 mg/kg。这主要与同一地区内工业发展不均衡、人们的生活水平有差异，导致生活和工业污水等成分有不同程度的差异等有关。

表 5.10　不同地区污泥中多氯联苯和有机氯农药的含量　（单位：mg/kg）

地区	样本数/个	最高含量		平均含量	
		PCBs	OCPs	PCBs	OCPs
浙江	15	0.147	0.385	0.070b	0.066B
江苏	14	0.720	0.426	0.106c	0.068B
上海	11	0.125	0.179	0.028a	0.033A

注：数据后含不同字母者为差异显著（$p < 0.05$）。

（四）不同类型污泥中多氯联苯的含量

将不同类型污泥中多氯联苯和有机氯农药的含量列入表 5.11。由表 5.11 所示，污泥类型不同，多氯联苯和有机氯农药的含量也不同。其中企业污水污泥和混流污水污泥中

PCBs 平均含量最低,河流污水处理厂污泥、污泥制品和消化污泥中 PCBs 平均含量较高,这主要是由于企业污水污泥主要来自啤酒厂和造纸厂等,因而 PCBs 含量较低,而河流污染比较严重,因而 PCBs 含量较高。许多污泥处理措施的不完善和不彻底,使得消化污泥和污泥制品中 PCBs 含量也较高。同一类型的污泥中 PCBs 含量也不同,如以生活污水为主的污泥间 PCBs 含量相差很大,最低和最高含量分别为未检出和 0.720 mg/kg。混流污水污泥间、工业污水为主污泥间 PCBs 含量差异也较大,消化污泥间和污泥制品间 PCBs 含量也有一定程度的差异,这可能与不同污水处理厂的污水来源及处理程序不同等有关。

表 5.11　不同类型污泥中多氯联苯和有机氯农药的含量　　（单位：mg/kg）

污泥类型	样本数/个	最低含量		最高含量		平均含量	
		PCBs	OCPs	PCBs	OCPs	PCBs	OCPs
生活污水为主污泥	25	ND	ND	0.720	0.426	0.080b	0.056B
混流污水污泥	9	ND	ND	0.135	0.156	0.050a	0.035A
工业污水为主污泥	6	0.011	0.007	0.147	0.385	0.067a	0.101C
消化污泥	2	0.086	ND	0.135	0.156	0.111b	0.078B
企业污水污泥	3	ND	0.014	0.074	0.032	0.043a	0.025A
河流污水处理厂污泥	1	—	—	—	—	0.161c	0.031A
污泥制品	2	0.116	ND	0.240	0.093	0.178c	0.046A

注：ND 表示未检出；数据后含不同字母者为差异显著（$p < 0.05$）。

二、有机氯农药的含量与组分

（一）污泥中有机氯农药总量及频数分布

我国长三角地区 46 个污泥样品中有机氯农药总量的分析结果及频数分布见图5.5 和图 5.6。全部污泥中 OCPs 含量在 0～0.426 mg/kg,平均为 0.055 mg/kg,大部分低于 0.05 mg/kg。由图 5.5 可知,有机氯农药的检出率为 84.78%,85%以上的污泥中 OCPs 检出量低于 0.1 mg/kg。

（二）污泥中有机氯农药的含量

有机氯农药检测结果如表 5.12 所示。从表中可以看出,8 种有机氯农药单体的检出率在 10.87%～78.26%,检出率较高的单体为 p, p'-DDE（78.26%）、p, p'-DDD（56.52%）和 o, p'-DDT（50.00%）；有机氯农药单体最高含量为 29.74～183.66 μg/kg,最高含量较高的单体为 o, p'-DDT（183.66 μg/kg）、p, p'-DDE（155.15 μg/kg）和 β-HCH（134.91 μg/kg）；有机氯农药平均含量为 1.66～15.06 μg/kg,平均含量较高的单体为 p, p'-DDE（15.06 μg/kg）、o, p'-DDT（11.45 μg/kg）和 p, p'-DDD（7.31 μg/kg）。8 种有机氯农药单体的变异系数为 65.43%～301.88%,α-HCH、δ-HCH 和 p, p'-DDT 的变异系数较大（195.31%～

301.88%），其余的变异系数较低（65.43%%～143.55%），说明在不同污泥中 α-HCH、δ-HCH 和 p,p'-DDT 的含量差异较大，其余的有机氯农药单体的含量差异较小。由以上可综合看出，长三角地区的污泥中有机氯农药污染以滴滴涕类为主，并以 p,p'-DDE 和 o,p'-DDT 两种单体污染最为严重。

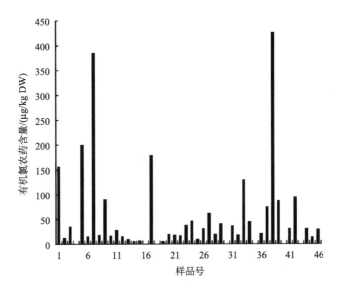

图 5.5　污泥中有机氯农药的含量

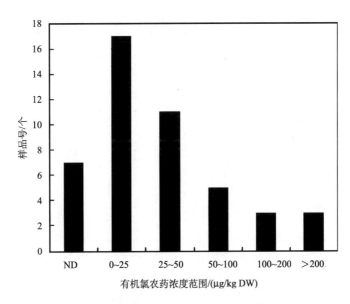

图 5.6　有机氯农药在污泥中的含量频数分布

表5.12 污泥中有机氯农药单体的检出率和含量

有机氯农药	最高含量/（μg/kg）	平均含量/（μg/kg）	变异系数（CV）	检出率/%
α-HCH	83.18	6.38	195.31	28.26
β-HCH	134.91	4.74	143.55	28.26
γ-HCH	79.48	5.69	120.54	45.65
δ-HCH	87.65	2.41	296.76	13.04
p, p'-DDE	155.15	15.06	98.21	78.26
o, p'-DDT	183.66	11.45	65.43	50.00
p, p'-DDD	68.37	7.31	129.47	56.52
p, p'-DDT	29.47	1.66	301.88	10.87

（三）不同地区污泥中有机氯农药的含量

OCPs 在不同地区污泥中平均含量差异也较大，其中江苏地区污泥中 OCPs 平均含量最高，为 0.068 mg/kg，上海地区污泥中 OCPs 平均含量最低，为 0.033 mg/kg。同一地区内的污泥中 OCPs 含量差异也较大，如江苏地区和浙江地区 OCPs 最高含量分别为 0.426 mg/kg 和 0.385 mg/kg，最低含量均为未检出。上海地区不同污泥间 OCPs 含量也有一定差异，最高和最低含量分别为 0.179 mg/kg 和未检出（表5.13）。

表5.13 不同地区污泥中多氯联苯和有机氯农药的含量

地区	样本数/个	OCPs	
		最高含量/（mg/kg）	平均含量/（mg/kg）
浙江	15	0.385	0.066B
江苏	14	0.426	0.068B
上海	11	0.179	0.033A

注：数据后含不同字母者为差异显著（$p<0.05$）。

（四）不同类型污泥中有机氯农药的含量

不同类型污泥中 OCPs 的平均含量如表5.14 所示。由表可知 OCPs 均量差异也较大，其中以工业污水为主的污泥中 OCPs 平均含量最高，企业污水污泥中 OCPs 平均含量最低，除了企业污泥间 OCPs 含量不存在数量级上的差别之外，其余相同类型污泥间 OCPs 含量差异均较大。工业污水因其常含有与 OCPs 单体相同或相关的成分，因此其产生的污泥中 OCPs 含量相对较高。本书中的企业污泥多来自啤酒厂或造纸厂的污水处理厂，因此其 OCPs 含量较低。

表 5.14　不同类型污泥中多氯联苯和有机氯农药的含量

污泥类型	样本数/个	OCPs/（mg/kg）		
		最低含量	最高含量	平均含量
生活污水为主污泥	25	ND	0.426	0.056B
混流污水污泥	9	ND	0.156	0.035A
工业污水为主污泥	6	0.007	0.385	0.101C
消化污泥	2	ND	0.156	0.078B
企业污水污泥	3	0.014	0.032	0.025A
河流污水处理厂污泥	1	—	—	0.031A
污泥制品	2	ND	0.093	0.046A

注：ND 表示未检出；数据后含不同字母者为差异显著（$p<0.05$）。

三、多环芳烃的含量与组分

（一）污泥中苯并[a]芘和菲的含量及频数分布

我国长三角地区 46 个污泥中的苯并[a]芘和菲的分析结果见图 5.7 和图 5.8。由图可知，不同污泥中苯并[a]芘和菲的含量相差很大，各污泥中苯并[a]芘含量在 0～1.693 mg/kg，平均为 0.402 mg/kg，绝大部分低于 1.0 mg/kg；菲含量在 0.028～1.355 mg/kg，平均为 0.298 mg/kg，绝大部分低于 0.5 mg/kg。

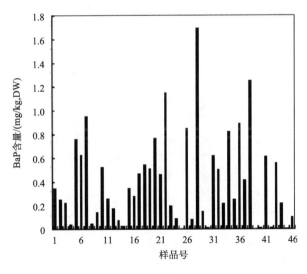

图 5.7　污泥中苯并[a]芘（BaP）的含量

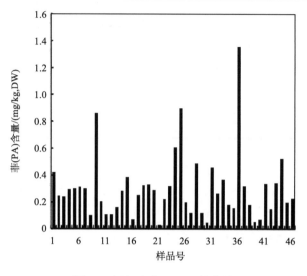

图 5.8　污泥中菲（PA）的含量

　　如图 5.9 和图 5.10 所示，在所收集的 46 个污泥及其制品中，有 44 个污泥检测到了苯并[a]芘的存在，检出率为 95.65%，90%以上的污泥中苯并[a]芘浓度小于1.0 mg/kg；菲的检出率高达 100%，85%以上的污泥中的菲含量小于 0.5 mg/kg。全部污泥中苯并[a]芘最高含量为 1.693 mg/kg，但也没有超过我国农用污泥的控制标准（3.0 mg/kg）。

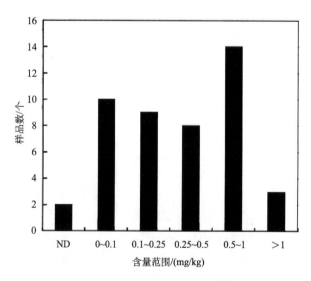

图 5.9　苯并[a]芘在污泥中的含量频数分布

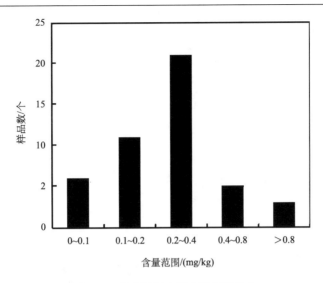

图 5.10　菲在污泥中的含量频数分布

　　国内外对污泥中的苯并[a]芘和菲也有过一些研究（Webber and Lessage，1989；Wild and Jones，1992；莫测辉等，2001；Agence，1993；Liu and Ying，1986；Frost et al.，1993；Naylor and Loehr，1982；Jones et al.，1989；Ahmad et al.，2004）。与国外的污泥相比，从总体上看，我国长三角地区污泥中苯并[a]芘的含量比加拿大（Webber and Lessage，1989）、德国（Jones et al.，1989）、美国（Naylor and Loehr，1982）、英国（Wild and Jones，1992）和法国（Agence，1993）污泥的都低，仅与瑞士（Frost et al.，1993）的污泥大体上处于同一水平。本书所检测的污泥中苯并[a]芘的含量大部分要比我国其他大部分污泥中的低，比深圳、西安、兰州、大埔和沙田要高（莫测辉等，2001），但均未超过我国污泥农用的控制标准。由于污水达标排放要求和污染源控制的日益严格，进入污水处理厂的污水中苯并[a]芘的含量不断降低，因而污泥中苯并[a]芘的含量也呈逐年下降的趋势，如美国和加拿大 20 世纪 80 年代末污泥中的苯并[a]芘含量与 20 世纪 80 年代初相比就降低了数倍（莫测辉等，2001a；Wild and Jones，1994；Liu and Ying，1986）。国内对污泥中的菲也有过研究（莫测辉等，2001），通过对比可知出，本研究所检测的我国长三角地区污泥中菲的含量绝大部分要比我国其他大部分城市污泥中的低，也比国外低得多（Ahmad et al.，2004）。

　　苯并[a]芘和菲是低水溶性的有机污染物，其辛醇-水之间的分配系数 K_{ow} 很大，在污水处理过程中易富集于污泥固体颗粒中，富集量达 80%以上，富集因子（即污泥中污染物浓度与进水中污染物浓度的比值）很高，苯并[a]芘的富集因子高达 48（汪大翚等，2000）。因此，苯并[a]芘和菲在污泥中的含量首先取决于它们在污水中的含量，即与污水的来源密切相关。一般情况下，以处理生活污水为主的污水处理厂产生的污泥中苯并[a]芘和菲含量较低，而以处理工业污水为主的污水处理厂产生的污泥中苯并[a]芘和菲含量较高，比前者高 2.5～3.0 倍（Bodzek and Janoszka，1999）。宁波贮泥池污泥以工业污水为主（95%以上），宁波脱水污泥 2 和苏州脱水污泥 1 中生活污水与工业污水之比为 1∶1，其中的苯并[a]芘和菲的含量均很高，苯并[a]芘含量为 0.623～1.6925 mg/kg，菲的含量为 0.295～0.484 mg/kg；而以生活污水为主（85%以上）的苏州脱水污泥 3 两者的含量均很低，苯并[a]芘含量为 0.013 mg/kg，菲的含量为 0.044 mg/kg；以处理工业污水为主的污水处理厂产生的污泥中苯并[a]芘的含量约为以生活污水为主的污泥的 60 倍，菲的含量相差将近 10 倍。但更关键的还是某种化合物在某种工业污水中的浓度及其在工业污水中的比例（蔡全英等，2004；赵剑强和张希衡，1992）。如宁波脱水污泥1、上海脱水污泥 3、4、5 和常州脱水污泥 2 均以生活污泥为主，其苯并[a]芘和菲的含量都很高。污泥中苯并[a]芘和菲的含量也与污泥类型有关，初沉池与二沉池的污泥、消化和未消化的污泥中苯并[a]芘和菲的含量都会明显不同（Manoli and Samara，1999）。如杭州脱水污泥 1 和南通脱水污泥都是消化污泥，但其中的苯并[a]芘和菲的含量相差却很大，主要因为它们都是混流污水污泥，可能与其中的工业污水的来源不同有关，还可能与初沉池与二沉池污泥有关。同时在污水处理过程中，厌氧条件比好氧条件降解有机污染物的效率高，将氧化和还原结合起来，可以更有效地去除难降解的有机污染物。污泥中有机污染物的种类和含量的影响因素复杂多样，不同的污水处理厂或同一污水处理厂在不同时期产生的污泥中有机污染物的种类和含量都不同。

（二）污泥中 16 种多环芳烃总量及频数分布

我国长三角地区 44 个污泥样品中的 16 种多环芳烃总量（PAHs）和频数分布情况如图 5.11 和图 5.12 所示，从图中可以看出，不同污泥中 PAHs 的含量相差较大，全部污泥中 PAHs 含量在 0.0167～15.486 mg/kg，平均为 1.376 mg/kg，大部分低于 1.5 mg/kg（图 5.11）。在所测定的 44 个污泥中，全部样品均检测到了 PAHs 的存在，检出率为100%，75%的污泥中 PAHs 浓度小于 1.5 mg/kg，64%的污泥中 PAHs 浓度小于 1.0 mg/kg，仅 9%的样品中 PAHs 浓度大于 3.0 mg/kg，PAHs 单个化合物的含量远远低于 3.0 mg/kg（我国农用污泥关于苯并[a]芘的控制标准）。

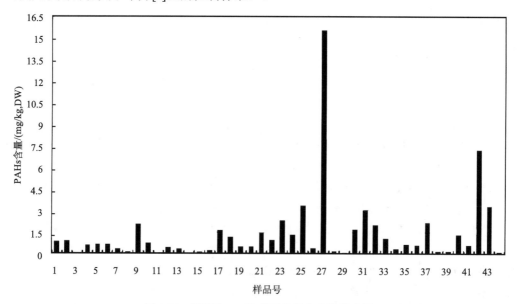

图 5.11　污泥中 16 种多环芳烃化合物的含量

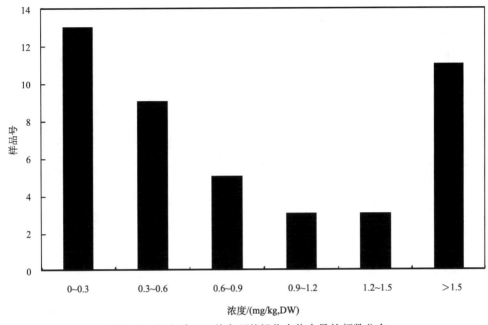

图 5.12　污泥中 16 种多环芳烃化合物含量的频数分布

（三）不同地区污泥中多环芳烃的含量

根据污水处理厂所处的地理位置，同样将收集到的污泥划分为：浙江地区污泥、江苏地区污泥和上海地区污泥。不同地区城市污水处理厂的污泥中 PAHs 的含量差异较大（图 5.13）。从图 5.13 可以看出，PAHs 最高含量存在于江苏地区污泥中，江苏地区污泥 PAHs 含量总体上要高于其他两个地区的，但江苏地区污泥和上海地区污泥的平均含量没有明显差别。这可能与浙江地区电子废旧产品拆解场地风险区较多，PAHs 污染较重等有关（平立凤，2005）。

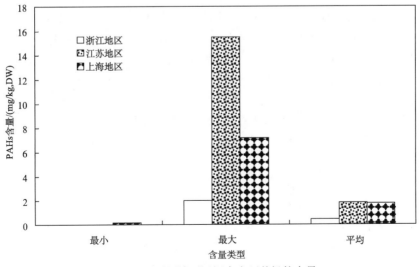

图 5.13　不同地区污泥中多环芳烃的含量

（四）不同类型污泥中多环芳烃的含量

将不同类型污泥中多环芳烃的含量列入表 5.15。由表 5.15 所示，污泥类型不同，多环芳烃的含量也不同。PAHs 最高浓度出现在混流污水污泥中，且该类型污泥中 PAHs 平均含量要高于生活污水为主和工业污水为主污泥。这主要是由于混流污水来源（生活污水和工业污水）复杂、工业污水成分较单一等有关。同一类型的污泥中 PAHs 的含量也有很大的差别，如两个企业污泥中 PAHs 含量分别为 0.110 mg/kg 和 3.267 mg/kg，两个污泥制品分别为 0.582 mg/kg 和 7.182 mg/kg。

表 5.15　不同类型污泥中 16 种多环芳烃的含量

含量	生活污水为主污泥	混流污水污泥	工业污水为主污泥	企业污泥	"河流"污水污泥	污泥制品
最低含量	0.017	0.135	0.067	0.110	1.295	0.582
最高含量	2.935	15.186	2.013	3.267	1.295	7.182
平均含量	1.073	2.328	0.671	1.669	1.295	3.882

由于大多数 PAHs 具有较高的正辛醇-水之间分配系数，因此在污水处理过程中高度富集于沉积物中，富集系数很高。在通常情况下，以处理生活污水为主的污泥中 PAHs 含量较低，以处理工业污水为主的污泥中含量较高。如嘉兴脱水污泥（源自 70%的工业污水）和上海脱水污泥 6（源自 95%的工业污水）中 PAHs 含量均较高（2.013～1.400 mg/kg），但也有相反的情况，如样品 17、23、24、25、31、32 和 37 均来自含生活污水较高的污水处理厂，但其中 PAHs 含量要高于以工业污水为主的污泥样品 7、8、15 和 38。因此更关键的还是有机污染物在某种工业污水中的浓度及其在工业污水中的比例（蔡全英等，2004；赵剑强和张希衡，1992）。污泥中多环芳烃的含量还与污水处理工艺有关。采用生物处理系统处理城市污水，可以不同程度地去除污水中的某些有机污染物（汪大翠等，2000）。厌氧条件比好氧条件对某些有机污染物的降解效果好。将好氧和厌氧结合起来处理，可以更有效地去除难降解有机污染物（赵剑强和张希衡，1992），其效果与污泥中的多环芳烃的浓度、微生物的种类和数量有关。但目前我国大多污泥属于未经消化处理的生污泥，消化污泥中各种有机污染物的含量可不同程度地降低。初沉池和二沉池污泥中的有机污染物含量也不一样。在本试验的结果中，部分活性污泥处理的污泥样品（23、27、31、42 和 43）和 A^2/O 处理的污泥样品（9、25 和 37）中 PAHs 含量要高于氧化沟处理的污泥样品（图 5.11），但相反的情况同样存在。由于污泥的成分高度复杂，因此用单一因素不能全面说明多环芳烃含量的分布模式。

（五）污泥中多环芳烃单体化合物的含量

供试污泥中 16 种单个多环芳烃化合物的检测率和含量见表 5.16。由表 5.16 可知，单个多环芳烃化合物 Pyr、FL、BbF、INP、BaP 和 BghiP 的检出量均较高（158.24～251.82 μg/kg）。检出率的范围为 0～93.48%，低分子量的多环芳烃化合物 Nap（2 个苯环，93.48%）、PA（3 个苯环，84.78%）、Pyr（4 个苯环，78.26%）和 FL（3 个苯环，76.09%）在污泥中的检出率均很高。多环芳烃化合物的变异系数为30.61%~398%，其中Nap、AcPy、Acp、Flu和BaA的变异系数均较高（109%~398%），而其余的多环芳烃化合物则较低，这说明前者在污泥中含量的变异要高于后者。由以上可综合看出，污泥中具有3、4环的多环芳烃化合物的百分含量要高于具有2、5和6环的化合物（图5.14和图5.15）。

表 5.16　污泥中单个多环芳烃化合物的检出率和含量　　　　（单位：μg/kg）

PAHs	最低含量	最高含量	平均含量	变异系数	检出率/%
Nap	ND	41.81	8.51	262	93.48
AcPy	ND	23.15	0.98	398	4.35
Acp	ND	19.35	1.04	329	6.52
Flu	ND	39.41	3.55	157	23.91
Phe	ND	136.80	25.12	42.32	84.78
Ant	ND	99.97	6.76	69.49	30.43
FL	ND	233.99	27.99	31.28	76.09
Pyr	ND	251.82	32.60	30.61	78.26
BaA	ND	132.69	10.88	109	39.13
CHR	ND	139.12	15.11	84.29	45.65
BbF	ND	228.75	13.28	67.52	23.91
BkF	ND	91.76	4.27	129	15.22
BaP	ND	165.93	11.60	59.23	21.74
DBA	ND	ND	0.00	—	0.00
INP	ND	176.40	6.63	56.95	6.52
BghiP	ND	158.24	6.32	98.03	8.70
2 环 PAH	ND	41.81	8.51	136	93.48
3 环 PAH	ND	233.91	24.99	36.56	84.78
4 环 PAH	ND	251.82	32.60	35.21	78.26
5 环 PAH	ND	176.40	11.60	75.38	21.74
6 环 PAH	ND	158.24	6.32	55	8.70

注：ND 表示未检出。

在全部污泥样品中，单个化合物 Pyr、FL、PA 和 CHR 的检出量较高（5~15 μg/g），其次是 BbF、BaP、BaA 和 Nap（1~5 μg/g），AcPy 和 Acp 的含量很低，DBA 则低于检测限。苏州脱水污泥 1 检出单个多环芳烃化合物的最高含量，污泥样品 3、8、11、14 和 30 中所检出的每种单个多环芳烃化合物的含量均低于 0.01 mg/kg。尽管每个污泥中单个多环芳烃化合物的分布模式都不同，但均以 3 环和 4 环化合物为主，2、5 和 6 环的化合物为污泥中的次要多环芳烃化合物。这种结果也与莫测辉等（2001）的研究结果相同。

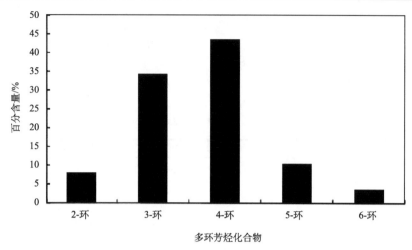

图 5.14 污泥中不同环数多环芳烃化合物的百分含量

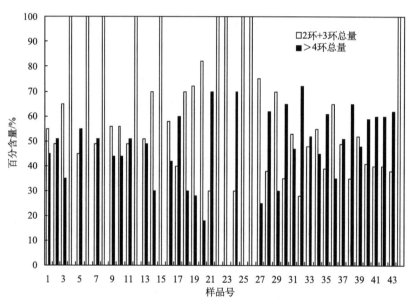

图 5.15 污泥中不同环数多环芳烃化合物的百分含量

从以上结果可以综合看出，我国长三角地区污泥中已存在一定程度的多环芳烃化合物的污染。

第三节 中国南方城市污泥中的病原微生物

一、污泥中粪大肠菌群的数量

（一）污泥样品中粪大肠菌群的数量及其频度分布

14 座城市 48 个污泥样品中粪大肠菌群（FC）的数量如表 5.17 所示。从表中可以看出，所收集污泥样品 FC 的数量相差很大，其中最低数量为 0 MPN/g DW，最高达 $3.41×10^6$ MPN/g DW，平均为 $3.79×10^5$ MPN/g DW。在所测定的 48 个污泥样品及其制品中，有 43 个样品检测到 FC 的存在，检出率为 89.6%。FC 数量小于 $1×10^3$ MPN/g DW 的样品为 10 个，占样品总量的 20.8%；FC 数量高于 $2×10^6$ MPN/g DW 的样品只有 3 个，占 4.2%（图 5.16）。绝大多数样品（75%）的 FC 数量介于 $1×10^3$～$2×10^6$ MPN/g DW。1999 年 USEPA 在污泥土壤利用标准中规定，污泥中 FC 数量小于 1000 MPN/g DW 时，属于 A 类污泥，土壤利用不受限制；当 FC 数量高于 $2×10^6$ MPN/g DW 时，污泥不能土壤利用；FC 数量介于 $1×10^3$～$2×10^6$ MPN/g DW 之间时，属于 B 类污泥，土壤利用时受到一定限制（USEPA，1999）。根据 USEPA 的这种污泥土壤利用标准，本书所收集的 48 个污泥样品，有 10 个在土壤利用时不受 FC 数量的限制，3 个不能进行土壤利用，大部分污泥样品符合土壤利用的 B 类标准。但从控制范围来看，USEPA 制定的污泥土壤利用标准还存在许多不足之处。我们认为，美国的污泥土壤利用 B 类标准范围过宽，制定该标准的必要性不能充分体现。事实上，美国国家研究委员会（United State National Research Council，USNRC）经过 6 年的调查研究，也建议 USEPA 重新考虑污泥土壤利用的病原物标准（USEPA，2002）。当土壤利用这些 B 类污泥时，应当考虑多因素的综合影响，例如选择合适的施用场所、土地类型、作物种类及规定最短的允许进入时间等，尽量避免污泥中病原物在土壤利用过程中对周围环境的二次污染。

表 5.17 供试污泥样品中粪大肠菌群数量 （单位：MPN/g 干重）

采样地点	污泥样品	粪大肠菌群	采样地点	污泥样品	粪大肠菌群
杭州市	杭州脱水污泥	8.82E+02	上海市	曲阳脱水污泥处理样	2.26E+02
杭州市	临安脱水污染	9.42E+03	上海市	东区脱水污泥	5.87E+05
杭州市	富阳脱水污泥	4.31E+03	上海市	程桥脱水污泥	4.21E+05
杭州市	萧山脱水污泥	5.87E+03	上海市	程桥脱水污泥处理样	0.0
宁波市	宁波脱水污泥	1.16E+05	上海市	龙华脱水污泥	8.47E+05
宁波市	岩东脱水污泥	2.93E+02	上海市	曹杨脱水污泥	1.15E+06
宁波市	慈溪脱水污泥	9.68E+03	上海市	桃浦脱水污泥	1.08E+04
宁波市	奉化贮泥池污泥	1.02E+02	上海市	吴淞脱水污泥	1.96E+06
宁波市	奉化贮泥池污泥焚烧样	0.0	上海市	石洞口脱水污泥	9.27E+03
绍兴市	绍兴脱水污泥	0.0	上海市	"河流"污水污泥	1.59E+01
嘉兴市	嘉兴脱水污泥	0.0	上海市	天山贮泥池污泥	1.05E+06
金华市	金华脱水污泥	1.67E+04	上海市	长桥贮泥池污泥	3.41E+06
金华市	义乌脱水污泥	2.94E+05	上海市	北郊贮泥池污泥	6.43E+05
湖州市	长兴脱水污泥	4.30E+04	南京市	锁金村贮泥池污泥	2.02E+03
湖州市	湖州脱水污泥	4.79E+05	苏州市	新区脱水污泥	3.46E+05
台州市	台州脱水污泥	7.21E+04	苏州市	工业园区脱水污泥	4.57E+04
台州市	黄岩脱水污泥	4.17E+04	苏州市	城东脱水污泥	1.81E+05
上海市	曲阳脱水污泥	8.50E+05	苏州市	福星脱水污泥	1.58E+05

续表

采样地点	污泥样品	粪大肠菌群	采样地点	污泥样品	粪大肠菌群
苏州市	城西贮泥池污泥	1.49E+06	扬州市	汤汪脱水污泥	2.66E+05
无锡市	芦村脱水污泥	2.72E+04	扬州市	泰兴脱水污泥	0.0
无锡市	城北脱水污泥	4.74E+04	南通市	开发区脱水污泥	3.49E+05
常州市	城北脱水污泥	3.69E+04	南京市	造纸厂污泥	3.85E+03
常州市	丽华脱水污泥	3.16E+06	南京市	啤酒厂污泥	3.37E+03
常州市	清潭脱水污泥	2.63E+04	嘉兴市	造纸厂脱水污泥	1.03E+03

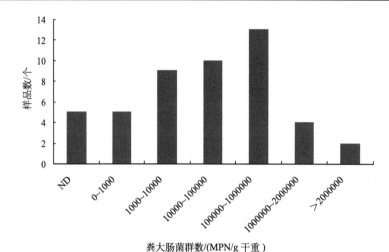

图 5.16　粪大肠菌群在污泥样品中的数量频度分布

（二）污泥样品中粪大肠菌群数量的城市间差异

不同地区污水处理厂的污泥中 FC 的数量也不相同。根据污水处理厂的地域分布，将所收集到的城市污泥样品划分为三大区域污泥：浙江污泥、江苏污泥和上海污泥。由表 5.18 可以看出，各区域间的污泥中 FC 的数量差异较大，其中江苏污泥中 FC 平均数量最低（4.4×10^4 MPN/g DW），上海污泥数量最高（9.95×10^5 MPN/g DW）。在同一区域内的污泥中 FC 的数量变化也很大，如江苏污泥 FC 最低数量是 0 MPN/g DW，最高数量是 3.16×10^6 MPN/g DW。污水污泥中 FC 数量之所以有如此大的差异，是由于各地区污水组成、污水处理工艺及污泥处理方式等不同所致，即使在同一地区，各个污水处理厂之间也存在以上各种差异。

表 5.18　不同地区城市污水处理厂污泥中粪大肠菌群数量（单位：10^3MPN/g 干重）

地区	样本数/个	最低	最高	平均
浙江	16	0.0	480	68
江苏	14	0.0	3160	44
上海	11	9.3	3410	995

（三）不同类型污泥样品中粪大肠菌群的数量差异

所收集的 7 种类型污泥样品中 FC 数量如表 5.19 所示。从表 5.19 中可以看出，污泥类型不同，FC 数量也不同。这主要与污水来源和污泥处理方式等有关。其中河流污水处理厂污泥和污泥制品数量最低，以生活污水为主和由混流污水组成的城市污水处理厂污泥中 FC 数量最高，两个消化污泥（杭州脱水污泥和南通市开发区脱水污泥）中 FC 数量差异较大。以工业污水为主的城市污水处理厂污泥间 FC 数量差异很大，企业污泥间的 FC 数量虽然也不相同，但没有达到数量级上的差异。本书中的污泥类型是根据污水处理厂最初设计情况划分的，这些污泥中病原物数量变异很大。其中两个消化污泥 FC 数量差别较大的原因是，可能与消化温度及相关过程的持续时间有关（Watanabe et al.，1997；Horan et al.，2004）。部分混流污水污泥和企业污水为主污泥的 FC 数量很高，可能与长江三角洲地区城市污水收集网络的设计有关。该地区的城市污水管网绝大多数没有把企业污水和生活污水分开，使得生活污水与企业污水混流，部分污泥中病原物的数量偏高，甚至超标，增加了污泥处置的难度和土壤利用的潜在环境风险。USEPA（1994）和 EC（2001）认为企业污泥中病原物数量很低，在土壤利用时不必考虑。但在本调查中，三个企业污泥 FC 数量均大于 1000 MPN/g DW，不符合 USEPA 污泥土壤利用的 A 类标准（USEPA，1994）。这是由于不同国家企业的污水来源、组成及其处理工艺不同所致，因而对于企业污泥中病原物数量的测评需要考虑国家及地区的差异。本书所用企业污泥数量有限，尚难以对长江三角洲地区的企业污泥中病原物数量做出更加全面的评价，需要进一步扩大调查研究。研究表明，了解污水来源、污水处理工艺及污泥处理方式等有利于对污泥中病原物数量做出预测与评估，寻找合适的污泥处置方式。

表 5.19　不同类型污泥样品中粪大肠菌群的数量范围和平均值（单位：10^3MPN/g 干重）

污泥类型	样本数/个	最低	最高	平均
生活污水为主污泥	26	2.0	3410	647
混流污水污泥	9	0.3	479	143
工业污水为主污泥	6	0.0	41.7	8.8
消化污泥	2	0.9	349	175
企业污水污泥[*]	3	1.0	3.9	2.8
"河流"污水污泥	1	—	—	0.02
污泥制品	4	0.0	0.2	0.06

*啤酒厂和造纸厂污泥。

（四）粪大肠菌量与风干时间和水分的关系

污泥中 FC 数量除与污水的来源及处理过程等有关外，环境条件的变化也是影响 FC 数量的一个重要因素（Garrec et al.，2003）。风干过程中 FC 数量和水分含量均随风干时间的延长而降低（图 5.17）。从图 5.17（a）可以看出，以生活污水为主的脱水污泥在风干开始阶段 FC 数量与水分含量同步降低，2 周后水分含量虽明显降低，但 FC 变化不明显。对于 FC 数量不高的混流污水污泥来说，风干过程中 FC 虽有降低，但并没有达到数量级上的变化[图 5.17（b）]。未脱水污泥[图 5.17（c）]FC 数量较高，且在风干开始阶段就有再发、回升现象，在整个风干过程中 FC 数量有所降低，但水分含量仍然很高。这说明，污泥类型不同，在风干过程中水分和 FC 数量随时间的变化均不相同，因此，在将污泥进行风干降菌时，应考虑污泥本身的性质。

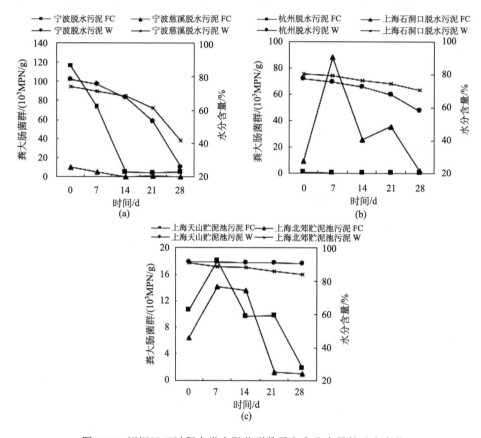

图 5.17　污泥风干过程中粪大肠菌群数量和水分含量的动态变化

　　FC 降低率是指在污泥风干过程中，污泥中 FC 数量的减少量与污泥开始风干时 FC 数量比值的百分数。从表 5.20 可以看出，在风干过程的各个阶段不同污泥样品 FC 降低率不同，达到最大降低率的时间也不相同。大部分样品 FC 的最大降低率出现在 28 d，宁波脱水污泥 1 在风干 21 d 时 FC 的降低率最大。各种污泥类型 FC 数量明显降低时的水分含量不同，以生活污水为主的脱水污泥水分含量降低 10%左右时，FC 数量明显降低；混流污水污泥在水分降低 5%左右时，FC 就有明显降低；贮泥池污泥 FC 的降低率与水分含量的关系不明显。虽然污泥风干过程中存在明显的再发现象，但当污泥风干 28 d 时，所有供试样品的 FC 数量均明显降低。这指明风干时间是减少污泥 FC 数量的一个重要因素。由于污泥中病原物的巨量性及污水来源的复杂性，如果不了解污泥产生过程和缺少必要的风干处理，就进行土壤利用，将会产生二次生物学污染的可能性。相反，在对污泥进行土地处理之前，了解污水处理厂的基本运行过程，掌握合适的风干时间，不仅可以降低水分含量，有助于污泥减量和运输，而且还可以降低污泥中 FC 数量，减少其土壤利用的环境风险。

表 5.20　风干过程中污泥样品水分含量和粪大肠菌群降低率的动态变化（单位：%）

样品	风干时间/d				
	0	7	14	21	28
宁波脱水污泥	78.3[1]（0.0）[2]	75.4（36.9）	67.4（95.5）	52.92（96.7）	25.5（96.0）
宁波慈溪脱水污泥	74.1（0.0）	71.1（50.0）	68.2（97.4）	61.12（95.5）	42.0（99.2）
杭州脱水污泥	77.3（0.0）	75.81（76.5）	72.8（89.6）	67.8（66.6）	58.1（93.2）
上海石洞口脱水污泥	80.6（0.0）	79.7（−854）	76.8（−178）	74.6（−282）	70.6（83.5）
上海天山贮泥池污泥	91.5（0.0）	91.1（−71.6）	90.7（8.6）	90.8（7.7）	90.2（82.6）
上海北郊贮泥池污泥	90.7（0.0）	88.7（−120）	88.2（−110.5）	85.7（80.4）	83.95（84.5）

1）水分含量；2）括号内为 FC 降低率。

二、污泥中沙门氏菌的数量

对检出 FC 的 42 个污泥样品进行沙门氏菌的测定；如表 5.21 所示。结果表明，只有 8 个以生活污水为主的污泥样品检测到沙门氏菌的存在，检出率较低，含量范围是 9.4～184.5 MPN/g 干重。检测到的沙门氏菌主要是亚利桑那亚种（subsp. *arizonae*）。只有在生活污水为主的污泥种检测到沙门氏菌的存在。污泥中的沙门氏菌在土壤后可以存活几天到几个月（EC，2001），因此当含有沙门氏菌的污泥施到土壤中后，存在危害生态安全和人体健康的风险。USEPA（1999）认为当污泥中沙门氏菌的数量低于 3 MPN/4g DW 时，属 A 类污泥。从本研究结果来看，部分污泥中沙门氏菌数量较高，可能成为这部分污泥土壤利用的限制因素。

表 5.21　供试污泥样品中沙门氏菌数量　　（单位：MPN/g 干重）

污泥样	沙门氏菌数量
杭州临安脱水污泥	9.4
上海曲阳脱水污泥	14.2
上海龙华脱水污泥	18.8
上海曹杨脱水污泥	25.6
上海石洞口脱水污泥	15.5
常州城北脱水污泥	185
扬州汤汪脱水污泥	8.9
苏州新区脱水污泥	9.5

三、污泥中寄生虫卵的数量

对收集的 48 个供试样品，部分测定蛔虫卵、溶组织内阿米巴和蓝氏贾第鞭毛虫包囊的数量。结果表明，测定的 41 个样品中有 10 个检测到蛔虫卵的存在，9 个样品检测到溶组织内阿米巴包囊，2 个检测到蓝氏贾第鞭毛虫包囊，检出率分别为 24.4%、22.0% 和 7.3%。蛔虫卵、溶组织内阿米巴和蓝氏贾第鞭毛虫包囊的数量分别为 0～5200（个/4g 干重）、0～1300（个/4g 干重）和 0～1000（个/4g 干重）。在 10 个检出蛔虫卵的污泥样品中，上海 4 个，浙江 6 个，江苏省的样品没有检测到蛔虫卵的存在。从污泥类型来看，除一个以食品厂污水为主外，其余均为以生活污水为主的污泥。检出溶组织内阿米巴包囊的 9 个样品中，有 7 个分布在上海，2 个分布在浙江。检出蓝氏贾第鞭毛虫包囊的样品分别是上海和浙江的污泥样品。溶组织内阿米巴和蓝氏贾第鞭毛虫包囊存在的污泥类型是以生活污水为主的污水污泥。这些病原物在污泥中的存在与否及其数量取决于污水来源地区居民的感染状况，另外还受污水处理工艺和污泥处理方式等影响。一般情况下，这类病原物离开寄主后不会繁殖，但在外界环境中的存活能量相当强，一旦被人类摄入，就会威胁人类健康。

第四节　市政污泥农用土壤中微生物多样性变化

一、微生物区系组成的变化

土壤细菌、真菌和放线菌是土壤生态系统中微生物区系的主要组成成分，土壤微生物区系的演变是反映土壤环境质量变化的重要生物学指标之一（Bååth，1989）。图 5.18 表明，施用污泥后两种供试土壤的细菌数量均有所上升，与对照土壤相比，滩潮土的杭州新鲜消化污泥、杭州风干污泥、苏州新鲜脱水污泥和苏州风干污泥处理细菌数量分别增加了 18%、74%、83% 和 130%，乌栅土分别增加了 41%、79%、43% 和 21%。与不施污泥的对照处理相比，滩潮土施用污泥后真菌数量上升，放线菌数量在杭州新鲜消化污泥处理中略有下降；乌栅土施用污泥后放线菌数量上升，真菌数量在杭州新鲜消化污泥和苏州新鲜脱水污泥处理中数量有所下降，在杭州风干污泥和苏州风干污泥处理中数量增加。统计分析结果（表 5.22）表明，两种供试土壤的各污泥处理间细菌、真菌和放线菌差异均达显著水平，说明污泥种类是引起微生物区系演变的主要因素。真菌和放线菌数量在两种供试土壤间差异显著，因此，土壤类型也是影响真菌和放线菌产生变化的主要因素之一。总之，在本试验中，两个供试土壤施用污泥培养 180 d 后，土壤微生物区系结构均发生了一定程度的变化。相关分析结果表明，土壤细菌数量与 EDTA 提取态 Cu 含量呈显著正相关关系（$r=0.590^*$，$n=10$），真菌数量与 WDOC 呈显著正相关关系（$r=0.613^*$，$n=10$），真菌和放线菌数量与土壤 pH 呈显著负相关关系，相关系数分别为 -0.631^*（$n=10$）和 -0.597^*（$n=10$）。因此引起微生物区系产生变化的原因是，由于污泥施用增加了土壤中微生物可以利用的碳源、污泥中重金属的刺激或抑制作用、污泥施用引起土壤 pH 的变化等。

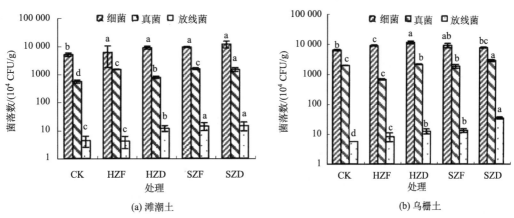

图 5.18　施污泥土壤中细菌、真菌和放线菌的变化

CK：不施污泥的对照处理；HZF：施用杭州新鲜消化污泥；HZD：施用杭州风干污泥；SZF：施用苏州新鲜脱水污泥；SZD：施用苏州风干污泥

表 5.22　细菌、真菌和放线菌方差分析表

变异来源	细菌		真菌		放线菌	
	平方和	F 值	平方和	F 值	平方和	F 值
土壤类型	2.58E+14	1.50	4.21E+14	561[***]	1.21E+14	139[***]
污泥种类	5.19E+15	7.54[**]	4.06E+14	135[***]	9.43E+14	270[***]
土壤类型 × 污泥种类	2.90E+15	4.21[*]	4.89E+13	16.3[***]	2.77E+14	79.3[***]
误差	1.55E+15（19[a]）		6.76E+12（19）		7.85+12（19）	

a，误差自由度；$*p<0.05$；$**p<0.01$；$***p<0.001$。

二、微生物功能多样性的变化

近年来，国外学者利用 Biolog 测试系统对土壤的微生物群落利用碳源功能多样性进行了一些研究（Grayston and Prescott，2005；Knight et al.，1998；Bååth et al.，1989），确认 Biolog 代谢剖面（即 Biolog 板中每孔的每孔颜色平均变化率（average well color development，AWCD））是评价土壤微生物群落利用碳源功能多样性的一个重要指标，能敏感地反映土壤环境的质量变化。

（一）微生物群落代谢剖面 AWCD 的动态变化

微生物群落代谢剖面动态变化如图 5.19 所示。从图中可以看出，施用污泥后土壤微生物群落 Biolog 的代谢剖面发生了一定程度的变化，其变化情况与培育时间和污泥种类有关。两种供试土壤微生物群落的 AWCD 值在 60 h 之前均未表现出明显的变化，培养至 72 h 后，乌栅土中微生物群落代谢剖面开始出现明显变化，84 h 后滩潮土出现了明显变化。与对照相比，滩潮土的杭州污水处理厂的新鲜消化污泥和风干污泥处理的土壤微生物群落代谢剖面 AWCD 值分别增加了 18.7% 和 13.2%，苏州污水处理厂的新鲜脱水污泥和风干污泥处理的土壤微生物群落代谢剖面 AWCD 值分别降低了 11.7% 和 62.7%。乌栅土的杭州新鲜消化污泥、杭州风干污泥、苏州新鲜脱水污泥和苏州风干污泥处理的土壤微生物群落代谢剖面 AWCD 值与对照相比分别降低了 22.0%、10.6%、59.4%和 35.5%。统计分析结果表明，两种供试土壤的各处理间微生物群落代谢剖面差异均达极显著水平（$p<0.01$）。

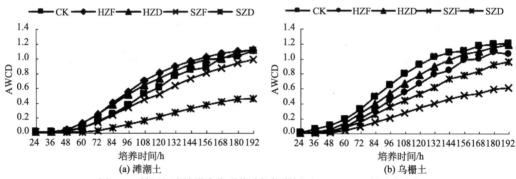

图 5.19 施污泥土壤微生物群落功能代谢剖面（AWCD）的动态变化

CK：不施污泥的对照处理；HZF：施用杭州新鲜消化污泥；HZD：施用杭州风干污泥；SZF：施用苏州新鲜脱水污泥；SZD：施用苏州风干污泥

（二）微生物群落功能多样性的分析

微生物群落功能多样性分析结果如表 5.23 所示。与对照土壤相比，施用污泥后两种供试土壤的土壤微生物群落的五种功能多样性指数均发生明显变化（t 检验，$p<0.01$），说明施用污泥对供试土壤的微生物群落功能产生了一定影响。与对照相比，滩潮土施用杭州污水处理厂污泥后，土壤微生物群落功能多样性指数明显增加，而施用苏州污水处理厂污泥后土壤微生物功能多样性指数降低。乌栅土施用污泥后，除杭州风干污泥处理的 Shannon 指数外，其他处理的土壤微生物功能多样性指数均显著降低。表 5.23 所用的 3 种微生物群落功能多样性指数实际上反映了土壤微生物功能多样性的侧面，Shannon 指数受群落物种丰富度影响较大，Simpson 指数较多反映了群落中最常见的物种，McIntosh 指数则是群落物种均一性的度量。

表 5.23 施污泥土壤的微生物群落功能多样性指数

处理		功能多样性指数				
土壤类型	污泥种类	Shannon 指数	Shannon 均匀度	Simpson 指数	McIntosh 指数	McIntosh 均匀度
滩潮土	对照	3.95	0.87	44.4	5.25	0.95
	杭州新鲜消化污泥	4.00	0.90	48.3	7.47	0.96
	杭州风干污泥	4.00	0.89	44.9	7.25	0.95
	苏州新鲜脱水污泥	3.89	0.88	40.4	5.02	0.95
	苏州风干污泥	3.44	0.84	25.5	2.01	0.92
乌栅土	对照	4.15	0.93	57.0	8.09	0.97
	杭州新鲜消化污泥	3.94	0.89	43.5	6.32	0.95
	杭州风干污泥	4.15	0.93	55.4	6.74	0.97
	苏州新鲜脱水污泥	3.38	0.83	24.1	3.97	0.92
	苏州风干污泥	3.98	0.89	42.9	5.11	0.95

　　根据土壤微生物群落的功能多样性指数对两种供试土壤的微生物群落功能多样性进行聚类分析。图 5.20（a）结果表明，滩潮土施用污泥后，微生物功能多样性分为三个层次。第一层次由两部分组成，一是苏州脱水污泥处理；二是对照、杭州新鲜消化污泥、杭州风干污泥和苏州新鲜脱水污泥处理。组成第一层次的第二部分是生物功能多样性的第二层次。第二层次也是由两部分组成，一是苏州新鲜脱水污泥处理；二是对照、杭州新鲜消化污泥、杭州风干污泥处理。组成第二层次的第二部分是功能多样性的第三层次。图 5.20a 结果表明，杭州新鲜消化污泥和杭州风干污泥处理与对照处理的微生物功能多样性属一层次，而苏州新鲜脱水污泥和苏州风干污泥处理与对照不属于同一层次，因此可以认为施用杭州污水处理厂污泥对滩潮土微生物群落功能多样性没有产生影响，而施用苏州污水处理厂污泥后，滩潮土微生物群落功能多样性产生明显变化。图 5.20（b）结果表明，只有杭州风干污泥处理的土壤微生物功能多样性与不施污泥的对照处理属于同一层次，说明施用杭州新鲜消化污泥和苏州污水处理厂污泥对乌栅土的微生物群落功能多样性产生显著影响。两种供试土壤施用污泥后，同种污泥处理的微生物群落功能多样性走势并不相同，除滩潮土施用杭州污水处理厂污泥后土壤微生物功能多样性指数处于同一层次外，其他同种污泥的不同处理方式均不处于同一层次。因此土壤类型、污泥种类都是影响土壤微生物功能多样性发生变化的重要因素。

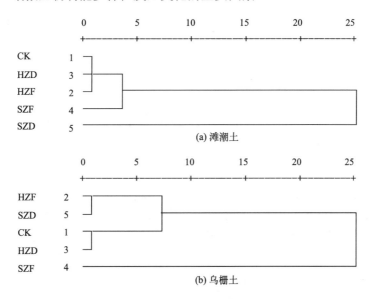

图 5.20　微生物功能多样性指数层次聚类分析树型图

CK: 不施污泥的对照处理；HZF: 施用杭州新鲜消化污泥；HZD: 施用杭州风干污泥；SZF: 施用苏州新鲜脱水污泥；SZD: 施用苏州风干污泥

（三）微生物群落功能多样性动力学参数特征

　　微生物群落功能多样性动力学参数特征如图 5.19 所示。图 5.19 表明，两种供试土壤的微生物群落代谢剖面 AWCD 与培养时间之间呈非线性关系，其变化过程符合微生物种群生长动态模型（S 型）。因此，可以用逻辑斯蒂方程：$N(t)=K/(1+b*e^{-rt})$ 来拟合土壤微生物群落功能多样性的变化。为了更直观地描述土壤微生物群落功能多样性的变化，Lindstrom 等（1998）对上述方程做了修正：$Y=OD_{750/590}=K/(1+e^{-r(t-S)})$，其中 K 表示在培养过程中土壤微生物群落的最大平均吸光值，r 表示其平均吸光值的变化指数，即影响其生长曲线圆滑度的参数，t 是指测定微生物群落功能代谢的培养时间，S 是指当达到最大平均吸光值一半所需的时间。供试土壤微生物群落功能代谢剖面的动态变化曲线拟合参数如表 5.24 所示，结果表明，供试土壤微生物群落功能代谢剖面与时间的拟合结果很好，其模型均达极显著水平。从供试土壤微生物群落功能多样性的动力学参数来看，与对照土壤相比，除滩潮土的杭州新鲜消化污泥和杭州风干污泥处理外，两种供试土壤的其他施污泥处理的最大平均吸光值均有不同程度下降，滩潮土苏州新鲜脱水污泥和风干污泥处理的 K 值分别下降了 8.2%和 56.8%，乌栅土杭州新鲜消化污泥、杭州风干污泥、苏州新鲜脱水污泥和苏州风干污泥处理的 K 值分别下降了 8.4%、1.6%、48.3%和 18.0%。滩潮土施用杭州新鲜消化污泥和杭州风干污泥后，参数 S 值（达到最大平均吸光值一半的时间）分别比对照处理缩短了 16.2 h 和 12.1 h，说明这两种土壤微生物群落功能代谢能力增强。滩潮土的苏州新鲜脱水污泥和苏州风干污泥处理，乌栅土的杭州新鲜消化污泥、杭州风干污泥、苏州新鲜脱水污泥和苏州风干污泥处理的参数 S 值分别比对照处理推迟了 4.1 h、12.2 h、15.5 h、9.5 h、22.3 h 和 22.4 h。统计分析结果表明，两种供试土壤各处理间 K、r、S 参数差异显著（t 检验，$p<0.01$）。说明施用污泥后，土壤微生物群落功能代谢下降，代谢过程变得缓慢，群落生长明显降低，导致微生物群落功能多样性存在较大差异，从而影响到微生物群落结构的演变过程。

表 5.24　施污泥土壤微生物群落功能多样性动力学参数

处理		动力学参数			
土壤类型	污泥种类	K	r	S	R
滩潮土	对照	1.10	0.043	114.0	0.997
	杭州新鲜消化污泥	1.09	0.050	97.8	0.998
	杭州风干污泥	1.09	0.044	101.9	0.996
	苏州新鲜脱水污泥	1.01	0.039	118.1	0.997
	苏州风干污泥	0.48	0.046	126.2	0.999
乌栅土	对照	1.19	0.048	93.5	0.999
	杭州新鲜消化污泥	1.09	0.043	109.0	0.997
	杭州风干污泥	1.17	0.044	102.8	0.998
	苏州新鲜脱水污泥	0.62	0.041	115.8	0.997
	苏州风干污泥	0.98	0.038	115.9	0.997

注：R 为方程拟合相关系数。

　　通过以上对土壤微生物群落功能多样性的分析可以看出，施用污泥后，土壤微生物群落的功能多样性发生一定的变化。Kelly 等（1999）对施污泥土壤微生物群落功能性进行研究时发现，与对照相比，施用污泥土壤的 Biolog 微平板显色时间延迟。可见，土壤微生物群落功能多样性变动在一定程度上反映了污泥施用对土壤环境生态功能的演变规律，同时也指示其环境质量变化的灵敏、有效生物学指标。

三、微生物结构多样性的变化

磷脂脂肪酸图谱（PLFA profile）常被用来研究复杂群落中微生物的多样性。磷脂是所有生活细胞的细胞膜基本组分，PLFAs 是磷脂的组分，具有结构多样性和高的生物学特异性，可用于了解微生物群落的结构（王曙光和侯彦林，2004；Hill et al.，2000）。目前，磷脂脂肪酸法已被广泛应用于评价土壤质量的演变和外源污染物的加入对土壤微生物生态的影响等方面的研究中（Joergensen and Potthoff，2005；Kamaludeen et al.，2003；Kelly et al.，1999）。

有研究表明，当外源物质进入土壤后，微生物对外界条件的应急功能能够在种群结构的变化上得到反映（Joergensen and Potthoff，2005）。为了弄清污泥土壤利用后土壤微生物群落的演变，我们对施污泥土壤中微生物的种群结构变化做了研究，对从土壤中提取的细菌 PLFAs 进行了定性和定量分析（图 5.21）。

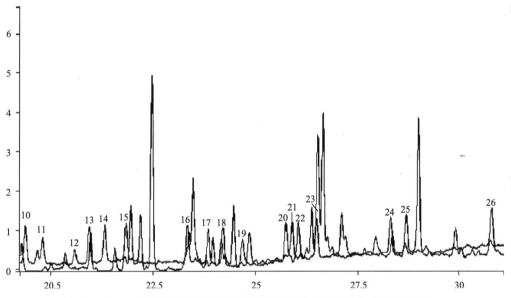

图 5.21　土壤细菌部分磷脂脂肪酸甲酯色谱峰与标准品色谱图比较分析

所分析的 26 种磷脂脂肪酸在土壤中的组成含量见表 5.25。从表中可以看出，部分细菌的磷脂脂肪酸如 3-OH 12:0、3-OH 14:0 和一些特征脂肪酸如 a-15:0 在所有供试样品中均没有检测到，一些特征脂肪酸如 i-15:0 只在个别样品中检测到。不同的处理之间各种磷脂脂肪酸占总磷脂脂肪酸的比例变化较大，除乌栅土施用杭州污水处理厂的污泥后，2-OH 10:0 占总量的比例最大，其他各处理中 18:0 脂肪酸占总量的比例均较大。滩潮土施用杭州风干污泥和苏州新鲜脱水污泥后，细菌的特征脂肪酸 $16:1^9$ 消失。乌栅土的对照处理没有检测到细菌的特征磷脂脂肪酸 i-15:0，而施用杭州污水处理厂的污泥后，均检测到其存在。说明污泥施用能够引起土壤细菌的部分特征磷脂脂肪酸的变化。对各施污泥土壤的 26 种磷脂脂肪酸的组成比例进行聚类分析，结果如图 5.22 所示。与不施污泥的对照相比，滩潮土施用杭州新鲜消化污泥和苏州风干污泥对土壤微生物种群结构的影响较大，施用同种污泥的不同处理方式后，土壤微生物种群也发生一定变化。说明污泥来源与处理方式均是引起土壤微生物群落结构变化的因素。这与污泥施用增加了土壤中重金属的含量及土壤有机碳、pH、EC 等基本性质的变化有关。图 5.22（b）结果表明，施用污泥后，乌栅土的污泥处理的微生物种群结构均有一定变化，其中施用杭州污水处理厂污泥的变化大于施用苏州污水处理厂污泥的变化。

表 5.25　施污泥土壤中磷脂脂肪酸的组成比例　　　　（单位：mol %）

峰号	PLFA	滩潮土					乌栅土				
		CK	HZF	HZD	SZF	SZD	CK	HZF	HZD	SZF	SZD
1	Me. Undecanoate（11:0）	0.00	0.00	0.00	0.00	0.00	0.00	3.67	3.36	0.00	0.00
2	Me. 2-Hydroxydecanoate（2-OH 10:0）	0.00	0.00	0.00	0.00	0.00	0.00	42.77	39.20	0.00	0.00
3	Me. Dodecanoate（12:0）	0.00	4.40	0.00	0.00	0.00	0.00	2.04	1.81	2.84	0.00
4	Me. Tridecanoare（13:0）	0.00	0.00	0.00	0.00	0.00	0.00	1.32	1.30	0.00	0.00
5	Me. 2-Hydroxydodecanoate 2-OH 12:0	9.23	10.51	6.74	13.03	10.69	11.06	3.41	3.67	7.77	5.91
6	Me. 3-Hydroxydodecanoate（3-OH 12:0）	0.00	0.00	0.00	0.00	0.00	0.00	0.00	0.00	0.00	0.00
7	Me. Tetradecanoate（14:0）	0.00	0.00	0.00	0.00	0.00	0.00	0.00	0.00	0.00	0.00
8	Me. 13-Methyltetradecanoate（i-15:0）	0.00	0.00	0.00	0.00	0.00	0.00	0.88	0.88	0.00	0.00
9	Me. 12-Methyltetradecanoate（a-15:0）	0.00	0.00	0.00	0.00	0.00	0.00	0.00	0.00	0.00	0.00
10	Me. Pentadecanoate（15:0）	4.38	3.79	6.87	5.14	3.74	5.50	2.01	2.81	3.45	5.84
11	Me. 2-Hydroxytetradecanoate（2-OH 14:0）	0.00	0.00	0.00	0.00	0.00	0.00	0.81	1.04	0.00	0.00
12	Me. 3-Hydroxytetradecanoate（3-OH 14:0）	8.33	5.60	5.72	5.97	6.51	5.54	3.66	3.38	5.59	4.47
13	Me. 14-Methylpentadecanoate（i-16:0）	10.94	6.80	12.13	13.95	6.97	6.07	3.03	3.99	6.77	6.14
14	Me. cis-9-Hexadecenoate（16:1^9）	2.22	3.69	0.00	0.00	1.13	4.41	3.00	1.99	2.11	3.34
15	Me. Hexadecanoate（16:0）	1.94	2.13	2.53	3.00	1.91	2.84	1.12	1.07	1.35	2.23
16	Me. 15-Methylhexadecanoate（i-17:0）	6.93	7.37	4.84	3.67	6.88	11.51	4.31	4.43	3.45	5.79
17	Me. cis-9,10-Methylenehexadecanoate（17:0）	3.90	4.59	3.68	0.00	3.21	2.19	1.60	0.97	3.54	4.19
18	Me. Heptadecanoate（17:0）	7.34	1.72	7.70	8.16	5.28	8.27	0.92	3.21	3.77	4.07
19	Me. 2-Hydroxyhecadecanoate 2-OH 16:0	12.79	10.24	12.20	10.95	7.61	11.35	4.59	5.48	8.40	7.37
20	Me. cis 9, 12-Octadecadienoate（18:2^{9,12}）	0.00	0.00	0.00	0.00	0.00	1.39	1.45	0.00	0.00	
21	Me. cis-9-Octadencanoate（c-18:1^9）	0.00	1.81	0.00	0.00	0.00	0.00	2.16	1.61	2.00	0.00
22	Me. Trans-9-Octadecanoate t-18:1^9	2.33	2.85	0.00	0.00	3.68	2.00	1.32	1.89	1.92	2.60
23	Me. Octadecanoate（18:0）	16.62	21.40	25.82	20.75	19.72	21.91	8.75	9.53	17.31	24.48
24	Me. cis-9,10-Methyleneoctadecanoate（19:0）	8.23	4.71	5.23	7.28	5.53	3.10	4.45	4.97	5.24	4.00
25	Me. Nonadecanoate（19:0）	1.74	3.70	2.40	3.92	5.58	1.90	1.51	1.35	19.71	19.57
26	Me. Eicosanoate（20:0）	3.07	4.70	4.15	4.18	11.55	2.35	1.27	0.60	4.79	0.00

注：CK：不施污泥的对照处理；HZF：施用杭州新鲜消化污泥；HZD：施用杭州风干污泥；SZF：施用苏州新鲜脱水污泥；SZD：施用苏州风干污泥。峰序号和色谱图对应，PLFAs命名按以下顺序：以总碳原子数：双键数和双键距分子末端位置命名；Me.代表甲基，前缀a和i分别代表支链反异构和异构，∆代表环丙基脂肪酸，cis和前缀c代表双键的顺式，trans和前缀t代表双键的反式结构，上标数字表示基团位置。

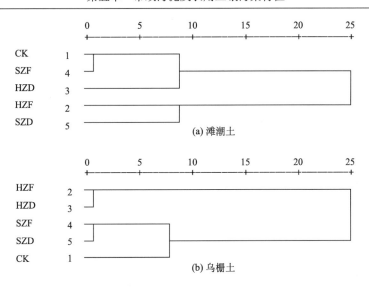

图 5.22　PLFA 数据的聚类分析

CK: 不施污泥的对照处理; HZF: 施用杭州新鲜消化污泥; HZD: 施用杭州风干污泥; SZF: 施用苏州新鲜脱水污泥; SZD: 施用苏州风干污泥

　　通过以上对细菌群落结构组成比例的分析可以看出，施用污泥后，土壤微生物群落结构发生一定变化。Bååth 等（1998）在研究长期施用含重金属污泥对土壤微生物群落的影响时发现，与对照处理相比，所有施用含有重金属污泥的土壤中 PLFAs 的组成比例均发生变化，但这种变化还受土壤的水分含量的影响。Pennanen 等（1996）的研究结果表明，土壤微生物磷脂脂肪酸的组成除受重金属浓度的影响外，还受其他非研究对象的有毒物质和环境因素，如土壤水分、温度、碳利用度、pH 等的影响。由此看来，利用 PLFA 法研究微生物群落结构虽然能在一定程度上能够反映微生物群落结构的变化，但也有一定的局限性，还应结合其他微生物指标以及应用 Biolog 和核酸分析等方法进行综合分析。

参 考 文 献

蔡全英, 莫测辉, 赖坤容, 等. 2004. 我国城市污泥中含氮有机污染物的初步研究. 生态学杂志, 23(3): 76~80.

陈同斌, 黄启飞, 高定, 等. 2003. 中国城市污泥的重金属含量及其变化趋势. 环境科学学报, 23(5): 561~569.

李季, 吴为中. 2003. 国内外污水处理厂污泥产生、处理及处置分析. 污泥处理处置技术与装备国际研讨会文集. 深圳. 1~11.

莫测辉, 蔡全英, 吴启堂, 等. 2001. 城市污泥中有机污染物的研究进展. 农业环境保护, 20(4): 273~276.

平立凤. 2005. 长江三角洲地区典型土壤环境中多环芳烃污染、化学行为和生物修复研究. 南京: 中国科学院南京土壤研究所博士论文.

乔显亮. 2003. 污泥的化学组成、土壤利用风险和复合污染土壤修复研究. 南京: 中国科学院南京土壤研究所博士论文.

汪大翠, 徐新华, 宋爽. 2000. 工业废水中专项污染物处理手册. 北京: 化学工业出版社, 322~357.

王曙光, 侯彦林. 2004. 磷脂脂肪酸方法在土壤微生物分析中的应用. 微生物学通报, 31(1): 114~117.

赵剑强, 张希衡. 1992. 34 种有机毒物对厌氧消化影响试验研究. 中国环境科学, 12(4): 250~254.

Agence de L Eau Rhin Meuse. 1993. Analyse de boues de station d, epuration prelevees en sur 9 stations d, epuration urbaines. Resultats non publities, communiques gracieusement par i, Agence de i, Eau-Rhin-Mense pour la redaction de ce dobument. France.

Ahmad U K, Ujang Z, Woon C H, et al. 2004. Development of extraction procedures for the analysis of polycyclic aromatic hydrocarbons and organochlorine pesticides in municipal sewage sludge. Water Science and Technology, 50(9): 137~144.

Bååth E. 1989. Effects of heavymetals in soils on microbial processes and population(a review). Water Air and Soil Pollution, 47: 335~379.

Bååth E, Díaz-Raviña M, Frostegård Å, et al. 1998. Effect of Metal-Rich Sludge Amendments on the Soil Microbial Community. Applied and Environmental Microbiology, 64(1): 238~245.

Bodzek D, Janoszka B. 1999. Comparison of polycyclic aromatic compounds and heavy metals contents in sewage sludges from industrialized and non-industrialized region. Water, Air, and Soil Pollution, 111(1-4): 359~369.

European Commission (EC). 2001. Evaluation of sludge treatmentsfor pathogen reduction.Office for Official Publications of the European Communities, Luxembourg.

Frost P, Camenzind R, Magert A, et al. 1993. Organic micropollutants in Swiss sewage sludge. Journal of Chromatography, 643: 379~388.

Garrec N, Picard-Bonnaud F, Pourcher A M. 2003. Occurrence of *Listeria* sp. and L. *monocytogenes* in sewage sludge used for land application: effect of dewatering, liming and storage in tank on survival of Listeria species. FEMS Immunology and Medical Microbiology, 35(3): 275~283.

Grayston S J, Prescott C E. 2005. Microbial communities in forest floors under four tree species in coastal British Columbia. Soil Biology and Biochemistry, 37(6): 1157~1167.

Hill G T, Mitkowski N A, Aldrich-Wolfe L, et al. 2000. Methods for assessing the composition and diversity of soil microbial communities. Applied Soil Ecology, 15(1): 25~36.

Horan N J, Fletcher L, Betmal S M, et al. 2004. Die-off of enteric bacterial pathogens during mesophilic anaerobic digestion. Water Research, 38(5): 1113~1120.

Joergensen R G, Potthoff M. 2005. Microbial reaction in activity, biomass, and community structure after long-term continuous mixing of a grassland soil. Soil Biology and Biochemistry, 37(7):1249~1258.

Jones K C, Stratford J A, Tidridge P, et al. 1989. Polynuclear aromatic hydrocarbons in an agricultural soil: long-term changes in profile distribution. Environmental Pollution, 56: 337~351.

Kamaludeen S P B, Megharaj M, Naidu R, et al. 2003. Microbial activity and phospholipid fatty acid pattern in long-term tannery waste-contaminated soil. Ecotoxicology and Environmental Safety, 56(2): 302~310.

Karvelas M, Katsoyiannis A, Samara C. 2003. Occurrence and fate of heavy metals in the wastewater treatment process. Chemosphere, 53(10): 1201~1210.

Kelly J J, Häggblom M, Tate R L. 1999. Changes in soil microbial communities over time resulting from one time application of zinc: a laboratory microcosm study. Soil Biology and Biochemistry, 31(10): 1455~1465.

Knight B. 1998. Biomass carbon measurements and substrate utilization patterns of microbial populations from soils amended with cadmium, copper, or zinc. Applied and Environmental Microbiology, 63: 39~43.

Lindstrom J E, Barry R P, Braddock J F. 1998. Microbial community analysis: a kinetic approach to constructing potential C source utilization patterns. Soil Biology and Biochemistry, 30(2): 231~239.

Liu J G, Ying P F. 1986. Study on control standard of benzo[a]pyrene in sludge applied on agriculture. In: Gao Z. M., eds. Study on Polluted Ecology in Soil-Plant System. Beijing: China Science and Technology Press, 237~241.

Manoli E, Samara C. 1999. Occurrence and mass balance of polycyclic aromatic hydrocarbons in the Thessaloniki sewage treatment plant. Journal of Environmental Quality, 28: 176~187.

Naylor L M, Loehr R C. 1982. Priority pollutants in municipal sewage sludge. Part I. A perspective on the potential health risks of land application. Biocycle, 21: 18~22.

Pennanen T, Frostegard A S A, Fritze H, et al. 1996. Phospholipid fatty acid composition and heavy metal tolerance of soil microbial communities along two heavy metal-polluted gradients in coniferous forests. Applied and Environmental Microbiology, 62(2): 420~428.

United States Environmental Protection Agency(USEPA). 1994. Land application of sewage sludge-a guide for land appliers on the requirements of the federal standards for the use or disposal of sewage sludge(40 CFR Part 503. EPA/831-B-93-002b). Washington, DC: Office of Enforcement and Compliance Assurance.

United States Environmental Protection Agency(USEPA). 1999. Biosolids generation, use and disposal in the United States(EPA530-R-99-009). Washington, DC: Office of Solid Water and Emergency Response.

United States National Research Council(USEPA). 2002. Biosolids applied to land: advancing standards and practice. Committee on Toxicants and Pathogens in Biosolids Applied to Land, Board on Environmental Studies and Toxicology, Division on Earth and Life Studies. National Academy Press, Washington, DC.

Watanabe H, Kitamura T, Ochi S, et al. 1997. Inactivation of pathogenic bacteria under mesophilic and thermophilic conditions. Water Science and Technology, 36(6/7): 25~32.

Webber M D, Lesage S. 1989. Organic contaminants in Canadian municipal sludges. Waste Management & Research, 7:63~82.

Wild S R, Jones K C. 1992. Polycyclic aromatic hydrocarbons uptake by carrots grown in sludge-amended soil. Journal of Environmental Quality, 21: 217~225.

Wild S R, Jones K C. 1994. The significance of polynuclear aromatic hydrocarbons applied to agricultural soils in sewage sludges in the U.K. Waste Management and Research, 12: 49~59.

第六章　电子废旧产品拆解场地周边土壤及水气环境污染特征

电子废旧产品是当前世界上增长速度最快的固体废弃物之一。作为一种特殊的垃圾，它一方面含有多种有害物质，另一方面又含有大量具有回收价值的金属材料，具有一定的资源化利用前景。因此，电子废旧产品拆解回收业成为我国一些地区的支柱产业。但这些地区大部分企业拆解方式和环保措施落后，大量难以回收的有用资源被当作垃圾随意丢弃、填埋或焚烧，有毒有害物质直接排入河流、土壤或通过焚烧污染大气并扩散到周边区域。本章选择浙江某典型电子废旧产品拆解区为研究区，重点介绍电子废旧产品拆解区周边农田土壤及相关环境介质中重金属、多氯联苯、多环芳烃、二噁英/呋喃和酞酸酯等污染物的污染特征，为探明电子废旧产品拆解区土壤污染现状以及发展相应修复技术提供基础资料。

第一节　重金属污染特征

一、农田土壤重金属污染特征

（一）铜、锌、铅、镉污染特征

1. 重金属浓度的描述性统计

通过在浙江某典型电子废旧产品拆解区采集的 197 个表层土壤（0～20 cm）样品，分析了土壤中铜、锌、铅、镉等重金属含量，结果如表 6.1 所示。通常情况下，当偏度系数处在–1～1 之间，样本符合正态分布。由表 6.1 的偏度系数可知，土壤重金属元素 Cu 和 Pb 经对数转化后服从正态分布，而 Zn 和 Cd 的偏度系数虽然不在–1～1 之间，但最大仅为 1.392，可以近似看作正态分布。从变异系数看，除 Pb 的变异系数在 0.1～0.5 之间属中等程度变异外，其余重金属元素的变异系数均大于 0.5，属强变异程度，Cd 的变异系数高达 2.00。说明该研究区的土壤重金属 Cu、Pb、Zn 和 Cd 的含量受人为扰动较为明显。4 种重金属的空间变异顺序为：Cd>Cu>Zn>Pb。研究区土壤样品中重金属平均含量分别为 Cu 118 mg/kg、Pb 47.9 mg/kg、Zn 169 mg/kg、Cd 1.21 mg/kg，均高于当地的自然背景值（Cu 33.8 mg/kg、Pb 34.2 mg/kg、Zn 106 mg/kg、Cd 0.159 mg/kg）。其中，土壤中的 Cu、Pb、Zn 和 Cd 分别有 92.9%、85.8%、90.4%和 61.4%的样品个数超过当地的自然背景值。Cd 已经高于国家土壤环境的三级标准（1.0 mg/kg），说明研究区局部地点 Cd 污染极为严重。

表 6.1　研究区土壤环境污染指数的描述性统计

项目	样品个数/个	最大值/（mg/kg）	最小值/（mg/kg）	平均值/（mg/kg）	变异系数	偏度	斜度
Cu	197	551.64	18.89	118.19	0.93	0.588[*]	−0.285[*]
Pb	197	145.70	25.19	47.89	0.32	0.624[*]	1.228[*]
Zn	197	722.80	71.48	168.53	0.53	1.392[*]	3.797[*]
Cd	197	11.39	0.05	1.21	2.00	1.259[*]	0.573[*]

*表示求对数后的结果。

为了更清楚地揭示研究区农田土壤环境的现状，以《国家土壤环境质量标准》的二级标准的最低值（Cu 50 mg/kg、Pb 250 mg/kg、Zn 200 mg/kg、Cd 0.30 mg/kg）作为评价标准，利用单因子指数法和综合因子指数法对 Cu、Pb、Zn 和 Cd 等 4 种土壤重金属的污染程度进行评估。两种评价的结果表明，4 种重金属的污染程度顺序为 Cd＞Cu＞Zn＞Pb。Cu 和 Cd 属于重度污染，Zn 属于中度污染，而 Pb 处于清洁状态。

2. 重金属元素的统计分析

农田土壤重金属的结构分析如表 6.2 所示。从表 6.2 中可以看出，农田土壤中 4 种重金属 Cu、Pb、Zn 和 Cd 均可用球状模型进行预测（其决定系数分别为：0.72、0.82、0.98 和 0.96）。块金常数通常表示由于试验误差和小于试验采样尺度所引起的变异。如果块金常数较大。表示较小尺度上的某些过程影响不容忽视。本研究中，4 种重金属的块金值均小于 0.30。说明它们受小尺度过程的影响更大。土壤中 Cu、Zn 和 Cd 的块基比（$C_0/(C_0+C_1)$）均小于 25%，说明三种金属呈空间强相关。而土壤 Pb 的块基比介于 25%～75% 之间，为中等程度空间相关。加之 4 种重金属的有效变程均小于 100 m，说明 4 种重金属的空间分布均主要受随机因素（如污染等人为活动）的影响（李亮亮等，2006）。

表 6.2　土壤重金属半方差函数的拟合模型及其参数

重金属	模型类型	C_0	C_0+C_1	$C_0/(C_0+C_1)$	有效变程/m	R^2	RSS
Cu	球形	0.19	1.05	0.18	54	0.72	0.193
Pb	球状	0.29	0.66	0.43	80	0.82	0.0309
Zn	球形	0.17	1.03	0.16	62	0.98	0.022
Cd	球状	0.20	1.65	0.12	54	0.96	0.101

注：C_0 为块金值；$C_0/(C_0+C_1)$ 为基台值。

3. 重金属元素的空间分布特征

用克里格插值法得出的 4 种重金属在土壤中的空间分布如图 6.1 所示。土壤中 Cu 的高浓度区主要集中在 1600 亩拆解园区中的污水灌溉区内。土壤中 Pb 的高浓度区集中在 100 亩的拆解园区内。而 Zn 则集中在电镀厂所在的东南部分，Cd 在两个拆解园区的附近浓度均较高，尤其以面积较大的拆解园区的污水灌溉区超标面积最大。由图 6.1 还可以看出，在两个拆解园区及各拆解企业的周边均存在 Cu、Pb 和 Cd 的复合污染。另外，在研究区的西南部，则有以电镀厂为主的多种企业，存在 Cu、Pb 和 Zn 的复合污染。

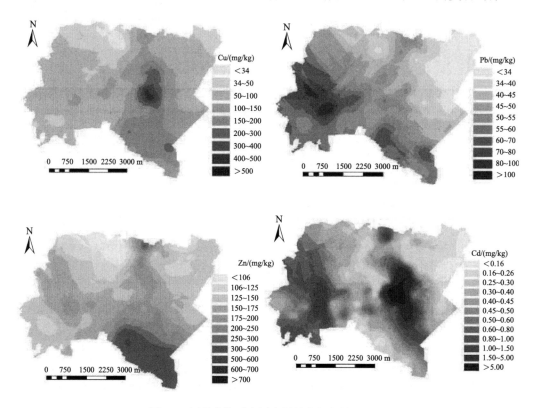

图 6.1　四种土壤重金属全量的空间插值预测图

　　研究区农田土壤重金属 Cu、Pb、Zn 和 Cd 的含量总体高于当地的土壤环境背景值，且表现为强空间变异性（Pb 为中等强度空间变异），其变异顺序为 Cd>Cu>Zn>Pb。

　　空间分析显示，研究区电子废旧产品拆解园区污水灌溉农田土壤中存在 Cu、Pb 和 Cd 的复合污染。当地拆解企业周边应注意这三种重金属的污染，尤其是 Cd 的污染。受电镀厂影响的农田土壤中 Cu、Pb 和 Zn 的复合污染严重。电镀厂周边农田土壤中应注意 Zn 的污染。

（二）砷的污染特征

1. 砷的总体含量

　　在典型电子废旧产品拆解区网格化采集土壤样品。选定了 5 个不同类型的污染源，共采集土壤样品 114 个。分别为：酸洗源（28 个）、电子废旧产品拆卸源（25 个）、变压器拆卸源（13 个）、焚烧源（25 个）、冶炼源（23 个）。分为水田（82 个）、菜地（10 个）、荒地（4 个）、林地（18 个）四种类型。土样中 As 的含量范围为 2.77~12.47 mg/kg［平均值（6.90±1.93）mg/kg，n=114］，中值 6.47 mg/kg，按照国家土壤环境质量中 As 的含量标准（GB15618—1995），均在一级标准范围内。低于浙江省土壤 As 背景值含量（10.2 mg/kg）（程街亮，2006）和中国表层土壤中砷的背景含量（11.2 mg/kg）（邢光熹和朱建国，2003）。总体来说，该采样地区大部分采集的土壤样品比浙江地区土壤 As 含量平均背景值要低，从测得数据统计来看，采样地区的土壤受电子废旧产品污染场地中 As 的影响不是太大。

2. 不同用地类型土壤中砷的含量

不同用地类型土壤中 As 的含量统计分析如图 6.2 所示。其中，上、下两条线分别表示含量的第 75 和 25 百分位数，中间的"+"表示第 50 百分位数，上截止线是含量最大值，下截止线是含量最小值，带相同字母的同一类用地平均值表示不同用地类型间差异不显著，图 6.3 同。

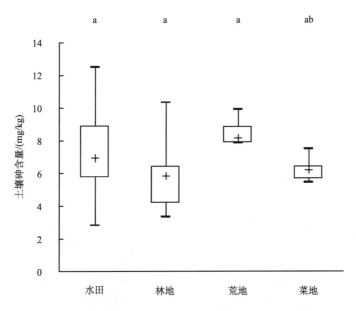

图 6.2　台州不同土地利用方式的土壤 As 含量（n=114）

不同土地利用方式中 As 含量高低依次为荒地、水田、菜地与林地。其中，荒地的平均含量 As 为 8.52 mg/kg，林地的平均含量 As 为 5.85 mg/kg。经统计检验，As 含量荒地、水田都显著高于林地（$p<0.05$）。

水田和菜地两类主要农业土地类型土壤中 As 含量相差不大。尽管农业耕作时对土层的翻动，使土壤表层的 As 得到了一定的稀释，但水田、菜地等土壤 As 含量还是较林地高，这可能与污水灌溉有关，也可能受施加含 As 的肥料及农药、除草剂等人为因素影响。而荒地为非耕作土壤，没有人为的翻动，长久以来 As 在土壤表层积累，导致表层 As 含量高。陈同斌等（2005）对北京地区不同土地利用类型的土壤 As 含量作了分析统计，结果表明土地利用类型的不同影响了土壤中 As 含量，稻田和菜地等人为因素影响较大的土壤中 As 含量比林地中 As 含量要高，这与本书的结果吻合。陈同斌等认为农

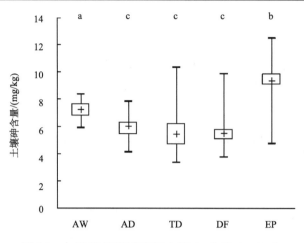

图 6.3　台州不同污染源周围土壤 As 含量（$n=114$）

村牲畜饲料中普遍添加含 As 的添加剂，牲畜的粪便又作为肥料施于农田，另外，部分除草剂和农药中也含有 As，使得农田中 As 含量要高于人为因素影响较小的林地。

3. 不同污染源附近土壤中砷的空间分布特征

为了解不同污染源对土壤中 Hg、As 含量的影响，统计了以酸洗源（AW）、电子废旧产品拆卸源（AD）、变压器拆卸源（TD）、焚烧源（DF）、冶炼源（EP）等为中心污染源附近 As 的含量特征，含量统计分析如图 6.3 所示，空间分布特征如图 6.4 所示。

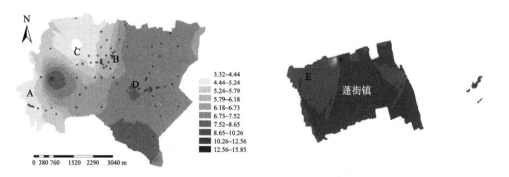

图 6.4　台州不同污染源周围土壤 As 空间分布图（$n=114$）

A：焚烧源、B：电子废旧产品拆卸源、C：变压器拆卸源、D：酸洗源、E：冶炼源

不同的源对土壤 As 的影响不一样，冶炼对土壤 As 的含量影响最大，这可能和废旧金属冶炼释出含 As 的废气和烟尘较多有关。酸洗源对土壤 As 的影响较大，也是一个比较严重的污染源。电子废旧产品拆卸源和变压器拆卸源周围土壤 As 含量相差不大。

4. 污染源周围砷的传输规律

为了了解污染源附近 As 在距离上的传输规律，以 5 个污染源为中心沿当地盛行风向，东南或西北方向，按不同距离采集土壤中 As 含量作图 6.5。其中字母 SE——东南方，NW——西北方。

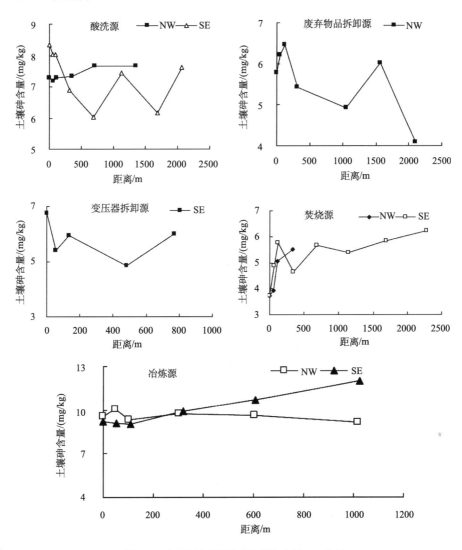

图 6.5　台州污染源不同距离的土壤 As 含量

对 As 污染影响较大的是冶炼源和酸洗源，从图 6.5 可知，冶炼源的土壤中 As 含量西北方向上呈现缓缓下降，不是很明显；距离酸洗源东南风向上，土壤中 As 含量在 1000 m 内是降低的趋势；电子废旧产品拆卸地土壤中 As 含量西北方向上，变压器拆卸源东南方向上都有降低趋势；焚烧源周围土壤中 As 含量随着距离的增加有含量增高趋势，可能是焚烧情况下含砷烟尘的迁移所致。但是总体而言各污染源周围的土壤中 As 含量在东南或西北方向上，土壤中 As 含量距离污染源由近及远发生含量变化趋势不是很明显，大多数的土壤中 As 含量跟距离污染源的远近呈现波动趋势。可能土壤中 As 含量是受到周围多种环境因素的影响，如周围存在多个污染源，另外 As 的含量还受到土壤理化性质的影响。

（三）汞的污染特征

1. 汞的总体含量

2004 年采集的 299 个土壤表土样品中，按照国家土壤环境质量中 Hg 的含量标准（GB15618—1995）80%超过国家一级标准（150 μg/kg），10.5%超过国家二级标准（300 μg/kg），3.3%超过国家三级标准（图 6.6）。Hg 含量与土壤有机质的关系虽然有总体上的正相关，但较差，这表明在这样一个污染源遍布的人类高强度活动区，有机质含量不是 Hg 污染轻重的决定因素。

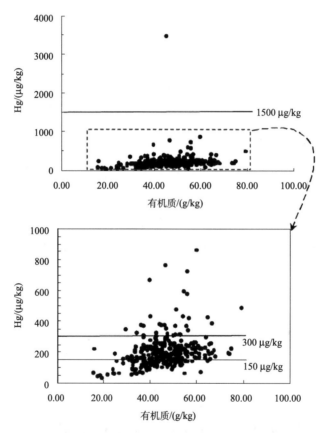

图 6.6　2004 年采集台州某区土壤 Hg 含量和有机质含量关系

2006 年采集的土壤样品（与上述砷的采样点一致）中 Hg 含量为 0.037～0.74 μg/kg［平均值（190±110）μg/kg，n=114］，中值 170 μg/kg。按照国家土壤环境质量中 Hg 的含量标准（GB15618—1995），61.4%的土壤样品 Hg 含量超过国家规定的背景值（150 μg/kg），9%的土壤样品 Hg 含量超过国家二级标准（300 μg/kg），没有土壤样品 Hg 含量超过三级标准。两次采样都表明，该采样地区土壤受到一定 Hg 的污染。

2. 不同用地类型土壤中汞的含量

2006 年土壤样品按不同用地类型土壤中 Hg 的含量统计分析（图 6.7），其中，上、下两条线分别表示含量的第 75 和 25 百分位数，中间的"+"表示第 50 百分位数，上截止线是含量最大值，下截止线是含量最小值，带相同字母的同一类用地平均值表示不同用地类型间差异不显著，图 6.8 同。

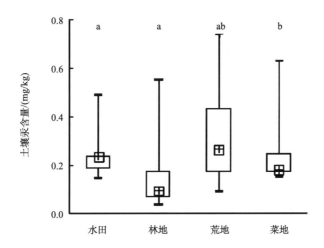

图 6.7　浙江台州不同土地利用方式的土壤 Hg 含量（n=114）

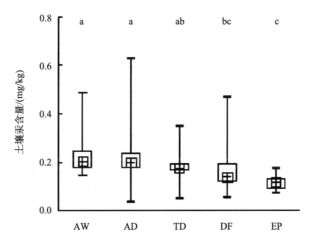

图 6.8　浙江台州不同污染源周围土壤 Hg 含量（n=114）

不同土地利用方式中 Hg 含量高低依次为荒地、水田、菜地与林地。其中，荒地的平均含量 Hg 为 0.282 mg/kg，林地的平均含量 Hg 为 0.13 mg/kg。经统计检验，Hg 含量荒地、菜地都显著高于林地（p <0.05）。不同用地类型的土壤 Hg 的单项污染指数评价见表 6.3，单项污染指数评价显示荒地呈轻度或中度污染比重最大。

表 6.3　土壤 Hg 的单项污染指数评价　（单位：II 级标准，$n=114$）

百分比	未污染 Pi=1	轻度污染 1<Pi=2	中度污染 2<Pi=3	重污染 Pi>3
总体	91%	8%	1%	0%
水田	95%	5%	0%	0%
荒地	50%	25%	25%	0%
林地	94%	6%	0%	0%
菜地	80%	10%	10%	0%

水田和菜地两类主要农作地类型土壤中 Hg 含量相差不大。尽管农业耕作时对土层的翻动，使土壤表层的 Hg 得到了一定的稀释，水田、菜地等土壤含 Hg 量较林地高，这可能与污水灌溉有关，也可能受施加含 Hg 的肥料及农药、除草剂等人为因素影响。而荒地为非耕作土壤，没有人为的翻动，长久以来 Hg 在土壤表层积累，导致表层 Hg 含量高。

3. 汞的空间分布特征

为了解不同污染源对土壤中 Hg 含量的影响，统计了以酸洗污染源（AW）、电子废旧产品拆卸污染源（AD）、变压器拆卸污染源（TD）、焚烧污染源（DF）、冶炼厂污染源（EP）为中心污染源附近 Hg 的含量特征，含量统计分析见图 6.8。

土壤 Hg 含量的平均值从高到低依次为酸洗污染源（AW）、电子废旧产品拆卸污染源（AD）、变压器拆卸污染源（TD）、焚烧污染源（DF）、冶炼厂污染源（EP）。从图 6.8 可以看出，酸洗源和电子废旧产品拆卸污染源对土壤 Hg 含量有较大影响，酸洗源土壤中 Hg 含量为 0.14～0.49 mg/kg[平均值（0.22±0.07）mg/kg，$n=28$]，中值 0.21 mg/kg，电子废旧产品拆卸污染源平均值为（0.22±0.07）mg/kg。冶炼厂对周围土壤中 Hg 含量的影响最小，土壤中 Hg 含量范围为 0.07～0.18 mg/kg[平均值为（0.12±0.13）mg/kg，$n=23$]，中值 0.20 mg/kg。经均值多重比较的统计检验，酸洗污染源（AW）、电子废旧产品拆卸污染源（AD）周围采集的土壤 Hg 含量显著高于变压器拆卸污染源（TD）、焚烧污染源（DF）、冶炼厂（EP）周围的土壤 Hg 含量（$p<0.05$），变压器拆卸污染源（TD）也显著高于冶炼厂（EP）对周围土壤 Hg 含量的影响。酸洗源对土壤 Hg 的影响较大，是一个比较严重的污染源。此外，电子废旧产品拆卸污染源对土壤的影响也较大，拆卸物可能含 Hg 较多。

4. 污染源周围汞的传输规律

为了了解污染源附近 Hg 在距离上的传输规律，分别以 5 个污染源为中心沿各个方向在不同的距离进行取点，由此对测得的 Hg 浓度和各个采样点与污染源的距离作图 6.9。其中字母代表方向为 NE——东北方，NW——西北方，SE——东南方，SW——西南方，N——正北方，S——正南方，E——正东方，W——正西方。

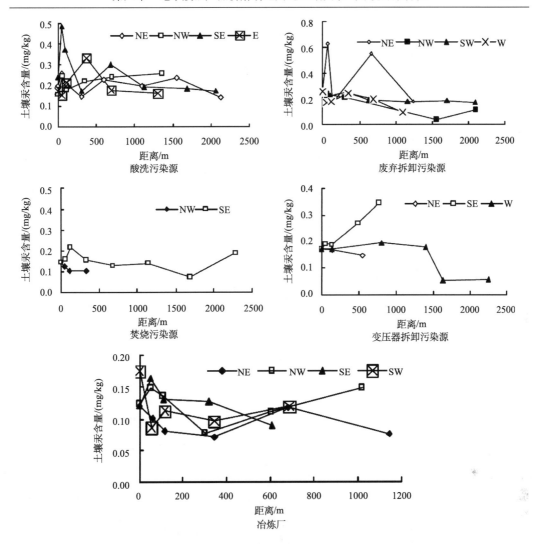

图 6.9　浙江台州污染源不同距离的土壤 Hg 含量

对 Hg 污染影响较大的是酸洗污染源和电子废旧产品拆卸污染源。在酸洗污染源的西北方向上，Hg 随着距离的增加有小幅度的递增，可能是采样季节为冬季，被调查区盛行东南风，所以 Hg 污染物由于受到风向的影响，随大气向西北方向传输而呈现出此规律。而 Hg 在东南方向上有一定的递减，一是受到风向的影响，二是可能因为Hg 含量随距离的增加而减少。东北和正东方向，Hg 的含量在随着距离的变化没有很明显的规律可循，呈现先增后减。这两个方向上偏离规律的原因可能有多种因素的影响，比如采样点周围其他可能造成影响的污染源。在电子废旧产品拆卸污染源西北方向上，Hg 的含量随距离的增加有明显的递减，符合离污染源越远，土壤中 Hg 含量越低的规律，这里受风向的影响不大，西南和正西方向有小幅度的递减趋势；东北方向上 Hg 的变化没有一定的规律。

变压器拆卸场地的东南方向上的土壤Hg含量先是小幅度递减，分析可能是风向的原因，当地盛行东南风，所以在东南方向上递减，再者，距离污染源越远污染物被疏散，但在后两个样点处突又增加，可能是因为附近其他污染源对该样点造成了一定程度的影响，使得 Hg 含量增加；正西方向上 Hg 含量有降低趋势。在焚烧源的西北方向上 Hg 含量呈现逐渐递减的趋势，原因可能是随着离污染源距离的增加使得 Hg 有所扩散，含量越来越低。而在东南方向上，数值上是先增后减，可能是受到周围多种环境因素的影响，例如存在多个污染源。Hg 自身的性质和土壤理化性质结合起来都可能对 Hg 的含量造成影响。对于冶炼厂污染源（EP），在随着距离的增加，Hg 含量没有表现出一定的趋势，每个点的值都相差甚少，在此污染源附近 Hg 的传输没有明显的规律。多种因素的作用都可能造成上述现象。

5. 汞和砷的相关关系

土壤 Hg 和 As 含量的相关性见图 6.10。由图 6.10 可以看出，总体上土壤中 Hg 和 As 含量没有明显的相关性。经分析，可能是由于 Hg 和 As 的污染源不一样，土壤 Hg 污染比 As 重。土壤中的 Hg 受酸洗和电子废旧产品拆卸影响大，受冶炼的影响最小，而土壤中 As 受冶炼的影响最大，其次才是酸洗源。Hg 和 As 进入土壤中的途径不同，并且在人为等因素作用下，如前所述 Hg 和 As 后期的迁移、挥发等方面的差异，这些都可能是造成此结果的原因。

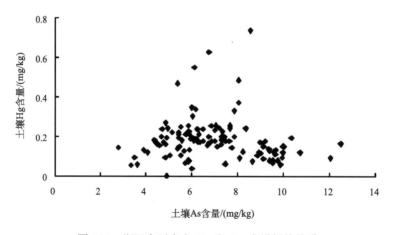

图 6.10　浙江台州表土 Hg 和 As 含量相关关系

二、稻田上覆水中重金属污染特征

典型区水稻田中按照 5 点采样法，采集灌溉水 5 L 左右。稻田上覆水样分别采自台州路桥区亭屿水稻田（FJW-01）、汇头水稻田（FJW-02）、玉露洋水稻田（FJW-03）、玉露洋水稻田（FJW-04）和仓东水稻田（FJW-05）。污染区稻田上覆水中的重金属含量如表 6.4 所示。我国农田灌溉水标准（水田）规定（GB5084—1992）铜、锌、铅和镉含量分别不得高于 1000 μg/L、2000 μg/L、100 μg/L 和 5 μg/L。

表 6.4　稻田上覆水的重金属含量　　　　　　　（单位：µg/L）

元素	FJW-01	FJW-02	FJW-03	FJW-04	FJW-05
Cu	133	178	199	228	33
Zn	518	640	723	783	332
Pb	50	42	68	22	53
Cd	ND	9	16	13	ND

从表 6.4 分析结果可知，该典型区稻田上覆水重金属锌和镉含量超过国家农田灌溉水质标准（GB5084—1992）；稻田上覆水中的锌和镉可能是土壤锌和镉污染物的来源，由于当地工业生产的复杂性和多样性，重金属在土壤中均有持久性、不可生物降解而易于生物累积的特点，因此含有重金属的农田灌溉水也具有潜在风险，因此污染区农田灌溉水的监测也不能忽视。

三、土壤剖面及含水层中重金属垂向分布特征

（一）土壤及含水层中铜和镉垂向分布特征

在浙江省某典型电子废旧产品拆解区布置 7 个 6～7 m 深度的钻孔。取 7 个钻孔中 0～200 cm 的岩心，每个岩心分别取地平面以下 0～20 cm、40～50 cm、90～100 cm 和 180～200 cm 四个层位的土壤样本，共取了 28 个土壤样本。上述四个层位分别标记为 S1、S2、S3 和 S4。研究区土壤剖面及含水层中铜和镉的含量如表 6.5 所示。从表中可以看出，研究区各地由于受到电子废旧产品拆解影响程度不同，表层土壤中铜和镉等重金属含量有很大差异。本次研究区 7 个钻孔表层土壤中总铜在 20.1～102 mg/kg，平均为 46.5 mg/kg；总镉含量在 0.19～0.75 mg/kg，平均为 0.42 mg/kg，都有较大的变异性，变异系数都超过50%，分别达 58.8%和 53.0%。表层以下 3 层（S2，S3，S4）土壤铜含量相对比较均一，变异系数明显减小，且变异系数随埋深增加而降低，这可能与埋深越深受人类活动影响

表 6.5　研究区 7 个钻孔岩心 4 个层位土壤铜和镉总量/（mg/kg）及钻孔地下水溶解态铜和镉的浓度

	统计项	最小值 /(µg/L)	最大值 /(µg/L)	平均值 /(µg/L)	中值 /(µg/L)	变异系数/%
	S1（0～20 cm）	20.1	102	46.5	37.5	58.8
	S2（40～50 cm）	21.4	36.8	28.3	29.1	20.0
铜	S3（90～100 cm）	21.2	32.2	28.2	29.3	14.6
	S4（180～200 cm）	26.5	32.5	29.9	31.8	9.2
	浅层地下水	4.96	32.4	11.7	8.15	79.5
	S1（0～20 cm）	0.19	0.75	0.42	0.36	53.0
	S2（40～50 cm）	0.14	0.51	0.24	0.18	54.6
镉	S3（90～100 cm）	0.13	0.64	0.22	0.15	83.2
	S4（180～200 cm）	0.10	0.36	0.17	0.14	51.3
	浅层地下水	0.05	2.72	0.53	0.13	185

注：ND 为未检出。

越小有关。研究区表层以下 3 层土壤镉含量仍有较大甚至比表层更大的变异性，变异系数都超过 50%。但表层以下 3 层土壤镉平均含量明显低于表层土壤镉平均含量，且有随埋深增加而缓慢降低的趋势，这表明研究区 7 个钻孔中部分钻孔可能存在着镉的垂向迁移。虽然 7 个钻孔地下水溶解态铜和含量相对都较低，但都具有较大的变异系数，说明浅层地下水重金属铜和镉含量都受人为因素影响。

从图 6.11 可以看出，除 1#和 7#钻孔外其余各钻孔表层土壤铜含量都明显高于其下面 3 层土壤铜含量，且下面 3 层土壤铜含量较为接近，且都较低，低于国家土壤环境质量标准中Ⅱ级标准值 GB15618—1995（100 mg/kg），说明研究区浅层地下水含水层土壤未受重金属铜污染；7 个钻孔 4 个层位土壤镉含量没有明显的规律，如 6#钻孔 S2 和 S3 层镉含量明显高于表层，S3 层土壤镉含量达 0.64 mg/kg，超过国家土壤环境质量标准二级标准值 GB15618—1995（0.60 mg/kg），这表明研究区部分区域浅层地下水含水层遭受镉的垂向迁移影响，已被污染。浙江省土壤铜和镉背景值均值分别为 19.77 mg/kg、0.170 mg/kg（浙江省土壤普查办公室，1994），相对于浙江省土壤背景值，研究区 7 个钻孔表层以下 3 个层位土壤都存在铜和镉积累。此外，1#钻孔和 7#钻孔表层土壤铜和镉含量低于 S2 层可能分别与修复基地的修复和苗圃的客土栽培有关。

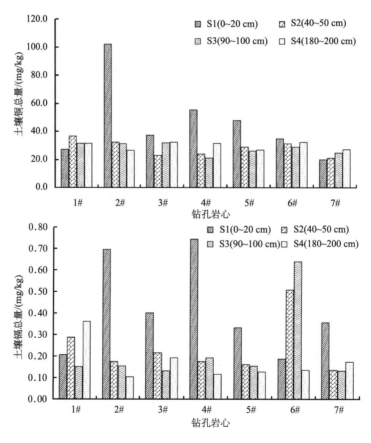

图 6.11　研究区 7 个钻孔岩心 4 个层位土壤铜和镉总量柱状图

（二）影响土壤铜和镉垂向分布的主要因素

研究区 7 个钻孔岩心不同层位土壤重金属含量间相关性几乎都不显著（表 6.6），这表明上层土壤铜和镉含量对下层土壤铜和镉含量及垂向迁移影响不大。各层土壤铜和镉含量相关性最好的两个层位都是 S2 层和 S3 层，其相关性分别为铜 0.53 和镉 0.92，这可能与地下水水位埋深波动影响有关，S2 层位于地下水埋深的上界，S3 层位于地下水静水位处。S2 层和 S3 层镉含量不仅强相关，且显著，也进一步说明了研究区土壤含水层中镉垂向迁移性比铜要大。

表 6.6　研究区 7 个钻孔岩心不同层位土壤铜和镉总量之间的 Spearman 相关性

元素	层位	S1	S2	S3	元素	层位	S1	S2	S3
	S2	0.243				S2	−0.569		
铜	S3	0.123	0.533		镉	S3	−0.395	0.919**	
	S4	−0.445	0.018	0.132		S4	−0.554	0.142	−0.220

**0.01 水平显著相关（双尾检验）。

前人研究表明，很多种土壤属性都能影响土壤污染物的空间分布，如土壤 pH、黏粒含量、有机质含量、阳离子交换量等，这些土壤属性通常在一定程度上互为相关（Banat et al.，2005；Lu et al.，2003）。从表 6.7 可以看出，土壤含水层中铜的垂向分布特征受土壤属性的影响较小，且土壤属性对各层土壤铜含量的影响也不明显。虽然相关性分析结果表明 S2 层土壤 pH 与土壤铜含量呈显著负相关，相关系数达 0.89，这一现象很难解释，可能是由于 S2 层土壤 pH 与影响土壤铜含量的某一重要因素密切相关，pH 与铜含量的相关性是由于间接传导引起的。从整体上来看，土壤含水层铜含量与有机质正相关，这可能与有机质对铜的吸附有关；土壤含水层铜含量与 pH 负相关，表明含水层土壤酸化有利于土壤中铜的垂向迁移；土壤含水层铜含量与黏粒含量负相关，而土壤含水层上面两层铜含量与其负相关，下面两层铜含量与其正相关，这说明黏粒含量对含水层土壤铜含量的影响机制也不尽相同。从表 6.7 可以看出，土壤 pH 和有机质含量对土壤含水层表层（S1）土壤镉含量影响较大，而黏粒含量对土壤含水层 S2 层和 S3 层影响较大；从整体上看，土壤含水层镉含量与黏粒含量、pH 及有机质显著相关，相关系数分别为−0.62、−0.70 和 0.42，上述三种土壤属性影响着土壤含水层镉的垂向分布特征，土壤酸化有利于镉垂向迁移，有机质含量高有利于镉的吸附，但相关性分析结果表明 S3 层和 S4 层镉含量与有机质不相关和负相关，这可能与其他未知因素干扰有关。

表 6.7　研究区 7 个钻孔岩心的 4 个层位土壤铜和镉总量与土壤黏粒（<2 μm）含量、粉粒（2～50 μm）含量、pH 和有机质的相关性

元素	数据集	黏粒含量	pH	有机质含量
铜	S1（n=7）	−0.11	−0.75	0.64
	S2（n=7）	−0.89**	0.79*	0.11

续表

元素	数据集	黏粒含量	pH	有机质含量
铜	S3（$n=7$）	0.46	−0.71	0.71
	S4（$n=7$）	0.52	−0.40	−0.67
	所有（$n=28$）	−0.31	−0.37	0.45*
镉	Sl（$n=7$）	−0.25	−0.79*	0.79*
	S2（$n=7$）	−0.64	−0.21	0.61
	S3（$n=7$）	−0.71	−0.07	0.00
	S4（$n=7$）	−0.11	−0.46	−0.29
	所有（$n=28$）	−0.62**	−0.70**	0.42*

**0.01 水平显著相关；*0.05 水平显著相关。

第二节　多氯联苯污染特征

一、土壤中多氯联苯含量及组分特征

所用样品均采自浙江某电子废旧产品拆解区，土壤样品主要采集 0～20 cm 的表层土壤，其中水田土壤样品 154 份，旱地土壤样品 89 份，菜地土壤样品 34 份；同时有选择地采集剖面土壤（0～15 cm，15～30 cm，30～45 cm）。表层土壤中 17 种多氯联苯的总量变化范围是 ND（低于检测限）～484.5 ng/g，平均值是 30.6 ng/g（表 6.8）。其中根据我们的实验测定，这 17 种同系物大约占整个环境中 PCBs 总量的 30%～50%（以 Aroclor1221，1242，1254 总量为标准），即便占 50%，所测土壤中的平均含量也大约在 60 ng/g，与前苏联卫生部规定的农田土壤污染允许水平 60 ng/g 相比（毕新慧等，2001），有大约 50% 的土壤 PCBs 含量超过此标准，该值也大大高于我国未受 PCBs 直接污染地区土壤中的含量。国内有文献报道，在西藏未受到 PCBs 直接污染的土壤中检测出 PCBs 总量为 0.63～3.5 ng/g（孙维湘等，1986），怀柔附近土壤中 PCBs 仅 0.42 ng/g（以 Aroclor 1242 计，储少岗等，1995）。值得注意的是在所测定的同系物中毒性较大的 PCB28，52，101，138，153，180（Ylitalo et al.，1999），它们平均值的总量是 23.5 ng/g，占被测 PCBs 总量的 76.6%，而上海周边地区土壤中这 6 种同系物总量平均值为 0.46 ng/g（Nakata et al.，2005），说明我们研究区土壤已经被 PCBs 污染。由于 PCBs 能在食物链中富集放大，该研究区的 PCBs 对人体健康的威胁不容忽视。

表 6.8　调研区土壤中 PCBs 的组成和含量　　　（单位：ng/g）

PC 单体	水田土壤		旱田土壤		菜地土壤		上壤剖面均值/cm		
（IUPAC）	最大值	均值	最大值	均值	最大值	均值	0～15	15～30	30～45
5	7.7	1.1	2.8	0.3	2.8	0.2	7.2	n.d.	n.d.
18	122.7	8.4	16.3	2.6	16.6	2.6	19.4	12.3	0.5

续表

PC 单体	水田土壤		旱田土壤		菜地土壤		上壤剖面均值/cm		
（IUPAC）	最大值	均值	最大值	均值	最大值	均值	0~15	15~30	30~45
28	165.7	6.8	19.6	1.9	25.9	1.9	22.2	4.5	n.d.
44	30.6	2.1	8.5	1.1	9.4	1.5	9.8	1.4	n.d.
52	25.9	1.7	10.4	0.7	3.2	0.6	13.2	1.4	n.d.
66	40.3	2.0	10.0	1.0	7.5	0.9	12.7	1.3	n.d.
70	25.8	1.5	15.0	0.8	4.4	0.7	10.9	0.8	n.d.
74	22.3	0.7	3.5	0.3	5.4	0.6	4.1	0.1	n.d.
87	10.8	0.5	8.8	0.3	3.0	0.2	9.6	0.1	n.d.
99	24.5	0.3	51.5	2.1	65.4	2.9	9.9	0.9	n.d.
101	68.7	5.0	83.0	3.6	9.9	2.7	22.9	1.0	0.4
118	24.0	2.0	16.4	1.4	8.2	0.8	22.7	1.5	0.3
138	203.5	3.4	20.3	2.0	39.8	3.0	23.3	0.9	n.d.
141	3.1	0.2	1.7	0.1	1.4	0.1	2.1	n.d.	n.d.
153	19.2	1.2	16.3	0.8	36.5	1.6	16.6	0.4	n.d.
154	35.7	0.5	7.4	0.3	3.8	0.1	2.6	n.d.	n.d.
180	2.57	0.2	2.5	0.1	2.5	0.1	3.8	n.d.	n.d.
ΣPCBs	484.5	39.2	239.9	19.4	75.3	20.4	212.9	26.4	1.2

注：n.d.为低于检测项，计算总量时以 0.00ng/g 计，在三种土地利用方式中各同系物的最小值均低于检测项。

土地利用类型对土壤中 PCBs 的总量和组成会产生很大的影响（Hofman et al., 2004），PCBs 各同系物在水田土壤、旱地土壤和菜地土壤中的含量见表 6.8。从土壤中 PCBs 的总量看，水田土壤样品中 PCBs 的平均值是 39.2 ng/g，显著高于旱田土壤和菜地土壤中的含量（$p<0.01$）。从各同系物占多氯联苯总量的比例看（图 6.12），水田土壤中 3Cl 以下（含 3Cl，下同）各同系物之和占样品中 PCBs 总量的 41.4%，明显高于旱田土壤和菜地土壤中相应同系物的比例（分别是 24.7% 和 25.6%）。造成这种差异可能有三个方面原因：一，影响 PCBs 在土壤中浓度的主要因素之一是挥发（Motelay-Massei et al., 2004），尤其是低氯化的同系物更易从土壤进入大气中，水田土壤环境和旱田与菜地土壤环境相比，不利于 PCBs 的挥发，这可能是其在水田土壤中含量高且低氯同系物所占比例大的原因之一；二，水田环境有利于厌氧微生物的生存和繁殖，而高氯化的多氯联苯同系物经过厌氧脱氯后，生成低氯化的同系物，从而造成低氯化的同系物占总量的比例上升；三，可能有新的 PCBs 输入，因为新进入土壤中的 PCBs 由于低氯同系物还未能充分挥发到大气中，同时由于新进入土壤中，微生物对其的降解程度也有限，从而导致其在 PCBs 中的比例往往较老化的 PCBs 高。在水田土壤中 3Cl 及以下同系物在多氯联苯总量中的比例高达 41.4%，说明很可能有新的 PCBs 输入土壤中。当然这三种原因很有可能同时存在。值得注意的是在旱田和菜地土壤样品中，3Cl 以下同系物占 PCBs 总量的比例大约都在 25% 以上，同样不能排除有新的 PCBs 污染源存在。PCBs 在土壤环境中如

果达到平衡，3Cl 及以下同系物占总量的比例很少超过 10%（Lead et al.，1997）。PCBs 在旱地土壤和菜地土壤中无论总量还是同系物的比例组成都很接近，可能和这两种土壤环境中水分含量相似有关。同时在水田土壤、旱田土壤和菜地土壤中 4Cl～6Cl 的多氯联苯平均含量分别占各自多氯联苯总量的 58.2%、74.5%和 76.7%，这主要是由于我国生产的多氯联苯主要是以高氯同系物为主，占总多氯联苯产量的 80%，且基本上都作为变压器的浸渍液，而在测定的 17 种同系物中，5Cl 同系物在三种土地利用方式的土壤中分别占多氯联苯总量的 24.7%、38.1%和 32.3%，从而也说明了该地区的 PCBs 污染与废旧变压器处理不当有很大关系，这也与我们现场调查的结果相吻合。

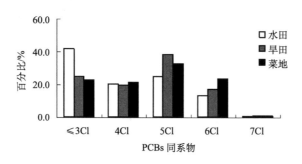

图 6.12　PCBs 同系物在三种不同利用方式土壤中的组成比例

　　为了了解 PCBs 在土壤剖面中的含量分布，测定了不同层次剖面土壤中的 PCBs 同系物含量和总量（表 6.8）。表 6.8 结果显示：随土壤深度的增加，PCBs 总含量迅速下降，最高浓度出现在 0～15 cm 的表层土壤中，占 0～45 cm 土壤剖面中多氯联苯总量的 88.6%，而在 15～30 cm 和 30～45 cm 的剖面土壤中 PCBs 分别占 11.0%和 0.5%。毕新慧等（2001）在类似的研究中也发现，PCBs 在 0～10 cm 的表层土壤中含量是 366 ng/g，而到 30～50 cm 的土壤层中含量仅为 5 ng/g，浓度降低了 95%以上，储少岗等（1995）对底泥中 PCBs 分析也发现类似现象。底泥表层的含量是 430 ng/g，1 m 处只有 17.5 ng/g，仅为表层 PCBs 污染的 4%。这主要由于 PCBs 对土壤颗粒，尤其是土壤有机质具有很强的吸附作用，而在表层土壤中有机质含量往往较高，因此 PCBs 在土壤中不易随间隙水向下迁移，因此对地下水污染不会构成较大的威胁。

　　从土壤剖面中还可以看出，PCBs 同系物的分布有两个特点：

　　（1）表层土壤中含量接近的同系物，氯化程度低的在亚表层或深层土壤中容易检出。如 PCB101，118 和 PCB138，153 含量接近，但 PCB138，153 在 30～45 cm 土壤层中未检出，而 PCB101，118 均检测到。究其原因，主要是因为 PCBs 的氯化程度对其在水中的溶解性有较大的影响。在 25℃时，PCBs 在水中溶解度在 10^{-5}～10^{-13} mol/L，相差 8 个数量级（Hawker and Connell，1998）。

　　（2）表层土壤中含量高的同系物在亚表层和深层土壤中容易检测到。如 PCB87，99 与 PCB101，118 都是 5Cl 同系物，PCB87，99 在表层土壤中含量不到 PCB101，118 的一半，因而在 30～45 cm 的土层中，后两种均检测到，而前两种均未检测到。

　　由此看来，PCBs 在土壤中向下迁移。从 PCBs 本身来看，主要决定于两个因素，一个是其氯化程度，另一个是其在土壤表层中的含量。

二、稻田上覆水中多氯联苯含量及组分特征

稻田上覆水样分别采自台州路桥区亭屿水稻田（FJW-01）、汇头水稻田（FJW-02）、玉露洋水稻田（FJW-03）、玉露洋水稻田（FJW-04）和仓东水稻田（FJW-05）。样品经液液萃取后，气相色谱测定结果如表 6.9 所示。

表 6.9　稻田上覆水多氯联苯含量和毒性当量　　（单位：ng/L）

含量	FJW-01	FJW-02	FJW-03	FJW-04	FJW-05
PCB-8	ND	ND	0.14 ± 0.30	0.10 ± 0.26	ND
PCB-77	ND	ND	0.11 ± 0.24	ND	ND
Σ PCBs	—	—	0.25 ± 0.49	0.10 ± 0.26	—
Σ TEQs（98）	—	—	0.01 pg/L	—	—

注：ND 表示未检出；—表示没有计算值。

本研究发现 FJW-03 中虽然组分简单，但含量却较高（表 6.9）。多氯联苯属于非离子型化合物，挥发性低、辛醇/水分配系数高，因此水体中多氯联苯的残留量很少超过 2ng/L。推测造成 FJW-03 和 FJW-04 样品中多氯联苯含量较高的原因主要是这 2 个采样点位于垃圾焚烧场附近，多氯联苯焚烧产物通过大气沉降而进入并部分溶解在稻田上覆水中的情况比较严重。

前人研究发现孟加拉湾海水中多氯联苯含量在 1.93~4.46 ng/L，也以低氯（2~4）同类物为主（Rajendran et al.，2005）；Turrio-Baldassarri 等（2005）对曾生产多氯联苯的意大利 Brescia 地区饮用水中 60 种同类物的总含量进行了调查，结果显示多氯联苯同类物平均含量在 0.01~0.02 ng/L，而低氯联苯同类物含量可达到 0.05 ng/L。

研究显示，共平面多氯联苯同类物在稻田上覆水中的种类和含量都很少，但在 FJW-03 样品中检出，为 PCB-77，由于这类化合物具有二噁英毒性，因此该地区稻田上覆水可能具有潜在的生物毒性和生态风险。

三、大气中多氯联苯的含量

大气中 PCBs 以两种形式存在：气相和颗粒相。本书研究区大气中可吸入颗粒物 PM10 中 PCBs 的含量显著高于国内外很多地区大气 PM_{10} 中的含量（Okuda et al.，2008；Cetin et al.，2007；Sun et al.，2004），甚至达到、高于某些工业区所采集的 PM_{10} 中的含量。调查的大气中气态 PCBs 的含量与李英明等（2008）在该地区采用 PUF 被动式采样方式调查的结果相近，大气中气态 PCBs 构成特征也相同，即以低氯代 PCBs 为主，随氯代数的提高，PCBs 的含量逐渐降低；大气中气态 PCBs 含量高于国内外其他地区的研究调查结果。

四、地下水中多氯联苯的含量

所调查的研究区环境介质中多氯联苯、镉及铜的含量水平如表 6.10 所示。通过与国内外现存相关标准的比较可以看出研究区地下水中 PCBs、Cd 的污染状况比较严重。调查的地下水均为从居民家中自用井采集，调查结果表明近 80%井水中 Cd 含量超过我国地下水基准 V 类水的标准（我国地下水基准规定超过 V 类标准即不可饮用）。对于地下水中的 PCBs 我国目前没有相应标准，而国外不少国家对此进行了规定（NGSO, 2001），表中所引用的标准 10 ng/L 为荷兰标准，荷兰规定地下水中总 PCBs 含量的修复目标值为 10 ng/L，若地下水中 7 种指示性 PCBs 的总含量超过 10 ng/L 则需采取措施对受污染的地下水进行修复治理。相比之下，在所调查的地下水中 Cu 的污染相对不是很严重。

表 6.10　研究区环境介质中 PCBs、Cd、Cu 含量及评价

			多氯联苯（PCBs）（土壤及农作物为 µg/kg，地下水为 ng/L，大气为 pg/m³）			镉（Cd）（土壤及农作物为 mg/kg，地下水为 µg/L，PM₁₀为 ng/m³）			铜（Cu）（土壤及农作物为 mg/kg，地下水为 µg/L，PM₁₀为 ng/m³）		
			PCB21	标准 a	超标	实测值	标准 b	超标	实测值	标准 c	超标
土壤（n=151）		范围	0.00~1061	90	17.9%	0.23~15.3	0.3	68.2%	10.72~16850	50	47.7%
		平均	65.2			1.66			230.7		
农作物	大米（糙米）（n=95）	范围	0~35.8	—	—	0.02~3.3	0.2	40%	2.34~544	10	47.4%
		平均	12.5			0.36			45.0		
	蔬菜（n=38）（DW）	范围	1.32~1982	—	—	0.03~25.9	0.2	89.5%	8.53~45.4	10	97.4%
		平均	432			5.62			21.6		
大气	PM₁₀（n=4）	范围	8971~17 198	—	—	2.70~8.3	—	—	128~1218		
		平均	12 788			9.13			433.4		
	PUF（n=4）	范围	22 195~40 941	—	—						
		平均	33 716								
	地下水（n=28）	范围	9.8~314	10	96.4%	ND~39.1	10（V 类）	28.6%	2.1~32.4	1000（Ⅲ类）	0
		平均	64.3			4.8			8.00		

注：表中"—"指不存在该项信息；a：PCBs 标准，土壤 PCBs 标准为美国 ASTM 规定的土壤活性层中 PCBs 总量标准（ASTM, 1995）；井水 PCBs 标准为荷兰地下水 7 种 PCBs 干涉值（MHSPE, 1994）；b：Cd 标准，土壤 Cd 标准为 pH 小于 6.5 情况下 Cd 的二级标准（GB15618—1995）；大米和蔬菜中 Cd 的标准为我国食品中污染物限量标准（GB2762—2005）中蔬菜和大米标准；Cd 地下水标准为我国地下水基准（GB/T 14848—1993）中五类水标准；c：Cu 土壤标准为我国土壤环境基准（GB15618—1995）中 pH 小于 6.5 的二级标准；地下水标准为我国地下水基准（GB/T 14848—1993）中 V 类水标准。

第三节　多环芳烃污染特征

一、土壤中多环芳烃的含量及分布特征

（一）土壤中 16 种多环芳烃的含量及分布

在典型电子废旧产品拆解场地选择周边燃烧现象较为严重的区域，从中采集 40 个土壤进行 PAHs 的分析。土壤样品中 16 种 PAHs 总量浓度范围为 108~1520 µg/kg，平均

值为 319 µg/kg；5 环 PAHs 含量为 0.5～688 µg/kg（图 6.13 和图 6.14）。75%的样品中 16 种 PAHs 总量大于 200 µg/kg，有 67.5%的样品在 200～600 µg/kg，有一个样品 16 种 PAHs 总量高于 1000 µg/kg。5 环 PAHs 含量 70%高于 25 µg/kg，27.5%的样品在 25～100 µg/kg，17.5%的样品在 50～100 µg/kg，20%的样品在 100～200 µg/kg，2 个样品（5%）5 环 PAHs 总量高于 200 µg/kg。

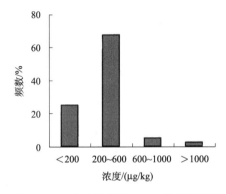
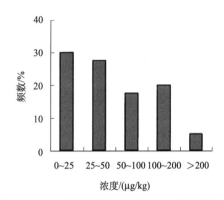

图 6.13　40 个土壤样品 PAHs 总量的比例　　图 6.14　40 个土壤样品 5 环 PAHs 总量的比例

　　所检测的 40 个土壤样品中，16 种 PAHs 的检出率为 0～100%，其中菲、荧蒽和芘均被检出，而二苯并[a,h]蒽和苊均低于检出限（表 6.11）。在 PAHs 同系物中 3 环、4 环和 5 环的检出率达到 100%，而 6 环检出率最低为 17.5%。除了菲、荧蒽和芘外，每种 PAH 最小浓度均低于检测限，平均浓度为 0～79.6 µg/kg。荧蒽和菲平均浓度高于 50 µg/kg，苯并[k]荧蒽、苯并[a]蒽、芘和苯并[b]荧蒽平均浓度在 10～50 µg/kg，其余 9 种 PAHs 平均浓度低于 10 µg/kg。同系物中 4 环 PAHs 的平均浓度最高达 143.3 µg/kg，2 环的最低为 5.1 µg/kg。单个 PAH 中值为 0～81.8 µg/kg，同系物的中值为 0～115 µg/kg，一些样品中某些 PAH 如萘的含量很低。16 种 PAHs 的变异系数（CV）为 34%～633%，二氢苊、蒽、苯并[a]蒽和苯并[k]荧蒽变异系数很大，说明这几种 PAHs 在不同土壤样品中含量差异较小；其余（除二苯并[a,h]蒽）变异系数较低，说明在土壤样品中这些 PAHs 含量浓度差异非常明显。

　　对浙江台州某地 POPs 复合污染地区土壤中多环芳烃含量调查分析表明，采样区域内菲和苯并[a]芘检出率均比较高，按荷兰污染土壤的治理标准，有 23.1%的土壤 PA 含量高于目标值 45 µg/kg，有 6.4%的样品 BaP 含量高于目标值 25 µg/kg。

　　该地土壤 PAHs 总量处于中、低水平，按 Maliszewska-Kordybach（1996）对农业土壤 PAHs 污染程度分类，有 75%的土壤已受污染，其中 67.5%的土壤属于轻度污染，5%的土壤属于中度污染，2.5%的土壤属于严重污染。该地已受到多氯联苯污染（储少岗等，1995），因此该区可能是 POPs 复合污染高风险区。

　　在 16 种 PAHs 中，3～5 环 PAHs 占有相当高的比例，如菲、荧蒽和苯并[k]荧蒽。总体上讲，较高分子量的 PAHs 在土壤中占有相当大的比例，而低分子量 PAHs 容易降解和挥发，积累较少（Pichler et al.，1996）。从表层土壤到底层土壤 PA 和 BaP 含量下降，两剖面土壤 PA 和 BaP 含量存在差异，可能与当地污染情况和土壤性质有关。

表 6.11　土壤中 16 种多环芳烃的浓度和检出率（样品数=40 个）

PAHs	最小值/（μg/kg）	最大值/（μg/kg）	平均值/（μg/kg）	中值/（μg/kg）	变异系数/%	检出率/%
萘（Nap）	ND	41.5	5.1	1.9	153	52.5
二氢苊（AcPy）	ND	14.6	0.4	ND	633	97.5
苊（AcP）	ND	ND	ND	ND	ND	0.0
芴（Flu）	ND	33.9	7.0	2.4	124	50.0
菲（PA）	5.7	143	79.6	81.8	34.0	100
蒽（Ant）	ND	18.0	1.4	ND	291	12.5
荧蒽（FL）	5.1	158	60.1	53.4	46.1	100
芘（Py）	2.8	192	33.2	26.4	92.3	100
苯并[a]蒽（BaA）	ND	186	18.0	10.4	165	82.5
䓛（CHR）	ND	199	32.1	21.5	113	97.5
苯并[b]荧蒽（BbF）	ND	370	45.0	28.8	135	87.5
苯并[k]荧蒽（BkF）	ND	168	12.6	5.3	216	55.0
苯并[a]芘（BaP）	0.5	29.6	8.5	6.9	81.5	100
二苯并[a，h]蒽（DBA）	ND	ND	ND	ND	—	0.0
茚并[l，2，3-cd]芘（IND）	ND	150	8.6	ND	319	12.5
苯并[g,h,i]苝（BghiP）	ND	47.6	7.0	ND	218	17.5
2 环	ND	41.5	5.1	1.9	153	52.5
3 环	23.6	150	88.4	91.6	34.1	100
4 环	42.1	735	143	115	78.9	100
5 环	0.5	688	74.7	36.4	153	100
6 环	ND	47.6	7.0	ND	218	17.5

注：ND，未检出。

（二）土壤中菲和苯并[a]芘含量及分布

295 个土壤中菲（PA）和苯并[a]芘（BaP）检出率分别为 93.2%和 99.3%。PA 和 BaP 浓度范围分别为 0～143 μg/kg 和 0～93.3 μg/kg；平均含量分别为 29.8 μg/kg 和 10.2 μg/kg；中值为 19.1 μg/kg 和 7.4 μg/kg。大部分样品 PA 含量低于 25 μg/kg、BaP 低于 12.5 μg/kg。其中 6.4%土壤样品 PA 含量低于检出限；20%土壤样品 Phe 含量为 45～100 μg/kg；3.1%的土壤样品 PA 含量>100 μg/kg；1.0%土壤样品中 BaP 含量低于检出限；6.4%土壤样品中 BaP 含量>25 μg/kg（图 6.15）。

（三）土壤中菲和苯并[a]芘在土壤剖面的分布

在两个土壤剖面样品（S1 和 S2）中，从表层到底层 PA 和 BaP 含量下降，两垂直土壤各个层次 PA 和 BaP 含量存在差异（图 6.16）。S1 为 0～20 cm 层内 BaP 的含量为 16.5 μg/kg，20 cm 以下 BaP 含量低于检出限；PA 含量 0～20 cm 最高为 156 μg/kg，20～40 cm PA 含量急剧下降（11.4 μg/kg），40～60 cm PA 含量（14.4 μg/kg）与 20～40 cm PA 含量相近。S2 在各个层次 2 个 PAHs 含量分布与 S1 相似：PA 含量从 0～20 cm 的

78.8 μg/kg，到 20～40 cm 的 61.4 μg/kg，在 40～60 cm 含量为 32.3 μg/kg，降低比较平缓；在 0～20 cm 和 20～40 cm，BaP 含量分别为 1.8 μg/kg 和 2.8 μg/kg，40～60 cm 含量低于检出限。

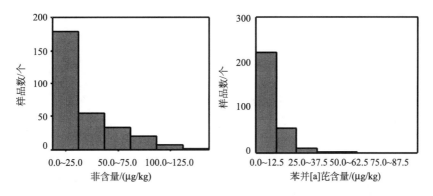

图 6.15　浙江台州 295 个表层土壤样品中菲和苯并[a]芘的含量分布

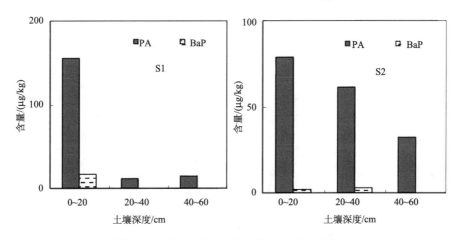

图 6.16　不同深度土壤菲和苯并[a]芘含量分布

（四）土地利用方式对土壤菲和苯并[a]芘含量的影响

295 个土壤不同的土地利用方式之间 PA 和 BaP 的平均浓度有一定的差异（图 6.15），PA 含量以旱地和其他最高，而 BaP 以荒地最高，但同一土地利用类型土壤的变异很大，方差分析表明 PA 和 BaP 在各土地利用方式间不存在显著差异。

所选择的 40 个土壤不同的土地利用方式之间 PAHs 平均浓度存在差异（图 6.17 和图 6.18），就 PA 含量而言，旱地高于葡萄园地（$p<0.05$）。高环 PAHs 从荧蒽到苯并[g,h,i,]芘含量均以水田最低，但与其他两种利用方式的差异未达到显著性水平。在 3 种土地利用方式之间，环数不同的 PAHs 含量虽然存在差异，但只有 3 环达到显著性差异（图 6.18）。

图 6.19 显示 40 个土壤 3 环以上 PAHs 化合物占总 PAHs 含量百分数。在 32 个样品中 4 环和 4 环以上 PAHs 含量占总体含量的 50%以上。样品苯并[a]蒽/（苯并[a]蒽+ 䓛）[BaA/（BaA+CHR）]比值为 0～0.5，大多数土壤该比值高于 0.2。荧蒽/（荧蒽+芘）

[FL/（FL+Pyr）]比值为 0.4～0.8，除了一个土壤外，该比值均高于 0.5。土地利用方式影响土壤中多环芳烃的浓度和积累方式（Wilcke，2000）。

本研究所选择的 40 个土壤样品 16 种 PAHs 结果表明（图 6.21），高环 PAHs 从荧蒽到苯并[g,h,i]芘均以水田含量低，良好的水分条件有利于多环芳烃的消散（Doick and Semple，2003）。

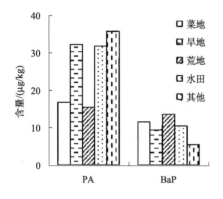

图 6.17　不同土地利用方式下土壤 PA 和 BaP 的浓度

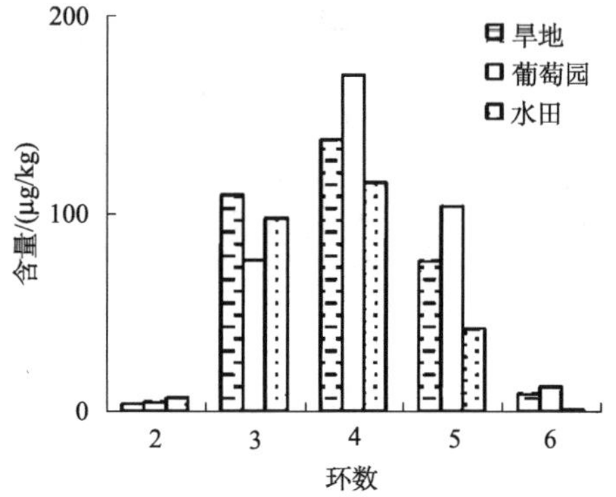

图 6.18　不同土地利用方式下土壤中多环芳烃同系物浓度

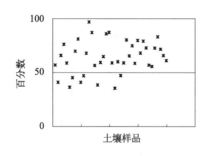

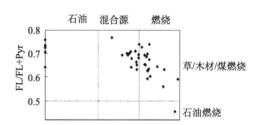

图 6.19　不同多环芳烃在表层土壤中的比值

图 6.20　>3 环 PAHs 在土壤总 PAHs 的百分比

大多数土壤中 4 环和 4 环以上 PAHs 含量占总体含量的 50%以上，表明该区域 PAHs 主要来源于燃烧。大多数样品 BaA/（BaA+CHR）比值高于 0.2，FL/（FL+Pyr）比值高于 0.5（图 6.20）。依据 Yunker 等（2002）的判断指标，本研究有近一半的土壤样品 PAHs 是燃烧产生的，可能有草、木材或煤的燃烧和石油燃烧，大约 1/3 的样品 PAHs 可能来源石油污染和草、木材或煤的燃烧。该地区交通发达、存在秸秆和塑料焚烧现象，存在中小工厂和拆卸厂，因此机动车尾气、木材燃烧和工业煤燃烧、废旧机器漏油和塑料燃烧对 PAHs 的积累均有贡献。对采样区域进行实地调查发现，各种塑料垃圾随意堆放，焚烧电子塑料垃圾现象十分普遍，塑料燃烧可以生成 PAHs（Durlak et al.，1998）。对焚烧后的灰分进行分析，发现其中菲含量达到 800 μg/kg 以上，苯并[a]芘含量达到 100 μg/kg 以上，因此塑料垃圾的露天焚烧已经成为新的 PAHs 污染源。此外，废旧塑料燃烧能生成具有潜在毒性的其他环境污染物，如多氯代多环芳烃、多氯代二苯并二噁英和多氯代二苯并呋喃、多氯联苯、硝基多环芳烃等（王东利等，2003）。因此，该区域可能是多种 POPs 复合污染高风险区。

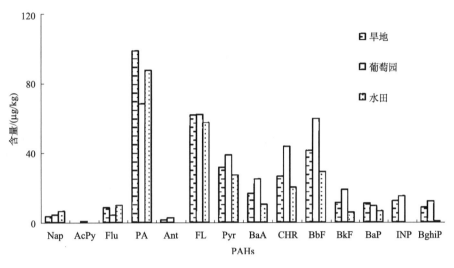

图 6.21　不同土地利用方式下土壤多环芳烃的浓度

二、稻田上覆水中多环芳烃污染特征

　　稻田上覆水样分别采自台州路桥区亭屿水稻田（FJW-01）、汇头水稻田（FJW-02）、玉露洋水稻田（FJW-03）、玉露洋水稻田（FJW-04）和仓东水稻田（FJW-05）。稻田上覆水中多环芳烃的含量如表 6.12 所示。从采集典型区稻田上覆水样品中，在 FJW-01 和 FJW-02 检测出 2 种多环芳烃，为菲和荧蒽，无强致癌性的高环数多环芳烃检出，未超出我国城市供水行业 2000 年技术进步发展规划水质目标限定的多环芳烃总量（包括苯并[a]芘）最高允许浓度 0.2 μg/L（汪光焘，1993）。

表 6.12　稻田上覆水中多环芳烃含量　　　　（单位.ng/L）

项目	FJW-01	FJW-02	FJW-03	FJW-04	FJW-05
菲	14.46	ND	ND	ND	16.48
荧蒽	19.28	ND	ND	ND	ND
ΣPAHs	33.74	—	—	—	16.48

三、沉积物中多环芳烃的含量及分布特征

　　采集有代表性的河流表层沉积物和其他水体沉积物共 10 个。沉积物中 16 种 PAHs 总量为 119~4776 μg/kg，总量和大多数 PAHs 均以 FJN2 最高，高环 PAHs 含量相对较多（表 6.13）。SedA1-A3 为距拆卸厂由近及远的 3 个沉积物，PAHs 总量和大多数 PAHs 以较近的 A1 最大，较远的 A3 最小。

表 6.13 沉积物样品中多环芳烃的含量 （单位：μg/kg）

| 采样点 | FJR | FJN1 | FJN2 | FJN3 | CQ1 | CQ2 | BF | CHI | CH2 | CH3 |
代号	Sedl	Sed2	Sed3	Sed4	Sed5	Sed6	Sed7	SedAl	SedA2	SedA3
萘（Nap）	32.1	0.0	23.8	19.0	0.0	0.0	17.7	50.6	33.1	35.8
二氢苊（AcPy）	ND	ND	28.3	ND	ND	ND	ND	27.9	28.3	ND
苊（Acp）	ND	ND	ND	ND	ND	ND	ND	ND	ND	ND
芴（Flu）	ND	58.3	ND	ND	ND	ND	ND	ND	120	ND
菲（PA）	160	213	250.8	51.2	14.4	26.7	44.4	466	407	132
蒽（Ant）	44.3	60.1	87.9	ND	ND	22.9	31.8	139	84.4	ND
荧蒽（FL）	191	305	671	125	38.8	87.4	ND	237	2321	ND
芘（Pyr）	258	410	887	126	33.4	66.2	701.3	499	470	ND
苯并[a]蒽（BaA）	103	149	389	44.8	ND	30.9	ND	ND	61.4	ND
䓛（CHR）	206	210	597	104	32.2	48.0	154	473	370	278
苯并[b]荧蒽（BbF）	106	213	592	81.9	ND	50.9	38.3	36.9	45.4	ND
苯并[k]荧蒽（BkF）	60.3	82.9	204	35.9	ND	29.6	ND	ND	ND	ND
苯并[a]芘（BaP）	57.2	110	390	21.2	0.5	14.7	9.4	7.4	7.8	ND
二苯并[a,h]蒽（DBA）	81.6	108	318	ND	ND	36.6	ND	ND	ND	ND
茚并[l,2,3-cd]芘（INP）	ND	41.2	69.3	ND	ND	ND	ND	ND	ND	ND
苯并[g.h,i]芘（BghiP）	78.6	119.1	268	52.6	ND	36.3	ND	ND	ND	30.0
总量	1379	2080	4776	662	119	450	997	1936	1860	475

ND: 未检出。

沉积物中 PAHs 含量相对地比土壤中的高。由于水溶性低，辛醇-水分配系数高，PAHs 极易分配到沉积物中，沉积物成了 PAHs 的蓄积库，使沉积物中的 PAHs 的浓度高出水中浓度几个数量级。在沉积物中 PAHs 的吸附比在土壤上的吸附强，主要是受含量相当高的有机质的影响（Chiou et al.，1998）。距拆卸厂越远的样品，PAHs 含量越低可能与拆卸柴油机等机械引起的油污染有关。

四、水体中多环芳烃的含量及分布特征

采集不同点位的 14 个水体样品，包括河水、井水、水库水等水体，并以河水样品为主，样品中 PAHs 含量见表 6.14。所测定的 16 种 PAHs 大部分低于检出限（未呈现在表中），总体 PAHs 含量为 15.1～90.6 ng/L，其中地表河水为 24.2～90.6 ng/L，以 FJQ 河水最高，检出的 2 个 PAHs 为菲和荧蒽；最低为 FJR 的河水，但 BaP 的含量最大，为 3.2 ng/L。饮用水或饮用水源水也检测到了 PAHs，其含量为 15.1～78.8 ng/L，比地表河水略低。

表 6.14 水体样品中 16 种多环芳烃的含量　　　（单位：ng/L）

地点 Site	水体类型	菲	蒽	荧蒽	芘	苯并[a]蒽	苯并[a]芘	总量
FJR	河水	7.0	4.8	3.8	5.3	ND	3.2	24.2
FJN1	河水	34.8	3.2	2.9	5.1	ND	2.4	48.4
FJN2	河水	12.0	8.0	5.8	6.3	1.2	0.3	33.7
WLN	河水	8.0	12.4	8.4	7.9	4.3	0.3	41.2
FJZ1	井水	20.1	9.8	6.9	41.7	ND	0.4	78.8
FJZ2	自来水	30.9	7.7	5.6	29.7	ND	0.4	74.3
FJC1	河水	24.5	19.6	12.7	14.7	ND	ND	71.6
FJC2	河水	19.1	9.4	6.6	7.6	ND	ND	42.7
FJB1	山水	49.0	8.8	6.3	8.3	ND	0.7	72.9
FJB2	池塘水	23.4	7.7	6.6	8.1	ND	ND	45.9
FJX1	自来水	21.9	6.1	4.6	6.4	ND	ND	39.0
FJX2	井水	19.3	11.7	8.0	13.7	ND	0.9	53.5
FJB3	水库水	15.1	ND	ND	ND	ND	ND	15.1
FJQ	河水	29.2	ND	61.4	ND	ND	ND	90.6

注：ND：未检出；下划线：饮用水源水。

水中 PAHs 的主要来源有石油泄露、城市生活污水、工业废弃物、大气尘降、表面径流、土壤浸析等。水样 PAHs 大部分低于检出限，地表河水 PAHs 总量为 24.2～90.6 ng/L，以 FJQ 河水最高，检出的 2 个 PAHs 为菲和荧蒽；FJR 河水 BaP 的含量最大为 3.2 ng/L。与王彻华等的长江干流主要城市江段多环芳烃含量相似，王彻华等（2001）研究表明，各江段每升水中多环芳烃总含量平均值达几十微克，最大近百微克，最高点分别在重庆江段和南京江段。但远低于珠江虎门潮汐水道水样（2001 年洪、枯季水体 16 种优控多环芳烃含量分别为 223～614 ng/L 和 6559～20031 ng/L）、澳门水域水体（16 种优控多环芳烃的质量浓度为 940～6654 ng/L；杨清书等，2004）、杭州地面水（989～9663 ng/L；Chen et al.，2004）、天津地表水（45.8～1272 ng/L；Shi et al.，2005）。饮用水或饮用水源水也检测到了 PAHs，其含量为 15.1～78.8 ng/L，比地表河水和已有饮用水源水报道的 PAHs 含量略低。朱利中等（2003）检测到杭州 2 个自来水厂 PAHs 为 2090～3203 ng/L，采用一系列常规饮用水处理工艺并不能有效去除微量 PAHs。本书所测定饮用水源水苯并[a]芘含量没有超过国家标准，属于 PAHs 轻度污染。但由于当地塑料燃烧现象十分普遍，通过大气沉降等方式 PAHs 源源不断进入水体，势必会对人体健康产生危害。

第四节　二噁英/呋喃污染特征

在我国东南沿海典型的废旧电子产品拆解区附近，采集水稻土和菜地表层土壤（0～15 cm）进行提取和分析，供试土壤编号为 SEBC1、SEBC2 和 SEBC3。典型污染区农田土壤中二噁英/呋喃（PCDD/Fs）含量和毒性当量分析结果如表 6.15 所示。由表 6.15 可知,供试土壤中 PCDD/Fs 总含量和毒性当量范围分别为 425～588 pg/g DW 和 15.0～29.4 pg/g DW,其平均值为 556 pg/g DW 和 20.2 pg TEQ/g。污染水平不仅高于部分国家土壤中 PCDD/Fs 的平均水平,德国(Fiedler et al.,2002):1～3 pg TEQ/g,2500 个土壤样本;西班牙(Eljarrat et al.,2001):0.27～2.24 pg TEQ/g;加拿大和美国中西部各州(Birming ham et al.,1990):0.16～0.26 pg TEQ/g;日本(MoE,2001):平均值 6.9 pg TEQ/g(3000 个土壤样本),而且远远超过一些国家农业土壤二噁英的参考值(德国:<5 pg TEQ/g;荷兰:1 pg TEQ/kg;瑞典和新西兰:10 pg TEQ/kg)。研究发现,土壤中 PCDD/Fs 总含量虽然比 2003 年调查结果(平均值为 2639 pg/g DW)要低,但其毒性当量则与原来相近(21.1 pg TEQ/g)(骆永明等,2004),这也进一步证实了该污染区农田土壤存在二噁英类污染的潜在风险。

表 6.15　供试农田土壤中四氯至八氯代 PCDD/Fs 的 17 种单体含量(单位:pg/g DW)

PCDD/Fs 单体(PCDD/Fs single components)	SEBC1	SEBC2	SEBC3
2,3,7,8-四氯代二苯并二噁英(TCDD)	0.68	0.39	1.00
1,2,3,7,8-五氯代二苯并二噁英(PeCDD)	2.13	1.54	2.65
1,2,3,4,7,8-六氯代二苯并二噁英(HxCDD)	1.85	1.50	1.88
1,2,3,4,6,7,8-六氯代二苯并二噁英(HxCDD)	3.68	3.76	3.93
1,2,3,7,8-六氯代二苯并二噁英(HxCDD)	2.99	3.46	3.06
1,2,3,4,6,7,8-七氯代二苯并二噁英(HpCDD)	29.1	53.4	42.4
八氯代二苯并二噁英(OCDD)	127	461	415
2,3,7,8-四氯代二苯并呋喃(TCDF)	47.5	17.8	25.9
1,2,3,7,8-五氯代二苯并呋喃(PeCDF)	21.4	10.5	10.9
2,3,4,7,8-五氯代二苯并呋喃(PeCDF)	26.8	11.9	12.1
1,2,3,4,7,8-六氯代二苯并呋喃(HxCDF)	28.0	13.4	10.2
1,2,3,6,7,8-六氯代二苯并呋喃(HxCDF)	15.2	9.58	8.13
1,2,3,7,8,9-六氯代二苯并呋喃(HxCDF)	18.7	11.5	8.52
2,3,4,6,7,8-六氯代二苯并呋喃(HxCDF)	2.75	0.82	0.80
1,2,3,4,6,7,8-七氯代二苯并呋喃(HpCDF)	57.7	38.2	25.31
1,2,3,4,7,8,9-七氯代二苯并呋喃(HpCDF)	6.29	3.33	2.36
八氯代二苯并呋喃(OCDF)	33.3	13.1	9.13
总多氯代二苯并二噁英/呋喃(Sum PCDD/Fs)	425	655	588
I-TEQ(NATO/CCMS,北约现代科学委员会)	29.4	15.0	16.3
WHO(世界卫生组织)-TEQ(mammal,哺乳动物)	29.4	14.5	16.6

供试土壤中二噁英类(PCDD/Fs)的污染指纹如图 6.22 所示。从图 6.22 可以看出,三个供试土壤中 PCDD/Fs 的污染指纹总体上表现出以八氯代二苯并二噁英(OCDD)为主(其百分含量分别为:29.9%、70.4%、71.4%),其次是 1,2,3,4,6,7,8-七氯代二苯并二噁英(HpCDD,分别为 6.85%、8.15%、7.21%)和 1,2,3,4,6,7,8-七氯代二苯并呋喃(HpCDF,分别为 13.6%、5.83%、4.30%)。但其含量大小却存在一定差异,如供试土壤(SEBC2

和 SEBC3）的 OCDD 百分含量高出供试土壤 SEBC1 的 2.36 倍和 2.39 倍，这可能与土壤 PCDD/Fs 污染来源有关。调查结果显示，供试土壤（SEBC1）附近存在多家电缆电线焚烧场，电缆电线的燃烧可能是供试土壤 SEBC1 中 PCDD/Fs 的主要来源，而供试土壤 SEBC2 和 SEBC3 却存在多源特征，其附近除了有电缆电线燃烧外，还存在露天拆卸废旧变压器和电子洋垃圾等活动，这可能是导致它们在土壤中八氯代二苯并二噁英（OCDD）含量偏高的主要原因。英国的一项研究结果表明（Alcock et al.，2001），因燃烧排放的大气中 PCDD/Fs 污染指纹通常是以 OCDD（30%～40%）、1,2,3,4,6,7,8-HpCDD（15%～19%）和 1,2,3,4,6,7,8-HpCDF（14%～19%）为主。也有研究表明，城市固体废弃物焚化装置和铜冶炼厂附近土壤中 PCDD/Fs 同系物主要以 OCDD、1,2,3,4,6,7,8-HpCDD 和 2,3,4,7,8-PeCDF 为主，其次是 2,3,7,8-TeCDF 和 1,2,3,4,7,8-HxCDF，供试土壤（SEBC1）的污染指纹与此相似。事实上，要明确一个研究区域环境介质中 PCDD/Fs 的污染指纹是十分复杂的过程，尤其是土壤介质，土壤中 PCDD/Fs 的污染指纹不仅与二噁英类物质的来源、形成途径有关，而且还与它们在土壤环境中的物理化学行为密切相关。

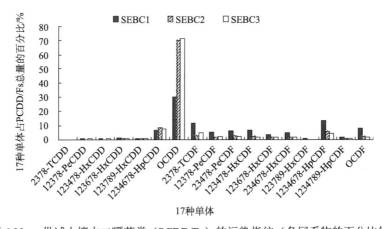

图 6.22　供试土壤中二噁英类（PCDD/Fs）的污染指纹（各同系物的百分比例）

第五节　酞酸酯污染特征

在距离电子废旧产品拆解点约 250 m 的农田中按照不同的土地利用方式布点采样。主要包括四部分：①不种任何植物的空地（CK）；②种植蔬菜的菜地（VP），其中主要种植了胡萝卜、花椰菜、水萝卜和小油菜，作物之间以间作的形式成行种植；③种植绿肥作物紫花苜蓿的地块（GP），其中紫花苜蓿包括撒播（GP-B）和条播（GP-D）两种；④不种植植物但水分含量不同的地块（PR），包括长期淹水（PR-1）和干湿交替（PR-WD）两种类型，其中长期淹水地块是经过了三年淹水处理的，干湿交替则是一季淹水一季排干的。

台州调查区域四种土壤利用类型的土壤中酞酸酯的含量分析结果见图 6.23。由图可知，四种不同土地利用方式土壤中残留的 6 种目标酞酸酯总含量介于（310.25±192.10）～

（2389.53±218.70）μg/kg DW 之间，且总含量排序从大到小依次是 CK＞PR-1＞PR-DW
＞GP-D＞GP-B＞VP，数值依次为（2.39±0.22）μg/kg DW、（2.24±0.08）μg/kg DW、
（1.68±0.14）μg/kg DW、（0.54±0.33）μg/kg DW、（0.47±0.36）μg/kg DW 和（0.31±0.19）
μg/kg DW。各种酞酸酯组分的含量从未检出到（2150.25±54.37）μg/kg，各种组分在不
同采样点的总含量排序为 DEHP＞DnBP＞DMP＞DnOP＞DEP＞BBP。除了长期淹水的
空地之外，所有土壤的酞酸酯含量都显著低于不种植物的空地对照土，其中含量最高的
可占对照的 70%左右，含量最低的只占对照的 15%左右。本地区土壤中主要含有的酞酸
酯组分为 DEHP 和 DnBP，种植植物后其土壤含量明显降低。

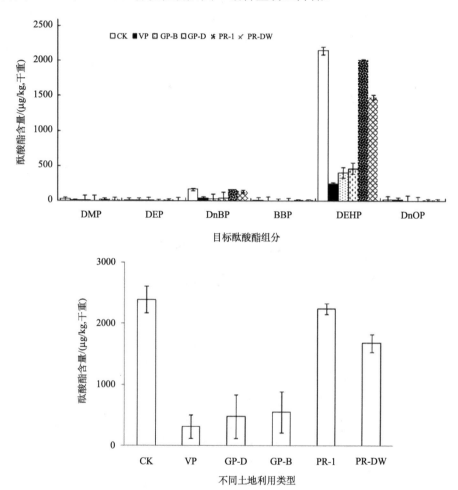

图 6.23　不同土地利用方式下土壤中的酞酸酯组分及含量

CK 为空地土壤；VP 为菜地土壤；PR-1 为长期淹水空地土；PR-DW 为干湿交替空地土；GP-D 为条播绿肥地块土壤；GP-B
为撒播绿肥地块土壤

　　从不同利用方式土壤中酞酸酯的含量差别来看，种植了植物后土壤中酞酸酯的含量
明显减少，尤其是种植绿肥紫花苜蓿（不论撒播和条播）和种植各种蔬菜的土地，几乎
去除了对照空地土壤中 3/4 的酞酸酯。干湿交替的土壤与长期淹水的土壤中由微生物带

来的酞酸酯去除率的差别达到 5 倍之多，尤其是高分子量的组分。种植各种蔬菜的土壤中的酞酸酯去除率与对照组相比接近 90%。

调查区域四种不同土地利用方式的土壤中残留的六种目标酞酸酯除了长期淹水的空地之外，所有土壤的酞酸酯含量都显著低于不种植物的空地对照土，种植植物后土壤中酞酸酯的含量有了明显地减少，尤其是种植紫花苜蓿和各种蔬菜的土地。因此，除了将紫花苜蓿作为一种绿肥之外，将其作为修复植物对酞酸酯污染的土壤进行修复，尤其是撒播的种植方式，能得到较好的酞酸酯去除效果。另外，两种种植模式下紫花苜蓿的去除酞酸酯的效果差异可能主要来源于土地的利用程度。撒播的情况下几乎所有土壤表面都播种了种子，而条播的过程中需留出垄距，必然有一部分表面土壤空闲，导致总的生物量上的差别，从而产生了不同的植物去除效果。

土壤中的酞酸酯含量的减少主要是由于酞酸酯自身的光降解、水解和生物降解等原因。长期淹水和干湿交替的土壤中的酞酸酯也存在着一定程度的减少，而两个处理的最大不同就是水分含量以及土壤氧气通量的差别。长期淹水处理主要依靠污染物自身的光降解和水解的酞酸酯去除方式是比较缓慢的，但是当有微生物存在，尤其是好氧微生物参与时，酞酸酯的去除效率则大大增加，说明了微生物的作用在酞酸酯去除过程中的重要性（Wolfe et al.，1980）。而之前的报道也表明，好氧条件下酞酸酯降解速度远远大于厌氧条件，尤其是对 DEHP 和 DnOP 等高分子量的组分来说，影响更大（Yuan et al.，2010）。干湿交替的土壤处理能够为微生物提供足够的水分和充足的氧气，因而比长期淹水的土壤中的微生物活性高，降解酞酸酯效果更好。两处理由微生物带来的酞酸酯去除率的差别可以达到 5 倍之多，尤其是高分子量的组分。值得注意的除了紫花苜蓿还有种植各种蔬菜的土壤，这部分土壤中的酞酸酯去除率与对照组相比接近 90%，该去除作用除微生物降解外，还归因于各种蔬菜体内的积累。

济南市郊区 0～20 cm 表层土壤 1996 年时 DEHP、DnBP 和 DEP 总浓度便高达 8.35 mg/kg（孟平蕊，1996），明显高于台州调查区；北京城郊土壤主要存在 DnBP、DEHP 和 DiBP 的污染，6 种酞酸酯总浓度约为 0.51～8.0 mg/kg（Li et al.，2006），两地区的酞酸酯特征组分类似，但含量差别较大；Zeng 等（2009）发现广州城区土壤的主要酞酸酯污染组分是 DiBP、DnBP 和 DEHP；苏南地区农田表层土 DnBP 和 DEHP 含量最高，但含量比本书结果低得多，在 0.575～762 µg/kg 之间（张利飞等，2011）。由于电子废旧产品拆解区的农田有别于普通的城市郊区的农田，其主要酞酸酯污染来源有所不同，但调查得到的分析结果与其他地区的农田表层土并无较大差别，代表性的组分除常见的 DnBP 和 DEHP 之外还有 DMP，但植物中的酞酸酯组分和含量还有待进一步分析。且本书中并未明显体现出南北方的调查区域的酞酸酯含量的规律性差别。

研究证实，农业土壤中的酞酸酯，除极少数来源于天然途径外，主要来源于大气污染物（涂料喷涂、塑料垃圾焚烧和农用薄膜增塑剂挥发等的产物以及工业烟尘）的沉降，污水和污泥农用，化肥、粪肥和农药的施用，以及堆积的农田塑料薄膜和塑料废品等长期受雨水浸淋对土壤造成的污染（李存雄等，2010）。研究区域由于处在电子废旧产品拆解区，长期受到不当拆解方式的影响，周围环境可能存在着严重的酞酸酯污染，如铜线外皮酸浸和燃烧等产生的气态酞酸酯。电子废旧产品中包含铅、镉、水银、铬、聚氯乙烯等，聚氯乙烯塑料中含有大量的酞酸酯添加成分，在各种条件下也很容易释放到环境中。

参 考 文 献

毕新慧, 储少岗, 徐晓白. 2001. 多氯联苯在土壤中的吸附行为. 中国环境科学, 21(3): 284~288.

陈同斌, 郑袁明, 陈煌, 等. 2005. 北京不同土地利用类型的土壤砷含量特征. 地理研究, 24(2): 229~235.

程街亮, 史舟, 朱有为, 等. 2006. 浙江省优势农产区土壤重金属分异特征及评价. 水土保持学报, 20(1): 103~107.

储少岗, 杨春, 徐晓白, 等. 1995. 典型污染地区底泥和土壤中残留多氯联苯(PCBs)的情况调查. 中国环境科学, 15(3): 199~203.

李存雄, 方志青, 张明时, 等. 2010. 贵州省部分地区土壤中酞酸酯类污染现状调查. 环境监测管理与技术, 22(1): 33~36.

李亮亮, 王延松, 张大庚, 等. 2006. 葫芦岛市土壤铅空间分布及污染评价. 土壤, 38(4): 465~469.

李英明, 江桂斌. 2008. 电子垃圾拆解地大气中二噁英、多氯联苯、多溴联苯醚的污染水平及相分配规律研究. 科学通报, 53(2): 165~171.

骆永明, 滕应, 李清波, 等. 2004. 长江三角洲地区土壤环境质量与修复研究 I. 典型污染区农田土壤中多氯代二苯并二噁英/呋喃(PCDD/Fs)组成和污染的初步研究. 土壤学报, 42(4): 570~576.

孟平蕊, 王西奎, 徐广通, 等. 1996. 济南市土壤中酞酸酯的分析与分布. 环境化学, 15(5): 427~432.

孙维湘, 陈荣莉, 孙安强. 1986. 南迦巴瓦峰地区有机氯化合物的污染. 环境科学, 7(6): 64~69.

汪光焘. 1993. 城市供水行业 2000 年技术进步发展规划. 北京: 建筑工业出版社: 18~19.

王彻华, 彭彪. 2001. 长江干流主要城市江段微量有机物污染分析. 人民长江, 32(7): 20~22.

王东利, 徐晓白, 储少岗. 2003. 塑料废物焚烧与持久性有机物环境污染. 环境与健康杂志, 20(4): 250~252.

邢光熹, 朱建国. 2003. 土壤微量元素和稀土元素化学. 北京: 科学出版社: 48~49.

杨清书, 麦碧娴, 罗孝俊, 等. 2004. 珠江澳门水域水柱多环芳烃初步研究. 环境科学研究, 17(3): 28~33.

张利飞, 杨文龙, 董亮, 等. 2011. 苏南地区农田表层土壤中多环芳烃和酞酸酯的污染特征及来源. 农业环境科学学报, 30(11): 2202~2209.

浙江省土壤普查办公室, 1994. 浙江土壤. 杭州: 浙江科学技术出版社: 556~562.

朱利中, 陈宝梁, 沈红心, 等. 2003. 杭州市地面水中多环芳烃污染现状及风险. 中国环境科学, 23(5): 485~489.

Alcock R E, Sweetman A J, Jones K C. 2001. A congenerspecific PCDD/F emissions inventory for the UK: docurrent estimates account for the measured atmosphericburden. Chemosphere, 43: 183~194.

Banat K M, Howari F M, Al-Hamad A A. 2005. Heavymetals in urban soils of central Jordan: Shouldwe worry about their environmental risks. Environmental Research, 97: 258~273.

Birmingham B. 1990. Analysis of PCDD and PCDF patterns in soil samples: use in the estimation of the risk of exposure. Chemosphere, 20(7~9): 807~814.

Cetin B, Yatkin S, Bayram A, et al. 2007. Ambient concentrations and source apportionment of PCBs and trace elements around an industrial area in Izmir, Turkey. Chemosphere, 69(8): 1267~1277.

Chen B L, Xuan X D, Zhu L Z, et al. 2004. Distributions of polycyclic aromatic hydrocarbons in surface waters, sediments and soils of Hangzhou City, China. Water Research, 38: 3558~3568.

Chiou C T, McGroddy R L, Kile D E. 1998. Partition characteristics of polycyclic aromatic hydrocarbons on soils and sediments. Environmental Science & Technology, 32: 264~269.

Doick K J, Semple K T. 2003. The effect of soil: water ratios on the internalization of phenanthrene: LNAPL mixtures in soil. FEMS Microbiology Letters, 220: 29~33.

Durlak S K, Biswas P, Shi J, et al. 1998. Characterization of Polycyclic Aromatic Hydrocarbon Particulate and Gaseous Emissions from Polystyrene Combustion. Environmental Science & Technology, 32(15): 2301~2307.

Eljarrat E, Caixach J, Rivera J. 2001. Levels of polychlorinated dibenzo-p-dioxins and dibenzofurans in soil samples from Spain. Chemosphere, 44: 383~387.

Fiedler H, Rappolder M, Knetsch G, et al. 2002. The German Dioxin Database: PCDD/PCDF Concentrations in the Environment –Spatial and Temporal Trends. Organohalogen Compounds, 57: 37~40.

Hawker D W, Connell D W. 1998. Octanol-water partition coefficients of polychlorinated biphenyl congeners. Environmental Science & Technology, 22: 382~387.

Hofman J, Dusek L, Klanova J, et al. 2004. Monitoring microbial biomass and respiration in different soils from the Czech Republic—a summary of results. Environment International, 30: 19~30.

Lead W A, Steinnes E, Bacon J R, et al. 1997. Polychlorinated biphenyls in UK and Norwegian soils: spatial and temporal trends. The Science of Total Environment, 196: 229~236.

Li X H, Ma L L, Liu X F, et al. 2006. Phthalate ester pollution in urban soil of Beijing, People's Republic of China. Bulletin of Environmental Contamination and Toxicology, 77: 252~259.

Lu Y, Gong Z T, Zhang G L, et al. 2003. Concentrations and chemical speciation of Cu, Zn, Pb and Cr of urban soils in Nanjing, China. Geoderma, 115: 101~111.

Maliszewska-Kordybach B. 1996. Polycyclic aromatic hydrocarbonsin agricultural soils in Poland: preliminary proposalsfor criteria to evaluate the level of soil contamination. Applied Geochemistry, 11(1-2): 121~127.

Ministry of the Environment(MoE), Japan. 2001. Environmental Survey of Dioxins FY 2000 Results. http://www.env.go.jp/en/topic/dioxin/survey2000.html.

Motelay-Massei A, Ollivon D, Garban B, et al. 2004. Distribution and spatial trends of PAHs and PCBs in soilsin the Seine River basin, France. Chemosphere, 55: 555~565.

Nakata H, Hirakawa Y, Kawazoe M, et al. 2005. Concentrations and compositions of organochlorine contaminants in sediments, soils, crustaceans, fishes and birds collected from Lake Tai, Hangzhou Bay and Shanghai city region, China. Environmental Pollution, 133: 415~429.

NGSO(National guidelines and standards office). 2001. Canadian soil quality guidelines for polychlorinated biphenyls(PCBs): Environmental Health. National guidelines and standards office, Environmental quality branch, Environment Canada. Ottawa. Appendix Ⅱ.

Okuda T, Katsuno M, Naoi D, et al. 2008. Trends in hazardous trace metal concentrations in aerosols collected in Beijing, China from 2001 to 2006. Chemosphere, 72(6): 917~924.

Pichler M, Guggenburger G, Hartmann R, et al. 1996. Polycyclic aromatic hydrocarbons(PAH)in different forest humus types. Environmental Science and Technology Research, 3: 24~31.

Rajendran R B, Imagawa T, Taoa H, et al. 2005. Distribution of PCBs, HCHs and DDTs, and their ecotoxicological implications in Bay of Bengal, India. Environment International, 3: 503~512.

Shi Z, Tao S, Pan B, et al. 2005. Contamination of rivers in Tianjin, China by polycyclic aromatic hydrocarbons. Environmental Pollution, 134(1): 97~111.

Sun Y, Zhuang G, Wang Y, et al. 2004. The air-borne particulate pollution in Beijing—concentration, composition, distribution and sources. Atmospheric Environment, 38(35): 5991~6004.

Turrio-Baldassarri L, Abballe A, Casella M, et al. 2005. Analysis of 60 PCB congeners in drinkable water samples at 10–50 pg/L level. Microchemical Journal, 79: 193~199.

Wolfe N L, Burns L A, Steen W C. 1980. Use of linear free energy relationships and an evaluative model to assess the fate and transport of phthalate esters in the aquatic environment. Chemosphere, 9(7~8): 393~402.

Ylitalo G M, Buzitis J, Krhn M M. 1999. Analyses of tissues of eight marine species from Atlantic and Pacific coasts for Dioxin-like chlrorobiphenyls(CBs)and total CBs. Archives of Environmental Contamination and Toxicology, 37: 205~219.

Yuan S Y, Huang I C, Chang B V. 2010. Biodegradation of dibutyl phthalate and di-(2-ethylhexyl)phthalate and microbial community changes in mangrove sediment. Journal of Hazardous Materials, 184(1~3): 826~831.

Yunker M B, Macdonald R W, Vingarzan R, et al. 2002. PAHs in the Fraser River basin: a critical appraisal of PAHratios as indicators of PAH source and composition. Organic Geochemistry, 33: 489~515.

Zeng F, Cui K Y, Xie Z Y, et al. 2009. Distribution of phthalate esters in urban soils of subtropical city, Guangzhou, China. Journal of Hazardous Materials, 164: 1171~1178.

第七章 冶炼场地及周边土壤污染特征

冶炼行业在我国国民经济中占有重要地位，但也是重要的污染行业之一。我国冶炼行业污染场地量大面广，对人体健康和生态环境的潜在危害巨大。冶炼生产过程就是将某种金属与各种杂质或其他金属进行分离的复杂过程。在整个分离过程中，需要消耗大量的溶剂、燃料及化学药剂，各种组分的物理形态和化学形态不断改变，所以在冶炼生产过程中，其他金属和杂质就以"三废"的形式排放出来，对冶炼场地及周边土壤造成环境污染。本章在长江三角洲以冶炼炉为主要污染源的典型区域，通过采集和分析大量的土壤样品，对重金属、多环芳烃以及复合污染土壤的污染水平以及与企业发展、公路运输和土地利用方式的关系进行研究，为有效控制、修复冶炼区污染土壤提供科学依据。

第一节 重金属污染特征

一、场地土壤与地下水中重金属污染特征

（一）土壤重金属污染特征

所选铜冶炼厂已经停业 5 年，仪器设备材料等都已整体搬迁至新厂区，一处厂房已经拆除，现只剩下少许办公人员进行财产核算和维护等工作。对该厂所在区域的未来规划调研可知，该厂今后将用于住宅小区进行再开发。场地调查和实验室分析结果表明，场地土壤中关注污染物主要为重金属 Cu、Zn、Pb、Cd 和 As。表 7.1 列出了土壤中关注污染物的浓度范围、平均值和 95%分位值。由表 7.1 可以看出，部分土壤样品中的 Cu、Zn、Pb、Cd 和 As 的浓度已超过了荷兰土壤干涉值（Intervention Value）（Lijzen，2001）；Cu、Zn、Cd 的浓度未超过美国 9 区初步修复目标值（USEPA，2010），而 Pb 和 As 超过了美国 9 区初步修复目标值。需要注意的是，目前中国还没有场地土壤重金属标准可供参考。

表 7.1 某冶炼厂场地土壤中重金属浓度　　　　　（单位：mg/kg）

CAS No.	污染物	检出数量	范围	均值±标准差	95%分位值	美国 9 区初步修复目标值（PRG9）居住用地土壤	工业用地土壤	荷兰干涉值
7440-50-8	Cu	41	86～5623	1871±1509	2300	3100	41 000	190
7440-66-6	Zn	41	72～3859	1642±1093	1920	23 000	310 000	720
7439-92-1	Pb	41	89～4231	1562±1299	1860	400	800	530
7440-43.9	Cd	41	0.94～25.73	9.8±7.4	12.3	70	800	12
7440-38-2	As	41	3.7～140.6	54.8±49.2	68.2	0.39	1.6	55

（二）地下水重金属污染特征

地下水的分析结果与土壤样品的结果相一致，场地地下水中关注污染物主要为重金属 Cu、Zn、Pb、Cd 和 As。表 7.2 列出了地下水中关注污染物的浓度范围，均值和 95% 分位值。分析得出，地下水样品中的 Cu、Zn、Pb、Cd 和 As 的浓度均已超过了荷兰地下水干涉值（Intervention Value）（Lijzen，2001）。Cu、Zn、Cd、Pb 和 As 的浓度也均超过美国 9 区初步修复目标值（USEPA，2010）。与国家地下水环境质量标准比对，结果表明，地下水样品中的 Cu、Zn、Pb、Cd 和 As 的浓度均已超过基于人体健康基准值的 III 类水标准。

表 7.2　某冶炼厂场地地下水中重金属浓度　　　　　（单位：mg/L）

CAS No.	污染物	检出数量	范围	均值±标准差	95%分位值	地下水环境质量标准III类 GB/T 14848-93III	美国 9 区初步修复目标值 PRG 9 Tap Water	MCL	荷兰干涉值
7440-50-8	Cu	6	11～165	82±73	140	≤1.0	1.5	1.3	0.075
7440-66-6	Zn	6	28～201	105±81	170	≤1.0	11	—	0.8
7439-92-1	Pb	6	0.12～3.20	1.42±1.33	2.52	≤0.05	—	0.015	0.075
7440-43-9	Cd	6	0.08～1.33	0.63±0.59	1.12	≤0.01	0.018	0.005	0.006
7440-38-2	As	6	0.14～2.69	1.18±1.16	2.13	≤0.05	0.000 045	0.01	0.06

由于长期的工业活动，该铜冶炼工业废弃场地已经受到严重的重金属污染。场地调查结果表明，场地局部土壤和地下水受到重金属的严重污染，如生产厂房、污水处理池周边和固废堆场，这些区域的污染物浓度远远超出了荷兰标准的干涉值水平和美国 9 区初步修复目标值标准。其中土壤中重金属 Cu、Zn、Pb、Cd 和 As 的最高浓度分别达到了 5623 mg/kg、3859 mg/kg、4231 mg/kg、25.73 mg/kg、140.6 mg/kg，而地下水中重金属 Cu、Zn、Pb、Cd 和 As 的最高浓度分别达到了 165 mg/L、201 mg/L、3.20 mg/L、1.33 mg/L 和 2.69 mg/L。该工业废弃场地未来将作为居住区，居民长期在此生活会因重金属的长期暴露导致健康风险，因此应当在住宅小区建设前进行必要的场地修复。

二、农田土壤中重金属的污染特征及空间分布规律

（一）土壤重金属含量及空间分布特征

1. 土壤重金属元素的统计特征值

研究区位于浙江省某地，由于小型土法炼铜厂大量出现，常年排放富含重金属的废气和废水，以及原料和废渣堆放使得土壤受到不同程度的重金属复合污染。在研究区约有 10.9 km² 的面积，按照 250 m×250 m 的网格共划分 175 个采样网格，每个采样网格取 5 到 8 个点，采集耕作层（0～15 cm）土壤，共采集土壤样品 170 个。研究区 9 种元素

的统计结果见表 7.3。偏度可以衡量数据分布的对称程度，而峰度表示分布的尖端程度，二者可以检验数据是否符合正态分布。174 个样品数据用单样本 Kolmogorov-Smirnov 法进行正态性检验，结果表明 9 种元素均不符合正态分布，对数据进行对数转换后统计分析发现，Cu、Zn、Cd、Fe 和 Mn 属于对数正态分布。通常认为，土壤微量元素多呈对数正态分布，但 Zhang 和 Selinus（1998）认为，微量元素在自然背景环境中含量很低，多呈对数正态分布，而在人为污染情况下可能大量富集，造成含量的概率分布向高浓度方向偏斜，Pb 和 Hg 更加证明了这一点。虽然 Cu、Zn、Cd、Fe 和 Mn 等 5 种元素在统计上符合对数正态分布，但其偏态系数都有一定的增加趋势。变异系数分析结果表明，Fe 和 Mn 的变异程度相对较低，其余 7 种元素在研究区内的变异强度较大，除 Se 外，其他 6 种元素都超过了 150%，Cu、Zn、Pb 和 Hg 等 4 种元素最为明显，变异系数超过了 250%，均达强变异程度。

表 7.3　土壤重金属元素统计特征值

元素	分布类型	偏度系数	峰度系数	最小值 / （mg/kg）	最大值 / （mg/kg）	均值 / （mg/kg）	标准差 / （mg/kg）	变异系数
Cu	lg N	1.03	1.70	13.1	8171	290	862	2.97
Zn	lg N	0.94	1.91	64	25614	794	2114	2.66
Pb	偏态	10.4	122	20.0	7656	205	622	3.03
Cd	lg N	0.41	−0.47	0.08	23.7	2.10	3.44	1.64
Fe	lg N	0.15	0.99	12009	54864	24257	5592	0.23
Mn	lg N	0.56	2.64	60	2754	413	302	0.73
As	偏态	8.29	79.0	4.83	387	18.9	35.0	1.85
Se	偏态	6.89	66.4	0.25	7.86	0.76	0.69	0.91
Hg	偏态	12.7	166	0.03	15.0	0.26	1.14	4.31

注：lg N 为对数正态分布，相对应的偏度系数和峰度系数皆为对数转换后的统计值。

浙江省表层土壤元素背景值分别为：Cu（17.6±12.9）mg/kg、Zn（70.6±37.2）mg/kg、Pb（23.7±6.8）mg/kg、Cd（0.070±0.059）mg/kg、As（9.20±7.90）mg/kg、Se（0.435±0.219）mg/kg、Hg（0.086±0.067）mg/kg（中国环境监测总站，1990）。研究区上述 7 种元素含量与土壤背景值相比都有很大程度的升高。Cd 和 Zn 的平均含量分别超过了国家《土壤环境质量标准》（GB15618—1995）三级标准限值 1.0 mg/kg 和 500 mg/kg；Cu 的平均含量远远超过了其二级标准限值 50 mg/kg，12.6%的样品 Cu 浓度超过了三级标准限值。分别有 13.2%、9.8%和 10.9%的样品 Pb、Hg、As 浓度超过了对应的二级标准限值。只有一个样品 Se 浓度超过了世界卫生组织（WHO）推荐的土壤中 Se 最大允许限量 6 mg/kg。这些结果说明由于人为污染源的影响，使得该区某些网格重金属元素的含量显著增加。由于该区域的部分土壤类型为黏化湿润富铁土，Fe 和 Mn 含量较高，没有与浙江省表层土壤背景值进行比较。

2. 土壤重金属元素的空间分布特征

根据上述的各向同性下的半方差函数最佳拟合模型及其参数,采用 BlockKriging 对各元素含量进行插值,参与估值的样点数最大为 10,最大搜索半径为每种元素相应的变程。把插值结果导入到 ArcGIS 8.2 中,进行重新分级,得到研究区内土壤中各元素含量的空间分布图(图 7.1)。

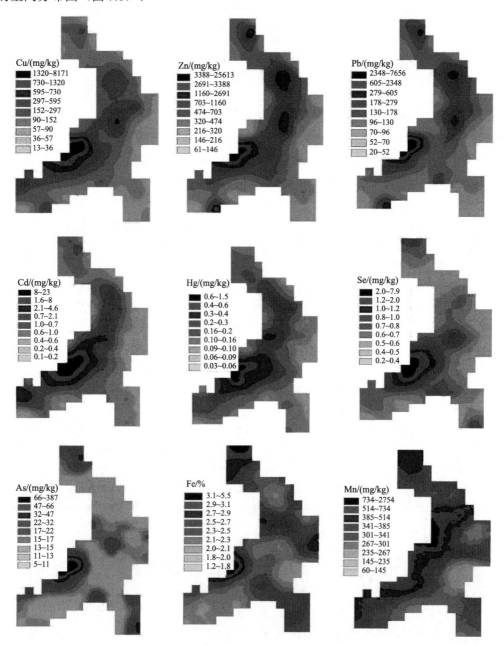

图 7.1　土壤重金属含量的 Kriging 插值图

为了突出各元素含量与小高炉的定性相关关系，重金属含量的空间分布图分级并不是按照《土壤环境质量标准》的重要临界值为标准。

虽然土壤重金属含量是土壤母质等内在因素和点状污染源（小高炉）等外部因素共同作用的结果，但从土壤元素背景值和本研究分析测定结果对比可以看出，外部污染源对 Cu、Zn、Pb、Cd、As、Se 和 Hg 等 7 种元素的贡献明显大于母质等内在因素。统计分析表明，重金属含量与土壤黏粒含量没有明显的相关性，这在某种意义上也可以证明上述观点。而 Fe 与土壤黏粒含量具有显著的正相关关系，可以在一定程度上支持 Fe 主要来源于母质这一推断。

高温焙烧过程中会产生大量富含重金属的颗粒物，这为重金通过干湿沉降向土壤输入这些物质提供可能。我国环境空气质量评价中大气污染物扩散模型普遍应用高斯系列模式（国家环境保护总局，1993）。由高斯系列模式的计算公式不难得出，大气中污染物浓度主要取决于与点源的三维距离。由于该研究区内的地面起伏不大，因此土壤受污染源干湿沉降的污染物通量主要取决于与污染源地面投影坐标的距离，当距离较小时，沉降通量较大；反之亦然。从图 7.1 中可以看出，研究区污染较重区域土壤重金属含量多呈辐射状分布，中心污染物浓度较高，向外逐渐降低。由此可以判断，每一辐射状分布区域的中心具有一个重要的污染源，这些中心的地理位置与研究区冶炼高炉位置具有很好的相关性，因此，冶炼高炉是该区域主要的污染源。

3. 冶炼厂周围砷的含量梯度分布规律

在此，为了解由点源污染向较远距离污染物含量衰减速度，根据空间分布图选择了小高炉最集中的点为中心，沿水平垂直于 As 等值线方向进行取点。其中，As 的含量选取各主要等值线的中间值，对于距离（S），首先选取等值线的中间位置，在地图上量取源点与位置点之间的直线距离作为距离参数。将得到的 As 含量和对应的距离分别作 As 的含量随距离的梯度衰减图。

As 的污染含量梯度见图 7.2。从 As 的含量梯度图可以看出 As 在距离冶炼厂周围 0.2 km 范围内含量很高但是含量衰减得不快，超过 0.2 km 后含量迅速衰减达到标准值以内。其距离半衰期为 $S_{1/2}=0.14$ km。原因可能是火法炼铜的精炼期产生的含 As 的废渣堆积在冶炼厂周围，造成含量衰减很慢；另外，也有可能尽管冶炼的产品为粗铜，但是在冶炼的过程中也会有其污染元素包括砷等副产物相伴存在，在冶炼过程气化蒸发，在空气中遇冷凝聚成颗粒细尘，通过干湿沉降等方式进入土壤（Barcan，2002）。

从上述的铜冶炼过程、含量梯度的分析结果可以得出，造成当地 As 污染的污染物传播途径应该为大气传播。很近的范围内污染物含量很高，而且污染程度在距离上衰减很快（$S_{1/2}<0.15$ km），这些说明污染物在铜冶炼过程的高温状态下，依附于粉尘颗粒而排入大气得并非气态。一般粒径大于 50 μm 的颗粒受重力作用很快沉降到地面，造成小范围污染物含量很高。而小部分颗粒在大气中滞留时间稍长，但在距离上会表现出极快的含量衰减。冶炼排放是大气 As 的重要来源，如果年产粗铜 $4.6×10^4$ t 的冶炼厂，每年通过烟气排放的 As 为 226 t（陈怀满，1996）。区内土壤 As 含量存在大的波动主要是由于土壤 As 含量随着距离冶炼高炉的距离增大，显著降低，同时，土壤理化性质和用地

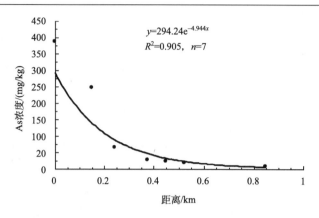

图 7.2　富阳土壤 As 含量随距离的梯度变化图

类型的不同也会影响表层土中 As 的积累。如，水田中 As 在下渗水的带动下具有向下迁移更远的能力，从而使表层积累的 As 量减少；高的 pH 和有机质则容易使 As 在表层被固定或吸附，迁移性变差，表层土因此会有相对多的积累。

含有机物较少的火法铜冶炼过程可以粗略地分为 4 个阶段：熔化扒渣（将铜熔化，除去表面浮渣），除锌阶段（加热到 1150℃ 以上，高温蒸锌），除铅、锡阶段和精炼期（除去含量少且难以除去的杂质如 As、Sn、Sb 等）。目前我国 As 的污染的一大主要来源是废铜的再生冶炼。在处理成分复杂的杂铜时，产出的烟尘成分复杂，难以处理；同时精炼操作的炉时长，劳动强度大，生产效率低，金属回收率也低。

火法铜冶炼过程中都会产生大量的废气和废渣。而被调查地区大多为小型冶炼厂，废气、废渣没有经过处理就直接向环境中排放。包含在废铜中的重金属等污染物被带入其周围环境中，造成当地环境污染。铜冶炼过程中炉膛温度很高，除锌阶段的温度最高（1300～1350℃）。电子元器件中的 As 等金属在高温状态下随着废气进入大气中，通过大气沉降作用对当地形成污染。

4. 二次金属冶炼汞排放因子

全区人类 Hg 的总积累量为 287～483 kg，冶炼排放的 Hg 有 80% 为 Hg^0（Pacyna and Pacyna，2002），它们在大气中具有长达 1～2 年的滞留时间（Mason et al.，1994），这部分 Hg 会被传输到较远地区沉降，在近距离的研究区内所占比例可以忽略。尽管 Henderson 等（1998）发现距排放源 160 km 地点仍可以看到冶炼源颗粒态污染物，为了便于计算，在此假定其余 20%Hg 全部在研究区域内沉降，由此计算二次金属冶炼排放的 Hg 量（EMI_{total}）可以达到 1435～2415 kg。按照富阳市开始大规模冶炼 20 年来计算，冶炼源年均排放 Hg 71.8～120.8 kg，这一数值远高于 Wang 等（2005）报道的贵州滥木厂 Hg-Tl 矿区 Hg 年排放量，3.54 kg。这清楚地表明，小型二次金属回收冶炼企业由于缺乏环境保护技术的投入，是一个重要的 Hg 排放源。

为了进一步计算二次金属冶炼 Hg 排放因子（MEF），下面将先估算区内历史时期以来总的 Cu 产量（http://info.metal.hc360.com/2005/10/26101817954.shtml）。全国目前二次 Cu 产量为 0.4 Mt，历史时期为 6.30 Mt，浙江约占 1/3，大约 2.1 Mt，这其中 1950～

1990 年浙江产量约为 94633 t（林加冲和蔡应富，1991），1990～2004 年产量约为 2.0 Mt（毛照东，2006），在浙江省富阳市铜产量约占 10%（http://info.metal.hc360.com/2005/10/26101817954.shtml），研究区所在的镇有三个较大规模的冶炼厂，相当于富阳市的 1/12，由此估算得到该镇历史时期 Cu 产量（YIE_{total}）约为 17500 t。

按照下式计算，得到二次 Cu 冶炼的 Hg 排放因子（MEF），

$$MEF = \frac{EMI_{total}}{YIE_{total}}$$

结果表明，Hg 排放因子（MEF）为 82.0～138.0 g Hg/t Cu，这一结果与贵州土法炼 Zn 的 Hg 排放因子相当，其中氧化物和硫化物矿石分别为 78.5 g Hg/t Zn 和 154.7 g Hg/t Zn 相当，远高于发展中国家 Zn 冶炼过程中 Hg 排放因子 0.08～25 g Hg/t Zn（Pai et al.，2000；Feng et al.，2004）。

如果按照本书的结果，以及全国目前二次 Cu 产量为 0.4 Mt、历史时期为 6.30 Mt 的报道，粗略估算全国二次 Cu 冶炼导致的 Hg 排放量历史时期共计 517～869 t Hg，目前约为 32.8～55.2 t Hg/a。这一结果表明，由于对二次金属冶炼等工业排放 Hg 因子缺乏研究，现有亚洲地区大气 Hg 排放清单数据可能被低估。

（二）土壤重金属空间变异特征

1. 各向异性下土壤重金属的半方差函数

由于各种人为和自然环境因素的影响，土壤属性在不同的方向上可能存在不同。本研究区受到人为影响的程度较强，各向异性可能更加明显。通常情况下，半方差函数在样点最大距离的一半范围内才有意义（White et al.，1997），因此我们以最大样品间距的一半 2960 m 为最大步长，采样点间距 215 m 为最小步长，分别计算了 Cu、Zn、Pb、Cd、As、Se 和 Hg 在 NE0°、NE45°、NE90°和 NE135°等 4 个方向上的实验半方差函数。以铜为例（图 7.3），当主轴方向为 NE90°时，Cu 的各向异性最为明显，表现在主轴变程（major axis）与次轴（minor axis）的差异最大。为了更清楚地表征这 7 种元素的各向异性特性，我们分别计算了两组相互垂直方向上的半方差比值（图 7.4）。

从图 7.4 中可以看出，7 种元素呈现出相类似的各向异性规律，NE135°及其垂直方向 NE45°的半方差函数比值 $K(h)$ 135°/45°基本呈平稳状态，数值在 1.0 附近波动，而 NE90°及其垂直方向 NE0°半方差函数比值 $K(h)$ 90°/0°变化较为剧烈，开始平稳，在 1.0 上下浮动，而在约 2000 m 处达到 $K(h)$ 最大值，$K(h)$ 最大值处于 2.0～3.0。说明＞2000 m 尺度上，土壤 7 种元素具有明显的各向异性特征，其中在 NE90°和 NE0°两个垂直方向上表现最为明显。采用相同的方法，分析了 Fe 和 Mn 在四个方向上的实验半方差函数，结果表明它们与上述 7 种元素呈现不同的特征。为了研究 Fe 和 Mn 的各向异性特征，尝试了多种组合，发现 Fe 和 Mn 在 NE203°和 NE113°两个垂直方向上表现最为明显（图 7.5）。

Cu、Zn、Pb、Cd、As、Se 和 Hg 空间变异的长轴方位角为南北方向，表明该方向上的变异最小，这与研究区域山脉的走向相类似。这种空间变异特征可能与研究区特殊的地理

特征和土法冶炼的生产工艺有关。小高炉土法炼铜的重要生产步骤是高温焙烧，在此过程中会产生大量富含重金属的颗粒物，这为重金属通过干湿沉降向土壤输入这些物质提供了可能；由于采样区两侧是接近南北走向的低山丘陵，导致该地区风向以北风或偏北风为主，为重金属在研究区的传播提供了外部环境条件。由此可以推断，干湿沉降是这 7 种元素进入土壤的重要传播途径。而 Fe 和 Mn 空间变异的长轴方位角大致与山脉的走向相垂直，主要受到母质变异的影响。靠近低丘处土壤类型多为黏化湿润富铁土，低丘之间的平地为水耕人为土，两种土壤类型 Fe 和 Mn 的差异可能是导致 Fe、Mn 变异特征的主要因素。

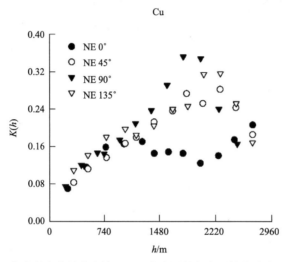

图 7.3　半步长变化域上土壤 Cu 元素变异的各向异性实验半方差函数

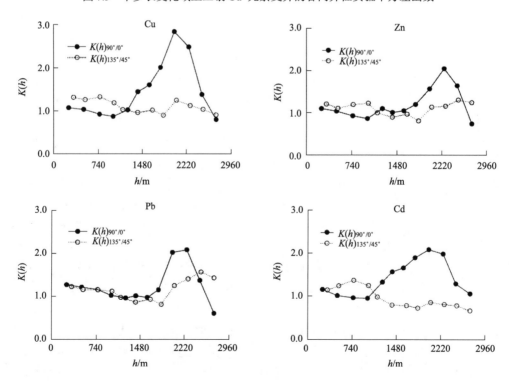

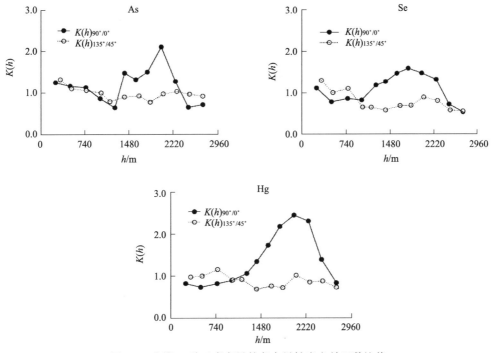

图 7.4　土壤 7 种元素变异的各向异性半方差函数比值

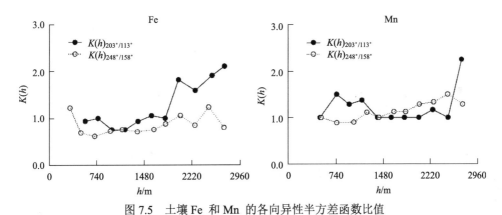

图 7.5　土壤 Fe 和 Mn 的各向异性半方差函数比值

2. 各向同性下土壤重金属的半方差函数

根据各向异性半方差函数比值图可确定 9 种元素的各向同性范围，虽然在各向同性范围内不同方向存在一定的差异，但对插值结果的影响并不大（White et al.，1997）。

每一种重金属的各向同性范围是不同的，Fe 和 Mn 的各向同性范围相对较大，其他 7 种元素大致分布在 1000～1600 m。故以每一种元素相应的各向同性范围作为最大步长，采样间距 215 m 为最小步长进行计算半方差函数，以决定系数（R^2）最大和 RSS 最小为原则选取最佳模型（表 7.4）。从表 7.4 可以看出，除 Mn 外，8 种元素的半方差函数的决定系数都达到了 0.90 以上。F 检验结果表明，9 种元素的拟合模型都达到了极显著水平，模拟效果比较接近于实际。

表 7.4　土壤重金属半方差函数的拟合模型及其参数

元素	预测模型	块金值（C_0）	基台值（C_0+C）	$C_0/（C_0+C_1$）	有效变程/m	决定系数（R^2）	RSS
Cu	球状	0.036	0.179	0.201	1165	1.000	1.7E-06
Zn	球状	0.024	0.150	0.160	935	0.990	7.1E-05
Pb	球状	0.022	0.086	0.253	806	0.979	3.3E-05
Cd	球状	0.073	0.312	0.235	1508	0.996	7.0E-05
Fe	球状	0.004	0.009	0.178	1256	0.986	1.5E-07
Mn	球状	0.026	0.053	0.499	2601	0.860	2.3E-05
As	指数	0.012	0.060	0.194	1422	0.984	8.9E-06
Se	球状	0.013	0.043	0.303	1730	0.930	7.6E-06
Hg	球状	0.020	0.090	0.222	1300	0.993	1.0E-05

理论模型可以利用块金值（nugget）、基台值（sill）以及变程（range）3 个参数来描述研究对象的空间分布结构。块金方差主要是由试验误差和小于试验抽样尺度引起的，反映了区域化变量内部随机性的可能程度，块金值较大则表明较小尺度上的某种过程不可忽略。这 9 种重金属的块金值都较小，Fe 仅为 0.004。基台值指变异函数所达到的最大值，表示系统的总变异程度，9 种元素的基台值与各重金属进行对数转换且去除特异值后统计的标准差相近似，说明半方差函数的模拟是比较稳定的。块金值与基台值之比表示随机部分引起的空间异质性占系统总变异的比例，可以反映区域化变量空间异质性的程度。如比值<25%，说明系统具有强烈的相关性；而比例在 25%～75%，表明系统具有中等的相关性（王学军等，2005）。而夏学齐等（2006）认为如果该比值小于 50%，说明尽管数据受到人为影响的干扰，但是数据小尺度的随机性并没有掩盖数据的结构性。Fe、Mn 和 Se 的比值是都在 25%～75%，具有中等的相关性，空间分布是由结构性因素（如母质）和随机性因素共同作用的结果。其他元素的比值都小于或接近 25%，说明研究区 7 种重金属具有较强的相关性，空间分布特征主要是结构性因素作用的结果。变程是衡量区域化变量空间自相关的尺度，超过该范围，区域化变量就不再具有相关关系。9 种元素的变程大小顺序为 Mn＞Se＞Cd＞As＞Hg＞Fe＞Cu＞Zn＞Pb，Cd、Hg 等由于具有较强的迁移性（Cloquet et al.，2006；夏学齐等，2006），变程相对较大，但是差异并不明显。研究区特殊的形状和不同土壤类型 Fe 含量的差异导致了 Fe 元素具有较小的变程。

以上结果与胡克林等（2004）的结果并不相同，典型污染场地的土壤重金属地统计学特征呈现出与非典型污染场地所不同的规律。胡克林等认为点状污染源会增加研究区的空间异质性，增大研究区的复杂性，使某些污染物的在研究区内的空间自相关性减弱；而本研究结果表明虽然点状污染物（小高炉）对 Cu、Zn、Pb、Cd、As、Se 和 Hg 等 7 种元素的贡献要远远高于母质因素，但是这 7 种元素在研究区内依然具有较强的相关性，这主要是由于两项研究的区域在污染源分布状况、污染程度和地理条件等性质的不同所导致的。由于该区域拥有 10 余个小高炉，且小高炉分布在研究区的各个部位，这在一定程度上增大了污染源的结构性特征；大气干湿沉降是污染物进入土壤的重要传播途径，而研究区全年主要以北风或偏北风为主，导致污染物有在整个研究区积累的趋势，如前文所述，研究区内 Cd、Zn、Cu 等元素的污染已相当普遍，在这种情况下应当把这些污染源近似地当做一个结构性因素来处理，而不应当成随机性因素。

（三）土壤重金属空间特异值识别

1. 土壤重金属半方差函数的拟合模型及其参数

利用 Genstat 软件中的 Model Variogram 程序对实验变异函数进行模型模拟，选择最佳的模型，得到变异函数的变程、基台值和块金常数等 3 个重要参数，结果如表 7.5 所示。

表 7.5　土壤重金属变异函数的拟合模型及其参数

元素	预测模型	块金值（C_0）	基台值（C_0+C）	$C_0/(C_0+C_1)$	有效变程/m
Cu	球状	0.000	0.122	0.000	1702
Zn	球状	0.000	0.106	0.000	828
Pb	球状	0.000	0.040	0.000	898
Cd	球状	0.017	0.192	0.089	1747
As	球状	0.003	0.015	0.200	866
Se	球状	0.008	0.016	0.500	1725
Hg	球状	0.002	0.040	0.050	1514

与以 Matheron 估计量为基础的传统变异函数得出的结果相比，该研究得到的块金值 C_0 和基台值变小，这主要是由于 Genton 稳健变异函数对特异值的稳健效果所致。其他研究结果表明，传统变异函数所分析的数据不符合正态分布时，就可能存在比例效应，从而抬高块金值和基台值，降低估计精度（郑袁明等，2003）。本研究结果从事物的另一个方面很好地印证了这一点。

2. 土壤重金属含量的空间特异值的识别及空间分布

计算 9 种元素每一采样点位相对应的克里格标准差 $\varepsilon(x_i)$，当该值小于-1.96时就把该数据当做空间特异值，其空间分布图如图 7.6 所示。由图 7.6 可以看出，Cu、Zn、Pb、Cd、As、Se 和 Hg 的空间特异值多集中在个别小范围内，以簇状形式存在，且与研究区内冶炼高炉及尾渣堆放处（三角星处）的位置具有很好的相关性。由此可以推断，冶炼行为及其相关过程是该区域土壤 Cu、Zn、Pb、Cd、As、Se 和 Hg 的重要来源。需要注意的是，空间特异值的位置与污染源的位置并不具有一一对应的关系，因为采样点位并不一定分布在污染源的位置上。Fe 与 Mn 的空间特异值与冶炼高炉没有很好的相关性，大多出现在低丘附近，相应的土壤类型为黏化湿润富铁土，与水耕人为土相比，Fe、Mn 含量较高，从而导致了空间特异值的出现。

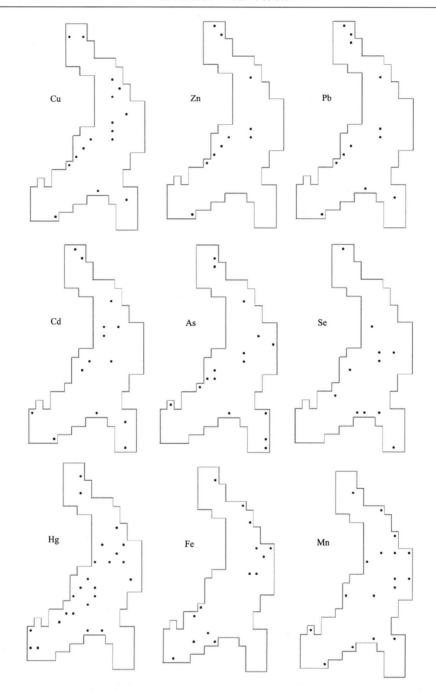

图 7.6　重金属浓度的空间特异值分布图

上述研究表明，在该研究区域内，大气干湿沉降是 Cu、Zn、Pb、Cd、As、Se 和 Hg 进入土壤的重要传播途径。虽然该研究区内冶炼高炉的主要产品是粗铜和粗锌，但由于冶炼原料是多元素的混合体，因此冶炼过程中也会带入其他的污染物。火法冶炼工艺中，为了得到粗铜，需要去除 Zn、Pb、As、Cd 及 Hg 等元素，这些元素气化后形成氧化物微粒（Martley et al.，2004），或聚集在煤炭燃烧所产生的飞灰颗粒的表面（Sajwan et al.，2006），以灰尘的形式散发到大气中，进而通过干湿沉降等方式进入土壤。以上研究结果说明，重金属污染物从污染源向受体（土壤）传输的过程中，各元素可能存在着形态和数量上的联系，因而其空间特异值的空间分布图具有相似的形式。

各元素空间特异值的数量不尽相同，这可能与元素的性质有关。Cd、As 和 Hg 等元素具有较强的迁移性（Cloquet et al.，2006），影响面积相对较大，可能导致更多空间特异值的产生。

第二节　多环芳烃污染特征

一、苯并[a]芘含量及空间分布

研究区 176 个均匀分布土样（0～20 cm）的平均 BaP 含量为 7.4 μg/kg，最高值为 82 μg/kg，最低值为 0 μg/kg，大部分样品的苯并[a]芘含量低于 12 μg/kg（图 7.7 和图 7.8）。在空间分布的规律上，苯并[a]芘在采样区的中心地区以条带状大体沿公路走向出现一系列浓度较高的点（图 7.7）。不同 PAHs 的空间分布具有不同的规律（图 7.7）。各 PAHs 含量在采样区东南角均为一个含量较高的区域，但这一高含量区域并不是冶炼炉所在区域，表明这一区域的 PAHs 可能不是来源于污染物的就地堆积，这一高含量区附近的冶炼炉对采样区东南角的 PAHs 积累贡献很小。我们推测这一高含量区的污染物可能来自采样区域西北方向的污染物的风力搬运，而不是径流的搬运作用，因为采样区山谷中的河流是从南向北流动的。在东南角高含量区的西北方向有一个大的居民区，并且还有 PAHs 排放量较大的一个冶炼炉，因此，在植被较少及降水较少的冬季，这些污染物在风的作用下会迁移到山谷的东南部，在土壤表面堆积。土壤 BaP 含量的插值结果表明，采样区中南部两条公路交会点附近的居民区土壤中 BaP 含量也较高，这可能是居民生活燃烧有机物产生的。2 环 PAHs 在采样区东南部的积累可能有其他特殊的来源，因为附近的居民点、冶炼炉附近土壤中 2 环 PAHs 含量均较低。

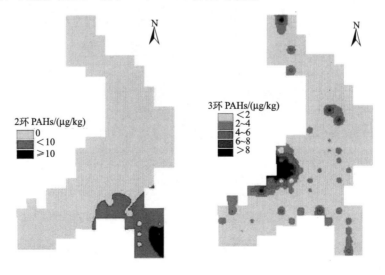

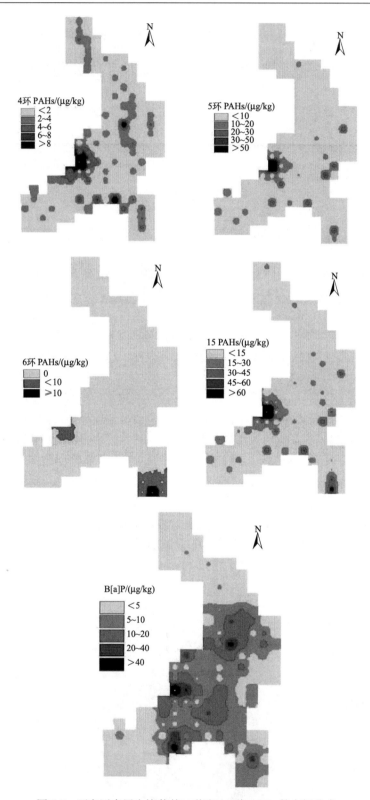

图 7.7　研究区表层土壤苯并[a]芘和 15 种 PAHs 的空间分布

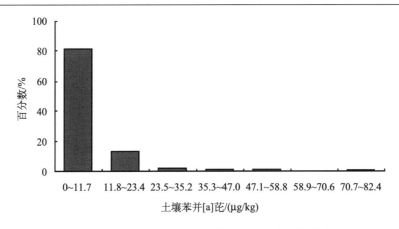

图 7.8 浙江富阳 176 个表土样品中 BaP 的频数分布

3、4、5 环 PAHs 的空间分布的相似性可能与这些污染物有相同的来源有关。根据以上结果，这些污染物主要来自于冶炼炉的燃煤、公路上的汽车尾气，居民区对 BaP 的积累也有贡献。

采样区多环芳烃以五环化合物为主，2 环和 6 环的很少。环数的多少强烈影响着多环芳烃的持久性，环数越多越难降解（Cerniglia，1992），越不容易挥发或被植物吸收。这反映在 2、3、4、5 环多环芳烃浓度的逐步增加。丹麦苯并[a]芘的土壤质量标准（soil quality criterion）和控制标准（cut-off criterion）分别是 0.1 mg/kg DW 和 1.0 mg/kg DW（Samsoe-Petersen et al.，2002）；挪威最敏感土地利用方式的 BaP 和 PAHs 总量标准分别为 0.1 mg/kg 烘干土和 5 mg/kg 烘干土（http://www.umweltbundesamt.de/altlast/web1/berichte/mooreeng/dmeng14.htm）；比利时 BaP 的背景目标值（Background target value）为 0.1 mg/kg 烘干土（http://www.umweltbundesamt.de/altlast/web1/berichte/mooreeng/dmeng04.htm）。根据以上标准，富阳土壤中的 PAHs 含量仍处于正常范围内，但少数样品中的苯并[a]芘含量接近于这些控制标准。

工业区土壤中的多环芳烃仍在安全范围之内，然而冶炼炉冒出的烟灰中含有的总多环芳烃含量可高达 30 mg/kg DW（Wei，1996），对人类健康造成很大的威胁。通过呼吸和皮肤暴露人们可以吸收更多含有多环芳烃的微粒，这也可以导致健康问题（Sheu et al.，1997）。

二、15 种多环芳烃的含量及空间分布

研究区土壤中检测的 15 种多环芳烃中，Nap、Acp、Flu、FL、Pyr、CHR、DBA 和 BghiP 的平均浓度均低于 1 μg/kg，BaA、BbF、BkF 和 INP 均大于 2 μg/kg。对大多数多环芳烃来说，其浓度之间差异较大，除 AcPy、Flu、BaP 外，变异系数都大于 200%。结果见表 7.6。

表 7.6 土壤中 15 种多环芳烃的平均浓度

多环芳烃 PAHs	最大值/（μg/kg）	最小值/（μg/kg）	平均/（μg/kg）	变异系数/%
萘	5.62	ND	0.36	228
二氢苊	8.11	ND	1.07	120
苊	13.9	ND	0.84	241
芴	1.85	ND	0.24	160
菲	41.6	ND	1.63	311
蒽	35.1	ND	1.29	347
荧蒽	48.7	ND	0.99	610
芘	7.11	ND	0.16	561
䓛	24.9	ND	0.32	629
苯并[a]蒽	15.3	ND	4.43	73
苯并[b]荧蒽	49.1	ND	2.72	256
苯并[k]荧蒽	36.3	ND	2.09	251
茚并[1,2,3-cd]芘	163	ND	8.27	240
二苯并[a,h]蒽	6.33	ND	0.27	459
苯并[g,h,i]菲	50.6	ND	0.99	641
2 环	5.62	ND	0.36	227
3 环	96.4	ND	5.08	230
4 环	96.0	ND	5.90	196
5 环	249	ND	13.4	231
6 环	50.6	ND	0.99	641

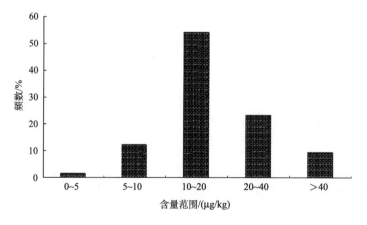

图 7.9 65 个土样中 15 种 PAHs 的比例

　　单个样品中 15 种多环芳烃的浓度范围为 0～444.8 μg/kg，平均值为 24.7 μg/kg。90%以上的样品 15 种多环芳烃的浓度<40 μg/kg（图 7.9）。

　　在 15 种多环芳烃中，5 环的多环芳烃的平均浓度最高，所有样品的标准差也最小。2 环的多环芳烃（Nap）浓度最低，6 环的次之，3 环和 4 环的相近。5 环的多环芳烃占 15 种多环芳烃总量的 52.0%。

　　3～5 环的 PAHs 含量和 15 种 PAHs 总量的空间分布表现出相似的规律，PAHs 在整个调查区域都有一定程度的分布，最高含量出现的位置都在调查区同一位置。表明这三种多环芳烃的来源具有相似性。2 环和 6 环 PAHs 主要分布在调查区的东南角，BaP 的空间分布的均一性更大（图 7.10）。

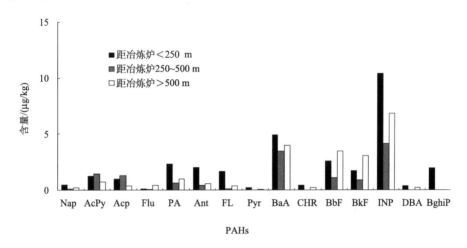

图 7.10　距冶炼炉距离不同的土壤中 PAHs 浓度

第三节　复合污染特征

一、铜与多氯联苯、有机氯农药复合污染特征

　　冶炼区土壤中 Cu 的污染最为严重，平均含量为 206.1 mg/kg（变幅为 4.2～4166.7 mg/kg），仅有 10.7%的土壤样品 Cu 含量在 35 mg/kg 以下，而含量超过 100 mg/kg 的样品约占 50%。结合土壤 Cu 污染来分析冶炼区 Cu 对土壤有机污染物分布的影响。根据土壤中 Cu 的含量将样品分为三组，每组中有机污染物的平均含量如图 7.11 所示。从图 7.11 中可以看出，PCBs 和 DDTs 在土壤中的含量随 Cu 浓度的升高而升高，HCB 和 HCHs 在 Cu 浓度小于 35 mg/kg 土壤中浓度也明显小于 Cu 浓度在 100 mg/kg 土壤中的浓度。

　　从图 7.11 可以看出，土壤中 PCBs 的浓度与 Cu 的含量有关，在 Cu 浓度由低到高的三组土壤中，PCBs 的含量也呈由低到高的趋势，其原因可能有：①和影响 DDT 的降解类似，土壤中铜含量也影响土壤微生物对 PCBs 的降解；②土壤中 Cu 的存在阻碍了 PCBs 从土壤颗粒进入土壤溶液，从而降低了 PCBs 的生物可利用性，Saison 等（2004）研究表明，土壤中 Cu 的存在能增强菲对土壤颗粒的吸附作用，但能否加强 PCBs 对土壤颗粒的吸附作用尚不得而知；③冶炼金属过程本身产生 PCBs，由于冶炼中主要使用燃煤，而煤炭在燃烧过程中会产生 PCBs（Motelay-Massei et al.，2004），已有的研究也发现在冶炼厂周边土壤中 PCBs 的浓度较高，从采样区的地理分布看，富春江冶炼厂附近重金属重污染区也是 PCBs 的高浓度区之一。

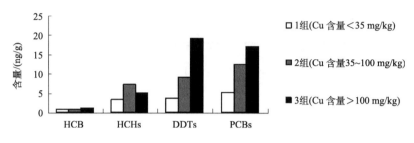

图 7.11　不同铜水平下土壤中有机氯污染物含量

土壤中铜含量也与土壤中有机氯农药的含量有关联。Gaw 等（2003）认为土壤中铜能够抑制 DDT 降解成 DDE，在铜含量较高的土壤中，土壤中的微生物群落结构发生了改变，耐铜微生物取代了降解 DDT 的微生物的优势地位而成为优势种群。本研究中，在三组不同铜水平下，土壤中 DDTs 平均浓度分别是 3.63 ng/g、9.07 ng/g 和 19.10 ng/g，结合 DDT 在 DDTs 中所占的比例可以看出本研究结果与 Gaw 等（2003）的观点相一致。在 DDT 停用 15～20 年后，DDE:DDT 的比率应该大于 20，但在本研究中该比率平均为 0.42，这可能和铜影响了 DDT 的降解有关。值得注意的是 HCHs 的浓度变化，当铜的土壤浓度低于 3.5×10^4 ng/g 和 3.5×10^4～1×10^5 ng/g 时，其浓度分别为 3.35 ng/g 和 7.20 ng/g，而在铜浓度大于 1×10^5 ng/g 时，其浓度反而是 4.96 ng/g，可能是由于降解 HCHs 的微生物种群结构与降解 PCBs 及 DDT 的微生物种群结构不同，对铜的生理反应机制也不同所造成的，具体原因尚不清楚。至于 Cu 对 HCB 的影响，由于 HCB 本身土壤浓度较低，故在不同铜水平下的浓度差异显得很小。

二、多氯联苯和有机氯农药复合污染特征

（一）多氯联苯和有机氯农药含量与分布

研究区土壤样品中多氯联苯和有机氯农药的含量见表 7.7。在所测样品中有 10 个样品多氯联苯的含量超过 50 ng/g，占总数的 7.6%，其中超过 100 ng/g 的占总数的 2.3%。而在检测到的 PCBs 目标污染物中，多以 4～6 个氯代 PCBs 同系物为主，其中 4 氯代 PCBs 同系物占 42%；3 氯代 PCBs 及其 3 个氯原子以下的 PCBs 仅占 2.0%。

有机氯农药中，HCB 的含量最低，平均值大约在 1.0 ng/g。在 HCHs 中，最高值是 32.2 ng/g，α-HCH 占主要部分（约 45.5%），其次为 δ-HCH（23.0%），β-HCH 和 γ-HCH 分别占 16.2% 和 15.3%。相对于 HCB 和 HCHs 而言，DDTs 的残留量较高，其中 8 个样品含量超过 50.0 ng/g，占所测样品总数的 6.1%。p,p'-DDT 占 DDTs 的主要部分（约为 50.0%），其次是 p,p'-DDE 和 p,p'-DDD，分别占 29.1% 和 21.2%。

表 7.7　表层土壤中有机氯农药和 PCBs 的含量特征　　　（单位：ng/g）

污染物	范围	平均值±标准差	污染物	范围	平均值±标准差
HCB	ND～9.33	0.95±1.26	p,p'-DDT	ND～164.96	8.29±19.97
α-HCH	ND～32.18	3.24±4.79	$\sum$DDTs	ND～198.04	13.41±25.88
β-HCH	ND～5.29	0.40±0.57	3-Cl	ND～4.82	0.13±0.63
γ-HCH	ND～4.78	0.46±0.68	4-Cl	ND～98.41	5.84±11.36
δ-HCH	ND～6.84	0.97±1.52	5-Cl	ND～45.1	3.55±8.80
$\sum$HCHs	ND～38.03	5.01±5.36	≥6-Cl	ND～151.62	4.08±17.61
p,p'-DDD	ND～12.09	1.66±2.29	$\sum$PCBs	ND～183.26	13.61±27.08
p,p'-DDE	ND～127.92	3.46±11.56			

注：HCHs 为 α-HCH、β-HCH、γ-HCH、δ-HCH 之和；DDTs 为 p,p'-DDD、p,p'-DDE、p,p'-DDT 之和；PCBs 为$\sum$PCB28，52，74，70，66，101，99，87，118，138，141，153，180。ND 为低于检测限。

（二）土地利用方式对多氯联苯和有机氯农药残留的影响

在不同土地利用类型的土壤中有机污染物含量见图 7.12。PCBs 在水稻土、旱地土壤和荒地土壤中的含量接近，大约在 15.0 ng/g，而在林灌地土壤中的含量较低（9.4 ng/g）。DDTs 在水稻土中平均值为 21.3 ng/g，其次是旱地、荒地和林灌地；而 HCHs 在旱地和林灌地土壤中平均值分别是 7.8 ng/g 和 7.1 ng/g；HCB 在四种土地利用方式下，土壤含量大约在 1.0 ng/g，变化不大。

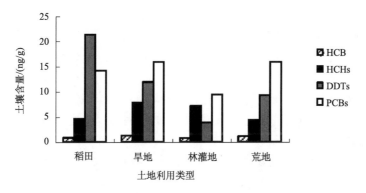

图 7.12　不同土地利用方式下土壤有机氯污染物含量

在四种类型的土壤中，有机氯污染物组分的百分含量见图 7.13。三氯以下（含三氯）的多氯联苯在旱地土壤中占多氯联苯的 4.8%，而在其他三种利用类型的土壤中几乎没有检出。其中 α-HCH 在旱地土壤中占 HCHs 的 72.5%，其次为稻田土壤和荒地土壤（分别占 59.0% 和 56.3%），而在林灌地土壤中占 39.8%。p,p'-DDT 在旱地土壤中占 DDTs 的 77.9%，其次在稻田土壤和林灌地土壤中，分别为 62.2% 和 66%。

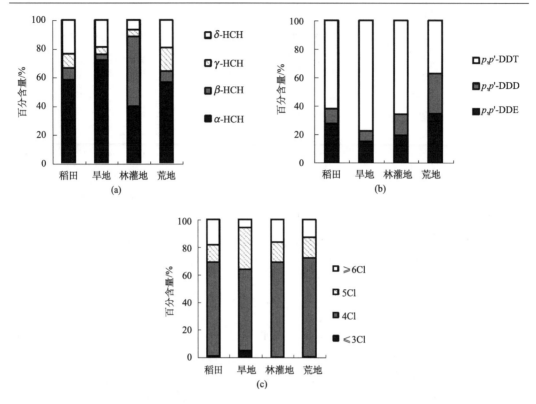

图 7.13　四种类型土壤中 HCHs（a）、DDTs（b）和 PCBs（c）不同异构体的组成比例

　　林灌地土壤中 PCBs 的含量明显低于其他三种土地使用类型下土壤中含量（$p<$0.05），这可能由三种因素所导致：①林地土壤中污染物原有含量可能较低，林地环境较农田环境较少受到人为干扰；②可能由于林地植被对污染物的大气沉降起到一种屏蔽作用，减少了污染物通过大气输入土壤的量；③可能林地植被的蒸腾作用有助于土壤中 PCBs 的挥发。Motelay-Massei 等（2004）在研究法国塞纳河流域土壤中 PCBs 时也发现林地土壤中的含量明显低于附近农田土壤含量，他认为林地植被的蒸腾作用是导致 PCBs 含量低的主要原因。

　　DDTs 在稻田土壤中含量最高，HCHs 在旱地和林灌地土壤中含量较高。有机氯农药在土壤中的残留量是过去使用量的反映，DDTs 在 20 世纪 70 年代是主要杀虫剂，广泛用于水稻生产；而 HCHs 在旱田作物和林业生产中使用较多。林地土壤中 β-HCH 占 HCHs 总量的 49%，远远高于在其他土壤中所占的比例，而 γ-HCH 占 HCHs 总量的 4.6%，又明显低于其他土壤中所占的比例。一方面由于 β-HCH 较 HCHs 的其他几种异构体在土壤环境中更加稳定，不容易被微生物降解（Middeldorp et al., 1996），同时 α-HCH 也可以被微生物转化成 β-HCH；另一方面 γ-HCH 较 α-/β-HCH 更容易从土壤中挥发（HSDB, 2003），加之林地的植被蒸腾作用加强了其挥发。这些因素可能是导致 HCHs 在林地土壤中的组成有别于在其他土壤中的组成。在所有土壤中 α-HCH 在其四种异构体中的比例都是最高，这和它在六六六中的含量相对应，在工业品中 α-HCH 约占总量的 60%～70%。说明该区域过去使用的六六六主要是以工业品为主。

（三）土壤理化性质对多氯联苯和有机氯农药残留的影响

为了分析土壤有机质和 pH 对土壤中有机氯污染物含量的影响，在土地利用方式一致（水稻土）的情况下，选取土壤中 Cu 的含量在 35～100 mg/kg 范围内的 15 个样本进行分析。结果发现土壤中有机质含量在 1.1%～4.5%范围内和 PCBs、HCHs 以及 DDTs 的土壤浓度存在一定的相关性（R^2=0.4～0.7），统计的相伴概率均小于 0.01，其中与 PCBs 的相关性最强，其次为 DDTs 和 HCHs，而与 HCB 的相关性最弱（R^2=0.02，p=0.622）（图 7.14）。

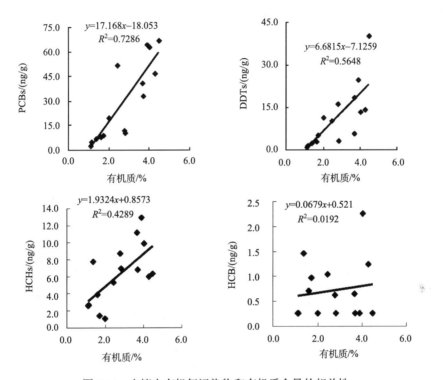

图 7.14　土壤中有机氯污染物和有机质含量的相关性

土壤中有机质的含量能影响有机氯化合物残留量和存在状态（Ribes and Grimalt，2002）。从图 7.14 可以看出，PCBs 及有机氯农药残留量与有机质含量的相关性由强到弱的顺序吻合这四类污染物在土壤中的含量由高到低的顺序，说明土壤有机氯污染物与有机质含量的相关性和污染物土壤含量有关。统计分析发现，土壤中 PCBs、HCHs、DDTs 的含量和有机质含量呈极显著正相关关系（p<0.01），说明这几类污染物在土壤中已经达到平衡状态（Kannan et al.，2003），也说明土壤中存在的污染物是以残留为主。

以上 15 个样品中土壤 pH（水）为 4.47～7.70，对土壤中有机氯污染物含量的影响类似于有机质的影响（图 7.15），随着土壤 pH 的升高，有机氯污染物的含量也呈上升趋势。

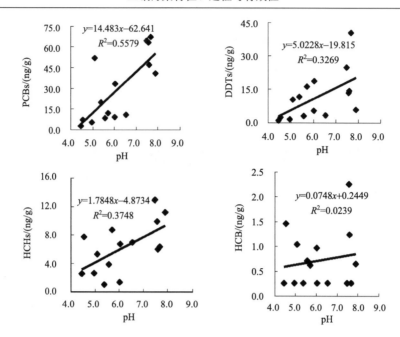

图 7.15　土壤有机氯污染物含量和 pH 的相关性

　　土壤 pH 是影响土壤污染物含量的因素之一。在本研究中，15 个样品的土壤 pH 为 3.64～8.06，对 pH 和污染物土壤含量的研究结果见图 7.15。从图中可以看出，土壤 PCBs 含量与 pH 呈极显著正相关关系（$p<0.01$），与 DDTs、HCHs 的相关性也达到了显著性水平（$p<0.05$）。在本研究中土壤由于受到多种重金属污染，重金属在土壤中的存在形式和含量势必影响土壤颗粒物表面电荷，而土壤 pH 能改变土壤腐殖质表面电荷从而影响腐殖质对疏水性有机污染物的亲和力，间接地影响有机污染物的土壤含量（Alawi et al.，1995）。总体来看，土壤有机质与 pH 对污染物含量之间呈现正相关关系。

参 考 文 献

陈怀满. 1996. 土壤-植物系统中的重金属污染. 北京: 科学出版社.

国家环境保护总局. 1993. 环境影响评价技术导则-大气环境. 北京: 科学出版社.

胡克林, 张凤荣, 吕贻忠, 等. 2004. 北京市大兴区土壤重金属含量的空间分布特征. 环境科学学报, 24(3): 463~468.

林加冲, 蔡应富. 1991. 浙江省废杂铜回收, 加工生产现状及意见. 再生资源研究, 5: 21~24.

毛照东. 2006. 废铜资源对浙江铜加工产业的影响. 有色金属再生与利用, 2: 25~26.

王学军, 李本纲, 陶澍. 2005. 土壤微量金属含量的空间分析. 北京: 科学出版社: 22~120.

夏学齐, 陈骏, 廖启林, 等. 2006. 南京地区表土镉汞铅含量的空间统计分析. 地球化学, 35(1): 95~102.

郑袁明, 陈煌, 陈同斌, 等. 2003. 北京市土壤中 Cr, Ni 含量的空间结构与分布特征. 第四纪研究, 23(4): 436~445.

中国环境监测总站. 1990. 中国土壤元素背景值. 北京: 中国环境科学出版社.

Alawi M, Khalili F, Da'as K. 1995. Interaction behavior of organochlorine pesticides with dissolved Jordanian humic acid. Archives of Environmental Contamination and Toxicology, 28: 513~518.

Barcan V. 2002. Nature and origin of multicomponent aerial emissions of the copper-nickel smelter complex.

Environment International, 28: 451~456.

Cerniglia C E, Sutherland J B, Crow S A. 1992. Fungal metabolism of aromatic hydrocarbons. In: Winkelmann G.(Ed.), Microbial: 193~217.

Cloquet C, Carignan J, Libourel G, et al. 2006. Tracing source pollution in soils using cadmium and lead isotopes. Environmental Science & Technology, 40(8): 2525~2530.

Feng X B, Li G H, Qiu G L. 2004. A preliminary study on mercury contamination to the environment from artisanal zinc smelting using indigenous methods in Hezhang county, Guizhou, China-Part 1: mercury emission from zinc smelting and its influences on the surface waters. Atmospheric Environment, 38: 6223~6230.

Gaw S K, Palmer G, Kim N D, et al. 2003. Preliminary evidence that copper inhibits the degradation of DDT to DDE in pip and stonefruit orchard soils in the Auckland region, New Zealand. Environmental Pollution, 122: 1~5.

Hazardous Substances Data Bank(HSDB). 2003. Hexachlorocyclohexanes. Environmental standards and regulations, Hazardous Substances Data Bank, Bethesda, MD.

Henderson P J, McMartin I, Hall G E, et al. 1998. The chemical and physical characteristics of heavy metals in humus and till in the vicinity of the base metal smelter at Flin Flon, Manitoba, Canada. Environmental Geology, 34(1): 39~58.

Kannan K, Battula S, Loganathan B G, et al. 2003. Trace organic contaminants, including toxaphene and trifluralin, in cotton field soils from Georgia and South Carolina, USA. Archives of Environmental Contamination and Toxicology, 45: 30~36.

Lijzen J P A, Baars A J, Otte P F. 2001. Technical evaluation of the Intervention Values for Soil/Sediment and Groundwater. Dutch RIVM Report 711701023[R].

Martley E, Gulson B L, Pfeifer H R. 2004. Metal concentrations in soils around the copper smelter and surrounding industrial complex of Port Kembla, NSW, Australia. Science of the Total Environment, 325(1-3): 113~127.

Mason R, Fitzgerald W, Morel F. 1994. The biogeochemical cycling of elemental mercury: Anthropogenic influences. Geochimica et Cosmochimica Acta, 58: 3191~3198.

Middeldorp P J M, Jaspers M, Zehnder A J B, et al. 1996. Biotransformation of a-, B-, r-, and o-hexachlorocyclohexane under methanogenic conditions. Environmental Science & Technology, 30: 2345~2349.

Motelay-Massei A, Ollivon D, Garban B, et al. 2004. Distribution and spatial trends of PAHs and PCBs in soilsin the Seine River basin, France. Chemosphere, 55: 555~565.

Pacyna E G, Pacyna J M. 2002. Global emission of mercury from anthropogenic sources in 1995. Water Air and Soil Pollution, 137(1-4): 149~165.

Pai P, Niemi D, Powers B. 2000. North American inventory of anthropogenic mercury emissions. Fuel Processing Technology, 65~66: 101~115.

Ribes A, Grimalt J O. 2002. Temperature and organic matter dependence of the distribution of organochlorine compounds in mountain soils from the subtropical Atlantic(Teide, Tenerife island). Environmental Science & Technology, 36: 1879~1885.

Sajwan K S, Punshon T, Seaman J C. 2006. Production of coal combustion products and their potential uses. In: Sajwan KS, Twardowska I, Punshon T, Alva AK. Coal Combustion Byproducts and Environmental Issues. New York: Springer: 3~9.

Samsoe-Petersen L, Larsen E H, Larsen P B, et al. 2002. Uptake of trace elements and PAHs by fruit and vegetables from contaminated soils. Environmental Science & Technology, 36: 3057~3063.

Sheu H L, Lee W J, Lin S J, et al. 1997. Particle-bound PAH content in ambient air, Environmental Pollution, 96: 369~382.

USEPA(United States Environmental Protection Agency). 2010. Region 9: Superfund-Regional Screening Level[EB/OL]. http://www.epa.gov/region9/superfund/prg/.

Wang S F, Feng X B, Qiu G L, et al. 2005. Mercury emission to atmosphere from Lanmuchang Hg-T1 mining area, Southwestern Guizhou, China. Atmospheric Environment, 39(39): 7459~7473.

Wei Y L. 1996. Distribution study of priority pollutant PAHs from a laboratory aluminum-can chip smelting furnace. Journal of Hazardous Materials, 49: 267~280.

White J G, Welch R M, Norvell W A. 1997. Soil zinc map of USA using geostatistics and geographic information systems. Soil Science Society of America Journal, 61: 185~194.

Zhang C S, Selinus O. 1998. Statistics and GIS in environmental geochemistry-some problems and solutions. Journal of Geochemical Exploration, 64(1~3): 339~354.

第八章 矿区土壤及尾矿砂污染特征

我国是世界第三大矿业大国,矿产资源的开采、冶炼和加工对生态破坏和环境污染严重。采矿过程产生大量的固体废弃物,包括被剥离的废土、废石和尾矿等往往非常不稳定,除了直接造成土壤重金属污染以外,还将引起其他的环境问题。直接造成包括耕地、森林或牧地的损失,对土壤有机质分解和氮矿化过程的抑制,对植物生长的毒害,以及土地生产力的下降。间接造成包括空气污染、水污染和河流淤塞等。这些都将最终导致生物多样性、景观资源和经济财富的损失。本章分别介绍了我国典型铅锌矿区和汞矿区土壤的重金属富集特征,以及典型铜矿区尾矿砂酸化及重金属污染特征,以期为矿区土壤修复与生态恢复提供科学依据。

第一节 典型铅锌矿区及汞矿区土壤重金属污染特征

一、典型铅锌矿区土壤重金属污染特征

土壤样品(0~15 cm)采自浙江境内的 6 个典型铅锌矿区。土壤重金属浓度分析结果如表 8.1 所示,土壤重金属含量最高的为 Zn(7780±1359 mg/kg),其他依次为 Pb(7482±1243 mg/kg)、Cu(374±55 mg/kg)、Cd(182±113 mg/kg),与土壤环境质量标准(GB 15618-1995)(pH>6.5 时,Cu、Zn、Pb、Cd 的三级标准值分别为:400 mg/kg、500 mg/kg、500 mg/kg、1.0 mg/kg)和食物质量标准(CAPM,NY 525-2002,1998;Cu、Zn、Pb、Cd 分别为:10 mg/kg、50 mg/kg、0.4 mg/kg、0.2 mg/kg)相比,本次所调查矿区土壤重金属 Zn、Pb、Cd 含量均远远高于国家土壤环境质量三级标准值。

二、典型汞矿区土壤重金属污染特征

以贵州省 4 个典型的土法炼汞地区(万山、务川、丹寨、滥木厂矿区)和 1 个铅锌矿区(威宁矿区)为例,研究典型汞矿区土壤重金属的污染特征。此外,选择红枫湖土壤作为对照区,对比研究矿区污染程度。不同矿区土壤总汞(THg)含量变化范围如表8.2 所示。矿区土壤 THg 含量为 1.51~389.66 mg/kg,明显高于对照区红枫湖土壤 THg 含量的 0.75~0.99 mg/kg。汞矿区土壤 THg 含量变化范围大,受矿山开采活动影响的土壤 THg 含量高,对照区土壤 THg 含量基本接近世界土壤汞的背景值 0.01~0.50 mg/kg。万山、务川、丹寨、滥木厂、威宁矿区土壤 THg 平均含量分别为 163 mg/kg、99.6 mg/kg、65.0 mg/kg、113 mg/kg、2.03 mg/kg。威宁的主要矿产是铅锌矿,所以其 THg 含量最低。

万山汞矿区土壤 THg 平均含量最高,远高于世界土壤汞的背景值,这可能与富汞矿化带有关。务川汞矿区旱田土壤 THg 含量最高达 223 mg/kg,该地区大气汞浓度很高,大气中的绝大部分汞会不断随颗粒物的沉降进入土壤中,从而导致土壤汞含量的急剧升高。

表 8.1 土壤中重金属含量

（单位：mg/kg）

矿区名	植物名称	Cu 植物	Cu 土壤	Cu 富集系数	Zn 植物	Zn 土壤	Zn 富集系数	Pb 植物	Pb 土壤	Pb 富集系数	Cd 植物	Cd 土壤	Cd 富集系数
上台门	白背叶野桐	10.4	184	0.06	108	3557	0.03	146	8196	0.02	2.68	33.4	0.03
	葛藤	8.60	192	0.04	111	9417	0.01	10.3	9222	0.00	0.54	83.0	0.01
	紫藤	9.00	104	0.09	99	1577	0.06	4.30	1036	0.00	0.69	12.2	0.06
	苎麻	11.0	322	0.03	120	25854	0.00	8.30	24524	0.00	0.34	270	0.00
	鸡矢藤	9.90	74.0	0.13	164	605	0.27	6.90	720	0.01	0.48	2.10	0.23
	高粱泡	11.5	565	0.02	1137	19015	0.01	6.50	12748	0.00	3.18	185	0.02
	金樱子	16.7	136	0.12	75.0	3674	0.02	3.80	3048	0.00	0.41	41.8	0.01
	白茅	7.10	354	0.02	73.0	34347	0.00	7.90	32749	0.00	1.41	361	0.00
	东南景天	15.8	759	0.02	4423	16610	0.27	167.4	17305	0.01	14.9	172	0.09
	爪瓣景天	18.3	749	0.02	3351	27162	0.12	135.4	18030	0.01	5.05	256	0.02
	野艾蒿	10.6	75.0	0.14	67.0	248	0.27	3.50	144	0.02	1.52	1.90	0.80
	苦荬菜	8.50	778	0.01	105	10957	0.01	27.0	21383	0.00	13.8	83.2	0.17
	一年蓬	9.00	320	0.03	148	4699	0.03	52.0	22645	0.00	7.34	21.8	0.34
	蕨	10.7	408	0.03	104	11810	0.01	9.60	8772	0.00	2.81	96.1	0.03
大岭口	茅莓	7.30	95.0	0.08	126	4756	0.03	7.90	4839	0.00	3.75	45.1	0.03
	鸭跖草	18.3	273	0.07	655	16370	0.04	307.9	15749	0.02	5.58	149	0.04
	博落回	4.90	358	0.01	266	21729	0.01	14.7	16565	0.00	2.94	202	0.01
	小果博落回	6.40	79.0	0.08	138	906	0.15	1.50	907	0.00	0.03	8.10	0.00
	野雉尾金粉蕨	16.4	315	0.05	137	25972	0.01	2.00	12851	0.00	8.72	281	0.03
潘家	盐肤木	6.10	171	0.04	44.0	5174	0.01	2.70	1951	0.00	0.96	39.0	0.02
	红板归	28.4	554	0.05	1512	3456	0.44	24.6	4052	0.01	1.94	6.93	0.28
	木防己	8.90	365	0.02	177	2342	0.08	15.2	3351	0.00	0.20	3.57	0.06

续表

矿区名	植物名称	Cu 植物	Cu 土壤	Cu 富集系数	Zn 植物	Zn 土壤	Zn 富集系数	Pb 植物	Pb 土壤	Pb 富集系数	Cd 植物	Cd 土壤	Cd 富集系数
导岭	硕苞蔷薇	10.1	190	0.05	64.0	1656	0.04	4.20	2109	0.00	0.05	2.35	0.02
	珠芽景天	19.0	1490	0.01	1066	6215	0.17	16.6	1232	0.00	2.59	9.07	0.29
	旋复花	25.6	641	0.04	1330	2871	0.46	7.20	4561	0.00	4.36	5.45	0.80
	芒萁	7.00	1309	0.01	120	5053	0.02	59.6	8020	0.01	0.88	7.57	0.12
	博落回	35.9	437	0.08	219	4018	0.05	17.5	1972	0.01	0.70	59.9	0.01
	垂盆草	13.9	159	0.09	117	759	0.15	5.80	121.3	0.05	3.70	4.40	0.83
	四芒景天	10.5	1421	0.01	13665	663	20.6	9.10	138.9	0.07	567.8	2.90	194
姚王	香青	6.50	76.0	0.09	146	530	0.28	12.5	328	0.04	0.60	3.10	0.19
	商陆	14.4	82.7	0.17	144	249	0.58	22.9	163	0.14	0.10	0.20	0.50
龙泉	小根蒜	18.4	37.7	0.49	268	4589	0.06	33.5	4340	0.01	2.80	29.8	0.09
	插田泡	7.70	78.1	0.10	125	4352	0.03	10.0	2275	0.00	2.50	6.60	0.38
	白背叶野桐	33.5	53.2	0.63	489	1002	0.49	24.7	680	0.04	1.40	3.20	0.44
	藓状景天	24.8	50.2	0.49	837	1512	0.55	58.7	784	0.07	1.30	3.50	0.37
	东南景天	81.1	290	0.28	1099	16484	0.07	62.8	13977	0.00	43.5	158	0.27
	葛藤	24.8	116	0.21	86.9	9787	0.01	25.8	9257	0.00	46.4	16.7	2.78
	五节芒	4.40	264	0.02	155	3290	0.05	13.7	2610	0.01	2.06	73.9	0.03
	珠芽景天	37.3	659	0.06	13568	9394	1.37	614	5987	0.10	349	4789	0.07
	鸭跖草	20.1	264	0.08	117	660	0.18	4.90	793	0.01	0.70	22.6	0.03
	狗脊	16.7	390	0.04	35.8	2159	0.02	4.70	1798	0.00	0.20	53.9	0.00
	奇蒿	10.2	457	0.02	36.8	789	0.05	0.90	1229	0.00	0.10	19.6	0.01
平均值		16±2.1a	373±55b	0.1±0.02a	1091±457b	7780±1359a	0.65±0.49a	47±16a	7482±1243a	0.02±0a	26±15a	181±113a	5±4.6a
最小值		4.4	37.7	0.01	35.8	249	0.01	0.9	121	0	0.03	0.20	0
最大值		35.9	1491	0.63	13 665	27 162	20.6	614	32 749	0.14	568	4789	194

注：同行数据标称有完全不同字母的表示差异具有显著性（LSD检验，$p=0.05$）。

表 8.2 贵州典型矿区不同类型土壤总汞和甲基汞含量及相关系数

矿区名称	土壤类型	样品数	种植类型	相关系数	THg/（mg/kg）		MeHg/（μg/kg）	
					范围	均值	范围	均值
万山	水稻土	8	水稻	0.926**	22.1～390	163	3.64～14.2	7.63
务川	水稻土	6	水稻	0.686	4.97～223	99.6	0.51～9.63	5.65
丹寨	水稻土	4	水稻	0.489	33.12～102	61.0	3.16～8.06	5.35
滥木厂	黄壤	9	玉米	0.200	77.65～197	113	0.97～7.25	2.53
威宁	黄壤	2	玉米、蔬菜		玉米地：1.51 蔬菜地：2.54	2.03	4.93～5.46	5.20
红枫湖对照区	水稻土	2	水稻		0.75～0.99	0.87	未检出	未检出

**表示在 0.01 水平显著相关。

炉渣是矿石在高温焙烧下的产物，含有的辰砂在高温下形成大量的富汞次生矿物，炉渣中的汞会不断释放至周围环境中。同时，夏季频繁发生的洪水会迁移、携带大量炉渣中的富汞颗粒物至河流下游，造成二次汞污染。因此，矿山活动中生产的冶炼炉渣是矿区土壤汞的主要来源，而矿区地表径流是造成下游稻田土壤汞污染的主要途径。矿区土壤 THg 平均含量从大到小排列顺序为：万山＞滥木厂＞务川＞丹寨＞威宁。总体上层控类型的汞矿区土壤中汞的浓度偏高，这与矿物类型和围岩矿物有关，同时也与汞矿开采的量有关，开采量大，堆置的矿渣越多，土壤汞污染的程度和范围会相应增大。

矿区土壤甲基汞（MeHg）含量变化范围 0.51～14.23 μg/kg，对照区土壤 MeHg 含量未检出（表 8.2）。统计结果显示，万山、务川、丹寨、滥木厂、威宁矿区土壤 MeHg 的平均含量分别为 7.63 μg/kg、5.65 μg/kg、5.35 μg/kg、2.53 μg/kg、5.2 0 μg/kg。湿地是河流、湖泊中甲基汞的一个重要来源，稻田是一种独特的湿地生态系统（王启超等，2002）。在水淹条件下，湿地环境中丰富的可溶性碳和腐殖酸，为甲基化细菌提供了理想的生存条件，增强汞的甲基化作用。因此，一般稻田土壤 MeHg 含量高于旱地土壤。本研究结果认为稻田厌氧环境中丰富可溶性碳环境汞污染和腐殖酸，导致了较强的甲基化作用。旱地与稻田不同，其水源主要来自大气降雨，其好氧环境不利于汞的甲基化作用，因此旱田土壤 MeHg 含量低于稻田（Qiu et al.，2005）。矿区土壤 MeHg 平均含量从大到小排列顺序为：万山＞务川＞丹寨＞威宁（旱地）＞滥木厂（旱地）。

相关分析数据表明矿区土壤汞与甲基汞均存在不同程度的正相关关系，万山矿区土壤 Hg 与 MeHg 呈极显著正相关，相关系数为 0.926，随着 Hg 的增加，土壤中汞的甲基化作用也相对强烈，甲基汞含量随之增加。

三、土壤理化性质对汞的影响

贵州典型矿区土壤的各理化指标的平均含量如表 8.3 所示。结果显示矿区土壤 pH 变化范围是 4.78～8.00，丹寨、滥木厂矿区土壤为酸性，万山、务川、威宁矿区的则为碱性。有机质含量在 33.6～73.9 g/kg，属于丰富水平，全 N 量在 1.85～2.45 g/kg，全 P 在 0.49～1.51 g/kg，全 K 在 9.87～32.6 g/kg。速效 N、速效 P、速效 K 含量变化范围分别为

128～203 mg/kg、1.67～6.22 mg/kg、83.3～136 mg/kg。

表 8.3　矿区土壤的理化指标

典型矿区名称	有机质	机械组成/%			全量养分/（g/kg）			速效养分/（mg/kg）		
		砂粒	黏粒	粉粒	N	P	K	N	P	K
力山	33.6	35.1	16.8	48.1	1.85	0.56	24.7	128	3.5	133
务川	32.9	32.3	20.1	47.6	2.12	0.69	12.9	147	3.19	83.3
丹寨	40.8	32.5	20.3	47.3	2.45	0.49	32.6	203	3.60	136
滥木厂	35.5	31.1	27.8	41.1	1.99	1.51	9.87	161	6.22	110
威宁	25.8	17.6	35.6	46.8	2.11	0.53	13.3	140	1.67	100
红枫湖对照区	73.9	14.3	49.1	36.6	3.51	0.78	12.1	186	4.41	125

土壤的显著特点是含有大量有机质，特别是腐殖质，对许多元素有较强的固定作用，因而有机质的含量影响土壤颗粒对重金属的吸附能力和重金属的存在形态，有机质含量高的土壤有较高的 CEC，它们对重金属的吸附能力高于有机质含量低的土壤（Bradl，2004）。矿区农田土壤有机质含量为：25.8～40.8 g/kg，矿区土壤有机质含量从高到低排列为：丹寨＞滥木厂＞万山＞务川＞威宁。有机质与土壤汞含量均呈正相关关系，其中务川和滥木厂矿区土壤较为突出，相关系数分别为 0.7908、0.7070（表 8.4），均达显著水平。说明有机质对其在土壤中的含量有一定影响。这是由于土壤有机质含有很多活性官能团，能与重金属结合，以络合物的形式将其固定，使其难以移动，故积聚在土壤中（Sauvé et al.，2000）。

表 8.4　土壤总汞和甲基汞含量与土壤理化指标的相关系数

项目		力山（n=8）		务川（n=6）		丹寨（n=4）		滥木厂（n=9）	
		Hg	MeHg	Hg	MeHg	Hg	MeHg	Hg	MeHg
pH		-0.975*	-0.094	-0.493	-0.265	-0.464	0.584	-0.241	0.553
碱解氮		-0.053	0.742*	0.740	0.293	-0.617	-0.801	-0.710*	-0.062
有效磷		-0.010	0.918**	-0.280	0.007	-0.619	-0.361	-0.332	0.156
速效钾		-0.084	-0.457	-0.616	-0.934**	0.807	-0.119	-0.571	0.427
全氮		-0.644	0.846**	0.918**	-0.503	0.283	-0.397	-0.734**	0.261
全磷		-0.398	0.536	0.555	0.167	-0.720	-0.572	-0.641	-0.092
全钾		-0.798*	-0.220	0.630	0.216	0.939*	0.279	0.787*	-0.382
有机质		0.816	-0.337	0.791*	0.480	0.781	-0.408	0.707*	0.248
阳离子交换量		-0.229	0.393	-0.1322	-0.636	-0.5803	0.206	0.5541	-0.220
机械组成	砂粒	0.486	0.486	0.576	0.576	-0.749	-0.749	0.711*	0.251
	黏粒	-0.093	-0.093	-0.626	-0.626	-0.884	-0.884	-0.797**	-0.358
	粉粒	-0.615	-0.615	-0.073	-0.073	0.758	0.758	0.758	-0.038

**表示在 0.01 水平显著相关，*表示在 0.05 水平显著相关。

　　土壤酸碱性对土壤营养元素的有效性（黎成厚等，1999）、重金属元素的总量和有效性（李福燕等，2009）及土壤酶活性（王涵等，2008）等均有影响。pH 对重金属元素的移动影响很大，其大小影响土壤中重金属元素的活动性及其溶解度，进而影响植物对重金属的吸收（程金沐，2006）。一般来说，土壤中 pH 较低的时候，H^+ 较多，大多数重金属被解吸的也多，其活动性就较强，即元素的有效含量增加，从而促进了重金属元素的迁移转化。在碱性条件下，土壤中重金属以难溶态的氢氧化物、碳酸盐和磷酸盐化合物的形态存在，而它们的溶解度都较小，因此土壤溶液中重金属的离子浓度也较低。矿区土壤 pH 与矿区土壤汞含量均呈负相关性，其中万山汞矿较为典型，相关系数为 -0.9752，达显著水平。随 pH 升高，土壤对 Hg 的吸附作用不但没有增强，反而略有下降，原因可能是 pH 过高会造成 $Hg(OH)Cl$ 的活性大于 $Hg(OH)_2$，使土壤对 Hg^{2+} 的吸附量降低。

　　万山、务川、滥木厂土壤砂粒含量均与 Hg 成正相关关系，其中务川土壤砂粒含量与 Hg 呈极显著正相关关系，相关系数为 0.938。土壤的黏粒和粉粒含量与 Hg 均呈负相关关系，滥木厂土壤砂粒含量与 Hg 成极显著负相关关系，相关系数为 -0.797。一般认为，土壤中 Hg 等微量元素的含量随土壤黏粒含量的增加而增加，这是由于黏粒可以富集微量元素并阻止它们的淋失。但本书研究结果却表明，土壤中 Hg 的含量都与土壤黏粒含量负相关，这可能与矿区土壤中重金属的成矿元素有关。已有研究表明，矿区土壤中重金属，尤其是 Hg，主要来源于人为因素的输入，外源输入的富汞矿石是矿区土壤 Hg 的主要组成部分。无污染地区，决定土壤微量元素的含量与分布特征的主要因素包括母质种类和成土作用，而在污染地区，还应当包括外源性物质的输入（Cui et al.，2004）。这些外源性输入物同土壤本体相比，粒径较粗，难于黏化，进入土壤后以类似于土壤砂粒的形式存在，这可能是导致它们与黏粒呈负相关的原因。

　　从表 8.4 可看出，矿区土壤 pH 与矿区土壤甲基汞含量相关性不显著。pH 与万山、务川土壤甲基汞呈负相关，而与丹寨、滥木厂土壤甲基汞呈正相关，但都没有达到显著水平。万山甲基汞含量与碱解氮呈显著正相关，相关系数为 0.742，与有效磷、全氮呈极显著正相关，相关系数分别为 0.918、0.846。说明土壤的氮磷营养水平在一定程度上会影响土壤汞的甲基化过程。本试验的研究数据表明大部分矿区有机质、阳离子交换量与土壤甲基汞没有明显的相关关系，土壤的机械组成与甲基汞也没有相关关系。可见土壤的甲基化过程比较复杂，受土壤的理化性质的影响没有明显的方向性。

第二节　典型铜矿区尾矿砂酸化及重金属污染特征

一、尾矿库区酸化特征

　　本节尾矿砂采自安徽铜陵狮子山杨山冲尾矿库。表层尾矿砂 pH 水平空间变化情况如图 8.1 所示。pH 变异极大，以基地中线（K、L 区域）为分割线，基地西南端尾矿砂呈中性或碱性，最高可达 pH 为 9.02，为未酸化区；基地东北端尾矿砂则呈酸性，最低达到 pH 为 2.65，为酸化区。基地西南端尾矿砂 pH 分布相对较均匀，pH 集中于 8～9，基地东北端尾砂 pH 大部分低于 5，酸化严重。

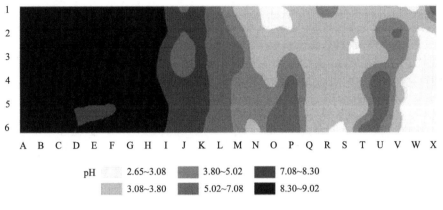

图 8.1　表层尾矿砂 pH 空间分布

以 K3 和 Q3 点位分别作为未酸化区和酸化区的代表，来说明尾矿砂 pH 的垂直分布情况，分析结果如表 8.5。结果表明，酸化区域及未酸化区域尾矿砂 pH 随深度的增加而升高，酸化区域尾矿砂 pH 升高的趋势尤其明显，表层 20 cm 以下尾矿砂酸度已经接近中性。

表 8.5　尾矿砂 pH 垂直分布

	采样点位及深度	20 cm	40 cm	60 cm
pH	K3	7.10	7.39	7.56
	Q3	3.23	6.22	7.29

基地表层尾矿砂 pH 空间变异极大，东北端地势较低，尾矿砂酸化严重，这可能是由于地势低洼，雨水易于汇集，铜矿尾矿砂中含有大量的 Fe 和 S，硫化物在 Fe^{3+} 的催化下，与 O_2、H_2O 反应，产生大量的 H^+，使尾矿砂酸化（谭凯旋等，2004）。

研究表明尾矿中硫化物氧化是一个耗氧过程，反应动力学受大气复氧速率控制，尾矿孔隙度影响大气氧向尾矿内部的渗透。尾矿孔隙度越大，大气氧向尾矿的渗透速度越大，渗透越深，硫化物氧化越强烈（陈天虎等，2001）。杨山冲尾矿库尾矿砂密度为 3.24 g/cm^3，平均容重为 1.92 g/cm^3，孔隙度为 59%（过仕民，2004）。基地表层尾矿砂的容重如表 8.6，未酸化区表层尾矿砂平均容重为 1.82 g/cm^3，略低于平均值，而酸化区域表层尾矿砂容重为 1.17 g/cm^3，远低于尾矿砂容重平均值，因此，较大的孔隙度以及水分含量为尾矿发生酸化创造了条件。

尾矿砂 pH 的剖面分布特征表明，尾矿砂酸化只发生在表层 20 cm，这可能是因为处于深层的尾矿砂不易接触到氧气，酸化作用较难发生。

二、尾矿砂重金属含量

铜陵下层尾矿砂的 Cu 含量是上层的 1.5 倍，Pb 含量下层是上层的 3.9 倍。徐晓春等（2003）通过对林冲尾矿库样品中重金属元素含量的分析，发现长期堆存的尾矿发生了元素的次生淋滤与富集。

通过对比表 8.6 重金属总量和表 8.7 中的重金属有效态含量,尾矿砂的重金属有效态与全量比值都很低,Cu 为 0.02/1216,Zn 为 0.13/443,说明尾矿砂的重金属大多是不可交换态。污泥的重金属有效态与全量比值 Cu 为 3.08/347,Zn 为 28.12/1824,Pb 为 3.47/98,Cd 为 0.25/1.7,与尾矿砂相比,污泥中含有的有毒重金属对植物有效性是不可忽视的。因此在选择稳定剂时,应该注意考虑污泥重金属有效性高的限制因素。

表 8.6　供试材料的理化性质

	pH	EC/(mS/cm)	OM /(g/kg)	总 N /(g/kg)	总 P /(g/kg)	总 K /(g/kg)	总 Cu /(mg/kg)	总 Zn /(mg/kg)	总 Pb /(mg/kg)	总 Cd /(mg/kg)
铜陵尾矿(上)	6.9	0.57	0.23	0.02	0.97	1.94	1216	443	2.7	1.0
铜陵尾矿(下)	7.2	0.43	0.38	0.02	0.39	1.85	1826	332	10.5	0.5
无锡污泥	5.9	8.64	333	2.45	86.5	5.18	347	1824	98	1.7
磷矿粉	8.8	0.287	ND	ND	117.5	0.22	4.37	20	1.4	ND
沸石	7.3	0.174	ND	ND	1.9	ND	ND	35	0.2	ND

注:ND 表示未检出(低于检测限)。

表 8.7　尾砂和污泥的有效态重金属含量　　　　（单位：mg/kg）

	Cu	Zn	Pb	Cd
铜陵尾矿（上）	0.02	0.13	ND	ND
无锡污泥	3.08	28.12	3.47	0.25

注:ND 表示未检出(低于检测限)。

三、尾矿砂浸提态重金属空间分布

表层尾矿砂的酸溶态重金属含量及 pH 的统计结果如表 8.8 所示。尾矿砂酸溶态 Cu、Zn、Pb、As 含量空间变异极大。由图 8.2 可见,酸溶态 As 大量存在于基地酸化区域尾矿砂中,可能是受到金矿选矿废水的污染影响,而未酸化区域尾矿砂 As 含量较低。

表 8.8　表层尾矿砂 pH 及酸溶态、中性盐溶态重金属　　（单位：mg/kg,n=144）

统计值	pH	Cu		Zn		Pb		Cd		As
		HNO₃	NaNO₃	HNO₃	NaNO₃	HNO₃	NaNO₃	HNO₃	NaNO₃	NaNO₃
最大值	9.02	878	106	1502	281	216	0.274	12.9	1.49	1620
最小值	2.65	13.4	< 0.372	18.7	<1.28	5.20	<0.517	0.90	<0.083	2.20
平均值	—	351		311		42.3		4.00		666
中值	6.29	362	—	214	—	19.9	—	3.1	—	697

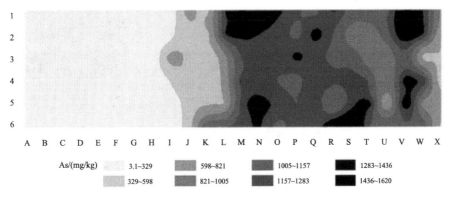

图 8.2　表层尾矿砂酸溶态 As 的空间分布

图 8.3 为表层尾矿砂酸溶态重金属的空间分布图，从整体上看未酸化区域尾矿砂酸溶态 Cu 的含量较酸化区域高，而酸溶态 Zn、Pb、Cd 含量表现为酸化区较高。中性盐溶态重金属的空间分布如图 8.4 所示，中性盐溶态 Pb 的含量一般低于检出限，故没有标出。比较图 8.3 和图 8.4 可以看出，酸溶态和中性盐溶态重金属的空间分布并没有一致性，很可能是因为尾矿砂理化性质（如 pH）的空间变异掩盖了两者之间的相关性。

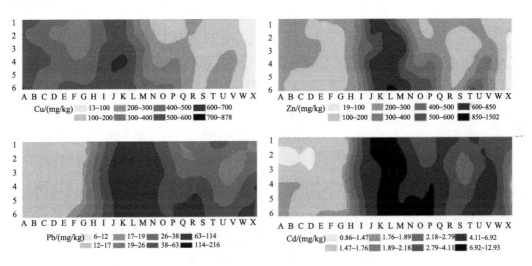

图 8.3　表层尾矿砂酸溶态 Cu、Zn、Pb、Cd 的空间分布图

尾矿砂中性盐溶态重金属的垂直分布如表 8.9 所示，未酸化区域尾矿砂 pH 随深度增加而升高，中性盐溶态重金属含量随深度增加而降低，部分低于检出限；酸化区域尾矿砂 pH 则随取样深度的增加而显著升高，同时中性盐溶态重金属 Cu、Zn、Cd 含量也随深度的增加而显著降低，中性盐溶态 Pb 的含量一般低于检出限。

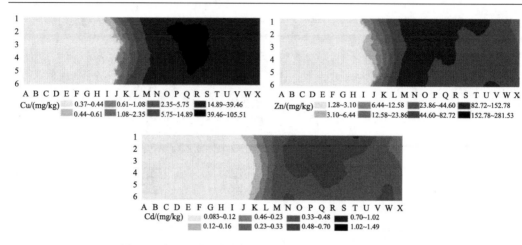

图 8.4　表层尾矿砂中性盐溶态 Cu、Zn、Cd 的空间分布图

表 8.9　不同层次尾矿砂 pH 及中性盐溶态 Cu、Zn、Pb、Cd 的含量

采样点位	采样深度/m	Cu/（mg/kg）	Zn/（mg/kg）	Pb/（mg/kg）	Cd/（mg/kg）	pH
K3	20	<0.14	0.30	0.19	0.069	7.10
	40	<0.14	0.12	0.19	0.072	7.39
	60	<0.14	0.10	<0.18	0.069	7.56
Q3	20	40	74	<0.18	0.69	3.23
	40	<0.14	2.0	<0.18	0.10	6.22
	60	<0.14	0.23	<0.18	0.089	7.29

　　表层尾矿砂 pH、中性盐溶态重金属的相关性如表 8.11，其中 pH 与 HNO_3-As 呈极显著负相关，而与 HNO_3-Cu 呈极显著正相关，这与图 8.2 HNO_3-As 及图 8.3 HNO_3-Cu 的空间分布特征是一致的；表 8.10 和表 8.11 表明，酸溶态 Cu、Zn、Pb、Cd 之间呈极显著正相关，中性盐溶态 Cu、Zn、Cd 之间也呈极显著正相关，这可能与尾矿砂中 Cu、Zn、Pb、Cd 之间存在伴生关系有关（饶运章和侯运炳，2004）。pH 与中性盐溶态 Cu、Zn、Cd 呈极显著的负相关，说明 pH 是影响尾矿砂中重金属有效性的重要因素。

表 8.10　表层尾矿砂 pH、酸溶态重金属的相关性

	pH	HNO_3-Cu	HNO_3-Zn	HNO_3-Pb	HNO_3-Cd	HNO_3-As
pH	1	0.754**	0.155	0.154	−0.188*	−0.857**
HNO_3-Cu		1	0.541**	0.455**	0.263**	-0.529**
HNO_3-Zn			1	0.798**	0.890**	0.194*
HNO_3-Pb				1	0.781**	0.190*
HNO_3-Cd					1	0.534**
HNO_3-As						1

**表示极显著相关（0.01 水平），*表示显著相关（0.05 水平）。

表8.11 表层尾矿砂pH、中性盐溶态重金属的相关性

	pH	$NaNO_3$-Cu	$NaNO_3$-Zn	$NaNO_3$-Cd
pH	1	-0.748**	-0.630**	-0.729**
$NaNO_3$-Cu		1	0.557**	0.785**
$NaNO_3$-Zn			1	0.827**
$NaNO_3$-Cd				1

**表示极显著相关（0.01 水平）。

参 考 文 献

陈天虎, 冯军会, 徐晓春. 2001. 国外尾矿酸性排水和重金属淋滤作用研究进展. 环境污染治理技术设备, 2(2): 41~46.

程金沐. 2006. 土壤环境生态对重金属元素迁移影响分析. 广东微量元素科学, 12(6): 12~15.

过仕民. 2004. 杨山冲尾矿库无土植被及其效果. 有色金属, 56(4): 126~128.

黎成厚, 刘元生, 何腾兵. 1999. 土壤 pH 与烤烟钾素营养关系的研究. 土壤学报, 36(2): 276~282.

李福燕, 李许明, 吴鹏飞, 等. 2009. 海南省农用地土壤重金属含量与土壤有机质及 pH 的相关性. 土壤, 41(1): 49~53.

饶运章, 侯运炳. 2004. 尾矿库废水酸化与重金属污染规律研究. 辽宁工程技术大学学报: 自然科学版, 23(3): 430~432.

谭凯旋, 谢焱石, 刘永. 2004. 湘西金矿尾矿水相互作用动力学模拟. 矿物学报, 24(4): 398~404.

王涵, 王果, 黄颖颖, 等. 2008. pH 变化对酸性土壤酶活性的影响. 生态环境, 17(6): 2401~2406.

王启超, 刘汝海, 吕宪国, 等. 2002. 湿地汞环境过程研究进展. 地球科学进展, 17(6): 881~885.

徐晓春, 王军, 李援, 等. 2003. 安徽铜陵林冲尾矿库重金属元素分布与迁移及其环境影响. 岩石矿物学杂志, 22(4): 433~436.

Bradl H B. 2004. Adsorption of heavy metal ions on soils and soils constituents. Journal of Colloid and Interface Science, 277(1): 1~18.

Cui Y, Dong Y, Li H, et al. 2004. Effect of elemental sulphur on solubility of soil heavy metals and their uptake by maize. Environment International, 30(3): 323~328.

Qiu G, Feng X, Wang S, et al. 2005. Mercury and methylmercury in riparian soil, sediments, mine-waste calcines, and moss from abandoned Hg mines in east Guizhou province, southwestern China. Applied Geochemistry, 20(3): 627~638.

Sauvé S, Hendershot W, Allen H E. 2000. Solid-solution partitioning of metals in contaminated soils: dependence on pH, total metal burden, and organic matter. Environmental Science & Technology, 34(7): 1125~1131.

第九章 石油开采场地土壤及油泥污染特征

石油污染是指在石油的开采、炼制、贮运和使用过程中，原油和各种石油制品进入环境而造成的污染。随着石油的生产和消费量的不断增大，石油类物质进入环境造成的污染问题日益严重。总体来讲，石油对土壤的污染主要包括油田及炼油厂污染、加油站污染、石油类废水污灌污染和大气沉降污染。石油污染土壤后会对土壤理化性质以及农作物的生长产生严重影响。由于石油开采场地（主要是油田区）土壤中石油烃类有机污染物量大面广，石油污染的危害更加明显。因此，研究油田区土壤石油污染问题已成为土壤污染防治的一个重要内容。本章对国内的大庆、胜利、江汉以及江苏油田的油井周边石油污染土壤进行了初步调查研究，同时对胜利油田滨一联合站污水处理厂产生的油泥开展环境污染分析，探讨了石油污染对土壤理化性质的影响，为控制石油开采场地土壤污染、降低环境风险提供科学依据。

第一节 油田土壤中总石油烃含量

本研究调查的 3 个油田 15 个油井中，油井周边土壤中的含油量呈现随距离油井增加而降低的趋势（表 9.1 和表 9.2、表 9.3）。其中，油井周边 5 m 处土壤中油含量均大大高于临界值（500 mg/kg）（刘五星等，2008），但江汉油田油井周边 10 m 及 10 m 外的区域除个别位点外，土壤中油含量大多低于临界值，其中油井周围 100 m 处土壤中的油含量均低于临界量。而大庆油田在油井周围 100 m 范围内所采集的土样中油含量均高于临界值，且距油井 100 m 处土壤中平均油含量还高达 1037 mg/kg。在胜利油田的 5 个油井周围所采的 25 个土样中，仅 3# 的 20 m 和 100 m 两处的土

图 9.1　江苏油田油井图

壤中油含量低于临界值。另外，在 2004 年 6 月曾到江苏油田进行了油田污染情况调研。由于江苏油田产量较小，开采较迟，加之近年来采取了清洁生产技术，从表 9.1 可知，油井对周围土壤影响较小，且由于目前油田周边大部分铺上了碎石（图 9.1），因此未对油井周边土壤进行采样分析。通过对 4 个油田的调研可以初步看出，不同油田油井周围受石油污染程度有很大的差异。其中大庆、胜利油田油井对周围土壤污染较为严重，原因可能是大庆、胜利油田地处盐碱地，油井周围土地大多为荒地，而江汉、江苏油田地处土地肥沃的长江中下游平原，油井大多散布在农田中间，从而导致各地对土地环保的重视程度不同有关。另外，相对于江苏、江汉油田，大庆、胜利油田开发较早，开发规模大也可能是原因之一。

表 9.1　江汉油田油井周边土壤中油含量　　（单位：mg/kg 干土）

	1#	2#	3#	4#	5#	平均值
5 m	10 890	6250	3740	6240	6820	6788±2585
10m	420	2980	200	380	520	900±1169
20m	210	590	240	460	250	350±167
50m	7710	660	200	100	480	1830±3295
100m	330	170	530	170	180	276±157

表 9.2　大庆油田油井周边土壤中油含量　　（单位：mg/kg 干土）

	308 队高 135-35	中三队西 4-丁 18	南五队西 81-23	南五队西 81-24	中五队西 4-1	平均值
5 m	5320	4850	10 220	4560	8250	6644±2482
10m	3520	1310	4740	5450	7630	4535±2341
20m	4980	2550	2670	1760	2850	2969±1200
50m	1070	5940	2320	5700	1150	3240±2412
100m	700	1850	850	1000	750	1037±474

表 9.3　胜利油田油井周边土壤中油含量　　（单位：mg/kg 干土）

	1#	2#	3#	4#	5#	平均值
5m	1810	12 860	13 230	15 230	20 680	12 762±6873
10m	1220	7040	4620	11420	28 060	10 472±0510
20m	12 430	2630	260	5020	6200	5308±4590
50m	1620	1150	1250	2310	3380	1942±924
100m	3100	2030	240	2230	2860	2092±1125

第二节　油泥中石油烃含量及成分

胜利油田是我国第二大油田，由于地层复杂，油井采出液含泥量较高，导致大量的油泥沙堆积在油井附近（图 9.2）。全油田含油污泥每年达 30 万 t（李丹梅等，2003）。含油污泥主要来源有：油田的接转站、联合站的油罐、沉降罐、污水罐、隔油池的底泥，另外炼油厂含油污水处理设施也会产大量的油泥（吴丽华等，1999）。在调研的基础上，本书具体对胜利油田滨一联合站每年的油泥产量以及油泥中的含油量进

图 9.2　胜利油田油井

行了调查分析。滨一污水综合治理工程于 2000 年建设，目前规模为 $1.5×10^4$ m^3/d，采用水质改性处理含油密度高并含有大量胶质、沥青质的污水。处理流程中产生了大量含油污泥，总量约 3600 m^3/a。由于没有成熟、经济的含油污泥处理工艺和技术，该站目前的

污泥处置办法就是在露天的简单堆放和填埋。经过长年累积，现在滨一污有超过 20 000 m³ 含油污泥（图 9.3 和图 9.4）。通过对新鲜油泥（鲜泥）以及经过多年堆放的油泥（陈泥）分析，由表 9.4 可以看出在污水处理过程中产生的新鲜油泥含油量在 33.3%～45.05%，经过长期堆放后油泥中部分组分被降解，油泥含油量在 8.6%～12.7%。由于鲜泥中含有大量的石油，因此可考虑首先通过相应的物化措施，提取出油泥中的部分油再进行生物修复，从而起到提高生物修复效率和达到资源回收的目的。通过对油泥中油成分进行柱层析分析，可以看出油泥中的油组分主要为饱和烃和芳香烃，胶质和沥青含量较少。

图 9.3　胜利油田孤东油泥沙堆积区　　　　　　图 9.4　胜利油田滨一油泥

表 9.4　胜利油田油泥含油量及组分

编号	含水量/%	含油量/（mg/kg）	饱和烃/%	芳香烃/%	沥青/%	胶质/%
陈泥 1	34.78	115 400	＞47.2	24.6	4.6	19.8
陈泥 2	33.26	86 000	＞51.8	29.2	3.8	17.2
陈泥 3	29.77	106 000	＞47.4	26.6	5.8	18.8
陈泥 4	44.04	127 200	＞51.8	33.0	2.4	17.2
陈泥 5	29.50	116 200	＞50.4	31.0	3.6	16.4
鲜泥 1	58.01	450 400	＞48.8	33.0	2.2	17.0
鲜泥 2	55.72	323 000	＞50.8	31.0	1.9	16.5
鲜泥 3	50.31	327 400	＞53.0	33.3	2.1	16.3

第三节　石油污染对土壤质量的影响

由于油泥主要来源于油田的接转站、联合站的油罐、沉降罐、污水罐、隔油池的底泥、炼油厂含油污水处理等，与通常的由于落地油引起的石油污染土壤有较大差别（王久瑞等，2002；吴丽华和王志强，1998）。因此本书通过对江汉、大庆油田油井周围不同污染程度的 44 个土壤样品性质的分析，研究石油污染对土壤有机质、pH、全氮、水解氮、速效磷、速效钾等理化性质的影响。分析结果见表 9.5 和图 9.5。由图 9.5（a）可知，从单纯数据上看土壤中的有机质含量与土壤中的油含量正相关（R^2=0.3696，n=44）。

有机质是土壤有机碳总和的反映，一般来说其含量是土壤潜在肥力的表现，由于碳是石油烃的主要组成成分，因此石油污染必然会导致土壤中有机碳的增加（Okolo et al.，2005）。但由于石油组分与有机质迥然不同，这种由于石油污染而引起的有机碳提高，并不能完全反映土壤中有机质的变化，故更不会释放出有效养分给植物吸收而有效利用，因此对于石油污染的土壤不应该用该指标来判断土壤肥力（Obire et al.，2002）。从污染现场情况也可看到重度污染土壤上没有植被生长，而邻近的清洁土壤上长有许多植物。有研究认为某些被石油污染的土壤中氮不足，为固氮微生物提供了选择优势，从而使有效氮在油污染严重的地方较高（阿特拉斯，1991），为此对土壤中油含量与水解氮的相关性进行了分析，结果如图 9.5（b）所示。由图可知土壤中油浓度与水解氮含量关系不显著。据此，又对土壤中油浓度与土壤中总氮含量关系进行了分析，结果表明图 9.5c 土壤中油浓度与土壤中总氮含量没有相关性，由图 9.5（d）～（f）可知土壤中油浓度与土壤中有效磷、pH、速效钾含量也都没有相关性。有研究表明，土壤中生物可利用的 C:N:P 在 120:10:1 时有利于土壤中微生物对石油污染物的降解（Graham et al.，1999）。由图表可知，由于石油烃污染导致土壤中的碳含量大幅度增加，而有效氮、有效磷却没有相应变化从而导致石油污染土壤中氮、磷严重不足，因此在进行石油污染土壤修复时需要添加相应的氮、磷营养元素来增强土壤中微生物的营养，从而加快其对石油的分解（Vasudevan and Rajaram，2001）。

表 9.5 不同土壤中的油含量与主要理化性质

编号	油含量/（mg/kg）	pH（H$_2$O）	全氮/（g/kg）	水解氮/（mg/kg）	有机质/（g/kg）	速效磷/（mg/kg）	速效钾/（mg/kg）
1	10 890	9.1	1.92	81.02	86.35	9.43	150
2	420	8.36	1.17	59.21	22.89	16.02	138
3	210	8.39	1	79.87	17.49	16.24	44
4	7710	8.53	1.53	26.73	60.56	15.36	255
5	330	7.93	0.87	61.46	18.6	24.99	43
6	6250	8.15	1.3	71.65	48.69	23.12	160
7	2980	8.49	0.62	89.51	36.93	21.47	255
8	590	7.58	1.32	99.95	25.72	32	375
9	660	8.38	0.98	83.95	19.61	42.13	176
10	3740	8.25	1.24	63.66	37.57	10.78	156
11	200	8.05	1.82	139.02	32.23	39.24	230
12	240	8.13	1.76	152.77	33.08	8.82	175
13	200	8.15	1.67	146.46	33.3	13.84	184
14	530	8.38	1.65	87.76	31.05	6.56	142
15	6240	7.88	1.13	54.32	67.03	10.41	560
16	380	8.38	1.34	96.8	23.97	.9.43	140
17	460	7.37	1.47	89.54	24.58	43.76	336
18	100	7.45	1.32	199.15	16.98	37.54	188

续表

编号	油含量/（mg/kg）	pH（H₂O）	全氮/（g/kg）	水解氮/（mg/kg）	有机质/（g/kg）	速效磷/（mg/kg）	速效钾/（mg/kg）
19	170	8.02	1.16	113.97	16.98	8.21	134
20	480	7.96	1.34	110.54	23.05	10.66	128
21	170	8.38	1.34	101.4	17.32	7.81	144
22	280	8.15	1.38	109.22	22.94	7.61	137
23	150	8.16	1.4	91.84	23.84	6.34	136
24	570	8.55	1.45	70.26	53.56	17.13	144
25	5450	10.59	0.31	18.9	19.72	41.9	103
26	1760	10.48	0.73	32.36	25.62	70.23	140
27	5700	9.18	1.44	83.19	30.75	46.49	285
28	1760	10.5	0.57	27.15	22.25	47.26	133
29	2320	10.45	0.3	54.41	19.35	23.48	111
30	1310	9.03	0.34	28.88	12.95	0.98	68
31	5940	9.13	0.61	61.12	33.06	5.61	138
32	1850	9.11	0.45	40.29	10.59	5.72	129
33	1150	10.49	0.28	40.08	8.88	62.93	139
34	4980	8.79	0.64	45.08	15.47	3.62	150
35	3520	8.76	0.52	74.48	12.98	4.19	137
36	700	8.65	0.6	53.14	14.48	5.28	116
37	1070	8.77	0.52	48.58	7.53	8.92	107
38	800	8.38	0.77	180.14	19.03	13.52	162
39	4740	10.11	0.77	66.81	18.01	21.94	125
40	7630	9.43	0.48	31.65	32.12	9.54	172
41	2850	9.01	0.4	28.13	8.55	2.32	80
42	850	10.45	0.3	18.02	11.57	23	115
43	1000	8.93	0.57	16.84	4.35	3.68	94
44	2550	10.65	0.3	26.85	11.49	89.4	114

　　通过对大庆、胜利、江汉以及江苏油田油井周边土壤以及胜利油田滨一污水处理厂油泥的初步调查，发现我国油田区土壤受石油污染问题非常严重，特别是地处北方的胜利、大庆两大油田，在油井周围 100 m 范围内所采集的土样中油含量绝大多数远高于临界值。另外，油田的接转站、联合站的油罐、沉降罐、污水罐产生的油泥以及隔油池的底泥也会产生大量的油泥从而污染土壤。土壤受石油污染后使土壤有机质显著增加，而对全氮、水解氮、有效磷、速效钾、pH 等无显著影响。由于石油污染导致土壤中的碳含量大量增加而微生物生长所需要的有效 N、P 却没有相应增加，因此对于石油污染土壤利用土著微生物自身修复来说，土壤中 N、P 营养严重缺乏。所以，在进行石油污染土壤修复时需要补充适量 N、P 营养元素来增强土壤中微生物的活性，从而加快石

油的分解。

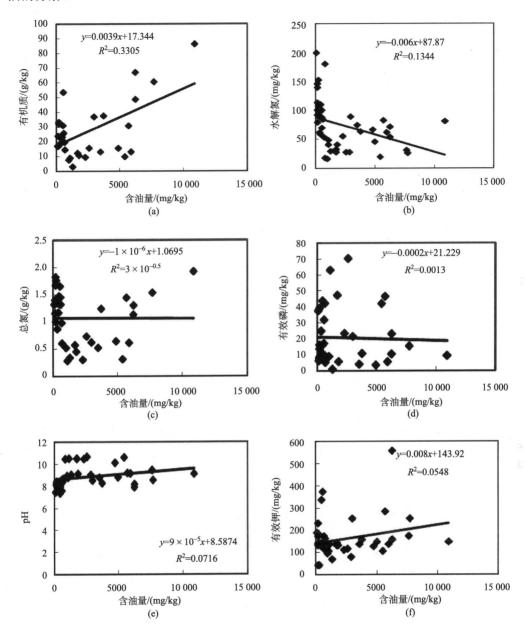

图9.5 土壤含油量与有机质（a）、水解氮（b）、总氮（c）、有效磷（d）、pH（e）和有效钾（f）
的对应关系

参 考 文 献

阿特拉斯 R M. 1991. 石油微生物. 北京: 石油工业出版社: 368~393.

李丹梅, 王艳霞, 余庆中, 等. 2003. 含油污泥调剖技术的研究与应用. 石油钻采工艺, 2003, 25(3):

74~76.

刘五星, 骆永明, 滕应, 等. 2008. 石油污染土壤的生态风险评价和生物修复 III. 石油污染土壤的植物-微生物联合修复. 土壤学报, 45(5): 994~999.

王久瑞, 田永彬, 陈雷, 等. 2002. 油田开发区域草原生态环境演变规律及保护恢复对策. 油气田环境保护, 12(2): 36~38.

吴丽华, 王志强. 1998. 胜利油田的油泥沙现状及处理工艺探讨. 油气田环境保护, 8(4): 23~25.

Graham D W, Smith V H, Law K P. 1999. Effects of nitrogen and phosphorous supply on hexadecane biodegradation in soil systems, Water Air and Soil Pollution. Washington: Kluwer Academic Publishers: 1~18.

Obire O, Nwaubeta O, Oofojekwu P C, et al. 2002. Effects of refined petroleum hydrocarbon on soil physicochemical and bacteriological characteristics. Journal of Applied Sciences and Environmental Management, 6(1): 39~44.

Okolo J C, Amadi E N, Odu C T I. 2005. Effects of soil treatments containing poultry manure on crude oil degradation in a sandy loam soil. Applied Ecology & Environmental Research, 3(1): 47~53.

Vasudevan N, Rajaram P. 2001. Bioremediation of oil sludge-contaminated soil. Environment International, 26(5): 409~411.

第十章 化工场地及周边土壤污染特征

随着我国经济的高速发展和城市化进程的加快，出于城市工业布局和行业调整、产业升级改造、人居安全和环境保护的需要，20世纪90年代后期，特别是2000年以后，我国各大城市陆续开始实施"退二进三"和"退城进园"的政策，对市区内难以治理的重污染企业有计划地外迁，涉及了化工、冶金、石油、交通运输、轻工等多种行业（骆永明，2011）。企业在长期的生产经营活动过程中往往对厂址内和周边的环境造成程度不同的污染，企业搬迁后遗留下大量污染场地，对人居环境质量和居民健康造成显现或潜在的危害。本章分别介绍了滴滴涕废弃生产场地土壤及设备表面污染特征、燃气供应站周边农田土壤多环芳烃污染特征，以期为化工场地土壤污染风险评估和治理修复提供科学依据。

第一节 滴滴涕废弃生产场地土壤污染特征

一、土壤中有机污染物含量与分布

本研究选择的滴滴涕生产企业始建于20世纪60年代，四十余年来曾先后生产过烧碱、滴滴涕、苯酚、多晶硅、三氯杀螨醇、过氧化氢、缩节胺、氯乙酸、PVC管和UPVC等农药和化工用品。目前该企业已全部停产。本研究运用专业判断与网格布点相结合的方法在场地最有可能受到污染的污水处理池周边（约1100 m^2）布设了8个采样点位。

场地环境调查、布点、采样和分析结果表明，原滴滴涕生产场地土壤受到不同程度的污染，与DDT生产有关的主要污染物为滴滴涕及其衍生物、氯苯类和氯仿等（罗飞等，2012）。各采样点位污染物的浓度情况如表10.1所示。

表10.1 土壤样品中污染物的浓度 （单位：mg/kg）

点位	p,p'-DDT		o,p'-DDT		p,p'-DDD		p,p'-DDE	
	范围	均值	范围	均值	范围	均值	范围	均值
1	$ND_1^{2)}$～1300	355	ND_1～285	77.5	ND_1～259	51.5	0.01～343	67.8
2	0.69～2190	463	0.34～565	82.5	0.13～247	71.7	ND_1～221	78.7
3	0.13～306	102	0.18～104	35.0	ND_1～58.5	20.6	ND_1～114	30.1
4	18.2～5280	1026	2.28～1720	301	5.49～496	162	1.07～329	72.2
5	0.05～2440	304	0.01～780	119	ND_1～193	25.0	ND_1～38.0	4.90
6	0.02～944	195	ND_1～223	46.2	ND_1～446	90.8	ND_1～108	22.1
7	0.03～183	54.8	0.01～40.4	13.1	ND_1～66.6	23.5	ND_1～992	24.7
8	0.02～0.14	0.05	ND_1～0.04	0.01	ND_1	0.01	ND_1～0.04	0.02

续表

点位	DDTs[1]		氯苯		1,4-二氯苯		氯仿	
	范围	均值	范围	均值	范围	均值	范围	均值
1	0.09~1722	552	6.29~94.7	27.1	3.51~109	38.9	ND_2[3]	0.03
2	1.58~3743	696	ND_2~1670	76.1	ND_2~881	195	ND_2	0.03
3	0.52~468	188	—	—	—	—	—	—
4	27.0~7825	1561	ND_2~0.98	0.2	ND_2~0.79	0.26	ND_2~8.71	1.11
5	0.06~3451	454	ND_2~1.03	0.23	ND_2~0.77	0.19	ND_2	0.03
6	0.03~1720	354	—	—	—	—	—	—
7	0.06~390	116	—	—	—	—	—	—
8	0.03~0.23	0.08	—	—	—	—	—	—

注：1) DDTs = p,p'-DDT+o,p'-DDT+p,p'-DDD+ p,p'-DDE；2) ND_1 < 0.01；3) ND_2 < 0.05。

选择典型的采样点位分析 DDTs 的垂直空间分布，分别在距污水处理池较远的区域（采样点位与污水池边沿距离≥5 m）选取 5 号和 6 号点位，在距处理池较近区域（采样点位与污水池边沿距离＜5 m)选取 1 号和 2 号点位，分析土壤中 DDTs 含量的变化趋势，如图 10.1 所示。

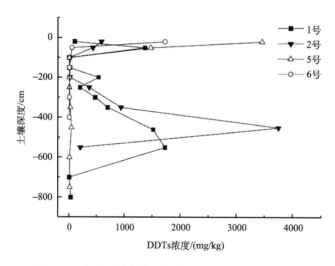

图 10.1　典型采样点位土壤中 DDTs 浓度的垂向分布图

结果表明，距污水处理池较远的区域的表层和亚表层土壤受到不同程度的污染，但 50 cm 以下的污染物浓度随土壤深度增加而急剧下降。如 6 号点位表层土壤中 DDTs 浓度高达 1720 mg/kg，50 cm 处浓度降至 48.2 mg/kg，150 cm 处已降为 0.1 mg/kg；5 号点位表层和亚表层土壤中 DDTs 浓度分别为 3451 mg/kg 和 1466 mg/kg，但 100 cm 处已经降至 1.5 mg/kg，表明 DDT 及其衍生物的垂直迁移并不显著。

距污水处理池较近的区域土壤中 DDTs 存在明显的垂向迁移，处理池的北侧（1 号点位）和东侧（2 号点位）200~600 cm 深层土壤呈黑褐色且有明显刺鼻气味，污染较重。

2 号点位在 450 cm 处土壤中 DDTs 的浓度高达 3743 mg/kg；1 号点位 550 cm 处土壤中 DDTs 的浓度为 1722 mg/kg，此点位在 800 cm 深处还能检测出 DDTs，浓度达 25.7 mg/kg，可见 DDTs 已造成深层土壤污染。

有机污染物在土壤中的环境行为包括吸附与解吸、渗滤、挥发和降解等，污染物的迁移过程与污染物自身特性以及土壤有机质类型和含量、水分含量、温度等有关（Moeckel et al.，2008；胡枭等，1999）。本研究场地土壤中 DDTs 的垂向分布可能与污水处理池底部泄漏有关，在水力作用下促使 DDT 及其衍生物向深层土壤迁移（Zhang et al.，2009）。丛鑫等（2009）对某农药企业搬迁遗留场地调查发现，在深度为 500 cm 以下的土壤样品中 DDTs 已低于检出限；但赵娜娜等（2007）对 POPs 污染场地中 DDT 的空间分布研究表明，800 cm 深处土壤中 DDTs 平均含量为 2.21 mg/kg，1000 cm 深处平均含量为 3.31 mg/kg。本研究中 1 号点位在 800 cm 深处 DDTs 浓度达到 25.7 mg/kg，可见在污染场地，深层土壤中 DDTs 的浓度也可能处于较高水平，在场地环境调查和污染修复中应给予重视。

此外，距污水池较近区域的深层土壤中也检测出较高浓度的氯苯、1,4-二氯苯和氯仿。如在 1 号点位 350 cm 深度土壤中 1,4-二氯苯的浓度为 109 mg/kg，2 号点位 450 cm 处土壤中氯苯和 1,4-二氯苯的浓度分别高达 1670 mg/kg 和 881 mg/kg，4 号点位 350 cm 处氯仿含量为 8.71 mg/kg。

二、设备表面滴滴涕含量

设备表面样品的数据分析结果如表 10.2 所示。数据结果显示，设备表面主要的污染物为滴滴涕及其衍生物，绝大多数样品的滴滴涕总量（DDTs）达到 100 $\mu g/100\ cm^2$，部分样品的 DDTs 较高，超过 $10^4\ \mu g/100\ cm^2$。此外，样品间污染物的浓度差异较大，如 p,p'-DDE 的浓度为 2.8～2.33×10^5 $\mu g/100\ cm^2$，o,p'-DDT 的浓度介于 0.80～1.79×10^5 $\mu g/100\ cm^2$，说明设备表面污染具有不均匀和空间差异性（罗飞等，2011）。

表 10.2　设备表面擦拭样品中污染物的浓度　　（单位：$\mu g/100\ cm^2$）

编号	p,p'-DDE	p,p'-DDD	o,p'-DDT	p,p'-DDT	DDTs
W01	93.9	28.1	86.9	400	609
W02	17.3	5.0	17.7	14.5	54.5
W03	2.80	1.30	0.80	<0.1	4.95
W04	31.9	6.30	25.7	12.2	76.1
W05	937	515	873	$3.43×10^3$	$5.76×10^3$
W06	7.20	17.2	3.20	56.6	84.2
W07	77.6	18.3	16.8	48.2	161
W08	51.0	63.1	25.3	523	662
W09	38.6	28.3	11.3	102	180
W10	90.6	43.8	23.0	144	301
W11	65.0	170	99.7	$2.29×10^3$	$2.62×10^3$
W12	50.9	94.5	66.2	794	$1.01×10^3$

续表

编号	p,p'-DDE	p,p'-DDD	o,p'-DDT	p,p'-DDT	DDTs
W13	58.0	67.6	24.9	166	317
W14	300	261	32.0	33.0	626
W15	1.50×10^5	6.40×10^3	1.79×10^5	3.93×10^4	3.75×10^5
W16	82.9	133	9.6	28.6	254
W17	81.2	40.8	3.30	6.50	132
W18	87.5	47.5	4.60	12.6	152
W19	27.7	9.40	1.20	1.90	40.2
W20	39.3	29.3	2.7	6.40	77.7
W21	37.3	13.0	2.30	1.80	54.4
W22	11.7	5.30	0.90	1.30	19.2
W23	808	564	204	1.25×10^3	2.83×10^3
W24	34.1	21.5	6.50	8.50	70.6
W25	2.93×10^3	96.0	147	151	3.32×10^3
W26	406	<20	130	119	665
W27	5.22×10^3	<20	6.76×10^3	2.41×10^3	1.44×10^4
W28	757	<20	195	113	1.08×10^3
W29	448	<20	122	285	865
W30	136	<20	105	20.0	271
W31	2.33×10^5	<20	2.57×10^4	1.16×10^4	2.70×10^5
W32	8.93×10^3	<20	3.59×10^4	8.51×10^3	5.34×10^4
W33	1.38×10^4	<20	2.05×10^3	495	1.64×10^4

第二节　燃气供应站周边农田土壤污染特征

土壤样品采自江苏省无锡市气体供应站场地周边农田土壤表层土（0～20 cm）。采样面积范围约为 4 km²，土样编号为 AZ 加采样点序号。AZ-01 土样 PAHs 总量的含量最高，因为气体供应站距采样点最近，仅 200 m 左右，供应石油液化气和乙炔等气体。AZ-02 土样离气体供应站约 1 km，它的 PAHs 总量就稍低一点，其他采样点离气体供应站较远，PAHs 含量也就相对较低（表 10.3）。

场地周边农田土壤中 PAHs 组成以高环为主（图 10.2，拆分），2 环萘都未检测出，3 环 PAHs 只占总量的 5.6%～13.0%，3 环以上的 PAHs 占总量的 87.0%～94.5%，其中 4 环 PAHs 含量最高，占总量的 47.9%～53.0%。场地周边农田土壤除了 AZ-04 和 AZ-06 土样外，都超过标准，为污染土壤。如果以加拿大农业环境部长会议制定标准（CCME，1996a；1996b），即土壤中单个 PAHs 化合物含量不超过 100 μg/kg，研究场地周边农田所有土样都受到了 PAHs 的污染。可以看出气体供应站场地会造成周边农田较严重的 PAHs 污染，需采取一定的防治措施。

表 10.3 供试土壤中 PAHs 的含量

(单位: μg/kg)

PAHs	萘 (Nap)	苊 (Acp)	芴 (Flu)	菲 (Pa)	蒽 (Ant)	荧蒽 (FluA)	芘 (Pyr)	苯并[a]蒽 (BaA)	䓛 (CHR)	苯并[b]荧蒽 (BbF)	苯并[k]荧蒽 (BkF)	苯并[a]芘 (BaP)	二苯并[a,h]蒽 (DBA)	苯并[g,h,i]苝 (BghiP)	茚并[1,2,3-cd]芘 (IP)	总量
AZ-01	ND	5.8	20.2	485.7	15.5	1922.9	1386.0	789.4	915.4	1172.4	469.4	564.6	83.4	925.8	739.0	9500.3
AZ-02	ND	6.2	19.4	411.7	25.0	1154.8	960.9	354.3	484.1	595.8	240.2	440.1	49.0	468.1	369.6	5579.1
AZ-03	ND	3.4	51.5	184.6	10.3	467.7	335.6	170.8	219.3	281.9	117.0	169.5	27.3	249.9	202.3	2491.0
AZ-04	ND	ND	6.2	110.8	4.9	285.1	232.4	86.7	115.6	141.1	59.1	83.7	13.3	122.6	76.3	1337.9
AZ-05	ND	7.4	25.9	267.2	25.1	597.8	455.6	217.3	251.4	332.8	139.4	274.4	29.5	296.8	244.6	3165.2
AZ-06	ND	ND	9.3	125.6	2.6	225.4	169.1	55.9	85.0	106.9	42.7	67.9	9.7	87.8	70.4	1058.3
AZ-07	ND	ND	6.0	95.6	4.4	354.1	274.0	125.9	163.5	204.5	81.1	123.0	18.5	166.4	135.8	1752.8
AZ-08	ND	19.3	33.5	471.2	18.3	1096.3	826.7	367.4	462.6	575.4	243.3	423.6	55.0	495.7	352.1	5440.7
AZ-09	ND	4.0	22.7	265.2	7.8	513.2	367.3	143.3	209.1	241.2	102.3	180.2	23.3	206.9	149.8	2436.2
LQS-038	5.2	ND	10.4	24.7	1.0	22.1	24.9	3.7	7.4	10.0	2.8	4.2	0.8	6.2	4.8	128.2
LQS-041	ND	ND	0.7	22.9	0.9	34.1	49.1	6.7	11.6	14.8	4.4	7.1	1.0	9.5	8.1	170.8
LQS-042	ND	ND	11.7	36.4	1.0	35.9	46.4	7.2	12.3	20.0	7.6	17.5	2.3	28.7	2.0	228.8
LQS-054	1.6	ND	15.4	40.2	1.5	21.9	31.9	4.9	7.4	11.3	3.6	6.2	1.0	7.4	7.2	161.5
LQS-076	1.0	ND	10.8	52.5	2.5	46.9	36.4	9.3	16.2	19.9	6.5	11.3	1.6	15.1	11.9	242.1
LQS-162	3.5	ND	12.9	53.1	6.2	53.5	60.0	14.7	18.7	25.6	8.5	19.6	1.8	19.5	17.2	314.9
LQS-177	32.1	30.9	21.3	58.7	5.4	55.0	59.5	16.3	31.1	28.5	9.9	19.3	1.8	23.1	17.7	410.7
LQS-210	ND	4.4	6.0	43.0	6.3	100.2	106.0	47.2	52.5	63.1	25.0	46.3	5.5	55.1	43.5	603.9
LQS-267	2.2	17.0	17.3	115.4	4.8	56.7	68.0	13.7	24.7	26.3	8.4	16.4	1.7	19.6	14.4	406.6

注: ND 指低于检出限。

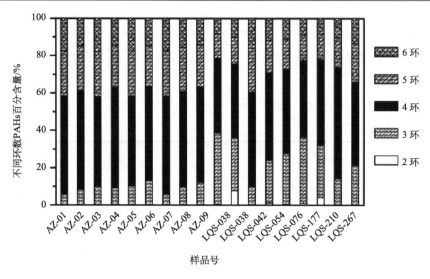

图 10.2　不同环数 PAHs 占总量的百分比

参 考 文 献

丛鑫, 朱书全, 薛南冬, 等. 2009. 有机氯农药企业搬迁遗留场地土壤中污染物的垂向分布特征. 环境科
　　学研究, 22: 351~355.

胡枭, 樊耀波, 王敏健. 1999. 影响有机污染物在土壤中的迁移、转化行为的因素. 环境科学进展, 7:
　　14~22.

罗飞, 宋静, 潘云雨, 等. 2011. 基于健康风险的三氯杀螨醇生产设备表面污染物筛选值推算的初步研
　　究. 环境监测管理与技术, (3): 34~38.

罗飞, 宋静, 潘云雨, 等. 2012. 典型滴滴涕废弃生产场地污染土壤的人体健康风险评估研究. 土壤学
　　报, 49(1): 26~35.

骆永明. 2011. 中国污染场地修复的研究进展、问题与展望. 环境监测管理与技术, 3: 1~6.

赵娜娜, 黄启飞, 王琪, 等. 2007. 滴滴涕在我国典型 POPs 污染场地中的空间分布研究. 环境科学学报,
　　27: 1669~1674.

CCME (Canadian Council of Ministers of the Environment). 1996a. A protocol for the derivation of
　　environmental and human health soil quality guidelines. CCME-EPC-101E. Ottawa, Canada: 169.

CCME (Canadian Council of Ministers of the Environment). 1996b. Guidance manual for developing
　　site-specific soil quality remediation objectives for contaminated sites in Canada. En-108-4/9 1996E.
　　Ottawa, Canada: 45.

Moeckel C, Nizzetto L, Guardo A D, et al. 2008. Persistent organic pollutants in boreal and montane soil
　　profiles: distribution, evidence of processes and implications for global cycling. Environmental Science
　　& Technology, 42(22): 8374~8380.

Zhang H, Luo Y, Li Q. 2009. Burden and depth distribution of organochlorine pesticides in the soil profiles of
　　Yangtze River Delta Region, China: Implication for sources and vertical transportation. Geoderma,
　　153(1): 69~75.

第十一章 高背景区土壤重金属积累与污染特征

土壤中镉等重金属的来源可以概括为两大类，即自然源与人为源。自然源中主要为土壤母质。母质是形成土壤的物质基础，经过一系列成土作用后，其决定了土壤中元素的自然背景含量。因此，土壤微量元素在一定程度上继承了母质母岩的特性。人为源是导致土壤镉等重金属污染的主因，其主要包括工矿业活动产生的废弃物不合理的处置与堆放、化石燃料燃烧、交通尾气排放、有机废弃物农用、化肥与农药的不合理施用等。而在某些特殊的环境地质条件下，即使在未受到上述人为活动的明显影响时，土壤镉含量仍异常偏高，甚至超过土壤污染临界含量，即自然作用为主要成因的镉地球化学高量异常。以往研究表明，碳酸盐岩（包括石灰岩和白云岩）发育地区土壤中多存在镉高背景现象。本章以我国西南地区贵州省碳酸盐岩发育土壤为研究对象，分析了镉高背景地区不同土壤类型、不同土地利用方式下土壤表层及剖面中重金属的地球化学异常特征，以期为土壤污染地球化学异常的污染风险研究提供科学依据。

第一节 土壤表层重金属含量与积累

一、不同土壤类型中重金属含量与积累

贵州碳酸盐岩发育的土壤采集 46 个样点，包括了水稻土（2 个）、黄壤（5 个）和石灰土（39 个）三种土壤类型，涉及贵阳（9 个）、遵义（5 个）、安顺（6 个）、黔南州（11 个）和毕节（15 个）五个地区。贵州碳酸盐岩发育的土壤中微量元素 Cd、Zn、Cu、Pb、Ni 和 Cr 的含量如表 11.1 所示。其中，Cd 和 Pb 在土壤中含量均不服从正态分布。土壤中 Cd 的平均含量为 1.76 mg/kg，中位值为 0.77 mg/kg，前者要远远大于后者，说明土壤 Cd 含量数据结构为右偏的偏态分布，且部分土壤中 Cd 的异常富集明显。与我国土壤环境质量标准（GB15618—1995）的二级标准相比，土壤 Cd 含量超标率达到 78.3%。除 Cd 外，土壤中 Zn、Cu、Ni 及 Cr 含量异常也较为明显，其超过国家土壤环境质量标准二级标准的超标率分别为 10.9%、21.7%、47.8% 和 13.0%，而土壤 Pb 含量在所有考察样点中均未超标。

贵州碳酸盐岩发育的不同类型土壤微量元素含量间相比，石灰土中 Cd 的平均含量最高（1.96 mg/kg），其次为黄壤（0.51 mg/kg），而水稻土相对最低（0.30 mg/kg），但石灰土中 Cd 含量的变异系数也最高，达到 102%，说明石灰土中 Cd 高含量异常可能有着多方面的成因（表 11.2），研究区水稻土与黄壤的 pH 普遍较低，均在 6.0 以下，在该土壤酸度条件下，Cd 的土壤环境质量标准二级标准值为 0.3 mg/kg，因此，研究区中水稻土与黄壤中 Cd 的潜在污染风险同样较高，应引起人们的重视与关注。

表 11.1   贵州碳酸盐岩地区表层土壤微量元素含量（$n=46$）

		Cd	Zn	Cu	Pb	Ni	Cr
				/ （mg/kg）			
	最小值	0.19	35.0	7.30	13.9	15.5	61.3
	最大值	7.82	345	118	229	132	408
	平均值	1.76	146	49.3	62.6	51.8	154
	标准差	1.92	7.15	3.10	4.00	2.77	7.50
	中位值	0.77	121	41.5	53.6	46.2	147
K-S 正态检验显著性		0.010	0.192	0.417	0.025	0.056	0.375
质量	pH<6.5	0.30	250	50	200	40	150
标准	pH 6.5～1.5	0.30	300	100	250	50	200
（II）[a]	pH＞7.5	0.60	350	100	300	60	250
超标率（%）	高于土壤环境质量二级标准百分比	78.3	10.9	21.7	0	47.8	13.0

a 是指国家土壤环境质量标准（GB15618—1995）的二级标准值。

表 11.2   贵州碳酸盐岩发育土壤的微量元素含量   （单位：mg/kg）

土壤类型	统计项	Cd	Zn	Cu	Pb	Ni	Cr
水稻土	范围	0.19～0.41	39.7～59.6	7.69～10.2	17.9～20.3	16.5～20.5	61.5～82.5
	均值	0.30	49.7	8.92	19.2	18.5	72.0
（n=2）	(CV，%)	(37.7)	(20.1)	(13.8)	(6.2)	(10.8)	(14.6)
黄壤	范围	0.28～0.79	82.0～216	8.83～49.8	24.0～67.8	16.4～80.7	145～216
	均值	0.51	158	40.2	48.6	50.5	173
（n=5）	(CV，%)	(62.0)	(30.8)	(39.2)	(29.4)	(45.7)	(15.9)
石灰土	范围	0.45～7.82	78.9～368	9.8～106	8.0～195	15.5～299	61.3～408
	均值	1.96	164	47.8	60.8	65.4	156
（n=39）	(CV，%)	(102)	(45.8)	(56.7)	(62.4)	(86.6)	(49.7)

二、不同地区土壤中重金属含量与积累

    研究中所涉及的贵阳、遵义、安顺、黔南和毕节五个不同地区表层土壤中微量元素含量如表 11.3 所示。就 Cd 而言，贵阳和遵义地区土壤 Cd 含量相对较低，平均含量分别为 0.64 mg/kg 和 0.43 mg/kg，而安顺、黔南和毕节地区土壤 Cd 含量较高，尤其是毕节地区土壤 Cd 的平均含量达 3.11 mg/kg，远远超过我国土壤环境质量标准中三级标准 1.0 mg/kg 的限值。其他 5 种微量元素中，除了 Cu 外，土壤中 Zn、Pb、Ni 和 Cr 的含量在不同地区间的变化趋势与 Cd 相似。总体上，毕节地区碳酸盐岩发育的土壤中 Cd、Zn、Cr 三种微量元素的含量普遍较高，元素高量异常最为明显。

表 11.3　各地区碳酸盐岩发育土壤微量元素含量　　　（单位：mg/kg）

地区	统计项	Cd	Zn	Cu	Pb	Ni	Cr
贵阳	范围	0.28～1.00	68.9～173	17.6～109	17.2～80.4	15.5～72.2	61.3～139
	均值	0.64	118	47.9	56.2	41.7	98.3
(n=9)	(CV, %)	(32.2)	(32.2)	(63.7)	(30.9)	(49.6)	(27.2)
遵义	范围	0.28～0.51	107～197	24.3～118	13.9～60.7	27.4～94.0	82.2～176
	均值	0.43	139	63.3	33.6	54.9	124
(n=5)	(CV, %)	(19.6)	(24.9)	(60.2)	(49.7)	(54.6)	(32.3)
安顺	范围	0.37～3.94	93.8～250	21.8～111	41.2～229	31.2～104	99.1～408
	均值	1.65	143	56.4	87.3	55.9	181
(n=6)	(CV, %)	(82.0)	(37.1)	(49.6)	(75.0)	(45.7)	(60.4)
黔南	范围	0.19～4.95	35.0～177	7.29～56.4	30.2～75.9	16.4～68.4	61.5～216
	均值	1.51	109	26.3	52.7	35.8	152
(n=11)	(CV, %)	(97.1)	(38.2)	(67.5)	(23.5)	(43.5)	(28.7)
毕节	范围	0.33～7.82	74.5～345	23.8～114	39.2～204	29.5～132	61.5～401
	均值	3.11	193	59.5	73.6	67.1	189
(n=15)	(CV, %)	(75.7)	(46.3)	(44.8)	(60.1)	(42.5)	(41.4)

三、不同土地利用方式、成土母质及坡位下土壤中重金属含量与积累

在对贵州碳酸盐岩地区不同土壤利用类型（自然土壤和农业土壤）、不同母岩（石灰岩和白云岩）以及不同地形坡位（上部、中部和下部）下土壤中 Cd 等微量元素含量进行对比与分析后发现，尽管各个统计单元中土壤微量元素含量的变异较大，其中，除土壤 Cu 含量外，自然土壤（包括林地、草地和荒地）中其他微量元素含量有明显高于耕作土壤的趋势；不同成土母岩相比，石灰岩发育的土壤中 Cd、Zn、Cu、Ni 和 Cr 含量要明显地高于白云岩发育土壤中相应元素含量；而不同的坡位之间相比，土壤中微量元素含量有随坡位升高而逐渐升高的明显趋势（表 11.4）。

表 11.4　不同利用类型、母岩及坡位下土壤微量元素含量　　　（单位：mg/kg）

	类别	统计项	Cd	Zn	Cu	Pb	Ni	Cr
土壤利用类型	自然土壤	范围	0.37～7.17	89.9～368	9.83～106	36.0～121	25.1～298	82.7～408
		均值	2.39	183	42.8	64.1	86.1	179
	(n=14)	(CV, %)	(89.1)	(50.8)	(70.1)	(40.7)	(100)	(57.5)
	耕作土壤	范围	0.19～7.82	39.7～368	7.69～106	8.00～195	15.5～118	61.3～288
		均值	1.49	148	46.4	54.9	51.1	143
	(n=32)	(CV, %)	(121)	(44.3)	(56.3)	(74.1)	(542)	(40.2)

续表

	类别	统计项	Cd	Zn	Cu	Pb	Ni	Cr
土壤利用类型	成土母岩	石灰岩 (*n*=10)	范围	0.28~7.17	78.9~368	17.4~106	41.0~107	15.5~299	89.3~216
			均值	1.92	170	44.0	62.6	96.9	141
			(CV, %)	(120)	(53.6)	(59.5)	(35.0)	(101)	(27.3)
		白云岩 (*n*=2)	范围	0.47~0.61	115~119	24.8~26.4	58.7~65.9	25.1~27.4	82.2~84.4
			均值	0.54	117	25.6	62.3	26.2	83.3
			(CV, %)	(18.3)	(2.36)	(4.38)	(8.20)	(6.3)	(1.9)
	坡位	上部 (*n*=6)	范围	0.40~7.17	134~368	17.4~85.6	41.0~121	53.2~256	82.7~401
			均值	2.62	222	49.4	73.2	103	183
			(CV, %)	(102)	(50.0)	(45.7)	(38.9)	(78.4)	(60.7)
		中部 (*n*=13)	范围	0.28~7.82	105~299	20.9~106	23.5~107	25.1~299	82.2~408
			均值	1.92	166	49.2	54.6	77.3	172
			(CV, %)	(119)	(34.3)	(58.1)	(36.1)	(94.0)	(55.2)
		下部 (*n*=28)	范围	0.19~5.33	39.7~368	7.69~106	8.00~195	15.5~104	61.3~223
			均值	1.50	141	42.5	55.8	45.1	139
			(CV, %)	(103)	(48.9)	(65.4)	(79.0)	(53.9)	(36.8)

注：自然土壤包括：林地、草地和荒地，耕作土壤主要是指菜地、旱地或水田。

　　贵州省是一个以山地为主的省份，碳酸盐岩层分布广泛，且大于 25°的坡耕地十分普遍（贵州省土壤普查办公室，1994）。在岩溶区的大部分地区，坡地上位置较高的地方由于耕作不便，多分布为林地、草地或荒地，而农耕地基本多分布于坡地中部以下位置或者山间平地，因此土壤中微量元素含量在自然土壤与耕作土壤间的分布规律与在坡地上不同位置间的分布规律基本相一致（罗绪强等，2009；何邵麟等，2004）。而导致微量元素在碳酸盐岩地区不同坡位处土壤中含量差异的主要原因可能是：一方面由于在地表径流或物理搬运作用下造成土壤中元素有向坡地位置较低地方迁移的趋势（Quinton and Catt，2007），另一方面相对于坡顶的自然土壤，位于坡地中下部的耕作土壤，在经过人们长期耕作过程中作物的频繁收获也会从土壤中移出一定量的 Cd 等微量元素而使得土壤中微量元素富集效应相对较弱（Liu et al.，2003；McBride，2002）。

第二节　土壤剖面重金属分布与污染特征

　　为考察重金属在土壤剖面上的分布，并初步判定镉含量异常土壤是否明显受到人为活动输入的影响，研究中分别在研究区的遵义（ZY）、安顺（AS）和黔南（QN）地区共采集了 4 个土壤剖面上不同发生层的土壤样品。就 Cd 而言，土壤剖面 P1-ZY-2、P2-AS-4、P3-QN-3 均表现出明显的表层富集趋势，富集系数（A 层与 C 层土壤镉含量的比值）分别为 1.61、1.93 和 1.86（表 11.5）。剖面 P4-QN-10 中 B 层土壤镉含量最高（2.62 mg/kg），其次为 C 层（1.88 mg/kg），而 A 层 Cd 含量最低（1.30 mg/kg），表现出 Cd 在 B 层富集的趋势。对 Zn 而言，除剖面 P2-AS-4 中 B 层土壤锌浓度明显高于 A 层外，其他剖面不同层次土壤锌浓度相当，在剖面上分布相对比较均匀。此外，Cu、Pb、Ni 以及 Cr 在土壤剖面上的分布在不同剖面间没有呈现出明显一致的规律。

表 11.5　研究区剖面土壤微量元素含量　　（单位：mg/kg）

剖向编号	发生层	Cd	Zn	Cu	Pb	Ni	Cr
P1-ZY-2	A	0.33	102	40.1	46.9	94.2	38.5
	B	0.19	88.0	38.9	38.2	91.3	33.1
	C	0.20	103	34.0	33.4	80.9	36.5
P2-AS-4	A	2.36	144	17.6	64.0	296	33.8
	B	1.23	195	22.7	76.1	414	43.6
P3-QN-3	A	4.80	106	24.6	47.7	175	25.7
	B	3.86	108	25.6	52.5	193	39.8
	C	2.58	102	23.6	60.8	173	34.7
P4-QN-10	A	1.30	105	15.6	56.7	165	24.1
	B	2.62	97.5	25.1	48.0	163	28.0
	C	1.88	96.2	16.3	37.0	175	36.7

　　对比不同剖面土壤中 Cd 含量发现，分布于遵义地区的土壤剖面 P1-ZY-2 各层次土壤 Cd 含量均要远低于其他剖面，并且分布于安顺的剖面 P2-AS-4 和分布于黔南的剖面 P3-QN-3 与 P4-QN-10 土壤各层中 Cd 含量均大于 1.0 mg/kg，远远高于我国以及贵州省土壤中 Cd 的平均背景含量（何邵麟，1998），具有明显的高含量异常特征。然而，与 Cd 不同，Zn、Cu、Pb 等其他微量元素在四个不同剖面中的含量差异并不十分明显。由此可见，相对于遵义地区的 P1-ZY-2 剖面土壤而言，其他三个剖面土壤均具有较为明显的 Cd 高含量异常特征，并且可以初步确定这种异常并非主要是由于人类活动直接影响的结果。因为在通常情况下，经人类活动向土壤中输入 Cd 的同时会伴随着 Zn、Pb 等其他微量元素的输入，并且外源输入的 Cd 等重金属往往会在土壤表层富集（宋书巧等，1999；冯恭衍和张炬，1993；夏增禄等，1985）。

参 考 文 献

冯恭衍, 张炬. 1993. 宝山区菜区土壤重金属污染的环境质量评价. 上海农学院学报, 11(1): 35~42.

贵州省土壤普查办公室. 1994. 贵州省土壤. 贵阳: 贵州科技出版社.

何邵麟, 龙超林, 刘英忠, 等. 2004. 贵州省地表土壤及沉积物中镉的地球化学与环境问题. 贵州地质, 21(4): 245~250.

何邵麟. 1998. 贵州表生沉积物地球化学背景特征. 贵州地质, 15(2): 149~156.

罗绪强, 王世杰, 刘秀明, 等. 2009. 喀斯特石漠化过程中土壤重金属镉的地球化学特征. 生态环境学报, 18(1): 160~166.

宋书巧, 吴欢, 黄胜勇, 等. 1999. 重金属在土壤-农作物系统中的迁移转化规律研究. 广西师范大学(自然科学版), 16(4): 87~92.

夏增禄, 李森照, 穆从如, 等. 1985. 北京地区重金属在土壤中的纵向分布和迁移. 环境科学学报, 5(1): 105~112.

Liu J, Li K, Xu J, et al. 2003. Interaction of Cd and five mineral nutrients for uptake and accumulation in differentrice cultivars and genotypes. Field Crops Research, 83(3): 271~281.

McBride M B. 2002. Cadmium uptake by crops estimated from soil total Cd and pH. Soil Science, 2002, 167(1): 62~67.

Quinton J N, Catt J A. 2007. Enrichment of heavy metals in sediment resulting from soil erosion on agricultural fields. Environmental Science & Technology, 41(10): 3495~3500.

第十二章　土壤污染源解析

近年来，我国土壤污染问题日益突出，大量未经处理的废弃物向土壤系统转移，并在自然因素的作用下汇集、残留于土壤环境中。土壤环境面临着由持久性有机污染物、重金属、农药等污染物所带来的前所未有的压力。了解土壤污染物来源是了解污染物在地球表面的污染形式和循环，切实有效地控制土壤污染，保障环境安全和农业可持续发展的重要前提，而用于判定污染物来源的源解析方法也越来越受到研究者的关注。本章系统介绍了土壤重金属污染的磁化率、铅同位素组成、元素比值和地统计学等源解析方法；以及土壤有机污染的同系物比值、特征化合物比值和多元统计分析等源解析方法，为污染物风险评估以及制定相应防控政策提供科学依据。

第一节　重金属污染来源解析

一、土壤磁化率鉴别

土壤磁化率参数在环境科学和土壤学的许多方面都有应用。过去研究较多的一方面是在古气候与古环境变迁的研究上。如在黄土、深海沉积物、湖泊沉积物等研究中，利用磁参数变化曲线进行了地层划分、样芯对比、突发事件指示（如火山灰层的分辨）、沉积速率和沉积量估算、物源判别，并很好地指示了气候的变迁与环境的演化过程，且能与其他气候指标，如氧化位素、碳酸盐含量等互相印证（吕厚远等，1994）。另一方面，在土壤发生、土壤诊断和鉴定、土壤分类等方面，磁信息已成为一个有效的辅助参数，土壤磁性的剖面分异与空间分异，体现了土壤发育过程中地带性因素与非地带性因素的影响（卢升高，2000）。但是，土壤的磁化率不仅与母岩的性质和土壤的类型有关，而且也与人类活动有密切的关系，尤其是随着工业化程度的提高，工业污染土壤的磁化率越来越受到人们的重视，这样的土壤随着磁化率的增加往往伴随着许多有害重金属元素的出现，因此土壤磁化率也已经成为识别工业污染的一个重要指标（罗旺等，2000；Jordanova et al.，2003），并且结合相关的参数和基础数据，还可以用来判断污染物的来源（Lecoanet et al.，2003；Wang and Qin，2006）。

（一）重金属污染土壤表层的磁化率特征

本研究根据采样点的利用方式和周边情况，以及检测到的土壤中重金属含量，从长江、珠江三角洲地区的样品中选取了一部分代表重金属污染土壤的样品，同时也选择了一些没有明显重金属污染的样品作为对照组。表 12.1 是这些样品表层的土壤重金属含量和磁学参数值。污染土壤组的样品大多采自水田、园艺地等农业土壤，而非污染土壤组样品都采自林灌地。污染组样品的低频磁化率（χ_{lf}）在 $76.3\times10^{-8}\sim523.6\times10^{-8}$ m³/kg 之间，

表 12.1 长江、珠江三角洲地区部分表层土壤样品的重金属含量与磁学参数

类别	样品编号	采样地区	利用方式	χ_{lf}/(10⁻⁸ m³/kg)	χ_{fd}/%	As	Cd	Co	Cr	Cu (mg/kg)	Ni	Hg	Pb	Zn
重金属污染样品	SEBC-05-a	张家港	荒地	91.2	3.63	10.5	0.29	15.3	81.5	31.8	34.3	0.14	27.5	88.8
	SEBC-16-a	温州乐清	水田	126.5	7.42	13.6	0.22	19.5	105	55.6	48.8	0.22	42.1	154.0
	SEBC-21-a	上海崇明	菜地	108.4	2.90	7.8	0.24	14.6	80.4	41.0	34.1	0.065	24.5	109.0
	SEBC-30-a	扬州广陵	水田	76.3	1.13	11.7	0.30	16.0	86.8	47.8	39.1	1.05	51.0	111.0
	CK06	宁波余姚	山地	284.1	4.09	7.9	0.15	10.1	20.9	13.2	7.7	0.031	64.2	122.0
	CK01	南京江心洲	玉米地	99.8	2.24	12.0	0.33	19.4	93.5	46.7	46.4	0.098	36.5	116.0
	CK05	张家港	荒地	113.2	1.50	10.5	0.29	17.9	89.5	39.8	40.2	0.078	29.8	95.3
	SEBC-37-a	广州黄埔	旱地	199.4	4.85	8.7	0.29	8.2	41.3	93.2	15.1	1.91	115.0	182.0
	SEBC-52-a	广州番禺	水田	162.4	2.06	25.0	0.43	22.5	97.5	60.4	45.6	0.14	43.6	126.0
	SEBC-56-a	江门新会	林灌	82.9	0.88	1.6	0.09	8.0	7.8	7.2	1.8	0.034	59.3	38.4
	GZ-8	广州黄埔	菜地	523.6	4.85	18.1	0.96	8.7	60.6	74.4	20.1	0.56	103.0	286.0
	GZ-9	广州罗岗	园艺地	130.6	1.50	1.9	0.09	4.6	7.1	7.2	0.1	0.049	42.5	42.3
	FS-6	佛山三水	菜地	111.3	2.36	14.7	0.16	6.8	43.6	18.7	13.3	0.12	37.3	61.1
	FS-11	佛山顺德	水田	287.3	5.05	15.4	0.32	18.0	84.1	89.8	34.1	0.21	55.8	171.0
	FS-12	佛山顺德	园艺地	116.8	5.65	16.4	0.65	23.3	88.1	48.3	39.9	0.77	50.4	152.0
	FS-13	佛山顺德	菜地	204.7	5.29	20.3	0.54	18.1	82.8	55.2	37.3	0.59	52.9	168.0
	ZS-2	中山古镇	园艺地	107.9	3.87	16.9	0.56	20.1	87.2	59.8	40.1	0.12	43.1	134.0
	ZS-5	中山三角	园艺地	167.3	2.62	18.0	0.53	19.0	83.6	42.7	33.7	0.11	35.1	107.0
	ZS-10	中山东凤	菜地	149.2	4.63	13.4	0.64	18.0	83.6	59.3	37.7	0.15	38.4	130.0
	ZH-1	珠海斗门	荒地	250.4	3.82	22.7	1.12	19.1	87.7	49.3	36.0	0.22	45.0	131.0
	ZH-2	珠海金湾	园艺地	384.6	5.38	22.1	0.47	22.0	98.7	64.2	44.1	0.28	38.1	126.0
	ZH-7	珠海金湾	园艺地	266.6	6.34	26.9	0.23	22.4	99.0	60.5	45.2	0.19	47.3	130.0
	ZH-8	珠海金湾	鱼塘边	235.9	5.96	32.3	0.82	24.3	92.6	93.1	49.8	0.22	55.2	174.0
无明显污染样品	SEBC-01-a	南京牛首山	山地	155.2	8.90	11.3	0.10	18.3	61.5	30.4	21.6	0.098	27.0	64.7
	SEBC-02-a	南京马群	岗地	151.2	8.75	11.4	0.10	19.6	61.8	30.7	22.7	0.083	25.3	65.8
	SEBC-10-a	杭州梅家坞	坡地	186.9	12.90	13.5	0.06	16.9	81.4	19.9	23.2	0.14	29.3	58.7
	SEBC-36-a	深圳	林灌	83.4	10.77	5.0	0.03	1.9	37.1	10.7	3.9	0.012	16.7	15.5
	SEBC-44-a	肇庆凤凰城	林灌	21.4	8.25	6.2	0.07	1.0	29.0	4.12	1.8	0.13	14.5	15.3
	SEBC-55-a	江门开平	林灌	7.2	4.17	2.4	0.04	0.9	24.7	5.31	2.6	0.031	5.5	5.9
	CK07	舟山朱家尖	低山	132.2	11.27	7.0	0.08	11.5	36.4	12.5	12.0	0.08	33.2	63.3

平均为 $186.1×10^{-8}$ m^3/kg；频率磁化率（χ_{fd}）在 $0.88\%\sim7.4\%$ 之间，其中，最大 χ_{lf} 所在的样品中土壤 Zn 含量也达到最大值，为 286 mg/kg。非污染样品组的 χ_{lf} 在 $7.2×10^{-8}\sim$ $186.9×10^{-8}$ m^3/kg，平均值为 $105.4×10^{-8}$ m^3/kg，χ_{fd} 在 $4.2\%\sim12.9\%$ 之间，平均值为 9.3%。图 12.1 是两组样品重金属含量和磁学参数的比较。

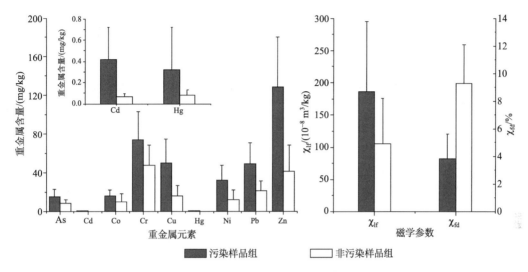

图 12.1　污染组样品和非污染组样品中重金属含量和磁学性质差异

　　污染土壤的重金属含量明显要比非污染土壤的高，其中 Zn、Cd、Cu、Pb 等元素的差别最大。而磁学参数方面，重金属污染土壤的 χ_{lf} 要大于非污染土壤，而 χ_{fd} 要普遍小于非污染土壤。Lu 和 Bai（2006）在对杭州城区表层土壤磁学参数的调查时也发现，工业区土壤中 χ_{lf} 的平均值要高于居住区和公园土壤的 χ_{lf}，同时工业区中的重金属含量也普遍较高；该地区城区土壤中的 χ_{fd} 一般在 $0.7\%\sim5.0\%$，要小于自然土壤的 χ_{fd}。旺罗等（2000）对汽车尾气、煤灰和钢铁灰渣中的土壤磁性测定结果发现，这些典型的污染物的 χ_{fd} 都要小于 3%，因此建议可以将此频率磁化率值作为一个指示污染物的指标值。χ_{fd}主要是用来指示土壤中磁性矿物的颗粒大小的一个指标，从多畴（MD）、假单畴（PSD）、单畴（SSD）、细黏滞性晶粒（FV）到超顺畴（SP），磁性矿物的颗粒越小，其 χ_{fd} 值越大。Dearing（1999）采用模型估算的方法确认当 $\chi_{fd}<2\%$ 时，磁性颗粒以粗颗粒的 MD为主，而在 $2\%\sim6\%$ 之间为 MD 和 SSD 的混合物，大于 6% 则以超顺磁的磁铁矿颗粒为主。在基岩中，基本上都是一些颗粒较粗的磁性矿物，如 MD 等，只有在成土风化过程才会将大的粗粒转化为超顺磁物质，因此土壤中的 FV 和 SP 颗粒主要是在成土过程中形成的（卢升高，2000）。而外来磁性矿物中超顺磁颗粒很少，因而 χ_{fd} 都较小（Lecoanetet al.，2003；旺罗等，2000）。从本研究来看，以 2% 或 3% 的 χ_{fd} 来划分污染与非污染土壤的界限似乎还值得商榷，因为对于铁铝土如红壤、赤红壤来说，其土壤自身的超顺磁物质较多，而轻微污染不足以引起土壤 χ_{fd} 的较大改变。但从总体来看，仍然可以结合土壤 χ_{lf} 和 χ_{fd} 值来判断重金属污染与否。

（二）重金属污染土壤的剖面磁化率变异规律

土壤剖面磁化率的变异特征往往也可以反映该地区土壤的污染与否。本节中选择四个典型剖面，分别代表长三角和珠三角中污染与非污染土壤的剖面磁化率变异情况（图 12.2）。

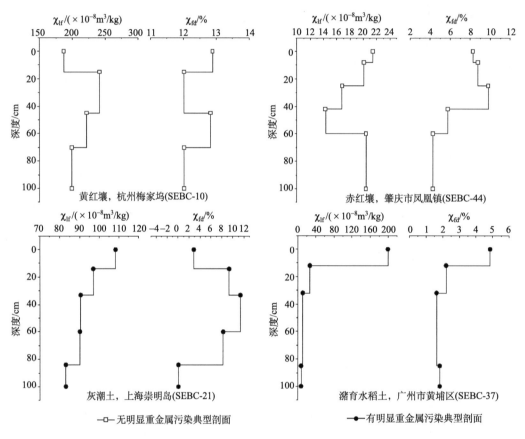

图 12.2　重金属污染与非污染土壤典型剖面的磁化率特征

从图中可以看出，两个污染土壤剖面都是表层的 χ_{lf} 值最高，往下逐渐降低，而非污染土壤的剖面中，χ_{lf} 在不同剖面中有差异，黄红壤剖面中表层的 χ_{lf} 最低，心土层最高；而赤红壤剖面中心土层的 χ_{lf} 最低，而表层最高。污染土壤中 χ_{fd} 的变化规律则并不一致，其中上海的灰潮土剖面中 χ_{fd} 由表层的 2.9% 向下至心土层增加到 11.3%，然后到底层降至 0.11%。表层的低 χ_{fd} 值反映了外源磁性物质的影响，心土层高的 χ_{fd} 表明了风化成土因素形成的 SP 颗粒富集于此，而底土层又突然降低至最低值，则可能是由于母质中颗粒较粗的磁性矿物的影响所致。另一个典型的污染土壤剖面，广州的潴育水稻土剖面中 χ_{fd} 由表层的 4.85% 降至底层的 1.84%。反映了表层的超顺磁颗粒较多，而底层的磁性矿物颗粒较粗，多为 MD 或 PSD。一般情况下，表层如果有外源磁性物质的污染，则 χ_{fd} 会较小，而该剖面中的情况与通常的情况正好相反，这可能与水稻土中水分对超顺磁颗粒的特殊运移有关（阮心玲，2006）。非污染土壤中，黄红壤剖面的 χ_{fd} 为"Z"字形变化，整个剖面 χ_{fd} 都在 12%～13%之间，而赤红壤剖面中 χ_{fd} 由表层 8.25%升高至心土层的9.82%，后又降低至最小值。这两个典型土壤中整个剖面的 χ_{fd} 都在 5%以上，均含有较多的超顺磁颗粒，因此，它们在剖面中的分异主要是由不同土层的有机质、黏粒等对含铁磁性矿物的富集作用引起的（Dearing，1999）。从土壤磁化率的剖面分布来看，污染土壤的表层的 χ_{lf} 值在整个剖面中通常是最高的，因而可以据此来判断土壤是否由外源磁性物质进入，不过 χ_{fd} 的不确定性相对较大。

（三）重金属污染土壤的磁化率与重金属含量的相关性

一般来说，利用土壤磁性特征来鉴别重金属污染，必须满足两个基本的条件，首先是土壤磁化率要高于背景磁化率，其次是磁化率要与重金属含量具有相关性（Lu and Bai，2006）。但重金属元素本身不具有磁性特征，主要是由于在化石燃料燃烧、钢铁冶炼、水泥制造、交通运输等工业活动过程中能够释放大量的亚铁磁性微粒和其他磁性矿物颗粒，这些颗粒往往具有很大的表面积，能将一起排放的重金属元素牢固地吸附在其表面，这些磁性颗粒通过大气沉降进入土壤后提高了土壤的磁化率，从而使土壤重金属与磁化率存在一定的相关性（Wang and Qin，2006）。本研究也对两组中的磁学参数与重金属、铁氧化物进行了相关分析（表 12.2），由表可以看到，非污染土壤中 χ_{fd} 与 χ_{lf} 有显著的相关性，同时 χ_{fd} 还与铁氧化物总量具有显著相关性。这表明土壤在成土过程中形成的细铁磁颗粒（如 SP）是使非污染土壤产生磁性的主要物质。卢升高（2000）对我国亚热带富铁土的磁性矿物学研究证明了富铁土的磁性是由风化成土过程产生的 SP 和 SSD 磁性颗粒贡献的。而在污染土壤中，χ_{fd} 与 χ_{lf}、铁氧化物都没有相关性，这表明成土过程形成的超顺磁颗粒对污染土壤的磁性贡献很小。在与重金属元素的相关性方面，非污染土壤中，除 Hg 以外，χ_{lf} 和 χ_{fd} 都与其他元素具有显著的相关性，这主要是由于非污染土壤都是自然土壤，而前面的微量元素地球化学的研究结果也表明这两个地区土壤中的微量元素都与铁氧化物有一定程度的相关性。因此，它们的相关性主要是由于超顺磁颗粒对土壤中重金属元素的吸附而形成的。而在污染土壤中，χ_{lf} 与 Zn、Cd、Cu 和 As 具有显著的相关性，但 χ_{fd} 与所有元素均无相关性，表明运用磁化率可有效地辨别这四种重金属元素在这个地区土壤中的污染。所以，仅仅根据土壤中磁化率与重金属元素的相关性并不能准确地判断土壤的污染情况，还需要了解该地区土壤的环境地球化学特征。

表 12.2　污染与非污染土壤中铁氧化物和重金属与土壤磁化率的相关性[1]

相关因子	非污染土壤（n=27）		污染土壤（n=46）	
	χ_{lf}	χ_{fd}	χ_{lf}	χ_{fd}
χ_{lf}	1	0.755**	1	0.162
χ_{fd}	0.755**	1	0.162	1
Fe_t	0.799**	0.654**	0.326*	0.190
Fe_d	0.161	0.370	0.578**	−0.007
Fe_o	−0.293	−0.363	0.797**	0.043

续表

相关因子	非污染土壤 （n=27）		污染土壤 （n=46）	
	χ_{lf}	χ_{fd}	χ_{lf}	χ_{fd}
As	0.883**	0.765**	0.591**	0.144
Hg	0.208	0.371	−0.053	−0.190
Co	0.935**	0.693**	0.289	0.200
Cd	0.542**	0.327	0.634**	−0.061
Cr	0.895**	0.693**	0.211	0.192
Cu	0.840**	0.589**	0.606**	0.1 11
Ni	0.933**	0.614**	0.194	0.241
Pb	0.827**	0.822**	0.258	−0.152
Zn	0.921**	0.68**	0.766**	0.193

1）Fe_t、Fe_d 和 Fe_o 分别表示全量铁氧化物、游离态和无定形态；**0.01 水平显著相关；*0.05 水平显著相关。

（四）土壤磁化率与 S、Br 含量协同解析土壤重金属来源

　　煤炭燃烧和汽车尾气排放是我国大气中人为产生 SO_2 的主要来源。污染大气中 SO_2 通过干湿沉降的方式富集在表层土壤中。有统计资料显示，2004 年长三角和珠三角地区工业排放的 SO_2 含量分别占了全国总排放量的 10.5% 和 3.9%（国家统计局国际统计信息中心，2005），而在东部地区每年通过干湿沉降进入土壤的 S 含量达到 188 万 t，其中 72.8% 的量是沉降在农业土壤中（Wang et al.，2005）。通过对长三角和珠三角土壤中 S 含量的调查结果显示，中位值分别在 154.5 mg/kg 和 256 mg/kg，大致可以作为这两个地区土壤 S 的基线水平。相比较 S 来说，Br 元素在土壤中的含量一般都比较低，两个地区的中位值分别是 3.65 mg/kg 和 3.48 mg/kg。乙烯的卤代化合物（二溴乙烯和二氯乙烯）通常是加入到汽油中用于去除机动车内燃机中的 Pb，因此在汽车尾气排放中多以 PbBrCl 的形式排放出来（Al-Chalabi and Hawker，2000），同时也可以作为示踪汽车尾气排放的主要元素之一。而污染土壤磁性的一个重要贡献是大气中的工业或交通来源的磁性物质通过干湿沉降进入，因此利用土壤的磁化率参数与土壤中 S 和 Br 含量协同来解析土壤重金属的来源，具有重要的实际价值和理论意义。

　　分别对污染土壤组样品和非污染土壤组样品中重金属元素与 χ_{lf}、S 和 Br 进行主成分分析，根据特征值（eigenvalues）大于 1.0 提取主成分，从污染土壤中提取了三个主成分，分别占了总变异的 49.5%、20.7% 和 12.1%；而非污染土壤中提取了两个主成分，分别占了总变异的 69.0% 和 12.9%；分别对前两个主成分的载荷因子作图（图 12.3）。由图可以看出，污染和非污染土壤的载荷因子图有明显的区别。污染土壤中有两个组分比较明显，一个是与铁氧化物紧密关联的，代表成土因素带来的分布，如 Co、Ni 和 Cr 等；另一个是与 χ_{lf} 和 Br 紧密关联的部分，代表了重金属中的人为来源部分。由图可以看出，χ_{lf} 与 Br 具有密切的相关性，表明了污染土壤中磁性颗粒与汽车尾气的排放有关，而代表性

的污染元素主要是 Zn 和 Cd 等。对于非污染土壤，研究结果发现 Br 成为一个单独的组分，与 χ_{lf} 和重金属元素都没有关联，但在非污染土壤中 S 和 Hg 关联度较大，而实际的检测含量显示 Hg 和 S 在非污染土壤中的含量分别为 0.031～0.14 mg/kg 和 125～313 mg/kg，基本上都处在基线的水平，因此来自工业排放的可能性较小。在土壤中的 Hg 和 S 也较易形成 HgS 沉淀下来，因此可能还是以土壤地球化学的原因为主。

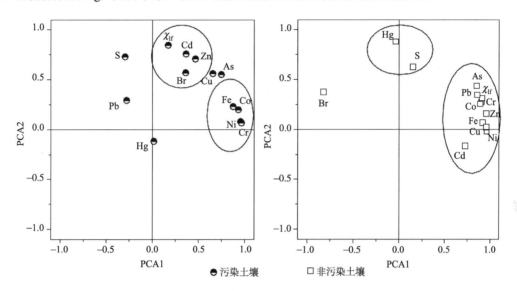

图 12.3　污染与非污染土壤的主成分因子载荷图

（五）运用磁化率参数鉴别土壤重金属污染的不确定性探讨

土壤磁化率因为其简单、快捷，并且既可用于实验室测定，也可用于野外的原位测定而被广泛运用。但不可否认的是磁化率参数运用在土壤重金属污染的鉴别上仍然存在一定的不确定性（Hu et al.，2007）。首先，不确定性来自土壤中的重金属污染并不都是与磁性物质结合带来的，比如农药化肥的施用也有可能会导致土壤重金属的污染，但并不会使土壤的磁性增加。本研究中也发现类似的案例：深圳龙岗某园艺地土壤（SZ-04）表层 As 含量高达 116 mg/kg，但土壤的 χ_{lf} 只有 196.3×10^{-8} m^3/kg，χ_{fd} 也较高，达 8.9%，从磁化率来看，该土壤含有较多的超顺磁颗粒，不存在外源的磁性物质，但实际上该土壤已经有明显的 As 污染出现。另外一个不确定性是对于那些土壤磁化率本身较低的土壤，通过测定低频磁化率和高频磁化率计算得到的 χ_{fd} 并不准确，甚至可能出现负值。Lu 和 Bai（2006）也认为，当 χ_{lf} < 20×10^{-8} m^3/kg 时，其 χ_{fd} 会产生较大的误差，因此建议对这些样品的 χ_{fd} 不予以考虑。环境研究的磁学参数除了 χ_{lf} 和 χ_{fd} 外，还有其他一些参数运用也较多，比如饱和等温剩磁（SIRM）、磁化系数（F%）、软硬剩磁等，希望通过这些参数的综合运用，在一定程度上可以减小结果的不确定性。

二、铅稳定同位素示踪

本节以某重金属污染场地为研究区，从 174 个土壤样品中选择了 11 个铅含量形成一定分布梯度的样品。样品的铅全量和同位素组成见表 12.3。同位素测定的不确定性（2σ）都小于 0.2%，具有很好的重现性和准确性。

表 12.3　土壤和粉尘样品的铅全量和同位素组成

样品	Pb 含量/（μs/g）	$^{208}Pb/^{204}Pb$	$^{207}Pb/^{204}Pb$	$^{206}Pb/^{204}Pb$	$^{208}Pb/^{206}Pb$	$^{207}Pb/^{206}Pb$
Soil 1	40.6	38.470	15.623	18.343	2.097	0.8517
Soil 2	556	38.255	15.607	18.065	2.118	0.8640
Soil 3	32.9	38.580	15.630	18.366	2.101	0.8511
Soil 4	2348	38.257	15.607	18.012	2.124	0.8665
Soil 5	121.2	38.404	15.625	18.154	2.115	0.8607
Soil 6	1154	38.318	15.624	18.092	2.118	0.8636
Soil 7	38.9	38.617	15.623	18.365	2.103	0.8507
Soil 8	605	38.300	15.624	18.118	2.114	0.8624
Soil 9	153.3	38.376	15.624	18.175	2.111	0.8596
Soil 10	484	38.301	15.627	18.137	2.112	0.8616
Soil 11	1731	38.360	15.624	18.137	2.115	0.8615
Dust 1	未测定	38.065	15.616	18.119	2.101	0.8618
Dust 2	未测定	38.140	15.628	18.237	2.091	0.8570
Dust 3	未测定	38.150	15.629	18.266	2.089	0.8556

（一）土壤样品 Pb 含量与同位素组成的关系

Sturges 和 Barrie（1987）指出，对于自然产生的 Pb 而言，$^{206}Pb/^{207}Pb$ 一般较高（>1.20），人为因素产生的 Pb，$^{206}Pb/^{207}Pb$ 较低，在 0.96～1.20 之间。从表 12.3 可以看出，Pb 浓度含量较低的 1 号、3 号和 7 号土壤样品的同位素组成与 Zhu 等的研究结果非常接近，表明上述 3 个土壤样品虽然受到了外部污染源的影响，但影响并不严重，这些样品的 Pb 主要是由土壤母质决定的。上述推论与前期的地统计学分析结果是一致的。土壤样品 Pb 含量越高，$^{206}Pb/^{207}Pb$ 就越低；$^{208}Pb/^{204}Pb$ 和 $^{206}Pb/^{204}Pb$ 也呈现出类似的趋势，11 个土壤样品中 $^{206}Pb/^{207}Pb$、$^{206}Pb/^{207}Pb$ 和 $^{206}Pb/^{204}Pb$ 与 Pb 浓度的倒数都呈显著的线性正相关关系（图 12.4）。Pb 同位素组成与 Pb 浓度之间的这种关系是由两种 Pb 来源产生的（Hansmann and Koppel，2000），可以用二元混合（binary mixing）模型加以解释。设两个源为 A 和 B（设 B 的 $^{206}Pb/^{207}Pb$ 更低），样品量足够大时，可以用数学实例来证明，A 和 B 对采样区土壤样品 Pb 的贡献值是随时间推移而逐渐增加的，即是动态变化的。如果 A 为母质（对土壤样品 Pb 的贡献值为一恒量），那么土壤样品同位素组成会朝着源 B 的同位素组成渐近，最终不能形成直线形式。然而当样品量较小时，上述曲线就可能与直线非常接近。本研究只分析了 11 个土壤样品,因此不能排除其中一个源为母质的可能性。图 12.4 中,受 Pb 污染影响较弱的土壤样品(1 号、3 号和 7 号)分布在一个区域内,体现了母质的作用;污染较为严重的样品也分布在一个区域内,体现了人为因素的作用。

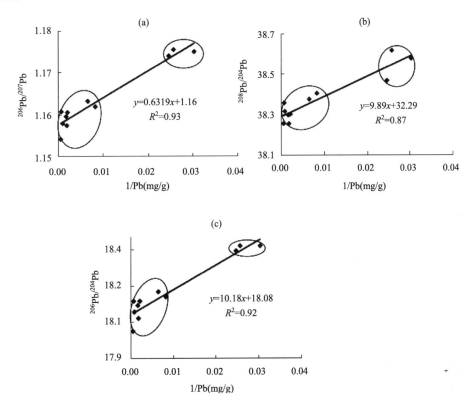

图 12.4 土壤样品中同位素组成与 Pb 浓度倒数的关系

(二)土壤和粉尘样品 Pb 同位素组成的对比

土壤和粉尘样品 $^{206}Pb/^{204}Pb$ 与 $^{208}Pb/^{204}Pb$ 都存在着显著的线性正相关关系(见图 12.5)。这种关系也证明了土壤和粉尘都是受到两种 Pb 来源的共同作用(Duzgoren-Aydin et al.,2004)。传统地统计学分析结果,大气干湿沉降是重金属进入土壤的重要传播途径。粉尘中的重金属也是各种源(冶炼和燃煤等)共同作用的结果,与土壤污染物存在着不可分割的关系。然而图 12.5 中粉尘样品构成的直线明显与土壤样品不同。这可能是由于粉尘样品的代表性所导致的。由于不同的矿体具有不同的 Pb 同位素组成特征(Rabinowitz,2005),因此采集的粉尘样品只能代表某生产厂家同一批冶炼原料(或某一段时间内)的同位素组成状况;而污染较重的土壤样品(如样品 4、6 和 11)主要受到外部污染源的影响,土壤 Pb 的富集是多个冶炼高炉多年作用的综合结果,故其同位素组成特征是冶炼期间各种冶炼原料和煤炭等物质同位素组成的综合体现。另外,该研究区的冶炼原料极其复杂,除了各种矿石(如孔雀石)外,冶炼厂家还从世界各地回收各种含铜和含锌废料，以降低成本。这就导致研究区冶炼原料的 Pb 同位素特征极其复杂，具有时间依赖性和冶炼厂家依赖性。这也可以从粉尘样品的 $^{206}Pb/^{204}Pb \sim ^{208}Pb/^{204}Pb$ 关系图得到佐证。粉尘样品的 $^{208}Pb/^{204}Pb$、$^{206}Pb/^{204}Pb$ 和 $^{206}Pb/^{207}Pb$ 都较低，具有人为因素产生 Pb 的特征，因此可以理解为冶炼过程的体现，同时 3 个冶炼样品的 $^{206}Pb/^{204}Pb$ 和 $^{208}Pb/^{204}Pb$ 具有很明显的线性关系，可以鉴别出两个不同的源类，由此可以看出研究区冶炼原料的复杂性。

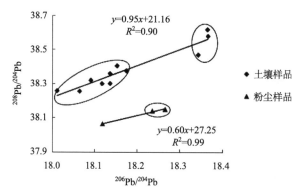

图 12.5　土壤和粉尘样品中 $^{206}Pb/^{204}Pb \sim ^{208}Pb/^{204}Pb$ 关系图

在环境中，Pb 主要来源于金属冶炼等工业活动、汽车尾气的排放和煤炭的燃烧。因此，在利用 Pb 稳定同位素进行污染源识别时，研究者倾向于分析各种端元物质（各类源的代表性物质）的 Pb 同位素组成特征，继而把土壤铅同位素比值投影到端元物质铅同位素比值关系图上（如 $^{206}Pb/^{204}Pb \sim ^{208}Pb/^{204}Pb$），根据土壤样品和端元物质的分布状况来确定主要的污染源（Zhu et al.，2001）。但是由于没有采集到代表性的端元物质，所以本研究没有采取这种方法。虽然能够鉴别出土壤 Pb 主要的两种来源，但只能定性地认为人为源与冶炼原料及其处理过程有关，依然无法确切地证明人为源所代表的具体含义及其构成。在研究区内仅有一条交通干道，且与选取的大多数土壤样品距离较远（图 12.5），可以推断，人为源中汽车尾气的排放并不是一个重要的因素。

本书研究结果在一定程度上会受到所选取的土壤样品的影响。与多元统计分析相比，利用 Pb 稳定同位素进行源识别和解析需要较少的土壤样品就可以对污染源有所认识，但是样品选择过程比较容易受到人为主观因素的影响；选择端元物质时，也要事先调查研究区的主要污染源类型，因此污染源类型的预判和端元物质的选择就会对后续的分析和解释起到非常重要的作用。另外，采用单一的 Pb 同位素体系来示踪物质迁移转化等复杂过程将可能出现多解性和模糊性，采用多元同位素联合示踪能够大大增加结论的可靠性。

三、元素含量比值

本研究以十一章高背景区碳酸盐岩岩石样品和相对应土壤样品为研究对象。Cd 与 Zn 有着相似的化学性质与环境地球化学行为，并且 Cd 常伴生于铅锌矿中，它们在来源与归趋等方面有着密切的联系，通过对土壤、岩石、矿渣等环境样品中 Zn/Cd 及 Pb/Cd 比值的分析可以提供土壤中 Cd 等重金属来源方面的重要信息（Bi et al.，2006）。因此，根据研究区土壤、岩石、矿渣及磷石膏渣样品中 Zn/Cd 及 Pb/Cd 比值的分布情况，可以一定程度上判断土壤中 Cd 的主要来源及与成土母岩之间的继承关系，并且可以进一步了解土壤 Cd 地球化学异常特征（图 12.6）。

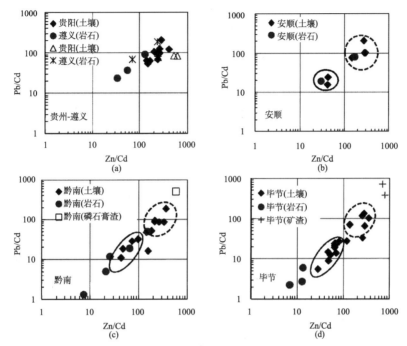

图 12.6 土壤、岩石、矿渣及磷石膏渣中元素含量比值（Pb/Cd 和 Zn/Cd）

（a）贵州和遵义地区，（b）安顺地区，（c）黔南地区，（d）毕节地区

由图 12.6（a）可知，贵阳与遵义地区土壤样品全部集中在高 Zn/Cd 与高 Pb/Cd 区域（图中偏右上角区域），岩石样品相对土壤更趋向于比值较低的方向。在岩石经风化破碎逐渐形成土壤的过程中，不同元素之间相对比值会发生一定的变化，从图 12.6 中可以发现土壤中两种元素比值总体上都要高于相应岩石的比值，仅是相偏离的程度有所不同，说明在碳酸盐岩地区自然成土过程中，可能会导致由岩石中相对较低的 Zn/Cd 与 Pb/Cd 比值向土壤中较高比值的方向发展。

安顺地区的土壤与岩石样品在比值图上可以划分为两个明显不同的区域[图 12.6（b）]，在右上角的高比值区域内，土壤 Cd 含量较低（分别为 0.92 mg/kg、0.41 mg/kg 和 0.37 mg/kg），相反在比值图中部的区域内的两个土壤 Cd 含量较高（分别为 3.94 mg/kg 和 3.00 mg/kg），且岩石也具有相似的变化趋势，即高比值区域岩石具有低的 Cd 含量，而岩石与其相对应的土壤样品在比值图上相对位置均一致，即土壤样品位于相应岩石样品的右上方（高比值方向）。

同样，在黔南与毕节地区的土壤样品在元素比值图中也可以被区分为两部分，即 Cd 含量较高同时比值较低区域和 Cd 含量相对较低而比值较高两个区域。黔南岩石样品中两种比值在各岩石间变化较大，在图中分布比较分散，不能聚在一组[图 12.6（c）]，其中一个岩石样品 Pb/Cd 比值接近 1，Zn/Cd 比值不足 10，该处岩石样品（QN-1）中 Cd 含量高达 2.99 mg/kg，高于其他所有岩石样品 Cd 含量，该处岩石为颜色近似黑色的石灰岩,遇稀盐酸有明显的石灰反应。毕节地区的岩石样品在比值图上均处于低比值区域,Pb/Cd 比值低于 10,Zn/Cd 比值在 20 以内[图 12.6(d)],同样,该地区岩石中 Cd 含量相对也较高,分别为 2.42 mg/kg、2.24 mg/kg 和 0.76 mg/kg。

贵州地区与土法炼锌过程相关的重金属不同污染源中 Pb/Cd 与 Zn/Cd 比值有不同特征。由于 Cd 具有较低的沸点(765℃),在金属冶炼过程中容易进入到烟气、粉尘等废气当中,随着气流运动污染到较远的区域,而沸点较高的 Zn 与 Pb 则易留在废渣中,因此经大气沉降作用受到金属冶炼活动明显污染的土壤中 Pb/Cd 与 Zn/Cd 比值相对较低,而在受到废渣直接污染的土壤中上述比值均较高(Bi et al.,2006)。本研究中在毕节地区采集到的冶炼废渣中上述比值很高,远高于土壤与岩石中的比值[图 12.6(d)]。另外在黔南福泉市马场坪磷肥厂周边采集的磷石膏渣样品中 Zn/Cd 与 Pb/Cd 比值也较高,与矿渣比较接近[图 12.6(c)]。

由此可见,根据土壤中 Zn/Cd 与 Pb/Cd 比值分布情况可知,高 Cd 含量异常土壤伴随着较低的 Zn/Cd 与 Pb/Cd 比值,比如安顺、黔南及毕节的部分土壤,相反,Cd 含量相对较低的遵义与贵阳地区土壤中 Zn/Cd 与 Pb/Cd 比值均相对较高。此外,当由人为活动向土壤中明显地输入 Cd 的同时,往往会伴随着 Zn 与 Pb 等其他相伴元素的输入。因此,在一定程度上讲,Cd 地球化学异常土壤中 Zn/Cd 与 Pb/Cd 往往较低,是土壤 Cd 地球化学异常的一个明显特征。

四、多元统计分析

多元统计分析方法在环境科学研究中已经得到广泛的应用。一方面,由于土壤污染并非单一因子作用的结果,而是多因子的综合作用,多元统计方法正是针对多因子进行分析的一种数理统计方法,因而能有效地应用于土壤污染评价等方面的研究。本研究以冶炼区的土壤重金属为研究对象,分析多元统计方法用于土壤污染物来源识别的可行性与特殊性,同时为定量解析奠定基础。Varimax 旋转主成分分析得到的主成分因子载荷矩阵见表 12.4。根据解释总方差的 80% 以上这一原则鉴别出四个主成分,再增加主成分数量已不能显著改善分析效果。

表 12.4　174 个样品重金属浓度的 Varimax 旋转主成分因子载荷矩阵

元素	第一主成分	第二主成分	第三主成分	第四主成分
Cu	0.71	0.61	0.31	0.09
Zn	0.96	0.14	0.18	0.04
Pb	0.94	0.25	0.11	0.13
Cd	0.56	0.16	0.72	−0.03
Fe	0.45	0.26	−0.10	0.58
Mn	−0.03	−0.04	0.09	0.93
As	0.48	0.82	0.21	0.14
Se	0.04	0.16	0.93	0.05
Hg	0.10	0.98	0.11	−0.01
解释的方差/%	53	14	12	11

（一）第一主成分

第一主成分解释了总方差的 53%，与 Cu、Zn、Pb 和 Cd 显著相关，与 As、Fe、Mn、Se 和 Hg 也具有一定的相关性，因此代表着一个"人为因素"。尽管冶炼的目标产物为粗铜和粗锌，但是冶炼过程也会产生其他副产物。Pb 和 Zn 常在矿石及其他冶炼原料中相伴存在，且铅化合物沸点相对较低，挥发性较高，冶炼时就有大量铅蒸气，在空气中迅速氧化，遇冷凝聚为颗粒很细的氧化铅烟尘，也可以聚集在冶炼灰尘的表面（Barcan，2002），随后以大气干湿沉降的形式进入土壤。As、Cd 和 Hg 常与 Cu 和 Zn 伴生，在冶炼过程中易气化蒸发（Dudka and Adriano，1997），进入大气及土壤介质。该主成分代表着冶炼原料引起的污染，因此称之为"冶炼原料因子"。

（二）第二主成分

第二个主成分主要依赖于 Hg、As 和 Cu，占总方差的 13.9%（表 12.4）。该因子代表着另一个"人为因素"。

Hg 一般被当做煤炭燃烧的指示元素，但是其他研究结果表明，冶炼原料的加工过程和煤炭的燃烧都会产生大量的 As（Keegan et al.，2006）和 Hg（Feng et al.，2005）。在研究区内小高炉采用火法冶炼，上述两个过程同时发生，且地理位置上彼此重合，因此，利用地统计学方法和 GIS 不能区分两者的作用，这加大了污染源识别的难度。

煤炭燃烧过程会产生大量的未燃烧完全的有机质和其他物质，以气态或飞灰形式排放到大气，继而通过干湿沉降进入土壤。因此煤炭的燃烧必定会增加周围土壤有机质的含量（Sajwan et al.，2006）。经过长时间的积累，外界进入的 Hg、As 和有机质就可能对土壤 Hg、As 和有机质含量起到主导作用，土壤内在因素的贡献可以忽略，这时土壤 Hg、As 浓度和有机质含量之间就会存在一定的相关关系，以体现这两种物质的外部共源性。土壤有机质含量可以为 Hg 的污染源识别提供有用的信息，进而对因子 2 所代表的意义进行解释。对采集的 174 样品进行分析（表 12.5），土壤 Hg、As 浓度与土壤有机质含量并不存在明显的相关关系，但是第二章研究结果显示土壤 Hg 和有机质的空间分布图（图 12.7）较为相似，表明它们之间存在着相似的污染过程。研究区内某些样品 Hg 及有机质含量受人为影响的程度不高，在这种情况下，用整个研究区的 174 个样品进行相关性分析来评价 Hg 和有机质的外部同源性是不合理的。因此，选取了 51 个污染较为严重的样品重新进行相关性分析。土壤 Hg、As 和 Cu 浓度与土壤有机质含量呈现显著的相关性（表 12.6）。说明 Hg 和有机质很可能来源于同一外源，第二个主成分代表着"燃煤因素"。

表 12.5　174 个样品中重金属浓度与土壤黏粒、有机质含量的相关系数性质

性质	Cu	Zn	Pb	Cd	Fe	Mn	As	Se	Hg
黏粒	−0.036	−0.008	−0.001	−0.003	0.153*	0.079	−0.013	0.060	−0.079
有机质	0.087	0.085	0.043	0.287**	−0.327**	−0.115	−0.004	0.227**	0.014

**0.01 水平显著相关；*0.05 水平显著相关。

　　煤炭含有的 Cu 浓度不高，但主成分分析结果说明在煤炭燃烧过程中有大量的 Cu 释放到环境中，可能是由于在冶炼过程中 Cu 与煤炭燃烧的副产物发生了反应，使其表观上体现出 Cu 是煤炭燃烧的产物之一，该推断还需要进一步的研究加以证实。

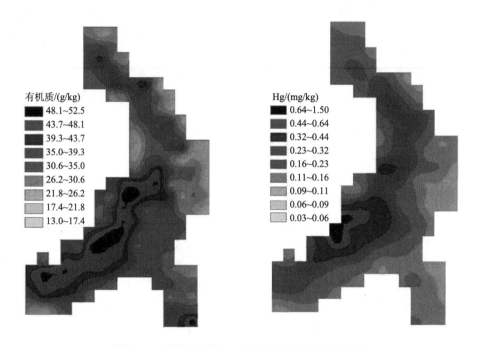

图 12.7　研究区土壤 Hg 和有机质的克里格插值图

表 12.6　选取的 51 个样品中重金属浓度与土壤黏粒、有机质含量的相关系数

性质	Cu	Zn	Pb	Cd	Fe	Mn	As	Se	Hg
黏粒	-0.314*	-0.291*	-0.228	-0.133	-0.078	0.066	-0.052	-0.101	-0.093
有机质	0.353*	-0.083	-0.158	0.446**	-0.524**	-0.056	0.353*	0.569**	0.375**

**0.01 水平显著相关；*0.05 水平显著相关。

（三）第三主成分

　　第三主成分主要由 Se 和 Cd 组成。从第二章研究结果可以看出，土壤 Se 和 Cd 浓度同样取决于研究区的冶炼行为，且最高浓度与冶炼高炉的位置具有很好的相关性，浓度由高炉位置向四周逐渐降低。其他研究也得到相似的结论，冶炼排放是周围土壤 Se 和 Cd 最为重要的来源（Dudka and Adriano，1997），这些性质与第一主成分中的主要元素类似，但是多元统计分析却把这两种元素与其他元素区分开。因此，我们推断，这两种元素必然具有与 Cu、Zn 和 Pb 不同的特殊性质。另外，对 174 个样品而言，土壤 Se 和 Cd 浓度与土壤有机质含量呈现显著的正相关关系（表 12.5），这也是其他元素不具备的特征。

进入土壤后，在土壤氧化还原条件和微生物活动的作用下，Se 就会发生快速的物理化学转化。水耕人为土长期淹水时，由于氧分子的匮乏，氧化还原电位（Eh）会明显下降，土壤 Se 的形态趋向于形成元素 Se（Cao et al.，2001），甚至 H_2Se（熊远福等，1999）。与硒酸盐和亚硒酸盐相比，H_2Se 具有更强的迁移性。由于 Se 在土壤中主要以阴离子（硒酸盐、亚硒酸盐和硒化物）或有机-矿质结合态（如甲基硒）的形式存在，所以与赋存形态主要为阳离子的污染物相比，硒与土壤固相的结合密切程度相对较弱，从而具有向土壤下层迁移的趋势更强。研究发现，Se 在土壤剖面中呈 S 型曲线分布，在约 0.7 m 处达到最大浓度，在 1.0 m 处仍能检测出 Se 元素的存在（Sterckeman et al.，2002）。残留在上层土壤中的 Se 通常与有机质紧密结合（Sterckeman et al.，2002），这就是表层土壤样品 Se 与有机质含量呈显著正相关的原因。

Cd 在土壤中的迁移性也较强。在相同的土壤条件下，Cd、Cu 和 Zn 的迁移性的大小顺序为 Cd＞Pb≥Zn（Sterckeman et al.，2002）。当 pH 较低时，Cd 具有更强的迁移性。在研究区内，33 个土壤样品的 pH 低于 5.0，占样品总数量的 19%。相对较低的土壤 pH 可能会加剧 Cd 向下层土体的迁移。Lee 等（1996）指出，Cd 的表面吸附点位主要位于土壤有机质，除 pH 外，有机质含量是影响 Cd 在土壤各相分配的最主要因素。相关性分析结果显示，表层土壤 Cd 浓度与有机质具有很显著的正相关关系，这一现象也很好地佐证了这一观点。

从上述研究结果可以看出，与第一主成分中的 Cu、Pb、Zn 相比，Se 和 Cd 最显著的特征是它们具有更强的迁移性，与土壤有机质的结合程度更加密切。这一推断也可以用受体模型的原理加以证明。所有受体模型（包括主成分分析）的基础是质量守恒，即假设在传输过程中没有引起某种物质的消除和形成，进入受体后物质的相对组成没有发生比较大的变化。然而，污染物通过大气干湿沉降或其他方式进入土壤后，就会与土壤硅酸盐矿物、铁锰氧化物、有机质和其他土壤物质发生反应，并参与各种土壤过程（包括淋溶过程）。这些土壤过程主要由污染物的性质所决定（Hellweg et al.，2005）。在一般情况下，不同污染物具有不同的特性，包括迁移性的强弱，因此在经过较长的一段时间后，可能会导致受体中污染物的相对组成与排放源发生较大的差异，体现在主成分分析结果中，同一来源的物质就会分布在不同的主成分中。如果上述情况发生，在利用主成分分析进行污染物来源识别时就可能导致错误的结果。

综上所述，第三主成分可以看作"输入因子"和"输出因子"形成的综合体，体现了外部污染源输入与污染物土体迁移（及向其他环境介质中的迁移）的综合作用。

（四）第四主成分

第四主成分主要由 Fe 和 Mn 组成。在通常情况下，土壤 Fe 和 Mn 受人为影响的程度相对较弱，故常作为评价其他重金属富集因子的参考物质（Liu et al.，2005）。因此该因子可以识别为"土壤母质因子"。174 个土壤样品中，Fe 与土壤黏粒含量具有显著的正相关关系（表 12.5），由于人为污染因素的影响不会造成土壤黏粒含量的显著变化，这一现象可以在一定程度上证明 Fe 含量主要由土壤母质因素决定，第二章的地统计学研究结果也与此结论相吻合。

土壤中 9 种元素和有机质的含量是自然因素（如土壤母质）和人为影响共同作用的结果，但是该研究区受到严重的人为干扰（如煤炭的燃烧和冶炼过程），重金属污染达到了十分严重的程度，土壤 Cu、Zn、Pb、Cd、As、Se、Hg 和有机质含量主要取决于人为活动的影响程度，某些污染样品，土壤母质因素对重金属的贡献值可以忽略，这是推断 Hg 和有机质同源排放关系的必不可少的前提条件之一。但是，由于上文利用 Fe 和 Mn 来指示土壤母质因素，因此十分有必要测定 Fe 和 Mn 的背景浓度。

土壤重金属浓度和土壤有机质含量之间的相关关系可以用两种不同的机理加以解释。对 Se 和 Cd 而言，这种相关关系是由它们与土壤有机质之间的吸持作用决定的，研究区的 174 个样品（包括选取的 51 个污染较为严重的样品）都受到这种吸持机理的影响，所以得到了表 12.6 中的极显著相关关系；对 Hg 和 As 来说，这种相关关系主要是由 Hg、As 和有机质的外部共源性决定的，体现了排放过程中它们的数量关系。第二个机理受到上文假设的影响，因此只能用于受污染程度较为严重的 51 样品。174 个样品进行相关性分析时，Hg 和 As 与有机质没有达到显著相关，尽管它们也与土壤有机质具有吸持作用。这两种假设的机理可以为我们理解统计结果提供帮助，也可以用于其他土壤污染物。

五、APCS/MLR 定量解析

根据得分系数和标准化数据，主成分分析可以计算出各主成分对每一个采样点位的主成分得分。主成分得分能够代替原始变量进行下一步分析，结合多元线性回归（MLR）可计算出各主成分所代表的污染物来源类型对每一采样点位的贡献值（Morandi et al.，1987）。Thurston 和 Spengler（1985）认为，主成分分析过程中进行了数据的标准化（即原始数据转化为平均值为 0，标准差为 1 的分布形式），因此在进行多元线性回归之前要对主成分得分进行校正。他们提出了 Absolute Principal Component Scores（APCS）的概念，并用该变量代替主成分得分进行多元线性回归分析，其中主成分起到了定性分析的作用，而 APCS/MLR 用于定量计算。该方法得到了广泛的应用，但大多数研究是针对大气颗粒物的研究，土壤污染物定量解析的研究还十分缺乏。本节以 APCS/MLR 作为研究方法，冶炼区的土壤重金属为研究对象，定量计算各主要源类对研究区重金属的贡献值。

（一）重金属浓度与 APCS 的回归方程及 R^2

对模拟数据的处理结果与 Thurston 和 Spengler（1985）的结果十分接近。由于随机数发生器的特性，不同研究者随机生成平均值为 C、标准差为 σ 的数据时，结果会有细微的偏差，因此处理结果的细微差别也是合理的。上述过程保证了操作 APCS/MLR 过程的准确性。

9 种元素浓度分别与 APCS1、APCS2、APCS3 和 APCS4 进行多元线性回归，得到 APCS 的系数和回归方程的 R^2（表 12.7）。从表中可以看出，回归关系都达到了极显著水平。

表 12.7 174 个样品中 9 种元素浓度与 APCS 的多元线性回归

元素	APCS1 系数	APCS2 系数	APCS3 系数	APCS4 系数	R^2
Cu	596.1	513.6	250.5	−44.1	0.96
Zn	2013.4	278.1	294.0	−62.1	0.97
Pb	566.5	147.5	58.3	−20.0	0.94
Cd	1.96	0.56	2.49	0.09	0.89
Fe	3099.6	1769.0	−171.1	7217.0	0.95
Mn	−27.5	−22.9	12.8	158.7	0.89
As	16.4	28.2	7.4	1.4	0.96
Se	44.3	119.3	653.4	155.7	0.94
Hg	114.6	1109.0	126.5	-29.1	0.98

（二）各主成分对 174 个样品中 9 种元素的贡献值

土壤 Cu 浓度（C_{Cu}）与 APCS 的回归方程为

$$C_{Cu} = 596.1 APCS_1 + 513.6 APCS_2 + 250.5 APCS_3 - 44.1 APCS_4$$

式中，$596.1 APCS_1$ 为第一主成分对 Cu 的贡献，以此类推，可得到 4 个主成分对 9 种元素的贡献值。以 1～20 号土壤样品 Cu 元素为例（表 12.8）。虽然回归方程达到了显著水平，计算的贡献值大致满足 Cu 含量总量平衡的原则，但是计算出的母质因素的贡献都为负值，该计算结果没有实际意义。其他元素也都呈现出类似的趋势。模拟数据结果的良好与研究区的实际应用形成了强烈的对比，上述结果是由研究区重金属分布的高变异性所导致的。

表 12.8 4 个主成分对样品（1～20 号土壤）中 Cu 的贡献值

土壤样品	Cu 含量/（mg/kg）	各主成分对 Cu 的贡献值/（mg/kg）			
		APCS1	APCS2	APCS3	APCS4
Soil 1	30.1	207.2	135.9	−102.0	−110.6
Soil 2	46.3	−68.1	49.1	419.6	−111.8
Soil 3	S1.2	72.1	273.1	5.6	−112.7
Soil 4	40.1	160.5	107.4	−31.3	−102.2
Soil 5	30.0	254.5	102.5	−140.5	−144.4
Soil 6	62.7	11.4	77.0	220.8	−91.8
Soil 7	60.6	109.2	407.1	−112.2	−185.8
Soil 8	46.5	147.2	123.1	−87.1	−152.7
Soil 9	39.0	162.1	108.2	−31.6	−121.4
Soil 10	54.5	230.1	97.4	−53.8	−144.8
Soil 11	47.2	198.1	93.8	−44.5	−127.5
Soil 12	41.3	187.5	179.3	−114.8	−136.4

续表

土壤样品	Cu 含量/（mg/kg）	各主成分对 Cu 的贡献值/（mg/kg）			
		APCS1	APCS2	APCS3	APCS4
Soil 13	38.7	146.8	61.7	−25.1	−134.5
Soil 14	35.5	158.2	111.9	−34.1	−97.4
Soil 15	45.8	153.2	110.3	−9.3	−96.9
Soil 16	49.5	189.6	77.4	−23.5	−144.7
Soil 17	270	232.7	72.9	147.5	−89.6
Soil 18	48.4	202.7	103.7	−54.1	−104.5
Soil 19	37.8	71.6	93.5	122.9	−108.4
Soil 20	404	275.1	372.1	194.1	−102.7

研究区 Cu 含量的最高值为 8171 mg/kg，而最小值 13.1 mg/kg，变异系数达到了 297%，其他几种元素的变异系数也都接近或大于 100%，Hg 达到了 431%。强烈的变异意味着因变量系列中存在特异值（outliers）。经典的回归方法对特异值不具有稳健性，即使只有少数几个特异值的存在，回归分析也会产生很大的偏差乃至不合理的结果。与研究区重金属的强变异性相比，APCS/MLR 模拟数据的变异系数只有 8%～20%，模拟的污染程度相对较低，多元线性回归时不易受到特异值的影响，因此可以得到很好的效果。多元线性回归特异值的出现对 APCS/MLR 的应用提出了挑战。如果进行多元线性回归时删除特异值以消除其影响，则会低估某种源对土壤重金属的贡献，从而对后续的责任确定产生错误的引导。

第二节　有机污染物来源解析

一、有机氯农药的同系物比值法

有机氯农药如六六六（HCH）、滴滴涕（DDT）等在 1950～1983 年广泛使用，其同系物间的比值可以指示有机氯农药的来源及转化途径。环境中的 HCH 主要来自杀虫剂的使用，包括工业级 HCH 和林丹。工业 HCH 是由多个异构体组成的混合物，主要由 α-HCH（67%）、β-HCH（8%）、δ-HCH（7.5%）和 γ-HCH（15%）组成。林丹的主要成分为 γ-HCH（99%）。由于各个异构体之间的物理化学性质的差异，以及各异构体之间可能的相互转化，使得环境中 HCH 残留中各异构体组成特征可以作为一种环境指示指标（Zhang et al.，2006b）。β-HCH 的分子结构中氯原子的排布关系，使得它没有像其他 HCH 异构体那样容易被微生物降解，因而在土壤中最为稳定（Middeldorp et al.，1996）。因此，β-HCH 的组成差异是判断 HCH 环境行为的一个重要指标。珠三角土壤的 β-HCH 变化在 8%～100%，变化较大。水田和菜地土壤中 β-HCH 相对较大，而非耕作土壤的 HCH 相对较小。这反映了水田和菜地土壤中 HCH 主要是过去使用的 HCH，并还处在向外释放过程，β-HCH 由于相对稳定不易挥发，因此相对富集下来；而这些挥发性异构体 HCH 通过大气沉降进入非耕作土壤中。此外，α-HCH/γ-HCH 比值对于指示 HCH 的环境地球化学行为方面亦有重要的意义。一般而言，当土壤中 a-HCH/γ-HCH 小于 3 时，表示周围环境中林丹代替了工业 HCH 在使用；当比值介于 3～10 时，表示是未经转化的混合 HCH（李军，2005）。本研究中，大部分土壤样品的 α-HCH/γ-HCH 值在 3 以下，只有两个采样点的 α-HCH/γ-HCH 值为 3.46 和 3.61（图 12.8），表明大部分采样点土壤中的 HCH 都是来自林丹的使用，但有个别点为林丹和工业 HCH 的混合来源。

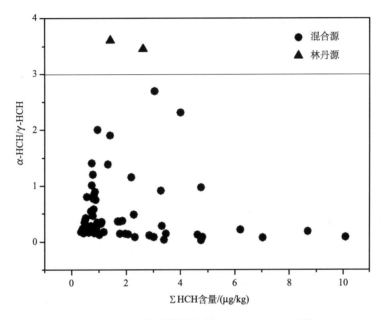

图 12.8　珠三角土壤样品中 α-HCH/γ-HCH 比值

早期的 DDT 使用主要是工业 DDT，主要由 1:4 的 o,p'-DDT 和 p,p'-DDT 组成（Kannan et al.，1995），但近年来的研究表明，在工业 DDT 被禁用后，三氯杀螨醇逐渐成为环境中 DDT 新的输入来源（Qiu et al.，2004）。工业合成的三氯杀螨醇中 o,p'-DDT/p,p'-DDT 的比值在 7.0 左右,o,p'-DDT 在 DDT 组成中占了很大的比例。因此，根据该比值可以初步判断土壤中的 DDT 来源。珠三角土壤中 o,p'-DDT/$\Sigma p,p'$-DDT（$\Sigma p,p'$-DDT 为 p,p'-DDT、p,p'-DDE 和 p,p'-DDD 之和，下同）比值均大于 1/4（图 12.9）。由于 o,p'-DDT 在土壤中的降解要比 p,p'-DDT 快（Kannan et al.，1995），因此如果土壤中的 DDT 完全来源于工业 DDT，那么目前土壤中的 o,p'-DDT/$\Sigma p,p'$-DDT 应该比 1/4 要小。而目前的检测结果却发现该比值在 1/4～7.0，表明当前土壤中的 DDT 存在三氯杀螨醇的来源，并且与原来土壤中存在的工业 DDT 混合。珠三角地区有一些农业土壤（菜地土壤、水田和园地土壤）中的 o,p'-DDT/$\Sigma p,p'$-DDT 比值大于 7.0，表明土壤中的 DDT 主要是来自三氯杀螨醇，并且大部分 DDT 总量大于 10 μg/kg 的样品的 o,p'-DDT/$\Sigma p,p'$-DDT 比值大于 7，这也表明了三氯杀螨醇的使用是当前土壤中 DDT 含量增加的主要原因。

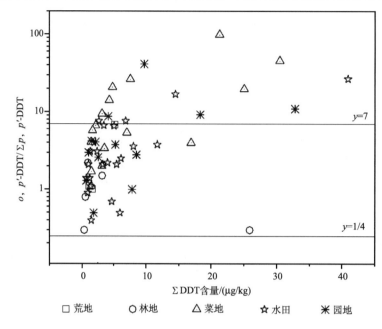

图 12.9　珠三角土壤样品中 o，p'-DDT 和 p，p'-DDT 比值

二、多环芳烃的特征化合物比值法

近年来，多环芳烃比值法常用来判别环境中多环芳烃的来源（Wilcke，2000）。对分子量为 178 的多环芳烃来说，蒽/（蒽+菲）比值常用来区分燃烧源和石油源。蒽/（蒽+菲）比值小于 0.1 通常可以指示石油源,而大于 0.1 表明主要是燃烧源（Budzinski et al.，1997）。另外，对分子量为 202 的多环芳烃，荧蒽/（荧蒽+芘）比值小于 0.4 指示石油源，0.4～0.5 之间指示液体化石燃料（如机动车和原油）燃烧源，而大于 0.5 则指示草、木材或煤炭的燃烧源（Yunker et al.，2002）。本书中，苏州土壤样品中多环芳烃蒽/（蒽+菲）比值范围是 0～0.18（图 12.10）。但是，在部分样品中未能检测到蒽。蒽/（蒽+菲）比值为 0，可能是由于进入土壤前蒽比菲更易光解的缘故。所以仅用蒽/（蒽+菲）比值还不足以精确判定土壤中多环芳烃的来源。从图 12.10 可以看出，苏州农田土壤样品中多环芳烃主要来自草、木材或煤的燃烧。冶炼厂或造纸厂等工厂的煤炭燃烧，稻草等秸秆的露天焚烧以及生活用煤燃烧可能是多环芳烃污染的主要来源。多数土壤中蒽/（蒽+菲）的比值小于 0.1 提示了石油源的存在，可能是由于用内河航运繁忙常出现船只泄漏造成的油类污染河水、当地的印染和纺织等工业的废水灌溉引起的。

嘉兴土壤样品中蒽/（蒽+菲）比值范围是 0～0.35（图 12.11）。和苏州土壤相似，部分土壤样品中未能检测到蒽和菲。由图 12.11 可知荧蒽/（荧蒽+芘）的比值在 0.2～0.8 之间，且大部分集中在 0.5～0.8，表明草、木材或煤的燃烧是此地主要的多环芳烃来源（Bucheli et al.，2004）。荧蒽/（荧蒽+芘）的比值在 0.2～0.4 显示石油源是嘉兴土壤中多环芳烃的来源之一。部分土壤样品中荧蒽/（荧蒽+芘）的比值在 0.4～0.5，说明石油等液体化石燃料的燃烧同样是嘉兴土壤多环芳烃的来源之一。

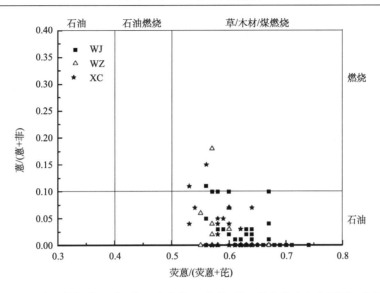

图 12.10 多环芳烃蒽/（蒽+菲）和荧蒽/（荧蒽+芘）比值的十字交叉图（苏州）

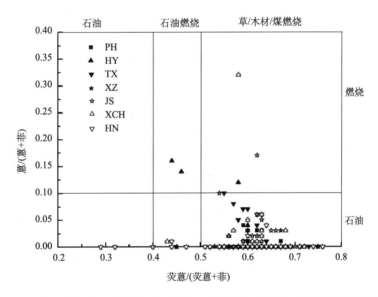

图 12.11 多环芳烃蒽/（蒽+菲）和荧蒽/（荧蒽+芘）比值的十字交叉图（嘉兴）

三、多元统计分析

主成分分析（principal component analysis，PCA）被广泛用来分析有机污染物在环境的变化以及有无新的污染源和污染种类等环境问题（Manz et al.，2001）。以冶炼区为例，从中选取了土壤多氯联苯（PCBs）含量在 100 ng/g 以上的样品，对其同系物组成比例进行主成分分析，结果见图 12.12。从图中很清楚地看出多数点隶属于两个区域，其中土壤编号 242~246，以及 143、154、151 等为一区，而 2、15、17、22、50、101、153 为另一区。对照 PCBs 同系物组成比例数据，前一区中低氯代同系物占 PCBs 总量的比例明显高与后一区,相反,高氯代同系物占 PCBs 的比例小于后一区,说明在前一区的这些位点有新的 PCBs 输入土壤中。结合采样时的实地调查,尤其在 242～246 的位点,电子废旧产品随意堆放在露天,据当地居民透露,电子废旧产品的焚烧活动仍时有发生。而我们对焚烧后的灰分进行了采样分析,发现其中 17 种 PCBs 的总浓度达到 4.3 mg/kg 以上,说明这些电子废旧产品的随意堆放与露天焚烧已经成为新的 PCBs 污染源。

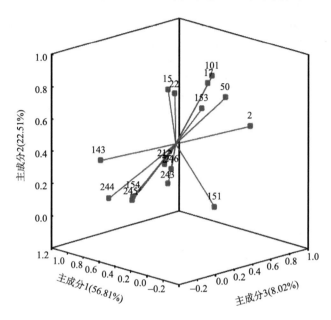

图 12.12　部分土壤 PCBs 的主成分分析

参 考 文 献

国家统计局国际统计信息中心. 2005. 长江和珠江三角洲及港澳特别行政区统计年鉴(2005). 北京: 中国统计出版社.

李军. 2005. 珠江三角洲有机氯农药污染的区域地球化学研究. 广州: 中国科学院广州地球化学研究所博士论文.

卢升高. 2000. 亚热带富铁土的磁学性质及其磁性矿物学. 地球物理学报, 43(4): 498~504.

吕厚远, 韩家懋, 吴乃琴, 等. 1994. 中国现代土壤磁化率分析及其古气候意义.中国科学: B 辑, 24(12): 1290~1297.

阮心玲. 2006. 江苏省沿长江钢铁工业区周边土壤中重金属积累和迁移研究. 南京: 中国科学院南京土壤研究所博士论文.

旺罗, 刘东生, 吕厚远. 2000. 污染土壤的磁化率特征. 科学通报, 45(10): 1091~1094.

熊远福, 李辉勇, 刘军鸽, 等. 1999. 水稻土壤中硒的价态转化及溶解性研究. 环境化学, 18: 338~343.

Al-Chalabi A S, Hawker D. 2000. Distribution of vehicular lead in roadside soils of major roads of Brisbane, Australia. Water Air and Soil Pollution, 118: 299~310.

Barcan V. 2002. Nature and origin of multicomponent aerial emissions of the copper-nickel smelter complex. Environment International, 28: 451~456.

Bi X, Feng X, Yang Y, et al. 2006. Environmental contamination of heavy metals from zinc smelting areas in

Hezhang County, western Guizhou, China. Environment International, 32(7): 883~890.

Bucheli T D, Blum F, Desaules A, et al. 2004. Polycyclic aromatic hydrocarbons, black carbon, and molecular markers in soils of Switzerland. Chemosphere, 56(11): 1061~1076.

Budzinski H, Jones I, Bellocq J, et al. 1997. Evaluation of sediment contamination by polycyclic aromatic hydrocarbons in the Gironde estuary. Marine Chemistry, 58: 85~97.

Cao Z H, Wang X C, Yao D H, et al. 2001. Selenium geochemistry of paddy soils in Yangtze River Delta. Environment International, 26: 335~339.

Dearing J A. 1999. Environmental Magnetic Susceptibility, using the Bartington MS2 System, second edition. Chi Publishing, England.

Dudka S, Adriano D C. 1997. Environmental impacts of metal ore mining and processing: a review. Journal of Environmental Quality, 26(3): 590-602.

Duzgoren-Aydin N S, Li X D, Wong S C. 2004. Lead contamination and isotope signatures in the urban environment of Hong Kong. Environment International, 30(2): 209~217.

Feng X B, Li G H, Qiu G L. 2005. A preliminary study on mercury contamination to the environment from artisanal zinc smelting using indigenous methods in Hezhang County, Guizhou, China: Part 2. Mercury contaminations to soil and crop. Science of the Total Environment, 368: 47~55.

Hansmann W, Koppel V. 2000. Lead-isotopes as tracers of pollutants in soils. Chemical Geology, 171(1~2): 123~144.

Hellweg S, Fischer U, Hofstetter T B, et al. 2005. Site-dependent fate assessment in LCA: Transport of heavy metals in soil. Journal of Cleaner Production, 13: 341~361.

Hu X F, Su Y, Ye R, et al. 2007. Magnetic properties of the urban soils in Shanghai and their environmental implications. Catena, 70(3): 428~436.

Jordanova N V, Jordanova D V, Veneva L, et al. 2003. Magnetic response of soils and vegetation to heavy metal pollution—A case study. Environmental Science & Technology, 37: 4417~4424.

Kannan K, Tanabe S, Tatsukawa R. 1995. Geographical distribution and accumulation features of organochlorine residues in fish of tropical Asia and Oceania. Environmental Science & Technology, 29: 2673~2683.

Keegan T J, Farago M E, Thornton I, et al. 2006. Dispersion of As and selected heavy metals around a coal-burning power station in central Slovakia. Science of the Total Environment, 358: 61~71.

Lecoanet H, Lévêque F, Ambrosi J P. 2003. Combination of magnetic parameters: an efficient way to discriminate soilcontamination sources(south France). Environmental Pollution, 22: 229~234.

Lee S Z, Allen H E, Huang C P, et al. 1996. Predicting soil-water partition coefficients for cadmium. Environmental Science & Technology, 30: 3418~3424.

Liu W H, Zhao J Z, Ouyang Z Y, et al. 2005. Impacts of sewage irrigation on heavy metal distribution and contamination in Beijing, China. Environment International, 31: 805~812.

Lu S G, Bai S Q. 2006. Study on the correlation of magnetic properties and heavy metals content in urban soils of Hangzhou City, China. Journal of Applied Geophysics, 60: 1~12.

Manz M, Wenzel K D, Dietze U, et al. 2001. Persistent organicpollutants in agricultural soils of central Germany. The Science of Total Environment, 277: 187~1998.

Middeldorp P J M, Jaspers M, Zehnder A J B, et al. 1996. Biotransformation of a-, β-, r-, and o-hexachlorocyclohexane under methanogenic conditions. Environmental Science & Technology, 30: 2345~2349.

Morandi M T, Daisey J M, Lioy P J. 1987. Development of a modified factor analysis/multiple regression model to apportion suspended particular matter in a complex urban airshed. Atmospheric Environment, 21(8): 1821~1831.

Qiu X H, Zhu T, Li J, et al. 2004. Organochlorine pesticides in the air around Taihu Lake, China. Environmental Science & Technology, 38: 1368~1374.

Rabinowitz M B. 2005. Lead isotopes in soils near five historic American lead smelters and refineries. Science of The Total Environment, 346(1~3): 138~148.

Sajwan K S, Punshon T, Seaman J C. 2006. Production of coal combustion products and their potential uses. //Sajwan K S, Twardowska I, Punshon T, Alva A K. Coal Combustion Byproducts and Environmental Issues. New York: Springer: 3~9.

Sterckeman T, Douay F, Proix N, et al. 2002. Assessment of the contamination of cultivated soils by eighteen trace elements around smelters in the North of France. Water, Air, and Soil Pollution, 135(1~4): 173~194.

Sturges W T, Barrie L A. 1987. Lead 206/207 isotope ratios in the atmosphere of North America as tracers of US and Canadian emissions. Nature, 329(6135): 144~146.

Thurston G D, Spengler J D. 1985. A quantitative assessment of source contributions to inhalable particulate matter pollution in metropolitan Boston. Atmospheric Environment, 19(1): 9~25.

Wang T J, Yang H M, Gao L J, et al. 2005. Atmospheric Sulfur Deposition on Farmland in East China. Pedosphere, 15(1): 120~128.

Wang X S, Qin Y. 2006. Comparison of magnetic parameters with vehicular Br levels in urban roadside soils. Environmental Geology, 50: 787~791.

Wilcke W, Amelung W, Martius C, et al. 2000. Biological sources of polycyclic aromatic hydrocarbons (PAHs) in the Amazonian rain forest. Journal of Plant Nutrition and Soil Science, 163: 27~30.

Yunker M B, Macdonald R W, Vingarzan R, et al. 2002. PAHs in the Fraser River basin: a critical appraisal of PAHratios as indicators of PAH source and composition. Organic Geochemistry, 33:489~515.

Zhang H B, Luo Y M, Wong M H, et al. 2006. Residues of Organochlorine Pesticides in Soils of Hong Kong. Chemosphere, 63: 633~641.

Zhu B Q, Chen Y W, Peng J H. 2001. Lead isotope geochemistry of the urban environment in the Pearl River Delta. Applied Geochemistry, 16(4): 409~417.

第十三章 土壤污染成因分析

改革开放 30 多年来，随着我国快速工业化、城镇化以及农业高度集约化的发展，有毒有害污染物通过多来源多途径进入土壤环境系统，包括农业物资（化肥、农药、农膜等）的施用、工企三废（废水、废渣、废气）及城市生活废物（污水、固废、烟/尾气等）的排放等。土壤污染已形成点源与面源污染共存，生活污染、农业污染和工业污染叠加、各种新旧污染与二次污染相互复合或混合的态势。本章将从农业活动、污水排放、大气沉降和垃圾废弃等方面阐述我国土壤污染的来源、途径及状况，为土壤环境污染的预防、控制和修复决策提供理论指导。

第一节 污水灌溉农业污染源

一、工矿业废水排放

国家统计局数据显示，1981～2003 年的全国累计废水排放总量达到 8366.9 亿 t，其中工业废水排放总量 5213.7 亿 t。工业废水中排放的污染物总量为：Pb 30249.9 t；Cd 3584.2 t；Cr 17427 t；Hg 546 t；As 24012 t。全国排前 10 位的地区分别为：江苏（500.1 亿～550.0 亿 t）、四川（450.1 亿～500.0 亿 t）、湖南（400.1 亿～450.0 亿 t）、辽宁（350.1 亿～400.0 亿 t）、湖北（350.1 亿～400.0 亿 t）、广东（350.1 亿～400.0 亿 t）、上海（350.1 亿～400.0 亿 t）、浙江（300.1 亿～350.0 亿 t）、河南（250.1 亿～300.0 亿 t）和山东（250.1 亿～300.0 亿 t）。2007 年全国废水中 Pb、Hg、Cd、Cr、As 5 种主要重金属（类金属）产生量为 2.54 万 t，排放量为 897.3 t。

各地区污染负荷水平依次为：上海（400～450 万 t/km^2）、江苏（0～50 万 t/km^2）、北京（0～50 万 t/km^2）、天津（0～50 万 t/km^2）、浙江（0～50 万 t/km^2）、辽宁（0～50 万 t/km^2）、广东（0～50 万 t/km^2）、湖南（0～50 万 t/km^2）、山东（0～50 万 t/km^2）和河南（0～50 万 t/km^2）。

有色金属矿采选业、有色金属冶炼及压延加工业、化学原料及化学制品制造业是三个排放重金属最大的行业，分别占排放总量的 33.6%、18.5% 和 14.7%。"十五"期间湖南株洲清水塘工业区涉镉企业废水排镉 148.9 t，工业废水排放混乱，其纳污水体霞湾水系夏季受湘江涨水的影响，水位抬升，对周边耕地形成漫灌、倒灌，构成污染。浙江长兴蓄电池生产基地分布于长兴县的主要城镇，部分企业处于城乡结合部，部分企业处于乡村，大多数蓄电池厂与耕地、林地等相接，含重金属的废水排放对周边土壤造成污染严重，土壤镉、Pb 含量分别超出当地背景值 12.0 倍和 1.7 倍。

二、污水灌溉

污水灌溉区土壤污染严重，影响生态系统安全和人体健康。我国污水灌溉面积从 20 世纪 60 年代的 4.2 万 hm^2 发展到 21 世纪初的 360 万 hm^2，受污水灌溉引起的土壤 Cd、Zn、Cr、Hg 等重金属污染面积在扩大。据第一次全国污染源普查公报显示，全国各类污染源废水排放总量 2092.8 亿 t，含重金属（Cd、Cr、As、Hg、Pb）0.090 万 t。污水灌溉导致农田土壤重金属和有机污染，如张士灌区农田土壤镉浓度达到 5～7 mg/kg，有 765.1 hm^2 耕地的大田作物超标，超标面积占监测面积的 76%。郑州市是我国北方缺水城市，20 世纪 50 年代初，郑州市郊区开始试用污水灌溉小面积菜田，随后开始引用污水灌溉大田，至今已有近 50 年的历史，污灌区土地面积一度达到 5300 多 hm^2，污灌区内蔬菜汞含量超标严重。广东大宝山农田土壤污染的原因是矿石（尾矿）风化或淋滤产生的酸性废水及洗矿过程中产生的含有大量细微尾矿颗粒物的废水已对横石河水体造成了严重的多金属复合污染。横石河沿岸 21 个土壤样点中，4 种重金属全量的平均值分别为国家土壤环境质量（GB15618—1995）二级标准的 1.5、10.6、20.8 和 3.5 倍，各重金属的含量均严重超标。其中，Cd 和 Cu 污染最为严重，21 个土壤样品均超出国家土壤环境质量二级标准（GB15618—1995），超标率为 100%；Pb 和 Zn 的超标率也达到 95.2% 和 81.0%，4 种重金属的污染程度为 Cd＞Cu＞Zn＞Pb（付善明等，2007）。广西环江则是因铅锌硫铁矿尾砂坝遭遇洪水灾害坍塌导致大环江流域农田遭受 As、Pb、Zn 和 Cd 污染，并且因此带入大量的 FeS 和 ZnS 而导致严重的土壤酸化问题。土壤酸化严重，pH 最低至 2.5，全硫含量高达 2.29%，污染点的土壤 As、Cd、Pb 和 Zn 平均含量分别是未污染土壤的 2.8、3.0、14.0 和 5.9 倍。从土壤的剖面分布来看，污染点的土壤中 As、Pb 和 Zn 仍主要集中分布在表层 0～30 cm 范围，发生土壤酸化现象的土层厚度为 0～70 cm（宋书巧等，2003）。我国最大的石油类污灌区——辽宁沈抚灌区，由于沈抚灌渠长年接纳抚顺市数十家炼油厂工业和生活污水排放，污水中含石油烃、挥发酚、硫化物等污染物，直接导致抚顺市李石寨区、东陵区深井子、汪家、白塔等地农田污染。根据我国农业部进行的全国污灌区调查，在约 140 万 hm^2 的污灌区中，遭受重金属污染的土地面积占总面积的 64.8%，其中轻度污染占 46.7%，中度污染占 9.7%，严重污染占 8.4%。

《2006 年国家城市环境管理和综合整治年度报告》显示，全国城市生活污水集中处理率平均为 42.6%，其中 200 个城市生活污水集中处理率为 0，全国城市水域功能区水质达标率不升反降（比上年下降 7.2%），我国城市污水处理率逐年上升，但城市水环境污染形势仍然十分严峻。另外，乡镇工业废水、废渣的直接排放，使水质、土壤的污染日趋严重。如广东清远龙塘、石角镇的废旧物资拆解回收行业，年处理量已增至 170 万 t，造成当地大范围的重金属和持久性有机污染物的土壤污染。近年来，我国环境污染管理制度和法规得到完善与实施，污水达标排放率不断提高，因此，城市污水中 Hg、Cd、As、Pb 等毒性较大的重金属含量逐年下降。因为污水是城市污泥重金属的主要来源，也就使得城市污泥中的重金属含量呈现下降趋势，这将会降低城市污泥土地利用的环境风险。每公顷施用城市污泥 7.5 万 kg 和污泥堆肥 24 万 kg 时，植物可食部分和茎秆中的 Hg、Cd、As、Pb 等重金属元素均未超过国家食品卫生标准。污泥中重金属含量已大幅下降，短期来讲，对土壤和作物的影响较小。污泥还是持久性有污染物的载体，农用污泥可造成土壤的有机污染。

第二节　气态或颗粒态沉降

一、燃煤排放

据统计，中国 SO_2 排放总量已居世界第一，超出大气环境容量的 80%以上；酸雨区面积约占国土面积的 1/3。造成 SO_2 高排放的直接原因是火电厂。国家发展改革委员会希望能够在今后电站建设中扭转这一趋势，加大水电核电和可再生能源的比重，在今后规划中将适当控制燃煤火电比重。

燃煤会排放大量的汞、多环芳烃等污染物进入大气环境中，并通过沉降进入土壤中积累，造成大范围或区域性土壤汞和多环芳烃污染。随着我国经济的快速发展，煤炭生产量与消费量都在快速增长。国家统计局统计数据表明，1990 年生产原煤 10.8 亿 t 标煤，消费 10.6 亿 t 标煤，而到 2007 年煤炭生产量达 25.3 亿 t 标煤，消费 25.9 亿 t 标煤，煤炭消费量增长速度明显快于生产能力的增加，预计到 2020 年我国煤炭消费量将达到 58.0 亿 t。煤炭消费主要集中在东部地区，尤以环渤海经济圈、长江三角洲和珠江三角洲地区最为集中，消耗的煤炭分别约占全国总消费量的 32%、23%和 10%。研究表明，我国燃煤排放的 Hg 占所有排放源的 38%，仅次于有色金属冶炼排放（Jiang et al.，2009）。2000 年我国燃煤大气 Hg 排放量 219.5t，其中工业和电力燃煤排放分别占 46%和 35%；排放量较大的地区有河南、山西、河北、辽宁、江苏等，其年排放量均超过 10 t。Hg 排放量与原煤中 Hg 含量有关，统计分析结果表明，土壤中的 Hg 含量与当地主要原煤的 Hg 含量有显著的正相关（$p<0.05$）。我国原煤中 Hg 含量以贵州最高，其次是北京和浙江。贵阳地区由于高 Hg 煤的利用，导致大气中 Hg 的含量为 5～15 ng/m^3，远高于全球的背景值（1 ng/m^3）。如此高含量的大气 Hg 沉降到地面中可使土壤 Hg 含量增加约 0.300 μg/kg。除 Hg 以外，燃煤中含有相当量的重金属，主要通过降尘进入土壤。通过 Pb 同位素比值法解析发现，在长江三角洲地区非工业区土壤中 Pb 与 Hg 具有共同的来源，主要工业燃煤（吴龙华等，2009）。另据报道，北京市降尘中所含的 As（22.7±13.5 mg/kg）、Pb（27.3±6.2 mg/kg）和 Cr（54.5±13.2 mg/kg）等重金属的输入可能是北京市近郊菜地土壤重金属积累的原因之一。而对远郊土壤中重金属含量的影响则相对较小。此外，燃煤产生的 SO_x 等酸性气体通过降雨和降尘途径进入土壤，降低土壤 pH，增强了土壤中重金属的活性，加剧了重金属污染的生态危害。燃煤还带来大量多环芳烃类污染物排放而沉降到表土。工业燃煤排放也是土壤多环芳烃呈现区域性污染的主要原因之一。苏南地区无锡市东北部江阴与张家港交界处，乡镇企业发达，产品加工业和制造业需要广泛使用煤和石油类燃料（煤焦油、各类炭黑、煤、石油等）对原料（化学品和金属制品）进行加热加工和热处理。京津冀地区钢铁冶炼和火力发电发达，区内有多个特大型钢铁厂和多座火力发电厂，每年燃烧大量煤炭资源。通过非负约束因子分析方法对辽宁本溪市调查土壤中多环芳烃的来源与贡献进行分析表明，该区域工业燃煤对土壤多环芳烃污染的贡献率高达

44%，成为主要来源。

二、秸秆露天焚烧

农业秸秆露天焚烧所释放的颗粒物和各种气态污染物沉降到土壤中，成为土壤中多环芳烃等污染的主要来源之一。据估计（Xu et al.，2006），全国多环芳烃年排放总量为2530 t，其中生物质燃烧的贡献率高达 60%。我国各个省市露天燃烧秸秆的比例，大致在 10.7%~32.9%。东南沿海、海南、广西、安徽等地秸秆露天焚烧的比例较高，都在30%以上；尽管这些地区的秸秆产量并不大，约占全国秸秆产量的 21%，但秸秆的露天燃烧量却占38%；其次是华北及西北地区，秸秆露天燃烧的比例在16%左右，两个地区的秸秆产量占 37%，露天焚烧量占34%；西南、东北及内蒙古地区的秸秆产量最高，占全国总产量的 43%，但秸秆露天焚烧比例较低，占 11%左右，焚烧量占全国总焚烧量的 27%；四川盆地由于独特的气候条件与农耕习惯，导致成都平原呈现多环芳烃大面积污染。有的研究者根据我国生物质燃烧（主要为秸秆露天焚烧）估算了多环芳烃排放空间分值，其中，华北地区、东南沿海、广西及四川等地区多环芳烃排放量较高，形成了区域性污染。

三、汽车尾气排放

除燃煤外，公路交通产生的尾气随降尘进入土壤，是公路两侧土壤重金属积累的重要途径之一。距公路较近的土壤较容易受到含 Pb、Cu 和 Zn 等重金属的汽车尾气和公路扬尘的影响。汽车尾气排放（Pb）和刹车里衬磨损等机械损耗（铜和铅）是公路交通排放重金属的主要途径，排放的重金属经过扬尘和大气降尘等途径进入绿地土壤。

第三节　固体废弃物堆放与处置

一、城市生活垃圾

《2006 年国家城市环境管理和综合整治年度报告》显示，城市生活垃圾无害化处理率平均为 59.48%，187 个城市生活垃圾无害化处理率为 0；155 个城市医疗废物集中处置率为 0。有研究者将北京市生活垃圾按发生主体和垃圾成分的性质分为 9 类，依次为：①居民；　②市内交通业，金融保险业，邮电通信业；③清扫场所；　④餐饮业；⑤教育业；　⑥商业；⑦废纸；⑧快餐包装物；⑨烟丝纸等。结果表明：各类垃圾中镉含量均超过了当地土壤污染起始值；而汞含量相对最高，除居民的生活垃圾高于土壤污染起始值外，其他各类垃圾中的汞元素含量均超过了土壤环境质量标准的最高允许含量；大部分垃圾的 Cu 含量也超过北京市郊土壤背景值最高允许含量。其他重金属也会对土壤中重金属积累产生不同程度的影响。就其来源而言，北京市生活垃圾中超标的 Hg 可能来源于尘土和电池；超标的 Cd 可能来源于尘土、塑料包装物、印刷纸品等；超标的 Cu 可能来源于尘土、印刷纸品。南京某垃圾场土壤中绝大部分重金属含量均高于当地的背景含量，这说明与垃圾中重金属释放有关。

二、电子废旧产品回收处理

据联合国环境规划署估计，全世界每年约有 2 000 万～5 000 万 t 废旧电子产品被丢弃，并且正以每年 3%～5%的速度增长（Kahhat et al.，2008；Williams，2005）。我国国内的电子废旧产品产量自 2003 年以来已高达 110 万 t（彭平安等，2009），并以每年约 5%～10%的速度在增长。除此之外，全球 80 %的电子废旧产品被运到亚洲，而其中有 90%运往中国处理与丢弃。废旧电子电器种类繁多、产品结构和材料复杂、一些材料中含有害化学物质，其拆解处理过程环境污染因子复杂多变。目前珠江三角洲地区大多数废旧电子电器处于低层次无序收集、简单拆解阶段。电子废旧产品经简单拆解后，或进入二手市场、或以原始落后方式焚烧抽取电线电缆中铜线，提取印刷电路版中的铜铅等，或利用强酸提取线路板中的少量贵金属。而大量剩余废弃物和电子垃圾散落、堆置于农田或居民区附近，甚至倾倒在河边，造成严重环境污染，并带来健康风险。

针对粗放式电子废旧产品处理对珠江三角洲地区造成的严重环境污染问题，目前已有许多研究。Wong 等（2007a，2007b）在贵屿采集土壤样品中重金属、有机污染物含量较高，其中开放燃烧地区多溴联苯醚浓度是背景地区的 7200 倍（Wong et al.，2007b；Leung et al.，2007），17 种多氯代二苯并对二噁英和多氯代二苯并呋喃的浓度（599 156 pg/g）和 16 种多环芳烃浓度（3206 μg/kg）（Leung et al.，2007；Yu et al.，2006）与其他重污染地区相比也是最高的。在酸洗作坊旁边河流的沉积物中也发现相当高含量的多环芳烃、重金属和多溴联苯醚（Wong et al.，2007b）。同样，Leung 等（2007）在贵屿 30 个土壤、生物样品中检测出高含量的多氯联苯、多氯代二苯并对二噁英和多氯代二苯并呋喃以及多溴联苯醚。电子废旧产品堆积区大气环境污染已十分严重，尤其是空气中强毒性的有机污染物。Deng 等（2006）分析结果表明，TSP 和 $PM_{2.5}$ 中 16 种美国 EPA 优控多环芳烃总量范围分别是 4010～347 ng/m³ 和 2217～263 ng/m³，五环和六环多环芳烃占总量的 73%，其中苯并（a）芘平均浓度比其他亚洲城市高 2～6 倍，而 $PM_{2.5}$ 中重金属 Cr、Cu、Zn 浓度是其他亚洲城市的 4～33 倍。Wong 等（2007b）总结了贵屿大气样品中多溴联苯醚、多氯代二苯并对二噁英、多氯代二苯并呋喃、多氯联苯、多环芳烃等持久性有毒污染物的浓度。与已发表数据相比，贵屿地区空气 $PM_{2.5}$ 中的 22 种多溴联苯醚浓度（1618 ng/m³）是已有数据的 100 倍多，空气中多氯代二苯并对二噁英和多氯代二苯并呋喃的浓度则是广州的 115 倍，香港的 311 倍，多环芳烃是亚洲其他地区的 2～6 倍。

总之，导致我国土壤环境污染的原因，一方面是人们对土壤环境保护的重要性认识不足，土壤环境保护法制、体制、机制、监管体系尚未健全；另一方面，对土壤环境保护的重大科学、技术、管理问题缺乏研究，缺少投入，从宏观层面和长远观点全面、系统、前瞻性地研究我国土壤污染防治战略更为缺乏。

第四节 农药和肥料施用

农业活动对农业土壤中污染物的含量影响很大。据 2010 年 2 月发布的第一次全国污染源普查公报显示，农业源（不包括典型地区农村生活源）中主要水污染物排放（流失）

量：化学需氧量 1324.1 万 t，总氮 270.5 万 t，总磷 28.5 万 t，铜 2452.1 t，锌 4862.6 t。农业污染源已经成为我国环境污染的三大来源之一。农业活动是产生农业污染源的主要途径，包括农药、肥料的施用、农用地膜等化学产品的使用、灌溉水质和方式和农业生产的复种指数等因素。长期大量使用化肥、农药和农用地膜等农用化学品，不合格的灌溉水质和不合理的农田漫灌方式，加上高复种指数等因素，易造成土壤和农产品污染。据估计，截至 20 世纪末，中国受污染的耕地面积达 2000 万 hm²，约占耕地总面积的 1/5，其中工业"三废"污染面积达 1000 万 hm²，污水灌溉面积为 130 多万 hm²。每年因土壤污染而减产粮食 1000 万 t；另外还有 1200 万 t 粮食受污染而超标，二者的直接经济损失达 200 多亿元。

一、农药

我国是农业大国，农药使用量大，每年农药的使用量在 25 万 t 左右，是世界上第二大农药生产与使用国，仅次于美国。据 30 个省、市、自治区植保站不完全统计，2002 年全国农药需求量预计为 25.7 万 t 左右（不包括出口及非农业用药），比上年增加 2.8%。杀虫剂 13.34 万 t，与上年持平；除草剂 4.96 万 t，增长幅度较大，比上年增长 10.31%。长期使用农药造成病虫草害物种抗药性增强，导致农药投入量有增无减。20 世纪 60 年代~80 年代初，我国大量生产使用有机氯农药，占农药使用量的一半以上。1970 年我国共使用六六六、DDT 和毒杀芬等有机氯农药 19.2 万 t，占农药总量的 80.1%；20 世纪 80 年代初，有机氯农药仍占总量的 78.0%；30 年来我国累计使用 DDT 约 40 多万 t，占国际总量的 20.0%。目前，我国许多粮食高产区已变成农药高量使用区。农药用量呈现明显的东部＞中部＞西部的空间分布规律，尤其集中在东南沿海经济发达地区，其中浙江、上海、福建和广东 4 省市农药用量占全国的 36.7%，而青海、宁夏、甘肃、新疆、黑龙江和内蒙古西部 6 省区仅占全国的 3.4%，浙江施用量 9.96 kg/hm²，高出全国平均值（2.71 kg/hm²）的 3.7 倍，相当于内蒙古的 28 倍。

20 世纪 70 年代初，世界上已有 20 多个国家纷纷停止生产使用六六六、DDT，我国政府于 1983 年宣布停止六六六和 DDT 的生产使用。2004 年以后，滴滴涕被主要作为三氯杀螨醇生产中间体使用，约占全国统计使用量的 73%以上，至 2009 年开始禁用含滴滴涕的三氯杀螨醇。三氯杀螨醇作为杀螨剂主要使用在柑橘、苹果和棉花上。由三氯杀螨醇生产过程排放及由于残留随着三氯杀螨醇使用释放到环境中的滴滴涕对环境和人体健康造成潜在威胁。中国现有三氯杀螨醇原药生产企业约 3~5 家，其中 1 家企业基本采用自产滴滴涕在封闭系统内生产三氯杀螨醇，全国三氯杀螨醇年产量约 3000~4000 t，其中三氯杀螨醇中滴滴涕的含量为 3.5%~10.8%，因此通过三氯杀螨醇使用带入环境中的滴滴涕的量每年有 105~432 t，可能成为近年来我国农田土壤中滴滴涕新的输入来源。我国高残留有机氯类农药的大量生产与使用，使得其在土壤、粮食、果蔬和畜产品中的残留量，曾高居世界首位。据统计，我国每年施用农药中约 80%通过挥发、地表径流、土壤渗入和食物链迁移等途径进入环境。

1988 年调查的我国土壤有机氯农药的残留状况，呈现南方＞中原＞北方空间格局，南北差距较为显著，平均残留水平南方相当于北方的 3.3 倍。南方和中原地区菜地中残留量均高于农田，南方尤为突出，但整体上与 1983 年之前我国农田土壤的残留水平相比略有下降。1998～1999 年，张惠兰等（2001）对辽宁省不同地区的 186 个土样检测表明，土壤中六六六、DDT 残留量已明显下降，六六六为 7～25 μg/kg，DDT 为 22～30 μg/kg。龚钟明和沈伟然（2002）对天津市郊污灌区农田土壤的检测数据显示，有机氯农药的检出率均为 100 %，其中污染灌溉菜地的污染状况最为严重，六六六残留量达 4.04 μg/kg，DDT 达 2.70 μg/kg，普遍高于其他地块，表现出污染灌溉的显著影响，无污水灌溉的旱地污染较轻。

除了传统有机氯农药外，含铜农药配剂是农业土壤特别是果园土壤中的铜污染的主要来源之一。一般含铜农药配剂中铜化合物的成分占 8%～75%，并以氧氯化铜、氢氧化铜、硫酸铜、四氨合铜和氧化铜等形式存在，长期大剂量的使用会在土壤中积累形成污染。江西赣州市脐橙栽种基地和南丰蜜橘栽种基地都发现严重的土壤铜污染，原因可能是在这两个果园中含铜农药如波尔多液的长期使用有关。蔡道基等（2001）对江苏徐州、山东即墨和莱阳、浙江黄岩、江苏吴县等地的苹果园和橘园长期施用波尔多液后土壤铜污染情况调查发现：果园土壤长期施用波尔多液导致明显铜积累，并且积累量与施用年限相关。以江苏徐州大沙河果园为例，该果园土壤铜的背景值在 7.9～11.8 mg/kg，平均 10.1 mg/kg，属土壤低铜含量区；而果园土壤的实际铜含量在 31.3～483 mg/kg，平均 89.4 mg/kg，已超过土壤本底值近 10.0 倍，其中有 6.7%的样本超过了二级标准（200 mg/kg）；并且 40 年以上的老果园土壤 Cu 平均含量是 20 年左右果园土壤 Cu 平均含量的 2 倍多，表明果园土壤的铜污染程度与波尔多液施用年限有关。此外，一些地区长期施用代森锌、代森锰以及含砷农药（如亚砷酸钠、砷酸钙等含砷杀虫剂），也会导致耕地土壤重金属污染。

二、化肥

我国化肥使用量占世界的 35%，化肥中的磷肥是导致耕地土壤镉等重金属污染的主要原因。磷肥中含有较高浓度的镉，其长期施用将增加土壤中 Cd 的含量，并导致作物中 Cd 的含量增加。对我国几种磷肥中 Cd 的含量分析表明（刘志红等，2007；王起超和麻壮伟，2004），磷铵含 Cd 7.50～156 mg/kg，过磷酸钙含 Cd 84.0～144 mg/kg，普通过磷酸钙含 Cd 9.50 mg/kg，重过磷酸钙含 Cd 24.5 mg/kg，这些磷肥的施用必将导致土壤镉的增加。我国云南、贵州、湖北和湖南生产的磷矿粉中也含有相当量的 Cd（1.60～5.80 mg/kg）和 Cr（39.9～49.8 mg/kg），而浙江的钙镁磷肥及湖南和天津的铬渣磷肥含 Cr 量则相当高（1057～5144 mg/kg）。进口肥料中也同样含有一定量的 Pb，如加拿大生产的氯化钾含 Pb 10.5 mg/kg，硝酸铵含 Pb 6.00 mg/kg，而来自工业副产品的锌肥含 Pb 量可高达 50～52000 mg/kg，过磷酸钙中含 Pb 32.5 mg/kg。有研究认为在目前的磷肥用量下，带入的 Pb 不足以增加土壤 Pb 的积累和作物吸收。对不同利用年限的红壤水稻土重金属含量调查发现，该地区 Cd 的含量已经达到污染水平。一些长期试验结果表明，长期施用磷肥会提高土壤 Cd 含量。我国菜地素有精耕细作的传统，形成了轮作、连作及间、套、混作等形式多样的多熟制种植模式，其复种指数比其他土地利用方式要高，这在我国南方地区表现尤为突出。在复种指数高的菜地土壤中，含重金属的化学制品反复、大量使用,可导致土壤重金属积累。广东不少地方水稻每年化肥施用量超过 4500 kg/hm^2,远高于全国平均水平。

三、有机肥

在农业生产中,有机肥在相当长的时间内占主导地位,直至大量生产化肥后,有机肥的施用才逐渐减少。具体到我国,在 20 世纪 50~60 年代,有机肥仍占主要地位。根据已有研究,我国有机肥在肥料总投入量中的比例是:1949 年为 99.9%,1965 年为 80.7%,1975 年为 66.4%,1985 年为 43.7%,1990 为 37.4%,1995 年为 32.1%,2000 年为 30.6%,2003 年为 25%(http://www.sepa.gov.cn/download/ 2004gb.pdf),上述数据表明了我国有机肥的施用比例已经大幅度下降。而我国的农业科技人员普遍认为,有机肥与化肥施用比例在 1∶1 左右为佳。

有机肥具有增加土壤养分、增强土壤微生物活性以及降低污染土壤重金属毒性和改善作物品质等作用,并且国内外的研究证实了有机肥与化学肥料合理的配合施用,可以提高土壤肥力和保持作物高产、稳产。但是随着社会经济的发展,我国畜牧养殖业迅猛壮大,特别是集约化养殖的高速发展,使畜禽养殖特点发生如下变化,即由过去的分散经营、饲养头数少、主要分布在农区转变为现在的集中经营、饲养头数多、分布在城市郊区或新城区。畜禽养殖特点的演变加上务农劳力的转移和肥料施用由有机肥为主转变为化肥占主导地位,导致畜禽养殖场畜禽粪由宝变为废弃物,特别是畜禽粪含水量大、恶臭,带来处理、运输、施用极不方便,更加剧了畜禽粪直接还田的难度,从而带来环境污染问题。同时一些企业为了片面追求经济效益,往往向饲料中加入超过限量的 Cu、Zn、Fe、Mn、Co、Se、I、As 等微量元素,而所添加的 CuSO$_4$、ZnSO$_4$ 或 ZnO 中所含 Pb、Cd 等重金属超过国家标准。研究表明,家畜吃了含有微量元素等添加剂后,其粪便中重金属含量远高于家禽所吃饲料中重金属含量,如肉鸽粪便 Zn 的含量是其食用饲料的 Zn 含量的 6.6 倍多,猪和鸡粪中 Zn 的含量分别是其食用的饲料中 Zn 的 3.5 倍和 2.7 倍,同样家禽粪便中的 Cu、Cd、Pb、Cr 的含量是其饲料中对应的饲料含量的 1~4.4 倍、2~4 倍、1~3 倍、2~10 倍。对我国 7 个省、市、自治区的典型规模化养殖场畜禽粪便的研究表明,As、Cu、Zn、Cr 等重金属含量较高,55 个猪、鸡粪样中,Cu、Zn、Cr 和 As 含量变幅分别为 10.7~1591 mg/kg、71.3~8710 mg/kg、0~688 mg/kg 和 0.01~65.4 mg/kg,猪粪中 Cu、Zn、Cr 和 As 含量明显高于鸡粪(Cang et al.,2004)。我国商品有机肥中重金属 Zn、Cu、Cr、Pb、Cd、Ni、Hg 和 As 的含量变异很大,从痕量到百分之几,平均含量分别为 732 mg/kg、75.4 mg/kg、53.5 mg/kg、36.6 mg/kg、5.64 mg/kg、21.0 mg/kg、0.44 mg/kg、2.96 mg/kg(刘荣乐等,2005)。畜禽粪便在腐熟过程中,由于有机物的分解,会导致其中的重金属含量增加。

红壤站长期肥料试验(1987~2006 年)结果表明,经 17 年连续施用猪粪和稻草还田显著增加了土壤 Cu、Zn 和 Cd 全量,而土壤 Fe、Mn 和 Pb 全量在不同施肥处理间没有显著差异;施肥增加了土壤有效态 Cu、Zn 和 Fe 含量,其中施用猪粪和稻草还田的 3 个处理显著增加了土壤有效态 Cu、Zn 和 Cd 含量,而土壤有效态 Pb 含量在不同施肥处理间没有显著性差异(王开峰等,2008;陈芳等,2005)。不同处理糙米 Cu、Zn、Fe、

Mn 和 Pb 含量变化较小或没有显著性差异，而在 3 个施猪粪和稻草还田处理中，糙米 Cd 含量均超过国家食品卫生标准（＞0.2 mg/kg）。水稻地上部吸收积累 Cu、Zn、Fe、Mn、Pb 和 Cd 总量与其地上部生物量呈正相关，土壤 Cu、Zn、Cd 有效态与全量呈极显著相关关系，而糙米 Cd 含量与土壤 Cd 全量和有效态含量有较好的相关关系。红壤站有机物质积累与平衡试验（1987～2006 年）结果表明，稻草还田、施用紫云英和猪粪较单施化肥处理，土壤中 Cu、Zn、Cd 的全量和有效态含量均有所提高，尤其是施用猪粪能显著增加土壤 Cu、Zn、Cd 全量和有效态含量。不同施肥处理，糙米和稻草中 Cu、Zn、Fe、Mn 的含量没有显著差异；施用稻草、紫云英和猪粪明显提高糙米 Cd 的含量，并超过国家食品卫生标准。

对湖南省 7 个 18 年长期定位试验土壤的研究表明，施用有机肥（猪厩肥）加大了稻田土壤受重金属污染的风险，中、高量有机肥处理明显提高了土壤 Zn、Cu、Cd 的含量，高量有机肥处理下土壤 Zn、Cu、Cd 含量分别比对照增加了 6.1、18.7 和 8.3，施用有机肥对土壤 Pb 的影响较小。紫色水稻土长期施用有机肥（猪粪、胡豆青和细绿萍）与单施化肥比较，全 Pb 增加了 5.5～30.0，同时，长期施用有机肥增大了土壤 Cu 的消耗，此外，不同有机氮和无机氮组合也影响到土壤重金属的形态和总量（姚丽贤等，2008）。非石灰性潮土上 26 年的定位试验结果表明，长期单施有机肥土壤的 Pb 积累量低于不施肥土壤（刘树堂等，2005）。谭长银等（2008）通过中国科学院海伦农业生态实验站长期田间定位观察数据，表明定量施用猪粪 15 年左右，试验黑土的 Cd 含量有显著积累，土壤 Cd 增加量达到 0.14 mg/kg，长期施用猪粪可以显著提高土壤 Cd 的有效性，土壤 Cd 污染的风险加大。李淑仪等（2007）的研究表明，蔬菜中 Pb 含量有随禽畜粪便用量增加而提高的趋势；在质地较轻的土壤，蔬菜中 Cd、As 含量有随禽畜粪用量增加而提高的趋势；蔬菜土壤施用高量粪肥（＞7500 kg/hm^2）时，土壤 Cd 和 As 含量积累显著。有机肥（紫云英、猪厩肥、稻草）、无机肥（氮磷钾肥）配施在提高土壤 Zn、Cu 储量方面有重要作用，猪厩肥对提高土壤 Zn、Cu 全量的作用最大。在水稻土和赤红壤中分别以质量分数 2%和 4%施入含 As、Cu 和 Zn 的鸡粪和猪粪，与对照相比，土壤全 As、Cu 和 Zn 含量分别提高 0.3～3.0 mg/kg、3.10～30.4 mg/kg、10.6～79.6 mg/kg。不同腐熟阶段的有机肥（污泥和棉花废弃物的混合物）施入土壤后（用量与土壤质量比为 1:49），有机肥引起土壤 Zn 含量增加 2.90 mg/kg，Cu、Ni、Cd、Cr 和 Pb 的增加幅度均在 1.00 mg/kg 以下。

四、农膜

农膜残留污染的影响范围逐步扩大，并带来土壤中酞酸酯等新型内分泌干扰物的污染。我国大量使用质量低下的农用塑料薄膜、处置不当是设施蔬菜产地土壤农膜残留和酞酸酯积累的主要原因。近年来，全国各地均在大力发展设施农业的规模，农膜的用量及覆盖面积都将不断增加。2000～2010 年，我国设施种植面积增加了约 1.7 倍，农用塑料薄膜用量提高了约 80%，2010 全国农用塑料薄膜使用量达到 217.3 万 t，其中地膜用量为 118.4 万 t，地膜覆盖面积达到 1559.1 万 hm^2，农膜残留污染的影响范围逐步扩大。由于使用的地膜大多较薄（厚度在 0.002～0.006 mm，不符合我国农用地膜标准），稳定性相对较差，而可降解地膜用量很少，因此，农膜使用、残留过程中酞酸酯逐渐释放到土壤及大棚空气中，加剧设施农业环境的污染，并在蔬菜中积累。据报道，设施菜地大棚内土壤中邻苯二甲酸二正丁酯（DBP）的浓度高达 3.60 mg/kg、而邻苯二甲酸二（2-乙基）己酯（DEHP）的浓度则高达 3.40 mg/kg（Wang et al.，2002），华南一些蔬菜基地土壤中酞酸酯总量最高可达 35.6 mg/kg（蔡全英等，2005）。一般农田土壤酞酸酯污染也时有报道，北至黑龙江的哈尔滨，西至陕西的安康，南到海南雷州半岛以及东部沿海城市均检测到酞酸酯污染，含量多在 mg/kg 的量级（Hu et al.，2003；关卉等，2007）。如太湖周边农田土壤的酞酸酯平均含量为 1.34 mg/kg（Wang et al.，2002），雷州半岛的农业区土壤酞酸酯最高含量为 5.45 mg/kg（关卉等，2007）。同时，废弃农膜回收多采用人工方式，机械化程度低，回收技术落后。地膜处理处置方式不规范，从耕地中清理出的地膜最常用的处置方式是焚烧和丢弃，农用地附近废弃塑料薄膜随意乱扔的现象较为普遍，二次污染较为严重，导致污染的扩散和蔓延，严重影响了设施农业生产环境。

调整农药产品结构，逐步淘汰高毒、高残留农药产品。减少化肥施用量，增加生物有机肥料。研究表明，污泥复合肥对小麦的增产效果和土壤的培肥效果明显优于化肥，同时还可以解决我国日益突出污泥资源化的出路问题。我国大部分的城市污泥经无害化处置后，在正常施用量下，污染土壤的风险较小。可见，推广使用生物农药、有机肥料和可降解塑料薄膜，有利于缓解土壤污染的恶化。

参 考 文 献

蔡道基, 单正军, 朱忠林, 等. 2001. 铜制剂农药对生态环境影响研究. 农药学学报, 3(1): 61~68.

蔡全英, 莫测辉, 李云辉 等. 2005. 广州、深圳地区蔬菜生产基地土壤中邻苯二甲酸酯(PAEs)研究. 生态学报, 25(2): 283~288.

陈芳, 董元华, 安琼, 等. 2005. 长期肥料定位试验条件下土壤中重金属的含量变化. 土壤, 37(3): 308~311.

付善明, 周永章, 赵宇鶄, 等. 2007. 广东大宝山铁多金属矿废水对河流沿岸土壤的重金属污染. 环境科学, 28(4): 805~812.

龚钟明, 沈伟然. 2002. 天津市郊污灌区农田土壤中的有机氯农药残留. 农业环境保护, 21(5): 459~461.

关卉, 王金生, 万洪富, 等. 2007. 雷州半岛典型区域土壤邻苯二甲酸酯(PAEs)污染研究. 农业环境科学导报, 26(2): 622~628.

李淑仪, 邓许文, 陈发等. 2007. 有机无机配施比例对蔬菜产量和品质及土壤重金属含量的影响. 生态环境, 16(4): 1125~1134.

刘荣乐, 李书田, 王秀斌. 2005. 我国商品有机肥料和有机废弃物中重金属的含量状况与分析. 农业环境科学学报, 24: 392~397.

刘树堂, 赵永厚, 孙玉林, 等. 2005. 25 年长期定位施肥对非石灰性潮土重金属状况的影响. 水土保持学报, 19(1): 164~167.

刘志红, 刘丽, 李英. 2007. 进口化肥中有害元素砷、镉、铅、铬的普查分析. 磷肥与复肥, 22(2): 77~78.

彭平安, 盛国英, 傅加谟. 2009. 电子垃圾污染问题. 化学进展, 21(2~3): 550~557.

宋书巧, 梁利芳, 周永章, 等. 2003. 广西刁江沿岸农田受矿山重金属污染现状与治理对策. 矿物岩石地球化学通报, 22(2): 152~155.

谭长银, 吴龙华, 骆永明, 等. 2008. 长期施肥条件下黑土镉的积累及其趋势分析. 应用生态学报,

19(12): 2738~2744.

王开峰, 彭娜, 王凯荣, 等. 2008. 长期施用有机肥对稻田土壤重金属含量及其有效性的影响. 水土保持学报, 22(1): 105~108.

王起超, 麻壮伟. 2004. 某些市售化肥的重金属含量水平及环境风险. 农村生态环境, 20(2): 62~64.

吴龙华, 张长波, 章海波, 等. 2009. 铅稳定同位素在土壤污染物来源识别中的应用. 环境科学, 30(1): 227~230.

姚丽贤, 李国良, 党志, 等. 2008. 施用鸡粪和猪粪对 2 种土壤 As、Cu 和 Zn 有效性的影响. 环境科学, 29(9): 2592~2598.

Cang L, Wang Y J, Zhou D M, et al. 2004. Heavy metals pollution in poultry and livestock feeds and manures under intensive farming in Jiangsu Province, China. Journal of Environmental Science, 16(3): 371~374.

Deng W J, Louie P K, Liu W K, et al. 2006. Atmospheric levels and cytotoxicity of PAHs and heavy metals in TSP and PM2.5 at an electronic waste recycling site in southeast China. Atmospheric Environment, 40: 6945~6955.

Hu X Y, Wen B, Shan X Q. 2003. Survey of phthalate pollution in arable soils in China. Journal of Environmental Monitoring, 5: 649~653.

Jiang G B, Shi J B, Feng X B. 2009. Mercury Pollution in China. Environmental Science & Technology, 40(12): 3672~3678.

Kahhat R, Kim J, Xu M, et al. 2008. Exploring e-waste management systems in the United States. Resources Conservation and Recycling, 52: 955~964.

Leung A O W, Luksemburg W J, Wong A S, et al. 2007. Spatial distribution of polybrominated diphenyl ethers and polychlorinated dibenzo-p-dioxins and dibenzofurans in soil and combusted residue at Guiyu, an electronic waste recycling site in southeast China. Environmental Science & Technology, 41: 2730~2737.

Wang X K, Guo W L, Meng P R, et al. 2002. Analysis of phthalate esters in air, soil and plants in plastic film greenhouse. Chinese Chemical Letters, 13(6): 557~560.

Williams E. 2005. International activities on E-waste and guidelines for future work. In Proceedings of the Third Workshop on Material Cycles and Waste Management in Asia, National Institute of Environmental Sciences: Tsukuba, Japan.

Wong C S C, Duzgoren-Aydin N S, Aydin A, et al. 2007a. Evidence of excessive releases of metals from primitive e-waste processing in Guiyu, China. Environmental Pollution, 148: 62~72.

Wong M H, Wu S C, Deng W J, et al. 2007b. Export of toxic chemicals – A review of the case of uncontrolled electronic-waste recycling. Environmental Pollution, 149: 131~140.

Xu S S, Liu W X, Tao S. 2006. Emission of Polycyclic Aromatic Hydrocarbons in China. Environmental Science & Technology, 40: 702~708.

Yu X Z, Gao Y, Wu S C, et al. 2006. Distribution of polycyclic aromatic hydrocarbons in soils at GuiYu. Chemosphere, 65: 1500~1509.

第二篇 土壤中污染物的形态、过程与有效性

　　土壤是以固相为主的非均质多相体系，矿物质、有机质和生物质是与污染物环境化学行为密切相关的土壤组分。外源重金属和有机污染物进入土壤后，可与这些组分在土-液、土-气、土-生和土-植等多个重要的环境界面上发生一系列物理化学和生物学反应过程。这些环境界面过程进一步影响了土壤中污染物的赋存形态、结合机制和分配规律，进而决定了其环境迁移性、生物有效性和生态毒性。本篇将分别介绍典型重金属（镉、铜、锌、铅、砷和汞）和有机污染物（多环芳烃、多氯联苯、抗生素、酞酸酯和二苯砷酸）在土壤中的化学形态、界面过程与生物有效性，为污染土壤的风险评估与基准制定提供理论基础与技术方法。

第十四章 土壤中重金属的形态、过程与有效性

土壤中的重金属可与土壤矿物质（黏土矿物和硅酸盐矿物等）、有机质（动植物代谢产物及残体，如腐殖酸等）及微生物发生沉淀与溶解、络合与螯合、吸附与解吸等多种物理化学和生物学作用，从而使其在土壤中存在不同的赋存状态。虽然重金属总量能在一定程度上反映土壤的污染状况，但难以客观反映重金属在土壤中的环境行为和生态效应。因此，土壤重金属形态常被认为是决定土壤重金属生物有效性及其环境行为的关键。重金属在土壤中的形态分配不仅与重金属本身的性质有关，也与土壤组成和土壤性质有关。土壤 pH、有机质含量、阳离子交换量、黏粒含量、氧化物含量及氧化还原电位（Eh）等的变化均可影响土壤重金属的形态、活性以及重金属在土壤中的迁移和在食物链中的传递。本章将介绍 Cd、Cu、Zn、Pb、As、Hg 等重金属在土壤-植物系统中的形态转化、吸附-解吸、吸收转运以及富集等过程，以期为土壤重金属的环境行为预测和风险评估提供科学依据。

第一节 镉的形态、吸附-解吸与有效性

一、土壤中镉的形态

（一）土壤各粒级中镉的分布与形态特征

1. 土壤各粒级中镉的分布特征

试验土壤分别采自江苏九华（普通简育湿润淋溶土，typic hapli-udic agrosols，JH-4）、浙江富阳（普通黏化湿润富铁土，typic agri-udic ferrosols，FY-1）及江西德兴（普通简育湿润富铁土，typic hapli-udic ferrosols，DX-9）地区的 Cu 污染农田。将土样分为五个粒级，即细砂级（50～250 μm）、粉砂级（5～50 μm）、细粉砂级（1～5 μm）和胶体级（0.1～1 μm），研究土壤各粒级中 Cd 分布、活性及潜在环境风险。

表 14.1 的数据显示，Cd 微污染土壤 JH-4 样品的细砂级和粉砂级中 Cd 的浓度比原土浓度低，未超出土壤环境质量标准（GB15618—1995）三级标准，但细粉砂级和胶体级中 Cd 的浓度分别超出土壤环境质量标准三级标准约 2.1～2.6 倍，比原土高约 1.2～1.6 倍；Cd 重污染土壤 FY-1 样品的细砂级和粉砂级中 Cd 的浓度比原土浓度低，细粉砂级和胶体级中 Cd 的浓度分别比原土高约 0.7～1.3 倍。未污染土壤 DX-9 原土及各粒级中 Cd 均未超标。

随着颗粒粒径的减小，Cd 及有机碳在土壤粒级组分中的含量明显增高的趋势（图 14.1），对 Cd 浓度与有机碳浓度线性分析表明，Cd 与有机碳含量呈显著相关（图 14.2），可能是与有机碳形成了络合物。上述结果表明，土壤颗粒的粒径越小，有机碳与其作用

程度越高，富集 Cd 的能力越强，因而对环境造成的潜在危险可能越大。此外，由土壤粒级组分的质量分配数据（表 14.2）可以推断，土壤微细颗粒对环境构成的潜在风险不可忽视。

表 14.1　重金属 Cu、Cd 及有机碳在土壤不同粒级中的分布

样号	元素	原土	50~250 μm	5~50 μm	1~5 μm	0.1~1 μm
JH-4	Cd/（mg/kg）	1.40	1.04	0.65	3.1	3.58
	Cu/（mg/kg）	673	295	161	1309	1413
	有机碳/（g/kg）	20.0	17.3	6.60	29.7	24.2
FY-1	Cd/（mg/kg）	5.82	3.47	3.78	9.65	13.3
	Cu/（mg/kg）	1358	1024	803	2275	3342
	有机碳/（g/kg）	19.9	16.8	13.7	35.55	44.1
DX-9	Cd/（mg/kg）	0.098	0.12	0.066	0.094	0.16
	Cu/（mg/kg）	208	240	90	294	415
	有机碳/（g/kg）	12.2	12.2	4.9	18.1	22.2

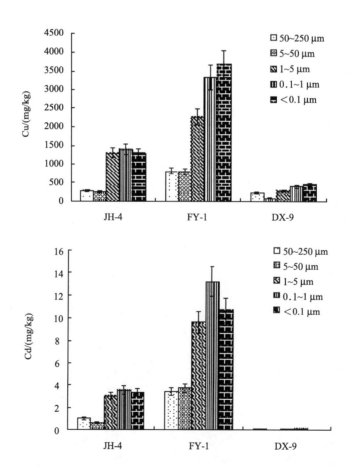

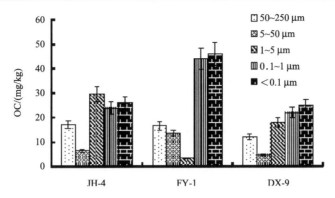

图 14.1 土壤分级样品中 Cu、Cd 及有机碳的含量

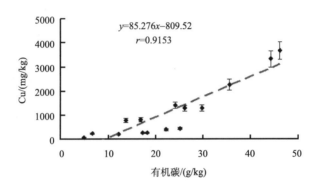

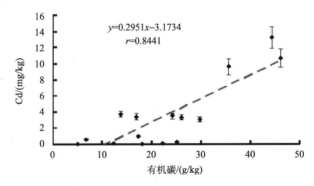

图 14.2 土壤分级样品中 Cu、Cd 及有机碳含量相关分析（$n=15$）

表 14.2 原土（100 g）中各粒级组分的质量分配 （单位：g）

样品号	土壤粒级				合计
	50～250 μm	5～50 μm	1～5 μm	0.1～1 μm	
JH-4	26.16	42.58	21.29	6.09	96.22
FY-1	47.98	30.15	16.12	2.97	97.22
DX-9	24.78	37.42	30.27	5.45	97.92

2. 土壤各粒级中镉的形态特征

土壤重金属形态分析 BCR（European Communities Bureau of Reference）连续提取法
（简称 BCR 法）可将土壤中的重金属划分为弱酸可提取态（F1）、可还原态（F2）、
可氧化态（F3）及残留态（F4）四个不同形态，为重金属在土壤中的赋存形态提供了更
为详细的信息（Rauret et al.，1999；Luo and Christie，1998）。以弱酸可提取态（含离
子可交换态、碳酸盐结合态）、可还原态（Fe/Mn 氧化物结合态）、可氧化态（有机质
结合态）存在的重金属通常被认为是环境活性的，以残渣态（如硅酸盐）存在的重金属
则被认为是环境惰性的。

BCR 改进法形态分析显示（表 14.3），采自江苏九华（JH-4）、浙江富阳（FY-1）
及江西德兴（DX-9）的 Cu 污染农田土壤的分级样品中，以环境惰性形态存在的 Cd 分
别仅占全量 0（0.000 mg/kg）、0.4%～28.4%（0.050～0.99 mg/kg）和 0～20.9%（0.000～
0.026 mg/kg）；以高活性形态（弱酸提取态）存在的 Cd 分别占全量的 33.6%～50.0%（0.26～
1.19 mg/kg）、35.6%～67.8%（1.24～7.69 mg/kg）；46.2%～55.8%（0.044～0.096 mg/kg）；
其余则以较低活性的可还原态及可氧化态 Cd 存在（图 14.3）。这些数据表明，Cd 在土
壤中主要以环境活性的形态存在，且主要是以高活性的弱酸可提取态存在，当环境条件
发生变化时，土壤中的 Cd 易释放，对环境生态质量构成较大的潜在危险。

表 14.3　重金属 Cd 在土壤各粒级中的形态分布　　（单位：mg/kg）

样号	重金属形态	原土	50～250 μm	5～50 μm	1～5 μm	0.1～1 μm
JH-4	F1：弱酸可提取态	0.70	0.62	0.26	1.12	1.19
	F2：可还原态	0.67	0.46	0.25	1.61	1.92
	F3：可氧化态	0.15	0.16	0.06	0.36	0.44
	F4：残渣态	0.00	0.00	0.00	0.00	0.00
	总量	1.52	1.24	0.56	3.09	3.55
FY-1	F1：弱酸可提取态	3.80	1.24	2.71	6.04	7.69
	F2：可还原态	1.32	1.05	1.02	3.03	4.32
	F3：可氧化态	0.20	0.21	0.21	0.32	0.55
	F4：残渣态	0.31	0.99	0.05	0.24	0.05
	总量	5.63	3.49	3.99	9.63	12.6
DX-9	F1：弱酸可提取态	0.041	0.059	0.002	0.044	0.096
	F2：可还原态	0.000	0.004	0.031	0.017	0.035
	F3：可氧化态	0.024	0.035	0.037	0.035	0.041
	F4：残渣态	0.000	0.026	0.000	0.000	0.000
	总量	0.065	0.12	0.070	0.096	0.17

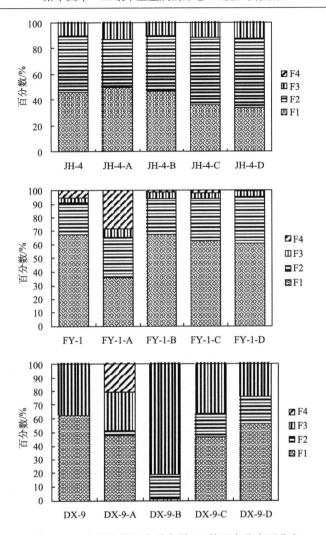

图 14.3　土壤各粒级中重金属 Cd 的形态分布百分率

JH-4、JH-4-A、JH-4-B、JH-4-C 及 JH-4-D 分别表示原土、细砂级（205～50 μm）、粉砂级（50～5 μm）、细粉砂级（5～1 μm）和胶体级（1～0.1 μm）样品；其余同

（二）地球化学异常条件下土壤中镉的形态分布

地球化学异常（geochemical anomaly）是指在给定的空间或地区内化学元素含量分布或其他化学指标对正常地球化学模式的偏离，即某些地球化学特征超出了正常值范围。广义上讲，土壤重金属元素地球化学异常应该包括高含量异常和低含量异常。对于 Cd、Pb、As 等动植物非必需的元素，仅当其在环境介质中含量达到一定程度才会对生物体产生危害，所以其在土壤中的高量异常更被环境保护工作者们所关注。因此本部分所涉及的土壤 Cd 地球化学异常为其高含量异常。

根据全国土壤环境背景值调查研究和区域化探全国扫面计划的成果发现，我国西南地区（主要为贵州省和云南省）土壤环境中存在明显的 Cd 地球化学高量异常现象，尤其是碳酸盐岩及其发育土壤（主要是石灰土）中 Cd 平均含量明显高于其他类型岩石与土壤。根据我国"七五"期间开展的土壤元素背景值研究结果，贵州省土壤 Cd 平均背景含量为 0.659 mg/kg，居各省市首位。历史上贵州省也曾发生有 Cd 元素中毒的事件，因而研究碳酸盐岩生态环境中 Cd 元素的环境行为具有重要意义（何邵麟等，2005）。

　　根据贵州省地表碳酸盐岩分布情况，并结合贵州 1:50 万土壤图，将采样点分布在贵州省的贵阳市（GY）、遵义市（ZY）、安顺市（AS）、黔南州（QN）和毕节地区（BJ）。野外重点采集有较集中碳酸盐岩（包括石灰岩和白云岩）分布地点的土壤样品（图 14.4）。采集表层土壤样品（0～15 cm）51 个，其中 46 个分布在碳酸盐岩出露地区，其余 5 个处于紫色砂岩等其他类型岩石出露区；采集分别位于遵义、黔南和安顺地区的 4 个剖面土壤样品 11 个（其中 1 个剖面采集了 A 和 B 两个不同层次，其余 3 个剖面采集了 A、B 和 C 三个层次），4 个土壤剖面的基本信息见表 14.4。

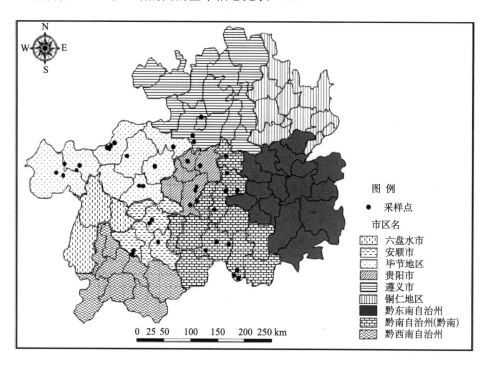

图 14.4　贵州省地理位置及采样点分布图

表 14.4　各采样剖面的背景特征

采样点	剖面编号	厚度/m	土壤类型	地形	海拔/m	年降水量/mm	植被
遵义石板镇	P_1-ZY-2	0.80	石灰土	低丘	898	1100	松林杂草
紫云猫营镇	P_2-AS-4	>0.70	石灰土	中丘	1201	1350	杂草
贵定巩固乡	P_3-QN-3	0.65	石灰土	低丘	1097	1200	休耕地
独山黄后乡	P_4-QN-10	0.60	石灰土	中丘	871	1250	杂草

为了评价重金属对环境短期的或长期的影响，一个需要考虑的重要因素就是重金属的活动性。这就需要选择合适的分析方法来提供金属活动性的信息。通常的办法是使用化学试剂选择性地提取重金属，以此来研究重金属与环境介质如土壤、沉积物的相互作用，或评价重金属的活动性及对植物的有效性（Ure，1996）。

选择性提取的方法分为两大类，一类是单一提取法（single extraction，SIE），另一类是连续提取法（sequential extraction，SEE）。单一提取法是指利用某一种化学试剂一定浓度的溶液（提取剂），与土壤按照一定的比例混合（土水比，m/v），在特定的环境条件下（通常为 25℃）振荡提取，获得单位重量土壤中可被提取的重金属量来表征土壤中重金属可被提取的程度或其有效性。连续提取法是指将一定量土壤经过一系列不同试剂逐步进行提取操作，测定每步提取后的所得提取液中目标元素的浓度，进而获得该步骤所对应重金属形态的含量，其中，前一步由某种一定浓度的提取剂在特定条件下提取后所得固体残渣用于下一步的提取，如此连续操作至所有提取步骤结束。

1. 单一提取（SIE）分析

虽 SIE 技术提供的信息相对较少，但其具有操作简便、快速的优点，该技术被普遍应用于土壤矿质营养元素亏缺和有害重金属元素有效性与污染程度的快速诊断（Ure，1996）。单一提取法中，根据提取剂的性质可以大致将其分为水提取、非缓冲盐溶液提取、缓冲盐溶液提取、络合剂提取及酸提取几大类，总体上，其提取能力（效率）按上述顺序逐渐增强。以往研究表明，$0.01\ mol/L\ CaCl_2$ 提取态重金属通常被用来表征土壤或沉积物中移动态或强有效态含量，相对于其他提取方法具有明显的优势（Houba et al.，2000）。$0.005\ mol/L\ DTPA+0.01\ mol/L\ CaCl_2+0.1\ mol/L\ TEA\ pH\ 7.30$（以下简称 DTPA）提取法最初被用于表征土壤中 Cu、Zn、Fe、Mn 等元素的有效态含量，后来越来越多地被应用于对土壤有效态 Cd、Pb 等重金属的提取，并被认为与植物吸收重金属之间存在着很好的相关关系（Meers et al.，2007）。本部分主要选择单一提取法中 $0.01\ mol/L\ CaCl_2$ 和 DTPA 两种方法分别表征土壤中 Cd 的移动态与可移动态含量。此外，考虑到研究中某些土壤样品酸性较强，$0.1\ mol/L\ HCl$ 提取法也被用来对土壤可移动态重金属含量进行表征。移动态通常可以直接被植物吸收和利用，可被移动态也可称为潜在的有效态部分。

由图 14.5 可知，无论使用上述三种单一提取法中的哪种方法来表征土壤中 Cd 的有效性，土壤中可被提取态 Cd 含量较高的样点多分布在黔南和毕节地区，而在贵阳与遵义地区土壤提取态 Cd 含量相对较低，这与土壤总 Cd 含量在不同地区间的分布相一致。土壤含量在不同样点间差异极大，最大值与最小值间相差近 5 个数量级，而在对比不同地点土壤间的 pH 后可以明显发现，$0.01\ mol/L\ CaCl_2$ 提取态 Cd 含量大于 10 μg/kg 的土壤基本都呈现酸性或者强酸性，通过对土壤提取态 Cd 含量及相对提取率（土壤提取态 Cd 占土壤总 Cd 的百分比）与土壤 pH 等主要性质进行相关分析发现，土壤 $0.01\ mol/L$ $CaCl_2$ 提取态 Cd 含量与土壤 pH 之间呈显著负相关，并且 $0.01\ mol/L\ CaCl_2$ 对土壤 Cd 提取率与土壤 pH 的负相关程度达到了极显著水平，说明土壤 pH 是控制 $0.01\ mol/L\ CaCl_2$ 提取态 Cd 含量的重要因素之一。

通常，DTPA 被用来作为中性或石灰性土壤（pH>6.5）中有效态重金属分析的提取方法，而 0.1 mol/L HCl 被用作酸性土壤（pH<6.5）中有效态重金属的提取。本书中为了操作方便并且对比两种提取方法对土壤有效态 Cd 的分析效果，分别将两种方法应用到所有土壤中有效性态重金属的提取分析中。由图 14.5 可知，当土壤 pH 较高（>7.5）且 CaCO₃ 含量丰富（>5%）时，土壤中经 0.1 mol/L HCl 提取的 Cd 量极低，甚至不能被检出，远低于 DTPA 提取态 Cd 含量，这是因为在提取振荡过程中被加入的 0.1 mol/L HCl 首先快速地被土壤中 CaCO₃ 等碱性物质中和，使得其提取能力大大降低；当土壤呈酸性时，DTPA 提取态 Cd 含量要普遍低于 0.1 mol/L HCl 提取态 Cd 含量，但在多数情况下两者相接近，因此为了分析方法的统一，在后面的分析中均用 DTPA 提取态含量来表征土壤中可被移动的 Cd。

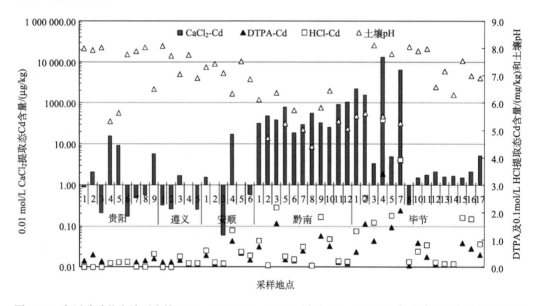

图 14.5　贵州碳酸盐岩地区土壤 0.01 mol/L CaCl₂、DTPA 以及 0.1 mol/L HCl 提取态 Cd 含量与土壤 pH

　　相关分析结果表明，土壤中上述三种提取态 Cd 含量均与全 Cd 含量呈极显著正相关，其中 DTPA 与 0.1 mol/L HCl 提取态 Cd 含量间相关系数达到 0.967，两者与土壤全 Cd 之间的相关性要明显强于 0.01 mol/L CaCl₂ 提取态 Cd（表 14.5），说明土壤全 Cd 含量在很大程度上可以反映 Cd 的有效性，尤其是反映土壤 DTPA 提取态 Cd 含量的决定性因素。此外，0.01 mol/L CaCl₂ 与 0.1 mol/L HCl 对土壤中 Cd 的提取率均受到土壤 pH 的显著影响，而 0.1 mol/L HCl 对土壤中 Cd 的提取率还受到土壤碳酸钙含量的显著影响，相互之间均呈极显著负相关；DTPA 对土壤中 Cd 的提取率与土壤中有机质含量之间存在极显著的正相关关系。

　　有研究表明，可以利用 0.01 mol/L CaCl₂ 和 DTPA 两种提取试剂连续提取分析土壤中重金属含量，并结合土壤全量来反映土壤中重金属的结合形态，这种方法相比于以往的连续提取方法更经济、方便、快捷，并能为土壤中重金属赋存形态提供十分有用的信息（Maiz et al.，2000）。本书中提出了另外一种分析思路而与上述简便的连续提取方法间有着相同的效果，即将 0.01 mol/L CaCl₂ 和 DTPA 两种提取方法分别应用于土壤样品

表 14.5 土壤中单一提取态 Cd 含量及提取率与土壤主要性质及全 Cd 含量间的相关系数

指标	pH	CaCO₃	OM	CEC	黏粒/%	全 Cd	CaCl₂-Cd	DTPA-Cd	HCl-Cd	CaCl₂提取率	DTPA提取率	HCl提取率
pH	1											
CaCO₃	0.418**	1										
OM	0.254	0.462**	1									
CEC	-0.052	0.078	-0.133	1								
黏粒/%	0.022	-0.251	-0.041	0.381**	1							
全 Cd	-0.01	-0.202	0.06	-0.198	-0.013	1						
CaCl₂-Cd	-0.353*	-0.12	0.127	-0.187	0.075	0.483**	1					
DTPA-Cd	-0.19	-0.161	0.213	-0.224	-0.004	0.850**	0.786**	1				
HCl-Cd	-0.253	-0.267	0.089	-0.257	0.072	0.833**	0.798**	0.967**	1			
CaCl₂提取率	-0.712**	-0.167	-0.196	-0.094	-0.304*	0.007	0.492**	0.185	0.226	1		
DTPA提取率	-0.285	0.149	0.446**	-0.111	-0.186	-0.188	0.266	0.154	0.112	0.272	1	
HCl提取率	-0.517**	-0.661**	-0.134	-0.18	0.226	0.183	0.409**	0.390**	0.519**	0.273	0.353*	1

注: OM 为土壤有机质含量; CaCl₂-Cd、DTPA-Cd 与 HCl-Cd 分别代表土壤 0.01mol/L CaCl₂、DTPA 以及 0.1mol/L HCl 提取态 Cd 含量; "提取率" 是指各提取态 Cd 含量占土壤总 Cd 含量的百分比。

**0.01 水平显著相关, *0.05 水平显著相关。

中重金属的提取分析，然后将分析结果与土壤重金属全量相结合进行综合分析，可得出如图 14.6 中各种不同提取形态 Cd 在土壤中的分布情况。图中"Cd（CaCl$_2$）"代表 0.01 mol/L CaCl$_2$ 提取态 Cd 所占比例；"Cd（DTPA-CaCl$_2$）"代表土壤中能被 DTPA 提取而不能被 CaCl$_2$ 提取的 Cd 所占比例；"Cd（Total-DTPA）"代表土壤中不能被 DTPA 提取的那部分 Cd 所占比例。这种分析方法能在分别了解两种不同提取态 Cd 含量的基础上，进一步考察各形态在土壤全量中的分布情况，并可以大大提高分析的准确度与效率。

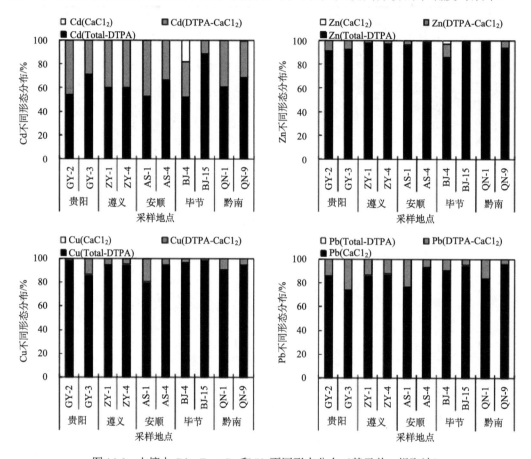

图 14.6　土壤中 Cd、Zn、Cu 和 Pb 不同形态分布（基于单一提取法）

由图 14.6 可知，Cd 在土壤中主要以不能被 DTPA 提取的形态（Total-DTPA）存在，该形态占到所考察土壤样品中总量 Cd 的 52.4%～88.7%，可被 DTPA 提取的 Cd 占到总量 Cd 的 11.3%～47.0%，而 0.01 mol/L CaCl$_2$ 提取态 Cd 占总 Cd 含量的比例除在毕节地区 BJ-4 样点土壤中较高（占到 18.1%）外，在其他各样点土壤中所占比例均很低（<2%），这主要是因为 BJ-4 样点土壤 pH 相对较低，仅为 5.56。

2. 连续提取（SEE）分析

连续提取法能够将土壤中重金属更为详细地区分为若干赋存形态，为进一步深入了解与分析重金属在土壤或沉积物中的形态分布、环境行为与迁移转化提供了可能。该方法按照提取步骤的多少可以简单地分为短程序提取法和长程序提取法两类。短程序法中以 BCR 法（Rauret et al., 1999）影响最为广泛。长程序法中应用较多的为 Tessier 等（1979）提出的五步法（简称 Tessier 法）。

1）BCR 连续提取法分析

为更深入地了解碳酸盐岩地区土壤中 Cd 等重金属的赋存形态，并与前面由单一提取方法所得到的重金属形态分布结果相比较分析，还从研究区中所包括的贵州省五个地区中各选择两个代表性的土壤样品利用 BCR 法对土壤重金属的赋存形态进行了分析。

由图 14.7 可知，土壤中 Cd 主要以可还原态存在，该形态占到土壤总 Cd 含量的 32.8%～68.9%；土壤中可氧化态 Cd 所占比例在贵阳和遵义两地土壤中相对较高，占土壤总 Cd 含量的 17.2%～19.2%，在安顺、毕节和黔南地区土壤中占到 7.0%～13.1%；土壤中弱酸可溶态与残留态 Cd 含量在不同土壤中差异较大，其中 BJ-4 土壤中酸可溶态所占百分比相比于其他土壤最大，达到 33.9%，而土壤中残留态 Cd 占总 Cd 的比例均小于 40%。相关分析表明，土壤中上述四种不同形态 Cd 含量与总 Cd 含量之间均呈显著正相关。

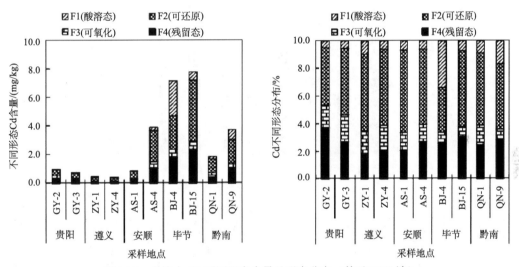

图 14.7 土壤中 Cd 不同形态含量及形态分布（基于 BCR 法）

图 14.8 给出了 BCR 法获得的土壤中 Zn 和 Cu 各种形态所占总量的百分比，对比 BCR 法所得到的不同重金属在土壤中结合形态的差异发现，土壤中 Cd 的酸可溶态、可还原态与可氧化态之和所占总 Cd 的比例要明显高于 Zn 和 Cu 相应部分所占总量的比例（图 14.7 和图 14.8），这进一步说明 Cd 在土壤中的活性或移动性要明显高于 Zn 和 Cu。

2）Tessier 改进法分析

有研究者针对碳酸盐岩地区发育土壤中 Cd 等重金属的形态分析将 Tessier 法进行了适当改进，对比不同试剂种类以及操作顺序后，提出了一种 Tessier 改进法，该方法将土壤中的重金属形态按照操作步骤的次序依次划分交换态、碳酸盐结合态、有机结合态、

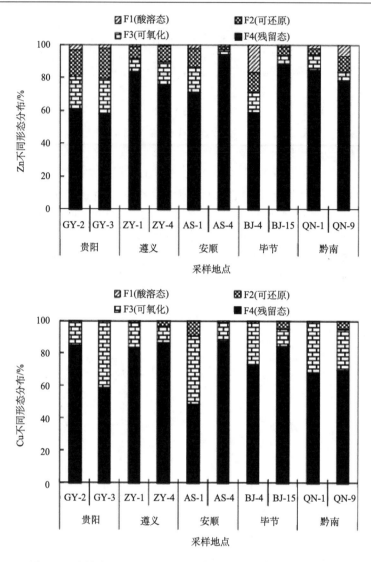

图 14.8　土壤中 Zn 和 Cu 不同形态所占总量百分比（BCR 法）

锰氧化物结合态、铁氧化物结合态以及残留态 6 种不同形态（Quezada-Hinojosa et al.，2009），方法中采用 0.1 mol/L NaNO$_3$ 提取分析交换态重金属含量。目前，对于土壤中可交换态重金属含量分析的化学提取试剂，0.01 mol/L CaCl$_2$ 已较为广泛被研究者们所接受，并在荷兰被确定为标准方法，因此，本书中对比了 0.01 mol/L CaCl$_2$（方法 A）与 0.1 mol/L NaNO$_3$（方法 B）作为土壤重金属交换态含量分析试剂的分析结果，以使该 Tessier 改进法能更好地应用到碳酸盐岩地区土壤中 Cd 的化学赋存形态分析。

　　由表 14.6 可知，就交换态 Cd 含量而言，两种方法所得结果的一致性在不同土壤样品间差异明显。对于 QN-1 土壤样品，两种不同方法所得交换态 Cd 含量相当，分别为 0.006 mg/kg 和 0.005 mg/kg，而对于 BJ-5 土壤样品，两者间相差很大，方法 B 所得结果（0.050 mg/kg）要远高于方法 A（0.007 mg/kg），而从交换态 Cd 含量占土壤总 Cd 含量比例来看，两种方法中所得交换态 Cd 所占比例均要小于 2%。此外，从对除交换态外其他形态 Cd 含量的影响看，方法 B 所得锰氧化物结合态 Cd 含量与所占总量百分比要明显高于方法 A（图 14.9）。

表 14.6　Cd 形态分析 Tessier 改进法的两种程序分析结果比较

| 样品 | 方法 [a] | Cd/（mg/kg） | | | | | | | 回收率 |
		交换态	碳酸盐结合态	有机结合态	锰氧化物结合态	铁氧化物结合态	残留态	全量	/%
QN-1	A	0.006±0.002	0.281±0.000	0.154=0.010	0.361=0.003	0.470±0.003	0.131±0.003	1.74	80.5
	B	0.005±0.001	0.263±0.008	0.144=0.010	0.472±0.008	0.465±0.008	0.186±0.008		71.2
BJ-5	A	0.007±0.000	0.921±0.025	0.609=0.025	0.918=0.000	1.18±0.00	0.165±0.00	5.33	88.1
	B	0.050±0.029	0.951±0.025	0.619=0.025	1.24±0.20	1.16±0.025	0.175±0.025		78.6

a 方法 A 和 B 的不同在于第一步重金属交换态分析中使用的试剂不同，前者为 0.01 mol/L CaCl$_2$，后者为 0.1 mol/L NaNO$_3$，之后各种形态分析的操作方法一致。

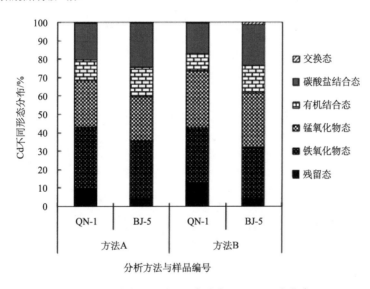

图 14.9　土壤中 Cd 不同形态分布（Tessier 改进法）

从方法的精密度来看，方法 A 要相对优于方法 B。两种方法中各形态 Cd 含量之和与全量 Cd 相比，方法回收率在 71.2%～88.1%，说明在连续提取操作后仍会有一部分 Cd 存在于土体中而未能被最后一步所提取到。在 Quezada-Hinojosa 等（2009）的研究中也得到相似的结果，他们的研究中采用的是与本书中方法 B 相同的操作程序，得出的方法回收率在 66%～81% 之间。相比之下，两种方法都可以被应用于碳酸盐岩发育土壤中 Cd 的形态分析。而为了从方法上与前面使用 0.01 mol/L CaCl$_2$ 对土壤中强移动态 Cd 含量分析保持方法上的一致性。下面就以方法 A 所得结果对土壤中 Cd 等重金属元素的形态分布情况进行分析。

图 14.10 给出了利用 Tessier 改进法（方法 A）获得的土壤中 Cd 不同形态的平均分布情况。可见，所考察的土壤中残留态 Cd 所占的比例均小于 10%；碳酸盐结合态 Cd 含量在土壤中约占到总 Cd 含量的 22.2%；有机结合态 Cd 含量在土壤中占到总 Cd 含量的

13.5%；锰氧化物结合态与铁氧化物结合态 Cd 所占比例分别为 24.9%和 32.2%，两者之和（即氧化物结合态 Cd 所占比例）为 57.1%。土壤中交换态重金属所占比例均较低（<2%）。总体上，Cd 不同形态含量从高到低依次为铁氧化结合态>锰氧化物结合态>碳酸盐结合态>有机结合态>残留态>可交换态。

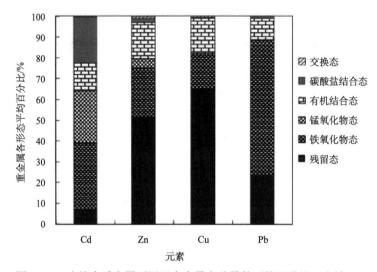

图 14.10　土壤中重金属不同形态含量占总量的平均百分比（方法 A）

综上所述，碳酸盐岩地区中性或石灰性土壤中能被 0.01 mol/L CaCl$_2$ 提取的强有效态 Cd 含量及所占总 Cd 含量的比例很低；土壤中 Cd 主要以可还原的氧化物结合态为主，其次为碳酸盐结合态和有机结合态，表明 Cd 在土壤中的活性或有效性较高。

（三）施用有机肥与改良剂对土壤中镉有效态的影响

1. 含镉猪粪施用对不同类型土壤中镉有效态的影响

除自然作用所导致的土壤 Cd 等重金属地球化学异常外，人为活动的输入往往是土壤遭受重金属污染的重要原因。通常，农用化学品使用、污水灌溉及有机肥料施用等过程导致 Cd 等重金属进入到土壤中。施用受重金属污染的有机粪肥已经成为易被人们忽视的农田土壤中重金属重要来源之一（Jones and Johnston，1989）。因此，研究和评价粪肥施用对重金属在土壤中的积累与有效性，及其对农产品安全生产的影响显得尤为重要。

供试土壤分别为黑龙江海伦的黑土、河南封丘的潮土和浙江嘉兴的水稻土，均为农田表层（0～20 cm）土壤。供试猪粪采自浙江杭州某养殖场，已腐熟。供试土壤与猪粪样品主要性质见表 14.7。

本试验每种土壤设置 13 个处理，分别为：①不施猪粪且未添加 Cd 的对照处理（CK）；②～⑦施用 1%猪粪（1% PM，m/m，相当于每公顷施入猪粪 22.5 t）且使得随猪粪施用而添加到土壤中的 Cd 分别达 0 mg/kg（仅猪粪中的 Cd）、0.3 mg/kg、0.6 mg/kg、1.0 mg/kg、2.0 mg/kg、5.0 mg/kg；⑧～⑬施用 3%猪粪（3% PM，m/m，相当于每公顷施入猪粪 67.5

t）且使得随猪粪施用而添加到土壤中的 Cd 分别达 0 mg/kg（仅猪粪中的 Cd）、0.3 mg/kg、0.6 mg/kg、1.0 mg/kg、2.0 mg/kg、5.0 mg/kg。试验中 Cd 以 $Cd(NO_3)_2$ 溶液的形式添加到猪粪中，猪粪经风干老化、磨细后在施加到土壤中，充分混合均匀，调节猪粪含水量至 50%左右，平衡两周后用于盆栽试验。

表 14.7　供试土壤与猪粪的主要性质

试验材料	pH (H₂O)	有机质 /（g/kg）	CEC /（cmol/kg）	N	P	K	Cd	Zn	Cu
				/（g/kg）			/（mg/kg）		
黑土	6.22	70.31	40.1	2.87	1.08	16.9	0.10	79.8	20.9
潮土	8.32	17.3	7.80	1.02	0.92	15.2	0.16	56.7	12.3
水稻土	6.76	28.0	18.6	1.72	0.82	15.6	0.12	89.9	26.8
猪粪	7.54	353	22.5	25.5	10.3	9.18	0.24	821	385

1）对土壤 DTPA 提取态镉含量的影响

三种土壤上，各水稻季土壤 DTPA 提取态 Cd 含量均呈现出随着土壤中 Cd 处理浓度的升高而增加的趋势，两者间呈明显的正相关关系。不同猪粪用量对土壤 DTPA 提取态 Cd 含量的影响在不同土壤、不同水稻季以及不同的 Cd 处理浓度下均呈现不同的规律（图 14.11）。

黑土上，在水稻第一季中，除了 Cd 添加量为 1.0 mg/kg 时猪粪高用量（3% PM）处理土壤 DTPA 提取态 Cd 含量显著高于低用量（1% PM）处理以外，其余 Cd 添加量处理下两种不同猪粪用量处理间土壤 DTPA 提取态 Cd 含量相当（图 14.11）。水稻第二季中，不同粪肥用量对土壤 DTPA 提取态 Cd 含量的影响在不同 Cd 添加量间存在三种不同情况，即当土壤 Cd 添加量为 0 mg/kg、1.0 mg/kg、5.0 mg/kg 时，两者间没有显著差异，当土壤 Cd 添加量为 0.3 mg/kg 和 0.6 mg/kg 时，3%猪粪用量处理土壤 DTPA 提取态 Cd 含量要显著低于 1%猪粪处理，而当土壤 Cd 添加量为 2.0 mg/kg 时，情况则与前者相反。

潮土上，在水稻第一季中，除了未添加 Cd（即为 0 mg/kg）时猪粪高用量（3% PM）处理土壤 DTPA 提取态 Cd 含量显著高于低用量（1% PM）处理以外，其余 Cd 添加量处理下两者间土壤 DTPA 提取态 Cd 含量差异均不显著。水稻第二季中，则除了 Cd 添加量为 2.0 mg/kg 时猪粪高用量（3% PM）处理土壤 DTPA 提取态 Cd 含量显著高于低用量（1% PM）处理以外，其余 Cd 添加量处理下两者间土壤 DTPA 提取态 Cd 含量均相当。

水稻土上，在水稻第一季中，除了 Cd 添加量为 1.0 mg/kg 时猪粪高用量（3% PM）处理土壤 DTPA 提取态 Cd 含量显著高于低用量（1% PM）处理以外，其余 Cd 添加量处理下两者间土壤 DTPA 提取态 Cd 含量差异均不显著。水稻第二季中，当 Cd 添加量为 0 mg/kg 和 5.0 mg/kg 时猪粪高用量（3% PM）处理土壤 DTPA 提取态 Cd 含量与低用量（1% PM）处理相当，其余 Cd 添加量（0.3 mg/kg、0.6 mg/kg、1.0 mg/kg、2.0 mg/kg）处理下猪粪高用量（3% PM）处理土壤 DTPA 提取态 Cd 含量均显著高于低用量（1% PM）处理。

总的来说，三种土壤上不同水稻季之间相比，第二季土壤 DTPA 提取态 Cd 含量略低于第一季，但两者间差异并不显著。

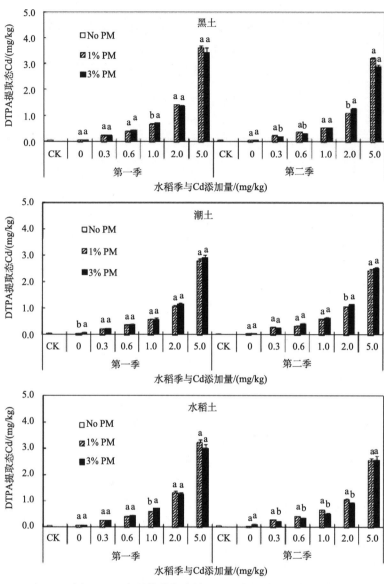

图 14.11 水稻收获期土壤 DTPA 提取态 Cd 含量

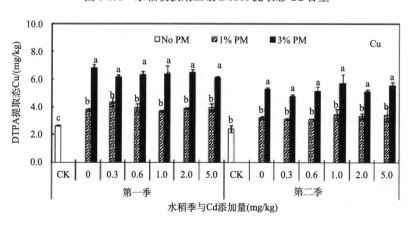

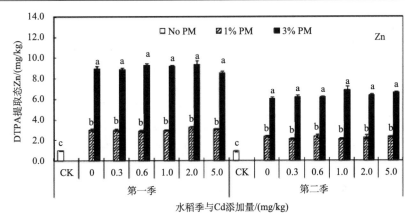

图 14.12　水稻收获期黑土 DTPA 提取态 Cu 和 Zn 含量

2）对土壤 CaCl₂ 提取态镉含量的影响

DTPA 对土壤中 Cd 的提取能力相对较强，本试验条件下，DPTA 提取的 Cd 占土壤全量 Cd 的 50%左右，虽然能够很好地反映出土壤中不同 Cd 添加量之间的差异，但整体上看并未能明显地反映出不同粪肥用量对土壤中 Cd 有效性影响的差异，因而，利用提取能力较弱的提取方法来表征土壤中 Cd 的有效性或许能够指示粪肥用量的不同对土壤中 Cd 有效性影响的差异。

图 14.13 中给出了施用含 Cd 猪粪后黑土上不同处理下土壤 0.01 mol/L CaCl₂ 提取态 Cd 含量。该提取态 Cd 含量在两个水稻季中均随着土壤中 Cd 添加量的增加而升高。总体上，增加猪粪用量明显地降低了土壤 0.01 mol/L CaCl₂ 提取态 Cd 含量。第一季中，除了 Cd 添加量为 0.3 mg/kg 和 0.6 mg/kg 时两种不同猪粪用量处理间土壤 0.01 mol/L CaCl₂ 提取态 Cd 含量差异不显著外，在其余 Cd 添加量处理下猪粪高用量（3% PM）处理土壤 0.01 mol/L CaCl₂ 提取态 Cd 含量均显著低于猪粪低用量（1% PM）处理。而在第二季中，仅在 Cd 添加量为 0.3 mg/kg 时两种不同猪粪用量间土壤 0.01 mol/L CaCl₂ 提取态 Cd 含量差异不显著，其余 Cd 添加量处理下猪粪高用量（3% PM）处理土壤 0.01 mol/L CaCl₂ 提取态 Cd 含量均显著低于猪粪低用量（1% PM）处理。

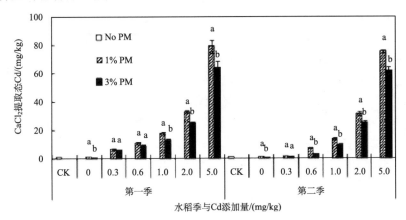

图 14.13　水稻收获期黑土 0.01 mol/L CaCl₂ 提取态 Cd 含量

潮土和水稻土上，在水稻第二季中，土壤 0.01 mol/L CaCl$_2$ 提取态 Cd 含量仍然明显呈现出随猪粪用量增加而降低的趋势。由此可见，本试验条件下用 0.01 mol/L CaCl$_2$ 提取态 Cd 含量表征土壤 Cd 有效性时，土壤有效态 Cd 含量不仅受到土壤中 Cd 添加量的显著影响，并且有随着猪粪施用量增加而降低的趋势。

2. 石灰施用对红壤中镉有效态的影响

土壤过酸一方面不利于植物的正常生长，导致作物的大幅度减产或者品质下降，另一方面会导致土壤中重金属有效态增加，对植物产生危害。添加改良剂能有效地改善土壤环境条件，是促进植物的生长和土壤的持续利用的有效措施（Lee et al.，2009）。施用石灰调节土壤酸度是最常见且效果最为明显的土壤改良措施之一，施用石灰不但能促进植物生长，且能减轻重金属对植物的毒害作用（Gray et al.，2006）。目前，对于石灰施用后改善农作物生长状况和抑制地上部分重金属吸收作用的研究较多，而对石灰施用对酸化农田土壤中 Cd 有效性的影响方面则鲜有报道。

供试土壤采自广东韶关，为 Cd 污染酸性红壤性水稻土，土壤 pH 为 4.15，土壤总量 Cd 为 0.58 mg/kg，超过了国家土壤环境质量二级标准值（GB15618—1995）；土壤中有机质含量为 37.1 g/kg，土壤阳离子交换量（CEC）为 9.29 cmol/kg。供试石灰为分析纯碳酸钙（CaCO$_3$），纯度>99%，其中 Cd 含量均为微量。

结合预备试验结果，本试验选择 4.08 g/kg（烘干基）为最高石灰施用量，预期调节至土壤最高 pH 5.50。试验共设置五个处理，分别是：①不加石灰的对照（CK）；②添加 0.51 g/kg 石灰（Ca-1）；③添加 1.02 g/kg 石灰（Ca-2）；④添加 2.04 g/kg 石灰（Ca-3）；⑤添加 4.08 g/kg 石灰（Ca-4）。

土壤 pH 是影响重金属元素生物有效性的最重要的因素之一，通常情况下，随着土壤 pH 的升高，土壤中 Cd、Zn、Pb 等重金属的活性下降。为了考察施用石灰对土壤中 Cd 有效性的调控效果，本章首先对施用石灰后土壤 pH 与 0.1 mol/L NaNO$_3$ 和 0.01 mol/L CaCl$_2$ 提取态 Cd 含量的变化进行了分析与探讨。

施用石灰各处理土壤 pH 均要高于对照（图 14.14），除石灰最低用量的"Ca-1"处理外，其余处理土壤 pH 与对照相比均显著增加，且随石灰用量增加土壤 pH 升高的幅度不断增大。当石灰用量达到试验中的最高量 4.08 g/kg（即"Ca-4"处理），土壤的 pH 最高，达到 5.53。说明在本试验中石灰用量较高时可显著地改善土壤酸度。

随着石灰用量的增加，土壤中 0.1 mol/L NaNO$_3$ 提取态 Cd 含量总体上呈下降趋势。当石灰用量较低时（石灰用量小于"Ca-3"处理用量 2.04 g/kg），土壤 0.1 mol/L NaNO$_3$ 提取态 Cd 含量与对照（CK）相比下降并不显著；当石灰用量达到试验中的最大用量（4.08 g/kg）时（即处理"Ca-4"），土壤 0.1 mol/L NaNO$_3$ 提取态 Cd 含量较对照显著降低，仅为对照处理的 35.5%（图 14.15）。

回归分析结果表明，土壤 0.1 mol/L NaNO$_3$ 提取态 Cd 含量（y）与土壤 pH（x）之间呈显著的负相关关系，回归方程为

$$y = -0.036x + 0.2301 \quad (R^2 = 0.84, \ p < 0.05)。$$

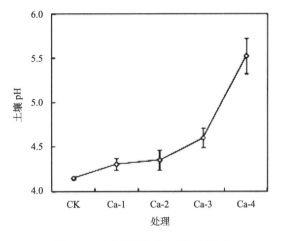

图 14.14　石灰处理对土壤 pH 影响

如图 14.15 所示，当石灰用量小于 2.04 g/kg 时，各处理（处理"Ca-1"、"Ca-2"和"Ca-3"）土壤 0.01 mol/L $CaCl_2$ 提取态 Cd 含量与对照之间没有显著差异，此时土壤中 0.01 mol/L $CaCl_2$ 提取态 Cd 含量均大约在 0.08 mg/kg 左右，而当石灰用量为 4.08 g/kg 时，"Ca-4"处理土壤中 0.01 mol/L $CaCl_2$ 提取态 Cd 含量较对照显著降低，约为对照的 46.0%。

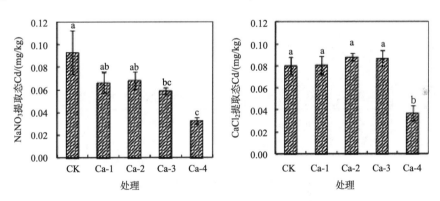

图 14.15　不同石灰用量下土壤 $CaCl_2$ 与 $NaNO_3$ 提取态 Cd 含量

回归分析结果表明，土壤 0.01 mol/L $CaCl_2$ 提取态 Cd 含量（y）与土壤 pH（x）也呈显著的负相关关系，回归方程为

$$y = -0.035x + 0.2363 \quad (R^2 = 0.82, \ p < 0.05)。$$

（四）长期定位施肥试验点土壤中镉的有效态与形态分级

农田土壤重金属污染是人们高度关注的环境问题之一。农业生态系统的长期试验为常规农业管理条件下农田土壤重金属污染研究提供了基础和丰富的可靠信息。本书以中国科学院生态系统研究网络和国家土壤肥力与肥效监测网络为基础，选择了我国从北到南具有一定区域代表性的 6 个实验站、4 种土壤类型、多种施肥方式的农田土壤为对象，研究了长期施肥条件下几种典型土壤中 Cd 的有效性及其影响因素。

1. 长期定位施肥试验点土壤有效态镉含量

1）黑土区旱地土壤有效态镉含量

海伦农业生态实验站研究区位于黑龙江省海伦市海伦农业生态实验站（47°26′N，126°38′E），土壤类型为第四纪黄土状母质发育的中厚黑土，属旱耕人为土。化肥试验自 1990 年开始，当季作物为玉米；种植制度为玉米-大豆-小麦轮作，每年一季作物；共设 7 个处理：①CK、②NP、③NK、④PK、⑤NPK、⑥NP2K、⑦NPK2。氮磷化肥和有机肥试验自 1990 年开始，1993～2004 年实行小麦-玉米-大豆三年轮作制，2005 年起实行玉米-大豆两年轮作制。设 4 个处理，CK 为对照，不施肥；CF1 为低量 N、P 肥；CF2 为高量 N、P 肥处理；MCF2 为有机肥＋CF2。

国家黑土肥力与肥料效益监测基地位于吉林省公主岭市，为中层黑土，成土母质为第四纪黄土状沉积物。试验共设 5 个处理：①CK（不施肥，种作物）；②NPK（纯 N 165 kg/hm²、纯 P_2O_5 82.5 kg/hm²，纯 K_2O 82.5 kg/hm²）；③SNPK（秸秆+NPK 化肥，化肥纯 N 112 kg/hm²，施粉碎秸秆折纯 N 53 kg/hm²，PK 量与处理②相同）；④M1NPK（化肥纯 N 50 kg/hm²、有机肥纯 N 115 kg/hm²、PK 量与处理②相同）；⑤M2NPK（化肥纯 N 165 kg/hm²，有机肥纯 N kg/hm²，PK 量与处理②相同）。供试作物为玉米和大豆。

（1）化肥施用对中厚黑土有效态镉含量的影响

海伦化肥试验土壤有效态重金属含量采用 DTPA 提取法。表 14.8 是该试验土壤有效态重金属含量的测定结果。DTPA-Cd 含量为 20～35 μg/kg。

表 14.8　海伦化肥长期试验土壤 DTPA 提取态重金属含量

处理	Cd/（μg/kg）	Pb/（mg/kg）	Cu/（mg/kg）	Zn/（mg/kg）
CK	28±5a	1.3±0.1c	1.6±0.2a	0.7±0.1a
NK	26±4abc	1.3±0.1c	1.5±0.1ab	0.7±0.1a
NP	23±2ab	1.3±0.1c	1.4±0.2ab	0.7±0.1a
PK	23±2ab	1.3±0.1c	1.4±0.1b	0.8±0.1a
NPK	22±2c	1.5±0.1b	1.6±0.1a	0.7±0.2a
NP2K	26±2ab	1.6±0.1ab	1.6±0.1a	0.7±0.1a
NPK2	24±1abc	1.7±0.1a	1.7±0.2a	0.7±0.1a

由表 14.8 可以看出，除 NPK 处理土壤有效态 Cd 含量显著低于对照外，其他处理土壤有效态 Cd 含量与对照无显著差异。

（2）氮磷化肥和有机肥施用对黑土有效态镉含量的影响

表 14.9 是海伦氮磷化肥和有机肥试验土壤有效态重金属含量的测定结果。DTPA-Cd 含量为 25～89 μg/kg。

表 14.9　海伦氮磷化肥和有机肥试验土壤 DTPA 提取态重金属含量

处理	Cd/（µg/kg）	Pb/（mg/kg）	Cu/（mg/kg）	Zn/（mg/kg）
CK	29±3b	1.6±0.1a	1.6±0.1b	1.2±0.2b
CF1	34±1b	1.7±0.1a	1.7±0.1b	1.2±0.2b
CF2	36±3b	1.6±0.1a	1.8±0.2b	1.0±0.1b
MCF2	83±5a	1.6±0.1a	2.4±0.2a	3.2±0.4a

由表 14.9 可以看出，施用猪粪处理土壤有效态 Cd 含量显著高于对照和施用化肥处理，施用化肥处理土壤有效态 Cd 含量与对照无显著差异。说明有机肥（猪粪）的施用显著提高了土壤有效态 Cd 含量，化肥施用对土壤有效态 Cd 含量无显著影响。

（3）化肥、秸秆和有机肥对黑土有效态 Cd 含量的影响

表 14.10 是吉林公主岭实验站化肥和有机肥试验土壤有效态重金属含量的测定结果。与黑土区其他两个试验相比，公主岭站肥料试验土壤的有效态重金属含量变异幅度较大。DTPA-Cd 含量为 ND～744 µg/kg。

表 14.10　公主岭站土壤有效态重金属含量

处理	Cd/（µg/kg）		Pb/（mg/kg）		Cu/（mg/kg）		Zn/（mg/kg）	
	0～20 cm	20～40 cm	0～20 cm	20～40 cm	0～20 cm	20～40 cm	0～20 cm	20～40 cm
CK	ND	ND	1.9±0.1a	2.6±0.8a	1.1±0.0b	1.0±0.2b	0.9±0.3b	1.2±0.7ab
NPK	ND	ND	2.0±0.1a	1.8±0.3a	1.4±0.1b	0.9±0.1b	0.9±0.3b	0.3±0.1b
SNPK	ND	ND	2.2±0.2a	1.6±0.1a	1.0±0.0b	0.9±0.1b	0.7±0.2b	0.4±0.2b
M1NPK	432±282a	19±25a	3.1±1.9a	1.4±0.0a	3.2±1.0a	1.1±0.3ab	6.0±2.7a	0.9±0.5ab
M2NPK	325±234a	18±22a	1.4±0.3a	1.7±0.0a	4.8±2.3a	1.5±0.1a	6.4±3.7a	1.3±0.1a

注: ND 表示未检出。

由表 14.10 可以看出，施用猪粪处理（M1NPK 和 M2NPK）的表层土壤有效态 Cd 含量较高，远高于次表层土壤有效态 Cd 含量；而施用化肥、秸秆的处理表层和次表层土壤有效态 Cd 均未检出。以上结果说明，施用猪粪可显著增加表层土壤 Cd，而施用化肥和秸秆还田对土壤有效态 Cd 含量无显著影响。

2）典型旱作黄潮土土壤有效态镉含量

封丘农业生态实验站位于河南省封丘县潘店乡（35°04′N，113°10′E）。主要土壤类型为黄河沉积物上发育的黄潮土，部分为盐土、碱土、沙土和沼泽土。土壤质地为沙质壤土。长期施肥试验始于 1989 年秋季，采用冬小麦—玉米轮作。供试土壤为轻质黄潮土。试验共设七个处理，分别为：①对照，不施肥（CK）；②NPK（CF）；③NP；④NK；⑤PK；⑥1/2 OM（FM）；⑦有机肥（OM）。肥料品种 N 肥为尿素，P 肥为 SSP，K 肥为 K_2SO_4。其中处理②、③、④、⑥中小麦、玉米均施基肥和追肥，处理⑤因不施 N 肥，小麦、玉米只施基施，不施追肥。处理⑦为有机肥。

封丘长期肥料试验土壤有效态重金属含量采用 DTPA 提取法。表 14.11 是该试验土壤有效态重金属含量的测定结果。DTPA-Cd 含量为 13～27 μg/kg。

表 14.11　封丘潮土 DTPA 可提取态重金属含量

深度	Cd/（μg/kg）		Pb/（mg/kg）		Cu/（mg/kg）		Zn/（mg/kg）	
/cm	0～20	20～40	0～20	20～40	0～20	20～40	0～20	20～40
CK	14±1c	7±1ab	1.6±0.1c	1.4±02a	1.1±0.1a	1.1±0.1ab	0.4±0.1c	02±0.1a
NK	16±1bc	8±1a	1.7±0.1bc	1.4±0.1a	1.2±02a	1.0±0.1b	0.5±0.1c	03±0.1a
NP	18±1ab	8±0ab	1.9±0.1a	1.5±0.1a	1.2±02a	1.2±0.1a	0.4±0.1c	02±0.0a
PK	17±1bc	7±1ab	15±0.1a	1.5±0.1a	1.3±02a	1.2±0.1ab	0.5±0.1c	0.3±0.1a
CF	18±1ab	6±2ab	1.8±02ab	1.5±0.1a	1.3±0.1a	1.2±0.1ab	0.4±0.0c	02±0.0a
FM	19±4 ab	6±1b	13±0.0c	1.4±0.1a	1.2±0.1a	1.2±0.2a	0.7±0.1b	03±0.0a
OM	21±4 a	6±1b	1.6±0.1c	1.5±0.1a	1.1±02a	1.1±0.1ab	1.0±0.1a	0.3±0.1a

由表 14.11 可以看出，施用有机肥处理（FM 和 OM）和同时施用 N、P、K 肥的处理（NPK）表层土壤有效态 Cd 含量显著高于对照，说明施用有机肥以及多种化肥同时施用可以提高土壤有效态 Cd 含量；次表层土壤各处理土壤有效态 Cd 含量与对照无显著差异，表层土壤有效态 Cd 含量均显著高于次表层土壤有效态 Cd 含量，这可能与试验点位于半干旱地区、物质的淋溶程度弱有关。

3）太湖流域水旱轮作土壤有效态镉含量

常熟农业生态站位于常熟市南郊（31°33′N，120°38′E）。试验自 1990 年开始，共设 4 个处理，包括；①对照,不施肥（CK），②单施化肥（NPK），③NPK+稻草 150 kg（NPKS1），④NPK+稻草 300 kg（NPKS2）。肥料品种为尿素、过磷酸钙和氯化钾，其中尿素 2/3 基施，1/3 作分蘖肥追施，耕作制为小麦和水稻的一年两熟轮作制。供试土壤为泻湖相淀积物发育的乌栅土。

常熟长期肥料试验土壤有效态重金属含量采用 DTPA 提取法。表 14.12 是该试验土壤有效态重金属含量的测定结果。DTPA-Cd 含量为 71～105 μg/kg。

表 14.12　常数不同施肥处理土壤有效态重金属含量

处理	Cd/（μg/kg）		Pb/（mg/kg）		Cu/（mg/kg）		Zn/（mg/kg）	
	0～15 cm	15～30 cm	0～15 cm	15～30 cm	0～15 cm	15～30 cm	0～15 cm	15～30 cm
CK	74±2b	39±4a	6.7±0.3a	6.3±0.3a	5.0±0.3a	4.4±0.1a	0.6±0.1c	0.4±0.0a
CF	77±5b	51±12a	6.6±0.5a	6.3±0.3a	5.1±0.2a	4.4±0.6a	0.7±0.0c	0.3±0.1a
CFS1	91±5a	42±4a	6.7±0.5a	6.2±0.3a	5.4±0.4a	4.4±0.6a	0.9±0.1b	0.3±0.1a
CFS2	97±8a	49±8a	6.6±0.2a	6.3±0.3a	5.5±0.2a	4.7±0.4a	1.2±0.1a	0.4±0.1a

由表 14.12 可以看出，施用有机肥（秸秆）处理表层土壤中有效态 Cd 含量显著高于对照和施用化肥处理的土壤有效态 Cd 含量，而施用化肥处理的表层土壤有效态 Cd 含量与对照无显著差异，说明在本试验条件下，有机肥较化肥在提高表层土壤有效态 Cd 含量方面影响更大。不同土层的比较发现，表层土壤的有效态 Cd 含量均高于次表层土壤。

4）红壤地区水田和旱地土壤有效态镉含量

桃源农业生态实验站位于（28°55′N，111°30′E）。代表区域为红壤丘陵粮油带、双季稻作带。早稻为当地使用的常规稻，晚稻为杂交稻。供试土壤为第四纪红色黏土母质发育的红壤稻田，为水耕人为土。试验自 1990 年开始，耕作制度为"稻-稻-绿肥"。试验共设 8 个处理，分两组，第一组为无循环处理，不施肥或单施化肥，收获稻谷和稻草全部移出小区，代表移耕农业施肥制度，1990 至 1994 年冬种绿肥，鲜草移出小区，以后不再种绿肥，板田越冬，包括处理：①不施肥（CK）；③单施 N 肥（N）；⑤施用 N、P 肥（NP）；⑦施用 N、P、K 肥（NPK）；处理③、⑤和⑦代表石油农业施肥制度。第二组为有机物料循环处理，将稻田系统内生产的有机物养分循环再利用，各处理收获稻谷的 80%（1994 年后减为 50%）及全部空瘪谷喂猪，猪粪尿还田，稻草和绿肥直接还田，包括处理：②不施肥，收获产品中养分循环再利用（以 C 表示），代表有机农业施肥制度；④施用 N 肥同时进行有机物料循环（NC）；⑥施用 N、P 肥同时进行有机物料循环（NPC）；⑧施用 N、P、K 肥同时进行有机物料循环（NPKC）；处理④、⑥和⑧代表有机无机结合施肥制度。

中国农业科学院红壤实验站地处湖南省祁阳县（26°45′N，111°32′E）。试验地位于丘岗中部，为第四纪红土母质发育的旱地红壤。与本研究相关的施肥试验于 1990 年开始，共 7 个处理：①不施肥（CK），②施氮钾肥（NK），③施氮磷肥（NP），④施磷钾肥（PK），⑤施氮磷钾肥（NPK），⑥施有机肥及 NPK 化肥（ONPK），⑦施有机肥（OM）。有机肥种类为猪粪，猪粪含 N 16.7 g/kg。试验为一年两熟制，采用小麦-玉米轮作，玉米为掖单 13 号，小麦为湘麦 4 号，红薯、大豆为当地常规品种。

（1）有机物料循环对红壤稻田土壤有效态 Cd 含量的影响

桃源实验站有机物料循环试验土壤有效态重金属含量采用 0.1 mol/L HCl 提取法。表 14.13 是该试验土壤有效态重金属含量的测定结果。土壤有效态 Cd 含量为 88～138 μg/kg。

表 14.13 桃源不同施肥处理土壤有效态重金属含量

处理	Cd/（μg/kg）	Pb/（mg/kg）	Cu/（mg/kg）	Zn/（mg/kg）
CK	106±3abc	9.1±1.1a	3.5±0.2ab	2.3±0.3b
C	122±19ab	9.6±0.4a	3.6±0.2a	3.7±0.5a
N	100±10c	8.2±2.2a	3.1±0.6ab	2.0±0.3b
NC	129±10a	9.4±1.3a	3.6±0.7a	3.4±0.6a
NP	102±9ba	8.1±1.2a	2.8±0.5b	2.1±0.4b
NPC	124±7a	8.9±0.7a	3.0±0.4ab	3.8±0.1a
NPK	100±12c	9.3±0.8a	3.1±0.3ab	2.2±0.5b
NPKC	123±11ab	9.2±0.6a	3.3±0.2ab	3.8±0.4a

　　有机物料循环试验的研究结果表明,施用化肥处理有效态 Cd 含量与 CK 无显著差异（表 14.13）。有机物料循环与相应的单施化肥处理相比,有效态 Cd 含量明显增加,其中处理 NPKC 和 NC 与处理 NPK 和 N 土壤有效态 Cd 含量的差异达到显著水平,说明有机物料循环可增加土壤有效态 Cd 含量。

　　（2）长期施用化肥和有机肥对旱地红壤有效态 Cd 含量的影响

　　祁阳长期施肥试验土壤有效态重金属含量采用 0.1 mol/L HCl 提取法。表 14.14 是该试验土壤有效态重金属含量的测定结果。不同处理间土壤有效态重金属含量差异很大,土壤有效态 Cd 含量为 17～846 μg/kg。

表 14.14　祁阳红壤旱地不同施肥处理土壤有效态重金属含量

处理	Cd/（μg/kg）		Pb/（mg/kg）		Cu/（mg/kg）		Zn/（mg/kg）	
	0～20 cm	20～40 cm	0～20 cm	20～40 cm	0～20 cm	20～40 cm	0～20 cm	20～40 cm
CK	108±9cd	25±12c	5.85±0.36b	4.51±1.24a	1.76±0.15b	0.94±0.29c	2.48±0.61b	0.75±0.34d
NK	25±8d	61±12b	8.93±0.45a	4.18±1.06a	1.31±0.11b	0.95±0.29c	1.65±0.33c	1.77±0.41c
NP	50±17cd	72±18b	8.75±0.93a	5.09±0.33a	1.78±0.36b	1.13±0.11c	2.80±0.27b	2.09±0.86c
PK	114±13c	31±18c	6.14±0.40b	4.60±0.45a	1.46±0.09	0.86±0.28c	2.96±0.55b	0.84±0.27d
NPK	48±9cd	79±18b	9.02±0.29a	4.49±0.77a	1.46±0.04b	0.97±0.30c	2.71±0.25b	2.39±0.57c
OM	590±36b	169±19a	4.96±0.02c	4.39±0.90a	14.4±0.84a	4.88±0.46a	14.3±0.32a	5.48±0.30a
ONPK	689±136a	148±26a	6.01±0.26b	4.32±0.29a	14.9±2.32a	3.94±0.49b	14.2±1.18a	4.21±0.88b

　　旱地红壤上进行的长期施肥试验研究表明,长期施用有机肥（猪粪）处理的表层和次表层土壤有效态 Cd 含量显著高于对照,施用化肥处理表层土壤有效态 Cd 含量与对照无显著差异（表 14.14）,说明施用猪粪可显著提高土壤有效态 Cd 含量,而施用化肥对表土土壤有效态 Cd 含量无显著影响,其原因主要是由于施用猪粪时带入了大量的 Cd（见第一篇,第四章）。

　　5）不同地区土壤中镉有效性的比较

　　表 14.15 提供了我国几种长期定位试验点表层土壤 Cd 含量及其有效性的有关信息。从土壤 Cd 含量的最大值看,位于黑土区的吉林公主岭实验站表层土壤 Cd 含量达到了 1008 μg/kg,该实验站采集的 15 个表层土壤样品中有 4 个土样的 Cd 含量已超过土壤环境质量二级标准值（pH<7.5）,超标样品数占样品公主岭表土样品总数的 26.7%,超标样品全部来自施用猪粪的处理;桃源实验站采集的 27 个样品中有 5 个样品超过土壤环境质量二级标准（pH<6.5）,超标样品数占该实验站表土样品总数的 18.5%,土壤 Cd 含量的最高值为 431 μg/kg;祁阳红壤站采集的 26 个表层土壤样品中有 6 个样品超过土壤环境质量二级标准（pH<6.5）,超标样品数占祁阳肥料试验表土样品总数的 23.1%,土壤 Cd 含量的最高值达 1760 μg/kg,超标样品全部来自施用猪粪的处理。几种长期定位试验点土壤表层土壤 Cd 含量超标样品总数为 15 个,占全部 152 个表层土壤样品的 9.9%。

表 14.15　长期定位试验点土壤 Cd 含量及其有效性

土壤类型	肥料	全量 Cd/（μg/kg）		有效 Cd/（μg/kg）		相对有效性（RA）/%	
		范围	均值	范围	均值	范围	均值
中厚黑土	化肥	78～142	118	20～35	25	14.0～28.7	21.6
	氮磷肥、猪粪	89～236	134	25～89	46	25.3～41.0	33.0
	化肥、猪粪	61～1008	278	ND～744	152	0～82.7	26.2
黏黑垆土		133～153	144	14～17	16	10.4～11.8	11.0
黄潮土	化肥、秸秆	140～239	179	13～27	18	7.0～15.2	10.0
乌栅土	化肥、秸秆	211～270	238	71～105	85	30.4～46.6	35.8
红壤稻田	有机物料循环	118～431	209	88～138	112	30.5～83.3	58.4
红壤旱地	化肥、猪粪	96～1760	423	17～846	180	17.7～52.3	38.6

注：ND 表示未检出。

从 Cd 的平均值看，表层土壤中 Cd 含量表现出旱地红壤>乌栅土>黄潮土>中厚黑土的趋势（公主岭的黑土和祁阳的旱地红壤属异常情况）。不同施肥措施对土壤 Cd 含量影响不同，结合前面的分析可以得出一个初步结论，即猪粪对土壤 Cd 含量影响最大，秸秆和化肥对土壤 Cd 积累影响较小或没有影响，但不同来源的猪粪对土壤 Cd 含量的影响相差很大（见第一篇，第四章）。

很多研究表明，土壤有效态重金属含量能够更好地反映金属元素的环境效应（Lindsay and Norvell，1978）。不同农田土壤有效态 Cd 含量差异较大（表 14.15），如果不考虑公主岭站的黑土和祁阳站的旱地红壤两个严重污染的试验点，南方的红壤稻田和乌栅土有效态 Cd 平均含量远高于北方的黄潮土和中厚黑土中有效态 Cd 平均含量。尽管由于提取方法上的差异使结果不具备很好的可比性，但反映的趋势是比较明确的（乌栅土有效态 Cd 的提取方法与黄潮土和中厚黑土有效态 Cd 的提取方法一致）。

元素的相对有效性（土壤元素有效态含量占元素全量的百分数，Relative Availability，RA）可用来表征不同土壤中元素的相对活性。从表 14.15 可以看出，不同土壤中 Cd 的相对有效性差异很大，红壤稻田中最高可达 83.3%。几种农田土壤 Cd 相对有效性的均值顺序为：红壤>乌栅土>黑土>黑垆土>潮土；封丘潮土 Cd 的 RA 值最低，平均只有 10.0%，这可能与石灰性潮土 pH 和 CaCO$_3$ 含量较高有关。不同种类的肥料对土壤 Cd 有效性影响较大，施用猪粪的土壤 Cd 有效性较高，而施用秸秆和化肥的土壤 Cd 有效性较低。需要说明的是，影响土壤 Cd 有效性的因素很多，如土地利用方式、土壤本身的性质等，施肥只是影响土壤 Cd 有效性的因素之一。

2. 长期定位施肥试验点土壤中镉的形态分级

本书用 BCR 法对黄潮土和旱地红壤中的 Cd 进行了形态分级。图 14.16 是封丘黄潮土长期施肥试验不同施肥处理土壤 Cd 形态分级的研究结果，从结果看，不同施肥处理中残渣态占的比例最大，所占比例为 71.5%～82.2%，平均为 77.3%，这一结果与方利平等（2007）对长江三角洲和珠江三角洲未污染土壤的研究结果类似；处理 PK 的残渣态含量最高，可能与黄潮土中 P 肥的固定作用有关，虽然 NP、NPK、ONPK 处理也有 P 肥，但这些处理中 N 肥和有机肥的作用可能缓和 P 肥的固定作用。弱酸提取态 Cd 所占比例为 7.2%～16.2%，平均为 11.2%，其中，处理 CK、NP、NK 的弱酸提取态所占比例较其他处理高，这可能是由于这三个处理养分相对缺乏，农作物生物量和产量低，土壤有机质含量低（三个处理的有机碳平均含量最低），对土壤 Cd 的络合与螯合作用较弱。可还原态 Cd 所占比例为 6.4%～11.0%，平均为 9.3%。可氧化态 Cd 所占比例最小，且变化幅度最小，为 1.8%～2.4%，平均为 2.2%，这与本试验潮土中有机碳含量较低有关，尽管不同处理中有机碳含量有差异，但这种差异相对于占比较高的残渣态而言作用不明显。

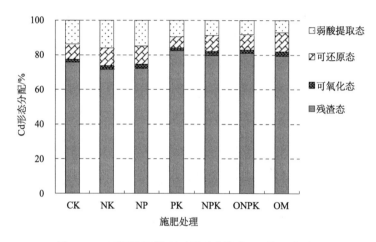

图 14.16　不同施肥处理下封丘黄潮土 Cd 的形态分配

　　图 14.17 是祁阳旱地红壤长期施肥试验不同施肥处理土壤 Cd 形态分级的研究结果，从结果看，不同施肥处理中残渣态占的比例最大，所占比例为 58.5%～75.0%，平均为 68.1%，其中，处理 NK 和 NPK 的残渣态 Cd 含量较高，这与黄潮土不同施肥处理的残渣态 Cd 有所不同，可能是由于同时施用氮肥和钾肥的处理，土壤 pH 较低（这两个处理的土壤 pH 最低），使可还原态 Cd 含量降低幅度较大，在长期施肥过程中，降低的还原态 Cd 逐渐转化为残渣态（从图 14.16 还可以看出，处理 NK 和 NPK 的可还原态 Cd 含量较其他处理低）。弱酸提取态所占比例为 14.5%～21.9%，平均为 17.1%，以处理 CK 和 NP 略高，其他施肥处理无明显差异。可还原态 Cd 所占比例为 6.0%～17.0%，平均为 10.9%，以处理 NK 和 NPK 较低。可氧化态 Cd 所占比例最小，为 1.8%～5.4%，平均为 3.9%，以施用有机肥处理可氧化态 Cd 所占比例最低，施用化肥处理和对照的可氧化态 Cd 所占比例均高于施用有机肥处理，施用有机肥处理（OM 和 ONPK）的土壤有机碳含量均高于施用化肥处理和对照的有机碳含量，之所以出现这种看似矛盾的结果，其原因可能有两个方面：①从图 14.16 可以看出，两个施用有机肥处理的形态分配是很接近的，说明施用有机肥对土壤中 Cd 形态分配产生了重要影响，而且这种影响是稳定的，但这种影响可能更多表现在对土壤 Cd 其他三种形态的影响，这种影响的结果不是增加了土壤可氧化态 Cd 所占的比例，而是减少了土壤可氧化态 Cd 所占的比例；②施用有机肥的土壤 Cd 的含量远远高于其他处理（差不多一个数量级），在土壤 Cd 含量差异较大时，

土壤 Cd 的形态分配方式存在较大的差异（方利平，2007）。

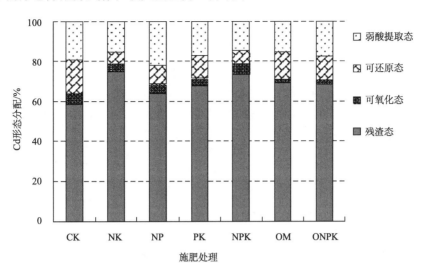

图 14.17　不同施肥处理下祁阳旱地红壤 Cd 的形态分配

　　比较本试验中黄潮土和旱地红壤 Cd 形态分配结果可以看出，两种土壤 Cd 形态分配的一个明显差别是潮土中残渣态 Cd 的比例显著高于旱地红壤中残渣态 Cd 的比例（黄潮土的平均值为 77.3%，旱地红壤的平均值为 68.1%），其主要原因可能是土壤 pH 影响了土壤 Cd 的形态分配，黄潮土平均土壤 pH 为 8.20，旱地红壤平均土壤 pH 为 4.94。从两种土壤其他三种形态 Cd 所占比例的均值看，旱地红壤中弱酸提取态、可还原态和可氧化态 Cd 所占比例均高于黄潮土。据此可以认为，在相同污染水平下，旱地红壤中 Cd 的生物有效性较黄潮土大，潜在的生物有效性也更大（可供转化为弱酸提取态的可还原态和可氧化态 Cd 所占的比例高）。

（五）冶炼场地及周边土壤中镉的固液分配模型

　　研究区（29°55′1″N～29°58′13″N，119°53′56″E～119°56′4″E）位于浙江省富阳市，主要的土壤类型有水耕人为土和黏化湿润富铁土。小型炼铜厂大量出现，常年排放富含重金属的废气和废水，以及原料和废渣堆放，使得土壤受到不同程度的重金属复合污染，大部分土地为耕作农田，以水田为主。

1. 经验预测模型

　　在研究区约有 10.9 km² 的面积，按照 250 m×250 m 的网格共划分 175 个采样网格（图 14.18），每个采样网格取 5 到 8 个点，共采集土壤样品 170 个。

1）土壤中镉含量与形态

　　表 14.16 中列出了研究区土壤重金属总量。由表可以看出，由于冶炼活动所带来的污染，已经使得研究区土壤重金属 Cd 的含量远远超过了长江三角洲地区典型类型土壤中

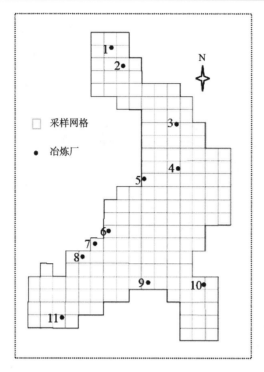

图 14.18　采样网格和冶炼厂的分布

重金属含量（见第一篇第一章表 1.1）。研究区土壤重金属的含量也超过了中国土壤环境质量一级、二级标准土壤重金属含量（GB15618—1995）。由表 14.16 可以看出，所有土壤样品重金属含量均高于自然土壤含量。从平均值来看，Cd 均超过农田土壤环境质量标准数倍。土壤中 Cd 最高值达 23.7 mg/kg，表明部分地点土壤污染非常严重，且许多采样点为复合污染类型。土壤中 Cd 的含量具有较大的变异，服从对数正态分布。

表 14.16　土壤重金属含量　　　　　　　　　　（单位：mg/kg）

元素	范围	均值±标准差	中值	土壤环境质量标准[①]			
				二级标准			一级标准
				pH<6.5	6.5<pH<7.5	pH>7.5	
Cu	13.2～8171	290±862	102	50	100	100	35
Zn	64.1～25613	794±2114	964	200	250	300	100
Pb	20.0～7656	205±621	97.5	250	300	350	35
Cd	0.08～23.7	2.1±3.5	0.72	0.3	0.3	0.6	0.2

①引自中国国家环境保护总局（1995）。

0.43 mol/L HNO_3 提取态重金属可以反映土壤组分表面吸附重金属的量，被认为是土壤总可吸附态重金属含量（Houba et al.，1995）。$CaCl_2$ 是土壤背景电介质的主要组成部分，主要通过 Ca^{2+} 交换释放靠静电作用弱吸附的重金属，以及以 Cl^- 络合的重金属，可用于估计土壤中易移动态重金属。0.01 mol/LCaCl$_2$提取态重金属被认为是植物可直接吸收的部分（Pueyo et al.，2004）。因此，0.43 mol/L HNO$_3$与0.01 mol/LCaCl$_2$具有不同的提取能力，表14.17列出了土壤提取态重金属浓度。HNO$_3$提取态 Cd 范围分别为0.05～18.3 mg/kg。Cd 的平均含量超过了我国农田土壤二级标准，HNO$_3$提取态 Cd 接近于二级土壤标准的3倍（以0.6 mg/kg 计算）。这表明研究区土壤重金属 Cd 污染严重，许多采样点位仅 HNO$_3$提取态重金属的含量就已超出了土壤环境质量标准。作为植物可直接吸收的0.01 mol/L CaCl$_2$提取态重金属也具有较高的浓度，CaCl$_2$提取态 Cd 的平均值分别为0.069 mg/kg，其最大值为0.91 mg/kg，已经超出 pH>7.5 时的土壤 Cd 环境质量标准，表明部分地点 Cd 污染及其严重。由于 Cd 具有高移动性与植物易吸收性，容易引起水稻 Cd 积累，因此会通过食物链传递导致健康风险。从健康风险角度来看，对于以稻田为主的研究区土壤 Cd 污染最为严重，土壤 Cd 污染需要特别关注。另外，较高的重金属提取态含量也会影响作物生长、土壤生态系统，引起生态风险，因此无论从健康风险还是生态风险来看，研究区重金属污染都需要引起关注。

表14.17 土壤重金属可提取态的含量 （单位：mg/kg）

	样品数	最小值	最大值	均值	中值	标准差
HNO$_3$-Cu	170	3.8	5744	186.6	63.1	527.6
HNO$_3$-Zn	170	12.9	22331	503.6	129.5	1885.6
HNO$_3$-Pb	170	11.9	6219	166.0	76.5	513.9
HNO$_3$-Cd	170	0.05	18.3	1.7	0.68	2.8
CaCl$_2$-Cn	161	0.004	7.36	0.56	0.27	0.88
CaCl$_2$-Zn	165	0.006	437.4	14.4	2.8	43.3
CaCl$_2$-Pb	102	0.001	4.55	0.19	0.05	0.50
CaCl$_2$-Cd	143	0.001	0.91	0.069	0.024	0.129

2）土壤中镉的固液分配系数

土壤 Cd 等重金属的固液分配系数是指土壤化学平衡条件下土壤固相与液相中重金属的含量比，可以采用重金属总量与可溶态含量的比值近似计算得到（Sauve et al.，2000）。研究区 Cd 的固液分配系数比其他三种重金属都低（表14.18），表明 Cd 在土壤中具有高的溶解性和移动性。相比较 Sauve 等（2000）得到的重金属分配系数（表14.18），研究区 Cd 的分配系数要低许多，这主要是因为本研究是采用 CaCl$_2$提取态作为指示可溶态 Cd 的含量，而 CaCl$_2$对重金属的提取能力要高于纯水的提取能力。

在纯理论状况下，重金属的固液分配系数被认为是单一的常数值，实际情况中重金属的固液分配系数是受重金属在固相中的吸附平衡所控制的。Cd 的分配系数与土壤总 Cd 含量呈显著相关（$p<0.05$），相关系数为0.201。

表 14.18　土壤中重金属的固液分配系数　　　　（单位：L/kg）

	本研究				Sauve 的研究[①]
	范围	均值	中值	标准差	变异系数	均值±标准差
Cu	37.3～5139	777	538	819	1.05	4799±9875
Zn	4.1～8617	1202	120	1900	1.58	11 615±30 693
Pb	52.7～12 694	2179	1243	2534	1.16	171 214±304 089
Cd	2.02～4691	275	35.5	676	2.46	2869±12 246

① 引自 Sauve 等（2000）。

3）土壤中镉总量与形态间的关系

重金属总量、HNO_3 以及 $CaCl_2$ 提取态间的关系如图 14.19、图 14.20 所示。由图可以看出 HNO_3 提取态的 Cd 与其总量之间均达到极显著相关（$p<0.01$），相关系数为 0.965。这是因为，0.43 mol/L HNO_3 提取态重金属反映的是重金属被土壤吸附表面所吸附的部分，被认为是总吸附态重金属。HNO_3 提取态的 Cd 占其总量的比例的平均水平为 78.4%。应用单变量回归可以得到 HNO_3 提取态 Cd 与其总量之间的关系，具有极显著的相关性，回归方程调整方差解释量（R^2）达到 0.93，[HNO_3-Cd = 0.77×（总 Cd）－ 0.03（R^2=0.93，SE=0.78）]。这也反映了，在重金属重污染情况下，0.43 mol/L HNO_3 提取态重金属可以作为指示总量的一个重要指标，并且相对于总量分析，其在提取和测定上更为方便。因此，对于这类污染土壤，0.43 mol/L HNO_3 提取态重金属可以作为一种快速的监测方法来代替重金属总量。

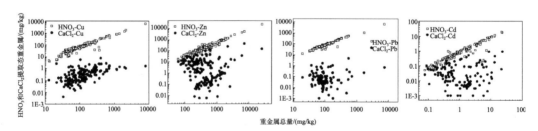

图 14.19　　HNO_3 和 $CaCl_2$ 提取态与土壤总量的关系

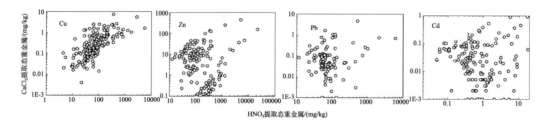

图 14.20　　HNO_3 提取态重金属和 $CaCl_2$ 提取态总金属的关系

土壤 $CaCl_2$ 提取态重金属和重金属总量的关系较弱，$CaCl_2$ 提取态 Cd 与总 Cd 的相关系数为 0.449（$p<0.01$）。对 HNO_3 和 $CaCl_2$ 提取态重金属进行分析可以看出，$CaCl_2$ 提取态的 Cd 与其对应的 HNO_3 提取态达到极显著水平（$p<0.01$）。

4）土壤中提取态镉与土壤性质间的关系

表 14.19 列出了 HNO_3 提取态和 $CaCl_2$ 提取态重金属与土壤性质间的关系。一方面，HNO_3 提取态的 Cd 与土壤 pH、有机质显著相关。另一方面，HNO_3 提取态 Cd 与酸性草酸铵提取的活性 Fe、Si 呈极显著相关（$p<0.01$），HNO_3 提取态的 Cd 与活性 P 也呈极显著相关（$p<0.01$），这表明在研究区活性 Fe、Al、Si、P 是土壤中重要的吸附表面。HNO_3 提取态 Cd 与土壤黏粒、无定形 Mn 氧化物均未达到显著相关（$p>0.05$）。从上述结果可以看出，研究区土壤有机质对 Cd 的吸附贡献最大，而土壤 pH 可以影响土壤表面对重金属吸附，土壤 pH 越高重金属就越容易被表面所吸附。同时在研究区活性 Fe、Al、Si、P 对土壤中重金属具有较高的吸附贡献。另外，在碱性土壤中，当重金属含量达到一定程度时，沉淀作用开始起作用。因此，仅仅应用简单的相关分析不能将土壤 pH 和有机质对土壤吸附重金属的影响识别出来，这需要进一步应用机理模型来进行研究。这同时也表明在研究区活性 Fe、Al、Si、P 对土壤中重金属具有较高的吸附贡献。

表 14.19　土壤重金属提取态与土壤性质间的相关系数

土壤性质	相关系数							
	HNO_3 提取态重金属				$CaCl_2$ 提取态重金属			
	Cu	Zn	Pb	Cd	Cu	Zn	Pb	Cd
pH	0.166*	0.097	0.077	0.380**	0.126	−0.177*	−0.149	−0.173*
有机质 OM	0.182*	0.111	0.092	0.333**	0.169*	−0.151	−0.115	−0.095
黏粒 Clay	−0.001	−0.004	0.002	0.035	−0.037	0.049	−0.007	0.061
活性态 Fe	0.396**	0.378**	0.375**	0.334**	−0.100	0.015	−0.212*	0.214**
活性态 Al	0.283**	0.349**	0.352**	0.053	−0.161*	0.105	−0.005	0.225**
活性态 Mn	0.009	0.028	0.024	0.001	−0.014	0.094	−0.092	0.038
活性态 P	0.117	0.029	0.017	0.278**	0.013	−0.293**	−0.300**	−0.281**
活性态 Si	0.700**	0.757**	0.732**	0.488**	0.091	0.132	−0.028	0.355**

**0.01 水平显著相关，*0.05 水平显著相关。

从表 14.19 看出，$CaCl_2$ 提取态 Cd 与土壤 pH 呈显著负相关（$p<0.05$），表明 pH 增加，可溶解态 Cd 的含量下降，Cd 更容易被土壤固定。$CaCl_2$ 提取态 Cd 与土壤黏粒含量、活性 Mn 氧化物未达到显著相关。$CaCl_2$ 提取的 Cd 与活性 P 呈极显著负相关（$p<0.01$），表明土壤中的活性态 Fe 和 P 是影响 Cd 可溶性的重要因素。活性态 Fe、Al、Si 可以吸附土壤中的 Cd，然而矛盾的是 $CaCl_2$ 提取的 Cd 与活性的 Fe、Al、Si 存在着极显著的正相关关系（$p<0.01$）。

土壤重金属的溶解性和固液分配受土壤中各表面的吸附作用所影响，而许多条件和土壤性质都可以影响到土壤表面对重金属的吸附,通过数学统计分析有时并不能获得统计上的显著性,不能完全来揭示重金属在土壤中的固液分配规律。如 Weng 等(2001)应用多表面模型来评估土壤中各种吸附表面对重金属吸附的贡献率,指出土壤低 Cd 污染下,与有机质结合是 Cd 的主要存在方式,而在高 Cd 污染下土壤黏粒对 Cd 的吸附变得重要,pH 和有机质的影响则变小。Zachara 等(1992)研究指出,在低有机质和高 pH 土壤中,重金属与金属氧化物(如 Fe、Mn 氧化物)结合变得重要。因此,土壤性质对重金属吸附及形态的影响是复杂的,仅仅应用统计分析来解释相关的现象是困难的。

5)土壤可溶态镉的经验模型预测

土壤中重金属 Cd 的固相、液相分配可以简单地应用 Freundlich 等温吸附方程来描述,其方程的形式为

$$Q = K_d C^n$$

式中,Q 为吸附态的重金属(可以认为是重金属的总量),K_d 为固液分配系数,C 为可溶态重金属的含量,n 为非线性系数。在实际情况下,土壤性质,如 pH、有机质、CEC 和 Fe、Al 氧化物等性质都是影响重金属固液分配因素(Carlon et al., 2004; Buchter et al., 1989)。Sauve 等(2000)在 Freundlich 等温吸附方程的基础上提出应用竞争吸附模型来预测土壤中可溶态重金属,认为土壤有机质、pH 和总量是控制土壤重金属在固相-液相中分配的最重要因素,仅仅应用重金属总量、土壤有机质和 pH 就可以较好地来预测土壤可溶态的重金属。另外,Weng 等(2001)研究表明有机质对重金属 Cu、Zn、Pb、Cd 的吸附可以占到其总吸附态的 90% 以上。因此,首先考虑重金属总量(或硝酸提取态重金属)与土壤有机质、pH 对可溶态重金属的预测。根据 Sauve 等(2000)提出的竞争吸附模型应用多元逐步回归方法对模型进行拟合,当变量显著时($p<0.05$)进入模型,反之则不进入,得到可溶态 Cd 的预测模型如下,

$$\log(CaCl_2\text{–}Cd) = 0.80 \times \log(总\text{–}Cd) - 0.59 \times pH + 1.95 \quad (R^2=0.62, SE=0.43) \quad (14.1)$$

从式(14.1)的模型来看,土壤 pH 是控制 Cd 溶解性和在固相-液相中分配的最重要土壤性质。从模型的方差解释量来看,该模型对可溶态 Cd 预测效果可达到 62%。图 14.21 给出了模型的预测效果图,可以看出 Cd 的模型预测的结果要好于其他重金属。

应用 HNO_3 提取态重金属并结合土壤 pH 和有机质来预测 $CaCl_2$ 提取态的重金属,分别得到 Cd 的模型如下式所示。

$$\log(CaCl_2\text{–}Cd) = 1.07 \times \log(HNO_3\text{–}Cd) - 0.64 \times pH - 0.82 \times \log(OM) + 2.78$$
$$(R^2=0.70, SD=0.38) \quad (14.2)$$

应用 HNO_3 提取态得到的模型与应用总量得到的模型形式相似,但是从模型的方差解释量来看,应用 HNO_3 提取态的模型预测能力要略高于应用总量得到的模型。图 14.21 是模型预测的结果与实际结果的对比,可以看出绝大多数的 Cd 的预测误差在 ±0.5 个对数单位之内。

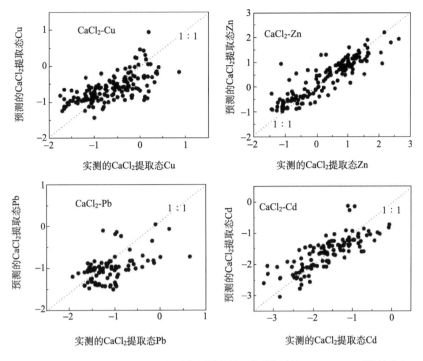

图 14.21　土壤中 CaCl$_2$ 提取态重金属实测与预测的对比（mg/kg，对数转换）

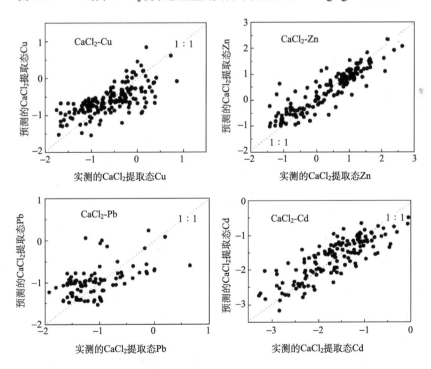

图 14.22　土壤中 CaCl$_2$ 提取态重金属实测与预测的对比（mg/kg，对数转换）

为了进一步确定模型（14.1）和（14.2）的预测能力和预测效果，收集了研究区 46 个样品的土壤重金属总量、HNO_3 提取态重金属、$CaCl_2$ 提取态重金属以及 pH 的数据。将所收集的数据分别带入模型中，得到预测的 $CaCl_2$ 提取态的 Cd。图 14.23 是 46 个样品预测与实测的对比图，其中图 14.23a 是模型（14.1）的预测效果，图 14.23b 是模型（14.2）的预测效果。由图可以看出绝大多数数据点预测误差在 ±1 个对数单位之内。因此在本书研究区中的风险评估中需要预测可溶态重金属浓度时，如果由于数据的限制或者是对预测结果要求相对较低时，可以应用这些简单的、参数较少的模型来进行预测计算。

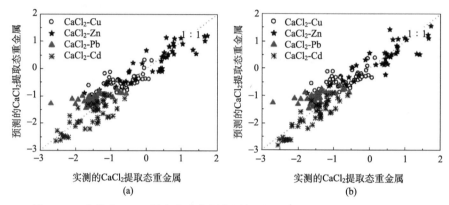

图 14.23　土壤中 $CaCl_2$ 提取态重金属实测与预测的对比（mg/kg，对数转换）

在实际情况中，土壤黏粒、金属氧化物等组分表面也是影响土壤吸附重金属，控制重金属溶解性的重要因素。为了进一步提高对 $CaCl_2$ 提取态重金属的预测能力，因此将草酸铵提取的活性 Fe、Al、Si、P 和土壤黏粒含量考虑到模型中去，并且分别应用土壤重金属总量或者是 HNO_3 提取态重金属来建立可溶态重金属的预测模型。其模型的形式如下所示。

$$\log（CaCl_2 提取态重金属）=a \log（土壤总量/硝酸提取态重金属）+b \log（OM）$$
$$+c\,pH+d \log（Clay）+e \log（Fe_{ox}）+f \log（Mn_{ox}）$$
$$+g \log(Al_{ox})+h \log(Si_{ox})+i \log(P_{ox})+j \log(CaCl_2\text{-}Cd)$$

式中，$a \sim j$ 均为系数，其中 OM 表示土壤有机质，Clay 表示土壤黏粒，Fe_{ox}、Mn_{ox}、Al_{ox}、Si_{ox}、P_{ox} 分别为酸性草酸铵提取的活性态 Fe、Mn、Al、Si、P。同样应用 SPSS 11.0 逐步回归法进行拟合得到 $CaCl_2$ 提取态重金属的经验预测模型，并识别影响 $CaCl_2$ 提取态的重金属的土壤性质。

应用重金属总量结合土壤性质可以得到预测 $CaCl_2$ 提取态重金属 Cd 的经验模型：

$$\log(CaCl_2\text{-}Cd)=0.80×\log（总\text{-}Cd）-0.53×pH-0.41×\log(P_{ox})+2.52（R^2=0.65, SE=0.41）$$

$$(14.3)$$

从所得到的模型可以看出，活性的 Fe、Si、P 可以显著提高 $CaCl_2$ 提取态重金属的预测能力，而土壤黏粒和活性 Al 氧化物并没有显著提高模型预测能力。其中，活性的 P 可以提高 $CaCl_2$ 提取态 Cd 的预测能力。从方差解释量来看，所得到的预测模型均要高于应用重金属总量和土壤 pH 得到的预测模型。图 14.24 是模型的预测效果。

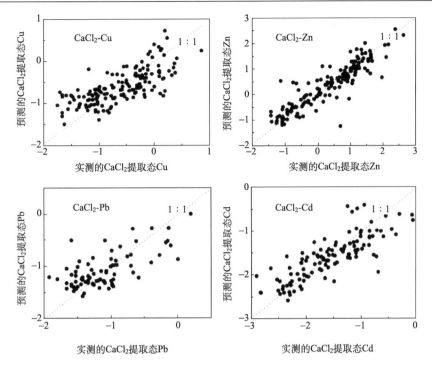

图 14.24　土壤中 $CaCl_2$ 提取态重金属实测与预测的对比（mg/kg，对数转换）

通径分析是在相关分析和回归分析基础上，进一步研究自变量与因变量之间的数量关系，将相关系数分解为直接作用系数和间接作用系数，以揭示各因素对因变量的相对重要性。为了分析 $CaCl_2$ 提取态预测模型中各因素的相对重要性，分别对模型（14.1）和（14.3）进行了通径分析，由于各因素的间接作用系数不显著，这里仅讨论直接作用系数。对 Cd 的分析表明，总 Cd、pH 和活性 P 的直接作用系数分别为 0.64、−0.78、−0.35。由上述分析可知，对于重金属 Cd，土壤 pH 是最重要的影响因素。

应用硝酸提取态重金属结合土壤性质可以得到预测 $CaCl_2$ 提取态重金属的经验模型：

$$\log（CaCl_2\text{–}Cd）=1.05×\log（HNO_3\text{–}Cd）−0.63×pH −0.53×\log（P_{ox}）+3.56$$

$$（R^2=0.73，SE=0.36） \tag{14.4}$$

与应用总量和土壤性质预测 $CaCl_2$ 提取态重金属相比，应用 NHO_3 提取态重金属结合土壤性质预测 $CaCl_2$ 提取态重金属略有不同，所得到的模型的方差解释量均有所提高。图 14.25 是模型（14.4）的预测效果图，表明 Cd 具有较好的预测效果。

对经验模型（14.4）进行了通径分析。Cd 的分析表明，NHO_3 提取态 Cd、pH 和活性 P 的直接作用系数分别为 0.73、−0.87 和−0.39。同样地，由模型也可以看出 pH 对 Cd 的通径系数均较高，反映了土壤 pH 是控制土壤 Cd 形态的一个关键因素。

从总体上看，土壤总量或者是 HNO_3 提取态重金属和土壤 pH 具有较高的直接作用系数，特别是在可溶态 Cd 的预测模型中，pH 的直接作用系数最高，反映了土壤 pH 是控制土壤 Cd 形态的一个关键因素。

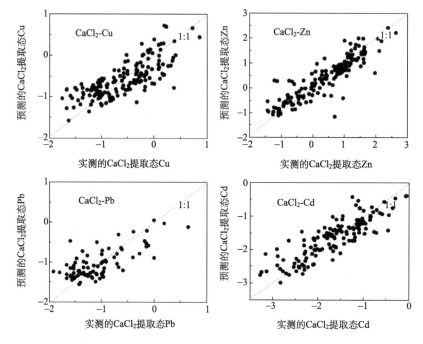

图 14.25　土壤中 CaCl₂ 提取态重金属实测与预测的对比（mg/kg，对数转换）

2. 表面吸附模型

采集浙江富阳研究区表层（0～15 cm）土壤样品 20 个。20 个土样分析结果表明土壤性质和 Cd 浓度具有较大变异（表 14.20），为了便于与他人研究相比较，Cd 浓度单位用 mol/kg 和 μmol/L 来表示。土壤 pH 在 3.71～6.81 之间，土壤有机质的范围为 10.7～51.6 g/kg。0.43 mol/L HNO₃ 提取态的 Cd 具有较高含量，Cd 的范围为 $7.00 \times 10^{-7} \sim 1.56 \times 10^{-4}$ mol/kg。应用 0.01 mol/L CaCl₂ 作为提取剂的可溶态 Cd 的浓度分别为 0.68 μmol/L。

ORCHESTRA（Objects Representing Chemical Speciation and Transport）模型是一个面向对象的计算化学平衡的模型框架，可以将 NICA-Donnan（Non-Ideal Competitive Adsorption-Donnan）模型、Donnan 模型和 DDL 模型整合在一起计算重金属的表面吸附（Meeussen，2003）。因此，应用 ORCHESTRA 模型计算土壤有机质、土壤黏粒和无定形 Fe、Al 氧化物对 Cd 的吸附，在模型计算中考虑了重金属 Cu、Zn、Pb、Cd 之间的竞争吸附。NICA-Donnan 模型、Donnan 模型和 DDL 模型所应用的参数分别见相关参考文献（Milne et al.，2001；Weng et al.，2001；Milne，2000）。

在进行模型计算之前，需要进行合理假设。首先假设 0.43 mol/L HNO₃ 提取态重金属为土壤总吸附态重金属；土壤各表面相互独立、互不影响，因此总吸附态的重金属被认为是土壤中各吸附表面吸附总和；由于本书中的黏粒含量是体积百分比，这里假设与质量百分比一致。草酸铵提取的 Fe、Al 氧化物可以认为是无定形 Fe、Al 氢氧化物（Weng et al.，2001）。

表 14.20　土壤性质和总吸附态重金属

土样	SOM / (g/kg)	Fe$_{ox}$ / (g/kg)	Al$_{ox}$ / (g/kg)	黏粒/%	pH (0.01 mol/L CaCl$_2$)	Cu / (mol/L)	Zn / (mol/L)	Pb / (mol/L)	Cd / (mol/L)
S1	34.0	2.65	0.98	15.8	4.78	5.66E-04	1.01E-03	2.77E-04	3.57E-06
S2	33.9	1.23	0.87	24.5	6.30	3.52E-03	5.62E-03	1.08E-03	1.11E-05
S3	32.0	0.97	0.78	21.7	4.48	5.68E-03	5.26E-03	2.56E-03	8.75E-06
S4	26.0	1.60	1.22	21.6	4.32	5.77E-04	1.59E-03	3.23E-04	3.39E-06
S5	11.7	1.87	0.84	20.6	4.15	2.40E-04	3.76E-04	1.61E-04	7.14E-07
S6	32.8	3.41	1.39	17.6	6.01	1.18E-02	6.94E-02	3.56E-03	1.57E-05
S7	48.6	2.28	0.89	33.5	6.55	1.93E-03	1.92E-03	3.14E-04	1.46E-05
S8	39.1	2.72	0.90	17.3	4.82	7.28E-04	1.31E-03	2.76E-04	3.93E-06
S9	42.0	4.56	0.94	21.0	6.57	2.39E-03	1.53E-03	2.59E-04	3.73E-05
S10	32.3	1.21	0.75	14.6	6.40	8.87E-04	1.22E-03	2.81E-04	5.36E-06
S11	19.2	1.24	0.73	15.3	5.22	6.05E-04	1.41E-03	2.48E-04	2.68E-06
S12	40.0	8.32	2.23	18.7	6.81	9.05E-02	3.41E-01	3.00E-02	1.56E-04
S13	34.2	1.79	—	18.3	3.71	7.04E-04	2.62E-04	2.43E-04	7.14E-07
S14	10.7	0.48	0.84	11.3	3.96	1.62E-03	5.90E-04	5.16E-04	2.14E-06
S15	51.6	2.77	0.71	15.8	6.62	4.52E-02	1.12E-01	1.04E-02	6.71E-05
S16	50.3	3.79	0.91	15.2	6.78	7.55E-03	1.29E-02	1.19E-03	1.57E-05
S17	31.9	2.07	0.54	15.1	4.86	9.30E-04	3.15E-03	5.80E-04	6.43E-06
S18	13.1	0.86	1.07	18.6	4.11	4.54E-04	1.80E-03	5.00E-04	1.96E-06
S19	24.5	2.09	1.00	21.9	5.07	2.52E-03	2.03E-02	1.90E-03	1.27E-05
S20	26.7	2.04	1.22	16.9	3.81	1.74E-04	7.37E-04	2.94E-04	1.43E-06

注：—表示无数值。

1）有机质表面的吸附贡献

表面模型估计了土壤表面对重金属吸附贡献，可以明显看出土壤有机质在几种表面中的吸附最为重要（图 14.26）。模型预测有机质吸附的 Cd 占总吸附态 Cd 的均值为 69.0%。Weng 等（2001）应用多表面模型对荷兰酸性砂土研究表明，有机质对重金属吸附贡献要远高于本研究。分析有机质贡献率小的土壤可以发现，这些土壤总吸附态的 Cd 含量非常高。贡献率最小的土壤中总吸附态的 Cd 为 $1.56×10^{-4}$ mol/kg，而 Weng 等（2001）所研究的土壤 Cd 总吸附态含量为 2.45 μmol/kg。土壤有机质吸附容量是有限的，当重金属浓度达到一定水平，其吸附点位接近或达到饱和，有机质对重金属吸附的贡献率开始降低。从图 14.27 可以看出，随着 Cd 含量升高，有机质贡献有增大的趋势。与 Cu、Zn、Pb 的含量相比，Cd 的含量要低 1 个数量级，因此相对于其他土壤表面，有机质对 Cd 吸附占主要地位，如果土壤中 Cd 含量达到足够高水平时，有机质对它的吸附贡献也会变小。

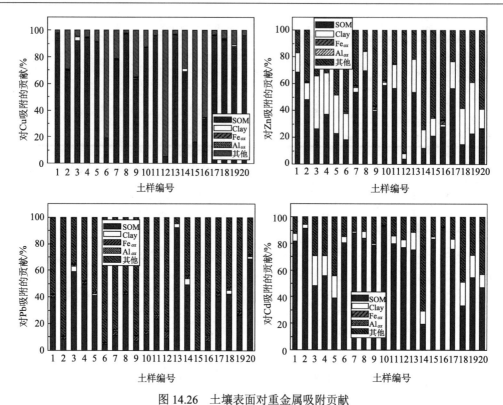

图 14.26　土壤表面对重金属吸附贡献

SOM 表示土壤有机质，Clay 表示土壤黏粒，Fe_{ox} 和 Al_{ox} 表示无定形 Fe、Al 氧化物，下同

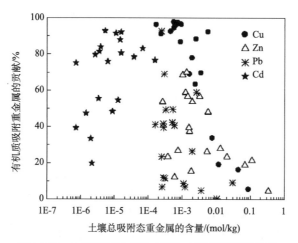

图 14.27　土壤总吸附态重金属与有机质吸附的关系

2）土壤黏粒表面的吸附贡献

土壤黏粒对重金属的吸附贡献要小于有机质的贡献。土壤黏粒对 Cd 的吸附的贡献率平均达到 8.2%，同样 S3 样品最大可以达到 22.3%。比较 S3 样品 Cu、Pb 的吸附可以发现，有机质对 Cu、Pb 的吸附贡献要高于 Zn、Cd。由于有机质对 Cu、Pb 的亲合能力

高于对 Zn、Cd 的亲合能力，因此在 Cu、Zn、Pb、Cd 竞争吸附体系中，有机质的有效吸附点位更倾向于吸附 Cu、Pb。由于土壤中具有较高含量的 Cu、Zn、Pb、Cd，有机质的有效吸附点位趋于饱和后，未被土壤有机质吸附的 Zn、Cd 容易被土壤黏粒所吸附，使得黏粒对 Zn、Cd 的吸附贡献增大。从图 14.28 可以看出 Cd 含量升高时，黏粒对 Cd 吸附贡献率呈下降趋势，表明高含量重金属也使得黏粒的吸附点位接近或达到饱和。

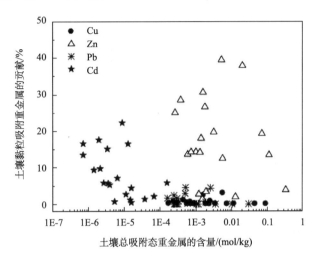

图 14.28　土壤总吸附态重金属与土壤黏粒吸附的关系

3）无定形氧化物表面的吸附贡献

模型预测表明无定形 Fe、Al 氧化物对重金属 Cd 的吸附贡献非常小，平均吸附贡献率均在 1%以下。

从图 14.26 可以看出，对于所研究土壤，除土壤有机质、黏粒、无定形 Fe、Al 氧化物之外，仍有其他因素控制着重金属的固液分配。上述研究表明，活性态 Si 和 P 也是影响重金属固液分配的重要因素，但是由于很难获得相应模型参数，本章并未计算活性 Si 和 P 的吸附。在土壤具有高含量重金属时，重金属容易与土壤中的其他碳酸盐和磷酸盐生成沉淀（图 14.29）。

二、土壤中镉的吸附-解吸行为及影响因素

（一）长江三角洲地区典型土壤对镉的吸附-解吸及影响因素

供试土壤 45 个，其中 30 个为长江三角洲地区典型类型表层土壤，根据矿物组成、有机碳含量和母质情况选择了 4 个完整剖面土壤（SEBC-13，19，21，25）的土壤样品 19 个。采样地区是江苏的苏南地区、浙江的浙东北地区和上海市区，区域性土壤有黄棕壤、黄褐土、黄壤、黄红壤、红壤、人为土；母质类型有长江冲积物、湖相沉积物、海相沉积物、江河海沉积物、坡积物和下蜀黄土，土地利用方式以水田为主。

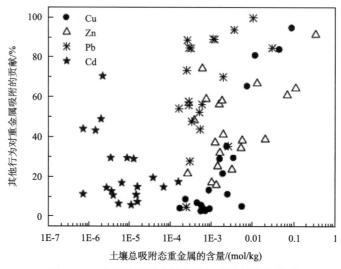

图 14.29　土壤总吸附态重金属与其他行为的关系

1. 土壤对镉的吸附及其影响因素

1）土壤对镉吸附等温曲线

土壤对 Cd 的吸附行为均能很好地用 Freundlich（$Q_e = K_f C_e^n$）吸附方程拟合，在此，只列出部分土壤的吸附等温曲线，如图 14.30 所示。Freundlich 模型中，K_f 为吸附容量参数（$(\mu g/g)/(\mu g/L)^n$），代表吸附能力的大小，K_f 值越大，说明吸附介质具有更多的吸附点位，有更强的吸附能力；n 表征吸附强度，也表征吸附等温线偏离线性吸附的程度，$n=1$ 为线性吸附。从图 14.30 可以看出，所有吸附都是非线性的，土壤非线性程度存在差异。

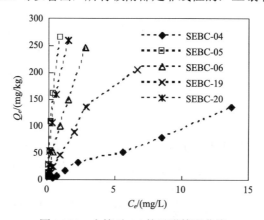

图 14.30　土壤对 Cd 的吸附等温曲线

通过 Freundlich 模型相关系数（$R^2>0.85$）可以确定用 Freundlich 模型来拟合各土壤对 Cd 的吸附是比较合适的，$n<1$ 或 $n>1$ 说明所用土壤对 Cd 的吸附是非线性；n 值存在一定的差异，说明土壤对 Cd 吸附的非线性程度不同（表 14.21）。土壤对金属元素的吸附，不单纯是表面吸附，还包括在土壤有机质的分配、进入土壤微孔或通过扩散作用进入土壤母质以及沉淀或共沉淀等过程（Sposito，1984；Barrow et al.，1981）。铝硅酸盐矿物（黏土矿物、云母等）具有永久电荷和不同反应性的-OH，它们通过静电吸附、表面可交换离子吸附点位、配位络合（McBride，1994）等方式来吸附和固持土壤中的金属离子，因而土壤 Cd 的吸附存在非均相扩散过程（张增强等，2000）。同时，土壤有机质具有高度不均匀的性质，其中单位富里酸（FA）含有羧基浓度是胡敏酸（HA）的 2 倍，而 FA 对金属具有更强的吸附能力（Businelli et al.，1999）。腐殖酸吸附金属的能力与腐殖酸的分子量有关，分子量更大的组分对金属的配位量更多，这些性质使土壤对 Cd 的吸附表现出一定的非线性特性。因此，供试土壤对 Cd 的非线性行为可归因于 Cd 与具有不同反应性的铝硅酸盐矿物发生作用以及在不同结构有机质（如 FA 和 HA）的配位吸附的结果，即非均相扩散；而 Cd 在供试土壤上的非线性吸附程度的差异，可能与土壤采自不同的地点，其母质的不同以及具有不同的历史发生过程而导致土壤有机质具有不同的性质、以及不同土壤 pH 有关，具体原因还有待于进一步深入研究。

表 14.21　溶液 pH 对 Freundlich 模型参数（n）的影响

土样	pH	Freundlich 参数（$Q_e = K_f \cdot C_e^n$）	土样	pH	Freundlich 参数（$Q_e = K_f \cdot C_e^n$）
		n			n
乌黄土	1.9	1.92	滩潮土	1.9	0.62
	2.9	0.80		2.9	0.61
	4.0	0.75		4.0	—
	5.5	0.74		5.5	0.67
	7.2	0.70		7.2	0.66
青紫泥	1.9	3.48	黄泥砂土	1.9	2.83
	2.9	0.80		2.9	1.77
	4.0	1.00		4.0	1.54
	5.5	0.85		5.5	1.39
	7.2	0.84		7.2	1.36

注：—为无数据。

土壤对 Cd 的吸附量随处理溶液 Cd 浓度的升高而增加。当处理溶液 Cd 浓度为 0.73 mg/L 时，碱性土 SEBC-20 对 Cd 的吸附量（2.96 mg/kg）小于处理溶液 Cd 浓度为 27.27 mg/L 时的吸附量（258.53 mg/kg），这暗示在所处理的初始浓度范围内（0.73～27.27 mg/L）土壤对 Cd 的吸附还没达到饱和，说明土壤对 Cd 的吸附还很有潜力，尤其是土壤 pH 和有机质含量高的土壤，这些充分说明土壤是 Cd 等污染物的巨大的库。

2）土壤性质对 Cd 吸附的影响

（1）pH 对土壤 Cd 吸附的影响

母质相似而 pH 不同的土壤对 Cd 的吸附等温方程符合 Freundlich 方程。从 Freundlich 常数（表 14.22）可以看出，各土壤对 Cd 吸附的 K_f 值和 n 有一定的差异，pH 值高的土壤 K_f 值大于 pH 相对较低的土壤，K_f 与土壤 pH 成正相关，即 pH 高的土壤对 Cd 的吸附量大（图 14.31），n 值表现出相反的趋势。

表 14.22　土壤 Cd 吸附 Freundlich 参数

样品	Freundlich 参数（$Q_e = K_f * C_e^n$）		
	K_f	n	R^2
SEBC-04	13.312	0.870	0.990
SEBC-07	34.105	0.803	0.990
SEBC-11	14.240	0.887	0.997
SEBC-17	17.985	0.806	0.997
SEBC-19	54.402	0.760	0.997
SEBC-26	132.340	0.658	0.998
SEBC-29	111.430	0.695	0.997

注：K_f 单位（μg/g）/（μg/L）^{n}。

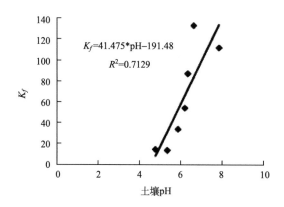

图 14.31　母质相似土壤 Cd 吸附系数 K_f 与土壤 pH 的关系

　　土壤在不同溶液 pH 条件下，Cd 吸附 Freundlich 模型拟合参数见表 14.23。溶液初始 pH 在 1.9～2.9 时，土壤对 Cd 的吸附量随 pH 升高而大幅度提高；在 4.0～5.5 时，土壤对 Cd 的吸附量随 pH 升高而明显增大，且吸附强度变化不明显；介质 pH 在 5.5～7.2 时，土壤对 Cd 的吸附量增加不明显，但其 K_f 值均随介质 pH 升高而增大，且吸附强度变化不明显。

　　土壤 Cd 吸附 K_f 值与土壤 pH 的相关关系（$r=0.86$，$p<0.01$，$n=45$）、pH 条件实验、多元回归分析（方程为 $\log K_f = 0.540 \times \text{pH} + 0.016 \times \text{SOM} - 2.220$（$R^2=0.78$，$n=45$））以及 pH 和有机质通径系数分别为 0.92 和 0.26，充分说明 pH 是影响土壤对 Cd 吸附的主要控制因素，与前人的研究结论一致（Adhikari and Singh，2003；章钢娅和骆永明，2000；Gray et al.，1999）。土壤 pH 直接控制着重金属氢氧化物、碳酸盐、磷酸盐的溶解度，重金属的水解，离子半径的形成，有机物质的溶解及土壤表面电荷的性质，因而在重金属吸附过程中起着主导作用（Adhikari and Singh，2003；Sauve et al.，1998b）。

表 14.23 溶液 pH 对 Freundlich 模型参数（K_f 和 R^2）的影响

土样	pH	Freundlich 参数（$Q_e = K_f \cdot C_e^{\,n}$）		土样	pH	Freundlich 参数（$Q_e = K_f \cdot C_e^{\,n}$）	
		K_f	R^2			K_f	R^2
乌黄土	1.9	5.54	0.97	滩潮土	1.9	141.47	0.99
	2.9	91.59	0.99		2.9	382.86	0.96
	4.0	96.54	0.99		4.0	—	—
	5.5	120.25	0.99		5.5	432.39	0.97
	7.2	131.01	0.97		7.2	463.08	0.97
青紫泥	1.9	0.46	0.97	黄泥砂土	1.9	0.73	0.90
	2.9	47.02	0.95		2.9	6.01	0.93
	4.0	56.25	0.98		4.0	9.94	0.94
	5.5	60.50	0.99		5.5	12.94	0.93
	7.2	61.72	0.99		7.2	13.74	0.94

注：一为无数据。

土壤 Cd 吸附容量随 pH 升高而增加的原因可能是，一方面 pH 升高，来自 H^+ 的竞争吸附减小（Spark et al.，1995），而在酸性土壤中，由于对吸附力较强的某些阳离子浓度较高（如 H^+、Fe^{3+}、Fe^{2+}、Al^{3+} 等），外源金属离子趋向游离，增加了活性，土壤对 Cd 的吸附减小；另一方面，土壤中存在大量的硅烷醇、无机氢氧基和有机功能团等表面功能团，高 pH 时这些土壤表面功能团和边面断键的-OH 功能团带负电荷，与阳离子（如 Cd^{2+}）吸附形成内圈化合物，即 $S\text{-}OH + Me^{2+} + H_2O \longleftrightarrow S\text{-}O\text{-}MeOH^{2+}$（Bradl，2004）。土壤中的氧化物和胡敏酸对重金属的吸附遵从"类金属"吸附机制，吸附量随 pH 升高而增加（Kooner，1993）。

pH 条件实验中，当溶液初始 pH=4.0 时，吸附量和吸附能力 K_f 值较小，但溶液初始 pH=5.5 时，土壤对 Cd 的吸附增大且吸附强度变化不明显，如 pH 为 4.0 和 5.5 时，SEBC-06 对 Cd 的吸附常数 K_f 分别为 96.54（μg/g）/（μg/L）^{n} 和 120.25（μg/g）/（μg/L）^{n}，吸附强度参数 n 分别为 0.76 和 0.75，也就是说吸附量显著加大的同时不会导致解吸的明显增加。这表明土壤在溶液初始 pH 为 4.0~5.5 范围内，pH 对土壤 Cd 吸附容量影响显著，pH 的升高明显提高了土壤 Cd 的吸附容量。溶液初始 pH>5.5 时，土壤对 Cd 的吸附量增加不明显，所加入 Cd 已基本完全被土壤所吸附，吸附量大小受 pH 的影响较小，且吸附强度（解吸）变化不明显，这暗示 Cd 溶液浓度为 0.73~27.27 mg/L 条件下，pH 条件试验所用的四种土壤（SEBC-06、SEBC-19、SEBC-20 和 SEBC-25）的吸附仍然没有达到饱和。

长江三角洲地区土壤 pH 差异很大，变幅在 4.3~8.9，30 种典型土壤中，近 40% 土壤的 pH<5.5，对于 pH 较低的土壤，一方面，本身对 Cd 的吸附能力和强度较低，对外源 Cd 的缓冲能力小，且土壤吸附的 Cd 也较易释放，在较低的外源 Cd 浓度下就可能对生态和环境造成潜在危害。另一方面，由于酸雨沉降，导致土壤进一步酸化，土壤对 Cd 的吸附能力下降。因此，在制定地区或区域性土壤环境质量标准时，应考虑土壤 pH 对土壤吸附和吸附容量的贡献。

（2）有机质对土壤 Cd 吸附的影响

从吸附曲线 Freundlich 方程吸附常数 K_f 与土壤有机质的含量关系（图 14.32）以及关系函数（$\log K_f = 0.0288 \times \text{SOM} + 1.8454$，$R^2 = 0.66$）可以看出，母质相似但有机质含量不同的土壤对 Cd 吸附的非线性程度和吸附量都存在差异。土壤有机质含量高，土壤对 Cd 的吸附量大。

土壤去除有机质后，SEBC-06 和 SEBC-19 吸附量明显降低（图 14.33），K_f 值分别从 $115.32\,(\mu g/g)/(\mu g/L)^n$ 和 $54.39\,(\mu g/g)/(\mu g/L)^n$ 降到 $18.18\,(\mu g/g)/(\mu g/L)^n$ 和 $7.55\,(\mu g/g)/(\mu g/L)^n$。

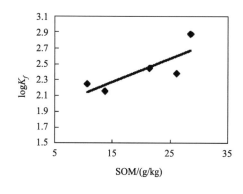

图 14.32　母质相似土壤 Cd 吸附
系数 K_f 与土壤 pH 的关系

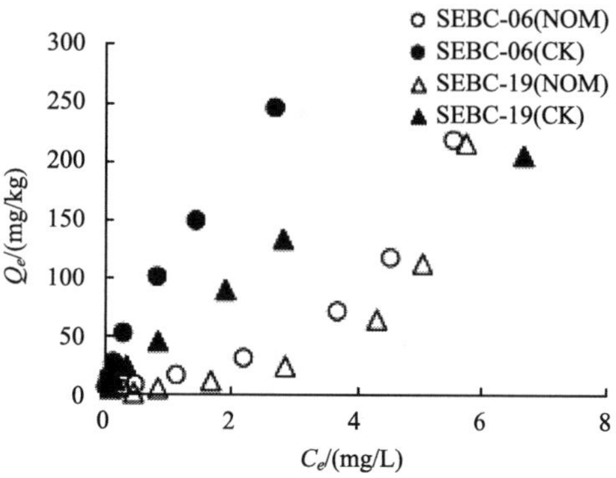

图 14.33　去有机质前后土壤对 Cd 的吸附
（NOM 为去有机质土壤）

在 Freundlich 模型中，K_f 和 n 分别为吸附容量参数和吸附强度、等温线的非线性参数。K_f 值越大，说明吸附介质具有更多的异质性吸附点位，有更强的吸附能力。本书中，去除有机质后的 SEBC-06 和 SEBC-19 K_f 明显降低、土壤 K_f 与有机质含量的正相关关系（$r = 0.47$，$p < 0.05$）以及多元回归分析结果均说明土壤有机质对 Cd 的吸附起重要作用，有机质含量越高土壤对 Cd 的吸附量越大，与 Elliot 等人的研究结论一致（Hooda and Alloway，1998；Elliot et al.，1986）。但也有研究表明，土壤 Cd 吸附能力与土壤有机质含量之间未发现明显的相关性（Yuan and Lavkulich，1997），可溶性有机质（DOM）对土壤中 Cd 的吸附行为具有明显的抑制作用，且这种抑制作用与土壤类型和 DOM 种类有关（陈同斌和陈志军，2002），抑制程度依赖于两种有机-金属（HA-HM 和 FA-HM）形态的相对稳定性（Harter and Naidu，1995）。腐殖酸促进了土壤 Cd 的溶解性，但在高 pH 下并不显著。因为一方面在高 pH 时腐殖酸溶解度增加，表现在溶解性胡敏酸和富里酸能抑制金属在硅酸盐、氧化物上的吸附，促进微量金属从黏土矿物的吸附点位上解离、溶解（Zachara et al.，1994）；另一方面在高 pH 条件下，腐殖酸-金属配位稳定性更高，阻抑了金属从配位物中的释放。

有机质含量高的土壤具有更高的吸附容量，主要归因于有机质具有大量的功能团、较高的 CEC 值和较大的表面积，它们通过表面络合、离子交换和表面沉淀三种方式增加土壤对重金属的吸附能力（Kalbitz and Wennrich，1998）。例如，研究表明，发生离解后的腐殖酸与重金属络合，其络合物与黏土有一定的结合力，从而增强了土壤对重金属的吸附能力，此表面络合物称为"类金属"或"A"型吸附（Osterberg and Mortensen，1992），吸附量随 pH 升高而增加（Bradl，2004）。土壤腐殖酸总结合容量中约 1/3 的有效位点用于阳离子交换过程，其余约 2/3 用于金属配位（Schuster，1991）。金属与腐殖酸的结合不仅发生在腐殖酸表面，还发生在腐殖酸分形结构内部的功能基团上（Osterberg and Mortensen，1992），所以络合本质从纯静电到强的共价键结合都存在（Sposito，1986，1984；Davydova et al.，1975）。有报道指出，腐殖酸的酚羟基参与了 Cd^{2+}-腐殖酸配位物的形成，合成腐殖酸的憎水成分能提供一"笼状"构型环绕着 Cd^{2+}，使得腐殖酸-镉配位物具有一定的稳定性（Datta et al.，2001），Cd 与有机质中的羧基结合形成内球体配位物，因而有机质含量高、Cd 吸附量大的土壤，其吸附强度虽然不一定最大，但也不一定是最低的。

（3）矿物组成对土壤 Cd 吸附的影响

pH 相似母质不同的土壤对 Cd 的吸附也存在差异（图 14.34）。各种土壤对 Cd 的吸附等温方程符合 Freundlich 方程，K_f 以 SEBC-11 母质为河湖相沉积物的浙江绍兴铁聚潜育水耕人为土最大（$K_f=14.240\,(\mu g/g)/(\mu g/L)^n$），而浙江杭州（SEBC-10）母质为第四纪红土坡积物的普通黏化湿润富铁土最小（$K_f=1.418\,(\mu g/g)/(\mu g/L)^n$）。

有机质含量相似而母质不同的土壤对 Cd 的吸附也存在差异（图 14.35）。K_f 以浙江嘉兴河海相沉积物发育的石质淡色湿润雏形土最大（$K_f=6.643\,(\mu g/g)/(\mu g/L)^n$），浙江杭州母质为第四纪红土坡积物的普通黏化湿润富铁土最小（$K_f=1.418\,(\mu g/g)/(\mu g/L)^n$）。

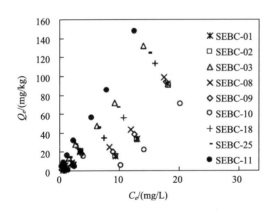 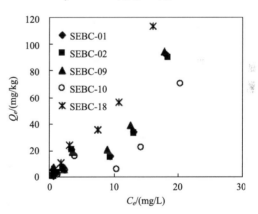

图 14.34　pH 相似而母质不同土壤对 Cd 的吸附　　图 14.35　有机质含量相似母质不同土壤对 Cd 的吸附

土壤对 Cd 的吸附受土壤矿物组成的影响。土壤 Cd 吸附 Freundlich 方程吸附参数 K_f 与土壤石英含量呈负相关关系，相关系数 $r=-0.71$（$p<0.01$，$n=45$），K_f 与方解石、伊利石和绿泥石的成正相关关系，相关系数 r 分别为 0.64（$p<0.01$，$n=8$），0.62（$p<0.01$，$n=44$）和 0.54（$p<0.01$，$n=39$），K_f 与高岭石和斜长石的相关系数分别为 0.40（$p<0.05$，$n=34$）和 0.31（$p<0.05$，$n=44$）。表明土壤中的方解石、伊利石、绿泥石和高岭石等黏土矿物高土壤对 Cd 的吸附量大。主要归因于铝硅酸盐（黏土矿物、云母等）具有永久电荷和不同反应性的-OH。这些矿物可通过静电吸附、表面可交换离子吸附点位（Davis and Kent，1990）、配位络合（McBride，1994）等方式来吸附和固持土壤中的金属离子。Zachara 等（1991，1988）研究发现，在低初始浓度条件下（$<10^{-5}$ mol/L）Cd^{2+} 通过离子交换占据方解石表面的 Ca^{2+} 的位置，亲合力的大小受金属离子半径和静电环境影响。氧化铝表面的末端-OH 基一旦去质子，其金属键合力远远大于桥际-OH 基（McBride，1994）。

（4）影响 Cd 吸附的主要土壤性质

将土壤基本性质与 Cd 吸附容量因子作简单相关（Pearson）关系，结果表明，$\log K_f$ 与 pH 的相关系数 $r=0.84$（$p<0.01$，$n=45$），与有机质含量相关系数 $r=0.62$（$p<0.05$，$n=30$），与 $CaCO_3$ 含量的相关系数 $r=0.56$（$p<0.01$，$n=45$）与铁氧化物的相关系数 $r=0.48$（$p<0.05$，因铁氧化物含量差异很大，因此将其值对数化后，再与 K_f 值作相关分析），与锰氧化物的相关系数 $r=0.62$（$p<0.01$，$n=30$，锰氧化物含量差异很大，因此将其值对数化后，再与 K_f 值作相关分析），表明 pH、有机质、$CaCO_3$ 和铁锰氧化物含量较高的土壤对 Cd 有更大的吸附容量。

为查明哪一种或哪几种土壤性质对典型类型土壤 Cd 吸附容量因子 K_f 大小影响最大，以 pH、OM、$CaCO_3$、$\log Fe_2O_3$、黏粒和 $\log MnO$ 为自变量，$\log K_f$ 为因变量作多元逐步线性回归分析，见表 14.24。回归方程为 $\log K_f = 0.540 \times pH + 0.016 \times SOM - 2.220$（$R^2=0.78$，$n=45$），说明土壤 pH 和有机质含量是 Cd 吸附的主控因子。

表 14.24　Cd 吸附 Freundlich 参数（$\log K_f$）与土壤性质的回归分析

因变童	R^2	Con.	自变量						
			pH	SOM	log $CaCO_3$	Fe_2O_3	MnO	CEC	Clay
Cd	被引入的自变量数=2								
1	0.703	−1.536	0.492						
2	0.775	−2.220	0.540	0.016					
	强制引入的额外自变量								
1	0.770		+	+	+				
2	0.771		+	+	+	+			
3	0.768		+	+	+	+	+		
4	0.763		+	+	+	+	+	+	
5	0.756		+	+	+	+	+	+	+

多元逐步回归方程并不能将自变量对因变量的影响程度定量，因而，在多元线性回归分析的基础上作通径分析（path analysis）。通径分析是研究变量间相互关系、自变量对因变量作用方式、程度的多元统计分析技术。通径分析结果表明，pH 和有机质通径系数分别为 0.92 和 0.26，表明 pH 对土壤 Cd 吸附容量的影响远大于有机质含量。

所研究的土壤对 Cd 的吸附都存在一定的差异：土壤 pH、有机质含量不同而母质相似的土壤对 Cd 的吸附差异明显；pH、有机质含量相似而母质不同的土壤对 Cd 的吸附不同；不同剖面层次土壤对吸附表现出从剖面的表层土壤到底层土壤对 Cd 的吸附增加，与土壤 pH 和层状硅酸盐黏土矿物（如绿泥石）含量增加的趋势一致；土壤 Cd 吸附容量因子 $\log K_f$

与 pH、有机质、$CaCO_3$、铁氧化物、锰氧化物呈正相关，说明土壤 pH、有机质、$CaCO_3$ 和铁锰氧化物含量较高的土壤对 Cd 有更大的吸附容量，这与前人研究结果一致（Adhikari and Singh，2003；章钢娅和骆永明，2000；陈怀满，1988）。铁锰氧化物既有永久电荷，也有可交换离子吸附点位，可静电吸附金属元素形成外层络合物，也可通过共价键形成内层络合物，如铁氧化物表面功能团$\equiv Fe\text{-}OH$ 可以去质子的形式（$\equiv Fe\text{-}O\text{-}$），与金属离子 Me^{2+} 键合：$\equiv Fe\text{-}OH + Me^{2+} \longleftrightarrow \equiv Fe\text{-}OMe^{2+} + H^+$（Bradl，2004），因而对土壤吸附金属元素影响较大（Davis and Kent，1990）。已有研究指出，当 Cd 含量高时，低 CEC 和有机质含量的碱性砂质土壤以形成 $CdCO_3$ 沉淀方式来吸附 Cd^{2+}（McBride，1980）。

多元回归和通径分析表明，土壤铁锰氧化物、碳酸钙含量、阳离子交换量等土壤性质均影响土壤对 Cd 吸附，但不是主要的影响因子；对土壤 Cd 吸附起控制作用的、关键的土壤性质是土壤 pH 和有机质含量，其中 pH 的作用远大于有机质含量。铁锰氧化物在本实验中不是影响 Cd 吸附的主要介质，这可能与实验土壤有机质含量较高，它们在土壤表面可能形成一层有机质膜有关。

3）剖面不同层次土壤对 Cd 的吸附

Cd 在各个层次土壤的吸附等温曲线见图 14.36。从图中可以看出，不同剖面层次土壤 Cd 吸附存在差异，总的趋势是从表层到底层，土壤对 Cd 的吸附呈现明显上升，与土壤 pH、CEC 和绿泥石趋势一致。尤其是浙江湖州的铁聚潜育水耕人为土（SEBC-25）和浙江嘉兴的普通潜育水耕人为土（SEBC-19）。

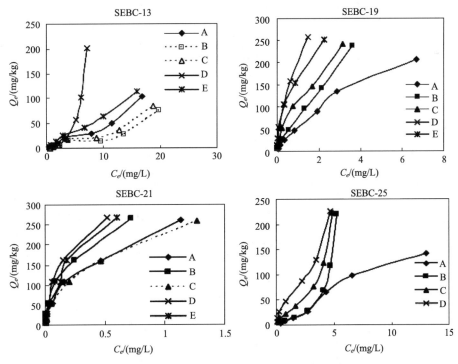

图 14.36　剖面不同发生层土壤对 Cd 的吸附

A～E：剖面表层到第五发生层

4）温度对土壤镉吸附的影响

四种土壤在 25 ℃和 35 ℃条件下 Cd 吸附 Freundlich 拟合结果见表 14.25。从表中可知 SEBC-06、SEBC-19、SEBC-20 和 SEBC-25 对 Cd 的吸附量均随温度升高而增加。

表 14.25　土壤在 25 ℃和 35 ℃条件下 Cd 吸附 Freundlich 参数

土样	Freundlich 参数（$Q_e=K_f \cdot C_e^n$）					
	T=25 ℃			T=35 ℃		
	K_f	n	R^2	K_f	n	R^2
乌黄土	115.36	0.76	1.00	134.88	0.72	0.99
青紫泥	54.40	0.76	1.00	61.53	0.83	0.99
滩潮土	238.77	0.60	0.97	477.07	0.66	0.99
黄泥砂土	10.74	1.08	0.99	17.96	0.84	1.00

SEBC-06、SEBC-19、SEBC-20 和 SEBC-25 在 25 ℃和 35 ℃条件下 Cd 吸附反应的吉布斯自由能变化 $\Delta G°$ 均为负值（表 14.26），在同一温度条件下，其绝对值大小为：SEBC-20>SEBC-06>SEBC-19>SEBC-25。同一土壤 Cd 吸附反应的 $\Delta G°$ 在较高温度条件下（35 ℃）比较低温度（25 ℃）下负值的绝对值更大。

SEBC-06、SEBC-19、SEBC-20 和 SEBC-25 Cd 吸附反应焓变化 $\Delta H°$ 均为正值（7.06～50.91 kJ/mol），反应熵变（25 ℃和 35 ℃）大小：SEBC-20>SEBC-06> SEBC-25>SEBC-19。

表 14.26　土壤吸附 Cd 的热力学参数

土样	$K°$		$\Delta G°/$（kJ/mol）		$\Delta S°/$（J/mol/K）		ΔH^0
	25 ℃	35 ℃	25 ℃	35 ℃	25 ℃	35 ℃	（kJ/mol）
乌黄土	16.41	22.75	−6.76	−7.70	106.31	109.46	24.92
青紫泥	6.28	6.89	−4.39	−4.84	38.42	39.94	7.06
滩潮土	93.79	182.74	−10.52	−12.87	206.13	214.00	50.91
黄泥砂土	1.17	1.66	−0.35	−1.23	90.80	93.77	26.71

温度升高使土壤对 Cd 的吸附量增加，其原因与土壤 Cd 吸附过程的热力学参数有关。吉布斯自由能变化 $\Delta G°$ 值可衡量吸附反应达到平衡之前溶液中溶质的减少量，因此，$\Delta G°$ 值越负，土壤对 Cd 的吸附量越大（Adhikari and Singh，2003）。SEBC-06、SEBC-19、SEBC-20 和 SEBC-25 四种土壤 Cd 吸附吉布斯自由能变 $\Delta G°$ 均为负值，且随温度升高负值的绝对值也增大（表 14.25），暗示着土壤 Cd 吸附反应为自发反应，其自发性和吸附量随温度的升高而加大，土壤中 Cd 的解吸过程是非自发过程。四种土壤 Cd 反应焓变 $\Delta H°$ 均为正值（7.06～50.91 kJ/mol），表明土壤 Cd 吸附反应为吸热反应。$\Delta G°$ 和反应焓变 $\Delta H°$ 两个热力学参数均解释了温度升高有利于土壤对 Cd 的吸附，意味着四种土壤对外源 Cd 的缓冲能力以及土壤中 Cd 的迁移性和活性可能具有季节性（夏季>冬季）。

同一温度条件下，SEBC-06、SEBC-19、SEBC-20 和 SEBC-25 土壤 $\Delta G°$ 值均为负值，但是其大小差异较大，绝对值大小为：SEBC-20>SEBC-06>SEBC-19> SEBC-25，表明四种土壤对 Cd 的吸附能力大小为：SEBC-20>SEBC-06>SEBC-19> SEBC-25，这与 Fruendlich 方程 K_f 值大小得出的结果互相印证。$\Delta G°$ 越负，其化合物越稳定，因此可推断四种土壤中，SEBC-20 对 Cd 的固持力最大，Cd 的迁移性和有效性最低，其次是 SEBC-06，而 SEBC-25 的 Cd 最易解吸。这与解吸试验所得结果一致，四种土壤平均解吸率大小为：黄泥砂土（35.85%）>青紫泥（9.44%）>乌黄土（3.62%）>滩潮土（0.67%）。可见，土壤 Cd 吸附反应 $\Delta G°$ 值可预测土壤 Cd 的吸附能力和解吸能力。$\Delta G°$ 越负，土壤对 Cd 的吸附越大，其解吸越小，迁移性也就越大。

SEBC-20 Cd 吸附反应熵在 25℃和 35℃时均显著大于其他几种土壤，说明 SEBC-20 对 Cd 的吸附无序度更大、更不易被解吸。

吸附热是区别化学吸附和物理吸附的一个重要标志，是吸附质和吸附剂间各种作用力共同作用的结果，不同作用力在吸附中所放出的热不同，Von 等（1991）测定了各种不同作用力引起的吸附热范围，范德华力的吸附热为 4～10 kJ/mol，疏水键力约为 5 kJ/mol，氢键力为 20～40 kJ/mol，配位基交换约为 40 kJ/mol，偶极间力为 2～29 kJ/mol，化学键力>60 kJ/mol。本书中，SEBC-06 和 SEBC-25 土对 Cd 的吸附热分别为 24.92 kJ/mol 和 26.71 kJ/mol，因此，推断其主要吸附机理为偶极间力和氢键力共同作用；SEBC-19 对 Cd 的吸附热为 7.06 kJ/mol，推断其吸附机理主要为范德华力和疏水键力作用；而 SEBC-20 的吸附热最大，为 50.91 kJ/mol，推断其主要吸附作用力为配位基交换和氢键力。由此可以看出土壤类型性质不同，对 Cd 的吸附机理也可能不同。

2. 土壤中 Cd 的解吸及滞后效应

1）土壤中 Cd 的解吸行为

供试土壤 Cd 的解吸符合 Freundlich 模型（R^2>0.95）。在此，只列出部分土壤的吸附等温曲线（图 14.37）。所有土壤 Cd 的解吸都是非线性的，各土壤 K_f 和 n 存在差异。土壤 Cd 解吸率与土壤 pH、碳酸钙含量和 CEC 呈负相关关系，相关系数分别为-0.85，-0.45 和-0.39（$p<0.01$，$n=45$），说明 pH、碳酸钙含量和 CEC 越低，Cd 越易解吸，与 Cd 的吸附相反。

多元逐步回归分析见表 14.27，得出 $\log K_f=-1.622+0.495\times pH+0.013\times SOM$（$R^2=0.82$，$n=45$），表明土壤对 Cd 的解吸主要受 pH 和土壤有机质（SOM）含量的影响。强制引入一些自变量，并没提高 R^2 值，因此，土壤 Cd 固相/液相分配模型为 $\log K_f=0.495\times pH+0.013\times SOM-1.622$（$R^2=0.82$，$n=45$）。

土壤 Cd 解吸行为既有共性也有特性（图 14.37），其共性是，在较低 Cd 处理浓度和较低土壤 Cd 吸附量时，Cd 解吸量和解吸率也较小，随着土壤 Cd 处理浓度和吸附量的增加，解吸量和解吸率明显增加。如当处理浓度为 0.73 mg/L，SEBC-24 Cd 吸附量为 6.25 mg/kg 时，解吸量为 0.38 mg/kg，解吸率为 6.02%；而 SEBC-20 Cd 吸附量为 7.22 mg/kg，解吸量为 0.03 mg/kg，解吸率为 0.37%。Cd 处理浓度为 27.27 mg/L 时，SEBC-24 Cd 吸附量为 187.36 mg/kg，解吸量为 30.75 mg/kg，解吸率为 16.41%；SEBC-20 Cd 吸附量为 258.53 mg/kg，解吸量为 4.38 mg/kg，解吸率为 1.69%。其特性是，在相同吸附量条件下，不同土壤 Cd 解吸率差异显著，土壤 Cd 解吸率与土壤 pH、碳酸钙含量和 CEC 呈负相关关系，相关系数 r 分别为 -0.85，-0.45 和 -0.39（$p < 0.01$，$n=45$），碳酸钙含量和 pH 愈高，解吸率愈小。

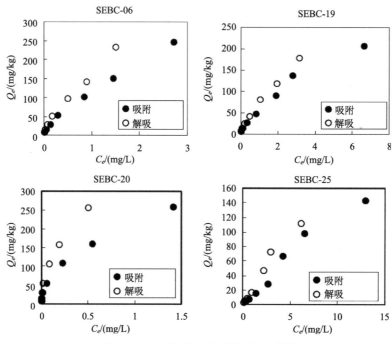

图 14.37　土壤对 Cd 的吸附-解吸曲线

表 14.27　Freundlich 参数（$\log K_f$）与土壤性质的回归分析

因变量	R^2	Con.	自变量						
			pH	SOM	Log CaCO₃	Fe₂O₃	MnO	CEC	Clay
Cd	被引入的自变量数=2								
1	0.754	−1.032	0.451						
2	0.817	−1.622	0.495	0.013					
	强制引入的额外自变量:								
1	0.813		+	+	+				
2	0.823		+	+	+	+			
3	0.819		+	+	+	+	+		
4	0.815		+	+	+	+	+	+	
5	0.809		+	+	+	+	+	+	+

2）土壤中 Cd 解吸的滞后效应

土壤对 Cd 的解吸存在明显的滞后效应。金属吸附解吸滞后作用的形成机理有多种假说。首先，金属离子与土壤之间的作用多属于动态的不可逆的慢过程，随着反应时间的增加，反应朝不可逆的方向进行，使得正反应速率始终大于逆反应速率。Cd 与土壤胶体形成的配位物不容易被解吸到土壤溶液中，尤其是 Cd 通过物理或化学方式与土壤有机-无机复合体结合（如金属氧化物和氢氧化物）或是直接陷入土壤微孔或通过扩散作用进入土壤母质形成结合残留态更不易被解吸，pH 越高，越不易被解吸（McBride，1994；Barrow et al.，1981）；其次土壤老化形成了稳定的表面覆盖层，对重金属的滞留发挥着重要的作用，解吸不可逆性的特征更明显（Hubbard，2002）。土壤有机质是多孔的、具有多种组分和复杂结构的物质。污染物分配在 HA/FA 相覆盖在介质（如土壤）颗粒或液相中，而在硬的腐殖物质（Hu 相）上的分配是陷在介质的空隙内部。在足够的时间条件下，污染物进入 Hu 相（Bogan and Trbovic，2003），一旦进入 Hu 相，污染物很难释放；此外，在 Cd 的解吸过程中，土壤溶液组成的变化也可能对其吸附解吸的滞后现象有一定的贡献；也有研究表明土壤有机、无机胶体表面电荷密度（SCD）对滞后现象具有一定的作用，SCD 越高，滞后现象越明显。

由 Cd 的吸附-解吸曲线看出，解吸曲线均靠近纵轴且明显滞后于吸附曲线，表明解吸存在明显的滞后现象，土壤滞后程度存在差异，以碳酸钙含量较高的微碱性土壤SEBC-20 的滞后程度越大，而酸性土壤 SEBC-25 滞后现象不明显。为进一步认识 Cd 吸附解吸的滞后现象，使研究结果具有可比性，对滞后现象进行量化。在这方面学者们进行了大量研究。Ma 和 van der Voet（1993）把滞后作用定义为吸附解吸等温线的最大差值。通过数学简化后可得滞后系数 ω 的表达式：

$$\omega = \left(\frac{n_{ads}}{n_{des}} - 1 \right) \times 100$$

Cox 等（1997）根据吸附和解吸参数 n 定义滞后系数 H 为

$$H = \frac{n_{des}}{n_{ads}} \times 100$$

式中，n_{des} 为解吸强度因子，n_{ads} 为吸附强度因子。滞后系数 H 使用简便，可用于依时解吸等温曲线和传统解吸等温曲线的滞后量化。相比之下滞后系数 ω 只用于传统解吸等温线的滞后量化计算。Huang 和 Weber（1997）将滞后系数 HI 定义为

$$HI = \frac{q_e^D - q_e^S}{q_e^S} \Big|_{T, C_e}$$

q_e^D、q_e^S 分别指吸附和解吸过程中在一定温度（T）和平衡浓度（C_e）下，吸附质在土壤的吸附量，此公式的优点是可计算不同平衡浓度时的吸附解吸滞后系数。因此，本书使用 Cox 等（1997）的滞后系数 H 和 Huang 等（1998）的滞后系数 HI 对 Cd 解吸的滞后现象量化计算。滞后系数与土壤性质作相关性分析，结果表明，滞后系数 H 或 HI 与 pH 呈显著正相关，相关系数 r 为 0.47（$p<0.05$），与碳酸钙、铁锰氧化物和有机质含量的相关性不显著，但仍呈一定的正相关，SEBC-19 去除有机质后滞后系数从 98 下降到 87，

说明土壤 pH、碳酸钙、铁锰氧化物和有机质含量越高，土壤 Cd 的滞后程度也越大。因而，供试土壤 Cd 吸附-解吸滞后现象可归结为 Cd 与土壤有机-无机复合体结合成难解吸态 Cd（特别是 pH 较高时）或通过扩散作用进入土壤有机质的 Hu 相和陷入土壤微孔以及土壤的老化；而 Cd 在供试土壤上滞后程度的差异，可能与土壤采自不同的地点，其母质的不同以及具有不同的历史发生过程而导致土壤有不同的 pH 和有机-无机复合体，具体原因还有待于进一步深入研究。另外，同一土壤吸附解吸滞后系数还表现出平衡浓度（C_e）加大，HI 也加大的趋势。

土壤 Cd 释放是一个长期过程，即使土壤 Cd 浓度较低，吸附态 Cd 也不会很快地被解吸，而是缓慢地释放，因此 Cd 污染土壤对环境造成二次污染的可能性是长期存在的。

土壤 pH 和有机质含量对 Cd 的吸附和滞留非常重要，尤其是土壤 pH。根据固液分配模型 $\log K_f = 0.495 \times pH + 0.013 \times SOM - 1.622$（$R^2 = 0.82$，$n = 45$）和 n 取平均值 0.915，得出土壤 pH≤5.5、SOM≤15 mg/kg 时，土壤总 Cd 浓度即使较低（≤0.3 mg/kg），土壤中的 Cd 也表现出较高的活性。pH 提高或降低 0.5 个单位都引起土壤溶液中 Cd 浓度的较大变化，因而建议制定长江三角洲地区土壤 Cd 环境质量标准时，pH 可以 0.5 个单位来划分。同时，也应考虑土壤有机质的作用。

本实验所研究的土壤是长江三角洲地区主要的、典型类型土壤，不同土壤类型和土壤性质表现出对 Cd 的吸附和解吸明显差异，土壤 pH 和有机质含量对土壤吸附和解吸起主要控制作用。pH 和有机质含量高的土壤，Cd 进入土壤后能很快被钝化和滞留，移动性小，对地下水污染可能性小，因而，通过施用石灰改良土壤和植物秸秆，提高土壤 pH 和有机质含量对土壤 Cd 能起到钝化作用。

（二）长期定位施肥试验点土壤中镉的吸附-解吸

五个长期定位施肥试验站采集的农田土壤分别为：中厚黑土、黏黑垆土、黄潮土、乌栅土和旱地红壤。五种土壤的土地利用方式比较接近，除乌栅土为水旱轮作土壤外，其他土壤均为旱作土壤。五种土壤的基本性质见表 14.28，从表中可以看出，黏黑垆土和黄潮土 pH 较高，为石灰性土壤；旱地红壤 pH 较低，为酸性土壤；中厚黑土和乌栅土的有机碳含量和 CEC 均高于其他 3 种土壤。

表 14.28　几种农田土壤的基本性质

项目	中厚黑土	黏黑垆土	黄潮土	乌栅土	旱地红壤
pH	6.01	8.21	8.49	6.33	4.76
有机碳/（g/kg）	31.62	8.56	9.38	28.94	9.75
CEC/（cmol（+）/kg）	38.61	10.56	9.54	24.54	11.89

1. 长期定位施肥试验点土壤对镉的吸附

图 14.38 是 5 种土壤对 Cd 的吸附等温线。从图 14.38 可以看出，五种土壤对 Cd 的吸附过程在平衡液 Cd 浓度较低（<100 µg/mL）时，吸附等温线的斜率较大，表明土壤

对 Cd 的吸附量随浓度增加较快。而浓度较高时，曲线渐趋平缓，吸附量随浓度的增加较慢。Cd 吸附量因土壤种类不同而有较大差异，表现在不同土壤趋于平缓时的吸附量不同，祁阳旱地红壤在较低吸附量时已趋于平缓，海伦中厚黑土在较高吸附量时才趋于平缓、乌栅土、黄潮土、黏黑垆土趋于平缓的吸附量比较接近。在试验浓度范围内，5 种土壤 Cd 吸附量均达到或接近饱和水平。

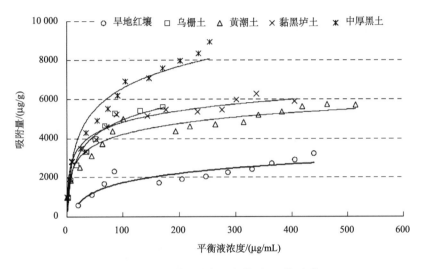

图 14.38　几种主要农田土壤对 Cd 的吸附

用 Langmuir 方程和 Freundlich 方程分别对测定数据进行拟合，有关常数列于表 14.29。从表 14.29 可以看出，在试验浓度范围内，5 种土壤对 Cd 的吸附均可用 Langmuir 方程、Freundlich 方程拟合，拟合的程度均达到极显著水平。红壤用 Langmuir 方程拟合的相关系数更高，潮土用 Freundlich 方程拟合的相关系数更高，这可能与土壤 pH 不同有关（符娟林等，2006）。由于 Langmuir 方程主要用来描述化学吸附过程，因此，红壤对 Cd 的吸附可能是以化学吸附为主。

表 14.29　几种农田土壤对 Cd 吸附的 Langmuir 方程和 Freundlich 方程拟合常数

土壤类型	Langmuir 方程 $1/Y=1/M+1/KMC$			Freundlich 方程 $\ln Y=\ln k+(1/n)\ln C$		
	M	K	R	k	n	R
中厚黑土	6963	0.0787	0.993	912.5	2.391	0.988
黏黑垆土	4869	0.2437	0.977	1230.6	3.530	0.978
黄潮土	4291	0.3169	0.938	1103.0	3.678	0.980
乌栅土	4628	0.1254	0.983	783.6	2.462	0.992
旱地红壤	3369	0.0103	0.972	203.2	2.272	0.908

注：Y 为吸附量（μg/g）；M 为最大吸附量（μg/g）；C 为平衡液的浓度（μg/mL）；K 为吸附常数，k 和 n 为经验常数；R 为相关系数。

　　Langmuir 方程中的 M 值表示土壤对重金属的最大吸附量。从表 14.29 可以看出，5 种土壤中，中厚黑土的最大吸附量最大，旱地红壤的最大吸附量最小，最大吸附量的顺序为：中厚黑土>黏黑垆土>乌栅土>黄潮土>旱地红壤。土壤最大吸附量的大小与土壤有机碳含量和 CEC 有关，相关分析表明，土壤的最大吸附量与土壤有机碳含量和土壤 CEC 的乘积呈显著正相关（$r=0.840$，$n=5$，$p<0.05$）；除土壤有机碳含量和 CEC 外，土壤 pH 也是影响土壤 Cd 吸附量的重要因素。本试验中旱地红壤 pH 最低，其最大吸附量也最小。Freundlich 方程中的 n 值可作为吸附强弱的一个指标，n 值越大，表示土壤对重金属的吸附力越大（陆雅海等，1995）。从本试验的研究结果看，旱地红壤的 n 值最小，对 Cd 的吸附最弱，黏黑垆土和黄潮土的 n 值较大，对 Cd 的吸附较强。黏黑垆土和黄潮土的吸附强度较大可能与土壤 pH 较高，使土壤胶体表明负电荷增加或形成重金属沉淀有关（符娟林等，2006），而中厚黑土和乌栅土对 Cd 的吸附强度大可能与土壤有机质含量高、有机胶体对 Cd 的配位络合能力强有关（焦文涛等，2005）。

2. 长期定位施肥试验点土壤对镉的解吸

　　对 5 种土壤的吸附量和解吸量进行拟合发现，旱地红壤的吸附量与解吸量以线性拟合最优，其他 4 种土壤的吸附量与解吸量以指数方程最优，5 种土壤的拟合方程分别为：

旱地红壤 $y=0.2235x-12.245$　　　$R^2=0.893$（$n=11$，$p<0.05$）

乌栅土 $y=0.4904e^{0.0006x}$　　　　　　$R^2=0.928$（$n=9$，$p<0.05$）

黄潮土 $y=4.5447e^{0.0009x}$　　　　　$R^2=0.930$（$n=16$，$p<0.05$）

黏黑垆土 $y=1.8849e^{0.0009x}$　　　　$R^2=0.963$（$n=14$，$p<0.05$）

中厚黑土 $y=9.1594e^{0.0004x}$　　　　$R^2=0.939$（$n=14$，$p<0.05$）

　　旱地红壤的拟合直线方程表明，土壤的解吸量随吸附量的增大而增大，解吸量的大小与吸附量成一定的比例关系，即 Cd 在高吸附量和低吸附量条件下，Cd 的解吸趋势是相似的；乌栅土、潮土、黑垆土和黑土的指数方程表明，土壤的解吸量也随吸附量的增大而增大，但被吸附的 Cd 在吸附量高时解吸的趋势更强。

　　土壤吸附强度的不同可以影响被吸附 Cd 的解吸，其结合强度也可以通过解析率（解吸量占吸附量的百分数）表现出来。5 种土壤中旱地红壤的解吸率为 16%～26%，平均为 22%；乌栅土的解吸率为 0.1%～0.4%，平均为 0.2%；黄潮土的解吸率为 0.5%～12.1%，平均为 6.7%；黏黑垆土的解吸率为 0.3%～7.5%，平均为 3.1%；中厚黑土的解吸率为 0.7%～4.8%，平均为 2.6%。可见，旱地红壤平均解吸率最高，其对 Cd 的吸附强度弱，吸附量小，而且被吸附的 Cd 容易解吸出来。

三、土壤中镉的迁移性与有效性

（一）土壤中镉的纵向迁移

　　试验区（$29°55'1''N$～$29°58'13''N$，$119°53'56''E$～$119°56'4''E$）位于浙江省富阳市环山乡，主要土壤类型有水耕人为土和黏化湿润富铁土。试验小区设在离铜冶炼厂 500 m 左右的 Cu、Zn、Cd 和 Pb 复合污染的农田，小区土壤的基本物理化学性质见表 14.30。

试验设置 3 个处理：无植物无 EDDS、有植物无 EDDS 和有植物有 EDDS。

表 14.30　土壤基本性质

Cu[a]	Pb[a]	Zn[a]	Cd[a]	Fe[a]	Mn	CEC	pH[b]	OM	CaCO_3	黏土	淤泥	沙土
			/（mg/kg）			/（cmol/kg）			/（g/kg）		/%	
166	300	1123	1.86	1348	160	10.6	8.20	33.4	4.85	16.8	46.7	36.5

a 为 HCl∶HNO_3=4∶1，v/v 消煮；b 为水土比=1∶2.5。

1. 土壤溶液 pH 和 DOC

无植物无 EDDS 处理的 5 cm、20 cm 和 50 cm 土壤溶液中 DOC 含量分别为 36.9 mg/L、35.0 mg/L 和 24.3 mg/L，表现出随土壤剖面深度升高而降低的趋势，即 5 cm>20 cm>50 cm；土壤 pH 变化不明显，均值为 7.6~7.8，且溶液 DOC 与 pH 之间无明显相关性（表 14.31）。

有植物无 EDDS 处理的 5 cm 深度土壤溶液平均 pH 为 7.6，DOC 为 33.37 mg/L。20 cm 土壤溶液平均 pH 为 7.7，DOC 均值为 42.76 mg/L。50 cm 深度土壤溶液平均 pH 为 7.6，DOC 均值为 26.76 mg/L。土壤溶液 DOC 与 pH 之间也无明显相关性，与 CK 处理不同的是土壤溶液 DOC 含量表现出 20 cm>5 cm>50 cm。

添加 EDDS 后有植物有 EDDS 处理土壤溶液中 DOC 含量显著提高，20 cm 土壤溶液 DOC 含量从 42 mg/L 增加到 128 mg/L；50 cm 土壤溶液 DOC 含量从 28 mg/L 增加到 53 mg/L，分别是没有添加 EDDS 的 3 倍和 2 倍。尽管没有具体检测分析和研究土壤溶液中 DOC 的组成成分，其实添加 EDDS 处理后，溶液中的 DOC 很大部分应是 EDDS。这一点可从溶液金属与 DOC 之比得到证实，例如添加 EDDS 后平均 Cu 与 DOC 之比发生很大改变，其比值从 0.006 增加到 0.249。

添加 EDDS 后有植物有 EDDS 处理土壤溶液 pH 无明显变化，5 cm 土壤溶液的平均 pH 为 7.6，20 cm 为 7.5，50 cm 为 7.5，但是，土壤溶液 DOC 含量与 pH 之间的关系发生改变，DOC 随 pH 的升高而降低，其相关系数 $r=-0.46$（$p<0.05$）。

2. 土壤溶液中镉含量与形态

无植物无 EDDS 处理 5 cm、20 cm 和 50 cm 土壤溶液 Cd 浓度分别为 0.89 μg/L、0.91μg/L 和 0.61 μg/L。有植物无 EDDS 处理 5 cm、20 cm 和 50 cm 土壤溶液 Cd 浓度分别为 1.5 μg/L、0.94 μg/L 和 0.71 μg/L。

添加 EDDS 后，有植物有 EDDS 处理与同时采样的（2004 年 11 月）有植物无 EDDS 处理土壤溶液金属元素含量相比，Cd 的平均含量增加，但可能是样品间含量差异较大，因此，添加 EDDS 后并没显著提高土壤溶液中 Cd 的含量。

土壤溶液中 Cd 含量随季节变化规律相似，因此只展示有植物无 EDDS 处理结果（图 14.39）。由图可以看出，土壤溶液 Cd 随季节有较明显的变化，最大值和最小值出现在 7 月和 2 月，表明丰雨期和冶炼厂生产旺期土壤溶液中金属元素的含量较高，而冬季含量变低。

表 14.31 不同处理土壤溶液重金属含量、pH 和 DOC 含量的平均值和范围值

处理	深度 /cm	Cu /(mg/L)	Pb /(mg/L)	Zn	Cd /(mg/L)	pH	DOC /(mg/L)
有植物无 EDDS[1]	5	0.10 (0~0.36)*	0.17 (0.01~1.17)	0.12 (0~0.66)	1.5 (0.02~10.0)	7.57 (6.54~8.25)	33.4 (7.89~61.7)
	20	0.11 (0.01~0.26)	0.19 (0~0.85)	0.14 (0~0.78)	0.94 (0.10~2.60)	7.67 (7.16~8.21)	42.8 (10.6~140)
	50	0.06 (0.01~0.33)	0.15 (0~0.58)	0.07 (0~0.71)	0.71 (0.05~4.13)	7.56 (7.11~7.82)	26.8 (11.9~39.5)
有植物无 EDDS[2]	5	0.11 (0.06~0.17)[a]	0.13 (0.03~0.49)[a]	0.16 (0.08~0.31)[a]	2.21 (0.62~7.81)[a]	7.61 (7.45~0.77)	46.3 (32.2~61.7)[a]
有植物有 EDDS	5	0.14 (0~0.36)[a]	0.16 (0.01~1.17)	0.14 (0~0.66)[a]	0.97 (0.02~10.0)[a]	7.57 (6.54~8.25)	38.8 (7.89~37.1)
有植物无 EDDS[2]	20	0.07 (0.04~0.15)[b]	0.07 (0.02~0.15)[a]	0.13 (0.08~0.19)[b]	0.83 (0.15~1.26)[a]	7.71 (7.61~7.88)	42.3 (29.5~53.8)[b]
有植物有 EDDS	20	32.03 (17~40.7)[a]	0.17 (0~0.93)[a]	0.38 (0.07~0.86)[a]	1.01 (0.08~3.36)	7.50 (7.44~7.53)	129 (109~134)[b]
有植物无 EDDS[2]	50	0.01 (0.01~0.01)[b]	0.05 (0.03~0.09)[a]	—	0.23 (0.11~0.49)[a]	7.56 (7.35~7.82)	26.6 (22.0~39.5)[b]
有植物有 EDDS	50	0.97 (0.33~3.24)[a]	0.13 (0~0.52)[a]	0.07 (0.01~0.51)[a]	0.60 (0~3.10)[a]	7.60 (7.50~7.75)	53.4 (40.9~79.7)[a]

*表示土壤溶液重金属、pH 和 DOC 含量范围；1) 表示 2004 年 7 月~2005 年 4 月土壤溶液；2) 表示添加 EDDS 后即 2004 年 11 月 17 日采样溶液。小写字母 (a, b) 表示显著性 P ≤0.05，大写字母 (A, B) 表示显著性为 P ≤0.1。

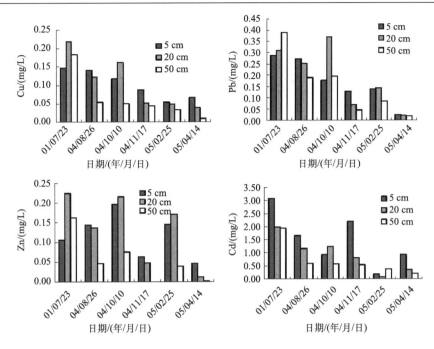

图 14.39　有植物无 EDDS 处理不同层次土壤溶液中重金属随时间的变化（5 cm、20 cm 和 50 cm）

以地球化学形态模型 Visual MINTEQ 2.23 模拟了 2005 年 4 月采集的溶液样品，结果表明，3 个处理的 3 个层位溶液中 Cd 主要以 2 价离子形态存在。其中，溶液 Cd 主要以 Cd^{2+} 为主，占 66.1%（63.3%～69.7%），其次 Cd-DOM 为 12.5%（8.3%～16.4%）。

3. 土壤溶液中镉的迁移行为

由图 14.40 可以看出，无植物无 EDDS 和有植物无 EDDS 处理 Cd，其迁移的地球化学行为相似，且相互影响，为正相关关系。例如有植物无 EDDS 处理中，溶液中 Cu 分

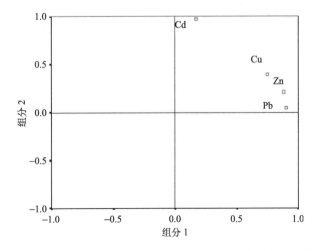

图 14.40　无植物无 EDDS 和有植物无 EDDS 处理土壤溶液重金属元素 PCA 分析

别与 Pb、Zn 和 Cd 的相关系数 r 为 0.51（$p<0.01$）、0.84（$p<0.01$）和 0.79（$p<0.01$）[图 14.41（b）和图 14.41（c）]；Pb 与 Zn 的相关系数 r 为 0.90（$p<0.01$）[图 14.41（a）]；Zn 与 Cd 的相关系数 r 为 0.89（$p<0.01$）。同时亦表明土壤 Cu、Pb、Zn 和 Cd 可能具有相同的污染源。

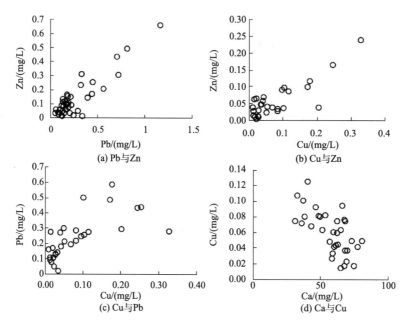

图 14.41　土壤溶液元素之间的相关关系

复合污染土壤中 Cd 在土体中的迁移不仅受污染元素之间相互作用的影响，同时也受土壤其他物理化学性质的影响。本次研究发现，Cd 的迁移受土壤中可溶性 Fe 和 Ca 含量的影响，例如有植物无 EDDS 处理中溶液 Cd 含量与 Fe 含量呈显著正相关（$r=0.79$，$p<0.01$；$r=0.72$，$p<0.01$），而与溶液中 Ca 含量呈显著负相关（$r=-0.65$，$p<0.01$；$r=-0.43$，$p<0.05$）[图 14.41（d）]。其原因可能是因为铁氧化物是土壤吸附重金属元素的重要介质，可溶性 Fe 含量的增加将会导致土壤对金属离子吸附能力的减弱，从而引起溶液 Cd 含量的增加。

发现溶液 Cd 没有明显受 DOC 影响，这与 Kalbitz 和 Wennrich（1998）田间 lysimeter 研究结果一致。因此，富阳污染区土壤溶液 Cd 迁移性与 DOC 的关系不明显的原因可能与溶液中 DOC 与 Ca 形成絮凝，以及 Cd 与 DOM 的络合物稳定性低有关，而不同组成成分的 DOC 和不同点位的土壤溶液可能是不同于其他研究结果的原因。

有植物有 EDDS 处理添加 EDDS 后，Cd 迁移行为明显受 EDDS 的控制，迁移性大小与其与 EDDS 络合能力稳定常数有关。

（二）土壤-植物系统中镉的富集规律与预测模型

1. 蔬菜对镉的吸收特征与转运模型

供试土壤为理化性质差异较大的 3 种，分别为采自浙江嘉兴的普通潜育水耕人为土

（青紫泥）、上海南汇的石质淡色潮湿雏形土（滩潮土）和浙江湖州的铁聚潜育水耕人为土（黄泥砂土）。土壤基本性质见表 14.32。盆栽试验在中国科学院南京土壤研究所温室中进行，供试蔬菜品种为青菜（*Brassica chinensis* L.）和苋菜（*Amaranthus fricolor* L.）。土壤中添加 Cd 化合物为 $Cd(NO_3)_2 \cdot 4H_2O$，添加 Cd 浓度为（以 Cd 计）：0 mg/kg、0.7 mg/kg、2.9 mg/kg、11 mg/kg、16 mg/kg 和 27 mg/kg。

表 14.32　试验土壤的基本性质

土样	pH	有机质 /(g/kg)	CaCO₃ /%	CEC /(cmol/kg)	Clay /%	Cd /(μg/kg)	Pb[1] /(mg/kg)	水解氮 /(mg/kg)	速效磷 /(mg/kg)	速效钾 /(mg/kg)
青紫泥	6.2	34.2	0.2	20.0	17.0	49.1	40.5	142.08	10.6	134
滩潮土	7.6	26.0	3.0	14.8	15.8	94.0	21.7	175.05	68.0	216
黄泥砂土	4.9	43.6	0.0	11.2	18.4	77.3	31.1	237.18	13.5	72

1）$HF\text{-}HNO_3\text{-}HClO_4$ 消煮。

1）不同蔬菜对镉的吸收特征

（1）青菜中镉的含量

从图 14.42（a）和图 14.42（b）可以看出，3 种土壤表现出相同的趋势，即随着土壤中 Cd 或 Pb 浓度的增加，青菜地上部的 Cd 含量有明显的提高。已有研究结果表明（Xian，1989；Lehn and Bopp，1987），植物吸收重金属的量与土壤中重金属的污染程度有很大关系，总体表现为污染程度越高，植物吸收量越多。

在相同处理浓度下，3 种土壤中青菜地上部 Cd 和 Pb 含量顺序为：黄泥砂土>青紫泥>滩潮土[图 14.42（a）和图 14.42（b）]。这与土壤的基本理化性质有关。如在添加 Cd浓度为 0.7 mg/kg 时，黄泥砂土青菜 Cd 含量高达 17.2 mg/kg DW，而青紫泥和滩潮土则为 2.82 mg/kg 和 2.13 mg/kg DW，这是因为青紫泥和滩潮土 pH 高于黄泥砂土，pH 升高会引起土壤对 Cd 和 Pb 吸附能力的增强、吸附量增加，生物有效性降低。

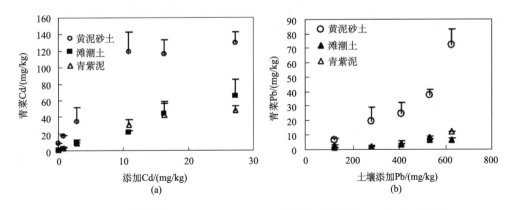

图 14.42　青菜地上部 Cd（Pb）（DW）含量与土壤添加 Cd（Pb）的关系

　　从上面分析可以看出，酸性黄泥砂土中 Cd 浓度较低时（0.7 mg/kg），青菜 Cd 含量非常高 17.2 mg/kg DW，远远高于国家标准［荷兰基于人体健康风险评估的生菜质量标准4.0 mg/kg DW；中国食品卫生标准按90%的含水量换算成 DW 为 0.5 mg/kg DW（GB15201—1994）］，即使是中性青紫泥和滩潮土上的青菜 Cd 含量也超过了中国食品卫生标准。因此，在酸性土壤中，即使 Cd 污染浓度不高，可能不能种植此品种蔬菜，否则，将会通过食物链影响人体健康。

　　（2）苋菜中镉的含量

　　苋菜 Cd 含量与青菜表现出相似趋势（图 14.43），随着 Cd 添加浓度的增加，苋菜地上部 Cd 含量也有所增加，相同浓度条件下，黄泥砂土上的苋菜地上部 Cd 含量高于滩潮土。

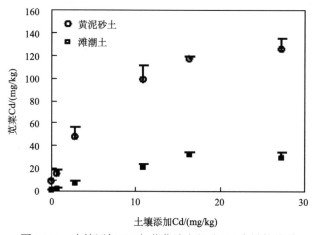

图 14.43　土壤添加 Cd 与苋菜地上部分 Cd 含量的关系

　　（3）土壤中镉化学有效性与植物吸收的相关性

　　将土壤 0.05 mol/L EDTA 可提取态 Cd（EDTA-Cd）、0.43 mol/L HNO₃ 可提取态 Cd（HNO₃-Cd）和 0.01 mol/L CaCl₂ 可提取态 Cd（CaCl₂-Cd）与供试青菜和苋菜地上部 Cd（Q-Cd；X-Cd）含量（DW）分别作图得到图 14.44（a）～（c）和图 14.45（a）～（c）。显然，CaCl₂-Cd 与青菜地上部 Cd 含量关系图中数据点较为分散，而 HNO₃-Cd 和 EDTA-Cd 与青菜地上部 Cd 含量关系图中数据点较为收敛。

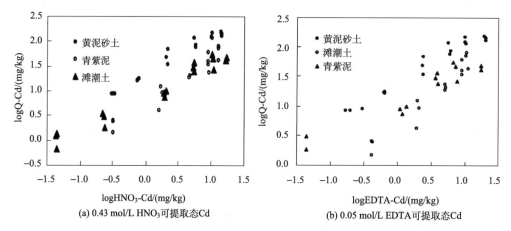

(a) 0.43 mol/L HNO₃ 可提取态 Cd　　　　　(b) 0.05 mol/L EDTA 可提取态 Cd

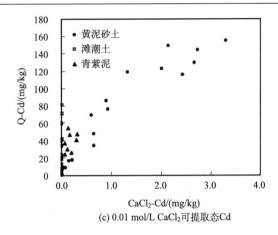

(c) 0.01 mol/L CaCl₂可提取态Cd

图 14.44　不同土壤化学提取态 Cd 与青菜地上部 Cd 含量的关系

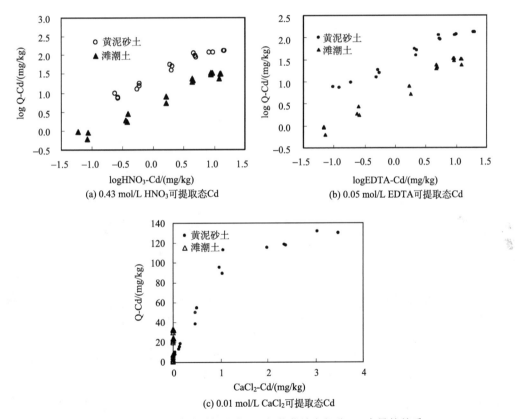

(a) 0.43 mol/L HNO₃可提取态Cd

(b) 0.05 mol/L EDTA可提取态Cd

(c) 0.01 mol/L CaCl₂可提取态Cd

图 14.45　不同土壤化学提取态 Cd 与苋菜地上部分 Cd 含量的关系

　　分别对上述 24 组数据进行相关性分析，结果表明 HNO_3-Cd、EDTA-Cd 和 $CaCl_2$-Cd 与青菜地上部 Cd 含量（DW）之间相关性显著（$r=0.74\sim0.94$，$p<0.01$，$n=18$）。其余两种可提取态 Cd 均能较好的指示青菜对土壤中 Cd 的吸收。

2）镉在土壤-蔬菜系统中的转运模型

假设农作物可收获部分的重金属含量与土壤重金属活性浓度存在良好的函数关系，即土壤-农作物污染物迁移分配函数，并依土壤中污染物浓度和不同作物种类的吸收特性而异。针对本试验所用土壤，0.43 mol/L HNO$_3$ 提取态 Cd 和 0.05 mol/L EDTA-Cd 能较好地指示苋菜地上部分 Cd（DW），以及 0.01 mol/L CaCl$_2$ 提取态 Cd 对苋菜地上部 Cd 含量（DW）的指示作用。因此为了便于比较，仅对 0.43 mol/L HNO$_3$ 提取态 Cd 和 0.05 mol/L EDTA-Cd 与苋菜地上部 Cd 的 16 组数据进行曲线拟合（表 14.33）。

表 14.33　土壤不同提取态 Cd 与青菜和苋菜地上部 Cd 含量（DW）关系

| 土样 | 青菜 | | | | |
| | 0.43 mol/L HNO$_3$ 可提取态 | | 0.05 mol/L EDTA 可提取态 | |
	方程	R^2	方程	R^2
黄泥砂土	$C_{crop}=21.974C_s^{0.7594}$	0.96	$C_{crop}=24.841C_s^{0.6577}$	0.96
青紫泥	$C_{crop}=7.6424C_s^{0.6628}$	0.95	$C_{crop}=11.521C_s^{0.5403}$	0.90
滩潮土	$C_{crop}=5.2619C_s^{0.9059}$	0.93	$C_{crop}=4.4725C_s^{1.0308}$	0.93

| 土样 | 苋菜 | | | | |
| | 0.43 mol/L HNO$_3$ 可提取态 | | 0.05 mol/L EDTA 可提取态 | |
	方程	R^2	方程	R^2
黄泥砂土	$C_{crop}=24.383C_s^{0.7396}$	0.96	$C_{crop}=27.817C_s^{0.6168}$	0.97
滩潮土	$C_{crop}=5.309C_s^{0.7646}$	0.97	$C_{crop}=5.6716C_s^{0.7325}$	0.98

注：C_{crop}，C_s 分别为植物和土壤 Cd 浓度（mg/kg）。

从表 14.33 可看出，16 个方程均较好的描述了 Cd 在土壤-青菜（苋菜）体系的转运，且均为非线性方程（$C_{crop}=K_{sp} \times C_s^n$，$C_{crop}$ 为植物中金属浓度，C_s 为土壤中金属浓度，K_{sp} 为转运系数），表明污染土壤中的青菜（苋菜）对污染物的吸收转运系数 K_{sp}，随着土壤环境污染的发展和污染物积累程度的提高而降低，这可以认为是生长与污染环境中植物的环境生理响应。同时，土壤 pH 越大，转运系数 K_{sp} 越小，植物对污染物的吸收也小，证实了其他研究者的结果（Adams et al.，2004；Brus et al.，2002；Chang et al.，1997）。

2. 水稻对土壤中镉的富集与预测模型

研究区（29°55′1″N～29°58′13″N，119°53′56″E～119°56′4″E）位于浙江省富阳市小型炼铜厂附近农田，主要的土壤类型有水耕人为土和黏化湿润富铁土，以水田为主。在研究区采集对应的土壤、水稻样品共 46 对。冶炼厂是土壤重金属污染的主要来源，因此根据冶炼厂距离不同确定采样点以确保不同污染程度的样品。

所采集的土样土壤 pH 为 5.2～7.9，其变异主要是由于在水稻生长期间施用石灰引起 pH 升高。土壤有机质为 23.9～60.9 g/kg，黏粒为 10.8%～22.5%（体积比），草酸铵提取的活性铁氧化物含量范围为 0.90～14.42 g/kg，草酸铵提取态活性锰氧化物范围为

23.3～294.2 mg/kg。

表 14.34　土壤重金属总量　　　　（单位：mg/kg）

元素	样本数	范围	均值±标准差	中值	农田土壤[①]			自然土壤[①]
					pH<6.5	6.5<pH<7.5	pH>7.5	
Cu	46	47～1536	250±295	163	50	100	100	35
Zn	46	220～6380	1061±1230	781	200	250	300	100
Pb	46	60～1455	243±273	169	250	300	350	35
Cd	46	0.4～12.1	3.1±2.4	2.3	0.3	0.3	0.6	0.2

①引自中国国家环境保护总局（1995）。

表 14.34 中列出了土壤重金属总量，以及中国土壤环境质量一级、二级标准（夏家琪，1996）。由表可以看出，所有土壤样品重金属含量均高于自然土壤含量。从平均值来看，Cd 超过农田土壤环境质量标准数倍，土壤中硝酸提取的 Cd 最高值可达 10.8 mg/kg，表明部分地点土壤 Cd 污染非常严重（表 14.35），特别是作为植物可直接吸收的 0.01 mol/L $CaCl_2$ 提取态 Cd，其平均值已经超过接近 pH<7.5 时的土壤 Cd 的环境质量标准。

表 14.35　土壤重金属可提取态含量　　　　（单位：mg/kg）

	元素	范围	均值	中值	标准差
	Cu	33.2～1484	211.4	133.7	285.8
HNO_3 提取态	Zn	67.8～4063	555.5	326.7	687.4
	Pb	54.2～1323	212.2	134.5	228.3
	Cd	0.37～10.8	2.4	1.45	2.3
	Cu	0.02～1.46	0.36	0.22	0.34
$CaCl_2$ 可提取态	Zn	ND～53.40	6.92	2.83	12.69
	Pb	ND～0.27	0.05	0.034	0.06
	Cd	ND～0.25	0.05	0.034	0.05

注：ND 未检出。

1）稻米镉含量与富集系数

稻米中 Cd 平均含量为 0.59 mg/kg（图 14.46）。根据我国主要粮食作物的元素背景研究，浙江省稻米中元素背景值 Cd 为（0.024±0.015）mg/kg（变幅为 0.006～0.049 mg/kg）。由图可以看出研究区稻米 Cd 的含量均要高于其背景值。在本研究中，稻米 Cd 的平均含量大大超过了 0.2 mg/kg 的国家标准（GB2762—2005），稻米 Cd 浓度也远远高于世界其他地区稻米中 Cd 的含量（Watanabe et al.，1996），表明研究区可能会存在较高的 Cd 暴露风险。

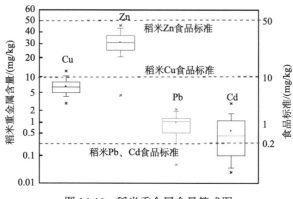

图 14.46　稻米重金属含量箱式图

稻米对土壤中 Cd 的富集系数为 0.208±0.235。在本研究中，以 0.01 mol/L CaCl$_2$ 提取态作为土壤中可溶态重金属，则可溶态 Cd 占总量的比例为 1.68%。对于土壤溶液来说，Cd 主要以自由离子为主，有机络合态的 Cd 并不占主要部分（Holm et al.，1995），因此水稻更容易吸收土壤中的 Cd。环境问题科学委员会也认为 Cd 的食物链传输应当值得高度关注。因此，从保护人体健康来说，需要优先对当地土壤 Cd 污染进行风险管理，实施合适可行的调控与管理措施。

2）稻米中镉与土壤中提取镉的关系

稻米中重金属的含量与土壤重金属之间的关系如图 14.47 所示。稻米中 Cd 的含量随土壤总 Cd、HNO$_3$ 提取态 Cd 升高而显著升高（$p<0.05$），稻米中 Cd 的含量与 CaCl$_2$ 提取态 Cd 的浓度达到极显著相关（$p<0.01$）。一般认为 Cd 在土壤中是被土壤固相弱吸附，因此 0.01 mol/L CaCl$_2$ 适合评价 Cd 的植物有效性。例如 Olive 等（1999）研究表明 0.01 mol/L CaCl$_2$ 提取态 Cd 可以评价小麦籽粒对土壤 Cd 的吸收。Nolan 等（2005）研究也表明 0.01 mol/L CaCl$_2$ 提取态的 Cd 与小麦中 Cd 的含量呈现极显著相关。

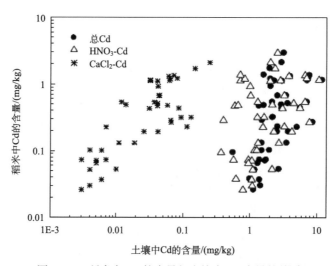

图 14.47　稻米中 Cd 的含量与土壤中 Cd 含量的关系

3）稻米中镉的预测模型

土壤物理化学性质影响着土壤中重金属的形态分布，控制着重金属的固液相间分配，从而影响植物对土壤重金属的吸收（McLaughlin et al.，2000）。因此在预测植物对土壤重金属吸收时，为了提高预测效果，常常将土壤性质如土壤 pH、黏粒、有机质、Fe、Mn 氧化物作为变量考虑进去。因此，将土壤重金属的含量和土壤性质结合起来，进一步来研究稻米吸收土壤重金属 Cd 的规律，稻米中重金属的预测模型形式为

$$\log(C_{rice}) = A_1 \times pH + A_2 \times \log(OM) + A_3 \times \log(Clay) + A_4 \times \log(Fe_{ox}) + A_5 \times \log(Mn_{ox}) \qquad (14.5)$$
$$+ B \times \log(总量或提取态含量) + C$$

式中，$A_1 \sim A_5$、B 和 C 均为系数，C_{rice} 表示稻米中重金属含量（mg/kg DW），pH 为土壤 pH，OM 为土壤有机质（%），Clay 为土壤黏粒（%），Fe_{ox} 表示草酸铵提取的铁氧化物（g/kg），Mn_{ox} 表示草酸铵提取的锰氧化物（mg/kg）。

应用多元回归得到稻米 Cd 含量的预测模型为

$$\log（Cd_{rice}） = 1.15 \times \log（总 Cd）- 1.73 \times \log（Clay）- 0.40 \times pH + 3.91$$
$$（R^2 = 0.70，SE = 0.31） \qquad (14.6)$$

$$\log（Cd_{rice}） = 0.90 \times \log（HNO_3\text{-}Cd）- 0.50 \times pH - 1.40 \times \log（Clay）+ 4.42$$
$$（R^2 = 0.70，SE = 0.31） \qquad (14.7)$$

$$\log（Cd_{rice}） = 0.82 \times \log（CaCl_2\text{-}Cd）+ 0.78 \quad （R^2 = 0.65，SE = 0.31） \qquad (14.8)$$

从稻米 Cd 的预测模型可以看出，所得到的三个模型的决定系数无显著差别。由模型可以看出仅应用 0.01 mol/L CaCl$_2$ 提取态 Cd 就可以较好地预测稻米 Cd 的含量，这主要是因为 0.01 mol/L CaCl$_2$ 提取的 Cd 可以作为代表土壤溶液中 Cd 的浓度，植物可以直接吸收利用。对于土壤总 Cd 和 HNO$_3$ 提取态 Cd 必须要将土壤性质考虑进去则显著提高了预测能力，这是因为土壤 pH、黏粒等是控制 Cd 在土壤中固相液/相分配的因素。另外，逐步回归分析表明应用土壤总 Cd 和 pH 预测稻米 Cd 含量时其决定系数为 0.65，应用硝酸提取态 Cd 和 pH 预测稻米 Cd 含量时其决定系数为 0.67。因此 pH 是影响稻米吸收土壤 Cd 的最重要土壤性质，而土壤黏粒的影响相对要小。图 14.48 给出了三个稻米 Cd 预测模型的预测效果。由图可以看出三个模型均较好地预测稻米 Cd 含量。考虑到模型（14.8）仅应用 CaCl$_2$ 提取态 Cd 就可以较好地预测稻米 Cd 含量，因此在评估和预测 Cd 污染稻田的风险时，可以选择 0.01 mol/L CaCl$_2$ 提取态 Cd 作为相应工具。

植物对土壤重金属的吸收除了受土壤重金属的含量与形态及土壤性质影响外，还受土壤肥力、季节、管理措施等许多因素影响（McLaughlin et al.，1999），因此会导致预测模型误差。本章仅研究了一个典型的重金属污染地区，为了能够较好地为风险评估和管理提供参考依据，需要在今后的研究中考虑更多的研究区域，包括不同的土壤类型和不同污染程度。另外，为了能够更好地预测稻米中重金属的度，需要从机理模型入手来模拟水稻对土壤中重金属的吸收。

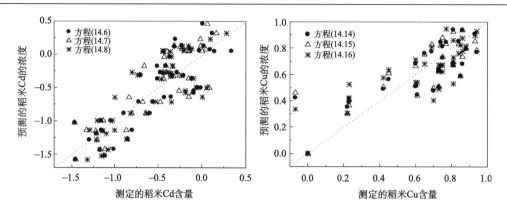

图 14.48　稻米中 Cd、Cu 含量实测与预测的对比（mg/kg，对数转换）

3. 土壤–植物系统中镉的迁移富集规律与模型

本书所用数据包括：公开发表文献数据；本实验室在长三角、珠三角典型地区污染农田调查数据；国家"七五"科技攻关环保项目"土壤环境容量研究"的成果。收集的数据类型包括：Cd 污染土壤和对应水稻、小麦和蔬菜作物可食部分 Cd 含量；土壤类型；土壤 pH；暴露时间和作物干重/鲜重等。数据筛选后，共从 88 组研究中收集到土壤–作物体系 Cd 含量对应数据 509 对，其中土壤–水稻体系 206 对，土壤–小麦体系 74 对，土壤–蔬菜体系 229 对（表 14.36）。根据数据基本情况，将作物分为三大类：水稻、小麦和蔬菜；蔬菜再分为茎/叶菜（白菜、茼蒿、荠菜、韭菜等）、根菜（萝卜、芋头等）和果菜（南瓜、茄子、葫芦等）。

Cd 在土壤–植物间的迁移受土壤污染程度、污染物赋存形态和植物吸收特性等因素的影响（Kabata-Pendias，2004）。依据相邻环境介质中污染物分配的一般原理，表示该过程最简单的方法是作物富集系数（Uptake Factor，UF）：

$$UF = \frac{[\mathrm{Cd_{crop}}]}{[\mathrm{Cd_{soil}}]}$$

本书中，$[\mathrm{Cd_{crop}}]$、$[\mathrm{Cd_s}]$ 表示作物（稻米籽粒、麦粒或蔬菜可食部分）和土壤中 Cd 含量，mg/kg DW。

为进一步表征 Cd 在土壤作物系统的迁移富集规律，本书建立了 $[\mathrm{Cd_{crop}}]$ 相对于 $[\mathrm{Cd_s}]$ 的一元回归模型以及 $[\mathrm{Cd_{crop}}]$ 相对于 $[\mathrm{Cd_s}]$ 和土壤 pH 的多元回归模型。建模之前土壤和作物 Cd 含量进行自然对数转换：

$$\ln[\mathrm{Cd_{crop}}] = \beta + \beta_2 \ln[\mathrm{Cd_{soil}}]$$
$$\ln[\mathrm{Cd_{crop}}] = \beta + \beta_1 \cdot \mathrm{pH} + \beta_2 \ln[\mathrm{Cd_{soil}}]$$

由于很多文献没有报道土壤 pH，用于建立多元回归模型的数据量明显少于一元回归模型的数据量。数据随机分成两部分：根据数据获得时间，前期收集到的文献数据作为初始数据,用于建模;最后收集到的 2～4 篇文献中的数据作为模型验证数据,用来检验模型精度和预测能力。根据初始数据得出作物富集系数中位值、一元回归模型和多元回归模型,用于从土壤 Cd 含量预测作物 Cd 含量。用验证数据检验初始数据所建模型,得出作物中 Cd 含量的预测值。

采用 Wilcoxon 单边检验评价模型,若 $p \leq 0.05$ 则认为模型预测值与实际值之间有显著差异。引入 PD(proportional deviation)评价模型预测能力:

$$PD = \frac{(Cd_a - Cd_p)}{Cd_a}$$

式中,[Cd_a]为[Cd_{crop}]的实际值,[Cd_p]为[Cd_{crop}]的模型预测值。

模型的评价标准采用 Sample 等(Efroymson et al.,2001;Sample et al.,1999)提出的方法:①PD 中位值≈0(模型预测均值接近实际值),②PD 全距范围窄(预测精度相对较高),③PD≥0 的百分率约为 50%(预测中心接近实际值),④Wilcoxon 单边检验模型预测值与实际值无显著差异。四条评价标准中,由于 Wilcoxon 单边检验受数据量影响较大,与其他三条标准相比权重较低。模型保守检验的评价标准为 PD 中位值最小且 PD≤0,PD 全距范围相对较窄。模型验证数据和初始数据同样用来建立回归模型,用 F 检验对两组数据所建模型进行检验,若 $p \leq 0.05$ 则认为两组回归方程有显著差异。最后,将数据合并建立最终的回归模型,根据作物富集系数 90 分位值、一元回归模型和多元回归模型的 95%预测上限,分别得出作物 Cd 含量的保守预测值,用于污染农田健康风险评估或推导农用地 Cd 的土壤环境基准值。

1)土壤-农作物/蔬菜系统镉迁移、富集规律

初始建模数据的作物富集系数的中位值和 90 分位值及其检验结果见表 14.36、表 14.37 和表 14.38。Wilcoxon 单边检验结果表明,7 组数据中,3 组数据的[Cd_a]与[Cd_p]有显著差异($p \leq 0.05$),4 组数据的作物富集系数 90 分位值保守预测结果 PD≥0 的百分率低于 90%(表 14.38)。

表 14.36 Cd 在土壤-作物系统的富集系数及分布特征(包括建模数据和模型验证数据)

土壤-作物系统	文献量	数据量	平均值	标准偏差	中位数	90 分位值	范围
土壤-水稻(污染调查)	18	134	0.26	0.29	0.15	0.74	0.0139～1.47
土壤-水稻(添加盐试验)	12	72	0.49	0.41	0.36	1.12	0.0562～1.70
土壤-小麦(污染调查)	8	43	0.28	0.35	0.19	0.43	0.025～2.11
土壤-小麦(添加盐试验)	5	31	0.19	0.15	0.15	0.35	0.0553～0.73
土壤-叶菜(污染调查)	23	158	1.03	1.30	0.70	2.14	0.0445～12.34
土壤-根菜(污染调查)	13	30	0.87	0.59	0.59	2.40	0.0640～5.04
土壤-果菜(污染调查)	9	41	0.25	0.28	0.15	0.67	0.0153～1.09

表 14.37   作物富集系数模型检验效果比较（模型验证数据）

土壤-作物系统	数据量	利用 UF 预测		一元回归模型	
		PD 中位值	PD≥0 的百分率	PD 中位值	PD≥0 的百分率
土壤-水稻（污染调查）	46	−0.10b[−7.01～0.83]	56.5	0.21NS[−5.21～0.89]	47.8
土壤-水稻（添加盐试验）	20	0.74c[0.37～0.85]	0	0.38b[−1.43～0.69]	15.0
土壤-小麦（污染调查）	9	0.32b[−0.001～0.76]	11.1	0.22b[−0.002～0.716]	11.1
土壤-小麦（添加盐试验）	12	0.39NS[0.23～0.85]	41.7	0.044NS[−0.34～0.67]	50.0
土壤-叶菜（污染调查）	32	0.36NS[−12.61～0.84]	53.1	−0.07NS[−19.24～0.71]	31.3
土壤-根菜（污染调查）	10	0.45NS[−1.28～0.84]	20.0	0.36NS[−1.66～0.81]	10.0
土壤-果菜（污染调查）	9	−0.65NS[−2.20～0.82]	66.7	−1.32NS[−3.50～0.85]	66.7

注：NS，Wilcoxon 单边检验（$p>0.05$）；a，Wilcoxon 单边检验（$0.01<p≤0.05$）；b，Wilcoxon 单边检验（$0.001<p≤0.01$）；c，Wilcoxon 单边检验（$p≤0.001$）。

表 14.38   一元回归模型保守检验效果比较（模型验证数据）

土壤-作物系统	数据量	作物富集系数 90 分位值		一元回归模型 95% 预测上限	
		PD 中位值	PD≥0 的百分率	PD 中位值	PD≥0 的百分率
土壤-水稻（污染调查）	46	−4.71c[−40.48～0.11]	93.5	−4.52c[−42.32～0.21]	95.7
土壤-水稻（添加盐试验）	20	0.35b[−0.60～0.63]	15.0	−1.42c[−8.98～−0.12]	100
土壤-小麦（污染调查）	9	−0.63a[−1.38～0.42]	89.9	−3.23b[−4.82～−0.76]	100
土壤-小麦（添加盐试验）	12	−l.16b[−3.30～0.46]	91.7	−2.87b[−4.35～−0.47]	100
土壤-叶菜（污染调查）	32	−1.13c[−43.96～0.48]	81.3	−4.85c[−113.22～0.54]	100
土壤-根菜（污染调查）	10	−2.75b[−14.53～−0.07]	100	−10.49b[−46.25～−2.72]	100
土壤-果菜（污染调查）	9	−3.95a[−8.96～0.46]	77.8	−23.10b[−46.33～−0.39]	100

注：a，Wilcoxon 单边检验（$0.01<p≤0.05$）；b，Wilcoxon 单边检验（$0.001<p≤0.01$）；c，Wilcoxon 单边检验（$p≤0.001$）。

表 14.39   多元回归模型检验效果（模型验证数据）

土壤-作物系统	数据量	多元回归模型预测		多元回归模型 95% 预测上限	
		PD 中位值	PD≥0 的百分率	PD 中位值	PD≥0 的百分率
土壤-水稻（污染调查）	46	0.19ns[−2.46～0.84]	43.5	−3.48c[−17.85～0.18]	95.7
土壤-水稻（添加盐试验）	20	0.35a[−1.61～0.69]	20	−1.19c[−8.01～0.053]	90
土壤-小麦（添加盐试验）	6	−0.40a[−3.87～0.06]	100	−1.75[−9.04～−1.11]	100
土壤-叶菜（污染调查）	11	−0.31NS[−4.51～0.39]	72.7	−4.94b[−24.19～1.58]	100
土壤-果菜（污染调查）	7	0.86a[−0.38～0.98]	14.3	−6.87a[−179.16～−1.46]	100

注：NS，Wilcoxon 单边检验（$p>0.05$）；a，Wilcoxon 单边检验（$0.01<p≤0.05$）；b，Wilcoxon 单边检验（$0.001<p≤0.01$）；c，Wilcoxon 单边检验（$p≤0.001$）。

　　土壤-作物系统 Cd 的富集不仅在不同作物间差异很大，同种作物富集系数也有很大不同（表 14.36）。叶菜的富集系数最高，根菜次之，果菜与稻米籽粒、小麦籽粒的富集系数相当。

　　土壤 pH 强烈影响 Cd 在土壤中的形态和生物有效性（Kabata-Pendias and Pendias，2001）。本书通过作物中的 Cd 含量相对于土壤 Cd 含量和土壤 pH 的偏相关拟合（图 14.49）可以看出，田间调查土壤-水稻系统（a）和土壤-茎/叶菜系统（d），作物中 Cd 含量有明显随土壤 Cd 含量升高而上升，随土壤 pH 增大而下降的趋势；而添加 Cd 盐土壤-水稻（b）和添加 Cd 盐土壤-小麦系统（c）中作物 Cd 含量随土壤 Cd 含量增加有明显升高的趋势，但随土壤 pH 变化不明显；田间调查土壤-果菜系统（e）数据量少（$n=26$）且分布不均匀，作物中 Cd 含量随土壤 Cd 含量升高有增大趋势，随土壤 pH 升高的变化不明显。从多元回归模型中也可以看出类似的规律（表 14.41），5 组多元回归模型中土壤 pH 系数全为负值，但土壤 pH 作为回归参数在添加 Cd 盐的土壤-小麦和土壤-果菜系统中不显著（$p>0.05$）。根据以上分析，现实污染土壤中 Cd 的生物有效性相对较低，土壤 pH 显著影响 Cd 的生物有效性。添加 Cd 盐试验土壤中 Cd 的生物有效性相对较高，土壤 pH 对 Cd 生物有效性的影响明显低于现实污染土壤 pH 对 Cd 生物有效性的影响。这可能与添加入土壤的 Cd 盐本来生物有效性就高有关，土壤 pH 虽然能在一定程度上影响添加入土壤 Cd 的形态，仍不足以明显影响作物对 Cd 的吸收。因此，若依据添加盐实验结果进行污染农田的风险评估或土壤环境基准值推导不仅会存在隐含的保守性，同时会降低土壤 pH 等因素对土壤中 Cd 生物有效性影响的敏感程度。

　　2）回归模型的建立与检验

　　本书对 7 组数据全建立了一元回归模型（图 14.48），由于数据量不足（$n<20$），仅 5 组数据建立了多元回归模型。最终回归模型的 p 值都小于 0.0001。虽然土壤 pH 的数据量较少，初始数据的多元回归模型（回归系数 R^2）仍略好于一元回归模型（结果未给出）。模型检验表明：7 组一元回归模型中 2 组[Cd_a]与[Cd_p]有显著差异（表 14.38）；5 组多元回归模型中 3 组[Cd_a]与[Cd_p]有显著差异（表 14.39）。模型保守预测结果表明，两种回归模型都具有较好的保守预测能力（表 14.38、表 14.39），预测结果明显优于作物富集系数 90 分位值的保守预测结果。

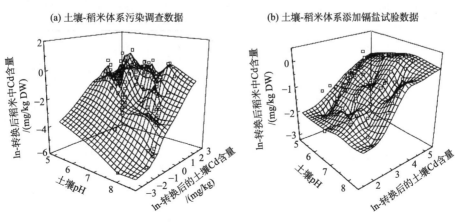

(a) 土壤-稻米体系污染调查数据　　　　　　　　(b) 土壤-稻米体系添加镉盐试验数据

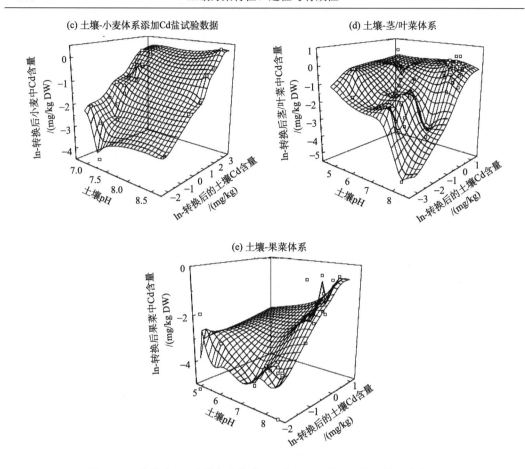

图 14.49 作物中 Cd 含量与土壤中 Cd 含量、土壤 pH 的函数拟合曲线

包括初始数据和模型验证数据；□为数据点，曲面根据偏相关插值获得

表 14.40 一元回归模型参数（包括建模数据和模型验证数据）

土壤-作物系统	文献量	数据量	$\beta \pm SE$	$\beta_2 \pm SE$	R^2	P
土壤–水稻（污染调查）	18	134	-1.91 ± 0.09c	0.75 ± 0.06c	0.55	<0.0001
上壤–水稻（添加盐试验）	12	72	-0.89 ± 0.08c	0.53 ± 0.05c	0.60	<0.0001
土壤–小麦（污染调查）	8	43	-2.03 ± 0.23c	0.74 ± 0.13c	0.43	<0.0001
土壤–小麦（添加盐试验）	5	31	-1.71 ± 0.10c	0.70 ± 0.07c	0.75	<0.0001
上壤–叶菜（污染调查）	23	158	-0.58 ± 0.074c	0.61 ± 0.07c	0.36	<0.0001
上壤–根菜（污染调查）	13	30	-0.75 ± 0.23b	0.95 ± 0.20c	0.45	<0.0001
土壤–果菜（污染调查）	9	41	-1.98 ± 0.21c	0.94 ± 0.14c	0.55	<0.0001

注：b，$0.001 < p \leqslant 0.01$；c，$p \leqslant 0.001$；β、β_2 和标准偏差（$\pm SE$）为公式 $\ln(Q_{crop}) = \beta + \beta_2 \ln(Q_{soil})$ 参数。

表 14.41 多元回归模型参数（包括建模数据和模型验证数据）

土壤-作物系统	数据量	$\beta \pm SE$	$\beta_1 \pm SE$	$\beta_2 \pm SE$	R^2	P
土壤–水稻系统（污染调查）	91	3.12 ± 0.78 c	-0.78 ± 0.11 c	1.00 ± 0.09 c	0.72	<0.0001
土壤–水稻系统（添加盐试验）	69	0.76 ± 0.44NS	-0.27 ± 0.07 b	0.52 ± 0.05 c	0.68	<0.0001

续表

土壤–作物系统	数据量	$\beta\pm SE$	$\beta_{\lambda}\pm SE$	$\beta_2\pm SE$	R^2	P
土壤-小麦系统（添加盐试验）	24	-0.28 ± 1.04NS	-0.22 ± 0.14NS	0.75 ± 0.06 c	0.87	<0.0001
土壤-叶菜系统（污染调查）	59	-1.91 ± 0.79 a	-0.34 ± 0.11 b	0.86 ± 0.09 c	0.63	<0.0001
土壤-果菜系统（污染调查）	26	-0.98 ± 1.83NS	-0.09 ± 0.22NS	1.28 ± 0.25 c	0.63	<0.0001

注：a，$0.01 < p \leq 0.05$；b，$0.001 < p \leq 0.01$；c，$p \leq 0.001$；NS，$p > 0.05$。β、β_1、β_2 和标准偏差（$\pm SE$）为公式 $\ln(Q_{crop}) = \beta + \beta\ln pH + \beta_2\ln(Q_{soil})$ 参数。

对初始数据和验证数据分别建立的回归模型进行 F 检验结果表明：7 组一元回归模型中 2 组有显著性差异（添加 Cd 盐的土壤-小麦系统、土壤-果菜系统）；5 组多元回归模型中 2 组有显著性差异（添加 Cd 盐的土壤-水稻系统、添加 Cd 盐的土壤-小麦系统）。初始数据和验证数据合并后建立最终回归模型见表 14.40、表 14.41 及图 14.49。土壤中 Cd 含量作为变量因子显著影响作物对 Cd 吸收（$p < 0.0001$）；土壤 pH 作为变量因子引入模型后，模型预测效果有明显提高（R^2 增大）。5 组模型中有 2 组土壤 pH 变化对作物富集 Cd 的影响不显著（$p > 0.05$）。

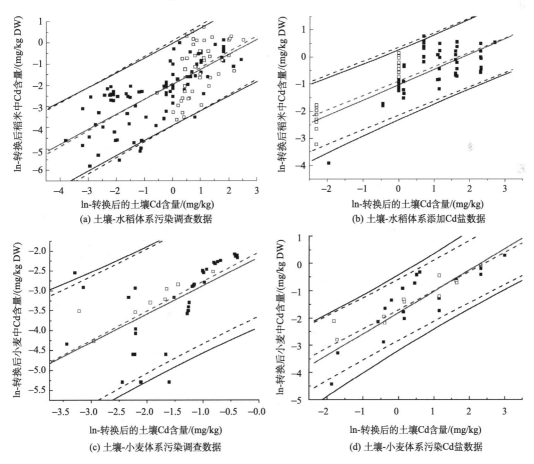

(a) 土壤-水稻体系污染调查数据

(b) 土壤-水稻体系添加Cd盐数据

(c) 土壤-小麦体系污染调查数据

(d) 土壤-小麦体系污染Cd盐数据

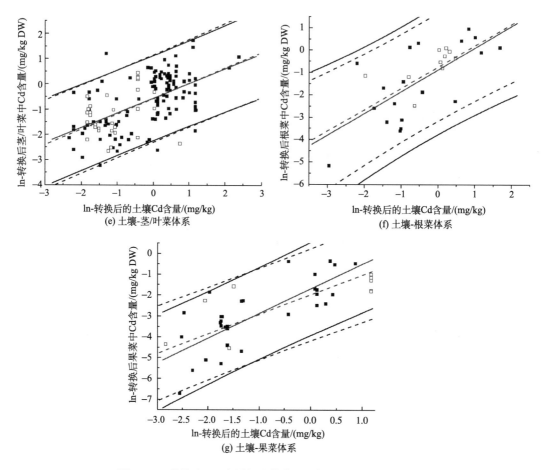

图 14.50　作物中 Cd 含量与土壤中 Cd 含量散点图和回归模型

■为初始建模数据，□为模型验证数据；实线为建模数据一元回归模型所得，虚线为建模数据和验证数据合并后一元回归模型所得

（三）土壤中镉的植物有效性评价

供试土壤共 33 个，分别采自英国、法国、德国、比利时和中国。其中 2 个源于中国的土壤分别为江苏常熟河湖沉积相母质发育的水稻土和江西鹰潭的第四纪红壤（Q4）。供试植物为十字花科独行菜属 *Lepidium heterophyllum* Benth，英文俗名叫 Smith's pepperwort。*L. heterophyllum* 被认为是一种 Zn、Cd 的指示植物。

供试土壤的理化性质差异很大。土壤 pH 为 4.3～7.7，总碳（TC）和总氮（TN）分别为 0.34%～10.02%和 0.04%～0.84%，总 Cd 浓度分别为 0.05～315 mg/kg。用 SPSS 进行数据频率分布分析表明，除 pH 外，TC、TN、总 Cd 都呈偏态分布。

1. 土壤中 NH₄NO₃-Cd 与总 Cd 和 EDTA-Cd 的关系

0.05 mol/L EDTA（pH 7.0）和 1 mol/L NH₄NO₃可提取态 Cd 与土壤总 Cd 的关系如图 14.51 所示。从图中可以看出，EDTA 可提取态 Cd 与土壤总 Cd 有较好的相关关系，而 NH₄NO₃可提取态 Cd 与土壤总 Cd 的相关性较差。

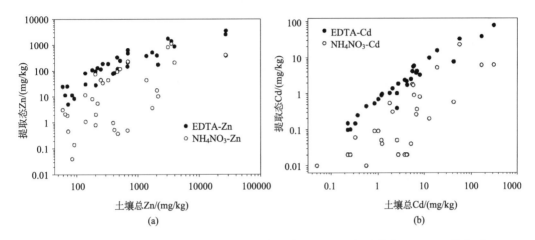

图 14.51   EDTA 可提取态和 NH₄NO₃可提取态 Zn（Cd）与土壤总 Zn（Cd）的关系

以土壤 pH 和 TC 含量为控制变量，用 SPSS 对所有土壤样品的总 Cd、EDTA-Cd 和 NH₄NO₃-Cd 数据（n=33）进行偏相关分析，结果列于表 14.42。

表 14.42   土壤总 Zn（Cd）、EDTA-Zn（Cd）和 NH₄NO₃-Zn（Cd）之间的相关关系（n=33）

	总 Zn	EDTA-Zn	NH₄NO₃-Zn		总 Cd	EDTA-Cd	NH₄NO₃-Cd
总 Zn	—	0.8584 [a]	0.3229	总 Cd	—	0.9448 [a]	0.3195
EDTA-Zn	0.8584 [a]	—	0.6842 [a]	EDTA-Cd	0.9448 [a]	—	0.5638 [a]
NH₄NO₃-Zn	0.3229	0.6842 [a]	—	NH₄NO₃-Cd	0.3195	0.5638 [a]	—

a 表示 0.01 水平显著相关。

从表 14.42 中可以看出，NH₄NO₃可提取态 Cd 与土壤总 Cd 均未达到 5%水平显著性相关，可能原因是 1 mol/L NH₄NO₃可提取的土壤易移动态 Cd 的量不仅是土壤金属总量的函数，而且还受到土壤 pH、有机质含量等理化性质的影响。pH 升高，土壤对 Cd 的吸附能力增加，因而可被 1 mol/L NH₄NO₃这样弱中性盐提取剂所提取的土壤 Cd 减少。pH 对 Cd 移动性的影响还可从 ¹⁰⁹Cd 的分配系数的变化中反映出来。由于试验所采用的 33 种土壤理化性质跨度大，这使得 NH₄NO₃可提取态 Cd 与土壤总 Cd 之间的相关性大大减弱。EDTA 可提取态 Cd 与 NH₄NO₃可提取态 Cd 之间达到了 0.001 水平的相关，但相关系数较小。EDTA 可提取态 Cd 与土壤总 Cd 相关性较好，相关系数达 0.9448。

2. ^{109}Cd 在土壤固相和液相之间分配系数与土壤 pH 的关系

土壤 pH 是影响重金属植物或生物有效性的重要因子之一，其原因之一就是 pH 能改变重金属在土壤固相和土壤溶液之间的分配系数 K_d。将土壤 pH 与 ^{109}Cd 在土壤固相和液相之间的分配系数 K_d 值（l/kg）作图得到图 14.52。从图 14.52 中可以看出，随着土壤 pH 的升高 K_d 值迅速增大，即溶于土壤溶液的 ^{109}Cd 比例随土壤 pH 增加而迅速下降。由图可以推断，与放射性同位素 ^{109}Cd 化学性质相近的 Cd 的 K_d 值也存在同样的规律性。由于土壤中的重金属首先要溶于土壤溶液中才能被植物根系所吸收，K_d 值增大也意味着可被植物吸收的金属库减小，从而大大影响在某一具体地点利用植物提取修复的可行性或修复效率。

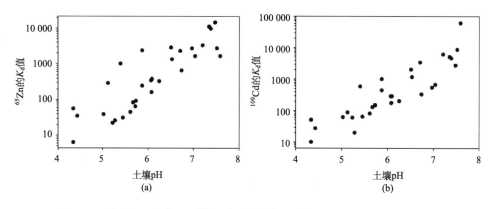

图 14.52　土壤 pH 与 ^{65}Zn、^{109}Cd 在土壤固相和液相之间分配系数 K_d 的关系

3. 土壤镉化学有效性与植物吸收试验的相关性

将土壤总 Cd、0.05 mol/L EDTA 可提取态 Cd（EDTA-Cd）、1 mol/L NH$_4$NO$_3$ 可提取态 Cd（NH$_4$NO$_3$-Cd）、土壤溶液 Cd 浓度、土壤活性 Cd（Cd E 值，$[Cd]_E$）和 DGT 凝胶表面平均 Cd 浓度（$[Cd]_{dgt}$）与供试植物 *L. heterophyllum* 地上部 Cd 含量分别在对数坐标系中作图得到图 14.53（a）～（f）。

用 SPSS 对上述 6 对关系进行相关性分析得到表 14.43。相关性分析结果表明，土壤总 Cd 和 $[Cd]_E$ 与 *L. heterophyllum* 地上部 Cd 含量之间相关性不显著。这与 Zn 的结果是相类似的。EDTA-Cd 虽然与 *L. heterophyllum* 地上部 Cd 含量达到 5% 水平的显著相关，但相关系数较低，仅为 0.279（$n=55$）。而 $[Cd]_{dgt}$、NH$_4$NO$_3$-Cd 及土壤溶液 Cd 浓度与 *L. heterophyllum* 地上部 Cd 含量相关性较好，相关系数分别达到 0.502（$n=26$, $p<0.01$）、0.557（$n=46$, $p<0.001$）和 0.567（$n=55$, $p<0.001$）。

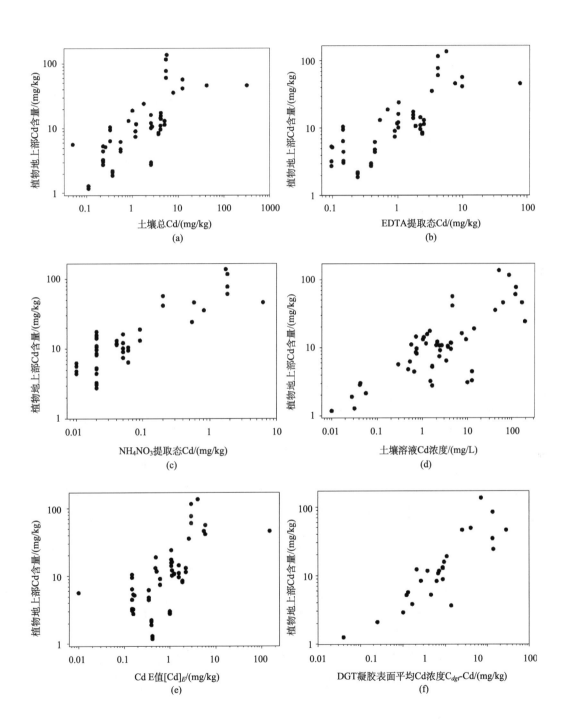

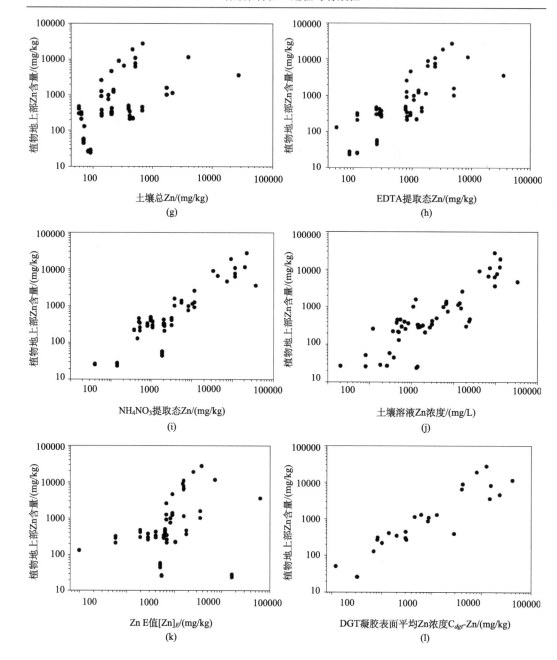

图 14.53　不同土壤化学有效态 Cd（Zn）与 *L. heterophyllum* 地上部 Cd（Zn）含量的关系

表 14.43　各种化学有效性 Cd 与 *L. heterophyllum* 地上部 Cd 含量的相关性

	样本数（n）	地上部 Cd 浓度
总 Cd	55	0.197
EDTA-Cd	55	0.279[c]
NH$_4$NO$_3$-Cd	46	0.557[a]

续表

	样本数（n）	地上部 Cd 浓度
土壤溶液 Cd	55	0.567[a]
[Cd]$_E$	55	0.189
DGT 凝胶表面平均 Cd 浓度（C_{dgt}-Cd）	26	0.502[b]

注：上标 a，b，c 分别表示显著性水平为 0.001，0.01 和 0.05。

4. [Cd]$_E$ 值与 EDTA 可提取态 Cd 的关系

E 值能很好地指示土壤中具有化学活性的 Cd 库的大小，为了避免 E 值测定的诸多不便，Young 等（2000）比较了[Cd]$_E$ 值与 1 mol/L CaCl$_2$ 单一提取和"库耗竭法"（）测定结果的相关性。结果表明，1 mol/L CaCl$_2$ 单一提取和库耗竭法都能较好地估算[Cd]$_E$，其中，1 mol/L CaCl$_2$ 单一提取法的结果更为一致。

用 SPSS 对本书中 6 种化学评价结果之间进行相关性分析，结果表明 Cd 的 E 值与土壤总 Cd 和 EDTA-Cd 都呈极显著相关，[Cd]$_E$ 值与土壤总 Cd、EDTA-Cd 的相关系数分别达到 0.977 和 0.962（$n=31$，$p<0.001$）。

将上述数据在对数坐标系中作图得到图 14.54。从图 14.54 中可以看出，[Cd]$_E$ 值与 EDTA 可提取态 Cd 数据点较为收敛，用 Sigma Plot 对两组数据进行曲线拟合，结果表明二元一次方程和幂函数都能较好地拟合数据，其中二元一次方程的 R^2 值稍大。两个拟合方程如下，[Cd]$_E$ 值与 EDTA-Cd 的最优拟合方程为：

$$[Cd]_E = 2.1234\times10^{-2}[EDTA\text{-}Cd]^2 + 0.2898[EDTA\text{-}Cd] + 0.8226 \quad (R^2=0.9975)$$

式中，[Cd]$_E$ 表示 Cd 的 E 值。

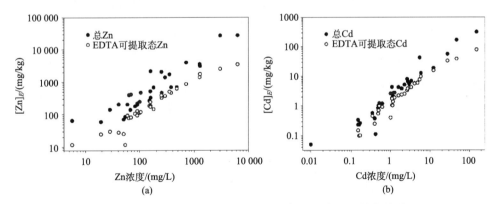

图 14.54　土壤金属总量、EDTA 可提取态与金属 E 值的关系

利用 EDTA 可提取态估算[Cd]$_E$ 值克服了 1 mol/L CaCl$_2$ 提取与 Zn 的相关性较差的缺点，是否可作为同位素可交换态 Cd 的替代方法还需更多的实测数据验证。若上面两个拟合方程在一定浓度范围内近似成立，就可根据 0.05 mol/L EDTA 可提取态 Cd 浓度方便地估算土壤活性 Cd 库的大小即[Cd]$_E$ 值。

5. 土壤 Cd 及植物地上部 Cd 与植物生物量的关系

用 SPSS 分析 *L. heterophyllum* 地上部生物量与土壤总 Cd、EDTA-Cd、NH₄NO₃-Cd、土壤溶液 Cd 浓度、$[Cd]_E$ 值及 DGT 测定的凝胶表面平均 Cd 浓度（即 $[Cd]_{dgt}$）之间的相关性，结果表明 *L. heterophyllum* 地上部生物量仅与 NH₄NO₃-Cd、土壤溶液 Cd、植株地上部 Cd 浓度等 5 个参数达到显著负相关（表 14.44）。

表 14.44　与 *L. heterophyllum* 地上部生物量达到显著相关的参数

	地上部生物量
NH₄NO₃ 可提取态 Zn	−0.320 [a]
土壤溶液 Zn 浓度	−0.344 [a]
植株地上部 Zn 浓度	−0.343 [a]
土壤溶液 Cd 浓度	−0.320 [a]
植株地上部 Cd 浓度	−0.299 [a]

a 表示显著性水平为 0.05。

由表可以看出，土壤溶液 Cd 浓度 *L. heterophyllum* 地上部 Cd 浓度有极显著的正相关性，与 *L. heterophyllum* 地上部生物量也呈显著负相关。从可操作性上看，1 mol/L NH₄NO₃ 可提取态测定简便、成本低，因而它是一种值得推荐的植物金属有效态评价方法。

（四）土壤中镉的动物有效性评价

蚯蚓作为土壤中常见的初级动物，与土壤污染物密切接触，是污染物生物传递的起点，因此分析污染土壤中蚯蚓体内 Cd 的富集是评价土壤中 Cd 动物有效性的重要手段。本节主要通过原位实验和离位实验两种方式开展。

土壤中的污染物可以通过蚯蚓的吸收作用而在其体内累积，进而在食物链中传递和生物放大。本研究采集了典型区蚯蚓（*Allolobophora caliginosa*）生物样本，根据采集地命名为 FJS-04、FJS-05、FJS-6 a 和 FJS-6 b（表 14.45 和表 14.46）。离位试验是在实验室条件下，将赤子爱胜蚓（*Eisenia fetida*）暴露于污染土壤（FJS-01～FJS-06）中 28 d，分析 Cd 在蚯蚓体内的生物富集情况。

表 14.45　土壤样品采集地特征

项目	FJS-01	FJS-02	FJS-03	FJS-04	FJS-05	FJS-06
采样地点	亭屿	汇头	玉露洋	玉露洋	苍东	白枫峦
作物类型	水稻	水稻	水稻	水稻	水稻	蔬菜
土地利用类型	水田	水田	水田	水田	水田	菜园

表 14.46　污染土重金属含量

样品名称	Cu	Zn	Pb	Cd	Cr	Ni
FJS-01	114.0	154.0	76.6	0.5	75.5	31.7

续表

样品名称	Cu	Zn	Pb	Cd	Cr	Ni
FJS-02	338.0	141.0	65.4	9.9	95.1	43.2
FJS-03	316.0	155.0	57.2	8.1	81.7	47.1
FJS-04	183.0	147.0	49.2	7.4	79.0	46.4
FJS-05	77.9	304.0	118.0	0.5	67.3	27.4
FJS-06	98.0	230.0	95.9	0.6	68.8	27.4

原位和离位蚯蚓体内重金属的生物富集（图14.55），以及其与土壤污染物的相关性研究结果见表14.47。

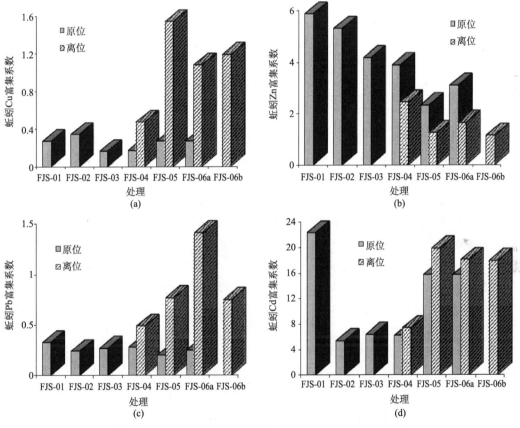

图 14.55　原位和离位试验蚯蚓-土壤重金属生物富集系数

原位试验，背暗异唇蚓 Cd 含量最高值为 55.1 mg/kg，来自 Cd 含量较高的土壤 FJS-04（7.4 mg/kg），富集系数达到 7，而其他背暗异唇蚓中 Cd 含量和生物富集系数在 17～20 之间，变化不大，其原因可能是因为采集地土壤中 Cd 含量相近（分别为 0.5 mg/kg 和 0.6 mg/kg）。原位蚯蚓 Cd 的富集规律与水稻 Cd 富集规律极为相似，预示 Cd 的生物活性可能受到某种环境因子的控制。离位试验中，赤子爱胜蚓 Cd 含量远远小于原位蚯蚓，FJSE-02、FJSE-03 和 FJSE-04 的 Cd 含量较高，约为 10，富集系数约为 6。与原位蚯蚓 Cd 的富集情况相似，赤子爱胜蚓在 Cd 含量较低的土壤（FJS-01、FJS-02 和 FJS-03 的 Cd 全量在 0.5 mg/kg）中生物富集系数高于 Cd 含量较高的土壤，在 15～20 之间，其值与对应位点原位蚯蚓的 Cd 富集系数以接近。

表 14.47　原位和离位试验中蚯蚓体内重金属元素的相关性

相关系数		蚯蚓体内重金属				土壤重金属			
		Cu	Cd	Zn	Pb	Cu	Cd	Zn	Pb
背暗异唇蚓（n=12）	Cu	1	−0.397	0.252	0.498	−0.515	−0.497	0.497	0.516
	Cd		1	−0.144	−0.840**	0.960**	0.977**	−0.828**	−0.917**
	Zn			1	0.209	−0.144	−0.161	0.097	0.126
	Pb				1	−0.775**	−0.866**	0.520	0.673*
赤子爱胜蚓（n=18）	Cu	1	0.615**	0.144	−0.377	0.797**	0.716**	−0.502*	−0.396
	Cd		1	−0.330	−0.750*	0.890**	0.954**	−0.688**	−0.803**
	Zn			1	0.386	−0.144	−0.284	−0.024	0.178
	Pb				1	−0.643**	−0.756**	0.479*	0.630**

*0.05 水平显著相关；**0.01 水平显著相关。

原位试验中，背暗异唇蚓对土壤重金属的生物富集能力表现为 Cd>Zn≥Cu≥Pb，蚯蚓对 Cd 元素有很强的生物富集能力；离位试验中，赤子爱胜蚓的富集能力为 Cd≥Zn>Cu≥Pb，两者基本一致。实际上，蚯蚓对土壤重金属元素的富集与蚯蚓的种类、重金属类型，土壤理化性质以及污染浓度有密切关系。因此，蚯蚓对重金属富集系数的研究结果并不一致。邓继福等（1996）研究发现蚯蚓体内的 Cd、Pb、As 的含量与土壤中含量呈显著的正相关，且生物富集系数的大小顺序为，Cd>Hg>As>Zn>Cu>Pb；其中 Cd 的生物富集系数较大，表现为强富集作用。Neuhauser 等（1995）的研究认为，蚯蚓对 Cd 和 Zn 有较强的富集能力，而对 Cu、Pb 和 Ni 的富集能力相对较小。但戈峰等（2002）则发现蚯蚓对 Cu 的富集能力也很强，富集系数为 2.4～51.2。

第二节　铜的形态与有效性

一、土壤中铜的形态

（一）土壤各粒级中铜的分布与形态特征

1. 土壤各粒级中铜的分布特征

试验土壤分别采自江苏九华（普通简育湿润淋溶土，Typic Hapli-Udic Agrosols，JH-4）、浙江富阳（普通黏化湿润富铁土，Typic Agri-Udic Ferrosols，FY-1）及江西德兴（普通简育湿润富铁土，Typic Hapli-Udic Ferrosols，DX-9）地区的 Cu 污染农田。

表 14.48 的数据显示，重金属 Cu 微污染土壤 JH-4 样品的细砂级和粉砂级中 Cu 的浓度比原土浓度有所降低，未超出土壤环境质量标准（GB15618—1995）三级标准，但细粉砂级

和胶体级中 Cu 的浓度分别超出土壤环境质量标准三级标准约 2.3～2.5 倍,比原土高约 0.9～
1.1 倍;重金属 Cu 重污染土壤 FY-1 样品的细砂级和粉砂级中 Cu 的浓度比原土浓度有所降
低,细粉砂级和胶体级中 Cu 的浓度分别比原土高约 0.7～1.5 倍;而未污染土壤 DX-9 的胶
体级中 Cu 也显示有超标的趋势。由图显示,随着颗粒物粒径的减小,重金属 Cu 及有机碳
在土壤粒级组分中的含量有明显增高的趋势,对重金属 Cu 浓度与有机碳浓度线性分析表明,
重金属 Cu 与有机碳含量呈显著相关(图 14.2),可能是与有机碳形成了络合物。

2. 土壤各粒级中铜的形态特征

由表 14.48 中的数据可知,JH-4 土壤分级组分中,环境惰性的 Cu 约占全量的 15.8%～
47.1%(52.0～665 mg/kg),环境高活性的 Cu 约占全量的 5.9%～20.8%(35.0～83.0 mg/kg);
DX-9 土壤分级组分中,环境惰性的 Cu 约占全量的 26.1%～50.5%(38.5～133 mg/kg),
环境高活性的 Cu 占全量的 17.7%～22.9%(14.5～70.5 mg/kg)(图 14.56)。这些数据
表明,JH-4 及 DX-9 土壤中 Cu 主要以低活性及惰性的形态存在,只有在环境条件发生
较大变化时,土壤中的 Cu 才可能对环境生态质量构成潜在风险;但 FY-1 土壤分级组分
中,环境惰性的 Cu 仅占全量的 2.7%～8.1%(22.2～164 mg/kg),环境高活性的 Cu 约
占全量的 48.7%～52.7%(433～1052 mg/kg),显示该地土壤的环境风险很高。

表 14.48　重金属 Cu 在土壤各粒级中的形态分布　　(单位:mg/kg)

样号	重金属形态	原土	50～250 μm	5～50 μm	1～5 μm	0.1～1 μm
JH-4	F1:弱酸可提取态	64.8	51.5	35.0	81.2	83.0
	F2:可还原态	191	142	38	346	340
	F3:可氧化态	162	83.5	41.0	353	322
	F4:残渣态	196	52.0	55.0	473	665
	总量	613	329	169	1253	1411
FY-4	F1:弱酸可提取态	624	528	433	989	1502
	F2:可还原态	445	408	274	693	1125
	F3:可氧化态	90.5	104	92.1	185	349
	F4:残渣态	32.2	34.1	22.2	164	104
	总量	1192	1074	821	2031	3081
DX-9	F1:弱酸可提取态	48.3	47.3	14.5	57.8	70.5
	F2:可还原态	54.2	59.5	12.0	66.2	94.7
	F3:可氧化态	53.1	74.6	11.2	66.2	101
	F4:残渣态	55.0	64.2	38.5	75.3	133
	总量	211	246	76.2	265	399

(二)长期定位试验点土壤中铜的有效态

本书以中国科学院生态系统研究网络和国家土壤肥力与肥效监测网络为基础,选择
了我国从北到南具有一定区域代表性的 6 个实验站、4 种土壤类型、多种施肥方式的农
田土壤为对象,研究了长期施肥条件下几种典型土壤中 Cu 的有效性及其影响因素。

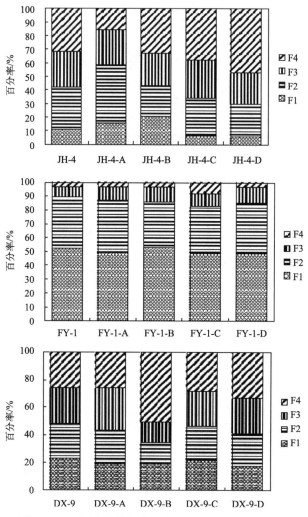

图 14.56 不同土壤粒级中重金属 Cu 的形态分布百分率

1. 黑土区旱地土壤有效态铜含量

1）化肥施用对中厚黑土有效态铜含量的影响

海伦化肥试验土壤有效态重金属含量采用 DTPA 提取法。表 14.8 是该试验土壤有效态重金属含量的测定结果。DTPA-Cu 为 1.2～1.9 mg/kg。由表 14.8 可以看出，除 PK 处理外，所有处理土壤有效态 Cu 含量与对照无显著差异。

2）氮磷化肥和有机肥施用对黑土有效态铜含量的影响

表 14.9 是海伦氮磷化肥和有机肥试验土壤有效态 Cu 含量的测定结果。DTPA-Cu 为 1.4～1.9 mg/kg。由表 14.9 可以看出，有机肥（猪粪）的施用显著提高了土壤有效态 Cu 含量，化肥施用对土壤有效态 Cu 含量无显著影响。

３）化肥、秸秆和猪粪对黑土有效态铜含量的影响

表 14.10 是吉林公主岭实验站化肥和有机肥试验土壤有效态 Cu 含量的测定结果。与黑土区其他两个试验相比，公主岭站肥料试验土壤的有效态 Cu 含量变异幅度较大。DTPA-Cu 为 1.0～7.2 mg/kg。由表 14.10 可以看出，施用猪粪处理（M1NPK 和 M2NPK）的表层土壤有效态 Cu 显著高于施用化肥、秸秆和对照处理，而施用化肥和秸秆处理的土壤有效态 Cu 含量与对照无显著差异。以上结果说明，施用猪粪可显著增加表层土壤 Cu 含量，而施用化肥和秸秆还田对土壤有效态 Cu 含量无显著影响。

2. 典型旱作黄潮土土壤有效态 Cu 含量

封丘长期肥料试验土壤有效态 Cu 含量采用 DTPA 提取法。表 14.11 是该试验土壤有效态 Cu 含量的测定结果。DTPA-Cu 为 1.0～1.4 mg/kg。从表 14.11 可以看出，化肥和有机肥对石灰性潮土有效态 Cu 含量的影响相对较小。

3. 太湖流域水旱轮作土壤有效态 Cu 含量

常熟长期肥料试验土壤有效态 Cu 含量采用 DTPA 提取法。表 14.12 是该试验土壤有效态重金属含量的测定结果。DTPA-Cu 为 4.7～5.7 mg/kg。从表 14.12 可以看出，试验期内，化肥和有机肥的施用对表层和次表层土壤有效态 Cu 含量无显著影响。不同土层的比较发现，表层土壤的有效态 Cu 含量均高于次表层土壤。

4. 红壤地区水田和旱地土壤有效态 Cu 含量

１）有机物料循环对红壤稻田土壤有效态 Cu 含量的影响

桃源实验站有机物料循环试验土壤有效态 Cu 含量采用 0.1 mol/L HCl 提取法。表 14.13 是该试验土壤有效态 Cu 含量的测定结果。有效态 Cu 含量为 1.9～4.2 mg/kg。有机物料循环试验的研究结果表明，有机物料循环处理有效态 Cu 含量与无循环处理无显著差异，但其含量均高于相应的无循环处理。说明有机物料循环对红壤稻田有效态 Cu 产生了影响。

２）长期施用化肥和有机肥对旱地红壤有效态 Cu 含量的影响

祁阳长期施肥试验土壤有效态 Cu 含量采用 0.1 mol/L HCl 提取法。表 14.14 是该试验土壤有效态 Cu 含量的测定结果。不同处理间土壤有效态 Cu 含量差异很大，有效态 Cu 含量为 1.2～17.1 mg/kg。从表 14.14 可看出，施用猪粪可显著提高表层土壤和次表层土壤有效态 Cu 含量，而施用化肥对土壤有效态 Cu 的增加无显著影响。

5. 长期定位试验点土壤中铜有效性的比较

所研究的长期定位试验点土壤表层土壤中，Cu 含量为 14.1～62.3 mg/kg（表 14.49）。祁阳红壤站采集的 26 个表层土壤样品中有 6 个样品超过土壤环境质量二级标准（pH＜

6.5)，超标样品数占祁阳施肥试验表土样品总数的 23.1%，土壤 Cu 含量最高值为 62.3 mg/kg，超标样品全部来自施用猪粪的处理。几种长期定位试验点土壤表层土壤中 Cu 含量超标样品总数为 6 个，占全部 152 个表层土壤样品的 3.9%。如果不考虑祁阳红壤站受污染土壤的 Cu 含量，其他农田土壤的 Cu 含量均值为 18.3～30.0 mg/kg，与农田土壤 Cd 含量的变化相比，变化范围较小。

虽然几种长期定位试验点土壤 Cu 全量变化幅度相对较小，但不同区域土壤有效态 Cu 平均含量和 Cu 的相对有效性差异较大，土壤 Cu 有效性的顺序为：乌栅土>旱地红壤>中厚黑土>黄潮土>黏黑垆土（表 14.49）。

表 14.49　长期定位试验点土壤 Cu 含量及其有效性

土壤类型	肥料	全量 Cu/（mg/kg）		有效 Cu/（mg/kg）		相对有效性/（RA%）	
		范围	均值	范围	均值	范围	均值
中厚黑土	化肥	21.0～27.1	23.6	1.2～1.9	1.5	5.3～8.1	6.6
	氮磷肥、猪粪	14.1～32.1	26.7	1.4～1.9	1.6	4.7～11.9	7.8
	化肥、猪粪	17.5～49.1	30.0	1.0～7.2	2.3	4.2～14.7	7.0
黏黑垆土		23.3～24.3	23.6	0.7～0.9	0.8	3.3～3.5	3.4
黄潮土	化肥、秸秆	19.5～24.5	22.1	1.0～1.4	1.2	4.3～6.4	5.5
乌栅土	化肥、秸秆	21.2～34.2	28.7	4.7～5.7	5.3	14.7～24.8	18.7
红壤稻田	有机物料循环	17.1～20.7	18.3	1.9～4.2	3.2	10.2～22.4	17.6
红壤旱地	化肥、猪粪	24.2～62.3	37.2	1.2～17.1	4.2	3.9～28.9	9.1

（三）冶炼场地及周边土壤中铜的固液分配模型

1. 经验预测模型

1）土壤铜含量与形态

表 14.16 中列出了研究区土壤 Cu 总量。由表可以看出，由于冶炼活动所带来的污染，已经使得研究区土壤 Cu 的含量远远超过了长江三角洲地区典型类型土壤中 Cu 含量（第一篇第一章表 14.1）。研究区土壤 Cu 的含量也超过了中国土壤环境质量一级、二级标准土壤 Cu 含量（夏家祺，1996）。由表还可以看出，所有土壤样品 Cu 含量均高于自然土壤含量。土壤中 Cu 最高值可达 8181 mg/kg，表明部分地点土壤污染非常严重，且许多采样点为复合污染类型。土壤中 Cu 的含量具有较大的变异，服从对数正态分布。

0.43 mol/L HNO_3 提取态重金属可以反映土壤组分表面吸附重金属的量，被认为是土壤总可吸附态重金属含量（Houba et al.，1995）。0.01 mol/L $CaCl_2$ 提取态重金属被认为是植物可直接吸收的部分（Pueyo et al.，2004）。因此，0.43 mol/L HNO_3 与 0.01 mol/L $CaCl_2$ 具有不同的提取能力，表 14.17 列出了土壤提取态重金属浓度。HNO_3 提取态 Cu 为 3.8～5744 mg/kg。HNO_3 提取态 Cu 的平均含量超过了我国农田土壤二级标准。这表明研究区土壤 Cu 污染严重，许多采样点位仅 HNO_3 提取态 Cu 的含量就已超出了土壤环境质量标准。作为植物可直接吸收的 0.01 mol/L CaCl$_2$ 提取态 Cu 也具有较高的浓度，CaCl$_2$ 提取态 Cu 的平均值为 0.56 mg/kg。较高的 Cu 提取态含量也会影响作物生长、土壤生态系统，引起生态风险，因此无论从健康风险还是生态风险来看，研究区 Cu 污染都需要引起关注。

2）铜的固液分配系数

在纯理论状况下，重金属的固液分配系数被认为是单一的常数值，实际情况中重金属的固液分配系数是受重金属在固相中的吸附平衡所控制的。在本书中，重金属 Cu 的分配系数与土壤中 Cu 的总量呈极显著正相关（$p < 0.01$）。

3）铜总量与形态间的关系

Cu 总量、HNO$_3$ 以及 CaCl$_2$ 提取态间的关系如图 14.18、图 14.19 所示。由图可以看出 HNO$_3$ 提取态的 Cu 与其总量之间均达到极显著相关（$p < 0.01$），相关系数为 0.996。这是因为，0.43 mol/L HNO$_3$ 提取态重金属反映的是重金属被土壤吸附表面所吸附的部分，被认为是总吸附态重金属。HNO$_3$ 提取态的 Cu 占其总量的比例的平均水平为 62.6%。

HNO$_3$-Cu = 0.70×（总 Cu）− 6.49（R^2=0.99，SE=46.16）

土壤 CaCl$_2$ 提取态重金属和重金属总量的关系较弱，CaCl$_2$ 提取态 Cu 与总 Cu 相关系数为 0.254（$p < 0.01$），同时对 HNO$_3$ 和 CaCl$_2$ 提取态重金属进行分析可以看出，CaCl$_2$ 提取态的 Cu 与其对应的 HNO$_3$ 提取态达到极显著水平（$p < 0.01$）。

4）提取态铜与土壤性质间的关系

表 14.19 列出了 HNO$_3$ 提取态和 CaCl$_2$ 提取态铜与土壤性质间的关系。一方面，HNO$_3$ 提取态的 Cu 与土壤 pH、有机质显著相关。另一方面，HNO$_3$ 提取态的 Cu 与酸性草酸铵提取的活性 Fe、Si 呈极显著相关（$p < 0.01$），HNO$_3$ 提取态的 Cu 与活性 Al 呈极显著相关（$p < 0.01$），这表明在研究区活性 Fe、Al、Si、P 是土壤中重要的吸附表面。HNO$_3$ 提取态 Cu 与土壤黏粒、无定形 Mn 氧化物均未达到显著相关（$p > 0.05$）。一般认为，土壤有机质对重金属的吸附贡献最大，有机质的含量越高的土壤对重金属的吸附就越高，而土壤 pH 可以影响其他土壤表面对重金属吸附，土壤 pH 越高重金属就越容易被表面所吸附。另外，在碱性土壤中，当重金属含量达到一定程度时，沉淀作用开始起作用。因此，仅仅应用简单的相关分析不能将土壤 pH 和有机质对土壤吸附重金属的影响识别出来，这需要进一步应用机理模型来进行研究。这同时也表明在研究区活性 Fe、Al、Si、P 对土壤中重金属具有较高的吸附贡献。

从表 14.19 可以看出，CaCl$_2$ 提取态 Cu 土壤 pH 未达到显著相关。CaCl$_2$ 提取态 Cu 与土壤有机质显著正相关（$p < 0.05$），表明土壤有机质中的可溶性有机碳对 Cu 有较强的亲和力。一般情况下，溶液中的 Cu 与可溶性有机质相结合的比例可占到可溶态的 90% 以上（Sauve et al.，2003）。CaCl$_2$ 提取态铜与土壤黏粒含量、活性 Mn 氧化物未达到显著相关。

5）土壤可溶态铜的经验模型预测

土壤中重金属的固相-液相分配可以简单地应用 Freundlich 等温吸附方程来描述，其

方程的形式为

$$Q = K_d C^n$$

式中，Q 为吸附态的重金属（可以认为是重金属的总量），K_d 为固液分配系数，C 为可溶态重金属的含量，n 为非线性系数。在实际情况下，土壤性质，如 pH、有机质、CEC 和 Fe、Al 氧化物等性质都是影响重金属固液分配因素（Buchter et al., 1989; Carlon et al., 2004）。Sauve 等（2000）在 Freundlich 等温吸附方程的基础上提出应用竞争吸附模型来预测土壤中可溶态重金属，认为土壤有机质、pH 和总量是控制土壤重金属在固相-液相中分配的最重要因素，仅仅应用重金属总量、土壤有机质和 pH 就可以较好地来预测土壤可溶态的重金属。另外，Weng 等（2001）研究表明有机质对重金属 Cu、Zn、Pb、Cd 的吸附可以占到其总吸附态的 90% 以上。因此，首先考虑重金属总量（或 HNO_3 提取态重金属）与土壤有机质、pH 对可溶态重金属的预测。根据 Sauve 等（2000）提出的竞争吸附模型应用多元逐步回归方法对模型进行拟合，当变量显著时（$p < 0.05$）进入模型，反之则不进入，得到可溶态重金属 Cu 的预测模型如下：

$$\log (CaCl_2\text{-}Cu) = 0.85 \times \log (\text{总-}Cu) - 2.39 \quad (R^2 = 0.45, SD = 0.42) \tag{14.9}$$

从得到的模型来看，在预测 $CaCl_2$ 提取态 Cu 时，仅土壤总 Cu 是显著变量，而土壤 pH 和有机质未进入模型中。仅应用总 Cu 来预测可溶性的 Cu 的方差解释量仅为 45%，因此为了更好地预测可溶态 Cu，需要考虑更多影响其溶解性和固液分配的因素。

应用 HNO_3 提取态重金属并结合土壤 pH 和有机质来预测 $CaCl_2$ 提取态 Cu，分别得到 Cu 的模型如下：

$$\log (CaCl_2\text{-}Cu) = 0.77 \times \log (HNO_3\text{-}Cu) - 2.05 \quad (R^2 = 0.48, SD = 0.41) \tag{14.10}$$

应用 HNO_3 提取态得到的模型与应用总量得到的模型形式相似，但是从模型的方差解释量来看，应用 HNO_3 提取态的模型预测能力要略高于应用总量得到的模型。图 14.22 是模型预测的结果与实际结果的对比，可以看出绝大多数的 Cu 的预测误差在 ±0.5 个对数单元之内。

为了进一步确定模型（14.9）、模型（14.10）的预测能力和预测效果，收集了研究区 46 个样品的土壤重金属总量、HNO_3 提取态重金属、$CaCl_2$ 提取态重金属以及 pH 的数据。将所收集的数据分别带入模型中，得到预测的 $CaCl_2$ 提取态的 Cu。图 14.23 是 46 个样品预测与实测的对比图，其中图 14.23a 是模型（14.9）的预测效果，图 14.23b 是模型（14.10）的预测效果，由图可以看出绝大多数数据点预测误差在 ±1 个对数单位之内。因此在本研究区中的风险评估中需要预测可溶态 Cu 浓度时，如果由于数据的限制或者是对预测结果要求相对较低时，可以应用这些简单的、参数较少的模型来进行预测计算。

在实际情况中，土壤黏粒、金属氧化物等组分表面也是影响土壤吸附重金属，控制重金属溶解性的重要因素。为了进一步提高对 $CaCl_2$ 提取态重金属的预测能力，因此将草酸铵提取的活性 Fe、Al、Si、P 和土壤黏粒含量考虑到模型中去，并且分别应用土壤重金属总量或者是 HNO_3 提取态重金属来建立可溶态重金属的预测模型。其模型的形式如下：

$$\log（CaCl_2提取态重金属）=a\log（土壤总量/硝酸提取态重金属）+b\log（OM）+$$
$$c\,pH+d\log（Clay）+e\log（Fe_{ox}）+f\log（Mn_{ox}）+g\log（Al_{ox}）+h\log（Si_{ox}）+$$
$$i\log（P_{ox}）+j\log（CaCl_2\text{-}Cd）$$

式中 $a\sim j$ 均为系数，其中 OM 表示土壤有机质，Clay 表示土壤黏粒，Fe_{ox}、Mn_{ox}、Al_{ox}、Si_{ox}、P_{ox} 分别为酸性草酸铵提取的活性态 Fe、Mn、Al、Si、P。同样应用 SPSS 11.0 逐步回归法进行拟合得到 CaCl$_2$ 提取态重金属的经验预测模型，并识别影响 CaCl$_2$ 提取态的重金属的土壤性质。

应用重金属总量结合土壤性质可以得到预测 CaCl$_2$ 提取态 Cu 的经验模型：

$$\log（CaCl_2\text{-}Cu）=0.99\times\log（总\text{-}Cu）-1.19\times\log（Fe_{ox}）-2.198$$
$$（R^2=0.47，SD=0.39） \tag{14.11}$$

从所得到的模型可以看出，活性的 Fe、Si、P 可以显著提高 CaCl$_2$ 提取态重金属的预测能力，而土壤黏粒和活性 Al 氧化物并没有显著提高模型预测能力。其中，活性的 Fe 氧化物可以提高 CaCl$_2$ 提取态 Cu 的预测能力。从方差解释量来看，所得到的预测模型均要高于应用重金属总量和土壤 pH 得到的预测模型。图 14.23 是模型的预测效果。

通径分析是在相关分析和回归分析基础上，进一步研究自变量与因变量之间的数量关系，将相关系数分解为直接作用系数和间接作用系数，以揭示各因素对因变量的相对重要性。为了分析 CaCl$_2$ 提取态预测模型中各因素的相对重要性分别对模型（14.11）进行了通径分析，由于各因素的间接作用系数不显著，这里仅讨论直接作用系数。从预测 Cu 的模型来看，土壤总 Cu 和无定形 Fe 的直接作用系数分别为 0.78 和–0.30。对于 Cu 活性 Fe 氧化物的影响比较显著。

应用 HNO$_3$ 提取态 Cu 结合土壤性质可以得到预测 CaCl$_2$ 提取态 Cu 的经验模型：

$$\log（CaCl_2\text{-}Cu）=0.89\times\log（HNO_3\text{-}Cu）-0.69\times\log（Fe_{ox}）-0.25\times\log（P_{ox}）-1.42$$
$$（R^2=0.57，SD=0.37） \tag{14.12}$$

与应用总量和土壤性质预测 CaCl$_2$ 提取态重金属相比，应用 HNO$_3$ 提取态重金属结合土壤性质预测 CaCl$_2$ 提取态重金属略有不同。对于 Cu 来说，活性 P 可以提高 CaCl$_2$ 提取态 Cu 的预测能力。图 14.24 是模型的预测效果图，表明 Cu 具有较好的预测效果。

对经验模型（14.12）进行通径分析。Cu 的分析结果表明，HNO$_3$ 提取态 Cu 和活性 Fe、P 的直接作用系数分别为 0.81、–0.23 和–0.20。

2. 表面吸附模型

采集浙江富阳研究区表层（0～15 cm）土壤样品 20 个。20 个土样分析结果表明土壤性质和重金属浓度具有较大变异（表 14.20），为了便于与他人研究相比较，重金属浓度单位用 mol/kg 和 μmol/L 来表示。土壤 pH 在 3.71～6.81，土壤有机质的含量为 10.7～51.6 g/kg。0.43 mol/L HNO$_3$ 提取态的重金属具有较高含量，Cu 的含量在 $1.74\times10^{-4}\sim9.05\times10^{-2}$ mol/kg。应用 0.01 mol/L CaCl$_2$ 作为提取剂的可溶态 Cu 的浓度为 9.46 μmol/L。

应用 ORCHESTRA 模型计算土壤有机质、土壤黏粒和无定形 Fe、Al 氧化物对 Cu 的吸附，在模型计算中考虑了重金属 Cu、Zn、Pb、Cd 之间的竞争吸附。

在进行模型计算之前，需要进行合理假设。首先假设 0.43 mol/L HNO$_3$ 提取态重金属为土壤总吸附态重金属；土壤各表面相互独立、互不影响，因此总吸附态的重金属被认为是土壤中各吸附表面吸附总和；由于本书中的黏粒含量是体积百分比，这里假设与质量百分比一致。草酸铵提取的 Fe、Al 氧化物可以认为是无定形 Fe、Al 氢氧化物（Weng et al.，2001）。

1）有机质表面的吸附贡献

表面模型估计了土壤表面对 Cu 吸附贡献，由模型可以明显看出土壤有机质在几种表面中的吸附最为重要（图14.25）。从平均水平看，有机质结合的 Cu 占总吸附态的73.9%，许多样品超过 90%，表明有机质对 Cu 有高的亲和能力，这也与前人研究相一致（Weng et al.，2001）。Weng 等（2001）应用多表面模型对荷兰酸性砂土研究表明，有机质对重金属吸附贡献要远高于本研究。在本书中，仍有较多土壤有机质对 Cu 的吸附贡献较小，最小的贡献率仅达到5.4%。分析有机质贡献率小的土壤可以发现，这些土壤总吸附态的 Cu 含量非常高。贡献率最小的土壤中总吸附态的 Cu 为 9.05×10^{-2} mol/kg，而 Weng 等（2001）所研究的土壤 Cu 总吸附态含量为 2247 μmol/kg。土壤有机质吸附容量是有限的，当重金属浓度达到一定水平，其吸附点位接近或达到饱和，有机质对重金属吸附的贡献率开始降低。从土壤有机质吸附贡献与重金属含量的关系图可以看出（图14.26），当土壤中总吸附态 Cu 含量升高时，有机质对它们的吸附贡献率有降低趋势，特别是 Cu 的趋势最明显。这也解释了在应用经验回归模型时有机质没有作为显著变量进入 Cu 的预测模型中的原因。

2）土壤黏粒表面的吸附贡献

土壤黏粒对 Cu 的吸附贡献要小于有机质的贡献。土壤黏粒对 Cu 吸附的贡献仅仅达到0.5%。比较 S3 样品 Cu 的吸附可以发现，有机质对 Cu 的吸附贡献要高于其他重金属。

3）无定形氧化物表面的吸附贡献

模型预测表明无定形 Fe、Al 氧化物对重金属 Cu 的吸附贡献非常小，平均吸附贡献率均在 1% 以下。

从图 14.25 可以看出，对于所研究土壤，除土壤有机质、黏粒、无定形 Fe 和 Al 氧化物之外，仍有其他因素控制着重金属的固液分配。上述研究表明，活性态 Si 和 P 也是影响重金属固液分配的重要因素，但是由于很难获得相应模型参数，本章并未计算活性态 Si 和 P 的吸附。在土壤具有高含量重金属时，重金属容易与土壤中的其他碳酸盐和磷酸盐生产沉淀。从图 14.28 可以看出，当土壤中 Cu 含量升高时，土壤受到有机质、黏粒、无定形的 Fe 和 Al 氧化物之外的其他因素影响显著增大，这些因素包括活性态 P、Si 对重金属的吸附，以及碳酸盐与重金属的沉淀作用，这也要求在将来研究中对这些行为要加以考虑。

二、土壤中铜的迁移性与有效性

（一）土壤中铜的纵向迁移

1. 土壤溶液中铜含量与形态

无植物无 EDDS 处理 Cu 浓度随土壤剖面深度的升高而降低，即 5 cm>20 cm>50 cm，不过 5 cm 与 20 cm 的溶液中 Cu 浓度差异非常小（表 14.31）。5 cm、20 cm 和 50 cm 土壤溶液 Cu 的浓度分别为 0.12 mg/L、0.11 mg/L 和 0.06 mg/L。

有植物无 EDDS 处理 Cu 在不同层次土壤溶液浓度为 20 cm>5 cm>50 cm（除 2004 年 7 月和 8 月），同样，5 cm 与 20 cm 的溶液中 Cu 浓度差异非常小（表 14.31）。5 cm、20 cm 和 50 cm 土壤溶液中 Cu 浓度为 0.10 mg/L。

从上面分析可看出，无论是无植物无 EDDS 处理还是有植物无 EDDS 处理，5 cm、20 cm 和 50 cm 的土壤溶液中 Cu 含量较高（表 14.31），是当地地下水一个潜在的污染源。

添加 EDDS 后，有植物有 EDDS 处理与同时采样的（2004 年 11 月）有植物无 EDDS 处理土壤溶液金属元素含量相比，金属含量发生明显变化，其中 Cu 含量明显增高，表明 EDDS 可提高 Cu 的可溶性。溶液中 Cu 含量成倍增加，其中 20 cm 分别为 456 倍；50 cm 时，Cu 仍高达 77 倍。

添加 EDDS 显著提高了金属元素 Cu 的移动性，给当地地下水水质造成一个潜在的危害，尤其是 Cu。20 cm 土壤溶液 Cu 为 32 mg/L，50 cm 土壤溶液 Cu 为 0.97 mg/L。如果 20 cm 土壤溶液中金属浓度反映了 0~20 cm 土体可溶性金属浓度，那么土壤中 20% Cu 在采样时为可溶形态。同时，20 cm 土壤溶液中 Cu 浓度是我国地下水三类标准（GB/T14848—1993，≤1.0 mg/L）的 32 倍，50 cm 其含量也达到了地下水三类标准的临界值，因此，添加浓度为 2 mol（EDDS）/kg（土）的 EDDS 强化海州香薷修复土壤可能将会造成修复区地下水的污染，尤其是在丰雨期。

土壤溶液中 Cu 含量随季节变化规律相似，因此只作有植物无 EDDS 处理条件下（图 14.38）。由图可以看出，土壤溶液 Cu 随季节有较明显的变化，最大值和最小值出现在 7 月和 2 月，表明丰雨期和冶炼厂生产旺期土壤溶液中金属元素的含量较高，而冬季含量变低。

以地球化学形态模型 Visual MINTEQ 2.23 模拟了 2005 年 4 月采集的溶液样品，结果表明，3 个处理的 3 个层位溶液中 Cu 都主要以络合物形式存在。其中，溶液中的 Cu 以 $CuCO_3$ 为主，占 71.7%（62.6%~79.4%），其次 Cu-DOM 为 20.3%（12.2%~28.9%）。

2. 土壤溶液铜迁移行为

由图 14.39 可以看出，无植物无 EDDS 和有植物无 EDDS 处理 Cu、Pb、Zn 和 Cd，其迁移的地球化学行为相似，且相互影响，为正相关关系，例如有植物无 EDDS 处理中，溶液中 Zn 与 Cu 的相关系数 r 为 0.84（$p<0.01$）[图 14.41(b)]；Zn 与 Pb 的相关系数 r 为 0.90（$p<0.01$）[图 14.41(a)]；Zn 与 Cd 的相关系数 r 为 0.89（$p<0.01$）。同时亦表

明土壤 Cu、Pb、Zn 和 Cd 可能具有相同的污染源。

复合污染土壤中 Cu 在土体中的迁移不仅受污染元素之间相互作用的影响，同时也受土壤其他物理化学性质的影响。本次研究发现，Cu 的迁移受土壤中可溶性 Fe 和 Ca 含量的影响，例如有植物无 EDDS 处理中溶液 Cu 含量与 Fe 含量呈显著正相关（$r=0.79$，$p<0.01$；$r=0.72$，$p<0.01$），而与溶液中 Ca 含量呈显著负相关（$r=-0.65$，$p<0.01$；$r=-0.43$，$p<0.05$）[图 14.41(d)]。其原因可能是因为 Fe 氧化物是土壤吸附重金属元素的重要介质，可溶性 Fe 含量的增加将会导致土壤对金属离子吸附能力的减弱，从而引起溶液 Cu 含量的增加。而溶液 Cu 含量随 Ca 含量的升高而降低（$r=-0.65$，$p<0.01$）可能与 Ca 与溶液中 DOC 形成絮凝物，间接导致溶液 Cu 含量减少有关。

溶液中没有发现 Cu 明显受 DOC 影响，这与 Kalbitz 和 Wennrich（1998）田间 lysimeter 研究结果一致。但也有研究者认为 Cu 的迁移明显受 DOC 的影响（Holm et al.，1995），表明不同组成成分的 DOC 与金属的亲和力不同。因此，富阳污染区土壤溶液 Cu 迁移性与 DOC 的关系不明显的原因可能与溶液中 DOC 与 Ca 形成絮凝。

（二）水稻对土壤中铜的富集与预测模型

研究区（29°55′1″N～29°58′13″N，119°53′56″E～119°56′4″E）位于浙江省富阳市小型炼铜厂附近农田，主要的土壤类型有水耕人为土和黏化湿润富铁土，以水田为主。在研究区采集对应的土壤、水稻样品共 46 对。由于冶炼厂是土壤重金属污染的主要来源，因此根据冶炼厂距离不同确定采样点以确保不同污染程度的样品。

所采集的土样土壤 pH 为 5.2～7.9，其差异主要是由于在水稻生长期间施用石灰引起 pH 升高。土壤有机质为 23.9～60.9 g/kg，黏粒为 10.8%～22.5%（体积比），草酸铵提取的活性 Fe 氧化物含量为 0.90～14.42 g/kg，草酸铵提取态活性锰氧化物为 23.3～294.2 mg/kg。

表 14.34 中列出了土壤重金属总量，以及中国土壤环境质量一级、二级标准（夏家琪，1996）。由表可以看出，所有土壤样品重金属含量均高于自然土壤含量。从平均值来看，Cu 超过农田土壤环境质量标准数倍，土壤中 HNO_3 提取的 Cu 最高值可达 1484 mg/kg，表明部分地点土壤 Cu 污染非常严重（表 14.35）。

1. 稻米铜含量与富集系数

稻米中 Cu 平均含量为 6.54 mg/kg（图 14.45）。根据我国主要粮食作物的元素背景研究（买永彬，1997），浙江省稻米中元素背景值 Cu 为（2.69±1.29）mg/kg（变幅为 1.50～6.25 mg/kg），且由图可以看出研究区稻米 Cu 的含量均要高于其背景值。在本研究中，个别稻米样品中 Cu 含量超过了 10 mg/kg 的卫生标准（GB2762—2005），但平均值并未超标。

稻米对土壤中 Cu 的富集系数为 0.045±0.040。在本研究中，以 0.01 mol/L $CaCl_2$ 提取态作为土壤中可溶态重金属，则可溶态 Cu 占总量的比例为 0.18%，在研究区土壤 Cu 严重污染已经能对水稻生长产生危害，这也可能会影响水稻对土壤中 Cu 的吸收（McLaughlin et al.，1999）。

2. 稻米中铜与土壤中提取态铜的关系

稻米中 Cu 的含量与土壤 Cu 之间的关系如图 14.57 所示。稻米中 Cu 含量与土壤总Cu、0.43 mol/L HNO_3 提取态 Cu 以及 $CaCl_2$ 提取态 Cu 均达到显著相关（$p < 0.01$）。然而从图 14.57 可以看出，$CaCl_2$ 提取态的 Cu 与稻米 Cu 的含量相对要离散。

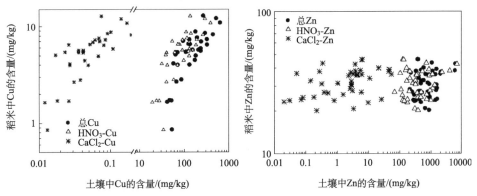

图 14.57　稻米中 Cu、Zn 的含量与土壤中 Cu、Zn 含量的关系

3. 稻米中铜的预测

土壤物理化学性质影响着土壤中重金属的形态分布，控制着重金属的固液相间分配，从而影响植物对土壤重金属的吸收（McLaughlin et al.，2000）。因此在预测植物对土壤重金属吸收时，为了提高预测效果，常常将土壤性质如土壤 pH、黏粒、有机质、Fe 和Mn 氧化物作为变量考虑进去。因此，将土壤重金属的含量和土壤性质结合起来，进一步来研究稻米吸收土壤 Cu 的规律，稻米中重金属的预测模型形式为

$$\log(C_{rice}) = A_1 \times pH + A_2 \times \log(OM) + A_3 \times \log(Clay) + A_4 \times \log(Fe_{ox}) + A_5 \times \log(Mn_{ox})$$
$$+ B \times \log(总量或提取态含量) + C \qquad (14.13)$$

式中 $A_1 \sim A_5$、B 和 C 均为系数，C_{rice} 表示稻米中重金属含量（mg/kg，干重），pH 为土壤 pH，OM 为土壤有机质（%），Clay 为土壤黏粒（%），Fe_{ox} 表示草酸铵提取的铁氧化物（g/kg），Mn_{ox} 表示草酸铵提取的锰氧化物（mg/kg）。

应用多元回归分析可以得到模型中各系数的实际值，其中稻米中 Cu 的预测模型分别如下：

$$\log(Cu_{rice}) = 0.66 \times \log(总 Cu) - 0.73 \quad (R^2 = 0.62,\ SE = 0.16) \qquad (14.14)$$
$$\log(Cu_{rice}) = 0.64 \times \log(HNO_3\text{-}Cu) - 0.52 \quad (R^2 = 0.60,\ SE = 0.17) \qquad (14.15)$$
$$\log(Cu_{rice}) = 0.67 \times \log(CaCl_2\text{-}Cu) + 1.60 \quad (R^2 = 0.60,\ SE = 0.17) \qquad (14.16)$$

由模型可以看出，土壤性质并未显著提高稻米中 Cu 含量的预测能力，应用土壤总Cu、HNO_3 提取态 Cu 和 $CaCl_2$ 提取态 Cu 对稻米 Cu 含量预测的决定系数没有显著差别。图 14.47 给出了三个回归模型对稻米 Cu 含量的预测效果，可以看出个别点较为离散。

　　植物对土壤重金属的吸收除了受土壤重金属的含量与形态及土壤性质影响外，还受土壤肥力、季节、管理措施等许多因素影响（McLaughlin et al., 1999），因此会导致预测模型误差。本章仅研究了一个典型的重金属污染地区，为了能够较好地为风险评估和管理提供参考依据，需要在今后的研究中考虑更多的研究区域，包括不同的土壤类型和不同污染程度。另外，为了能够更好地预测稻米中重金属的度，需要从机理模型入手来模拟水稻对土壤中重金属的吸收。

（三）土壤中铜的植物有效性评价

　　供试土壤共 30 个，分别采自英国（15 个）、智利（12 个）和中国（3 个）。其中，英国的 15 个土样中有 7 个采自英格兰默西塞德郡（Merseyside）Prescot 附近距离一家 Cu 线材轧制厂 100 m 范围内，自 1975 年起颗粒态 Cu（主要是氧化物态）的沉降导致厂区附近土壤 Cu 浓度呈现梯度分布特征。另外 8 个土样分别采自位于 Rothamsted（4 个）和 Woburn（4 个）的两个长期（37 年）施用石灰以改良酸性土壤的试验田，于 1995 年人为向土壤中投加了 $CuSO_4$。源于智利的 12 个土样分别采自 Cachapoal 盆地和圣地亚哥盆地，土壤中因混有 Cu 尾矿而受到不同程度的污染。采自中国的 3 个土样为江苏宜兴水稻土（河湖沉积母质发育的重壤土），其中一个为未污染土壤，另外两个土壤因 1997 年用受 $CuSO_4$ 污染的河水灌溉而导致土壤 Cu 污染。

　　供试土壤的 pH、总碳（TC）、总 Cu、0.05 mol/L EDTA 可提取态 Cu（EDTA-Cu）和 1 mol/L NH_4NO_3 可提取态 Cu（NH_4NO_3-Cu）见表 14.50。30 个土壤样品的主要理化性质的跨度均较大，pH 变化范围为 4.41～8.12，总有机碳含量范围为 0.98%～6.98%，总 Cu 浓度为 19.4～8645.1 mg/kg，EDTA-Cu 从 8.3 至 6773.0 mg/kg，NH_4NO_3-Cu）从 0.03 至 400.43 mg/kg。对测定的土壤理化性质数据进行频数分布分析表明，除土壤 pH 呈近正态分布外，有机碳，尤其是总 Cu、EDTA-Cu 和 NH_4NO_3-Cu 均呈偏态分布。

表 14.50　供试土壤的主要理化性质

采样地	样点数 n	pH	TC/%	总 Cu/（mg/kg）	EDTA-Cu /（mg/kg）	NH_4NO_3-Cu /（mg/kg）
Prescot，英国	7	4.89～7.34	1.94～6.98	61.6～8645.1	30.7～6773.0	0.26～400.43
Rothamsted，英国	4	4.41～7.86	1.53～1.65	157.0～177.0	74.5～95.4	0.36～19.17
Woburn，英国	4	4.75～7.17	1.18～1.29	143.0～157.0	72.1～88.4	0.43～19.00
Cachapoal 盆地，智利	6	5.77～7.49	1.05～2.53	143.6～914.5	86.0～554.0	0.28～3.51
圣地亚可盆地，智利	6	7.11～8.12	0.98～2.79	19.4～1110.9	8.3～437.7	0.09～0.73
江苏宜兴，中国	3	5.67～6.76	1.45～2.07	23.5～158.5	13.2～105.8	0.03～0.29

1. 植物生长和生物量

　　盆栽期间对植物生长的连续观察发现，麦瓶草在试验采用的所有土壤上都能生长，未观察到明显的金属毒害症状，适应性较强。与之相反，种植在 pH＜4.8 的酸性

Rothamsted 土壤（土壤总 Cu 仅为 157～169 mg/kg）和污染最重的 Prescot 土壤（土壤总 Cu 达 8645 mg/kg，pH 为 5.4）上的海洲香薷均未成活。在 Cu 浓度较高的 Prescot 土壤上存活的海洲香薷叶片局部（叶尖）出现常见的 Cu 毒害症状——脉间失绿。而在酸性 Rothamsted 土壤上存活的海洲香薷黄化先出现在叶基部，并很快蔓延到整个叶片。这说明海洲香薷不耐酸且对 Cu 的耐性略逊于麦瓶草。

2. 土壤 NH_4NO_3-Cu 与总 Cu、EDTA-Cu 的关系

将土壤 pH 和总碳含量作为控制变量，用 SPSS 对所有土壤样品（含重复）的总 Cu、EDTA-Cu 和 NH_4NO_3-Cu 数据（n=66）进行偏相关分析，其偏相关系数及显著性水平见表 14.51。

表 14.51　土壤总 Cu、EDTA-Cu 和 NH_4NO_3-Cu 偏相关系数和显著性水平（n=66）

	总 Cu	EDTA-Cu	NH_4NO_3-Cu
总 Cu	—	0.9569 [a]	0.9077 [a]
EDTA-Cu	0.9569 [a]	—	0.9733 [a]
NH_4NO_3-Cu	0.9077 [a]	0.9733 [a]	—

a 表示 0.001 水平显著相关。

由表 14.51 可以看出，总 Cu、EDTA-Cu 和 NH_4NO_3-Cu 两两之间均达到极显著（p < 0.001）正相关，其中又以 EDTA-Cu 和 NH_4NO_3-Cu 之间的相关性为最佳（偏相关系数达到 0.9733），并大于总 Cu 和 EDTA-Cu 之间的偏相关系数（0.9569）以及总 Cu 和 NH_4NO_3-Cu 之间的偏相关系数（0.9077）。

土壤总 Cu 与 EDTA-Cu 和 NH_4NO_3-Cu 的关系如图 14.58 所示。

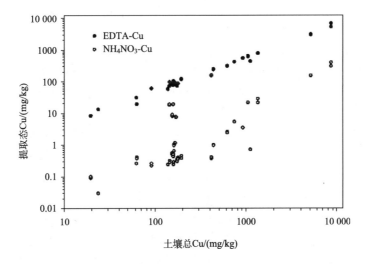

图 14.58　土壤中 EDTA-Cu 和 NH_4NO_3-Cu 与总 Cu 的关系

从表 14.50 和图 14.57 中可以明显看出，尽管供试土壤 pH 和总碳存在较大差异，但在对数坐标系中 EDTA-Cu 与总 Cu 仍存在极显著的线性关系。其拟合方程为

$$\log(\text{EDTA-Cu}) = 1.0370 \times \log(总 \text{Cu}) - 0.3693 \quad (R^2 = 0.9834, \ n = 66)$$

与 EDTA-Cu 相比，NH_4NO_3-Cu 与土壤总 Cu 的相关关系较差，其中总 Cu 在 100～200 mg/kg 之间的数据点尤其分散。这些数据点代表的是从 Rothamsted 和 Woburn 两个长期定位试验田采集的样品，这些土壤中的 Cu 主要是人为外加的，其土壤总 Cu 浓度非常接近（143～177 mg/kg）。但由于长期施用不同剂量的石灰，因而这些土壤 pH 差异较大（4.41～7.86），这说明可能是 pH 影响了土壤 NH_4NO_3-Cu 与土壤总 Cu 的关系。

为探明 pH 对 NH_4NO_3-Cu 与土壤总 Cu 关系的影响，又将所有土壤样品的 pH 与 NH_4NO_3-Cu 占总 Cu 的百分数进行作图得到图 14.59。

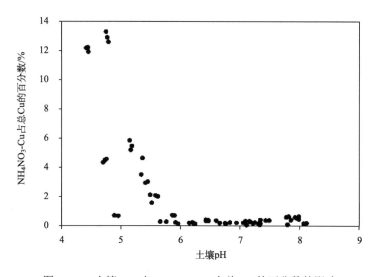

图 14.59　土壤 pH 对 NH_4NO_3-Cu 占总 Cu 的百分数的影响

从图 14.59 中可以看出，当土壤 pH＞5.5 时，NH_4NO_3-Cu 占总 Cu 的比例很小（一般不超过 0.5%，平均在 0.3%左右），而当土壤 pH＜5.5 时，NH_4NO_3-Cu 占总 Cu 的比例则随 pH 下降而迅速增加（最大值达到 13.3%）。这证明 pH 是影响 NH_4NO_3-Cu 与土壤总 Cu 关系的重要因素。

pH 影响 NH_4NO_3-Cu 占总 Cu 比例的原因是：土壤 pH 对重金属的溶解度和滞留性（retention）的影响要超过其他因素，当土壤 pH＜5.5 时，Cu 的溶解度迅速增加。土壤黏土矿物对 Cu 的吸持与 pH 密切相关（Cavallaro and McBride，1984），pH 升高导致被吸持的 Cu 增加，因而相应的可被提取剂提取的金属量减少。

另外，图 14.59 中 pH＜5.0 的部分有 8 个数据点偏离其余的数据点，除了左下方的两个点是有机碳含量较高（3.70%）的 Prescot 土壤外，其余 6 个点均为 Rothamsted 的酸性土壤（有机碳约为 1.56%），这些数据点出现较大偏离说明 NH_4NO_3-Cu 与土壤总 Cu 关系可能还受到其他因素（如有机碳含量、CEC 等）的影响。

3. 土壤不同 Cu 形态与植株体内 Cu 浓度的关系

1）总 Cu 与植株体内 Cu 浓度的关系

由于土壤总 Cu 中有很大一部分是对植物无效的，因此土壤总 Cu 与植物地上部或根系 Cu 浓度的相关性不理想，数据点较为发散（图 14.60（a）和图 14.60（b））。随着土壤总 Cu 浓度的增加，麦瓶草和海州香薷地上部 Cu 浓度基本呈上升趋势（图 14.60（a））。尽管土壤总 Cu 浓度变幅很大（19.4～8645 mg/kg），但植物地上部 Cu 浓度范围相对较窄（2.7～275 mg/kg）。麦瓶草和海州香薷地上部最高 Cu 浓度分别为 275 mg/kg 和 215 mg/kg，从地上部分的浓度来看，试验采用的海州香薷（*Elsholtzia splendens*，Nakai）并不是 Cu 超积累植物。与大多数植物体内 Cu 浓度约为 5～20 mg/kg DW（Mengel，2001）比较，海州香薷可算是一种 Cu 的富集植物。

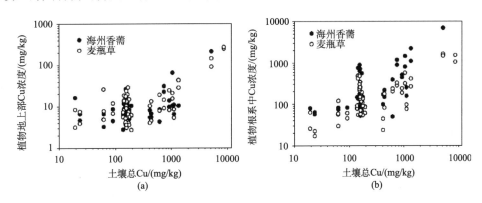

图 14.60　土壤总 Cu 浓度与植物地上部（a）和植物根系（b）中 Cu 浓度的关系

麦瓶草和海州香薷根系 Cu 浓度也基本随着土壤总 Cu 浓度的增加而增加（图 14.60 b）。麦瓶草和海州香薷根系最高 Cu 浓度分别达到 1622 mg/kg 和 6975 mg/kg，分别是地上部 Cu 浓度的 5.9 倍和 32.4 倍。将绝大部分的 Cu 积累在根部而抑制向地上部的运输是金属耐性植物常采用的对策。需要说明的是，由于盆栽植物的根系很难洗净，因此测得的根系中 Cu 的浓度有可能包括吸附或沉淀在根系表面的 Cu，也不能完全排除来自土壤胶体颗粒的污染。

2）0.05 mol/L EDTA-Cu 与植株体内 Cu 浓度的关系

EDTA-Cu 与植物地上部及根系 Cu 浓度的关系如图 14.61 所示。比较图 14.60 和图 14.61 可以看出两者非常相似。虽然 EDTA 可提取态金属被认为代表土壤中对植物潜在有效的金属（Gupta et al.，1996），但显然 EDTA-Cu 与植物地上部或根系 Cu 浓度的相关性并不好，这可能是因为 EDTA 可提取的 Cu 远远超过一季海州香薷可以吸收的量。

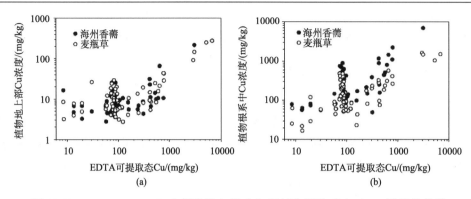

图 14.61　0.05 M EDTA-Cu 与植物地上部（a）和植物根系（b）中 Cu 浓度的关系

3）NH$_4$NO$_3$-Cu 与植株体内 Cu 浓度的关系

1 mol/L NH$_4$NO$_3$ 提取的是土壤易移动态金属，植物根系可以直接利用（Gupta et al.，1996）。与图 14.60 和图 14.61 相比，植株根系 Cu 浓度随 NH$_4$NO$_3$-Cu 增加而增加的趋势较随总 Cu 或 EDTA-Cu 的变化规律更为明显[图 14.62（b）]，绝大多数情况下海洲香薷根系中的 Cu 浓度要大于麦瓶草根系中的 Cu 浓度。两种植物地上部 Cu 浓度随 NH$_4$NO$_3$-Cu 增加呈上升趋势，但两种植物地上部浓度之间没有明显的差别。

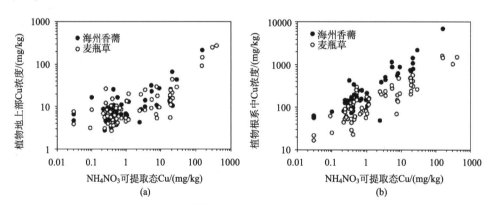

图 14.62　1 M NH$_4$NO$_3$-Cu 与植物地上部（a）和植物根系（b）中 Cu 浓度的关系

4）土壤溶液 Cu 浓度与植株体内 Cu 浓度的关系

植株体内 Cu 浓度与土壤溶液 Cu 浓度之间的关系如图 14.63 所示。从图 14.63 中可以看出，随土壤溶液 Cu 浓度增加植物根系 Cu 浓度也随之增加，这与植物根系从土壤溶液中吸收矿质养分的理论是吻合的。当然，土壤溶液中的 Cu 既可能被植物吸收进入体内，也有相当一部分吸着或沉淀在根系表面。

5）土壤溶液 pCu^{2+} 与植株体内 Cu 浓度的关系

土壤溶液 pCu^{2+} 是土壤溶液中 Cu^{2+} 活度的负对数。植株体内 Cu 浓度随土壤溶液 pCu^{2+} 的增大（即 Cu^{2+} 活度的下降）而减小[图 14.64（a）和图 14.64（b）]。

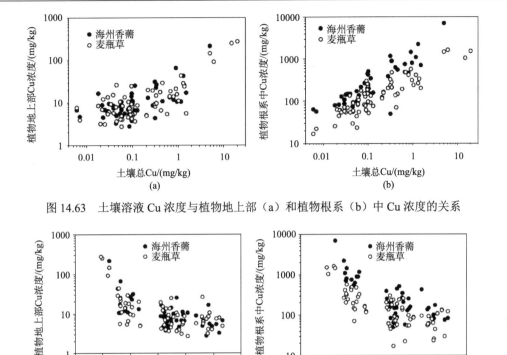

图 14.63 土壤溶液 Cu 浓度与植物地上部（a）和植物根系（b）中 Cu 浓度的关系

图 14.64 土壤溶液 pCu^{2+} 与植物地上部（a）和植物根系（b）中 Cu 浓度的关系

6）有效 Cu 浓度 $[Cu]_E$ 值与植株体内 Cu 浓度的关系

有效 Cu 浓度 $[Cu]_E$ 值是利用薄层梯度扩散装置（diffusive gradient in thin film，DGT）测得的土壤中植物有效态 Cu 的量，它包括土壤溶液中的 Cu 浓度，还考虑了土壤固相与土壤溶液之间的平衡。有效 Cu 浓度 $[Cu]_E$ 值要大于相应的土壤溶液浓度，但仍保持与植株体内 Cu 浓度的良好相关关系（图 14.65），这表明 $[Cu]_E$ 值所代表的土壤 Cu 浓度是对植物有效的。

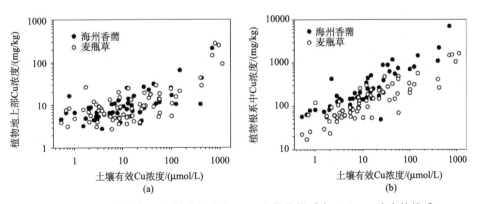

图 14.65 有效浓度 C_E 与植物地上部（a）和植物根系中（b）Cu 浓度的关系

4. 不同化学评价结果与植物吸收的相关性

我们用 SPSS 对总 Cu、EDTA-Cu、NH_4NO_3-Cu、土壤溶液 Cu 浓度、土壤溶液 pCu^{2+}、有效 Cu 浓度（$[Cu]_E$ 值）和植物地上部、根系 Cu 浓度之间进行相关分析，相关系数和显著水平结果列于表 14.52 中。

表 14.52　不同化学评价结果与植物吸收的相关性

	海州香薷 （n=57）		麦瓶草 （n=66）	
	地上部	根系	地上部	根系
总 Cu	0.278 [b]	0.480 [a]	0.343 [a]	0.409 [a]
EDTA-Cu	0.354 [a]	0.509 [a]	0.337 [a]	0.380 [a]
NH_4NO_3-Cu	0.586 [a]	0.773 [a]	0.623 [a]	0.830 [a]
土壤溶液 Cu	0.567 [a]	0.784 [a]	0.532 [a]	0.833 [a]
土壤溶液 pCu^{2+}	−0.581 [a]	−0.659 [a]	−0.585 [a]	−0.729 [a]
有效 Cu 浓度 $[Cu]_E$	0.591 [a]	0.825 [a]	0.560 [a]	0.845 [a]

a 和 b 分别表示显著性水平为 0.01 和 0.05。

从表 14.52 中可以看出，

（1）除土壤总 Cu 与海州香薷地上部 Cu 含量之间达到显著水平（$p < 0.05$）外，其他各参数之间均达到极显著水平（$p < 0.01$）。

（2）对两种供试植物而言，各种化学评价结果与植物根系 Cu 浓度的相关性均好于与地上部 Cu 浓度的相关性。可能的原因主要包括：①根系与土壤/土壤溶液直接接触；②Cu 主要分布于植物根系，Cu 向地上部的转运受到控制。

（3）与其他化学评价方法相比，土壤总 Cu 和 EDTA-Cu 与植物吸收的相关性最差，可能的原因是总 Cu 和 EDTA-Cu 中很大一部分是当季植物无法利用的 Cu。

（4）尽管土壤溶液 Cu^{2+} 活度被认为比土壤溶液总 Cu 浓度选择性强，在生物毒性试验中往往明显优于土壤溶液总浓度，但在预测 Cu 耐性植物体内 Cu 含量方面，它的优越却没有体现出来。

（5）NH_4NO_3-Cu、土壤溶液 Cu 浓度、有效 Cu 浓度（$[Cu]_E$ 值）与海州香薷和麦瓶草地上部及根系 Cu 浓度都有较好的相关性，考虑到 NH_4NO_3-Cu 测定远比其他两种方法要简便、经济，因此 1 mol/L NH_4NO_3 是一种值得推荐的植物有效态 Cu 评价替代方法。

5. 土壤及植株地上部总 Cu 与植株地上部生物量的关系

虽然海州香薷地上部浓度略逊于麦瓶草，但其地上部生物量则远远大于后者［图 14.66（a）和图 14.66（b）］。本研究中麦瓶草单株最大生物量（DW）约为 1.4 g，而海州香薷单株最大生物量（DW）可达 8.9 g，这意味着从植株地上部积累的金属总量看，海州香薷要远远大于麦瓶草。

此外，从地上部生物量的变异系数看，外源 Cu（土壤总 Cu）和内源 Cu（植物地上部 Cu）含量对麦瓶草地上部生物量影响相对较小（变异系数为 0.3265）说明麦瓶草对土壤 Cu 的耐性及对不同土壤条件的适应性较强。而相同情况下海州香薷生物量差异较大（变异系数为 0.6633），且与土壤总 Cu 或植物地上部 Cu 含量之间无明显趋势，这说明海州香薷生长可能还受到其他因素如土壤酸度、养分供应等影响。

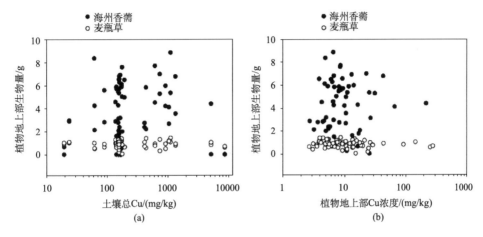

图 14.66　土壤及植物地上部总 Cu 与植物地上部生物量的关系

　　本研究中 pH＜4.8 的酸性 Rothamsted 土壤上海州香薷较难成活，这些土壤总 Cu 含量仅为 157～169 mg/kg，NH$_4$NO$_3$ 可提取态 Cu 在 7.3～19.2 mg/kg 之间，而这些土壤中 NH$_4$NO$_3$ 可提取态 Al 的含量却高达 18.8～148.7 mg/kg，远远高于其他微酸性、中性和偏碱的土壤（NH$_4$NO$_3$-Al＜＜1 mg/kg）。此外，在酸性低 Cu 土壤上存活的海州香薷叶片黄化的症状与程度不同于在高 Cu 土壤上海州香薷。因此，我们认为 Al 毒害很可能是造成酸性土壤上海州香薷无法生存的主要原因，这个假设有待进一步实验证明。

（四）土壤中铜的动物有效性评价

　　蚯蚓作为土壤中常见的初级动物，与土壤污染物密切接触，是污染物生物传递的起点，因此分析污染土壤中蚯蚓体内 Cu 的富集是评价土壤中 Cu 动物有效性的重要手段。本节主要通过原位实验和离位实验两种方式开展。

　　原位和离位蚯蚓体内重金属的生物富集（图 14.55），以及其与土壤污染物的相关性研究结果见表 14.47。

　　原位试验中，背暗异唇蚓体内 Cu 含量在 89.6～119.8 mg/kg，采自 Cu 浓度较低土壤（77.9 mg/kg 和 98.0 mg/kg）的 FJE-05、FJE-6 a 和 FJE-6 b 蚯蚓的 Cu 生物富集系数较高，高于来自 Cu 浓度较高的土壤 FJS-04（183.0 mg/kg）。

　　离位试验中，赤子爱胜蚓的 Cu 含量和富集系数最大值均出现在 FJSE-02，分别为 22.5 mg/kg 和 0.34 mg/kg；其他处理组除 FJSE-03Cu 含量略高（9.93 mg/kg）外，蚯蚓体内 Cu 含量没有显著差异。蚯蚓体内 Cu 与土壤全 Cu 的相关分析显示，离位和原位蚯蚓体内的 Cu 含量与土壤全 Cu 含量恰好相反，推测除与蚯蚓种类有关外，污染区蚯蚓长期的适应机制也是重要原因。以上研究结果显示，离位和原位蚯蚓的体内 Cu 含量和生物富集系数差异不显著，预示 Cu 作为蚯蚓的必需元素，蚯蚓可以调节体内吸收-排泄机制从而调控 Cu 在其体内的浓度。

原位试验中，背暗异唇蚓对土壤 Cu 的生物富集能力一般；离位试验中，赤子爱胜蚓的富集能力与原位试验基本一致。实际上，蚯蚓对土壤重金属元素的富集与蚯蚓的种类、重金属类型，土壤理化性质以及污染浓度有密切关系。Neuhauser 等（1995）的研究认为，蚯蚓对 Cd 和 Zn 有较强的富集能力，而对 Cu、Pb 和 Ni 的富集能力相对较小。但戈峰等（2002）则发现蚯蚓对 Cu 的富集能力也很强，富集系数为 2.4～51.2。

第三节　锌的形态与有效性

一、土壤中锌的形态

（一）长期定位施肥试验点土壤中锌的有效态

本书以中国科学院生态系统研究网络和国家土壤肥力与肥效监测网络为基础，选择了我国从北到南具有一定区域代表性的 6 个实验站、4 种土壤类型、多种施肥方式的农田土壤为对象，研究了长期施肥条件下几种典型土壤中 Zn 的有效性及其影响因素。

1. 黑土区旱地土壤有效态锌含量

1）化肥施用对中厚黑土有效态锌含量的影响

海伦化肥试验土壤有效态 Zn 含量采用 DTPA 提取法。表 14.8 是该试验土壤有效态 Zn 含量的测定结果。DTPA-Zn 为 0.6～1.0 mg/kg。由表 14.8 可以看出，除 PK 处理外，所有处理土壤有效态 Zn 含量与对照无显著差异。

2）氮磷化肥和有机肥施用对黑土有效态锌含量的影响

表 14.9 是海伦氮磷化肥和有机肥试验土壤有效态 Zn 含量的测定结果。DTPA-Zn 为 0.8～3.7 mg/kg。由表 14.9 可以看出，有机肥（猪粪）的施用显著提高了土壤有效态 Zn 含量，化肥施用对土壤有效态 Zn 含量无显著影响。

3）化肥、秸秆和有机肥对黑土有效态锌含量的影响

表 14.10 是吉林公主岭实验站化肥和有机肥试验土壤有效态 Zn 含量的测定结果。与黑土区其他两个试验相比，公主岭站肥料试验土壤的有效态 Zn 含量变异幅度较大。DTPA-Zn 为 0.6～10.3 mg/kg。由表 14.10 可以看出，施用猪粪处理（M1NPK 和 M2NPK）的表层土壤有效态 Zn 显著高于施用化肥、秸秆和对照处理，而施用化肥和秸秆处理的土壤有效态 Zn 含量与对照无显著差异。以上结果说明，施用猪粪可显著增加表层土壤 Zn 含量，而施用化肥和秸秆还田对土壤有效态 Zn 含量无显著影响。

2. 典型旱作黄潮土土壤有效态锌含量

封丘长期肥料试验土壤有效态 Zn 含量采用 DTPA 提取法。表 14.11 是该试验土壤

有效态 Zn 含量的测定结果。DTPA-Zn 为 0.3~1.1 mg/kg。由表 14.11 可以看出，化肥和有机肥对石灰性潮土有效态 Zn 含量的影响相对较小，但施用有机肥处理表层土壤有效态 Zn 含量显著高于对照和其他施用化肥处理。表层土壤有效态 Zn 含量显著高于次表层土壤。

3. 太湖流域水旱轮作土壤有效态 Zn 含量

常熟长期肥料试验土壤有效态 Zn 含量采用 DTPA 提取法。表 14.12 是该试验土壤有效态 Zn 含量的测定结果。DTPA-Zn 为 0.5~1.3 mg/kg。从表 14.12 可以看出，施用有机肥处理表层土壤的有效态 Zn 含量显著高于对照和施用化肥处理。不同土层的比较发现，表层土壤的有效态 Zn 含量均高于次表层土壤。

4. 红壤地区水田和旱地土壤有效态锌含量

1）有机物料循环对红壤稻田土壤有效态锌含量的影响

桃源实验站有机物料循环试验土壤有效态重金属含量采用 0.1 mol/L HCl 提取法。表 14.13 是该试验土壤有效态 Zn 含量的测定结果。土壤有效态 Zn 含量为 1.4~4.2 mg/kg。有机物料循环试验的研究结果表明，有机物料循环处理有效态 Zn 含量均显著高于对照。说明有机物料循环对红壤稻田有效态 Zn 产生了较显著的影响。

2）长期施用化肥和有机肥对旱地红壤有效态锌含量的影响

祁阳长期施肥试验土壤有效态重金属含量采用 0.1 mol/L HCl 提取法。表 14.14 是该试验土壤有效态重金属含量的测定结果。不同处理间土壤有效态重金属含量差异很大，土壤有效态 Zn 含量为 1.3~15.3 mg/kg。从表 14.14 可看出，施用猪粪可显著提高表层土壤和次表层土壤有效态 Zn 含量，而施用化肥对土壤有效态 Zn 的含量无显著影响。

5. 长期定位试验点土壤中锌有效性的比较

所研究的几种长期定位试验点表层土壤中，Zn 含量为 48.6~130.7 mg/kg（表 14.53）。所有样品的土壤 Zn 含量均未超过我国土壤环境质量二级标准值。从均值看，红壤旱地和乌栅土中 Zn 含量高于黄潮土和中厚黑土中的 Zn 含量，但红壤稻田中 Zn 含量与中厚黑土、黏黑垆土及黄潮土的 Zn 含量接近。

表 14.53　长期定位试点土壤 Zn 含量及其有效性

土壤类型	肥料	全量 Zn/（mg/kg）		有效 Zn/（mg/kg）		相对有效性（RA）/%	
		范围	均值	范围	均值	范围	均值
中厚黑土	化肥	63.3~94.4	70.1	0.6~1.0	0.7	0.8~1.4	1.0
	氮磷肥、猪粪	55.7~108	77.8	0.6~10.3	3.0	0.8~10.6	3.4
	化肥、猪粪	67.3~81.5	70.9	0.8~3.7	1.6	1.2~4.1	2.3

续表

土壤类型	肥料	全量 Zn/（mg/kg）		有效 Zn/（mg/kg）		相对有效性（RA）/%	
		范围	均值	范围	均值	范围	均值
黏黑垆土		75.8～78.6	77.4	0.2～0.3	0.2	0.2～0.4	0.3
黄潮土	化肥、秸秆	48.6～71.6	61.4	0.3～1.1	0.6	0.5～1.8	0.9
乌栅土	化肥、秸秆	101.2～112.1	107.1	0.5～1.3	0.9	0.5～1.2	0.8
红壤稻田	有机物料循环	65.2～77.6	71.7	1.4～4.2	2.8	1.9～6.2	3.9
红壤旱地	化肥、猪粪	88.9～130.7	107.1	1.3-15.3	4.8	1.3～12.1	4.2

几种长期定位试验点土壤有效态 Zn 含量变异较大，最低值为 0.3 mg/kg，最高值为 15.3 mg/kg，红壤稻田和红壤旱地土壤有效态 Zn 含量高于潮土和黑土，但公主岭的黑土中有效态 Zn 含量最高可达 10.3 mg/kg。土壤 Zn 相对有效性的均值顺序为：红壤>黑土>潮土、乌栅土>黑垆土。化肥和秸秆对土壤有效态 Zn 含量以及 Zn 的相对有效性影响较小，施用猪粪的农田土壤有效态 Zn 含量以及 Zn 的相对有效性均较高，说明长期施用猪粪可以提高土壤 Zn 的有效性。

（二）冶炼场地及周边土壤中锌的固液分配模型

1. 经验预测模型

1）土壤锌含量与形态

表 14.16 中列出了研究区土壤重金属总量。由表可以看出，由于冶炼活动所带来的污染，已经使得研究区土壤重金属 Zn 的含量远远超过了长江三角洲地区典型类型土壤中重金属含量（第一篇第一章表 14.1）。研究区土壤重金属的含量也超过了中国土壤环境质量一级、二级标准土壤 Zn 含量（夏家祺，1996）。由表还可以看出，所有土壤样品 Zn 含量高于自然土壤含量。从平均值来看，Zn 超过农田土壤环境质量标准数倍。土壤中 Zn 最高值可达 25613 mg/kg，表明部分地点土壤污染非常严重。土壤中 Zn 的含量具有较大的变异，服从对数正态分布。

0.43 mol/L HNO$_3$ 提取态重金属可以反映土壤组分表面吸附重金属的量，被认为是土壤总可吸附态重金属含量（Houba et al.，1995）。0.01 mol/L CaCl$_2$ 提取态重金属被认为是植物可直接吸收的部分（Pueyo et al.，2004）。因此，0.43 mol/L HNO$_3$ 与 0.01 mol/L CaCl$_2$ 具有不同的提取能力，表 14.17 列出了土壤提取态重金属浓度。HNO$_3$ 提取态 Zn 为 12.9～22331 mg/kg。HNO$_3$ 提取态 Zn 的平均含量超过了我国农田土壤二级标准。这表明研究区土壤重金属 Zn 污染严重，许多采样点位仅 HNO$_3$ 提取态 Zn 的含量就已超出了土壤环境质量标准。作为植物可直接吸收的 0.01 mol/L CaCl$_2$ 提取态 Zn 也具有较高的浓度，CaCl$_2$ 提取态 Zn 的平均值为 14.4 mg/kg。

2）锌的固液分配系数

在纯理论状况下，重金属的固液分配系数被认为是单一的常数值，实际情况中重金属的固液分配系数是受重金属在固相中的吸附平衡所控制的。在本研究中，Zn 的分配系数与土壤 Zn 的含量未呈现出显著相关。Sauve 等（2000）认为，由于土壤中固相表面对 Zn 相对较低的亲合力，随着重金属 Zn 含量升高，土壤固相吸附 Zn 的能力将趋于饱和，因此浓度升高会降低 Zn 的分配系数。然而，本研究表明当土壤中 Zn 的浓度低于 1000 mg/kg 时，其分配系数是随土壤 Zn 含量升高而升高，而当土壤 Zn 含量超过 1000 mg/kg 时，其分配系数随着 Zn 含量升高而下降（图 14.67）。这也表明，在本研究的土壤中，当土壤 Zn 含量在 1000 mg/kg 以下时，土壤对 Zn 的吸附未达到饱和，Zn 容易被土壤固相所结合，Zn 含量在这一范围内升高使得分配系数也相应升高。当土壤 Zn 含量超过 1000 mg/kg 时，土壤固相吸附 Zn 的能力趋于饱和，使得其分配系数开始随浓度升高而降低。

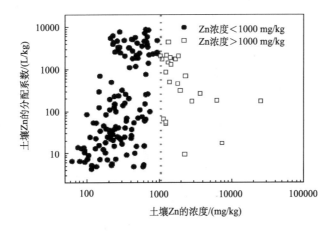

图 14.67　土壤总 Zn 与分配系数的关系

3）锌总量与形态间的关系

Zn 总量、HNO_3 以及 $CaCl_2$ 提取态间的关系如图 14.18、图 14.19 所示。由图可以看出，HNO_3 提取态的 Zn 与其总量之间均达到极显著相关（$p < 0.01$），Zn 的相关系数为 0.995。这是因为，0.43 mol/L HNO_3 提取态重金属反映的是重金属被土壤吸附表面所吸附的部分，被认为是总吸附态重金属。HNO_3 提取态的 Zn 占其总量的比例的平均水平为 42.7%。应用单变量回归可以得到 HNO_3 提取态重金属与其总量之间的关系，从各个方程可以看出应用总量可以很好地来预测 0.43 mol/L HNO_3 提取态重金属，各回归方程调整的方差解释量（R^2）均达到 0.9 以上。这也反映了，在重金属污染严重的情况下，0.43 mol/L HNO_3 提取态重金属可以很好地反映其总量信息，由于其方法具有提取方便和测定准确的优点，因此在某种程度上 0.43 mol/L HNO_3 提取态重金属可以作为一种快速的监测方法来代替重金属总量。

$$HNO_3\text{-}Zn = 0.85 \times （总\ Zn） -200.7（R^2=0.99，SE=180.7）$$

4）提取态锌与土壤性质间的关系

表 14.19 列出了 HNO_3 提取态和 $CaCl_2$ 提取态重金属与土壤性质间的关系。一方面，HNO_3 提取态的 Zn 与土壤 pH、有机质无显著相关。另一方面，HNO_3 提取态的 Zn 与酸性草酸铵提取的活性 Fe、Si 呈极显著相关（$p<0.01$），HNO_3 提取态的 Zn 与活性 Al 呈极显著相关（$p<0.01$），这表明在研究区活性 Fe、Al、Si 是土壤中 Zn 的重要的吸附表面。HNO_3 提取态 Zn 与土壤黏粒、无定形 Mn 氧化物均未达到显著相关（$p>0.05$）。一般认为，土壤有机质对重金属的吸附贡献最大，有机质的含量越高的土壤对重金属的吸附就越高，而土壤 pH 可以影响其他土壤表面对重金属吸附，土壤 pH 越高重金属就越容易被表面所吸附。在本书中，HNO_3 提取态 Zn 并未与土壤有机质显著相关。原因可能是土壤中具有高含量重金属时，土壤有机质对重金属吸附的量达到其最大吸附容量后不再吸附重金属，土壤中其他吸附表面开始起主导作用。另外，在碱性土壤中，当重金属含量达到一定程度时，沉淀作用开始起作用。因此，仅仅应用简单的相关分析不能将土壤 pH 和有机质对土壤吸附重金属的影响识别出来，这需要进一步应用机理模型来进行研究。这同时也表明在研究区活性 Fe、Al、Si 对土壤中 Zn 具有较高的吸附贡献。

从表 14.19 可以看出，$CaCl_2$ 提取态 Zn 土壤 pH 呈显著负相关（$p<0.05$），表明 pH 对 Zn 的影响较大。

5）土壤可溶态锌的经验模型预测

土壤中重金属的固相-液相分配可以简单地应用 Freundlich 等温吸附方程来描述，其方程的形式为：

$$Q=K_d C^n$$

式中，Q 为吸附态的重金属（可以认为是重金属的总量），K_d 为固液分配系数，C 为可溶态重金属的含量，n 为非线性系数。在实际情况下，土壤性质，如 pH、有机质、CEC 以及 Fe 和 Al 氧化物等性质都是影响重金属固液分配因素（Buchter et al.，1989；Carlon et al.，2004）。Sauve 等（2000）在 Freundlich 等温吸附方程的基础上提出应用竞争吸附模型来预测土壤中可溶态重金属，他们认为土壤有机质、pH 和总量是控制土壤重金属在固相-液相中分配的最重要因素，仅仅应用重金属总量、土壤有机质和 pH 就可以较好地来预测土壤可溶态的重金属。另外，Weng 等（2001）研究表明有机质对重金属 Cu、Zn、Pb、Cd 的吸附可以占到其总吸附态的 90% 以上。因此，首先来考虑重金属总量（或 HNO_3 提取态重金属）与土壤有机质、pH 对可溶态重金属的预测。根据 Sauve 等（2000）提出的竞争吸附模型应用多元逐步回归方法对模型进行拟合，当变量显著时（$p<0.05$）进入模型，反之则不进入，得到可溶态重金属 Zn 的预测模型如下：

$$\log（CaCl_2\text{-}Zn）=1.15 \times \log（总\text{-}Zn）-0.68 \times pH-1.14 \times \log（OM）+2.13$$
$$（R^2=0.73，SE=0.49）（R^2=0.73，SD=0.49） \tag{14.17}$$

对于重金属 Zn，土壤 pH 是控制其溶解性和在固相-液相中分配的最重要土壤性质。

从模型的方差解释量来看，Zn 的预测效果较好，表明土壤 pH 对于 Zn 的溶解性和固液分配所起的作用较大。图 14.20 给出了模型的预测效果图，由图可以看出 Zn 的模型预测的结果较好。

应用 HNO_3 提取态重金属并结合土壤 pH 和有机质来预测 $CaCl_2$ 提取态的重金属，得到 Zn 的模型如下：

$$\log（CaCl_2\text{-}Zn）= 1.00×\log（HNO_3\text{-}Zn）-0.76×pH -0.82×\log（OM）+3.27$$
$$（R^2=0.74，SD=0.48）\tag{14.18}$$

应用 HNO_3 提取态得到的模型与应用总量得到的模型形式相似，但是从模型的方差解释量来看，应用 HNO_3 提取态的模型预测能力要略高于应用总量得到的模型。图 14.22 是模型预测的结果与实际结果的对比，由图可以看出绝大多数的 Zn 的预测误差在±0.5 个对数单元之内。

为了进一步确定模型（14.17）、模型（14.18）的预测能力和预测效果，收集了研究区 46 个样品的土壤 Zn 总量、HNO_3 提取态 Zn、$CaCl_2$ 提取态 Zn，以及 pH 的数据。将所收集的数据分别带入模型，得到预测的 $CaCl_2$ 提取态的 Zn。图 14.23 是 46 个样品预测与实测的对比图，其中图 14.23（a）是模型（14.17）的预测效果，图 14.23（b）是模型（14.18）的预测效果。由图可以看出绝大多数数据点预测误差在±1 个对数单位之内。因此在本研究区中的风险评估中需要预测可溶态 Zn 浓度时，如果由于数据的限制或者是对预测结果要求相对较低时，可以应用这些简单的、参数较少的模型来进行预测计算。

在实际情况中，土壤黏粒、金属氧化物等组分表面也是影响土壤吸附重金属，控制重金属溶解性的重要因素。为了进一步提高对 $CaCl_2$ 提取态重金属的预测能力，因此将草酸铵提取的活性 Fe、Al、Si、P 和土壤黏粒含量考虑到模型中去，并且分别应用土壤重金属总量或者是 HNO_3 提取态重金属来建立可溶态重金属的预测模型。其模型的形式如下：

$$\log（CaCl_2\text{提取态重金属}）＝a \log（\text{土壤总量/}HNO_3\text{提取态重金属}）+b \log（OM）+c\, pH$$
$$+d \log（Clay）+e \log（Fe_{ox}）+f \log（Mn_{ox}）+g \log（Al_{ox}）+h \log（Si_{ox}）+i \log（P_{ox}）$$
$$+j \log（CaCl_2\text{-}Zn）$$

式中，$a\sim j$ 均为系数，其中 OM 表示土壤有机质，Clay 表示土壤黏粒，Fe_{ox}、Mn_{ox}、Al_{ox}、Si_{ox}、P_{ox} 分别为酸性草酸铵提取的活性态 Fe、Mn、Al、Si、P。同样应用 SPSS 11.0 逐步回归法进行拟合得到 $CaCl_2$ 提取态重金属的经验预测模型，并识别影响 $CaCl_2$ 提取态的重金属的土壤性质。

应用重金属总量结合土壤性质可以得到预测 $CaCl_2$ 提取态重金属的经验模型：

$$\log（CaCl_2\text{-}Zn）= 1.39×\log（\text{总-}Zn）-0.62×pH-0.72×\log（Si_{ox}）-0.58×\log（P_{ox}）+2.85$$
$$（R^2=0.80，SD=0.42）\tag{14.19}$$

从所得到的模型可以看出，活性的 Fe、Si、P 可以显著提高 $CaCl_2$ 提取态重金属的预测能力，而土壤黏粒和活性 Al 氧化物并没有显著提高模型预测能力。活性的 Si 可以提高 $CaCl_2$ 提取态 Zn 的预测能力，活性的 P 可以提高 $CaCl_2$ 提取态 Zn 的预测能力。从方差解释量来看，所得到的预测模型均要高于应用重金属总量和土壤 pH 得到的预测模型。图 14.24 是模型的预测效果，表明对 Zn 的预测效果最好。

通径分析是在相关分析和回归分析基础上，进一步研究自变量与因变量之间的数量关系，将相关系数分解为直接作用系数和间接作用系数，以揭示各因素对因变量的相对重要性。为了分析 $CaCl_2$ 提取态预测模型中各因素的相对重要性分别对模型（14.19）进行了通径分析，由于各因素的间接作用系数不显著，这里仅讨论直接作用系数。Zn 的分析表明，土壤总 Zn、pH、活性 Si 和 P 的直接作用系数分别为 0.59、–0.73、–0.24 和 –0.23。可以看出，对于重金属 Zn，土壤 pH 是最重要的影响因素。

应用 HNO_3 提取态重金属结合土壤性质可以得到预测 $CaCl_2$ 提取态重金属的经验模型：

$$\log（CaCl_2\text{-}Zn）= 1.14 \times \log（HNO_3\text{-}Zn）–0.70 \times pH –0.71 \times \log（Si_{ox}）–0.36 \times \log（P_{ox}）+ 3.92$$
$$（R^2=0.79，SD=0.44）\tag{14.20}$$

与应用总量和土壤性质预测 $CaCl_2$ 提取态重金属相比，应用 HNO_3 提取态重金属结合土壤性质预测 $CaCl_2$ 提取态重金属略有不同。对于 Zn 来说所得到的模型的方差解释量变化不大。图 14.24 是模型的预测效果图，表明 Zn 具有较好的预测效果。

对经验模型（14.20）进行了通径分析。Zn 的分析表明，HNO_3 提取态 Zn、pH、活性 Si 和 P 的直接作用系数分别为 0.63、–0.83、–0.23 和 –0.14，与应用总 Zn 预测 $CaCl_2$ 提取态 Zn 一样，土壤 pH 的影响程度最大。同样地，由模型也可以看出 pH 对 Zn 的通径系数均最高，反映了土壤 pH 是控制土壤 Zn、形态的一个关键因素。

总体上看，土壤总量或 HNO_3 提取态重金属和土壤 pH 具有较高的直接作用系数，特别是对于可溶态 Zn 的预测模型中，pH 的直接作用系数最高，反映了土壤 pH 是控制土壤重金属形态的一个关键因素。

2. 表面吸附模型

采集浙江富阳研究区表层（0～15 cm）土壤样品 20 个。20 个土样分析结果表明土壤性质和 Zn 浓度具有较大变异（表 14.20），为了便于与他人研究相比较，重金属浓度单位用 mol/kg 和 μmol/L 来表示。土壤 pH 在 3.71～6.81 之间，土壤有机质的范围为 10.7～51.6 g/kg。0.43 mol/L HNO_3 提取态的重金属具有较高含量，Zn 的范围为 2.62×10^{-4}～3.41×10^{-1} mol/kg。应用 0.01 mol/L $CaCl_2$ 作为提取剂的可溶态 Zn 的浓度为 293.18 μmol/L。

因此，应用 ORCHESTRA 模型计算土壤有机质、土壤黏粒和无定形 Fe、Al 氧化物对 Zn 的吸附，在模型计算中考虑了重金属 Cu、Zn、Pb、Cd 之间的竞争吸附。

在进行模型计算之前，需要进行合理假设。首先假设 0.43 mol/L HNO_3 提取态重金属为土壤总吸附态重金属；土壤各表面相互独立、互不影响，因此总吸附态的重金属被认为是土壤中各吸附表面吸附总和；由于本研究中的黏粒含量是体积百分比，这里假设与质量百分比一致。草酸铵提取的 Fe、Al 氧化物可以认为是无定形 Fe、Al 氢氧化物（Weng et al.，2001）。

1）有机质的吸附贡献

表面模型估计了土壤表面对重金属吸附贡献，可以明显看出土壤有机质在几种表面中的吸附最为重要。模型预测有机质吸附的 Zn 占总吸附态 Zn 的均值为 37.1%。Weng 等（2001）应用多表面模型对荷兰酸性砂土研究表明，有机质对重金属吸附贡献要远高于本研究。分析有机质贡献率小的土壤可以发现，这些土壤总吸附态的 Zn 含量非常高。贡献率最小的土壤中总吸附态的 Zn 为 3.41×10^{-1} mol/L，而 Weng 等（2001）所研究的土壤 Zn 总吸附态含量为 183 µmol/L。土壤有机质吸附容量是有限的，当重金属浓度达到一定水平，其吸附点位接近或达到饱和，有机质对重金属吸附的贡献率开始降低。从土壤有机质吸附贡献与重金属含量的关系图可以看出（图 14.26），当土壤中总吸附态 Zn 含量升高时，有机质对它们的吸附贡献率有降低趋势。

2）土壤黏粒表面的吸附贡献

土壤黏粒对 Zn 的吸附贡献要小于有机质的贡献。土壤黏粒对 Zn 的吸附的贡献率平均达到 17.0%，其中 S3 样品的贡献率最大可以到 39.5%。由于土壤中具有较高含量的 Zn，有机质的有效吸附点位趋于饱和后，未被土壤有机质吸附的 Zn 容易被土壤黏粒所吸附，使得黏粒对 Zn 的吸附贡献增大。从图 14.27 可以看出 Zn 含量升高时，黏粒对 Zn 吸附贡献率呈下降趋势，表明高含量重金属也使得黏粒的吸附点位接近或达到饱和。

3）无定形氧化物表面的吸附贡献

模型预测表明无定形 Fe、Al 氧化物对重金属 Zn 的吸附贡献非常小，平均吸附贡献率均在 1%以下。

从图 14.25 可以看出，对于所研究土壤，除土壤有机质、黏粒、无定形 Fe 和 Al 氧化物之外，仍有其他因素控制着重金属的固液分配。上述研究表明，活性态 Si 和 P 也是影响重金属固液分配的重要因素，但是由于很难获得相应模型参数，本章并未计算活性 Si 和 P 的吸附。在土壤具有高含量重金属时，重金属容易与土壤中的其他碳酸盐和磷酸盐生产沉淀。从图 14.28 可以看出，当土壤中 Zn 含量升高时，土壤有机质、黏粒、无定形的 Fe、Al 氧化物之外的其他因素影响显著增大，这些因素包括活性态 P、Si 对重金属的吸附，以及碳酸盐与重金属的沉淀作用，这也要求在将来研究中对这些行为要加以考虑。

二、土壤中锌的迁移性与有效性

（一）土壤中锌的纵向迁移

1. 土壤溶液中锌含量与形态

无植物无 EDDS 处理 Zn 浓度随土壤剖面深度的升高而降低，即 5 cm>20 cm>50 cm，不过 5 cm 与 20 cm 的溶液中 Zn 浓度差异非常小（表 14.31）。其中，5 cm、20 cm 和 50 cm 土壤溶液 Zn 浓度分别为 0.11 mg/L、0.10 mg/L 和 0.08 mg/L。

有植物无 EDDS 处理 Zn 在不同层次土壤溶液浓度为 20 cm>5 cm>50 cm（除 2004 年 7 月和 8 月），同样，5 cm 与 20 cm 的溶液中 Zn 浓度差异非常小（表 14.31）。5 cm、20 cm 和 50 cm 土壤溶液中 Zn 浓度分别为 0.12 mg/L、0.14 mg/L 和 0.07 mg/L。

从上面分析可看出，无论是无植物无 EDDS 处理还是有植物无 EDDS 处理，5 cm、20 cm 和 50 cm 的土壤溶液中 Zn 含量较高（表 14.31），是当地地下水一个潜在的污染源。而研究区在湿润季节时地下水位高（50～90 cm），因此，该区金属复合污染农田可能已经造成地下水 Zn 的污染。

添加 EDDS 后，有植物有 EDDS 处理与同时采样的（2004 年 11 月）有植物无 EDDS 处理土壤溶液金属元素含量相比，金属含量发生明显变化，Zn 含量明显增高，表明 EDDS 可提高 Zn 的可溶性。溶液中 Zn 含量成倍增加，其中 20 cm 时，Zn 达 3 倍；50 cm 时，Zn 也达 2 倍。

添加 EDDS 显著提高了金属元素 Zn 的移动性，给当地地下水水质造成一个潜在的危害。

土壤溶液中 Zn 含量随季节变化规律相似，因此只作有植物无 EDDS 处理条件下（图 14.38）。由图可以看出，土壤溶液 Zn 随季节有较明显的变化，最大值和最小值出现在 7 月和 2 月，表明丰雨期和冶炼厂生产旺期土壤溶液中金属元素的含量较高，而冬季含量变低。

以地球化学形态模型 Visual MINTEQ 2.23 模拟了 2005 年 4 月采集的溶液样品，结果表明，Zn 主要以 2 价离子形态存在。溶液中的 Zn 主要以 Zn^{2+} 为主，占 55.6%（60.2%～60.9%），其次 Zn-DOM 和 $ZnCO_3$（aq），分别占 16.4%（10.9%～20.6%）和 15.2%（9.5%～18.7%）。

2. 土壤溶液锌元素迁移行为

由图 14.39 可以看出，无植物无 EDDS 和有植物无 EDDS 处理 Cu、Pb、Zn 和 Cd，其迁移的地球化学行为相似，且相互影响，为正相关关系，例如有植物无 EDDS 处理中，溶液中 Zn 与 Cu 的相关系数 r 为 0.84（$p < 0.01$）[图 14.41（b）]；Zn 与 Pb 的相关系数 r 为 0.90（$p < 0.01$）[图 14.41（a）]；Zn 与 Cd 的相关系数 r 为 0.89（$p < 0.01$）。同时亦表明土壤 Cu、Pb、Zn 和 Cd 可能具有相同的污染源。

通常，复合污染土壤中 Zn 在土体中的迁移不仅受污染元素之间相互作用的影响，同时也受土壤其他物理化学性质的影响。没有发现溶液 Zn 明显受 DOC 影响，这与 Kalbitz 和 Wennrich（1998）田间 lysimeter 研究结果一致。富阳污染区土壤溶液 Cu、Cd 和 Zn 迁移性与 DOC 的关系不明显的原因可能与溶液中 DOC 与 Ca 形成絮凝，以及 Zn 与 DOM 的络合物稳定性低有关，而不同组成成分的 DOC 和不同点位的土壤溶液可能是不同于其他研究结果的原因。

溶液中 Zn 与 pH 呈负相关（$r = -0.52$，$p < 0.05$），表明 pH 影响 Zn 的移动性，这与 Kalbitz 和 Wennrich（1998）的研究结果一致。

（二）水稻中锌的富集

研究区（29°55′1″N～29°58′13″N，119°53′56″E～119°56′4″E）位于浙江省富阳市小型炼铜厂附近农田，主要的土壤类型有水耕人为土和黏化湿润富铁土，以水田为主。在研究区采集对应的土壤、水稻样品共 46 对。由于冶炼厂是土壤重金属污染的主要来源，因此根据冶炼厂距离不同确定采样点以确保不同污染程度的样品。

所采集的土样土壤 pH 为 5.2～7.9，其差异主要是由于在水稻生长期间施用石灰引起 pH 升高。土壤有机质为 23.9～60.9 g/kg，黏粒为 10.8%～22.5%（体积比），草酸铵提取的活性铁氧化物含量为 0.90～14.42 g/kg，草酸铵提取态活性锰氧化物为 23.3～294.2 mg/kg。

表 14.34 中列出了土壤重金属总量，以及中国土壤环境质量一级、二级标准（夏家琪，1996）。由表可以看出，所有土壤样品重金属含量均高于自然土壤含量。从平均值来看，Zn 超过农田土壤环境质量标准数倍，土壤中 HNO_3 提取的 Zn 最高值可达 1.4063 mg/kg，表明部分地点土壤 Zn 污染非常严重（表 14.35）。

1. 稻米锌含量与富集系数

稻米中 Zn 平均含量为 30.98 mg/kg（图 14.45）。根据我国主要粮食作物的元素背景研究（买永彬，1997），浙江省稻米中元素背景值 Zn 为 18.5±5.76 mg/kg（变幅为 12.6～40.0 mg/kg），由图可以看出研究区稻米 Zn 的含量均要高于其背景值。在本研究中，所有稻米中 Zn 含量均未超过 50 mg/kg 的卫生标准（GB2762-2005）。

稻米对土壤中 Zn 的富集系数为 0.051±0.035。在本研究中，以 0.01 mol/L $CaCl_2$ 提取态作为土壤中可溶态重金属，则可溶态 Zn 占总量的比例为 0.78%在研究区土壤 Zn 严重污染已经能对水稻生长产生危害，这也可能会影响水稻对土壤中 Zn 的吸收（McLaughlin et al.，1999）。

2. 稻米中锌与土壤中提取态锌的关系

稻米中锌的含量与土壤锌之间的关系分别如图 14.56 所示。稻米中 Zn 的含量与土壤总 Zn、HNO_3 提取态 Zn、$CaCl_2$ 提取态 Zn 之间的关系不显著，未呈现出一致性。在本研究中的 $CaCl_2$ 提取态的 Zn 不能用来评价稻米中的 Zn 浓度。

土壤物理化学性质影响着土壤中重金属的形态分布，控制着重金属的固液相间分配，从而影响植物对土壤重金属的吸收（McLaughlin et al.，2000）。因此在预测植物对土壤重金属吸收时，为了提高预测效果，常常将土壤性质如土壤 pH、黏粒、有机质、Fe 和 Mn 氧化物作为变量考虑进去。因此，将土壤重金属的含量和土壤性质结合起来，进一步来研究稻米吸收土壤 Cu 的规律，稻米中重金属的预测模型形式为：

$$\log(C_{rice}) = A_1 \times pH + A_2 \times \log(OM) + A_3 \times \log(Clay) + A_4 \times \log(Fe_{ox}) + A_5 \times \log(Mn_{ox})$$
$$+ B \times \log(总量或提取态含量) + C$$

$$(14.21)$$

式中，A_1～A_5、B 和 C 均为系数，C_{rice} 表示稻米中重金属含量（mg/kg DW），pH 为土壤 pH，OM 为土壤有机质（%），Clay 为土壤黏粒（%），Fe_{ox} 表示草酸铵提取的铁氧化物（g/kg），Mn_{ox} 表示草酸铵提取的锰氧化物（mg/kg）。

应用多元回归分析可以得到模型中各系数的实际值，对稻米 Zn 含量的回归分析表明，所得到的模型的决定系数很小（$R^2 < 0.3$），表明其预测能力很弱，因此没有列出。

（三）土壤中锌的植物有效性评价

供试土壤共 33 个，分别采自英国、法国、德国、比利时和中国。其中 2 个源于中国的土壤分别为江苏常熟河湖沉积相母质发育的水稻土和江西鹰潭的第四纪红壤（Q4）。供试植物为十字花科独行菜属 *Lepidium heterophyllum* Benth，英文俗名叫 Smith's pepperwort。*L. heterophyllum* 被认为是一种 Zn、Cd 的指示植物。

供试土壤的理化性质差异很大。土壤 pH 为 $4.3\sim7.7$，TC 和 TN 分别为 $0.34\%\sim10.02\%$ 和 $0.04\%\sim0.84\%$，总 Zn 和总 Cd 浓度分别为 $59\sim27413$ mg/kg 和 $0.05\sim315$ mg/kg。用 SPSS 进行数据频率分布分析表明，除 pH 外，TC、TN、总 Zn 和总 Cd 都呈偏态分布。

1. 土壤 NH_4NO_3-Zn 与总 Zn 和 EDTA-Zn 的关系

0.05 mol/L EDTA（pH 7.0）和 1 mol/L NH_4NO_3 可提取态 Zn 与土壤总 Zn 的关系如图 14.50 所示。从图中可以看出，EDTA 可提取态 Zn 与土壤总 Zn 有较好的相关关系，而 NH_4NO_3 可提取态 Zn 与土壤总 Zn 的相关性较差。

以土壤 pH 和总 C 含量为控制变量，用 SPSS 对所有土壤样品的总 Zn、EDTA-Zn 和 NH_4NO_3-Zn 数据（$n=33$）进行偏相关分析，结果列于表 14.42。

从表 14.42 中可以看出，NH_4NO_3 可提取态 Zn 与土壤总 Zn 均未达到 5% 水平显著性相关，可能原因是 1 mol/L NH_4NO_3 可提取的土壤易移动态 Zn 的量不仅是土壤金属总量的函数，而且还受到土壤 pH、有机质含量等理化性质的影响。pH 升高，土壤对 Zn 的吸附能力增加，因而可被 1 mol/L NH_4NO_3 这样弱中性盐提取剂所提取的土壤 Zn 减少。pH 对 Zn 移动性的影响还可从 ^{65}Zn 的分配系数的变化中反映出来。由于试验所采用的 33 种土壤理化性质跨度大，这使得 NH_4NO_3 可提取态 Zn 与土壤总 Zn 之间的相关性大大减弱。EDTA 可提取态 Zn 与 NH_4NO_3 可提取态 Zn 之间达到了 0.001 水平的相关，但相关系数较小。EDTA 可提取态 Zn 与土壤总 Zn 相关性较好。

2. ^{65}Zn 在土壤固相和溶液相之间分配系数与土壤 pH 的关系

土壤 pH 是影响重金属植物或生物有效性的重要因子之一，其原因之一是 pH 能改变重金属在土壤固相和土壤溶液之间的分配系数 K_d。将土壤 pH 与 ^{65}Zn 在土壤固相和液相之间的分配系数 K_d 值（l/kg）作图得到图 14.51。从图 14.51 中可以看出，随着土壤 pH 的升高 K_d 值迅速增大，即溶于土壤溶液的 ^{65}Zn 比例随土壤 pH 增加而迅速下降。可以推论，与放射性同位素 ^{65}Zn 化学性质相近的 Zn 的 K_d 值也存在同样的规律性。由于土壤中的重金属首先要溶于土壤溶液中才能被植物根系所吸收，K_d 值增大也意味着可被植物吸收的金属库减小，从而大大影响在某一具体地点利用植物提取修复的可行性或修复效率。

3. 土壤 Zn 化学有效性与植物吸收试验的相关性

将土壤总 Zn、0.05 mol/L EDTA 可提取态 Zn（EDTA-Zn）和 1 mol/L NH_4NO_3 可提取态 Zn（NH_4NO_3-Zn）、土壤溶液 Zn 浓度、Zn 的 E 值（$[Zn]_E$）和 DGT 装置测定的凝胶表面平均 Zn 浓度（$[Zn]_{dgt}$）与供试植物 *L. heterophyllum* 地上部 Zn 含量分别在对数坐

标系中作图得到图 14.53 （g~l）。显然，土壤总 Zn、EDTA-Zn 和[Zn]$_E$ 与 *L. heterophyllum* 地上部 Zn 含量的关系图数据点较为分散[图 14.53 （g~i）]而 NH$_4$NO$_3$-Zn、土壤溶液 Zn 浓度以及[Zn]$_{dgt}$ 与 *L. heterophyllum* 地上部 Zn 含量关系图中数据点较为收敛，并且变化趋势明显[14.53 （j~l）]。

用 SPSS 对上述 6 对关系进行相关性分析得到表 14.54。这里应该指出的是，由于个别 [Zn]$_E$ 低于检出限以及[Zn]$_{dgt}$ 值取其平均值，表 14.54 中所列出的相关性分析样本数并不完全一致。

从表 14.54 中可以看出，土壤总 Zn、[Zn]$_E$ 以及 EDTA-Zn 与 *L. heterophyllum* 地上部 Zn 含量之间相关性均不显著。这是因为土壤总 Zn 中相当一部分对植物无效；Zn 的 *E* 值虽然能很好地表征土壤中具有化学活性的 Zn，但显然其中也包括了对植物无效或至少是对当季植物无效的 Zn。Young 等（2000）认为 0.05 mol/L EDTA 能溶解可观的 MnO$_2$、FeOOH 和 CaCO$_3$，其中包括了一些非活性态（non-labile）金属。与之形成对比的是，[Zn]$_{dgt}$、土壤溶液 Zn 浓度和 NH$_4$NO$_3$-Zn 与 *L. heterophyllum* 地上部 Zn 含量之间均达到极显著相关，其相关系数分别为 0.517（$n=26$，$p<0.01$）、0.564（$n=55$，$p<0.001$）和 0.660（$n=55$，$p<0.001$）。考虑到测定的繁易程度以及费用，1 mol/L NH$_4$NO$_3$ 可提取态 Zn 可作为预测 *L. Heterophyllum* 地上部 Zn 含量的的一个良好指标。

表 14.54　各种化学有效态 Zn 与 *L. heterophyllum* 地上部 Zn 含量的相关性

	样本数/个	地上部 Zn 含量
总 Zn	55	0.087
EDTA-Zn	55	0.238
NH$_4$NO$_3$-Zn	55	0.660[a]
土壤溶液 Zn	55	0.564[a]
[Zn]$_E$	51	0.115
DGT 凝胶表面平均 Zn 浓度（C_{dgt}-Zn）	26	0.517[b]

注：上标 a，b 分别表示显著性水平为 0.001 和 0.01

4. [Zn]$_E$ 值与 EDTA 可提取态 Zn 的关系

E 值能很好地指示土壤中具有化学活性的 Zn 库的大小，为了避免 *E* 值测定的诸多不便，Young 等（2000）比较了 Zn 的 *E* 值与 1 mol/L CaCl$_2$ 单一提取和"库耗竭法"（Pool Depletion Method）测定结果的相关性。结果表明，两种方法都不能作为[Zn]$_E$ 值的有效替代方法，并认为这是由于 Cl$^-$与 Zn^{2+}络合作用较弱的缘故。

用 SPSS 对本研究中 6 种化学评价结果之间进行相关性分析，结果表明 Zn 的 *E* 值与土壤总 Zn 和 EDTA-Zn 都呈极显著相关。其中，[Zn]$_E$ 值与土壤总 Zn、EDTA-Zn 的相关系数分别达到 0.927 和 0.950（$n=31$，$p<0.001$）。

将上述数据在对数坐标系中作图得到图 14.54。从图 14.54 中可以看出，Zn 的 *E* 值与 EDTA 可提取态 Zn 数据点较为收敛，用 Sigma Plot 对两组数据进行曲线拟合，结果表明二元一次方程和幂函数都能较好地拟合数据，其中二元一次方程的 R^2 值稍大。两个拟合方程如下。

$[Zn]_E$ 值与 EDTA-Zn 的最优拟合方程为：

$$[Zn]_E = 4.8533 \times 10^{-4}[EDTA\text{-}Zn]^2 + 3.7177 \times 10^{-2}[EDTA\text{-}Zn] + 104.501 \quad (R^2 = 0.9896)$$

式中，$[Zn]_E$ 表示 Zn 的 E 值。

利用 EDTA 可提取态估算$[Zn]_E$ 值克服了 1 mol/L CaCl$_2$ 提取与 Zn 的相关性较差的缺点，是否可作为同位素可交换态 Zn 的替代方法还需更多的实测数据验证。若上面两个拟合方程在一定浓度范围内近似成立，就可根据 0.05 mol/L EDTA 可提取态 Zn 浓度方便地估算土壤活性 Zn 库的大小即$[Zn]_E$ 值。

5. 土壤 Zn 及植物地上部 Zn 与植物生物量的关系

用 SPSS 分析 *L. heterophyllum* 地上部生物量与土壤总 Zn、EDTA-Zn、NH$_4$NO$_3$-Zn、土壤溶液 Zn 浓度、$[Zn]_E$ 值及 DGT 测定的凝胶表面平均 Zn 浓度（$[Zn]_{dgt}$）之间的相关性，结果表明 *L. heterophyllum* 地上部生物量仅与 NH$_4$NO$_3$-Zn、土壤溶液 Zn、植株地上部 Zn 浓度等 5 个参数达到显著负相关（见表 14.44）。

由表 14.44 可以看出，土壤溶液 Zn 浓度、1 mol/L NH$_4$NO$_3$ 可提取态 Zn 与 *L. heterophyllum* 地上部 Zn 浓度有极显著的正相关性，与 *L. heterophyllum* 地上部生物量也呈显著负相关。从可操作性上看，1 mol/L NH$_4$NO$_3$ 可提取态测定简便、成本低，因而它是一种值得推荐的植物金属有效态评价方法。

（四）土壤中锌的动物有效性评价

蚯蚓作为土壤中常见的初级动物，与土壤污染物密切接触，是污染物生物传递的起点，因此分析污染土壤中蚯蚓体内 Zn 的富集是评价土壤中 Zn 动物有效性的重要手段。本研究主要通过原位实验和离位实验两种方式开展。

原位和离位蚯蚓体内重金属的生物富集（图 14.55），以及其与土壤污染物的相关性研究结果见表 14.47。

原位试验中，背暗异唇蚓 Zn 含量无显著差异（360.6～414.7 mg/kg），生物富集系数在 1.1～2.5；离位试验中，赤子爱胜蚓 Zn 含量为（113.5～179.7 mg/kg），生物富集系数（2.3～5.8），在各处理蚯蚓间差异不显著，与背暗异唇蚓的研究结果一致。

原位试验中，背暗异唇蚓对土壤 Zn 的生物富集较强；离位试验中，赤子爱胜蚓的富集能力与上者基本一致。

第四节 铅的化学形态、吸附-解吸与有效性

一、土壤中铅的形态

（一）长期定位施肥试验点土壤中铅的有效态

本研究以中国科学院生态系统研究网络和国家土壤肥力与肥效监测网络为基础，选

择了我国从北到南具有一定区域代表性的 6 个实验站、4 种土壤类型、多种施肥方式的农田土壤为对象，研究了长期施肥条件下几种典型土壤中 Pb 的有效性及其影响因素。

1. 黑土区旱地土壤有效态铅含量

1）化肥施用对中厚黑土有效态铅含量的影响

海伦化肥试验土壤有效态重金属含量采用 DTPA 提取法。表 14.8 是该试验土壤有效态重金属含量的测定结果。DTPA-Pb 为 1.1～1.9 mg/kg。由表 14.8 可以看出。NPK2、NP2K 和 NPK 处理的土壤有效态 Pb 含量显著高于对照，说明同时施用 N、P、K 肥，尤其是增加肥料的施用量时，可以提高黑土 Pb 的有效性。

2）氮磷化肥和有机肥施用对黑土有效态铅含量的影响

表 14.9 是海伦氮磷化肥和有机肥试验土壤有效态重金属含量的测定结果。DTPA-Pb 为 1.5～2.6 mg/kg。从结果看，试验期内，化肥和有机肥的施用对土壤有效态 Pb 含量无显著影响。

3）化肥、秸秆和有机肥对黑土有效态铅含量的影响

表 14.10 是吉林公主岭实验站化肥和有机肥试验土壤有效态 Pb 含量的测定结果。与黑土区其他两个试验相比，公主岭站肥料试验土壤的有效态 Pb 含量变异幅度较大。DTPA-Pb 为 1.1～5.3 mg/kg。

2. 典型旱作黄潮土土壤有效态铅含量

封丘长期肥料试验土壤有效态 Pb 含量采用 DTPA 提取法。表 14.11 是该试验土壤有效态 Pb 含量的测定结果。DTPA-Pb 为 1.4～2.0 mg/kg。从表 14.11 可以看出，化肥和有机肥对石灰性潮土有效态 Pb 含量的影响相对较小。表层土壤有效态 Pb 含量显著高于次表层土壤。

3. 太湖流域水旱轮作土壤有效态铅含量

常熟长期肥料试验土壤有效态重金属含量采用 DTPA 提取法。表 14.12 是该试验土壤有效态重金属含量的测定结果。DTPA-Pb 为 6.1～7.1 mg/kg。试验期内，化肥和有机肥的施用对表层和次表层土壤有效态 Pb 含量无显著影响。不同土层的比较发现，表层土壤的有效态 Pb 含量均高于次表层土壤。

4. 红壤地区水田和旱地土壤有效态铅含量

1）有机物料循环对红壤稻田土壤有效态铅含量的影响

桃源实验站有机物料循环试验土壤有效态 Pb 含量采用 0.1 mol/L HCl 提取法。表 14.13 是该试验土壤有效态重金属含量的测定结果。土壤有效态 Pb 含量为 5.7～10.4 mg/kg。与对照相比，单施化肥和有机物循环处理有效态 Pb 含量均无明显增加或减

少，有机物循环各处理与相应的单施化肥处理有效态 Pb 含量无显著差异。这可能与 Pb 在土壤中的移动性和水稻对 Pb 的吸收性较弱有关。

2）长期施用化肥和有机肥对旱地红壤有效态铅含量的影响

祁阳长期施肥试验土壤有效态 Pb 含量采用 0.1 mol/L HCl 提取法。表 14.14 是该试验土壤有效态 Pb 含量的测定结果。不同处理间土壤有效态 Pb 含量差异很大，土壤有效态 Pb 含量为 4.9～12.1 mg/kg。旱地红壤上进行的长期施肥试验研究表明，施用有机肥和施用化肥对土壤有效态 Pb 含量均无显著影响。

5. 长期定位施肥试验点土壤铅污染状况及有效性

几种长期定位试验点土壤的表层土壤中，Pb 的含量为 19.4～83.8 mg/kg（表 14.55），所有样品的土壤 Pb 含量均未超过土壤环境质量二级标准值。结合前文的分析发现，不同施肥处理对土壤 Pb 含量的影响较小。由表 14.55 可以看出，红壤旱地、红壤稻田和乌栅土中有效态 Pb 含量（范围和均值）均高于潮土、黑垆土和黑土。而在所研究的农田土壤中，土壤 Pb 相对有效性顺序为：旱地红壤>乌栅土>中厚黑土>黄潮土>黏黑垆土，这与不同区域土壤 pH 的顺序基本相反，而土壤 pH 是影响土壤重金属有效性最重要的因素之一。

表 14.55　长期定位试验点土壤 Pb 含量及其有效性

土壤类型	肥料	全量 Pb/（mg/kg）		有效态 Pb/（mg/kg）		相对有效性（RA/%）	
		范围	均值	范围	均值	范围	均值
中厚黑土	化肥	19.4～40.3	31.1	1.1～1.9	1.4	3.0～8.4	4.8
	氮磷肥、猪粪	21.0～29.0	23.5	1.5～2.6	1.8	6.4～10.0	6.1
	化肥、猪粪	24.4～57.4	34.4	1.1～5.3	2.1	3.0～9.3	6.1
黏黑垆土		35.0～39.0	36.8	0.8～0.9	0.9	23～2.6	2.4
黄潮土	化肥、秸秆	23.3～35.2	30.5	1.4～2.0	1.7	4.3～7.S	5.7
乌栅土	化肥、秸秆	50.7～63.5	57.7	6.1～7.1	6.6	10.8～12.9	11.5
红壤稻田	有机物料循环	46.1～83.8	70.0	5.7～10.4	8.9	9.0～21.1	13.1
红壤旱地	化肥、猪粪	46.1～68.5	56.0	4.9～12.1	7.7	8.3～20.2	13.9

（二）冶炼场地及周边土壤中铅的固液分配模型

1. 经验预测模型

1）土壤铅含量与形态

表 14.16 中列出了研究区土壤 Pb 总量。由表可以看出，由于冶炼活动所带来的污染，已经使得研究区土壤重金属 Pb 的含量远远超过了长江三角洲地区典型类型土壤中重金属含量（第一篇第一章表 1.1）。研究区土壤 Pb 的含量也超过了中国土壤环境质量一级、

二级标准土壤重金属含量（夏家祺，1996）。还可以看出，所有土壤样品 Pb 含量均高于自然土壤含量。从平均值来看，部分样品中 Pb 含量也超过了土壤环境质量标准。土壤中 Pb 最高值分别可达 7656 mg/kg，表明部分地点土壤污染非常严重。土壤中 Pb 的含量具有较大的差异，服从对数正态分布。

0.43 mol/L HNO_3 提取态重金属可以反映土壤组分表面吸附重金属的量，被认为是土壤总可吸附态重金属含量（Houba et al.，1995）。0.01 mol/L $CaCl_2$ 提取态重金属被认为是植物可直接吸收的部分（Pueyo et al.，2004）。因此，0.43 mol/L HNO_3 与 0.01 mol/L $CaCl_2$ 具有不同的提取能力，表 14.17 列出了土壤提取态重金属浓度。HNO_3 提取态 Pb 为 11.9～6217 mg/kg。尽管 HNO_3 提取态 Pb 的平均含量未超过土壤二级标准，但是仍有许多采样点的土壤超过土壤标准，其中有 7%的样品超过 350 mg/kg。这表明研究区土壤重金属 Pb 污染较为严重，许多采样点位仅 HNO_3 提取态 Pb 的含量就已超出了土壤环境质量标准。作为植物可直接吸收的 0.01 mol/L $CaCl_2$ 提取态 Pb 也具有较高的浓度，$CaCl_2$ 提取态 Pb 的平均值为 0.19 mg/kg。

2）铅的固液分配系数

土壤 Pb 的固液分配系数可以通过计算 Pb 总量与可溶态含量的比值得到（Sauve et al.，2000）。研究区 Pb 的分配系数具有较大的差异（表 14.18），分配系数越高表明土壤吸附表面对重金属有较高的亲合能力，由表可以看出 Pb 的分配系数最高，这一方面是因为土壤中有机质对 Pb 有高的亲和力，另一方面是土壤中其他矿物组分也具有相当强的吸附能力（Sauve et al.，2000）。

在纯理论状况下，重金属的固液分配系数被认为是单一的常数值，实际情况中重金属的固液分配系数是受重金属在固相中的吸附平衡所控制的。在本研究中，重金属 Pb 的分配系数与土壤中 Pb 的总量呈极显著正相关（$p<0.01$），Pb 的相关系数为 0.517。

3）铅总量与形态间的关系

Pb 总量、HNO_3 以及 $CaCl_2$ 提取态间的关系如图 14.18、图 14.19 所示。由图可以看出 HNO_3 提取态的 Pb 与其总量之间均达到极显著相关（$p<0.01$），Pb 的相关系数为 0.997。这是因为，0.43 mol/L HNO_3 提取态重金属反映的是重金属被土壤吸附表面所吸附的部分，被认为是总吸附态重金属。HNO_3 提取态的 Pb 占其总量的比例的平均水平为 78.4%，表明 0.43 mol/L HNO_3 对 Pb 的提取能力较高。应用单变量回归可以得到 HNO_3 提取态重金属与其总量之间的关系，从各个方程可以看出应用总量可以很好地来预测 0.43 mol/L HNO_3 提取态重金属，各回归方程调整的方差解释量（R^2）均达到 0.9 以上。这也反映了，在重金属污染严重的情况下，0.43 mol/L HNO_3 提取态重金属可以很好地反映其总量信息，由于其方法具有提取方便和测定准确的优点，因此在某种程度上 0.43 mol/L HNO_3 提取态重金属可以作为一种快速的监测方法来代替重金属总量：

$$HNO_3\text{-}Pb = 0.81 \times （总 Pb）-1.86 \quad (R^2=0.99, \ SD=38.2)$$

土壤 $CaCl_2$ 提取态重金属和重金属总量的关系较弱，$CaCl_2$ 提取态的 Pb 与其对应的 HNO_3 提取态未达到显著相关（$p>0.05$）。

　　4）提取态铅与土壤性质间的关系

　　表 14.19 列出了 HNO_3 提取态和 $CaCl_2$ 提取态 Pb 与土壤性质间的关系。一方面，HNO_3 提取态的 Pb 与土壤 pH、有机质无显著相关。另一方面，HNO_3 提取态的 Pb 与酸性草酸铵提取的活性 Fe、Si 呈极显著相关（$p < 0.01$），HNO_3 提取态的 Pb 与活性 Al 呈极显著相关（$p < 0.01$）这表明在研究区活性 Fe、Al、Si 是土壤中 Pb 的重要吸附表面。HNO_3 提取态 Pb 与土壤黏粒、无定形 Mn 氧化物均未达到显著相关（$p > 0.05$）。一般认为，土壤有机质对重金属的吸附贡献最大，有机质的含量越高的土壤对重金属的吸附就越高，而土壤 pH 可以影响其他土壤表面对重金属吸附，土壤 pH 越高重金属就越容易被表面所吸附。在本研究中，HNO_3 提取态 Pb 并未与土壤有机质显著相关。可能的原因是土壤中具有高含量的重金属时，土壤有机质对重金属吸附的量达到其最大吸附容量后不再吸附重金属，土壤中其他吸附表面开始起主导作用。另外，在碱性土壤中，当重金属含量达到一定程度时，沉淀作用开始起作用。因此，仅仅应用简单的相关分析不能将土壤 pH 和有机质对土壤吸附重金属的影响识别出来，这需要进一步应用机理模型来进行研究。这同时也表明在研究区活性 Fe、Al、Si 对土壤中 Pb 具有较高的吸附贡献。

　　从表 14.19 可以看出，$CaCl_2$ 提取态 Pb 与土壤 pH 未达到显著相关。$CaCl_2$ 提取 Pb 与活性 Fe 氧化物达到显著负相关（$p < 0.05$），$CaCl_2$ 提取的 Pb 与活性 P 呈极显著负相关（$p < 0.01$），表明土壤中的活性态 Fe 和 P 是影响重金属可溶性的重要因素。

　　5）土壤可溶态铅的经验模型预测

　　土壤中重金属的固相-液相分配可以简单地应用 Freundlich 等温吸附方程来描述，其方程的形式为：

$$Q = K_d C^n$$

式中，Q 为吸附态的重金属（可以认为是重金属的总量），K_d 为固液分配系数，C 为可溶态重金属的含量，n 为非线性系数。在实际情况下，土壤性质，如 pH、有机质、CEC 与 Fe 和 Al 氧化物等性质都是影响重金属固液分配的因素（Buchter et al.，1989；Carlon et al.，2004）。Sauve 等（2000）在 Freundlich 等温吸附方程的基础上提出应用竞争吸附模型来预测土壤中可溶态重金属，认为土壤有机质、pH 和总量是控制土壤重金属在固相-液相中分配的最重要因素，仅仅应用重金属总量、土壤有机质和 pH 就可以较好地来预测土壤可溶态的重金属。另外，Weng 等（2001）研究表明有机质对重金属 Cu、Zn、Pb、Cd 的吸附可以占到其总吸附态的 90% 以上。因此，首先来考虑重金属总量（或 HNO_3 提取态重金属）与土壤有机质、pH 对可溶态重金属的预测。根据 Sauve 等（2000）提出的竞争吸附模型应用多元逐步回归方法对模型进行拟合，当变量显著时（$p < 0.05$）进入模型，反之则不进入，得到可溶态重金属 Pb 的预测模型如下：

　　$\log（CaCl_2\text{-}Pb）= 0.44 \times \log（总 Pb）- 0.18 \times pH - 0.91$　　（$R^2 = 0.21$，$SE = 0.43$）　（14.22）

　　从得到的模型来看，对于重金属 Pb，土壤 pH 是控制其溶解性和在固相-液相中分配的最重要土壤性质。Pb 的预测效果最差，其方差解释量仅达到 21%，因此为了更好地预测可溶态 Pb，需要考虑更多影响其溶解性和固液分配的因素。

应用 HNO_3 提取态重金属并结合土壤 pH 和有机质来预测 $CaCl_2$ 提取态的重金属，分别得到 Pb 的模型如下：

$$\log（CaCl_2\text{-}Pb）= 0.51×\log（HNO_3\text{-}Pb）–0.20×pH –0.85$$
$$（R^2=0.26，SD=0.43）\tag{14.23}$$

应用 HNO_3 提取态得到的模型与应用总量得到的模型形式相似，但是从模型的方差解释量来看，应用 HNO_3 提取态的模型预测能力要略高于应用总量得到的模型。图 14.22 是模型预测的结果与实际结果的对比，由图可以看出 Pb 依旧有较大的预测误差。

为了进一步确定模型（14.22）、模型（14.23）的预测能力和预测效果，收集了研究区 46 个样品的土壤重金属总量、HNO_3 提取态重金属、$CaCl_2$ 提取态重金属，以及 pH 的数据。将所收集的数据分别带入模型中，得到预测的 $CaCl_2$ 提取态的 Pb。图 14.23 是 46 个样品预测与实测的对比图，其中图 14.23 a 是模型（14.22）的预测效果，图 14.23 b 是模型（14.23）的预测效果可以看出绝大多数数据点预测误差在±1 个对数单位之内。因此在本研究区中的风险评估中需要预测可溶态重金属浓度时，如果由于数据的限制或对预测结果要求相对较低时，可以应用这些简单的、参数较少的模型来进行预测计算。

在实际情况中，土壤黏粒、金属氧化物等组分表面也是影响土壤吸附重金属，控制重金属溶解性的重要因素。为了进一步提高对 $CaCl_2$ 提取态重金属的预测能力，因此将草酸铵提取的活性 Fe、Al、Si、P 和土壤黏粒含量考虑到模型中去，并且分别应用土壤重金属总量或 HNO_3 提取态重金属来建立可溶态重金属的预测模型。其模型的形式如下：

$$\log（CaCl_2\text{提取态重金属}）= a\log（\text{土壤总量/}HNO_3\text{提取态重金属}）+ b\log（OM）+ c\,pH$$
$$+ d\log（Clay）+ e\log（Fe_{ox}）+ f\log（Mn_{ox}）+ g\log（Al_{ox}）+ h\log（Si_{ox}）+ i\log（P_{ox}）$$
$$+ j（CaCl_2\text{-}Pb）$$

式中，$a\sim j$ 均为系数，其中 OM 表示土壤有机质，Clay 表示土壤黏粒，Fe_{ox}、Mn_{ox}、Al_{ox}、Si_{ox}、P_{ox} 分别为酸性草酸铵提取的活性态 Fe、Mn、Al、Si、P。同样应用 SPSS 11.0 逐步回归法进行拟合得到 $CaCl_2$ 提取态重金属的经验预测模型，并识别影响 $CaCl_2$ 提取态的重金属的土壤性质。

应用重金属总量结合土壤性质可以得到预测 $CaCl_2$ 提取态重金属的经验模型：

$$\log（CaCl_2\text{-}Pb）=0.52×\log（\text{总 }Pb）–0.71×\log（Fe_{ox}）–0.53×\log（P_{ox}）–0.66$$
$$（R^2=0.46，SD=0.36）\tag{14.24}$$

从所得到的模型可以看出，活性的 Fe、Si、P 可以显著提高 $CaCl_2$ 提取态重金属的预测能力，而土壤黏粒和活性 Al 氧化物并没有显著提高模型预测能力。其中，活性的 Fe 氧化物可以提高 $CaCl_2$ 提取态 Pb 的预测能力，活性的 P 可以提高 $CaCl_2$ 提取态 Pb 的预测能力。从方差解释量来看，所得到的预测模型均要高于应用重金属总量和土壤 pH 得到的预测模型。图 14.24 是模型的预测效果，表明对 Pb 的预测效果最差。

通径分析是在相关分析和回归分析基础上，进一步研究自变量与因变量之间的数量关系，将相关系数分解为直接作用系数和间接作用系数，以揭示各因素对因变量的相对重要性。为了分析 $CaCl_2$ 提取态预测模型中各因素的相对重要性分别对模型（14.24）进行了通径分析，由于各因素的间接作用系数不显著，这里仅讨论直接作用系数。从 Pb 分析结果看，总 Pb、活性 Fe 和 P 的直接作用系数分别为 0.40、–0.28 和–0.48，活性 P 的影响程度最大。

应用 HNO_3 提取态重金属结合土壤性质可以得到预测 $CaCl_2$ 提取态 Pb 的经验模型：

$$\log（CaCl_2\text{-}Pb）=0.54\times\log（HNO_3\text{-}Pb）–0.65\times\log（Fe_{ox}）–0.54\times\log（P_{ox}）–0.63$$
$$（R^2=0.51，SD=0.35） \tag{14.25}$$

对经验模型（14.25）进行了通径分析。Pb 的分析表明，HNO_3 提取态 Pb、活性 Fe 和 P 的直接作用系数分别为 0.45、–0.26 和–0.48。

2. 表面吸附模型

采集浙江富阳研究区表层（0～15 cm）土壤样品 20 个。20 个土样分析结果表明土壤性质和 Pb 浓度具有较大差异（表 14.20），为了便于与他人研究相比较，Pb 浓度单位用 mol/kg 和 µmol/L 来表示。土壤 pH 在 3.71～6.81，土壤有机质为 10.7～51.6 g/kg。0.43 mol/L HNO_3 提取态的重金属具有较高含量，Pb 为 1.61×10^{-4}～3.00×10^{-1} mol/kg。应用 0.01 mol/L $CaCl_2$ 作为提取剂的可溶态 Pb 的浓度为 1.26 µmol/L。

应用 ORCHESTRA 模型计算土壤有机质、土壤黏粒以及无定形 Fe 和 Al 氧化物对 Cd 的吸附，在模型计算中考虑了重金属 Cu、Zn、Pb、Cd 之间的竞争吸附。

在进行模型计算之前，需要进行合理假设。首先假设 0.43 mol/L HNO_3 提取态重金属为土壤总吸附态重金属；土壤各表面相互独立、互不影响，因此总吸附态的重金属被认为是土壤中各吸附表面吸附总和；由于本研究中的黏粒含量是体积百分比，这里假设与质量百分比一致。草酸铵提取的 Fe、Al 氧化物可以认为是无定形 Fe、Al 氢氧化物（Weng et al.，2001）。

1）有机质表面的吸附贡献

表面模型估算了土壤表面对重金属吸附贡献，由模型可以明显看出土壤有机质在几种表面中的吸附最为重要（图 14.25）。分析有机质贡献率小的土壤可以发现，这些土壤总吸附态的 Pb 含量非常高。贡献率最小的土壤中总吸附态的 Pb 为 3.00×10^{-2} mol/kg，而 Weng 等（2001）所研究的土壤 Pb 总吸附态含量为 124 µmol/kg。土壤有机质吸附容量是有限的，当重金属浓度达到一定水平，其吸附点位接近或达到饱和，有机质对重金属吸附的贡献率开始降低。从土壤有机质吸附贡献与 Pb 含量的关系图可以看出（图 14.26），当土壤中总吸附态 Pb 含量升高时，有机质对它们的吸附贡献率有降低趋势。

2）土壤黏粒表面的吸附贡献

土壤黏粒对重金属的吸附贡献要小于有机质的贡献。其中土壤黏粒对 Pb 吸附的贡献率相对较小，土壤黏粒对 Pb 吸附的贡献仅达到 1%。

3）无定形氧化物表面的吸附贡献

模型预测表明无定形 Fe、Al 氧化物对 Pb 有较高的亲和能力，对 Pb 的吸附贡献则相对重要。Weng 等（2001）同时考虑了无定形 Fe 氧化物和晶体 Fe 氧化物对 Pb 的吸附最高可达到总吸附态 Pb 的 92%。然而本研究中 Fe 氧化物的贡献相比要远远小于 Weng 等（2001）的研究。这一方面是因为，本研究未将晶体 Fe 氧化物考虑进来，但最主要的原因可能是土壤中高含量的 Pb 超过了其吸附容量。

从图 14.25 可以看出，对于所研究土壤，除土壤有机质、黏粒、无定形 Fe 和 Al 氧化物之外，仍有其他因素控制着重金属的固液分配。上述研究表明，活性态 Si 和 P 也是影响重金属固液分配的重要因素，但是由于很难获得相应模型参数，本章并未计算活性 Si 和 P 的吸附。在土壤具有高含量重金属时，重金属容易与土壤中的其他碳酸盐和磷酸盐产生沉淀。从图 14.28 可以看出，当土壤中 Pb 含量升高时，对土壤有机质、黏粒、无定形的 Fe 和 Al 氧化物之外的其他因素影响显著增大，这些因素包括活性态 P、Si 对重金属的吸附，以及碳酸盐与重金属的沉淀作用，这也要求在将来研究中对这些行为加以考虑。

二、土壤中铅的吸附-解吸及微观机制

供试土壤 45 个，其中 30 个为长江三角洲地区典型类型表层土壤，根据矿物组成、有机碳含量和母质情况选择了 4 个完整剖面土壤（SEBC-13，19，21，25）的土壤样品 19 个。采样地区是江苏的苏南地区、浙江的浙东北地区和上海市区，区域性土壤有黄棕壤、黄褐土、黄壤、黄红壤、红壤、人为土；母质类型有长江冲积物、湖相沉积物、海相沉积物、江河海沉积物、坡积物和下蜀黄土，土地利用方式以水田为主。

（一）土壤中铅的吸附-解吸

1. 土壤对铅吸附等温曲线

土壤对 Pb 的吸附行为均能很好地用 Freundlich（$Q_e = K_f \times C_e^n$）吸附方程拟合，在此，只列出部分土壤的吸附等温曲线，见图 14.68。Freundlich 模型中，K_f 代表吸附能力的大小，K_f 值越大，说明吸附介质具有更多的吸附点位，有更强的吸附能力；n 表征吸附强度，也表征吸附等温线偏离线性吸附的程度，$n=1$ 为线性吸附。从图 14.68 可以看出，所有土壤对 Pb 的吸附都是非线性的。

通过 Freundlich 模型相关系数（$R^2 > 0.95$）可以确定用 Freundlich 模型来拟合各土壤对 Pb 的吸附是比较合适的，$n < 1$ 或 $n > 1$ 说明所用土壤对 Pb 的吸附是非线性的；n 值存在一定的差异，说明土壤对 Pb 的吸附非线性程度不同（表 14.56）。

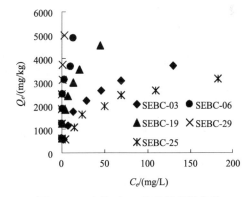

图 14.68　土壤对 Pb 的吸附等温曲线

表 14.56　不同温度下土壤 Pb 吸附 Freundlich 参数

土样	Freundlich（$Q_e = K_f \times C_e^{n}$）					
	25 ℃			35 ℃		
	K_f（dm³/kg）	n	R^2	K_f	n	R^2
SEBC-06	1984.1	0.3507	0.944	2560.3	0.4594	0.956
SEBC-19	1029.8	0.4104	0.994	1409.3	0.3511	0.978
SEBC-20	3816.3	0.48	0.873	6468.2	0.3821	0.922
SEBC-25	348.4	0.4425	0.974	423.8	0.4073	0.964

　　土壤对 Pb 的吸附量随平衡溶液重金属浓度的升高而增加。如当初始溶液 Pb 浓度 62.54 mg/L 时，碱性土 SEBC-20 对 Pb 的吸附量（624.84 mg/kg）小于初始溶液 Pb 浓度 500.3 mg/L 时的吸附量（4976.75 mg/kg Pb），这意味着在所处理的初始浓度范围内（62.54～500.3 mg/L）土壤对 Pb 的吸附还没达到饱和，说明土壤对 Pb 的吸附还很有潜力，尤其是土壤 pH 和有机质含量高的土壤，这些充分说明土壤是污染物 Pb 的储存库。

2. 土壤性质对铅吸附的影响

1）pH 对土壤铅吸附的影响

　　母质相似而 pH 不同的土壤对 Pb 的吸附等温方程符合 Freundlich 方程（图 14.69 和表 14.57）。从表 14.57 和图 14.70 可以看出，各土壤吸附 Pb 的 K_f 值和 n 有一定的差异，K_f 与土壤 pH 成正相关，土壤 pH 越高，Pb 吸附 K_f 越大，但 n 值不一定是最小的。

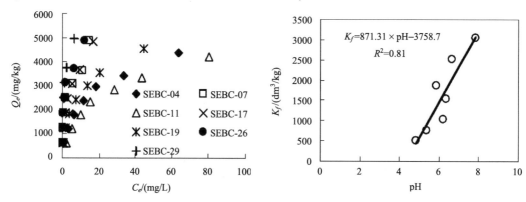

图 14.69　母质相似 pH 不同土壤对 Pb 的吸附　　　图 14.70　母质相似土壤 Pb 吸附吸附 K_f 与土壤 pH 的关系

表 14.57　土壤 Pb 吸附 Freundlich 参数

土样	Freundlich（$Q_e = K_f \times C_e^{n}$）		
	K_f	n	R^2
SEBC-04	754.19	0.443	0.989
SEBC-07	1866.2	0.3376	0.952

续表

土样	Freundlich（$Q_e=K_f \times C_e^n$）		
	K_f	n	R^2
SEBC-11	502.92	0.5116	0.968
SEBC-17	1524.7	0.4296	0.986
SEBC-19	1029.8	0.4104	0.994
SEBC-26	2522.9	0.2658	0.989
SEBC-29	3041.8	0.2915	0.985

土壤 pH 直接控制着重金属氢氧化物、碳酸盐、磷酸盐的溶解度，重金属的水解，离子半径的形成，有机物质的溶解及土壤表面电荷的性质，因而在重金属吸附过程中起着主导作用（Sauve et al.，1998a，1998b），本研究中 pH 升高土壤 Pb 吸附容量增加，与前人的研究结论一致（Adhikari and Singh，2003；Martinez and Motto，2000；Gray et al.，1999；Welp and Brümmer，1997）。其原因可能是：①在较低 pH 时，pH 升高来自 H^+、Fe^{2+}、Al^{3+}、Mg^{2+} 浓度减小，与 Pb^{2+} 竞争吸附减少，更利于土壤吸附 Pb（Spark et al.，1995）；②当 pH 进一步升高时，Pb 离子发生水解，形成 $Pb(OH)^+$ 离子，在黏土吸附剂的表面更容易形成络合吸附，在 pH＞5.5 时，可产生氢氧化物沉淀，从而可沉积在吸附剂的表面。此时土壤对 Pb 离子不仅起到交换吸附作用，而且还起到晶种作用，加速氢氧化物沉淀物的沉降，并在沉降过程中发生共沉淀作用，进一步吸附金属离子沉降下来。同时，pH 升高有利于金属离子水解反应或者羟基络合物的形成，降低了离子平均电荷，二级溶剂化能的大大下降，从而有利于离子借库仑力和短程引力吸附于吸持固相表面，不利于解吸；③土壤中存在大量的硅烷醇、无机氢氧基和有机功能团等表面功能团，高 pH 时这些土壤表面功能团和边面断键的-OH 功能团带负电荷，与阳离子（如 Pb^{2+}）吸附形成内圈化合物，即 $S-OH+Me^{2+}+H_2O \rightleftharpoons S-O-MeOH^{2+}$（Bradl，2004）；④氧化物表面的专性吸附、土壤有机质-金属络合物的稳定性随 pH 升高而增强，如胡敏酸对重金属的吸附遵从"类金属"吸附机制，吸附量随 pH 升高而增加（Kooner，1993）。

最近的研究表明，pH 不仅影响土壤矿物表面对重金属离子吸附量的大小，而且影响其吸附机制（Ostergren et al.，2000a，2000b）。pH＜4.5 时，Pb 与 SiO_2 形成单齿内圈化合物，4.5＜pH＜5.6，双齿内圈化合物增多（Elzinga and Sparks，2002）。具有永久电荷的 2:1 页硅酸盐基面（Basal Planes）通过离子交换吸附 Pb 和边面断键与 Pb 形成内圈配位物受离子强度和 pH 的影响（Strawn and Sparks，1999）。

2）有机质对土壤 Pb 吸附的影响

母质相似而有机质含量不同的土壤对 Pb 的吸附也存在差异（图 14.71），有机质含量有利于土壤对 Pb 的吸附，但有机质含量最低的土壤其对 Pb 的吸附容量不一定是最小的。

去除有机质后，SEBC-06 和 SEBC-19 吸附量明显降低（图 14.72），Freundlich 模型的 K_f 值分别从 1984.1（μg/g）/（μg/L）^{n} 和 1029.8（μg/g）/（μg/L）^{n} 降到 663.4（μg/g）/（μg/L）^{n}

和 $281.88\,(\mu g/g)/(\mu g/L)^{n}$。

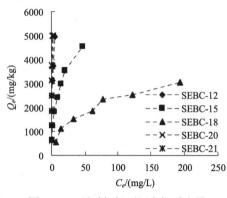

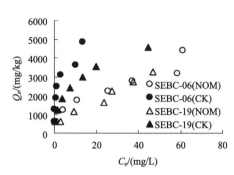

图 14.71　母质相似不同有机质含量
土壤对 Pb 的吸附

图 14.72　去有机质前后土壤对 Pb 的吸附
（NOM 为去有机质土壤）

在 Freundlich 模型中，K_f 和 n 分别为吸附容量参数和吸附强度、等温线的非线性参数。K_f 值越大，说明吸附介质具有更多的异质性吸附点位，有更强的吸附能力。本书去除有机质后的 SEBC-06 和 SEBC-19 K_f 明显降低（图 14.72）、K_f 与有机质含量的正相关关系（$r=0.43$，$p<0.05$，$n=32$）以及多元回归分析结果均说明土壤有机质对 Pb 的吸附起重要作用，与 Elliot 等人的研究结论一致（Elliot et al.,1986；Hooda and Alloway，1998；Li et al.，2001）。也有研究表明，土壤中可溶性有机碳（DOC）能提高 Pb 的移动性，但 Pb 更倾向于与土壤固相中的有机质结合（Sauve et al.，2003）。土壤中的有机酸与重金属存在配位作用，而配位作用对重金属在土壤中的吸附的影响是一个复杂过程，往往受到配位体种类、配位体浓度、重金属浓度和介质 pH 的影响。林琦和陈怀满（2001）的研究表明，柠檬酸的存在降低了土壤对 Pb 的吸附，随着溶液中柠檬酸浓度增加，土壤对 Pb 的吸附量降低。草酸存在则增加土壤对 Pb 的吸附。腐殖酸吸附金属的能力与腐殖酸的分子量有关，分子量更大的组分对金属的配位量更多（Han and Thompson，1999）。

有机质含量高的土壤具有更高的吸附容量，主要归因于有机质具有大量不同的功能团、较高的 CEC 值和较大的土壤表面积（Bogan and Trbovic，2003），它们通过表面络合、离子交换和表面沉淀三种方式增加土壤对重金属的吸附能力（Kalbitz and Wennrich，1998）。例如，土壤腐殖酸总结合容量中约 1/3 的有效位点用于阳离子交换过程，其余约 2/3 用于金属配位（Schuster，1991）。金属与腐殖酸的结合不仅发生在腐殖酸表面，还发生在腐殖酸分形结构内部的功能基团上（Osterberg and Mortensen，1992），所以络合本质从纯静电到强的共价键结合都存在（Sposito，1986，1984；Davydova et al.，1975）。发生离解后的腐殖酸与重金属络合，其络合物与黏土有一定的结合力，从而增强了土壤对重金属的吸附能力，此表面络合物称为"类金属"或"A"型吸附（Hoins et al.，1993），吸附量随 pH 升高而增加（Bradl，2004）。

3）矿物组成对土壤铅吸附的影响

pH 相似母质不同的土壤对 Pb 的吸附也存在差异（图 14.73）。各土壤对 Pb 的吸附等温方程符合 Freundlich 方程，K_f 以浙江绍兴母质为河湖相沉积物的铁聚潜育水耕人为土（SEBC-11）最大（K_f=502.92（μg/g）/（μg/L）^{n}），而浙江杭州母质为第四纪红土坡积物的普通黏化湿润富铁土（SEBC-10）最小（K_f=84.89（μg/g）/（μg/L）^{n}），与 Cd 吸附表现出相同趋势。

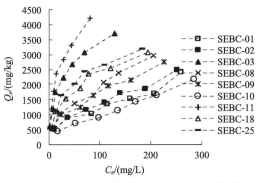 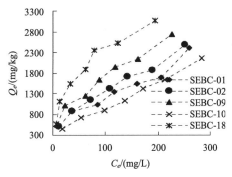

图 14.73　pH 相似而母质不同土壤对 Pb 的吸附　　　图 14.74　有机质含量相似而母质不同土壤对 Pb 的吸附

有机质含量相似而母质不同的土壤对 Pb 的吸附也存在差异（图 14.74）。K_f 以浙江嘉兴河海相沉积物发育的石质淡色湿润雏形土（SEBC-18）最大（288.04（μg/g）/（μg/L）^{n}），浙江杭州母质为第四纪红土坡积物的普通黏化湿润富铁土（SEBC-10）最小（84.89（μg/g）/（μg/L）^{n}）。

土壤对 Pb 的吸附受土壤矿物组成的影响。Freundlich 方程吸附参数 K_f 与土壤石英含量成负相关，相关系数 r=–0.68（$p<0.01$，n=45），K_f 与伊犁石、白云石和高岭石成正相关，相关系数 r 分别为 0.58（$p<0.01$，n=44）、0.47（$p<0.05$，n=31）和 0.32（$p<0.05$，n=34），表明土壤中伊利石、白云石和高岭石等黏土矿物高土壤对 Pb 吸附量就大。这主要归功于铝硅酸盐具有永久电荷和不同反应性的-OH。Al_2O_3 表面的末端-OH 基一旦去质子，其金属键合能力远远大于桥际-OH 基（McBride，1994）。这些矿物可通过静电吸附、表面可交换离子吸附点位（Davis and Kent，1990）、配位络合（McBride，1994）等方式来吸附和滞留土壤中的金属离子。Hohl and Stumm（1976）认为 Pb^{2+} 在 γ-Al_2O_3 表面以专性吸附为主，主要是 Pb^{2+} 在矿物表面的单分子吸附，反应式为

$$\equiv AlOH_{sfc} + Pb^{2+}(aq) \longleftrightarrow \equiv AlO_{sfc}\text{-}Pb^{+} + H^{+}$$

式中，10%的 Pb^{2+} 以双分子形式被吸附。随着 Pb 浓度的增加，Al_2O_3 对 Pb 的吸附机制由单体内圈吸附向双体内圈吸附过渡（Bargar et al.，1997）。Sturchio 等（1997）利用 X 射线标准波和 X 射线反射法（reflectivity methods）研究表明，Pb^{2+} 离子与方解石界面发生交换作用，占据了方解石界面 Ca^{2+} 的位置。

4）影响 Pb 吸附的主要土壤性质

不同土壤对 Pb 吸附存在差异，将土壤基本性质与吸附容量因子 K_f 作简单相关（pearson）分析，结果表明 K_f 与 pH 的相关系数 r=0.88（$p<0.01$，n=45），与有机质（logSOM）含量相关系数 r=0.39（$p<0.05$，n=33），与 $CaCO_3$ 含量的相关系数 r=0.64

（$p<0.01$）与铁氧化物的相关系数 $r=0.45$（$p<0.01$，$n=36$），与锰氧化物的相关系数 $r=0.64$（$p<0.01$，$n=35$），与 CEC 的相关系数 $r=0.55$（$p<0.01$，$n=30$），表明 pH、有机质、$CaCO_3$、CEC 和铁锰氧化物含量较高的土壤对 Pb 有更大的吸附容量。

以 pH、OM、$CaCO_3$、$logFe_2O_3$、黏粒和 logMnO 为自变量，$logK_f$ 为因变量作回归分析（表 14.58），回归方程为 $logK_f=0.22+0.412×pH+0.01×SOM$（$R^2=0.81$，$n=45$），说明土壤 pH 和有机质含量是 Pb 吸附的主控因子。

表 14.58　Pb 吸附 Freundlich 参数（$logK_f$）与土壤性质的回归分析

因变量	R^2	Con.	自变量						
			pH	SOM	log CaCO$_3$	Fe$_2$O$_3$	MnO	CEC	Clay
Pb	被引入的自变量数=2								
1	0.767	0.623	0.384						
2	0.811	0.220	0.412	0.010					
	强制引入的额外自变量：								
1	0.808		+	+	+				
2	0.814		+	+	+	+			
3	0.810		+	+	+	+	+		
4	0.806		+	+	+	+	+	+	
5	0.806		+	+	+	+	+	+	+

通径分析结果表明，pH 和有机质通径系数分别为 0.96 和 0.21，表明 pH 对土壤 Pb 吸附容量的影响远大于有机质含量。

pH、有机质、$CaCO_3$、CEC 和铁锰氧化物含量较高的土壤对 Pb 有更大的吸附容量，这与前人研究结果一致（Adhikari and Singh，2003；Veeresh et al.，2003；Sauve et al.，2000；Buchter et al.，1989）。CEC 是影响土壤 Pb 吸附的重要因素，其他影响因素（有机质、矿物组成等）也是通过改变 CEC 来影响土壤 Pb 吸附的（Appel and Ma，2002；Basta and Tabatabai，1993）。

铁锰氧化物既有永久电荷，也有可交换离子吸附点位，可静电吸附金属元素形成外层络合物，也可通过共价键形成内层络合物，因而对土壤吸附金属元素影响较大（Davis and Kent，1990）。Barrow 等（1981）和 Hayes 等（1987）认为 Pb 是以非水合的单分子和双分子吸附的形式吸附在针铁矿表面。而锰氧化物吸附键合 Pb 的机制可能有三种：第一，强专性吸附；第二，锰氧化物的专性亲和力；第三，形成专门的 Pb-Mn 矿物（Bradl，2004）。Pb 与锰氧化物之间的高亲合力归功于 MnO_2 将 Pb^{2+} 氧化为 Pb^{4+}（PbO_2）（Hem，1978；Raogadde and Laitinen，1974）。McKenzie（1980）研究发现，合成的锰氧化物对 Pb 的吸附量是铁氧化物的 40 倍。

多元回归和通径分析表明，土壤铁锰氧化物、碳酸钙含量、阳离子交换量等土壤性质均影响土壤对 Pb 的吸附；但关键的、对土壤 Pb 吸附起控制作用的土壤性质是土壤 pH 和有机质含量，而且 pH 的作用远大于有机质含量。铁锰氧化物在本实验中不是影响 Pb

吸附的主要介质可能与实验土壤有机质含量较高，它们在土壤表面形成一层有机质膜（SOM）有关。因为在 24 h 的吸附实验中，Pb 离子经过 SOM 膜通过扩散作用与铁锰氧化物发生作用的部分对土壤 Pb 的 K_f 值影响不大。

3. 剖面不同层次土壤对铅的吸附

Pb 在各个层次土壤的吸附等温曲线见图 14.75。从图中可以看出，不同剖面层次土壤 Pb 吸附存在差异，次表层 K_f 值最小，但总的趋势是从表层到底层，土壤对 Pb 的吸附呈现明显上升，与土壤 pH、黏土矿物含量趋势一致。

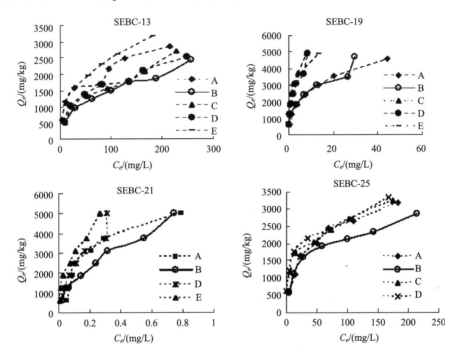

图 14.75 剖面不同发生层土壤对 Pb 的吸附（A~E：剖面表层到第五发生层）

4. 温度对土壤铅吸附的影响

四种土壤在 25 ℃和 35 ℃条件下 Pb 吸附 Freundlich 拟合结果见表 14.59。从表中可知 SEBC-06、SEBC-19、SEBC-20 和 SEBC-25 对 Pb 的吸附参数 K_f 均随温度的升高而增加。

SEBC-06、SEBC-19、SEBC-20 和 SEBC-25 Pb 吸附反应的 $K°$ 值为 35 ℃大于 25 ℃，两种温度下（25 ℃和 35 ℃）Pb 吸附反应的吉布斯自由能变化 $\Delta G°$ 均为负值，在同一温度条件下，其绝对值大小为：SEBC-20>SEBC-06>SEBC-19>SEBC-25（表 14.60）。同一土壤 Pb 吸附反应的 $\Delta G°$ 在较高温度条件下（35 ℃）比较低温度（25 ℃）下负值的绝对值更大。

SEBC-06、SEBC-19、SEBC-20 和 SEBC-25 Pb 吸附反应焓变化 $\Delta H°$ 均为正值（16.56~101.47 kJ/mol），反应熵变（25 ℃和 35 ℃）大小均为：SEBC-20（395.08 mol/K，393.98 mol/K）>SEBC-06（325.16 mol/K，325.10 mol/K）>SEBC-19（262.07 mol/K，259.38 mol/K）

>SEBC-25（68.39 mol/K，67.78 mol/K）。

表 14.59　不同温度下土壤 Pb 吸附 Freundlich 参数

土样	Freundlich（$Q_e = K_f \times C_e^n$）					
	25℃			35℃		
	K_f	n	R^2	K_f	n	R^2
SEBC-06	1984.1	0.3507	0.944	2560.3	0.4594	0.956
SEBC-19	1029.8	0.4104	0.994	1409.3	0.3511	0.978
SEBC-20	3816.3	0.48	0.873	6468.2	0.3821	0.922
SEBC-25	348.4	0.4425	0.974	423.8	0.4073	0.964

表 14.60　土壤 Pb 吸附热力学参数

土样	$K°$		$\Delta G°$（kJ/mol）		$\Delta H°$	$\Delta S°$（J/mol/K）	
	25 ℃	35 ℃	25 ℃	35 ℃	（kJ/mol）	25 ℃	35 ℃
SEBC-06	132.48	405.57	−11.49	−14.73	85.40	325.14	325.10
SEBC-19	57.12	141.28	−8.99	−10.78	69.11	262.07	259.38
SEBC-20	876.34	3311.65	−16.27	−19.88	101.47	395.08	393.98
SEBC-25	5.90	7.32	−3.82	−4.32	16.56	68.39	67.78

　　温度升高使土壤对 Pb 的吸附量增加（表 14.59）。吉布斯自由能变化 $\Delta G°$值可衡量 Pb 吸附反应达到平衡之前溶液中 Pb 的减少量，因此，$\Delta G°$值越负，土壤对 Pb 的吸附量越大（Adhikari and Singh，2003）。SEBC-06、SEBC-19、SEBC-20 和 SEBC-25 四种土壤 Pb 吸附的吉布斯自由能变 $\Delta G°$均为负值，且随温度升高负值的绝对值也增大（表 14.60），暗示着土壤 Pb 吸附反应为自发反应，其自发性和吸附量随温度的升高而加大，土壤中 Pb 的解吸（释放）过程是非自发过程。四种土壤 Pb 反应熵变 $\Delta H°$均为正值（5.83～91.34 kJ/mol），表明土壤 Pb 吸附反应为吸热反应。吉布斯自由能变化 $\Delta G°$值和反应熵变 $\Delta H°$两个热力学参数均解释了温度升高有利于土壤对 Pb 的吸附，意味着四种土壤对外源 Pb 的缓冲能力以及土壤中 Pb 的迁移性和活性可能具有季节性（夏季>冬季）。

　　在同一温度条件下，SEBC-06、SEBC-19、SEBC-20 和 SEBC-25 土壤 $\Delta G°$值均为负值，但是其大小差异较大，绝对值大小为：SEBC-20>SEBC-06>SEBC-19> SEBC-25，表明四种土壤对 Pb 的吸附能力大小为：SEBC-20>SEBC-06>SEBC-19> SEBC-25，这与 Fruendlich 方程 K_f值大小得出的结果互相印证。$\Delta G°$越小，化合物越稳定，因此四种土壤中，SEBC-20 对 Pb 的固持力最大，Pb 的迁移性和有效性最低，其次是 SEBC-06，而 SEBC-25Pb 的固持力最小、Pb 最易解吸，与四种土壤的平均解吸率大小一致：SEBC-25（10.71%）>SEBC-19（1.54%）>SEBC-06（0.37%）> SEBC-20（0.05%），可见，Pb 吸附反应的 $\Delta G°$值可用来预测土壤对 Pb 的吸附能力和解吸能力。在这一点上，与 Cd 热力学参数讨论结果是一致的。另外，相同条件下同一土壤对 Pb 和 Cd 吸附 $\Delta G°$均为负值，但 Pb 吸附 $\Delta G°$更小，因而从热力学角度解释了相同条件下土壤中 Pb 活性小于土壤 Cd。

吸附热是区别化学吸附和物理吸附的一个重要标志，是吸附质和吸附剂间各种作用力共同作用的结果，不同作用力在吸附中所放出的热不同，Von 等（1991）测定了各种不同作用力引起的吸附热范围，范德华力的吸附热为 4～10 kJ/mol，疏水键力约为 5 kJ/mol，氢键力为 20～40 kJ/mol，配位基交换约为 40 kJ/mol，偶极间力为 2～29 kJ/mol，化学键力>60 kJ/mol。本研究中，SEBC-06 对 Pb 的吸附热为 85.40 kJ/mol，SEBC-19Pb 吸附热为 69.11 kJ/mol；SEBC-20 吸附热为 101.47 kJ/mol，SEBC-25 吸附热为 16.56 kJ/mol。因此，SEBC-06、SEBC-19 和 SEBC-20 对 Pb 吸附的主要作用力为化学键力，SEBC-25 为范德华力和偶极间力。由此可以看出土壤类型性质不同，对 Pb 吸附机理也可能不同。

（二）土壤中铅的解吸及滞后效应

1. 土壤中铅的解吸行为

供试土壤 Pb 的解吸符合 Freundlich 模型（$R^2 > 0.95$），各土壤的 K_f 和 n 存在差异，在此，只列出部分土壤的吸附等温曲线（图 14.76）。从图中可以看出，所有土壤 Pb 的解吸都是非线性的，各土壤 K_f 和 n 存在差异。

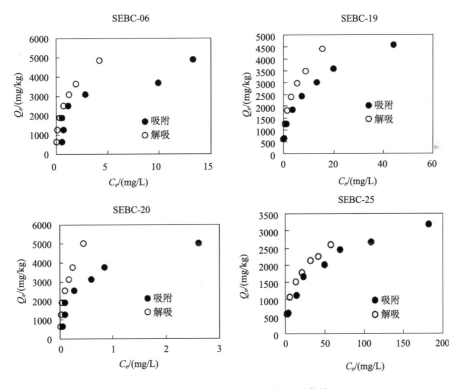

图 14.76　土壤对 Pb 的吸附-解吸曲线

土壤 Pb 解吸率与土壤 pH、碳酸钙含量、阳离子交换量（CEC）和黏粒含量呈负相关关系，相关系数 r 分别为-0.69、-0.42、-0.38 和 0.51（$p < 0.01$，$n=45$），说明 pH、碳酸钙含量、阳离子交换量（CEC）和黏粒含量越低，Pb 越易解吸，正好与吸附相反。

多元逐步回归分析见表 14.61，得出 $\log K_f$=0.405+0.32×pH+0.012×SOM+0.08×$\log CaCO_3$（R^2=0.85，n=45），表明土壤对 Pb 的解吸主要受 pH、$CaCO_3$ 和有机质（SOM）含量的影响，pH、$CaCO_3$ 和有机质（SOM）含量越高，土壤中的 Pb 越不易被解吸。为简化 Pb 在土壤的固液分配模型，忽略 $CaCO_3$ 含量这一土壤性质，得出方程。

$$\log K_f=0.001+0.459×pH+0.012×SOM \quad （R^2=0.84，n=45）$$

比较这两个回归方程的 R^2 值仅相差 0.01，因此，土壤 Pb 固液分配模型可简化为：$\log K_f$=0.001+0.459×pH+0.012×SOM（R^2=0.84，n=45）。

表 14.61 Pb 解吸 Freundlich 参数（$\log K_f$）与土壤性质的回归分析

因变量	R^2	Con.	自变量						
			pH	SOM	log CaCO₃	Fe₂O₃	MnO	CEC	Clay
Pb	被引入的自变量数=3								
1	0.783	0.479	0.428						
2	0.834	0.048	0.455	0.011					
3	0.854	0.405	0.382	0.012	0.086				
	强制引入的额外自变量								
1	0.859		+	+	+	+			
2	0.855		+	+	+	+	+		
3	0.855		+	+	+	+	+	+	
4	0.857		+	+	+	+	+	+	+

土壤 Pb 解吸行为既有共性也有特性，其共性是在较低 Pb 处理浓度和较低土壤 Pb 吸附量时，Pb 解吸量和解吸率也较小，随着土壤 Pb 处理浓度和 Pb 吸附量的增加，解吸量和解吸率明显增加。当初始浓度为 62.54 mg/L，SEBC-25Pb 吸附量为 585.6 mg/kg 时，解吸量为 2.1 mg/kg，解吸率为 3.57%；SEBC-19Pb 吸附量为 621.9 mg/kg，解吸量为 1.40 mg/kg，解吸率为 0.22%。Pb 处理浓度为 125.1 mg/L 时，SEBC-25Pb 吸附量为 1106.5 mg/kg，解吸量为 56.78 mg/kg，解吸率为 5.13%；SEBC-19 吸附量为 1237.2 mg/kg，解吸量为 5.9 mg/kg，解吸率为 0.48%。其特性是在相同吸附量条件下，不同土壤 Pb 解吸率差异显著。解吸率与土壤 pH 和 $CaCO_3$ 含量相关系数 r 分别为–0.85 和–0.62（p<0.01），表明 $CaCO_3$ 含量和 pH 值愈高，解吸率愈小，表现出与吸附相反的趋势。

2. 滞后效应

由 Pb 的吸附-解吸曲线看出（图 14.76），Pb 的解吸也存在滞后现象，且滞后程度与土壤性质有关，例如酸性土壤 SEBC-25 的解吸滞后较小，而中性偏碱性土壤 SEBC-20 的滞后圈较大，滞后程度明显大于酸性土壤 SEBC-25。根据 Cox 等（1997）给出的公式计算滞后系数并与土壤性质作相关性分析，得出滞后系数与 pH 和 $CaCO_3$ 含量的相关系数 r 分别为 0.55 和 0.47（p<0.01，n=45），与铁锰氧化物的相关性不明显，但仍呈一定的正相关，SEBC-06 和 SEBC-19 去除土壤有机质后 Pb 滞后系数分别从 136 和 99 下降到

104 和 89。同时，表现出平衡浓度加大，滞后系数 HI 也加大的趋势。

供试土壤 Pb 吸附解吸滞后程度与土壤 pH 和 CaCO$_3$ 含量呈正相关关系（r 分别为 0.55 和 0.47，p＜0.01，n=45），pH 和 CaCO$_3$ 含量越高，滞后效应也越明显。这可能与 pH 不同，土壤对 Pb 的吸附机制不一样，以及 Pb 与碳酸盐发生作用有关。也就是随 pH 升高，土壤中的 Pb 越易形成难解吸内圈化合物，以及 Pb 与碳酸盐形成沉淀或者是 Pb 取代 CaCO$_3$ 的 Ca^{2+} 位置。Elzinga 和 Sparks（2002）研究表明，pH＜4.5 时，Pb 与 SiO$_2$ 形成单齿内圈化合物，4.5＜pH＜5.6，双齿内圈化合物增多。另外土壤 pH 越高，对重金属的吸附容量和固持力越大，土壤中的 Pb 也就难解吸（章钢娅和骆永明，2000；Gray et al.，1999；Welp and Brummer，1997），因此滞后效应也越明显。

平衡浓度越大其解吸滞后也越大，归因于高 Pb 浓度时易形成难解吸的内圈化合物。Roe 等（1991）X 射线精细结构研究针铁矿对 Pb 的吸附也表明，低浓度下 Pb 离子的吸附以相对易解吸单分子层的吸附为主，随着浓度增加，以更难解吸的双分子吸附逐渐占主导作用。在低初始浓度时，Pb 与土壤中的方解石形成单核内圈配位物，而在高初始浓度时，则形成相对难解吸的双核内圈配合物（Rouff et al.，2004）。

因而，供试土壤 Pb 吸附-解吸滞后现象可归结为 Pb 与土壤有机-无机复合体难解吸内圈化合物、Pb 与碳酸盐形成沉淀或者是 Pb 取代 CaCO$_3$ 的 Ca^{2+} 位置（特别是 pH 较高时）以及土壤的老化；平衡浓度越高滞后效应越大，归因于高浓度时易形成难解吸的内圈化合物。而 Pb 在供试土壤上滞后程度的差异，可能与土壤采自不同的地点，其母质的不同以及具有不同的历史发生过程而导致土壤有不同的 pH 和有机-无机复合体，具体原因还有待于进一步深入研究。

土壤 pH 和有机质含量对 Pb 的吸附和滞留非常重要，尤其是 pH。根据 Pb 的固液分配模型：$\log K_f = 0.001 + 0.459 \times pH + 0.012 \times SOM$（$R^2 = 0.84$，n=45）和 n 取平均值 0.485，得出土壤 pH≤5.5、SOM≤15 mg/kg 时，土壤总 Pb 浓度即使较低（≤100 mg/kg），也表现出较高的活性。pH 提高或降低 0.5 个单位都引起土壤溶液中 Pb 浓度的较大变化，因而建议制定长江三角洲地区土壤 Pb 环境质量标准时，pH 以 0.5 个单位来划分可能更有针对性。同时，也应考虑有机质的作用。

（三）碱性土壤对铅的微观吸附机制

供试土壤为采自上海崇明，母质为江海沉积物的冲积土（石质潮湿冲积新成土，SEBC-21）表层。其矿物组成分析（XRD）在中国科学院地球化学研究所矿床地球化学重点实验室完成，结果见表 14.62 和图 14.77。

表 14.62 土壤矿物组成/%

角闪石	锐钛矿	铁矿物	石英	绿泥石	蒙脱石	伊利石	钾长石	斜长石	方解石	白云石	三水铝石	高岭石
2.9	Y	—	52.09	2.01	1.86	8.38	4.99	16.75	5.27	3.65	—	0.52

注：数据为相对百分含量，非晶质未参与计算，—表示不含此矿物，Y 表示有，量少。

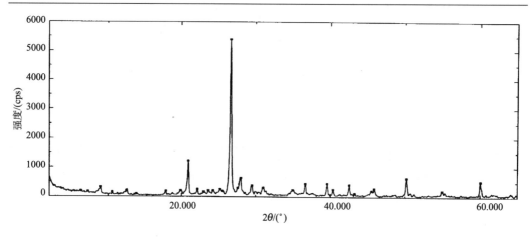

图 14.77　土壤矿物组成

1. 土壤对铅的吸附量

不同处理下土壤 Pb 的吸附量见表 14.63。从表中可以看出，相同处理浓度，不同 pH（6.5~8.5）时，pH 基本不影响土壤 Pb 吸附量大小，说明土壤中有足够的吸附点位；相同溶液 pH 时，土壤 Pb 吸附随处理浓度的增加而增加。

表 14.63　不同处理时 Pb 的吸附量

样品	pH	C_0/（mg/L）	Q_e/（mg/kg）
Ex9	6.0	1000.6	9466
Ex15	8.5	1000.6	9730
Ex25	7.5	1000.6	9771
Ex23	7.5	1000.6**	7580
Ex13	8.5	500.3	4997
Ex19	7.5	500.3	4991

**同时加入 Cd，使溶液 Cd^{2+} 浓度为 54.54 mg/L。

2. XAFS 光谱特征

为确保样品光谱对比的可靠性，XAFS 数据处理使用统一的参数值，选择相同的数据区间。土壤样和参考样的 XANES 谱线见图 14.78（a），由于仪器使用时间的限制，部分参考样未能测定，因而选用前人（Rouff et al.，2004）的谱线［图 14.78（b）］。在图 14.78（a）土壤样 Ex9 光谱上的第一波谷和第二波峰处作辅助线 A、B，以便于对比各谱线峰、谷的相对位置。

Pb 元素 L_{III} 边 XANES 谱对原子近邻结构非常敏感，通过土壤样品之间，或土壤样与参考样间的谱线比较，可以得到 Pb 离子的近邻结构信息，用于判定样品中 Pb 离子的配位环境（包括价态、配体类型等）。从图 14.78（a）来看，6 个土壤样的光谱形态非

常相似，表明其配位环境相似。将土壤样与参考样的光谱进行比较，可发现土壤样与
Pb(II)化合物光谱形态的相似程度要远远大于 Pb(IV)化合物（PbO$_2$），且未发现土壤样
谱线具有 Pb(IV)离子所特有的边前区特征峰。这表明本次研究中，pH 和 Pb 加入量的变
化未导致土壤样品中 Pb 存在形态及其近邻结构发生质变；Pb 元素在样品中仍以 Pb(II)
离子存在，未发生价态变化。

　　比较图 14.78（a）中各谱线峰、谷的形态和位置可知，土壤样品与各参考样的相似
程度从 Pb$_4$(OH)$_4^{4+}$-Pb^{2+}(aq)-Pb(Ac)$_2$-Pb$_3$(PO$_4$)$_2$-PbO-PbO$_2$ 依次减小。此外，根据图 14.78
（b）中各光谱的情况，有多种 Pb 碳酸盐的光谱与未知样的光谱也具有一定的形似性，
其中以含 Pb 碳酸钙的形似性最高，其相似程度大于 Pb(Ac)$_2$，小于 Pb^{2+}(aq)。土壤样
与参考样光谱间相似程度的高低代表了参考样品所含化合物在土壤样中存在的可能
性及比重的大小。

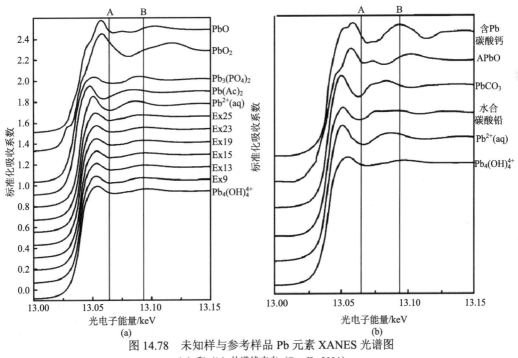

图 14.78　未知样与参考样品 Pb 元素 XANES 光谱图
（a）和（b）的谱线来自（Rouff，2004）

　　EXFAS 光谱显示的是中心原子（Pb）的光电子与外层配位原子间单反射的情况，它
揭示的是不同配位层的位置与结构。图 14.79 展示了土壤样和参考样经背景扣除后的 k 加
权波矢函数。为了消除噪声获得目标元素特征波谱，使用傅里叶滤波算法，以获得土壤样
Pb 离子配位层的径向结构函数（radial distribution function，RDF）的分布特征，见图 14.80。

　　图 14.79 显示，各土壤样 EXAFS 光谱具相似形态，应具有相近的配位环境；各土壤
样的波矢函数与 PbO$_2$ 的差异也最为明显，指示土壤中 Pb 离子为二价，其存在形式也未
随 pH 和 Pb 加入量变化而发生本质性的改变。这与 XANES 光谱分析中得到的结果相一
致。此外，图 14.78 中土壤样的波矢函数振幅在高 k 空间（$k>8$ Å^{-1}）表现出显著衰减，
意味着样品无序度较大，和/或 Pb 的第一配位层由较轻的原子（如 O）组成。物质的无序

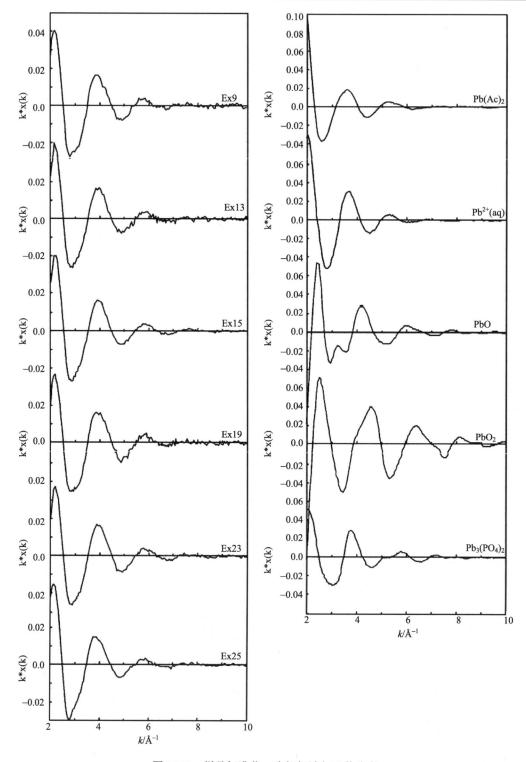

图 14.79　样品标准化一次加权波矢函数分布

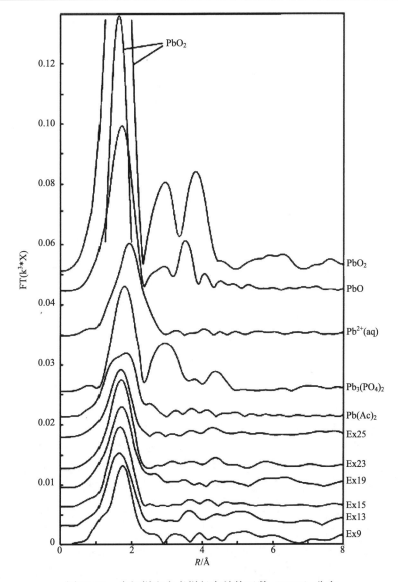

图 14.80　未知样和参考样径向结构函数（RDF）分布

度包括热无序和结构无序两部分。由于测试在室温下进行，热无序可以忽略，样品的高无序度应来源于样品的结构无序。高无序度将使土壤样仅能解出较近配位层（如第 1 层）的结构，更远配位层信息被高无序度带来的噪声所掩盖。

图 14.80 证实了上面的推断，所有土壤样的径向函数都仅能得到第一配位层的信息，而参考样则可以解出多个配位层的结构信息，各个参考样解得的配位层数据见表 14.64。由于测试过程中信号的衰减和损失，化合物各配位半径的实测值要明显小于理论值。为了校正这种差异，常用的方法是在测试未知样的同时，在相同的测试条件下测定参考样，再将用理论值拟和测得的参考样光谱以获得仪器测试导致的衰减常数，用它来校正未知样，以得到未知样的近邻原子结构（配位层信息），这种方法对于单一物质（如 CaCO₃、

蒙脱石或水锰矿等）使用比较方便。而在成分复杂的土壤中，污染元素（如 Pb）可以形成多种化合物，需要测试大量的参考样才有可能找到合适的参考曲线来校正土壤样品，得到近邻结构信息。本次研究受机时限制，未能测得充足的参考谱线。但是，由于样品测量和数据处理是在相同的测试条件和处理参数下进行的，排除了由实验条件和数据处理参数差异带来的影响。因而，土壤样品实验配位层半径的变化应较为真实地反应了 Pb 离子本身平均配位半径和数目的变化。由图 14.80 读得 6 个土壤样（Ex9，Ex13，Ex15，Ex19，Ex23，Ex25）未经校正的第一配位层半径实验值，分别为：1.727 Å，1.624 Å，1.666 Å，1.692 Å，1.701 Å，1.668 Å。

表 14.64 参考样品第一配位层（Pb-O 层）参数

物质名称	配位数	实验 R_1/Å	理论 R_1/Å	物质名称	配位数	实验 R_1/Å	理论 R_1/Å
$Pb^{2+}(aq)$	8	1.935	2.49	$PbCaCO_3$*	6	2.0	2.51
$Pb_4(OH)_4^{4+}$	3	1.745	2.28	$PbCO_3$	9	2.034	2.69
$Pb(Ac)_2$	1	1.834	2.47	$PbCO_3 \cdot Pb(OH)_2$	3		2.29

数据来自 Rouff 等（2004）。

注：R_1 第一配位层半径。

*部分 Cd^{2+} 被 Pb^{2+} 置换的 $CaCO_3$。

3. 离子浓度与 pH 对土壤铅吸附机制的影响

本次土壤中 Pb 吸附机制的研究中，参考样除了代表 Pb 离子不同配位环境（配位数和配位层半径）外，还代表它在土壤中最可能存在的形式。其中，$Pb^{2+}(aq)$ 代表外圈吸附；$Pb_4(OH)_4^{4+}$ 为内圈吸附（Strawn and Spark，1999）；$Pb(Ac)_2$ 为参考样中唯一一个含有机离子团的样品；选用 PbO_2 是为确定土壤中 Pb 离子的价态，在 XANES 谱线上 Pb^{2+} 和 Pb^{4+} 有显著差异（Pb^{4+} 在边前有特征的肩峰，图 14.78（a））。

图 14.78（a）显示，$Pb_4(OH)_4^{4+}$ 光谱形态与各土壤样品最为相似，其谱线上波峰、波谷的大小、形状和位置也最为接近。这表明在此 pH 和 Pb 浓度范围内，Pb 元素在土壤中主要以内圈吸附的形式存在。除 $Pb_4(OH)_4^{4+}$ 外，土壤样 XANES 谱线还与含 Pb 碳酸钙（为 Pb 置换 $CaCO_3$ 中 Ca 离子的产物），（Rouff et al.，2004）、$Pb^{2+}(aq)$、醋酸铅与土壤光谱有一定程度的相似性，意味着土壤中还有部分 Pb 是以这三种形式存在的。这表明所试土壤 Pb 吸附存在 3 种吸附机制，即内圈吸附、外圈吸附和置换作用。根据 XANES 谱线特征，土壤的 Pb 吸附应以内圈吸附为主，置换作用和外圈吸附为辅。

图 14.78（a）中含 $Pb(Ac)_2$ 与土壤 XANES 谱线的相似性表明，有机质（或是其中的一部分）可能参与了吸附作用。但是，由于有机质成分与结构极其复杂，要想进一步了解其在 Pb 吸附过程中的作用，还需进行大量的后续工作。另外，这里要特别说明的是，对置换作用形成的含 Pb 碳酸钙与土壤光谱相似性的判定。虽然从整体形态来看含 Pb 碳酸钙与土壤样的光谱差异较大，但借助图 14.78 中 A、B 两条辅助线就会发现，如果排除了峰、谷振幅度的差别后，各光谱曲线上波峰和波谷的形态、位置非常接近，而振幅大小在很大程度上是受样品中这种化合物所占数量影响的。因此，在本次研究中，土壤

对 Pb 的吸附除了内圈和外圈吸附外，还有置换作用。

　　从以上的论述可以知道，在本次研究中土壤碳酸盐和有机质对 Pb 的吸附作用有重要影响。有机质和碳酸盐本身结构无序度就比较高（Manceau et al.，1996）；另一方面多种含 Pb 化合物的存在也会提高样品的无序度，导致了测试过程中土壤样品的高无序度，使土壤 XAFS 谱线在 k 空间迅速衰减。

　　从上面的分析可知，供试土壤以内圈吸附为主，并有一定程度的置换作用和外圈吸附机制出现；而碳酸盐和有机质则是土壤中与 Pb 吸附作用相关的两种重要的物质。为确定 pH 对 Pb 吸附机制和存在状态的影响，将不同 pH 条件下、相同 Pb 含量土壤样品 XAFS 光谱的 k 函数和 RDF 函数分布特征见图 14.80。

　　从图 14.80 可以发现，随着 pH 的变化，样品 k 函数和 RDF 函数都有相应的变化。其中，RDF 的变化表现的更为显著一些。从 RDF 函数的变化中可以看出，pH 的上升（6.0—7.5—8.5），使样品第一配位层的实验半径依次下降（1.727 Å—1.668 Å—1.666 Å）。根据前面的研究结果，如果置换作用增强，会形成配位半径较大的含 Pb 碳酸盐（R_1=2.51 Å）；外圈吸附作用增强的话，同样会引起样品第一配位层半径增大（R_1=2.49 Å）；而如果是内圈吸附加强，则会使第一配位层半径下降（R_1=2.28 Å）。因而，在当前的浓度水平下，随着土壤 pH 的上升，Pb 的内圈吸附作用增加。这与前人的研究结果相吻合，Strawn 和 Spark（1999）研究蒙脱石-Pb 吸附过程时发现，蒙脱石外圈吸附不受体系 pH 变化的影响，而内圈吸附则随 pH 上升而增强。

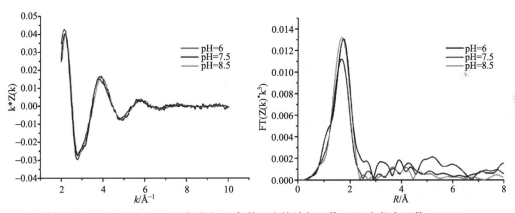

图 14.81　C_0=1000.6 mg/L 时不同 pH 条件下土壤波矢函数（k）和径向函数（RDF）

　　图 14.82 显示了 pH 分别为 7.5 和 8.5 时，不同初始 Pb 浓度（C_0）所得土壤样品的 k 和 RDF 函数的分布特征。从图 14.81 中可以看到，当 pH=7.5 时，随着 Pb 浓度的增加，表现出配位层半径减小（R_1 从 1.692 Å 到 1.668 Å），配位数（峰的高度）下降现象。这说明 Pb 浓度上升时，土壤中配位数低、配位半径小的 Pb 化合物数量增加。当 pH=8.5 时，Pb 浓度上升，土壤配位层半径上升（R_1 从 1.624 Å 到 1.666 Å），配位数上升，意味着土壤中配位数高、配位半径大的 Pb 化合物数量增加。这种变化规律表明在不同 pH 条件下，污染物浓度变化对土壤吸附作用的影响不一样，推断土壤吸附过程受到了多种吸附机制的制约，而且在不同 pH 条件下各种机制的重要性也有所改变。

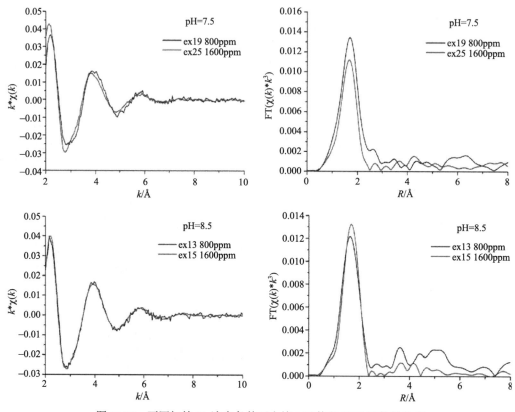

图 14.82 不同初始 Pb 浓度条件下土壤 k 函数和 RDF 函数的分布

从前面的分析结果可知，供试土壤样品的吸附机制以内圈吸附为主，外圈吸附和置换作用为辅。要解释以上试验结果，需要从这些吸附机制对环境酸解度的反应入手。

根据实验数据，内圈吸附在吸附过程中随污染物浓度和 pH 的增高而加强，其外在表现为 Pb 配位半径和配位数的减小。外圈吸附作用不受 pH 变化的影响（Strawn and Spark，1999），并随污染物浓度增大而减弱。而碳酸盐的化学性质活跃，酸性条件下碳酸盐不易稳定存在，Pb 对 Ca 的置换作用也不易发生；而在碱性环境中情况正好相反，Pb 可以替代 Ca 进入碳酸钙晶体中。

本次研究中，溶液初始 pH=7.5（中性）时，表现出随溶液初始 Pb 浓度的增加，第一壳层 Pb-O 配位层半径减小、配位数下降现象，是内圈吸附机制占主要地位的正常表现。溶液初始 pH=8.5（碱性）时，表现出随溶液初始 Pb 浓度的增加，第一壳层 Pb-O 配位层半径和配位数上升的情况不能用内圈或外圈吸附来解释。我们认为这是 Pb 进入碳酸盐晶体，甚至独立形成 $PbCO_3$ 或 $PbCO_3 \cdot Pb(OH)_2$ 而造成的。图 14.78（a）中的 Ex25 的 XANES 光谱曲线支持这个推论，借助图中辅助线 B 可以发现，Ex25 的光谱曲线的第二峰略微迁移。而从图 14.78（b）中可以看到，有多种 Pb 的碳酸盐光谱线的第二峰都位于 B 线之前。因而，在碱性、Pb 浓度较高的条件下，Pb^{2+} 置换 Ca^{2+} 进入 $CaCO_3$ 或 Pb 碳酸盐含量的增加（当然，增加的量应该有限，体系仍是以内圈吸附机制为主），是 pH=8.5 时土壤 XAFS 光谱分布形式的合理解释。

通过对 XAFS 光谱数据的分析，从 Pb 配位层半径和配位数的变化的角度上讨论了土壤对 Pb 元素吸附过程。配位层半径和配位数的使用并不仅限于这个方面。根据物理化学理论，对某种元素来说，在相同价态下配位层半径（即键长）的增大往往预示着化合物稳定性的下降。在实际环境污染中，重金属离子常常具有最强的毒性。因而，借助于 XAFS 研究，可以较为便利的找到诱使重金属形成稳定络合物的物化条件，从而降低重金属对生物的毒害。

从样品的 XANES 谱线特征［图 14.78（a）］来看，土壤中加入 Cd 对 Pb 的近边结构影响很小。因为 Pb 吸附时第一配位层由 Pb-O 构成；Cd-Pb 的配位距离较远形成更高的配位层，而 XANES 谱线揭示的是中心原子（Pb）核外电子结构和附近原子结构的信息，对于与之距离"遥远"的 Cd 的结构特征不敏感。

样品的 EXAFS 谱上则可以观察到 Cd 对 Pb 吸附作用的影响。径向函数（图 14.83）显示，体系中加入 Cd 后 Pb 的配位半径略有增大，可能是 Cd 在第一配位层（Pb-O）之外吸引层中的 O 原子的结果。另外，图 14.83 还显示，加入 Cd 土壤第一配位层峰值增大，这指示层内配位数的增加。但是，由于土壤体系的径向函数只解得第一配位层，仅能间接的反映位于更高配位层（Pb-Cd）的情况，无法进一步确定 Pb-Cd 间的结构信息。

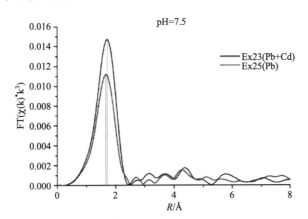

图 14.83　Cd 对土壤 Pb 吸附径向结构函数（RDF）的影响

三、土壤中铅的迁移性与有效性

（一）土壤中铅的纵向迁移

1. 土壤溶液 pH 和 DOC

参见第一节镉的部分

2. 土壤溶液铅含量与形态

无植物无 EDDS 处理 Pb 浓度随土壤剖面深度的升高而降低，即 5 cm>20 cm>50 cm，不过 5 cm 与 20 cm 的溶液中 Pb 浓度差异非常小（表 14.31）。其中，5 cm、20 cm 和 50 cm 土壤溶液 Pb 浓度分别为 0.18 mg/L、0.17 mg/L 和 0.15 mg/L。

有植物无 EDDS 处理 Pb 在不同层次土壤溶液浓度为 20 cm>5 cm>50 cm（除 2004 年 7 月和 8 月），同样，5 cm 与 20 cm 的溶液中 Pb 浓度差异非常小（表 14.31）。5 cm、20 cm 和 50 cm 土壤溶液中 Pb 浓度分别为 0.17 mg/L、0.19 mg/L 和 0.15 mg/L。

从上面分析可以看出，无论是无植物无 EDDS 处理还是有植物无 EDDS 处理，5 cm、20 cm 和 50 cm 的土壤溶液中 Pb 含量较高（表 14.31），是当地地下水一个潜在的污染源，特别是 Pb，50 cm 土壤溶液 Pb 平均浓度是我国地下水三类标准（0.05 mg/L）的 3 倍，最高值为 23 倍。而研究区在湿润季节时地下水位高（50～90 cm），因此，该区金属复合污染农田可能已经造成地下水 Pb 的污染。

添加 EDDS 后，有植物有 EDDS 处理与同时采样的（2004 年 11 月）有植物无 EDDS 处理土壤溶液金属元素含量相比 Pb 的平均含量有所增加，但可能是样品间含量变异较大，因此，添加 EDDS 后并没显著提高土壤溶液中 Pb 的含量。

土壤溶液中 Pb 含量随季节变化规律相似，因此只作有植物无 EDDS 处理条件下（图 14.39）。由图可以看出，土壤溶 Pb 随季节有较明显的变化，最大值和最小值出现在 7 月和 2 月，表明丰雨期和冶炼厂生产旺期土壤溶液中金属元素的含量较高，而冬季含量变低。

以地球化学形态模型 Visual MINTEQ 2.23 模拟了 2005 年 4 月采集的溶液样品，结果表明，3 个处理的 3 个层位溶液中 Pb 都主要以络合物形式存在 5 cm 和 20 cm 溶液中的 Pb 主要以 Pb-DOM 为主，占 48%（42.9%～53.1%），其次 $PbCO_3(aq)$ 为 39.5%；50 cm 以 $PbCO_3(aq)$ 为主，占 55%，其次 Pb-DOM 为 29.2%。

3. 土壤溶液铅迁移行为

由图 14.40 可以看出，无植物无 EDDS 和有植物无 EDDS 处理 Cu、Pb、Zn 和 Cd，其迁移的地球化学行为相似，且相互影响，为正相关关系，例如有植物无 EDDS 处理中，溶液中 Zn 与 Cu 的相关系数 r 为 0.84（$p<0.01$）[图 14.41（a~b）]；Zn 与 Pb 的相关系数 r 为 0.90（$p<0.01$）（图 14.40 c）；Zn 与 Cd 的相关系数 r 为 0.89（$p<0.01$）。同时亦表明土壤 Cu、Pb、Zn 和 Cd 可能具有相同的污染源。

复合污染土壤中 Pb 在土体中的迁移不仅受污染元素之间相互作用的影响，同时也受土壤其他物理化学性质的影响，溶液中 Pb 与溶液 DOC 呈正相关关系（$r=0.52$，$p<0.01$），表明土壤可溶性有机碳（DOC）利于 Pb 在土体中的迁移，DOC 含量越高，溶液中 Pb 浓度也越大。

（二）水稻中铅的富集

研究区（29°55′1″N～29°58′13″N，119°53′56″E～119°56′4″E）位于浙江省富阳市小型炼铜厂附近农田，主要的土壤类型有水耕人为土和黏化湿润富铁土，以水田为主。在研究区采集对应的土壤、水稻样品共 46 对。由于冶炼厂是土壤重金属污染的主要来源，因此根据冶炼厂距离不同确定采样点以确保不同污染程度的样品。

所采集的土样土壤 pH 为 5.2～7.9，其变异主要是由于在水稻生长期间施用石灰引起 pH 升高。土壤有机质为 23.9～60.9 g/kg，黏粒为 10.8%～22.5%（体积比），草酸铵提取的活性铁氧化物含量为 0.90～14.42 g/kg，草酸铵提取态活性锰氧化物为 23.3～

294.2 mg/kg。

表 14.34 中列出了土壤重金属总量，以及中国土壤环境质量一级、二级标准（夏家琪，1996）。由表可以看出，所有土壤样品重金属含量均高于自然土壤含量。从平均值来看，部分样品中 Pb 含量超过了土壤标准。土壤中 HNO_3 提取的 Pb 最高值可达 1323 mg/kg，表明部分地点土壤重金属污染非常严重（表 14.35）。

稻米中 Pb 平均含量为 0.96 mg/kg（图 14.46）。根据我国主要粮食作物的元素背景研究（买永彬，1997），浙江省稻米中元素背景值 Pb 为 0.398±0.174 mg/kg（变幅为 0.013～0.687 mg/kg），由图可以看出研究区稻米 Pb 的含量均要高于其背景值。在本研究中，稻米 Pb 的平均含量大大超过了 0.2 mg/kg 的国家标准（GB2762—2005），表明研究区可能会存在较高的 Pb 暴露风险。

稻米对土壤中 Pb 的富集系数为 0.0078±0.0069。在本研究中，以 0.01 mol/L $CaCl_2$ 提取态作为土壤中可溶态 Pb，占总量的比例为 0.03%。

（三）蔬菜对土壤中铅的吸收特征与转运模型

供试土壤为理化性质差异较大的 3 种，分别为采自浙江嘉兴的普通潜育水耕人为土（青紫泥）、上海南汇的石质淡色潮湿雏形土（滩潮土）和浙江湖州的铁聚潜育水耕人为土（黄泥砂土）。土壤基本理化性质见表 14.32。盆栽试验在中国科学院南京土壤研究所温室中进行，供试蔬菜品种为青菜（*Brassica chinensis L.*）。土壤中添加铅化合物为 $Pb(NO_3)_2$，添加 Pb 浓度为（以 Pb 计）：0 mg/kg、125 mg/kg、281 mg/kg、407 mg/kg、532 mg/kg 和 625 mg/kg。

1. 蔬菜对铅的吸收特征

1）青菜中铅的含量

从图 14.84（a）和图 14.84（b）可以看出，3 种土壤表现出相同的趋势，即随着土壤中 Pb 浓度的增加，青菜地上部的 Pb 含量有明显的提高。已有研究结果表明（Lehn and Bopp，1987；Xian，1989），植物吸收重金属的量与土壤中重金属的污染程度有很大关系，总体表现为污染程度越高，植物吸收量越多。

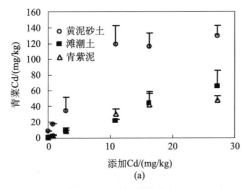
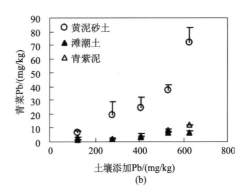

图 14.84 青菜地上部 Cd（Pb）（DW）含量与土壤添加 Cd（Pb）的关系

在相同处理浓度下，3 种土壤中青菜地上部 Pb 含量顺序为：黄泥砂土>青紫泥>滩潮土[图 14.84（a）和图 14.84（b）]。这与土壤的基本理化性质有关。pH 升高会引起土壤对 Pb 吸附能力的增强、吸附量增加，生物有效性降低。

2）土壤化学有效性与蔬菜吸收的相关性

将土壤 0.05 mol/L EDTA 可提取态 Pb（EDTA-Pb）、0.43 mol/L HNO_3 可提取态 Pb（HNO_3-Pb）和 0.01 mol/L $CaCl_2$ 可提取态 Pb（$CaCl_2$-Pb）与供试青菜和苋菜地上部 Pb（Q-Pb；X-Pb）含量（DW）分别作图得到图 14.85。显然，$CaCl_2$-Pb 与青菜或苋菜地上部 Pb 含量关系图中数据点较为分散，而 HNO_3-Pb 和 EDTA-Pb 与青菜或苋菜地上部 Pb 含量关系图中数据点较收敛。

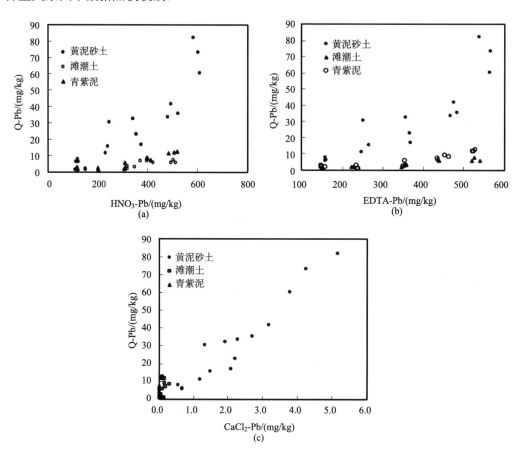

图 14.85　不同化学提取态 Pb 与青菜地上部分 Pb 含量的关系

（a）0.43 mol/L HNO_3 可提取态 Pb；（b）0.05 mol/L EDTA 可提取态 Pb；（c）0.01 mol/L $CaCl_2$ 可提取态 Pb

分别对上述 24 组数据进行相关性分析，结果表明 HNO_3-Pb 和 EDTA-Pb 与青菜地上部 Pb 含量（DW）之间相关性也显著（$r=0.88\sim0.91$，$p<0.01$，$n=18$），但 $CaCl_2$-Pb 与滩潮土和青紫泥生长的青菜地上部 Pb 含量相关性不显著，尤其是滩潮土（$r=0.28$，$n=18$），表明除 $CaCl_2$ 提取态 Pb 外，其余两种可提取态 Pb 均能较好的指示青菜和苋菜对土壤中

Pb 的吸收。

2. 铅在土壤-蔬菜系统中的转运模型

假设农作物可收获部分的重金属含量与土壤重金属活性浓度存在良好的函数关系，即土壤-农作物污染物迁移分配函数，并依土壤中污染物浓度和不同作物种类的吸收特性而异。上述分析表明，针对本试验所用土壤，0.43 mol/L HNO₃ 提取态 Pb 和 0.05 mol/L EDTA-Pb 能较好地指示青菜或苋菜地上部分 Pb（DW），但 0.01 mol/L CaCl₂ 提取态指示效果不好，尤其滩潮土。因此为便于比较，仅对 0.43 mol/L HNO₃ 提取态 Pb 和 0.05 mol/L EDTA-Pb 与青菜或苋菜地上部 Pb 的 16 组数据进行曲线拟合（表 14.65）。

表 14.65 土壤不同提取态 Pb 与青菜地上部分 Pb 含量（DW）的关系函数

土样	0.43 mol/L HNO₃ 可提取态		0.05 mol/L EDTA 可提取态	
	方程	R^2	方程	R^2
黄泥砂土	$C_{crop}=0.0121C_s^{1.517}$	0.87	$C_{crop}=0.00121C_s^{1.7041}$	0.87
青紫泥	$C_{crop}=0.0196C_s$	0.75	$C_{crop}=0.027C_s-3.6774$	0.80
滩潮土	$C_{crop}=0.0131C_s^{0.9905}$	0.84	$C_{crop}=0.0019C_s^{1.292}$	0.80

注：C_{crop}，C_s 分别为植物和土壤 Pb 浓度（mg/kg）。

从表 14.65 可以看出，16 个方程均较好的描述了 Pb 在土壤-青菜（苋菜）体系的转运。且除青紫泥的 Pb 为直线方程其他均为非线性方程（$C_{crop}=K_{sp} \times C_{soil}^n$，$C_{crop}$ 为植物中金属浓度，C_s 为土壤中金属浓度，K_{sp} 为转运系数），表明污染土壤中的青菜（苋菜）对污染物的吸收转运系数 K_{sp}，随着土壤环境污染的发展和污染物积累程度的提高而降低，这可以认为是生长与污染环境中植物的环境生理响应。同时，土壤 pH 越大，转运系数 K_{sp} 越小，植物对污染物的吸收也小，证实了其他研究者的结果（Adams et al.，2004；Brus et al.，2002；Chang et al.，1997）。

（四）土壤中铅的动物有效性评价

蚯蚓作为土壤中常见的初级动物，与土壤污染物密切接触，是污染物生物传递的起点，因此分析污染土壤中蚯蚓体内 Pb 的富集是评价土壤中 Pb 动物有效性的重要手段。本研究主要通过原位实验和离位实验两种方式开展。

原位试验中，背暗异唇蚓 Pb 含量为 24.1～137.5 mg/kg，处理间差异显著（$p<0.01$），表现为土壤 Pb 含量高，蚯蚓体内 Pb 含量也升高，但相关程度不显著。离位试验中，赤子爱胜蚓 Pb 含量为 2.8～5.0 mg/kg，富集系数在 0.3，差异不显著。

原位试验中，背暗异唇蚓对土壤 Pb 的生物富集能力较差；离位试验中，赤子爱胜蚓的 Pb 富集能力与上者者基本一致。

第五节　砷的形态、吸附-释放与吸收转运

一、土壤各粒级中砷的形态

（一）红壤各粒级中砷含量

供试土壤为采集于云南省高疗附近采集的红壤，砷溶液采用 $Na_2HAsO_4 \cdot 7H_2O$（Sigma）溶于 18.2 MΩ·cm 超纯水进行配制。称取 100 g 供试土壤，加入 10.00 g/L 的 As 溶液 10 mL，搅拌均匀，置于阴凉干燥处老化 30 d。土壤粒级组分中 As 的形态采用 Wenzel 等（2001）提出的一种针对于 As 的连续分级提取法（表 14.66）。该方法已广泛应用于污染土壤和污泥的风险评价中。

表 14.66　红壤中 As 的连续分级提取法

步骤	提取剂	提取条件	固液比	提取形态
1)	$(NH_4)_2SO_4$ 溶液（0.05 mol/L）	振荡 4 h，25 ℃	1:25	非专性吸附
2)	$NH_4H_2PO_4$ 溶液（0.05 mol/L）	振荡 16 h，25 ℃	1:25	专性吸附态
3)	草酸铵缓冲液（0.2 mol/L）pH3.25	振荡 4 h，25 ℃	1:25	无定形或弱晶型氧化物结合态
4)	草酸铵缓冲液（0.2 mol/L）+抗坏血酸（0.1 mol/L）pH3.25	（96±3）℃ 水浴 30 min	1:25	晶型氧化物结合态
5)	HNO_3+HCl（1:1）	（96±3）℃ 水浴 2 h	1:10	残留态

依据中国制和卡钦斯基制的土壤粒级制，50～250 μm，5～50 μm，1～5 μm 和 <1 μm 四种粒级分别对应于细砂粒、粉粒、细粉粒和胶体。不同粒级红壤颗粒中的 As 含量如图 14.86。随粒径减小，组分中的 As 含量增加。<1 μm 的胶体中 As 含量分别为 50～250 μm、5～50 μm 和 1～5 μm 的 8.9 倍、5.7 倍和 2.1 倍。土壤中的 As 容易富集于细粒级组分。这一现象与一些场地调查的结果类似。Ljung 等（2006）对 25 个休闲场地土壤中的 As 含量进行了调查，发现 <50 μm 的土壤组分中的 As 含量高于粒径较大的颗粒。Girouard 和 Zagury（2009）采用体外肠胃液法评价土壤中 As 的生物有效性，发现粒径 <90μm 的土壤组分中 As 的生物有效性要高于粒径 <250 μm 的土壤组分。其他种类的重金属元素，如 Cu 和 Cd，也容易富集在土壤的细粒级组分中（Acosta et al.，2009）。

红壤不同粒级组分的化学成分和比表面积具有很大差异（图 14.87）。粒级组分中 Fe、Al 含量远高于其他元素含量。随着粒径减小，粒级组分中 Fe 和 Al 氧化物的含量增加。原生矿物必须经过化学分解和破坏，Fe 和 Al 元素才能释放从而形成各种水化程度不等的氧化物，因此 Fe 和 Al 氧化物主要集中在风化程度更高的细颗粒中。粒级组分的比表面积也随着粒径减小而增加。

为明确不同粒级组分中 As 含量产生差异的主要原因，将各粒级中元素含量和比表面积与 As 含量进行了相关分析。结果表明，As 含量与 Fe、Al 元素含量呈显著的指数相关关系（图 14.88），而 Mn、K、Na、Ca 和 Mg 元素含量与 As 元素间无显著相关关系

存在。许多研究结果表明，Fe、Al 氧化物对 As 有强烈的吸附作用，土壤中含有的 Fe、Al 氧化物越多，对 As 的吸附能力就越强（De Brouwere et al.，2004；Jiang et al.，2005a，2005b）。As 含量与土壤颗粒比表面积也呈显著的指数相关关系（图 14.88）。土壤颗粒的比表面积越大，与 As 的接触面积越大，吸附能力也越强。指数增长的关系进一步体现了土壤粒级组分中的 Fe、Al 元素和土壤颗粒比表面积对于 As 的结合能力有着非常重要的影响。与 Al 氧化物相比，As 含量随 Fe 氧化物含量变化的幅度更大，表明 Fe 氧化物对 As 含量的影响比 Al 氧化物更大。

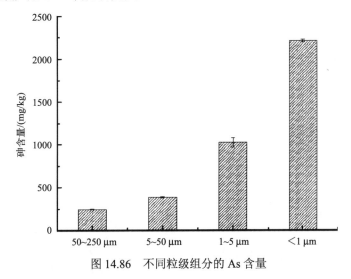

图 14.86　不同粒级组分的 As 含量

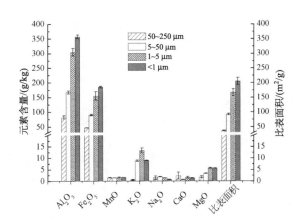

图 14.87　不同粒级组分的元素含量和比表面积

（二）红壤各粒级中砷的形态分布

具有选择性的化学提取剂所获得的化学提取态能反映 As 在土壤中的结合方式以及结合的强弱程度，从而为评价 As 的生物有效性和释放可能性提供依据。红壤不同粒级组分中 As 的化学提取态见图 14.89。在各粒级组分中，非专性吸附态 As 所占的比例非常小（<0.6%），表明硫酸根等阴离子难以使 As 从红壤颗粒中释放。各粒级组分中有

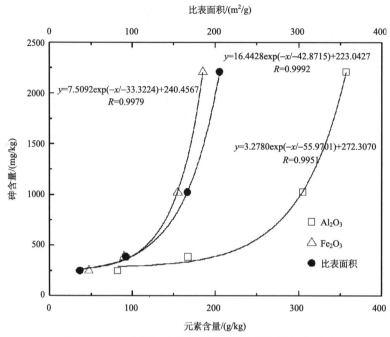

图 14.88　As 含量与元素含量以及比表面积的相关关系

25.0%～38.5%的 As 以可被磷酸盐交换的专性吸附态存在，表明环境中磷酸盐含量对红壤颗粒中 As 的释放有重要影响。氧化物结合态 As 的比例为 31.0%～50.8%，其中大部分以晶型氧化物结合态存在。氧化物结合态 As 在环境中比较稳定，只有在长期还原条件下或微生物作用下，氧化物发生变化后 As 才能进行释放。在 50～250 μm 和 5～50 μm 的粒级组分中，残留态 As 的比例分别为 17.8%和 18.9%；而在 1～5 μm 和 <1 μm 两种粒级组分中，残留态 As 的比例增大，分别为 31.8%和 40.2%。以上结果表明，虽然在细粒级组分中存在 As 富集的现象，但是大部分 As 是以稳定的氧化物结合态和非常稳定的残留态存在，难以在自然环境中进行释放。

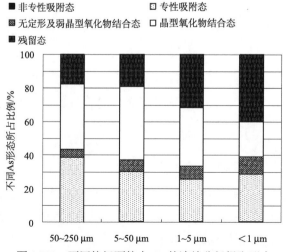

图 14.89　不同粒级颗粒中 As 的连续分级提取形态

（三）XANES 光谱分析不同粒级组分中砷的结合形态

红壤颗粒（0～5 μm 和＜1 μm）以及三种模式化合物的 As K 边 XANES 的标准化谱图见图 14.90。所有谱线的 As 吸收边都位于 11871 eV（虚线 a），表明所吸附的 As 主要以 As（Ⅴ）的形态存在。在谱线的边前区几乎具有相同的特征，然而，在吸收边后的高能区域，谱图的特征产生差异。在虚线 b（11879 eV）处各谱线产生不同的峰谷形状。在虚线 b 和虚线 c（11890 eV）之间，除针铁矿外，其余谱图都产生了小的缓峰，尤其以无定形铁最为明显。在虚线 c 处，针铁矿出现了较为明显的缓峰。这些谱图特征可作为判读样品中 As 形态的依据。

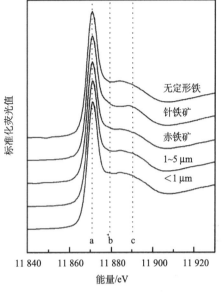

图 14.90　不同粒级组分和模式化合物的 As K 边标准化 XANES 谱图

以 3 种铁氧化物的 As XANES 谱图为标准谱图，采用线性联合拟合方式（linear combination fitting）对 0～5 μm 和＜1 μm 粒级组分的 As XANES 谱图进行拟合，结果见图 14.90 和图 14.91，As 在铁氧化物中分布的相对比例见表 14.67。拟合参数 χ^2 值小于 0.2，表明采用 3 种铁氧化物能进行成功拟合（Beauchemin et al.，2003）。拟合结果表明，在 0～5 μm 和＜1 μm 两种粒级组分中，As 具有类似的形态。两种粒级组分中的 As 主要吸附于针铁矿和无定形氧化铁表面。赤铁矿对 As 吸附的贡献可忽略。铁氧化物比表面积的差异可能是红壤中的无定形氧化铁和针铁矿对 As 吸附的贡献率更高的原因。

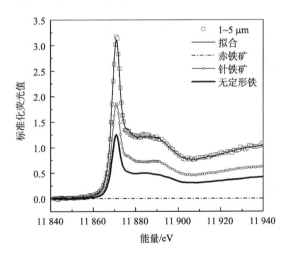

图 14.91　粒级 1～5 μm 组分的 As K 边标准化 XANES 谱图线性联合拟合结果

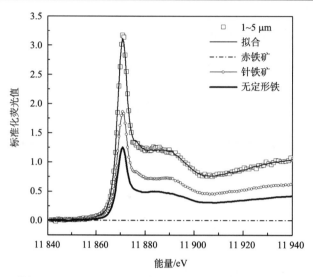

图 14.92　粒级＜1 μm 组分的 As K 边标准化 XANES 谱图线性联合拟合结果

表 14.67　以土壤胶体的 XANES 进行最优拟合获得 As 的参比标准的相对比例

样品	χ^2	赤铁矿结合 As	针铁矿结合 As	无定形铁结合 As
			/%	
1～5 μm	0.1437	0.0	60.0	40.0
＜1 μm	0.1266	0.0	51.6	48.4

二、土壤中砷的吸附-释放行为及微观机制

（一）不同性质红壤对砷的吸附特性

8 个典型土壤样品分别采集于云南、浙江、江西和广东 4 省。土壤母质类型包括灰岩、砂页岩、第四纪红土、花岗岩、玄武岩以及砂岩。样点远离工业污染源，土地利用类型主要为林灌地、坡地和荒地。具体采样信息见表 14.68。As 溶液采用 $Na_2HAsO_4 \cdot 7H_2O$（Sigma）配制。

1. 吸附等温线拟合

不同性质红壤的 As 吸附等温线分别见图 14.92 和图 14.93。几种红壤的 As 吸附等温线均为非线性。吸附等温线曾采用 Freundlich 方程进行拟合，但拟合效果较差，因此本书未进行详细叙述和进一步探讨。采用两种吸附等温方程对数据进行拟合的结果分别见图 14.92 和图 14.93。当采用 Langmuir 单表面方程进行拟合时，部分数据点偏离拟合曲线。对于吸附能力较强的土壤，数据点的偏离现象较为严重，如 S1 和 S3。然而，采用 Langmuir 双表面方程进行拟合时，绝大部分数据点都能落在拟合曲线上。即使在平衡浓度较高时，数据点也能和拟合曲线保持一致。因此，采用 Langmuir 单表面方程对这几种土壤的吸附等温线进行描述并不合适，而采用 Langmuir 双表面方程能获得更好的拟合结果。

表14.68　供试土壤采样地点和理化性质

编号	采样地点	土壤类型	采样深度/cm	发育母质	pH	OM / (g/kg)	CEC / (cmol/kg)	全量 / (g/kg)					Fe_{CD} / (g/kg)	Fe_{ox} / (g/kg)	颗粒组成（体积分数）/%		
								P_2O_5	Al_2O_3	Fe_2O_3	MnO	CaO			黏粒	粉砂	砂粒
S1	云南昆明省嵩泞	红壤	B层	灰岩	5.4	7.5	11.8	1.19	295	144	1.25	1.87	128.9	6.17	55.4	41.4	3.2
S2	云南昆明宜良县	红壤	B层	砂页岩	4.4	11.5	21.0	0.48	230	104	0.38	3.20	87.8	2.80	36.1	46.2	17.8
S3	云南昆明西山区	红壤	B层	砂页岩	5.3	6.0	9.3	0.48	270	107	0.21	2.31	92.7	3.65	44.2	46.6	9.2
S4	浙江杭州西湖区	红壤	15~45	第四纪红土	4.4	8.5	10.5	0.22	116	49	0.69	0.91	30.8	0.52	30.4	60.9	8.7
S5	浙江舟山普陀区	红壤	14~44	第四纪红土	5.5	6.7	12.3	0.34	149	47	2.15	1.59	29.4	1.85	22.9	53.7	23.4
S6	广东惠州博罗县	赤红壤	13~80	花岗岩	4.6	13.4	11.9	0.44	224	119	0.13	0.73	57.5	1.20	19.3	28.9	51.7
S7	广东湛江徐闻县	砖红壤	13~29	玄武岩	4.2	20.8	17.5	0.91	251	169	2.32	1.60	144.8	1.48	55.7	19.0	25.3
S8	江西鹰潭余江县	红壤	15~50	砂岩	5.0	5.2	15.5	0.31	91	32	0.09	2.54	22.8	0.50	15.5	31.5	53.6

注：OM，有机质；CEC，阳离子交换量；Fe_{CD}，游离态氧化铁，以Fe_2O_3表示；Fe_{ox}，无定形态氧化铁，以Fe_2O_3表示；黏粒<2 μm；粉砂 2~50 μm；砂粒 50~2000 μm。

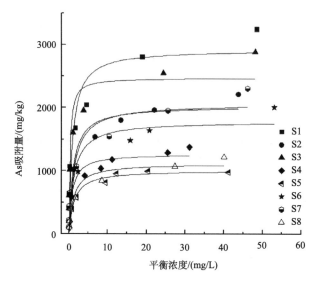

图 14.93　红壤的 As 吸附等温线和 Langmuir 单表面方程拟合结果

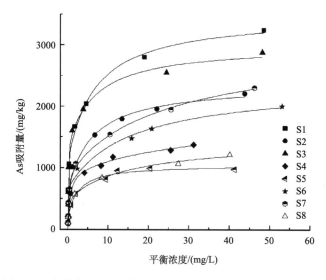

图 14.94　红壤的 As 吸附等温线和 Langmuir 双表面方程拟合结果

　　将两种吸附等温方程拟合得到的参数见表 14.69，其中采 Langmuir 单表面方程拟合得到的最大吸附量为 M，而采用 Langmuir 双表面方程拟合得到的最大吸附量分别用 M_1 和 M_2 表示，分别代表低能表面和高能表面的最大吸附量。M_1 和 M_2 之和为总最大吸附量。通过比较可发现两种吸附等温方程计算获得的最大吸附量存在差异，采用 Langmuir 单表面方程拟合得到的最大吸附量（M）均低于采用 Langmuir 双表面方程拟合得到的总最大吸附量（M_T）。因此，采用 Langmuir 双表面方程的计算结果作为红壤对砷吸附的最大吸附量。

表 14.69　土壤 As 吸附等温线拟合方程参数

编号	Langmuir 单表面方程		Langmuir 双表面方程				
	K	M	K_1	M_1	K_2	M_2	M_T
S1	1.121	2925	0.142	2348	39.97	1149	3498
S2	0.938	2029	0.162	1716	19.57	655	2371
S3	3.817	2474	0.143	1619	21.30	1393	3012
S4	1.226	1269	0.027	960	2.23	938	1898
S5	0.781	1008	0.383	850	86.98	204	1055
S6	0.796	1785	0.064	1698	151.2	675	2374
S7	0.754	2065	0.042	2084	8.273	910	2995
S8	0.353	1116	0.062	959	8.366	506	1466

　　为进一步比较两种方程拟合结果的优劣程度，将平衡浓度代入已获得的 Langmuir 单表面和 Langmuir 双表面拟合方程，计算得到 As 吸附量预测值，将预测值和实测值进行线性回归，回归参数见表 14.70。采用 Langmuir 单表面方程进行预测时，线性回归方程的决定系数在 0.935～0.978 之间，低于采用 Langmuir 双表面方程进行预测时的决定系数（0.989～0.998）。因此，采用 Langmuir 双表面方程对这几种土壤的 As 吸附能力进行预测比 Langmuir 单表面方程更加可靠。

表 14.70　吸附等温线方程的预测值与实测值之间的线性回归参数

编号	Langmuir 单表面方程			Langmuir 双表面方程		
	a	b	R^2	a	b	R^2
S1	1.082	−268.9	0.943	0.994	13.73	0.996
S2	1.064	−123.9	0.973	1.014	−26.06	0.994
S3	1.030	−124.9	0.940	1.019	−43.81	0.994
S4	0.986	5.7	0.966	0.990	17.23	0.998
S5	1.103	−94.8	0.978	0.991	5.60	0.991
S6	1.113	−220.8	0.935	1.062	−97.10	0.989
S7	1.059	−136.8	0.948	1.024	−40.95	0.996
S8	0.058	−13.4	0.969	1.006	−6.76	0.997

　　Langmuir 方程式来源于气体吸附理论。在方程推导时基于一系列假定，如固体表面是均匀的，吸附的气体是单分子层，被吸附分子间没有相互作用，等等。在土壤-溶液体系中，土壤表面是异质性的不均一体系，在表面吸附密度很高时，被吸附的阴离子会相互重叠，表面吸附能随表面覆盖度的增加而下降（熊毅和陈家坊，1990）。对于 As 在土壤表面的吸附过程研究中，大部分采用 Langmuir 单表面方程进行拟合。Jiang（2005 a）在研究不同性质土壤对 As 的吸附时，发现对于 As 吸附能力较高的土壤，采用 Langmuir 双表面方程才能得到好的拟合结果。在本研究中，Langmuir 单表面方程不能对吸附等温

线进行很好拟合,可能是由于推导方程的一些边界条件和限制条件被忽略了,而 Langmuir 双表面方程假设存在两种不同的吸附位点,即结合能高的位点和结合能低的位点,采用两个连续的方程来描述试验结果,将吸附等温线化为两个连续的区域,增加了方程参数,因此有效的改善了拟合效果,本研究中的结果与 Jiang(2005 a)的研究结果类似。

2. 最大吸附量与土壤性质间的关系

本研究中的 8 种土壤对 As 均产生强烈吸附(图 14.94)。采用 Langmuir 双表面方程对吸附等温线进行拟合时,各土壤的总最大吸附量 M_T 在 1056~3498 mg/kg(图 14.95)。在 8 种土壤中,As 吸附能力最强的为云南省高疗采集的红壤(S1),其中采集于云南黑荞母的土壤(S3)和广东湛江的土壤(S7)次之,而吸附能力最弱的为浙江舟山采集的红壤(S5)。未发现红壤 As 吸附能力与红壤所发育的母质类型间的联系。土壤基本性质的差异是造成不同土壤的 As 吸附能力差异的根本原因。将表 14.68 中红壤的 11 项基本性质分别与采用 Langmuir 双表面方程计算的低能表面的最大吸附量 M_1 和总最大吸附量 M_T 进行相关分析,结果表明全铁、全铝、全磷、游离氧化铁和黏粒含量与 M_1 和 M_T 均存在显著正相关关系,其他的土壤基本性质与 M_1 和 M_T 的相关关系均不显著,未发现各土壤基本性质与 M_2 存在显著相关关系(表 14.71)。相关系数的大小可反映影响因子对最大吸附量影响的重要程度。对于低能表面的最大吸附量 M_1,相关系数大小为全铁>游离氧化铁>全铝>全磷>黏粒;而对于总最大吸附量 M_T,则为游离铁>全铝>全铁>黏粒>全磷。

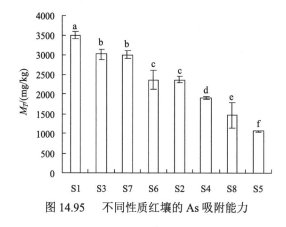

图 14.95　　不同性质红壤的 As 吸附能力

表 14.71　　部分土壤性质与吸附等温方程参数的相关系数

土壤基本性质	M_1	M_T
全铁	0.953**	0.879**
游离氧化铁	0.933**	0.895**
全铝	0.914**	0.894**
全磷	0.894**	0.803*
黏粒	0.795*	0.849**

**表示在 0.01 水平(双侧)上显著相关;*表示在 0.05 水平(双侧)上显著相关。

总最大吸附量（M_T）由低能表面的最大吸附量（M_1）和高能表面的最大吸附量（M_2）组成，M_1 占 M_T 比例为 50.6%～80.6%。比较土壤基本性质分别与 M_1 和 M_T 的两组相关系数，可发现，除黏粒外，土壤其他性质与 M_T 的相关系数略低其于与 M_1 的相关系数，但降低幅度不大，而黏粒含量与 M_T 的相关系数略高于与 M_1 的相关系数。这一结果表明黏粒对最大吸附量产生影响的机理可能与土壤其他性质有所不同。

前人的大量研究表明，铁铝氧化物对 As 有强烈的吸附作用，土壤中含有的铁铝氧化物越多，对 As 的吸附能力就越强（De Brouwere et al.，2004）。游离氧化铁和黏粒对 As 吸附作用也十分重要。Manning 和 Goldberg（1997）的研究表明游离氧化铁和黏粒含量高的土壤对 As 有较强的吸附能力。Jiang 等（2005）的研究表明用游离氧化铁、黏粒和有机质含量对土壤的 As 吸附能力能进行较好的预测。本研究结果表明，土壤的全铁、全铝、全磷、游离氧化铁和黏粒含量对土壤的 As 吸附能力有显著影响，这与前人的研究结果一致。

铁铝氧化物是土壤中可变正电荷和负电荷的载体，游离 Fe 主要包括土壤中能够被特定试剂提取出的晶质 Fe 和非晶质 Fe。As 在土壤中主要是通过与氧化物表面羟基的交换，形成内圈层表面络合物（王永等，2009），发生专性吸附。因此铁铝氧化物含量越高，能提供的吸附位点就越多，对 As 的吸附能力越强。P 与 As 存在着强烈的竞争吸附，在 As 吸附的过程中，可以将 P 交换出来占据吸附位点，因而土壤中 P 含量越高，参与交换的 As 也越多，As 的吸附量越大。

（二）红壤吸附砷的影响因素

供试土壤为云南省高疗附近采集的红壤，基本理化性质见表 14.68。

1. 红壤对水中砷的吸附

红壤对水中 As 的去除率随时间的变化曲线如图 14.96 所示。吸附过程可分为三个阶段，在吸附最初的 5 min 内，为极快反应阶段，此时水中 As 的去除已达到 76.7%；在 5 min～4 h 的时间内，为快反应阶段，去除率达到了 94.4%；在 4 h 后，吸附速率变慢，在 24 h 时达到吸附平衡，最大去除率为 98.6%。

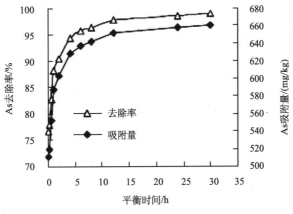

图 14.96　红壤对 As 吸附的动力学曲线

随着红壤投加剂量的增加，水中 As 浓度急剧下降（图 14.97 和图 14.98）。在初始 As 浓度为 200 μg/L 的处理中，当投加剂量为 0.025 g/L 时，水中 As 的去除率已经达到了 77.2%，水中 As 浓度下降为 45.0 μg/L，低于我国地表水环境质量三类标准（GB3838—2002）和农田灌溉用水的水作作物水质标准 50 μg/L（GB5084—2005）。当投加剂量增加到为 0.5 g/L 时，水中 As 的去除率达到了 94.5%，水中 As 浓度下降为 10.9 μg/L，接近于生活饮用水卫生标准 10 μg/L（GB5749—2006），此时红壤对 As 的吸附量为 75 mg/kg（图 14.97）。

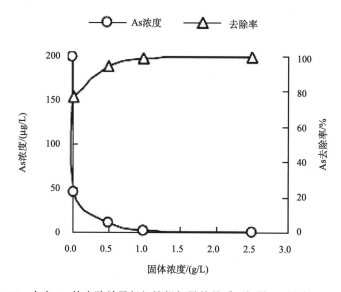

图 14.97　水中 As 的去除效果与红壤投加量的关系（初始 As 浓度 200 μg/L）

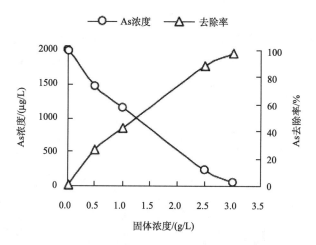

图 14.98　水中 As 的去除效果与红壤投加量的关系（初始 As 浓度 2000 μg/L）

在初始 As 浓度为 2000 μg/L 的处理中，随着投加剂量的增加，水中 As 浓度的下降趋势较缓。在投加剂量为 0.5 g/L 时，仅有 26.9% 的 As 被去除。当投加剂量增加到 3.0 g/L 时，水中 As 浓度下降为 45.9 μg/L，低于地表水环境质量三类标准和农田灌溉用水的水作作物水质标准，去除率为 97.7%（图 14.98）。

2. 初始 pH 对红壤吸附砷的影响

不同初始 pH 对红壤吸附 As 的影响见图 14.99。随 pH 的升高，红壤对 As 的吸附能力下降，并且 As 吸附量的下降幅度随 pH 而变化。在 pH 为 4.0～6.0 时，As 吸附量的下降幅度很小，与 pH 为 4.0 时相比，pH 为 6.0 时吸附量仅下降了 1.6%；在 pH 为 6.0～8.0 时，As 吸附量的下降幅度进一步增大，pH 为 8.0 时的吸附量比 pH 为 4.0 时仅下降了 10%。当 pH>8.0 时，As 吸附量急剧下降，pH 为 9.0 时的吸附量比 pH 为 4.0 时下降了 28%。pH 能改变土壤表面的电荷特性。金属氧化物的表面电荷会随 pH 的改变而变化。当土壤 pH 低于零电荷点（PZC）时，H^+ 的数量大于 OH^-，表面带正电荷，反之则带负电荷。当溶液 pH 增加时，红壤表面的负电荷增加，对 As 具有排斥作用，导致吸附量降低。红壤的 PZC 可能在 pH 为 8.0 附近，当 pH>8.0 时，红壤表面的负电荷大量增加，因而吸附量大幅降低。

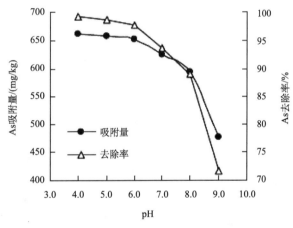

图 14.99 pH 对红壤吸附 As 的影响

pH 的改变降低了红壤 As 吸附量，使得红壤对水中 As 的去除率下降。在 pH4.0～7.0 的范围内，对水中 As 的去除率仍然>90%，具有良好的去除效果。但是在 pH9.0 时，去除率降低为 71.6%。由于大部分天然水的 pH 都在 6～9 的范围，因此，采用红壤对于水体中的 As 进行吸附时必需考虑 pH 的影响。

3. 磷浓度对红壤吸附砷的影响

在地表水环境中，P 浓度是较为容易变化的因素。本研究中选择 P 浓度 0、0.05 mg/L、0.20 mg/L、1.00 mg/L 和 2.00 mg/L 为试验浓度，研究了不同 P 浓度对红壤 As 吸附的影响，其中 0.05 mg/L 为我国地表水环境质量标准中三类水的 P 含量限值，0.2 mg/L 为五类水中 P 含量限值。P 浓度>1 mg/L 时，为异常富营养化时的状态（彭文启和张祥伟，2005）。本研究所选择的 P 浓度范围能代表我国地表水环境中的 P 浓度。我国五大淡水湖泊中的 P 浓度为 0.052～0.204 mg/L，某些城市湖泊具有较高的 P 浓度，如武汉的墨水湖总 P 浓度为 0.740 mg/L，南京玄武湖的总 P 浓度为 0.970 mg/L（余德辉，2001）。

从图 14.100 中可知，当水中 P 浓度为 0.05 mg/L 和 0.20 mg/L 时，As 吸附量分别为 652±1.46 mg/kg 和 646±5.22 mg/kg，而不添加 P 时的 As 吸附量为 652±0.88 mg/kg，经统计检验，均无显著差异。表明 P 浓度为 0.05 和 0.20 mg/L 时，对红壤去除水中 As 的效果影响不明显。随水中 P 浓度的增加，红壤对 As 的吸附受到抑制，吸附量大幅降低，水中 As 的去除率也大幅降低。P 浓度增加到 1.0 mg/L 时，水中 As 的去除率从不添加 P 的 97.8% 下降到 84.9%；P 浓度增加到 2.0 mg/L 时，水中 As 的去除率下降到 71.2%。表明 P 浓度＞ 1.0 mg/L 时，对红壤 As 吸附产生较强的抑制作用，对水中 As 的去除效果将产生较大影响。

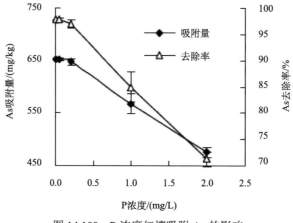

图 14.100　P 浓度红壤吸附 As 的影响

不同 pH 下 P 对红壤吸附 As 的影响不同（图 14.101）。在 pH 为 4.0 时，加 P 处理中 As 去除率仅下降 2.3%。随 pH 的增加，加 P 处理中 As 去除率的下降幅度进一步增大，pH 为 8.0 时 As 去除率下降幅度最大，为 15.6%。但是当 pH 增加到 9.0 时，加 P 的处理中 As 去除率下降幅度减小为 9.6%。在 Jain 和 Loppert（2000）对水铁矿吸附 As 的研究中，也曾发现 pH 会影响 P 和 As 间的竞争吸附。高 pH 下，P 对 As 在针铁矿表面吸附的影响比低 pH 下更大。在黏土矿物和土壤中，也发现 P 与 As 的竞争吸附与 pH 相关的类似现象存在（Violante and Pigna，2002）。

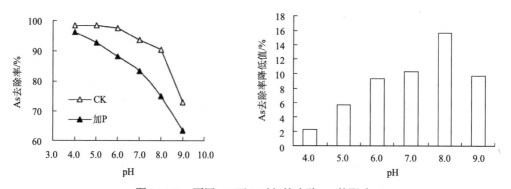

图 14.101　不同 pH 下 P 对红壤去除 As 的影响

4. 溶解性有机质浓度对红壤吸附砷的影响

溶解性有机质（DOM）是天然水体中普遍存在的不均一的聚合高分子物质。大约20%的 DOM 由小分子的有机酸组成，而 80%则由胡敏酸（HA）和富里酸（FA）组成。目前许多研究已经观察到溶解性有机质对土壤和水体中 As 的形态、活性和生物有效性产生强烈的影响。大量的研究报道了有机质抑制了 As(III)和 As(V)在矿物和土壤表面的吸附，促进 As 从土壤中释放进入土壤溶液，增加迁移性（Tessema and Kosmus，2001；Bowell et al.，1994）。水体中 DOM 的含量变化范围很大，有的水体中仅为 1～2 mg C/L，而有的水体中则高达 16 mg CL（杨顶田和陈伟民，2004）。本研究采用商业胡敏酸为研究材料，旨在了解不同 DOM 浓度对红壤吸附水中 As 的影响。

DOM 浓度对红壤 As 吸附的影响见图 14.102。随 DOM 浓度的增加，红壤对 As 的吸附能力降低，水中 As 的去除率呈下降趋势。在 DOM 浓度为 4 mg C/L 时，去除率略有下降，从未添加 DOM 时的 97.9%下降到 95.6%。而当 DOM 浓度降低到 30 mg C/L 时，去除率出现大幅下降，仅为 75.7%。表明在去除地表水中 As 的过程中，DOM 浓度是十分重要的影响因子，对去除效率有强烈的影响作用。溶解性有机质对 As 溶解性和活性的影响可以有多种机制，如 DOM 可与 As 离子反应生成络合物；DOM 可与土壤表面的水合金属氧化物发生络合反应，产生竞争吸附；DOM 可增加土壤表面金属氧化物的溶解等。

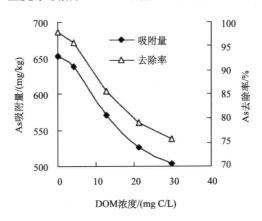

图 14.102　DOM 浓度对红壤吸附 As 的影响

不同 pH 下 DOM 对红壤吸附 As 的影响不同（图 14.103）。与不同 pH 下 P 浓度对 As 去除率的影响类似，在低 pH 时，DOM 对 As 去除率的影响较小，在 pH 为 4.0～8.0时，DOM 对 As 去除率的影响随 pH 的增大而增大，在 pH 为 8.0 时下降幅度最大，为12.9%，但是当 pH 增加到 9.0 时，DOM 对 As 去除率的影响又逐渐减小。在前人的研究中曾发现 As(V)可与 HA 结合，结合强度与 pH 有关，在 pH 为 8.0～10.0 的范围结合强度更大（Warwick et al.，2005）。因此，本研究中 As 去除率的降低可能不是由于 As 与HA 结合，而是由于 HA 与 As 竞争土壤中的吸附位点所致。

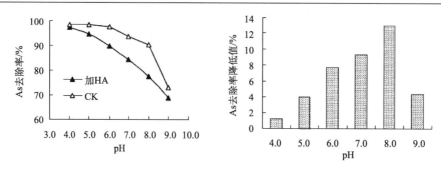

图 14.103　不同 pH 下 DOM 对红壤去除水中 As 的影响

（三）红壤表面砷吸附的微观机制

依据上述的研究结果，选择对 As 吸附能力最强的采集于云南省高疗的红壤和 As 吸附能力中等的采集于浙江杭州的红壤进行试验。

1. 红壤中砷的连续分级提取形态

两种红壤分别对不同浓度 As 溶液进行 As 吸附，测定上清液浓度并计算出土壤中的 As 吸附量，结果见表 14.72。采集于云南省高疗的红壤表现出很强的 As 吸附能力。当溶液中 As 浓度为 0.5 mg/L 时，红壤吸附后上清液中 As 浓度低于检测限，去除率达 100%，土壤中 As 吸附量为 100 mg/kg。当溶液中 As 浓度增加 10 倍，为 5 mg/L 时，红壤吸附后 As 去除率在 95% 以上，As 吸附量为 959 mg/kg。而采集于浙江杭州的红壤对 As 的吸附能力较低。当溶液中 As 浓度为 5 mg/L 时，红壤吸附后 As 去除率仅为 69.7%，As 吸附量只能达到 697 mg/kg。

表 14.72　两种红壤对不同浓度 As 的吸附

处理号	土壤	初始 As 浓度 /（mg/L）	平衡 As 浓度 /（mg/L）	去除率 /%	As 吸附量 /（mg/kg）
YN1	云南高疗	0.5	ND	100	100
YN2	云南高疗	5.0	0.205±0.008	95.9±0.2	959±1.58
ZJ1	浙江杭州	0.5	ND	100	100
ZJ2	浙江杭州	5.0	1.511±0.042	69.7±0.8	697±8.37

注：ND 代表低于检测限。

采用连续分级提取法得到红壤中 As 的 5 种结合形态（图 14.104）。在 4 个样品中，硫酸盐提取的非专性吸附态 As 的比例非常小（<5%），表明硫酸根等阴离子难以使 As 从红壤中释放。可被磷酸盐交换的专性吸附态 As 在不同样品中差异较大。专性吸附态 As 的比例随样品中 As 含量的增加而增加，并且云南采集的红壤中的专性吸附态 As 低于浙江采集的红壤。在 YN1 中，专性吸附态 As 占 9.4%，而在 ZJ1 中，专性吸附态 As 比例为 18.6%；在 As 含量较高时，YN2 中专性吸附态 As 为 34.5%，ZJ2 中专性吸附态

As 比例为 43.3%。氧化物结合态的 As 在两种红壤中占了很大的比例（54.3%～79.4%），其中无定形和弱晶质氧化物结合态 As 的比例为 23.5%～36.7%，晶质氧化物结合态 As 的比例为 20.1%～54.5%。表明红壤中吸附的 As 大部分与土壤中的矿物相结合，并且在环境中比较稳定。随红壤中 As 含量的增加，晶质氧化物结合态 As 的比例减少。在 4 个样品中，残留态 As 的比例较小，只占 1.93%～11.9%，并且随红壤中 As 含量的增加而减小。

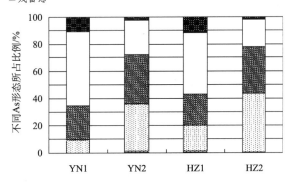

图 14.104　红壤所吸附 As 的顺序提取态

　　连续分级提取形态可表征土壤中 As 的相对活性，为判定土壤中 As 的生物有效性和释放可能性提供依据。从上述分析结果可知，与浙江采集的红壤相比，云南采集的红壤对 As 的吸附能力较强，对 As 的固定作用也较强。红壤中 As 的含量对 As 的活性有很大影响，随着 As 含量的增加，As 的活性增大。上述结果也表明了红壤中的 As 是比较稳定的，难以被硫酸根等阴离子交换而释放，但 P 是非常重要的影响 As 活性的因子，能使 As 大量释放。

2. 铁氧化物对红壤吸附砷的贡献

　　通过 X 射线衍射（XRD）鉴定，采自云南省高疗附近的红壤中黏土矿物主要为石英、绿泥石-蛇纹石混层、埃洛石和三水铝石，铁氧化物主要为赤铁矿和针铁矿（图 14.105）。采自浙江杭州的红壤中黏土矿物主要为石英、水云母、蒙脱石-绿泥石混层、少量凹凸棒石、云母等，主要铁氧化物为针铁矿（图 14.106）。

　　赤铁矿（Fe_2O_3）和针铁矿（α-FeOOH）在土壤中分布极广，针铁矿存在于几乎所有类型的土壤中，赤铁矿多见于亚热带高度风化的干燥且氧化势高的表土层中。土壤中铁氧化物存在的另一种重要形式是无定形铁（$5Fe_2O_3 \cdot 9H_2O$）。无定形铁氧化物以非晶态和弱晶态在土壤中大量存在，属不稳定态，是针铁矿和赤铁矿等稳定铁氧化物的中间过渡态。XRD 技术依据于长程有序理论，只能对晶格长度大于 50 Å 的矿物进行表征，因此无法判定土壤中无定形铁的存在。

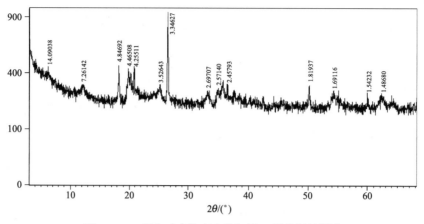

图 14.105　采自云南省高疗的红壤 X 射线衍射图谱

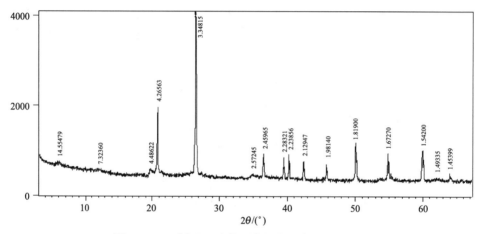

图 14.106　采自浙江省杭州的红壤 X 射线衍射图谱

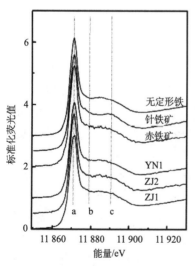

图 14.107　As K 边标准化 XANES 谱图

　　为了解土壤中不同铁氧化物在 As 吸附过程中的贡献，以赤铁矿、针铁矿和无定形铁为模式物，测定了几种氧化铁所吸附 As 的 K 边 X 射线吸收光谱，以及红壤胶体中 As 的 K 边 X 射线吸收光谱，As K 边 XANES 的标准化谱图见图 14.107。所有谱线的 As 吸收边都位于 11871 eV（虚线 a），表明所吸附的 As 主要以 As（V）的形态存在。在谱线的边前区几乎具有相同的特征，然而，在吸收边后的高能区域，谱图的特征产生差异。在虚线 b（11879 eV）处各谱线产生不同的峰谷形状。在虚线 a 和虚线 b 之间，除针铁矿外，其余谱图都产生了小的缓峰，尤其以无定形铁最为明显。在虚线 c（11 890 eV）处，针铁矿出现了较为明显的缓峰。这些谱图特征可作为判读样品中 As 形态的依据。

　　以 3 种铁氧化物的 XANES 谱图为参比标准谱图，采用线性联合拟合方式（Linear combination fitting）对红壤胶体吸附 As 的 XANES 进行拟合，结果见图 14.108。通过拟合获得的 As 在铁氧化物中分布的相对比例见表 14.73。拟合参数 χ^2 值小于 0.2，说明采用 3 种铁氧化物能进行成功拟合（Beauchemin et al.，2003），红壤中的铁氧化物对于 As 吸附起主要作用。拟合结果表明，红壤颗粒中的 As 主要与针铁矿和无定形氧化铁结合，而赤铁矿结合态 As 占的比例很小。比较 ZJ1 和 ZJ2 中 As 的结合形态，可发现在 As 含量较高的 ZJ2 中，无定形铁的结合比例增加，而针铁矿的结合比例下降。

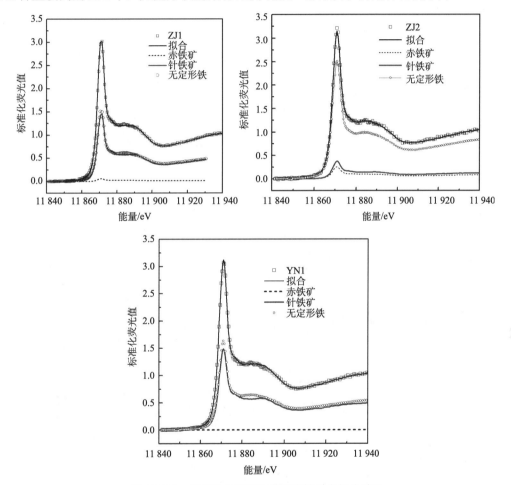

图 14.108　标准化 XANES 谱图线性联合拟合结果

表 14.73　XANES 谱图最优拟合获得 As 的参比标准的相对比例

样品	χ^2	赤铁矿结合 As	针铁矿结合 As	无定形铁结合 As
		/%		
ZJ1	0.028	2.0	48.2	49.8
ZJ2	0.043	7.9	12.1	80.0
YN1	0.108	0	47.9	52.1

前人的一些研究结果表明，不同组成和晶形的铁氧化物对于 As 的吸附能力不同，表现为无定形氧化铁>针铁矿>赤铁矿（Bowell，1994）。铁氧化物对于 P 元素的吸附也表现出类似的规律性。这主要与不同铁氧化物的晶体结构特征和比表面积有关。针铁矿具有铁氧八面体共棱沿 c 轴联结成的链状晶体结构，而赤铁矿是八面体成六方紧密堆积。无定形铁氧化物的核心区域以八面体为主，表面存在大量四面体结构单元，这种表面未饱和状态加上结晶度差、比表面积大的特点，使其具有较高的吸附外来离子的能力。结构的差异导致比表面积的不同，针铁矿的比表面积往往大于赤铁矿（Gimenez et al.，2007；Mamindy-Pajany et al.，2009）。本研究中所采用的 3 种铁氧化物的比表面积大小同样为无定形氧化铁（518 m^2/g）>针铁矿（49.5 m^2/g）>赤铁矿（9.1 m^2/g）。因此，铁氧化物比表面积的差异可能是红壤中的无定形氧化铁和针铁矿对 As 吸附的贡献率更高的原因。

3. 砷在红壤胶体表面吸附的微观结构

图 14.109 为红壤胶体的 k 空间标准化谱图和傅里叶转换 EXAFS 谱图。

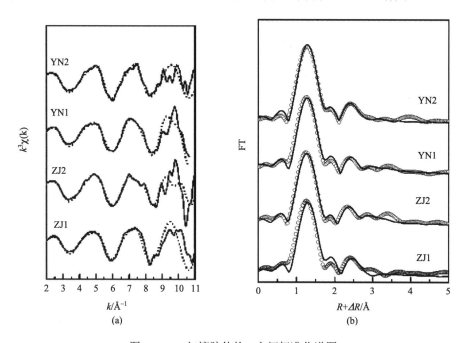

图 14.109　红壤胶体的 k 空间标准化谱图

（a）实线为试验数据，虚线为拟合曲线；傅里叶转换 EXAFS 谱图，（b）土壤圆圈为试验数据，实线为拟合曲线

在 k 空间谱图中（图 14.109 a），所有样品在低 k 值区间均存在相似的正弦振荡，而在高 k 值区间的正弦振荡差异较大。这种差异主要是由于与 As 配合的高层配位原子的不同获配位结构的不同而产生的。从傅里叶转换 EXAFS 谱图（图 14.109 b）可以看出，所有样品在 1.4 Å 附近有一个明显的吸收峰，并在 2.5 Å 附近还有一个明显的吸收峰（吸收峰位置未经相移校正）。采用臭葱石（FeAsO$_4$·2H$_2$O）和 As 铝石（AlAsO$_4$·2H$_2$O）的晶格参数对本研究中获得的 EXAFS 光谱进行拟合，试验数据与拟合曲线能很好吻合。

通过计算，得到各配位层的结构参数，见表 14.74。

表 14.74 通过 EXAFS 谱图拟合获得的配位环境结构参数

样品名	配位键	原子间距/Å	配位数	σ^2
ZJ1	As-O	1.72	2.2	0.0044
	As-O-O	2.96	10.4	0.0027
	As-Fe	3.24	1.7	0.0027
	As-Al	3.32	1.1	0.0044
ZJ2	As-O	1.72	3.7	0.0022
	As-O-O	2.79	10.7	0.0024
	As-Fe	3.09	1.8	0.0024
	As-Al	3.35	1.9	0.0022
YN1	As-O	1.72	2.6	0.0034
	As-O-O	2.95	12.1	0.0031
	As-Fe	3.22	2.0	0.0031
	As-Al	3.35	1.9	0.0034
YN2	As-O	1.72	3.2	0.0090
	As-O-O	2.98	18.0	0.0085
	As-Fe	3.25	3.0	0.0085
	As-Al	3.35	0.8	0.0090

红壤胶体中 As 的第一配位壳层为采用 As-O 键，其中 As-O 键距离为 1.72Å。在 Farquhar 等（2002）对 As(V)在矿物表面的结合机制研究中，所获得第一配位壳层的 As-O 键距离为 1.69 Å。本文获得的结果与之接近。在 Cances 等（2005）的研究中，成功采用 As-O-O 键和 As-Fe 键对污染土壤中 As 的 EXAFS 光谱进行第二配位壳层拟合。在 Luo 等（2006）对 As 在土壤中的结合机制的研究中，采用 As-Al 键和 As-Fe 键对土壤中 As 的 EXAFS 光谱进行拟合。在本研究中，红壤胶体中 As 的第二配位壳层可采用 As-O-O 键、As-Fe 键和 As-Al 键进行拟合。经过计算，As-O-O 键的原子间距为 2.79～2.98 Å，As-Fe 键的原子间距为 3.09～3.25 Å，As-Al 键的原子间距为 3.32～3.35 Å。在 Fendorf 等（1997）的研究中，As 在针铁矿表面吸附有三种机制，分别为内圈层的双齿双核配合物（Bidentate-binuclear）、双齿单核配合物（Bidentate-mononuclear）和单齿结构配合物（Monodentate）。这 3 种配位结构模型见图 14.110，经计算，As-Fe 间距分别为 3.24～3.26 Å、2.83～2.85 Å 和 3.60 Å。因此，可推断红壤胶体表面的 As 吸附方式最主要为内圈层双齿双核配和物。

（四）厌氧条件下红壤中砷的释放行为

供试土壤为采集于浙江杭州的红壤，土壤基本理化性质见表 14.68。向红壤中添加 $Na_2HAsO_4 \cdot 7H_2O$ 配制的 As 溶液，充分混合均匀，制成 As 含量为 300 mg/L 的污染土，风干后于阴凉通风处老化 2 个月，备用。

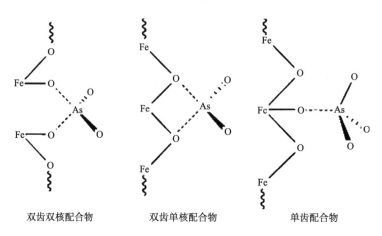

双齿双核配合物　　　　　双齿单核配合物　　　　　单齿配合物

图 14.110　As 在针铁矿表面的配位结构模型（Fendorf et al.，1997）

如图 14.110 所示，采用聚丙烯材料制成圆筒状容器（∅ 10 cm×20 cm），距底部 1 cm 处于筒壁上开小孔，水平插入土壤溶液采样器（Rhizon-SMS）。容器顶部为橡胶塞，插入氧化还原电极，插入两根玻璃管作为进气口和排气口，排气口采用水封，保持容器密闭状态。容器顶部设有取样口，可插入 pH 电极测定 pH。土壤溶液采样器主要由多孔聚酯管、PVC 和螺旋型外凸式连接器组成。它具有体积小巧、安装和取样方便以及对溶液吸附-解吸效应小，有利于准确测定的优点。

向容器中加入 250 g 添加 As 的红壤，平整铺于底部，厚度约 3 cm。向容器中缓缓加入 0.01 mol/L NaCl 溶液 1000 mL，pH 为 6.0。塞紧橡胶塞，电极插入土中约 0.5 cm。将容器置入恒温室中于 20±3℃下进行培养。试验设 3 个处理，处理 1，每日通入纯氮 99.99% 1 h；处理 2，静置培养，不通入气体（对照），处理 3，每日通入空气 1 h。每个处理设 3 次重复。试验周期为 30 d。每隔 3～5 d 采用氧化还原电位测定仪（FJA-5）和 pH 计（Mettler Toledo）测定反应体系中土壤 Eh 值和 pH。每隔 5 d 用移液枪采上覆水水样 5 mL，用针管插入土壤溶液采样器抽取土壤间隙水 5 mL。水样过 0.22μm 滤膜，滤液采用原子荧光形态预处理装置（SAP-10，北京）和原子荧光分析仪（AFS-930，北京）测定不同价态 As 浓度和总 As 浓度。

此外，上覆水（0.01 mol/L NaCl 溶液 1000 mL）中加入 P 浓度分别为 0、0.5 mg/L 和 1.0 mg/L 的 NaH_2PO_4，观察 P 对还原条件下 As 释放的影响。

1. 不同氧化还原条件下红壤中砷的释放

培养过程中，上覆水 pH 不再保持在初始的 6.0，在前 15 d 内，上覆水的 pH 产生了一些波动，最低值下降到 5.6，最高值上升到 7.3，但是在培养的后 15 d，pH 的变化幅度逐渐减小，在培养 30 d 后，稳定在 5.8～6.5（图 14.112）。pH 决定着 As(Ⅲ)和 As(Ⅴ)在环境中的存在形态。H_3AsO_4 的等电点 pK_1 为 2.20，pK_2 为 6.97，在本研究的 pH 下，As(Ⅴ)以 $H_2AsO_4^-$ 和 $HAsO_4^{2-}$ 形态存在。H_3AsO_3 的等电点 pK_1 为 9.22，因此在本研究中，As(Ⅲ)以 H_3AsO_3 分子状态存在。

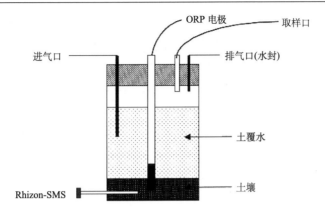

图 14.111 As 释放试验装置示意图

导致 pH 变化的因素很多,如有机质分解、氧化还原条件改变以及吸附-解吸过程等。pH 变化将影响 As(Ⅲ)和 As(Ⅴ)在土壤中的吸附。有研究表明,在 pH<7 的范围内,随 pH 的增加,As(Ⅴ)在红壤中的吸附量降低,而 As(Ⅲ)在红壤中的吸附量增加。在本研究中,pH 的变化范围很小,特别是在培养后期,pH 的变化小于 1,因此认为其对 As 在土壤中的吸附-解吸过程影响较小。

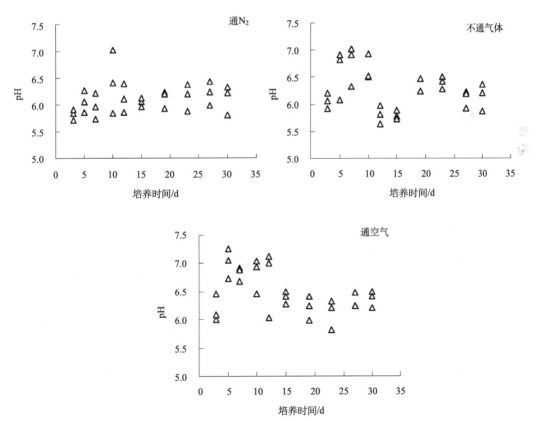

图 14.112 培养期间水中 pH 变化

培养过程中 Eh 值的变化见图 14.113。在培养初期，土液界面 Eh 值为 600～800 mV。到培养第 5 d 时，通氮气处理和不通空气处理的 Eh 值急剧下降到–200 mV 附近，随培养时间的延长，通氮气处理的 Eh 值略有回升，在培养结束时稳定在–50～–150 mV 之间。而通入空气的处理的 Eh 值下降较为缓慢，在培养结束时稳定在 200～300 mV 之间。在通入空气处理中，培养后 15 d 中，Eh 值的变化并不一致。这表明，通入 N_2 和空气能够对体系的 Eh 值产生影响，并加速氧化还原环境的平衡过程，为试验提供稳定条件。

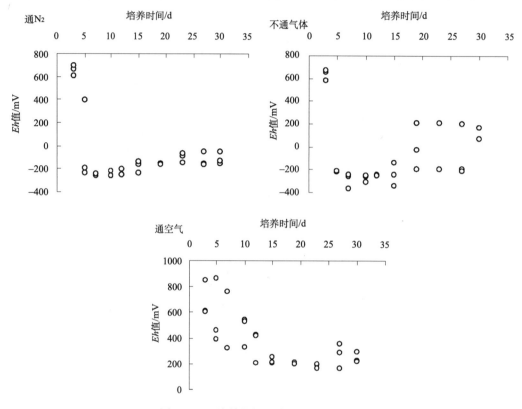

图 14.113　培养期间土液界面 Eh 值变化

随培养时间的延长，土壤间隙水中的 As 浓度呈升高趋势（图 14.114）。在培养进行 5 d 时，即可观察到土壤间隙水中的 As 开始释放，浓度在 200 μg/L 左右，在培养进行到 15 d 时，释放量急剧增加，在培养结束 30 d 时，As 浓度最高可达到 1798 μg/L，为地下水环境质量标准（GB3838—2002）10 μg/L 的 180 倍。在培养初期，不同处理中的间隙水 As 浓度差别不大，在培养 15 d 后，通 N_2 和不通气体处理的间隙水中的 As 浓度迅速升高，而在通空气处理中，As 浓度升高趋势不明显。

将土壤-水界面的 Eh 值与土壤孔隙水中 As 浓度的关系用图 14.115 表示。在试验初期，各处理中 Eh 值分布范围较广，孔隙水中总 As 浓度较低，与 Eh 值之间无明显关系。在培养试验中期，各处理中 Eh 值主要集中在–200～200 mV 之间，孔隙水中总 As 浓度升高，但与 Eh 值之间无明显关系。在培养试验末期，Eh 值为–200 mV 附近的总 As 浓度逐渐升高，而 200 mV 附近的总 As 浓度逐渐降低。将培养结束 30 d 时的 *Eh* 值与孔隙水中总 As 浓度做相关分析，可发现有显著相关关系（$r=0.7804$，$p>0.05$）。

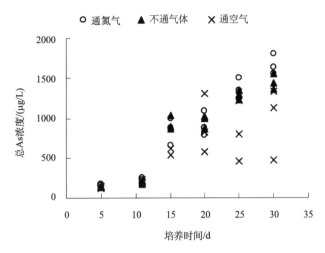

图 14.114　培养期间土壤间隙水中总 As 浓度变化

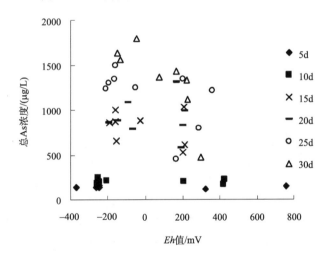

图 14.115　培养过程中间隙水 As 浓度与 *Eh* 值关系

　　培养期间土壤间隙水中 As 形态的变化见图 14.116。间隙水中 As(III) 的浓度在 0～1800 μg/L 之间。As(V) 的浓度在 0～250 μg/L 之间，并且大部分低于检测限，表明间隙水中的 As 形态大部分以 As(III) 存在。As(III) 具有比 As(V) 更高的毒性和活性。随培养时间的增加，通氮气和不通空气处理中间隙水 As(III) 呈升高趋势，而 As(V) 呈降低趋势。

　　间隙水中释放的 As 将逐渐扩散进入土壤上覆水。培养期间上覆水的总 As 浓度的变化见图 14.117。在整个培养期间，上覆水中总 As 浓度位于 40～120 μg/L 范围内，尽管经扩散作用后远低于间隙水中的总 As 含量，但仍然高于我国规定的地表水环境质量标准（GB3838—2002）和农田灌溉水环境质量标准（GB5084—2005）中的总 As 浓度限值为 50 μg/L，表明土壤中吸附的 As 在水环境中的释放作用不容忽视。

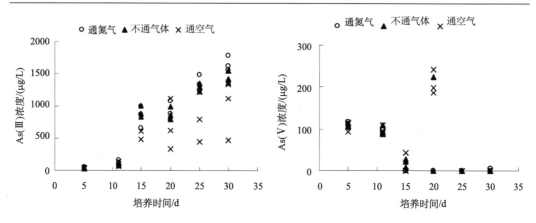

图 14.116　培养期间土壤间隙水 As 形态变化

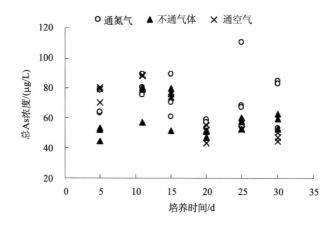

图 14.117　培养期间上覆水总 As 浓度变化

在培养初期第 5 d 就可检测到上覆水中的总 As 浓度大于 40 μg/L，表明红壤表面的 As 向水体中释放可在短期内发生。随着培养时间的延长，除个别处理上覆水中的总 As 浓度出现大幅升高的现象，其余处理中上覆水的总 As 浓度随时间变化幅度不大，也不存在明显的规律性。这说明在 5～30 d 的培养过程中，水中可能存在多种 As 的吸附-解吸平衡过程，使得底部红壤所释放的 As 对上覆水中总 As 浓度的影响不能占主导作用。

比较不同处理间上覆水中的总 As 浓度变化可知，在试验初期第 5 d，通氮气处理和通空气处理中上覆水的总 As 浓度高于不通气处理，可能是由于通气对于底部红壤有一定的扰动作用，使得红壤中释放的 As 更快的扩散到水体中。培养 15 d 后，通空气处理中上覆水的总 As 浓度略有下降。

培养期间上覆水中 As 形态的变化见图 14.118。上覆水中 As(Ⅲ)的浓度在 0～120 μg/L 之间，大多数集中在 20～90 μg/L，而 As(Ⅴ)的浓度在 0～60 μg/L 之间，并且有很多低于检测限。表明在本研究中，上覆水中的 As 形态大部分以 As(Ⅲ)存在，而 As(Ⅲ)具有比 As(Ⅴ)更高的毒性。随培养时间的增加，不同处理中 As 形态的变化具有差异。在通氮气处理中，上覆水中的 As(Ⅲ)和 As(Ⅴ)并未表现出明显的变化趋势。而在不通气体和通空气处理中，上覆水中的 As(Ⅲ)有降低趋势而 As(Ⅴ)有升高趋势。

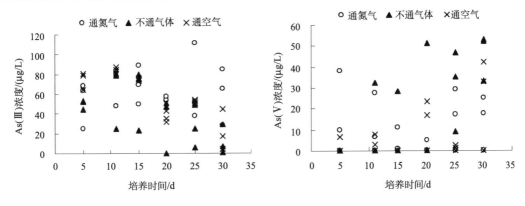

图 14.118　培养期间上覆水 As 形态变化

很多研究者观察到厌氧条件下 As 的大量释放现象。Masscheleyn 等（1991）在对中性土壤 As 释放的研究中，发现 As 的可溶性受到铁氧化物的影响，在–200 mV 的还原条件下，可溶性 As 的浓度比 500 mV 条件下相比升高了 13 倍。在 Signes-Pastor 等（2007）的研究中，观察到在 $Eh>50$ mV 时，溶解态 As 含量较少，在 $-150<Eh<-50$ mV 时，溶解态 As 迅速增加，当 $Eh<-200$ mV 时，溶解态 As 含量降低。然而，在本研究中，间隙水中的 As 释放量受 Eh 值的影响较小，受培养时间的影响较大，表明本试验的培养时间可能太短。土壤中的 As 释放过程是一个长期的缓慢过程，目前认为 As 释放的可能途径主要有两种：①As(V)还原为活性较强的 As(III)导致 As 的释放；②金属氧化物的还原性溶解导致 As 的释放，包括微生物介导的金属氧化物的还原性溶解导致 As 的释放。其中微生物介导的金属氧化物的还原性溶解需要较长的培养时间（Jing et al.，2008）。随着培养时间的延长，间隙水中的总 As 浓度增加而上覆水中的总 As 浓度并未随之增加，表明 As 从间隙水向上覆水扩散的速率很小，在培养时间内并未显著增加上覆水中的 As 含量。

2. 磷浓度对还原条件下红壤中砷释放的影响

添加不同 P 浓度处理中间隙水和上覆水总 As 浓度变化分别见图 14.119 和图 14.120。间隙水中的总 As 浓度随培养时间的增加而增加，但不同 P 浓度处理之间无显著差异。上覆水中总 As 浓度随培养时间的增加未发生显著变化，但随 P 浓度的的升高显著升高。在 P 浓度为 1.0 mg/L 处理中，培养 30 d 后上覆水中总 As 浓度均值为未加 P 的处理 10.2 倍，达到 521 μg/L。表明 P 浓度对红壤中 As 的释放有非常重要的影响。

不同 P 浓度对间隙水中的总 As 浓度未产生影响可能是由于间隙水中的 As 浓度本身较高，且在厌氧条件下存在较强的解吸驱动力，而所添加的 P 浓度较低，不足以与 As 竞争红壤吸附位点，加速解吸作用。对于 As 浓度较低的上覆水，水相中微小的悬浮土壤颗粒物存在吸附-解吸平衡，当 P 浓度增加时，P 酸根与 As 竞争悬浮土壤颗粒物表面的吸附位点，导致上覆水中的 As 浓度增加。

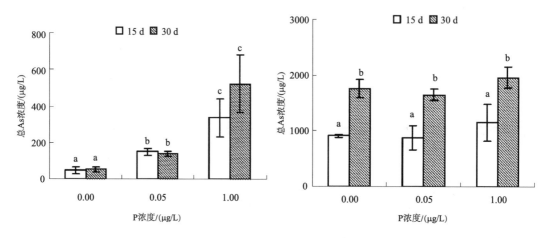

图 14.119　P 浓度对间隙水中总 As 浓度的影响　　图 14.120　P 浓度对上覆水中总 As 浓度的影响

三、土壤-植物系统中砷的吸收转运特征

2004～2005 年两次在浙江富阳市环山乡采集水稻田土壤样品和水稻样，在距冶炼厂小高炉距离不等的 13 个村庄（西山、诸家坞、袁家村、小樟畈、谷畈、假山、双林、鸡大畈、新畈、东山下、大畈、双塘畈、陈家畈），共采集土壤样品 52 个、水稻样 52 个。采集的水稻品种有：粳稻秀水 110、粳稻勇优 1 号、粳稻勇优 3 号和杂交 2070。菜地土壤-蔬菜 24 对。

2006 年 11 月在台州市路桥区峰江镇和蓬街镇 27 个村共采集了对应的水田土壤-稻米 73 对，菜地土壤-蔬菜 13 对。

为研究富阳和台州两个地区 As 从土壤到水稻根-茎-叶-米糠-米的吸收、转运规律 2006 年采集富阳和台州对应水田-水稻植株样共 97 个，其中富阳 81 个，台州 16 个。

（一）土壤-植物系统中砷的富集

1. 冶炼场地及周边土壤-植物系统中砷的富集

1）土壤-水稻系统中砷的含量特征

所采集的样品土壤理化性质差异较大，土壤 pH 为 5.2～7.9，其差异主要是由于在水稻生长期间施用石灰引起 pH 升高。土壤有机质为 2.4%～6.0%，黏粒为 10.8%～22.5%（体积比），草酸铵提取态铁氧化物含量范围为 0.90～14.42 g/kg，草酸铵提取态锰氧化物范围为 23.3～294.2 mg/kg。

水田土壤 As 含量频数分布如图 14.121 所示。所有土壤样品 As 的含量为 3.76～162.70 mg/kg（平均值 14.68±22.04 mg/kg，n=52），中值 10.61 mg/kg，高于太湖流域土壤的平均值（8.8±2.2 mg/kg）（陈怀满，1996）。其中 11 个样品的土壤 As 含量高于土壤环境质量一级标准（GB15618—1995），占总样品数的 21.15%；5 个样品高于土壤环境质量标准二级标准，占总样品数的 9.62%；4 个土壤样品高于土壤环境质量三级标准占总样品数的 7.69%。其余采样点的水稻土 As 含量均符合土壤环境质量一级标准。该研究区水稻土利用条件下的土壤样品总体表现出一定程度的 As 污染。

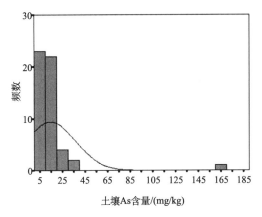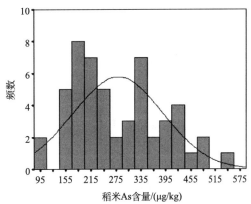

图 14.121　土壤-稻米 As 浓度频数分布图

糙米的 As 浓度为 86.6～531.0 μg/kg（平均值 280.4±107.6 μg/kg），中值为 255.3 μg/kg。水稻稻壳的 As 浓度为 326～1981 μg/kg（平均值 921±400 μg/kg），中值为 856 μg/kg。大部分糙米 As 含量高于全国水稻籽粒 As 含量的背景值（0.1 mg/kg）（陈怀满，1996）。以我国食品卫生标准评价，糙米 As 含量均低于国家食品中水稻 As 允许标准（700 μg/kg，GB2715—81）。但是按照中华人民共和国农业行业标准绿色食品大米 NY/T419-2000，As 400 μg/kg 的标准，有 17.3%超过绿色食品标准。水稻品种对 As 含量的影响未观察到。稻壳中 As 含量除 1 个样品外，均高于糙米 1.42～4.58 倍，平均高出 2.72 倍。由于米糠可以作为饲料喂养家畜，米糠 As 通过食物链也可以进入附近居民的人体，在人体内积累，这可能会通过食物链给附近居民带来健康威胁。Warren 等（2003）报道在 As 矿附近的稻米 As 含量在 0.08～21.3 mg/kg，在 West Bengal 的 Murshidabad 地区食物的 As 含量在 7～373 μg/kg（Roychowdhury et al.，2002），Liao 等（2005）在湖南郴州发现 2 km 以内的冶炼区内稻米的 As 含量是 0.5～7.5 mg/kg。

从图 14.122 可以看出（除掉最高的值），糙米中的 As 与土壤含量显著相关（$r=0.35$，$p<0.01$，$n=52$）。土壤和米糠、米糠和稻米 As 含量也都是显著相关。

根据研究区稻米和水田土壤中 As 含量比值计算得到水稻 As 富集系数。水稻 As 富集系数为 0.001～0.090（平均值 0.029±0.018，$n=52$）。糙米 As 富集系数和土壤的 As 含量成幂函数关系（$y=0.1936 x-0.8733$，$r=0.82$，$n=52$，$p<0.01$）（图 14.123）。水稻对 As 的富集能力较弱，其富集系数远低于蔬菜，植物富集系数与植物种类、品种、土壤有效态含量等因素有关。

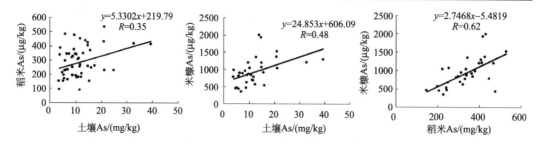

图 14.122　富阳土壤、米糠和稻米 As 含量关系（n=52）

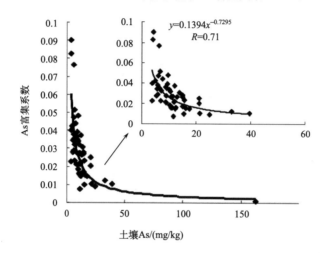

图 14.123　糙米 As 富集系数与土壤 As 含量关系

水稻中 As 含量与土壤 pH 负相关（r=−0.30，p<0.05，n=52），As 富集系数和无定形铁氧化物含量负相关（r=−0.31，p<0.05）。这说明植物从土壤中吸收重金属的量可能受 pH、有机质含量和无定形锰氧化物含量等诸多因素影响。

所调查的金属冶炼厂周围土壤已受到 As 的污染，达 9.62%。糙米的 As 含量高于全国糙米 As 背景值。糙米 As 含量低于国家食品中水稻 As 允许标准。水稻 As 含量受 pH、有机质和无定形铁锰氧化物含量的影响。

2）土壤-蔬菜系统中砷的含量特征

富阳菜地土壤的 As 含量为 3.48～14.8 mg/kg（平均值 10.5±3.93 mg/kg，n=24），中值 11.5 mg/kg。富阳蔬菜 As 含量（干重，下同）为 131.4～3271.2 μg/kg。按照鲜重 90% 的含水率计算（下同），富阳的 24 个蔬菜样品的 As 含量有青菜和萝卜没有超过国家蔬菜卫生标准规定的 500 μg/kg，可食部分蔬菜是在标准允许值以内，但是萝卜叶和红薯叶接近标准值，红薯叶、萝卜叶，一般不吃，用作饲料，但是可通过食物链传递。按照中华人民共和国农业行业标准 NY/T654—2002，绿色食品白菜类蔬菜卫生指标以及 NY/T745—2003，绿色食品根菜类蔬菜卫生指标中华人民共和国农业行业标准绿色食品豇豆 NY/T272—1995，As 标准都是 200 μg/kg，富阳青菜 As 含量有部分超过绿色标准。从蔬菜种类上来看表现为：红薯叶>萝卜叶>青菜>萝卜>黄豆，叶菜类高于根菜类高于豆类（表 14.75）。这一顺序与其他人的研究结果一致（Roychowdhury et al.，2003；Warren et al.，2003）。

表 14.75　浙江富阳、台州等地蔬菜的 As 含量

蔬菜种类	样本数 (n)	As 含量/（μg/kg）	
		范围	平均值（DW）
青菜-富阳	9	289.4～3271.9	1176.9
萝卜-富阳	4	644.6～1483.4	1016.1
萝卜叶-富阳	4	349.2～3623.8	1788.6
红薯叶-富阳	4	897.8～4487.8	2533.8
黄豆（无荚）-富阳	3	131.4～165.1	148.2
青菜-台州	6	95.8～176.9	147.7
空心菜-台州	2	124.6～222.9	173.7
塌棵菜-台州	1	89	89
小葱-台州	2	57.2～85.4	71.3
莴苣-台州	2	266.6～294.7	280.6
缸豆-台州	1	24.9	24.9
鱼腥草-台州	1	238.7	238.7

不同的农作物种类、积累的 As 浓度也有明显差异，对 As 耐性的一般规律为旱生作物>水生作物、禾谷类作物>豆类作物、蔬菜；在蔬菜中，豆类及黄瓜较容易积累 As。

2. 电子废旧产品拆解场地及周边土壤-植物系统中砷的富集

1）土壤-水稻系统中砷的含量特征

水田 As 含量为 2.77～12.47 mg/kg（平均值 7.11±1.98 mg/kg，$n=73$），中值 6.75 mg/kg（图 14.124）。低于太湖水田平均含量背景值（8.8±2.2 mg/kg），和杭嘉湖平原背景值（6.77 mg/kg）一致。根据土壤 As 的环境质量标准（GB15618—1995），采集的水田土样中 As 的含量均在一级标准范围内。总体来说，该区农田土壤受 As 污染的影响不大。

根据采样污染源划定的区域计算各污染源周围土壤 As 的含量（表 14.76）。从表 14.76 可以看出，水田土壤 As 含量的平均值高低依次为冶炼源（EP）、酸洗源（AW）、电子废旧产品拆卸源（AD）、变压器拆卸源（TD）、焚烧源（DF）。冶炼厂对周围土壤中 As 含量的影响最大，其周围土壤中 As 含量平均值达 9.66 mg/kg，最大值已经超过杭嘉湖平原土壤 As 含量平均背景值（6.77 mg/kg）（程街亮等，2006），而酸洗污染源、电子废旧产品拆卸场、焚烧源、变压器拆卸地周围土壤 As 的平均含量范围在 5.12～7.10 mg/kg。

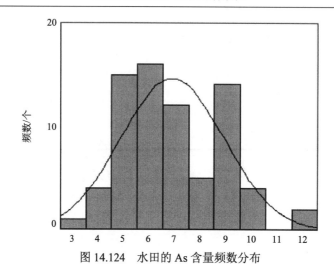

图 14.124　水田的 As 含量频数分布

表 14.76　不同污染源周围环境土壤中 As 含量（mg/kg，n=73）

	酸洗源	电子废旧产品拆卸源	焚烧源	冶炼源	变压器拆卸源
最小值	5.89	4.69	2.77	8.19	4.78
最大值	8.35	6.86	6.21	12.47	8.99
平均值	7.10	6.73	5.12	9.66	5.84
中值	7.22	5.95	5.40	9.38	5.41
标准偏差	0.68	0.93	0.89	2.02	0.51
差异性	c	b	b	a	b

注：不同字母代表有显著性差异。

　　冶炼厂对周围土壤中 As 含量的影响最大。经均值多重比较的统计检验，冶炼厂和酸洗源显著高于电子废旧产品拆卸源、变压器拆卸源、焚烧源对周围土壤 As 含量的影响（$p < 0.05$）。冶炼厂周围土壤 As 含量也显著高于酸洗源周围土壤 As 含量（$p < 0.05$），电子废旧产品拆卸源、变压器拆卸源、焚烧源周围土壤 As 含量各组均值没有显著性差异。在各污染源的不同方向上，没有发现土壤中 As 含量与距离污染源的远近表现出一定的趋势。这可能也是因为土壤 As 含量是受到周围多种环境因素的影响。

　　糙米-米糠的 As 含量频数分布如图 14.125 所示。糙米 As 含量为 63.6～378.0 μg/kg（平均值 165.1±67.8 μg/kg，n=73），中值 158.0 μg/kg。米糠 As 含量为 113.4～925.3 μg/kg（平均值 349.3±191.6 μg/kg，n=73），中值 291.7 μg/kg。

　　在 73 个糙米样品中有 60 个 As 的含量高于全国水稻籽粒 As 含量的背景值（0.1 mg/kg），超过背景值得样品数占总样品数的 82.19%，米糠 As 的含量要明显高于糙米，高出为 1.02～5.59 倍，平均高出 2.29 倍。以我国食品卫生标准评价，糙米中 As 含量均低于国家食品 As 允许标准和绿色标准。米糠中的 As 含量较高，As 不仅来源于水稻从土壤中的吸收，来源于大气中含 As 尘粒的沉降也可能引起米糠中测得的 As 含量要高于糙米中的 As 含量。

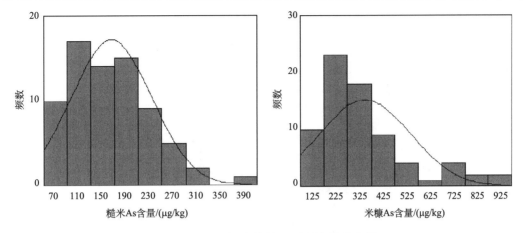

图 14.125　糙米-米糠的 As 含量频数分布图

糙米和米糠的 As 含量统计分析见图 14.126。其中，上下两条线分别表示含量的第 75 和 25 百分位数，中间的"+"表示第 50 百分位数，上截止线是含量最大值，下截止线是含量最小值，带相同字母的同一类用地平均值表示不同用地类型间差异不显著。

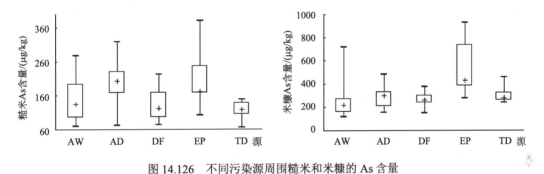

图 14.126　不同污染源周围糙米和米糠的 As 含量

酸洗源（AW）、电子废旧产品拆卸源（AD）、焚烧源（DF）、冶炼源（EP）、变压器拆卸源（TD）

从不同源区域的糙米和米糠样品中 As 含量分析来看，米糠与采样区域测得的土壤 As 含量数据相对应，冶炼厂周围米糠中 As 含量同样要明显高于其他污染源周围区域，而不同源周围采集的糙米 As 含量没有显著差异。可能冶炼厂对土壤和水稻中 As 含量的增加有较大的影响。糙米与米糠中 As 含量同土壤中含 As 量不同方向上统计结果一样，并不能明显看出 As 含量高低与假定源距离之间的趋势关系。分析出现这种情况的原因可能是农作物中 As 的含量存在更多其他的影响因素，比如耕作、施肥、喷撒农药等农田人为处理方式不同，以及种植的水稻品种不同，都会对上述的分析方式产生影响。

如图 14.127，米糠与土壤中 As 含量的相关系数（r）为 0.538（$p<0.01$，$n=73$），呈显著正相关。稻米与土壤中 As 含量呈显著相关，相关系数为 0.350（$p<0.01$，$n=73$）。米糠与土壤中 As 相关性要好于糙米与土壤中 As 含量的相关性。米和米糠呈显著相关性，相关系数为 0.587（$p<0.01$，$n=73$）。土壤-蔬菜中 As 没有显著相关关系。

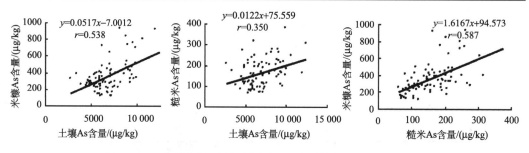

图 14.127　台州土壤-米糠-糙米中 As 含量的相关关系（n=73）

2）土壤-蔬菜系统中砷的含量特征

台州菜地土壤的 As 含量为 5.43～7.47 mg/kg（平均值 6.17±0.64 mg/kg，n=14），中值 6.23 mg/kg，低于浙江省土壤的 As 含量平均背景值（10.2 mg/kg）（程街亮等，2006）。根据土壤 As 的环境质量标准，菜地土样中 As 的含量均在一级标准范围内。总体来说，该区农田土壤受 As 污染的影响不大。台州蔬菜 As 含量为 24.9～294.7 μg/kg，（平均值 144.2±80.4 μg/kg，n=13），中值 141.6 μg/kg。以我国食品卫生标准评价，14 个样品中，没有样品超过绿色食品允许值，台州的青菜 As 含量都没有超过国家绿色食品卫生标准规定的 200 μg/kg。在台州采集的蔬菜 As 含量和富阳相比较要低得多。

（二）土壤-水稻系统中砷的转运特征

水稻从土壤中吸收的 As 会经水稻根、茎叶、米糠等向糙米转移。分别计算了水稻土、水稻根、水稻茎叶、米糠和糙米等中的 As 含量平均值与标准偏差（图 14.128）。

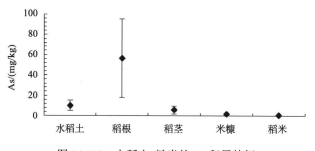

图 14.128　水稻土-糙米的 As 积累特征

对富阳和台州 97 个对应的土壤-稻根-茎-稻壳-稻米的含量情况分析（表 14.77）发现，水田土壤有 3 个超过背景值，相对应的大米出现超过国家标准现象，占全部样品的 3.09%，稻米超过国家绿色食品标准的占 7.22%。植株各部分的 As 含量也较其他田块采集的 As 含量高，根部 As 的含量最高达 207 mg/kg，茎节 15.9 mg/kg。

表 14.77　富阳和台州土壤-水稻植株中 As 含量　　（单位：mg/kg）

地方		土壤	根	茎节	米糠	米
富阳 (n=81)	最小值	2.45	10.90	1.06	0.15	0.15
	最大值	21.72	207.13	15.93	5.35	1.18
	平均值	10.16	56.60	5.59	1.53	0.30
	标准偏差	4.90	38.62	3.58	1.07	0.17
台州 (n=16)	最小值	4.99	6.71	0.76	0.06	0.12
	最大值	7.14	24.16	4.51	0.97	0.23
	平均值	6.13	12.60	2.10	0.70	0.16
	标准偏差	0.71	5.06	1.33	0.28	0.03

表 14.78 列出了富阳和台州两地水稻土与水稻植株不同部位 As 含量的相关关系，结果表明，水稻土 As 与水稻根、茎叶、米糠和糙米 As 有显著正相关（$p<0.01$），反映了土壤的总 As 含量对水稻吸收 As 产生了重要影响。

表 14.78　水稻土与水稻植株不同部位 As 含量的相关关系（n=97）

R	稻根	稻茎	稻糠	稻米
土壤	0.61*	0.54*	0.46*	0.41*
稻根	1	0.52*	0.36*	0.43*
稻茎		1	0.43*	0.60*
米糠			1	0.37*

*0.01 水平上显著相关。

对一块水稻田取样测试了根际土壤和非根际土壤 As 含量，根际土壤 As 含量为 13.7 ± 0.3 mg/kg，非根际土壤 As 含量为 18.5 ± 4 mg/kg，两者相差 5 mg/kg。根际土壤 As 含量的较非根际土壤 As 含量小，可能与水稻根部对 As 的吸收提取有关。

进入水稻植株内部的重金属离子从根部向上运输会受到各器官的阻滞和截留作用，因此，水稻植株各器官重金属分布特点为籽实（糙米<谷壳）<茎叶<<根，呈现自下而上递减的变化规律，同一植株中，不同部位（器官）As 含量不同。以往的研究都认识到 As 积累根>>茎叶>籽实这一现象，但尽管茎叶部分是水稻植株的主体部分，生长高度约占整个植株的 80% 以上，在 As 向上转运的过程中可能扮演重要的角色，而对这部分细致的分析还很缺乏，特别是对节的分析。

稻茎由节和节间两部分组成。茎上着生叶的部位，称为节，两个节之间的部分，称为节间。茎秆中空有节，一般由 9~19 个节和节间形成。茎上部 4~7 个节间能明显伸长，形成茎秆，基部 5~12 个节间不伸长。生育期长的品种茎节数和伸长节间一般多于生育期短的。如图 14.129 所示，我们对采自浙江台州的水稻植株的茎上部 5 个节-节间的分析发现，水稻节部 As 含量是对应相邻节间总 As 含量的 2~4 倍，节-节间-节-节间的 As 含量呈现明显的锯齿状分布。台州 4 块田地从土壤-稻根-茎叶（节-节间）-米糠-糙米 As 积累特征分析发现呈现一样的规律（图 14.129）。As 在水稻植株中的积累规律从高到低依次为：根>>节>节间>谷壳>籽粒，根部到节，第一个节到第一个伸长的节间 As 含量表现出快速下降的趋势，第二个节 As 含量又上升，第二个节间再下降，以此类推，直至与稻穗相连的节间。对于茎部整体而言，无论是节还是节间，并没有呈现出一般认为的由下而上递减的规律，反映了水稻植株中的 As 可能具有多来源，如对大气 As 的吸收。

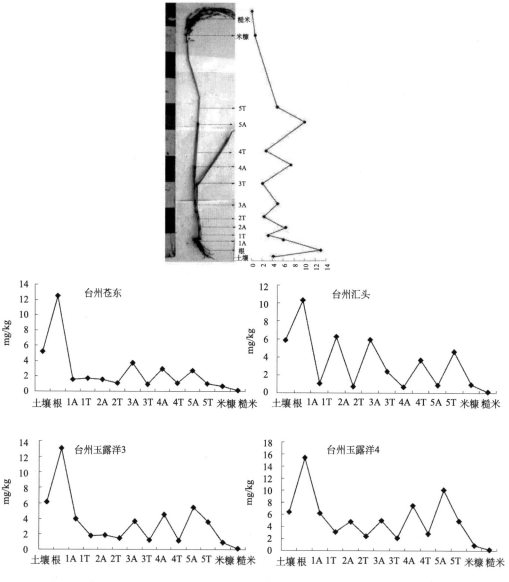

图 14.129　土壤-稻根-茎叶（节-节间）-米糠-糙米 As 积累特征（A-节，T-节间）

此外，经分段称重表明，节部的质量约是节间的 1/3～1/5，而节部积累的 As 量却与节间部相当，甚至略高。由此可见，节是水稻根部 As 向上转运的重要截留部位，对 As 的转运过程可能起到一定的阻滞作用，在 As 的吸收、转运进程中扮演者重要角色。由于节部既是水稻茎秆上的横向部位，同时也是水稻叶片的着生部位，所以节部出现高的As 含量究竟是对根部向上运输的截留，还是叶片向茎秆运输的阻滞所致？搞清这一问题可以使我们了解土壤 As 和大气沉降 As 在对水稻植株吸收 As 中的贡献比例。为何节部有阻滞截留效应？它的节控机制是什么？水稻节数的多少是否会影响 As 在稻米中的积累量？这有助于使我们了解，水稻伸长节数是否有价值作为品种选育中的一个指标，特别是针对 As 污染区的水稻品种筛选。这一切都有待于进一步研究。

（三）土壤理化性质和砷的有效态对水稻吸收砷的影响

水溶性 As 浓度与植物有效性的相关性好过与总 As 的相关性，土壤中有效 As 的含量与 pH、Eh、Fe、Al、黏土以及有机质含量有关，而测得的有效 As 浓度与所使用的提取剂有关（Smith et al.，1998）。

As 在水稻吸收到根表的过程中与土壤中可溶态 As 紧密相关，但在向上转运的过程中，并非所有的可溶态均可以被植物利用和有效转运。对 82 个土壤-糙米 As 含量与土壤性质的关系研究（表 14.79），土壤 As 含量与大米 As 含量、土壤黏粒有显著正相关性，翁焕新（2000）研究的 4095 个土壤样品中，As 在自然存在状况下，As 与土壤黏粒存在非常显著的相关性（显著水平 $p=0.001$），即土壤粒度愈细，As 含量愈高，这与土壤中的 As 主要以吸附态存在有关。因为，土壤粒度小，表面积就大，对 As 的吸附能力也越大。大米 As 含量和土壤的草酸铵提取态 Fe 含量成负相关，As 富集系数和土壤 pH 以及草酸铵提取态 Fe 含量成负相关。

表 14.79　土壤-糙米 As 含量与土壤性质的关系（$n=82$）

	土壤	大米	As 富集系数	Clay($<2\mu m$)	pH	OM/(g/kg)	Mn_{ox}/（mg/kg）	Fe_{ox}/（g/kg）
土壤	1	0.32*	−0.60*	0.27*	0.126	0.18	0.01	−0.02
大米		1	0.36*	0.18	−0.072	−0.09	−0.13	−0.30*
As 富集系数			1	−0.15	−0.267*	−0.01	−0.15	−0.22**

*0.01 水平上显著相关；**0.05 水平上显著相关。

在污染土壤风险评估中，需要快速准确地预测重金属的土壤环境行为。其中强酸消解测定土壤重金属总量是最常用的方法，但仅反映土壤污染程度，不能提供重金属形态行为方面的信息，不适宜于污染土壤风险评估（Sauve et al.，2000）。

应用各种化学提取方法能够提供更多重金属移动性、毒性与生物有效性信息，被越来越多的学者所采用（Sahuquillo et al.，2003）。另外食物链传递风险已经越来越引起关注，因此能够反映植物有效性的单一提取方法已经成为污染土壤风险评估的重要手段（Impellitteri et al.，2003）。未缓冲的盐溶液作为提取剂，如 $CaCl_2$、$NaNO_3$ 或者 NH_4NO_3 可以较好地预测植物吸收污染土壤中重金属（Pueyo et al.，2004）。

As 在土壤中的有效性比较低，0.01 mol/L $CaCl_2$ 和 0.05 mol/L$(NH_4)_2SO_4$ 提取 As 低于总 As 的 1%（Szakova et al.，2005），水溶态 As 大约占总 As 的不到 0.3%～1.7%（Camm et al.，2004）。0.43 mol/L HNO$_3$ 提取态占总 As 的 0.1%到 1.8%（Baroni et al.，2004），NH$_4$-OAc-EDTA 提取态 As 占总 As 的 0.05%~0.43%（Bech et al.，1997）。Huang 等（2006）的研究发现作物的 As 含量和 NaH$_2$PO$_4$ 提取态 As 有显著的正相关关系，表明 NaH$_2$PO$_4$ 提取态 As 是预测土壤总 As 的一种较好的提取剂。

本研究选择 CaCl$_2$、(NH$_4$)$_2$SO$_4$、NaH$_2$PO$_4$ 提取富阳的 52 个土壤有效态 As，发现三者都和土壤总 As 有显著的正相关关系，相关系数分别为 0.39、0.60 和 0.88（图 14.130）。CaCl$_2$ 提取了总 As 的 0.002%~0.14%，平均为 0.03%；(NH$_4$)$_2$SO$_4$ 提取了总 As 的 0.59%~4.26%，平均为 1.83%；NaH$_2$PO$_4$ 提取了总 As 的 4.17%~40.31%，平均为 13.93%。三者的提取态 As 和稻米的相关系数分别为 0.10、0.35 和 0.29，(NH$_4$)$_2$SO$_4$ 提取 As 和稻米的含量有显著的正相关关系。本研究说明专性吸附的 NaH$_2$PO$_4$ 提取 As 能更好的代表土壤总 As 情况，而非专性吸附的 (NH$_4$)$_2$SO$_4$ 提取 As 能更好的说明稻米 As 的含量。

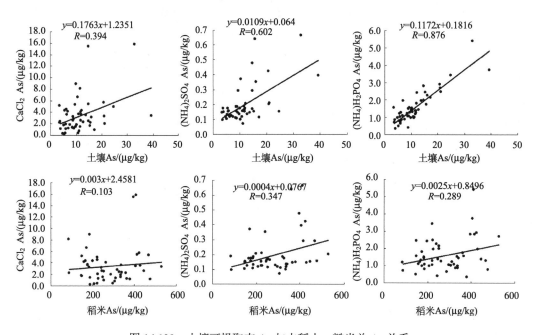

图 14.130　土壤可提取态 As 与水稻土、糙米总 As 关系

（四）砷污染区水稻与蔬菜的食用安全性评估

富集系数是植物中 As 浓度与土壤中 As 浓度的比值，富集系数可以反映植物在同样 As 浓度情况下对 As 吸收的能力。富阳稻米对土壤中 As 的富集系数为 0.01~0.07，平均值 0.025，米糠对土壤中 As 的富集系数为 0.02~0.12，平均值 0.05，米糠对土壤中 As 的富集系数是糙米的 2 倍，米糠更容易富集土壤中的 As。在浙江富阳地区采样研究测得米糠–糙米中 As 富集关系类似，而富阳地区糙米和米糠中 As 含量比台州地区采集的糙米和米糠 As 含量平均要高 2 倍，富阳金属冶炼带来的 As 污染相对台州要严重些。吕新之（1998）论述了土壤中 As 含量相同时，植物的 As 含量可能相差很大，例如土壤 As

含量为 12 mg/kg 时，水稻籽粒中 As 含量可以达到 1.04 mg/kg，富集系数为 0.08，而同样情况下小麦只有 0.005，水稻对 As 的富集作用是比较强的，在土壤富 As 地区不宜种植水稻。

富阳地区蔬菜 As 的富集系数，最小值 0.027，最大值 0.322，平均值 0.151。台州地区蔬菜 As 的富集系数最小值 0.009，最大值 0.046，平均值 0.021。蔬菜比稻米很容易富集土壤里的 As。台州地区远远低于富阳地区。根据富集系数结果，台州蔬菜富集系数比较小，可食部分对 As 的积累能力较弱；在同样的 As 污染条件下，As 在植物可食部分积累少。但是，青菜、萝卜、茼蒿也是当地农民喜欢的蔬菜，他们食用部分 As 的含量非常高，长期食用这些蔬菜会对健康造成危害。因此治理土壤 As 污染是提高当地民众健康水平的一个重要环节。污染区人民的健康就非常重要。

世界卫生组织（WHO）暂时建议 As 摄入量为 1 mg/（人·周）（成年人），它相当于 0.143 mg/（人·d）（Tripathi et al.，1997）。As 污染地区水稻中含 As 量最高为 1.18 mg/kg，平均值 0.3 mg/kg，如果日摄取水稻量按 0.4 kg 计算，则日平均摄取 As 为 0.12 mg。台州地区，青菜作为日常主要菜种，按照每日消费蔬菜（DW）100 g 计算，蔬菜按叶菜类平均值 1 mg/kg 计算，则日平均摄取 As 为 0.1 mg，稻米加上蔬菜的 As 大于 WHO 允许摄入量。因此，长期食用这些水稻、蔬菜对居民的健康极为不利，并且存在威胁人体健康的风险。加上其他途径，包括肉类、饮水的 As 摄入，应该采取措施控制该区土壤-农作物的 As 污染物。

台州蔬菜平均 As 含量为 147.7 μg/kg，每日蔬菜来源的 As 达到 14.7 μg；稻米的 As 含量一般在 165 μg/kg 计算，每日大米消费按照 400 g 计算，稻米来源 As 约为 66 μg。每日 As 摄入量达 0.081 mg，低于世界卫生组织（WHO）暂时建议 As 摄入量为 0.143 mg/（人·d）（成年人）。

另外，富阳水稻米糠的 As 浓度为 150～5350 μg/kg（平均值 1530±1070 μg/kg）。台州米糠 As 含量为 113.4～925.3 μg/kg（平均值 349.3±191.6 μg/kg，n=73），中值 291.65 μg/kg。富阳当地农民经常饲喂牲畜的根菜类红薯叶 As 含量在 897.8～4487.8 μg/kg，平均值 2533.8 μg/kg（干重），As 浓度含量较高，因此，通过用作饲料的途径，As 通过食物链对人体产生的 As 污染应该引起足够的重视。

第六节　汞的形态与植物富集特征

一、基于道南膜技术土壤中汞的形态特征

（一）道南膜技术测定氯化钙溶液中汞的形态

DMT 装置（Lab-DMT）引自荷兰瓦赫宁根大学；阳离子交换膜购自英国杜邦公司（DBH，No. 55165 2U）；蠕动泵购自保定兰格（BT100-1L）；管路采用 Teflon 材料，购自江苏滨海正红塑料厂。DMT 管路连接的泵头管采用内径 1.64 mm 的硅胶管，长约 15 cm；采用内经 2.0 mm 的 Teflon 管连接泵头、DMT cell、供端容器（1000 mL Teflon 窄口瓶）、受端容器（60 mL Teflon 窄口瓶）。DMT 装置清洗，先

用 0.1 mol/L HNO$_3$ 浸泡并振荡 2 次；然后超纯水（UPW）清洗并振荡 2 次；晾干备用。DMT 管路清洗，先用 0.1 mol/L HNO$_3$ 清洗 2 次；然后 UPW 清洗 1 次；然后背景溶液（0.002 mol/L 或 0.02 mol/L CaCl$_2$）清洗 2 次（每次至少 2 h）；纯水清洗 2 次；晾干备用。Teflon 瓶清洗，1:3 硝酸浸泡过夜；超纯水清洗；晾干备用。DMT 用阳离子交换膜前处理，先用 0.1 mol/L HNO$_3$（6.25 mL 优级纯浓硝酸定容至 1000 mL）清洗振荡 2 次（去除膜内吸附的杂质离子）；超纯水清洗振荡 2 次；1 mol/L CaCl$_2$ 清洗振荡，用 0.1 mol/L NaOH 中和 Ca^{2+} 交换出来的 H$^+$，直至滴加 NaOH 后再次振荡半小时至溶液 pH 恒定并且大于 5.0 为止；更换 1 mol/L CaCl$_2$ 振荡 1 次；超纯水清洗振荡 2 次；背景溶液（0.01 mol/L CaCl$_2$）清洗振荡 2 次；置于冰箱 4℃ 保存备用。上述清洗振荡时间至少 2 h 为一次。

Hg 测定及仪器条件：溶液 pH 及 Hg 含量的测定在采样后半小时内完成。pH 采用玻璃电极 pH 计测定。Hg 测定采用国产仪器 AFS-930，仪器检出限为 0.04 μg/L（2×10^{-10} mol/L）。载流：5% HNO$_3$ 和 0.5‰ K$_2$CR$_2$O$_7$ 混合液；还原剂：0.5% KOH 和 1% KBH$_4$ 混合液（5 g KOH 加 10 g KBH$_4$ 定容至 1000 mL；先加 200 mL 超纯水将 KOH 溶解，然后加入 KBH$_4$）；灯电流 30 mA；载气 400/800，负高压 –270 V。

DMT 试验参数：供端体积为 500 mL；受端体积，实验 A1 为 20 mL，其他实验设计为 15 mL。试验中泵速控制在 1.9～2.1 mL/min，采样时间见表 14.80。DMT 体系连接完成开动蠕动泵后，待供端、受端完全充满液体并且回滴后，开始计时试验开始。每次采样时，先排空 DMT Cell 及整个管路后再采样。供端和受端每次各采样 4 mL，其中 2 mL 用于测定 pH；1 mL 稀释（5% HNO$_3$ 和 0.5‰ K$_2$CR$_2$O$_7$ 混合液），用于 AFS 测定 Hg 浓度；1 mL 稀释 11 倍（5% HNO$_3$ 和 0.5‰ K$_2$CR$_2$O$_7$ 混合液），用于 ICP-AES 测定 Ca^{2+} 浓度。受端采样后补加 4 mL 背景溶液。实验在控温控光实验室内进行，温度为 20℃。DMT 实验分为 A、B 两部分，具体设计见表 14.80。实验 A 部分持续时间较长，一般在 120～240 h 之间；实验 B 部分缩短采样时间到 8 h。

表 14.80　0.01 mol/L CaCl$_2$ 体系中 Hg 的道南膜实验设计

实验	Hg 浓度/（μmol/L）	背景溶液 mmol/L CaCl$_2$		配体		pH	采样时间/h
		供端	受端	供端	受端		
		实验 A 部分					
A1	1000（200 mg/L）	10	10	—	—	3.0	0，24～240
A2	0.100（20 μg/L）	10	10	—	EDTA-Na$_2$	4.0	0,48,120
A3	0.100（20 μg/L）	10	10	—	（0.1 mmol/L）	7.0	0,48,120
		实验 B 部分					
B1	500（100 μg/L）	10	10	—	—	6.2	0，4,8
B2	100（20 μg/L）	10	10	—	—	4.0	0,4，8
B3	10（2 μg/L）	10	10	—	—	4.0	0，4,8

1. 高浓度汞的 DMT 测定

试验 A1，供端采用 1×10^{-3} mol/L（200 mg/L）$HgCl_2^0$，结果表明，在持续 10 d 的 DMT 实验过程中，未观测到供端 Hg 明显消失的现象，受端 Hg 含量随着实验的进行不断增高（图 14.131）。

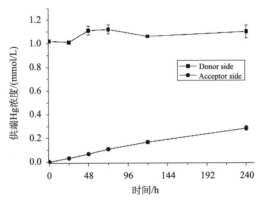

图 14.131　0.001 mol/L $HgCl_2^0$ 时供端与受端 Hg 浓度随时间变化

当供端溶液 pH 为 3.0 时，体系中的 Hg 的主要化学形态为 $HgCl_2$、$HgCl_3^-$，根据上述判别依据，阳离子交换膜为跨膜的主要限制步骤。实验结果与 Visual Minteq 软件计算的 Hg 各化学形态浓度比较见图 14.132。

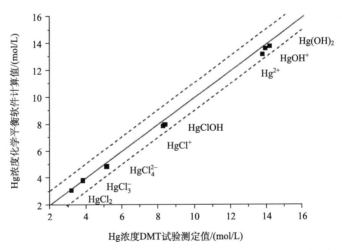

图 14.132　体系中 Hg 各形态浓度的实验结果值与软件计算值比较

根据供端测定的溶液 pH 及受端测定的 Hg 浓度，可以较准确地得到供端的 $HgCl_2^0$ 浓度，其他 Hg 形态的浓度也可以根据平衡常数计算得到。实验结果与化学形态软件计算值吻合较好。供端 Hg 含量为 1×10^{-3} mol/L（200 ppm $HgCl_2$）时，供端及受端 Hg 损失不明显，$HgCl_2^0$ 为 Hg 跨膜迁移贡献主要的 Hg 形态，体系中含 Hg 阳离子浓度极低，$HgCl_3^-$ 作为阴离子仍对 Hg 跨过阳离子交换膜迁移起到一定作用（1.06%）。

2. 低浓度汞的 DMT 测定

当高浓度 Hg（$1×10^{-3}$ mol/L）的 DMT 实验取得较好效果后，降低实验中供端 Hg 浓度，期望也能获得类似的效果（实验 A2～A3，图 14.133 和图 14.134）。但当供端 Hg 浓度降低到 $1.0×10^{-7}$ mol/L（20 ppb $HgCl_2$）时，试验进行 120 h 后供端 Hg 分别降低了 8.66%（pH=4.0）和 32.85%（pH=7.0）（图 14.134）。显然，Hg 损失受溶液 pH 影响很大，升高溶液 pH 造成供端更多 Hg 损失。同样受端也存在严重 Hg 损失，当实验时间超过 48 h 后，受端 Hg 浓度出现不增反降的现象。另外，在受端添加 EDTA-Na_2 作为强络合剂并未起到增强 Hg 稳定性的目的（实验 A2，图 14.133）。

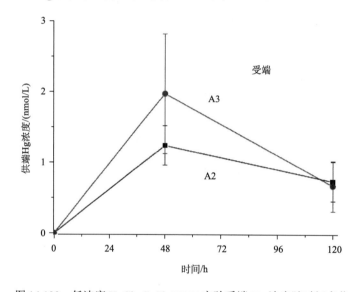

图 14.133　低浓度 $HgCl_2$-$CaCl_2$-DMT 实验受端 Hg 浓度随时间变化

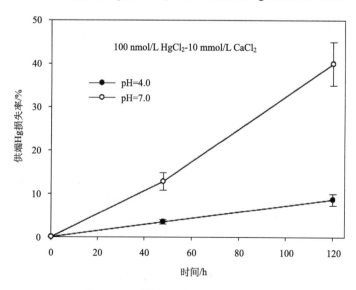

图 14.134　供端 Hg 损失率随时间变化

3. 低浓度下 HgCl₂-CaCl₂-DMT 体系的条件优化

从上述实验结果可以看出，随着实验时间的延长，供端 Hg 损失不断加剧。假设缩短实验时间可以减少 Hg 损失，并在仪器可检出的范围内测定受端 Hg 含量，则有希望采用动力学 DMT 方法，测定低浓度 CaCl₂ 体系中 Hg 的化学形态。为此，本研究设计了采样时间为 4 h、8 h 的低浓度 Hg（1~50×10⁻⁸ mol/L）DMT 实验（B1~B3）。根据上述实验结果，在受端添加络合剂并不能起到保护 Hg 不受损失，此次未在受端添加 EDTA-Na₂。

实验结果表明，缩短采样时间后，供端仍然存在较为严重的 Hg 损失，Hg 损失率随pH 升高和供端 Hg 总浓度的降低而增大（图 14.135）。受端 Hg 浓度增加的速率仍有逐渐变缓的趋势，但在 8 h 以内未出现浓度不增反降的异常现象（图 14.136）。

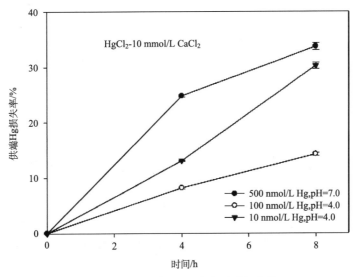

图 14.135 供端 Hg 损失率随时间变化

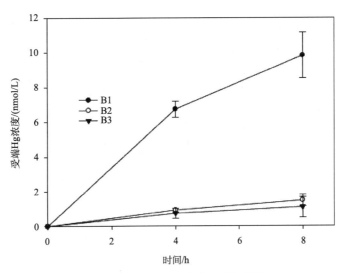

图 14.136 受端 Hg 浓度随时间变化

供端 Hg 损失由三个部分组成：①Hg 挥发到空气中，②Hg 吸附于 DMT 装置和管路及瓶壁上，③Hg 在阳离子交换膜上吸附（包括化学吸附和静电吸附两部分）。假设前两部分 Hg 损失可以忽略不计，Hg 主要吸附在阳离子交换膜上，静电吸附的总量可以由下式计算：

$$Hg_{electrostatics} = C_{i'donor} \times B^{Z_i} \times A_e \times \delta_m$$

则 Hg 在阳离子交换膜上的静电吸附量占供端总 $HgCl_2^0$ 含量的比率为

$$R_{electrostatics} = \frac{Hg_{electrostatics}}{C_{HgCl_2,donor} \times V_{donor}} = 2.24 \times 10^{-4}$$

与供端 Hg 损失总量相比，静电吸附 Hg 可以忽略，剩余的 Hg 损失由 Hg 在阳离子交换膜上的化学吸附解释。假设化学吸附的 Hg 可以强烈滞留在阳离子交化膜上，透过膜的 Hg 主要由静电吸附态 Hg 贡献，忽略供端 Hg 的损失，根据 DMT 动力学方法，用受端 Hg 总量反算供端 Hg 形态，则实验结果与模型计算结果比较见图 14.137。

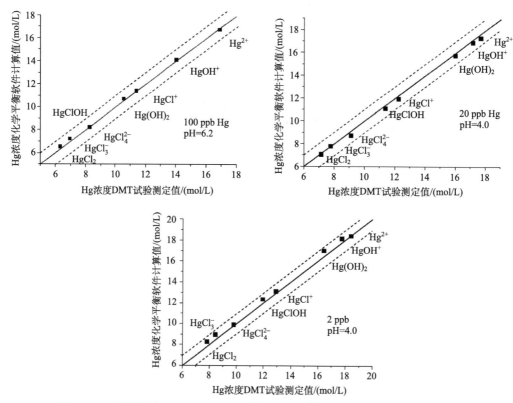

图 14.137 低浓度 $HgCl_2$-$CaCl_2$-DMT 实验 Hg 各形态实验结果与软件计算值比较

从图 14.137 可以看出，虽然在低浓度 Hg 条件下供端 Hg 损失较为严重，通过缩短实验时间，Hg 损失从 10%~40% 减少到 10%~30%。采用动力学 DMT 方法，仍能较准确地测定体系中 $HgCl_2$ 的浓度。由溶液 pH 及反应平衡常数，反推出其体系中其他形态 Hg 的含量。2 μg/L Hg 时 Hg 的测定值略低于计算值，可能是低浓度 Hg 吸附及原子荧光测定偏差两方面原因引起。

（二）道南膜技术测定硝酸钙溶液中汞的形态

DMT 装置、管路清洗、连接与前文所述一致。阳离子交换膜的处理除背景溶液改为 1 mol/L $Ca(NO_3)_2$，2 mmol/L $Ca(NO_3)_2$ 或者 20 mmol/L $Ca(NO_3)_2$ 溶液外，其他与前文处理方法相同。

由于在受端引入胡敏酸（Humic Acid），用 AFS-930 测定 Hg 之前必须进行样品前处理。取受端水样 5.0 mL 置于 15 mL 离心管中，加入 0.2 mL 浓硫酸、0.4 mL 1%溴酸钾-溴化钾溶液。摇匀后（水浴加热 40～50℃）放置 10 min，滴加盐酸羟胺-氯化钠溶液至黄色褪尽，用去离子水定容至 10.0 mL，用于测 Hg。

DMT 实验供端溶液约 500 mL；受端溶液 15 mL。供端背景溶液，2/20 mmol/L $Ca(NO_3)_2$；受端背景溶液，2/20 mmol/L $Ca(NO_3)_2$，20 mg/L 胡敏酸。受端取样 9 mL，其中 5 mL 用于测定 Hg、2 mL 用于测定 pH、2 mL 稀释后 ICP-OES 测定 Ca；取样后受端补充 9 mL 背景溶液。

由于供端 Hg 在 $Ca(NO_3)_2$ 体系中存在比 $CaCl_2$ 体系更强烈的吸附损失，本实验仍分为 A、B 两部分，实验 A 部分采用 2 mmol/L $Ca(NO_3)_2$ 作为背景溶液（表 14.81），实验 B 部分采用 20 mmol/L $Ca(NO_3)_2$ 作为背景溶液（表 14.82），目的是比较离子强度、供端 Hg 总浓度和溶液 pH 不同对 Hg 损失的影响，以及 Hg^{2+} 和 $Hg(OH)_2^0$ 透过阳离子交换膜性质的异同。

表 14.81　2 mmol/L $Ca(NO_3)_2$ 体系中 $HgSO_4$ 道南平衡实验设计

实验	Hg 浓度/(μmol/L)	背景溶液/(mmol/L) $Ca(NO_3)_2$		配体		pH	采样时间/h
		供端	受端	供端	受端		
A1	1.00（200 μg/L）	2	2	—	胡敏酸 20 mg/L	3.0	0,3,6,24,48
A2	1.00（200 μg/L）	2	2	—	胡敏酸 20 mg/L	7.0	0,3,6,24,48
A3	0.5（100 μg/L）	2	2	—	胡敏酸 20 mg/L	4.0	0,3,6,24,48
A4	0.01（20 μg/L）	2	2	—	胡敏酸 20 mg/L	3.0	0,3,6,24,48
A5	0.01（20 μg/L）	2	2	—	胡敏酸 20 mg/L	7.0	0,3,6,24,48

表 14.82　20 mmol/L $Ca(NO_3)_2$ 体系中 $HgSO_4$ 道南平衡实验设计

实验	Hg 浓度/(μmol/L)	背景溶液(mmol/L) $Ca(NO_3)_2$		配体		pH	采样时间/h
		供端	受端	供端	受端		
B1	1.00（200 μg/L）	20	20	—	胡敏酸 20 mg/L	3.0	0,3,6,24,48
B2	1.00（200 μg/L）	20	20	—	胡敏酸 20 mg/L	7.0	0,3,6,24,48
B4	0.10（20 μg/L）	20	20	—	胡敏酸 20 mg/L	3.0	0,3,6,24,48
B5	0.10（20 μg/L）	20	20	—	胡敏酸 20 mg/L	7.0	0,3,6,24,48

1. Hg^{2+}的 DMT 测定

Hg^{2+}表现出在阳离子交换膜上较强烈的吸附作用,吸附强度随着体系离子强度的升高而降低,同时 Hg^{2+}透过阳离子交换膜的能力也随着离子强度的升高而降低(图 14.138)。然而,当供端 Hg 浓度降低到 20 μg/L 时,Hg 的吸附随离子强度升高而降低的现象却不再明显(图 14.139)。同样,受端的 Hg 增加量也随着离子强度的增加而变缓。

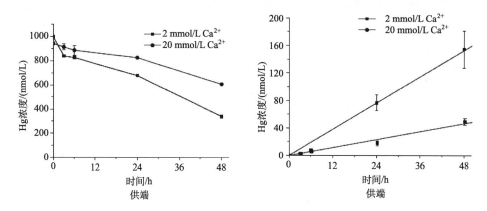

图 14.138　低 pH(pH=3.0)HgSO$_4$-Ca(NO$_3$)$_2$-DMT 实验供端和受端 Hg 浓度随时间变化

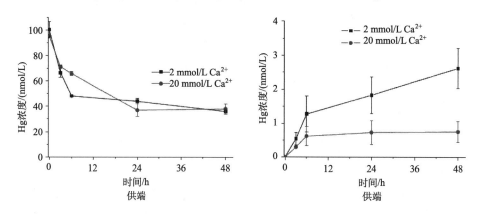

图 14.139　供端 Hg 浓度为 20 μg/L,低 pH(pH=3.0)HgSO$_4$-Ca(NO$_3$)$_2$-DMT 实验供端和受端 Hg 浓度随时间变化

对上述现象可以做如下解释:Hg^{2+}在阳离子交换膜上的吸附同样可分为静电吸附和化学吸附,作为二价离子,Hg^{2+}与阳离子交换膜的交互作用受到 Ca^{2+}离子浓度的强烈影响。假如离子强度的改变对 Hg^{2+}在阳离子交换膜上化学吸附的影响可以忽略,则 Hg^{2+}在阳离子交换膜上吸附随离子强度改变的部分主要为静电吸附。当 Hg^{2+}浓度高时(200 μg/L),静电吸附 Hg 相对于化学吸附 Hg 的比例相对于低浓度时(20 μg/L)要高,引起离子强度对 Hg^{2+}在阳离子交换膜上的吸附在高浓度时比低浓度时明显。

2. Hg(OH)$_2^0$ 的 DMT 测定

Hg(OH)$_2^0$ 表现出比 Hg^{2+} 更强的阳离子交换膜吸附，而且 Hg(OH)$_2^0$ 在阳离子交换膜上的吸附并不随着离子强度的变化而变化（图 14.140 和图 14.141）。Hg(OH)$_2^0$ 与 Hg^{2+} 不同，本身不带电荷，因此可以推断 Hg(OH)$_2^0$ 在阳离子交换膜上的吸附主要是化学吸附。供端高浓度时（200 μg/L）Hg(OH)$_2^0$ 在阳离子交换膜的吸附量相对低浓度时（20 μg/L）要小。

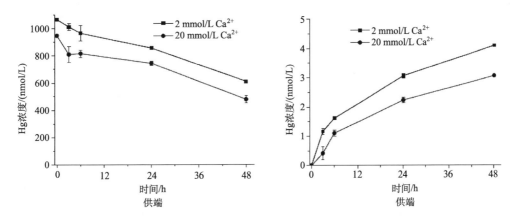

图 14.140　pH（pH=7.0）HgSO$_4$-Ca(NO$_3$)$_2$-DMT 实验供端和受端 Hg 浓度随时间变化

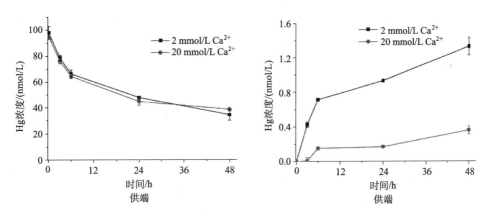

图 14.141　HgSO$_4$-Ca(NO$_3$)$_2$-DMT 实验供端和受端 Hg 浓度随时间变化
（供端 Hg 浓度为 20 μg/L，pH=7.0）

虽然 Hg(OH)$_2^0$ 在阳离子交换膜内有强烈吸附，但透过阳离子交换膜到受端的 Hg(OH)$_2^0$ 并不比同浓度 HgCl$_2^0$ 多，甚至略慢一些，这可能是由于 Hg(OH)$_2^0$ 在膜内具有很强的滞留能力。

3. HgSO₄-Ca(NO₃)₂-DMT 体系中汞吸附机理

供端 Hg 浓度为 200 μg/L 时，提高溶液离子强度能够显著降低 Hg^{2+} 在阳离子交换膜上的吸附，对于 $Hg(OH)_2^0$ 的吸附则起到了相反的结果（图 14.142）。而在供端 Hg 浓度为 20 μg/L 时，改变离子强度并没有显著影响 Hg 的吸附，同时 $Hg(OH)_2^0$ 和 Hg^{2+} 的吸附差异也不再明显（图 14.142）。与 $HgCl_2^0$ 类似，我们假设 Hg 的损失主要由化学吸附和静电吸附造成。对于 Hg^{2+} 和 $Hg(OH)_2^0$，理论计算静电吸附量约占供端 Hg 总量的 3.29% 和 0.33%，其余的 Hg 损失量应该由化学吸附来解释。大量对于其他金属离子如 Cd^{2+}、Cu^{2+} 等应该透过阳离子交换膜到达受端的 Hg 离子却滞留在阳离子交换膜内，使得常规的动力学 DMT 方法不再适用于该体系。因此，引入滞留系数 R_f 来描述 Hg 在阳离子交换膜内的化学吸附，Hg^{2+} 和 $Hg(OH)_2^0$，实验测定值与化学软件计算值比较见图 14.143。

$$R_f = \frac{(C_{D,tot,t=0} - C_{D,tot,t}) \times V_{Donor} - C_{Acc,t} \times V_{Acc}}{A_e \times \delta_m}$$

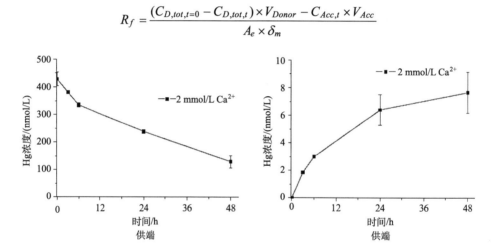

图 14.142　pH=4.0 时 HgSO₄-Ca(NO₃)₂-DMT 实验供端和受端 Hg 浓度随时间变化

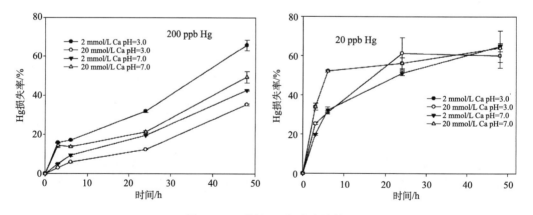

图 14.143　供端 Hg 损失率比较

表 14.83 供端 Hg 的实际吸附率与理论静电吸附率比较

Hg Species	静电吸附 Hg 占供总 Hg 比例/%	48 h 供端 Hg 实际损失率/%
Hg^{2+}（2 mmol/L Ca）	3.29	65.9
Hg^{2+}（20 mmol/L Ca）	0.33	35.5
$Hg(OH)_2^0$（2 mmol/L Ca）	0.0045	42.8
$Hg(OH)_2^0$（20 mmol/L Ca）	0.0045	49.6
$HgCl_2^0$	0.0045	—

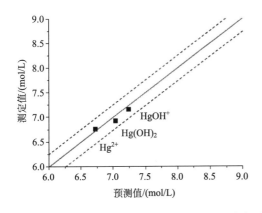 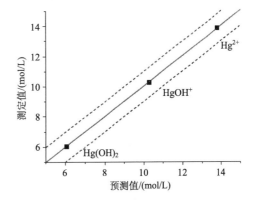

图 14.144 Hg 形态实验结果与软件计算值比较

实验 A1 条件：2 mmol/L Ca(NO₃)₂，pH=3.0；试验 A2 条件：2 mmol/L Ca(NO₃)₂，pH=7.0

二、水稻对汞的富集及植物体汞、硒交互作用

（一）水稻对汞的吸收富集规律

在浙江省富阳市水田采集土壤样品 52 个，水稻样 52 个。在浙江省台州市采集土壤样品 509 个，水稻植株样 76 个。水稻品种选择当地种植面积较广的，主要是粳米，包括少量杂交稻。

1. 水稻对土壤汞的吸收

表 14.84 列出了富阳和台州两地水稻土与水稻植株不同部位 Hg 含量的相关关系，结果表明，水稻土 Hg 仅与水稻根 Hg 有显著正相关（$p<0.05$），而与茎叶、米糠和糙米均无显著先关性，反映了 pH 等土壤理化性质对水稻吸收 Hg 产生了重要影响。将土壤 pH 在 4.83～7.52，与水稻土 Hg 含量结合，可以获得与水稻根 Hg 更好的拟合，但与茎叶、米糠和糙米 Hg 含量相关性仍然很差，这说明 Hg 在水稻吸收到根表的过程中与土壤中可溶态 Hg 紧密相关，但在向上转运的过程中，并非所有的可溶态均可以被植物利用和有效转运。

对一块水稻田取样测试了根际土壤和非根际土壤 Hg 含量，根际土壤 Hg 含量为

79±16 µg/kg，非根际土壤 Hg 含量为 83±6 µg/kg，两者无显著差异。根际土壤 Hg 含量的波动性较非根际土壤 Hg 含量略大，可能与水稻根部对 Hg 的吸收提取有关。

表 14.84　富阳和台州水稻土与水稻植株不同部位 Hg 含量的关系

		Hg_{soil}	Hg_{root}	Hg_{si}	Hg_{bran}	Hg_{rice}
Hg_{soil}	皮尔逊相关系数	1.000	0.280*	−0.004	−0.111	0.042
Hg_{soil}	皮尔逊相关系数	0.280*	1.000	0.068	−0.033	0.166
Hg_{si}	皮尔逊相关系数	−0.004	0.068	1.000	0.021	0.231*
Hg_{bran}	皮尔逊相关系数	−0.111	−0.033	0.021	1.000	0.020
Hg_{rice}	皮尔逊相关系数	0.042	0.166	0.231*	0.020	1.000

*0.05 水平上显著相关。

2. 水稻汞的转运

1）不同器官的富集

水稻从土壤中吸收的 Hg 会经水稻根、茎叶、米糠等向糙米转移。在此将测试的 97 个样品分成三组：土壤 Hg>300 µg/kg、150～300 µg/kg、<150 µg/kg，这样分别代表处于Ⅲ、Ⅱ和Ⅰ级土壤标准值的土壤环境。分别计算各组内水稻土、水稻根、水稻茎叶、米糠和糙米等中的 Hg 含量平均值与标准偏差（平均值±S.D.）（图 14.145）。富阳和台州两地的蔬菜 Hg 含量大多超过国家食品卫生标准规定的 20 µg/kg。在不同蔬菜的 Hg 含量对比中，青菜作为日常主要菜种含有较高的 Hg 含量，按照每日消费蔬菜（DW）100 g，蔬菜平均 Hg 含量为 30 µg/kg，每日蔬菜来源的 Hg 就达到 3 µg；稻米的 Hg 含量一般在 5～10 µg/kg，按照 7.5 µg/kg 计算，每日大米消费按照 400 g 计算，稻米来源 Hg 约为 3 µg。对比可以看出，蔬菜带来的 Hg 摄入占有约 50%的比例。

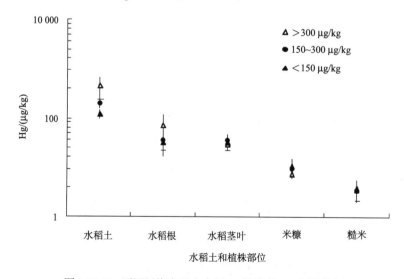

图 14.145　不同污染水平上水稻土-糙米的 Hg 积累特征

由图可知，在土壤 Hg>300 μg/kg 组，水稻土、水稻根、茎叶、米糠到糙米 Hg 含量依次降低，而在土壤 Hg=150～300 μg/kg、<150 μg/kg 两组，水稻根和水稻茎叶 Hg 含量基本相当，水稻茎叶甚至略高于水稻根 Hg。这种现象一般解释为水稻靠蒸腾流吸收的 Hg 在水分蒸发后滞留在水稻叶片中，可能也有部分来自于对呼吸作用下从大气中吸收的，特别是在工业活动强度较大的地区（Feng et al.，2006）。

进入水稻植株内部的毒性元素从根部向上运输会受到各器官的阻滞和截留作用，因此，水稻植株各器官毒性元素分布特点为籽实（糙米<谷壳）<茎叶<<根，呈现自下而上递减的变化规律。以往的研究都认识到砷积累根>>茎叶>籽实这一现象，但尽管茎叶（节-节间）部分是水稻植株的主体部分，生长高度约占整个植株的 80%以上，在毒性元素向上转运的过程中可能扮演重要的角色，而对这部分细致的分析还很缺乏，特别是对节-节间的分析。

2）水稻汞、砷转运的节控效应

稻茎由节和节间两部分组成。茎上着生叶的部位，较致密，称为节，两个节之间的部分，中空，称为节间（图 14.146）。水稻一般有 9～19 个节和节间，其中茎上部 4～7 个节间能明显伸长，形成茎秆，基部 5～12 个节间不伸长。生育期长的品种茎节数和伸长节间一般多于生育期短的。从植物学角度上看，水稻分蘖有高蘖位和低蘖位之分，分蘖的出现顺序和蘖位有密切关系，第一个分蘖由于光合作用的时间长，有机物质的积累较快，较多，对体内吸收的无机营养也较充分。本文取一级分蘖形成的茎秆的节-节间为主要对象开展深入研究。

图 14.146　水稻与水稻的节、节间

如图 14.147 所示，我们对采自浙江某地的水稻植株的茎上部 5 个节-节间的分析发现，水稻节部 Hg、Se 含量是对应相邻节间该元素含量的 2～4 倍左右，节-节间-节-节间的两种元素含量呈现明显的锯齿状分布。它们在水稻植株中的积累规律从高到低依次为：根>节>节间>谷壳>籽粒，根部到节，第一个节到第一个伸长的节间 Hg 和 Se 含量表现出快速下降的趋势，第二个节含量又上升，第二个节间再下降，以此类推，直至与稻穗相连的节间。对于茎部整体而言，无论是节还是节间，没有出现由下而上递减的规律，反映了 Hg 一旦透过水稻根表进入水稻植株内，就可以被快速向上转运直至稻米部分，而不是呈现自下而上的逐级递减。同时，也不排除水稻植株中的 Hg 元素可能具有多来源导致叶片吸收 Hg 并向中秆转运。

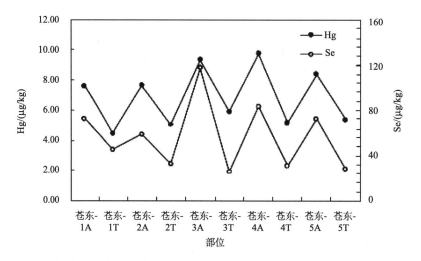

图 14.147　台州苍东水稻植株的节（A）-节间（T）Hg 积累特征

此外，经分段称重表明，节部的质量约是节间的 1/3～1/5，而节部积累的 Hg、Se 含量是节间部 2～4 倍，因此，总积累量相当，或略低。由此可见，节是水稻根部 Hg、Se 向上转运的重要截留部位，对它们的转运过程可能起到一定的阻滞作用，在 Hg、Se 的吸收、转运进程中扮演着重要角色。

3）水稻其他元素的转运节控效应

不但对于 Hg、Se，对台州四块水田采集的样品，测试的 15 种无机元素中，除 K 和 Al 元素外，均基本呈现节部比节间部明显积累有较高的含量，这其中包括毒性元素，也包括营养或有益元素（表 14.85）。不同元素的节-节间元素含量差异有所不同，一般相差在 2～10 倍。

表 14.85　浙江台州 4 块水田水稻植株节-节间 15 种无机元素含量

样品号	Hg /(μg/kg)	Se /(μg/kg)	As /(mg/kg)	Cu /(mg/kg)	Zn /(mg/kg)	Cd /(mg/kg)	Pb /(mg/kg)	Mn /(mg/kg)	Na /(mg/kg)	P /(mg/kg)	SO_4^{2-}	Al	Ca	K	Mg
												/%			
C-1A	7.61	72.14	1.60	2.74	20.7	1.65	0.10	570	2908	2239	0.298	0.0114	0.141	1.40	0.27
C-1T	4.47	45.44	1.71	18.88	57.7	3.26	2.83	638	1560	2335	0.141	0.0126	0.064	2.82	0.21
C-2A	7.66	58.72	1.53	69.56	351.0	9.74	8.76	725	1707	2157	0.275	0.0071	0.126	1.49	0.33
C-2T	5.04	32.87	1.06	17.65	62.7	2.87	2.81	711	771	1896	0.121	0.0067	0.075	2.74	0.20

续表

样品号	Hg /(μg/kg)	Se /(μg/kg)	As /(mg/kg)	Cu /(mg/kg)	Zn /(mg/kg)	Cd /(mg/kg)	Pb /(mg/kg)	Mn /(mg/kg)	Na /(mg/kg)	P /(mg/kg)	SO_4^{2-}	Al	Ca	K	Mg
													/%		
C-3A	9.36	117.3	3.79	37.16	340.4	9.61	5.60	631	797	1323	0.173	0.0147	0.232	1.20	0.20
C-3T	5.89	25.69	0.92	8.68	129.9	3.25	3.37	751	754	1391	0.147	0.0132	0.086	3.40	0.21
C-4A	9.79	83.77	2.96	64.08	620.3	18.21	4.79	1799	1460	1956	0.285	0.0088	0.269	3.27	0.30
C-4T	5.16	30.57	1.08	4.64	107.7	3.52	2.32	647	359	1075	0.146	0.0113	0.078	3.05	0.14
C-5A	8.41	71.89	2.75	46.41	568.3	24.82	1.57	2256	774	1974	0.246	0.0073	0.408	3.41	0.26
C-5T	5.35	27.88	1.02	15.90	128.0	2.28	0.87	670	454	849	0.170	0.0059	0.102	3.46	0.12
H-1T	4.29	29.72	1.08	16.11	101.0	8.05	1.41	219	7325	3221	0.194	0.0074	0.035	1.74	0.11
H-2A	6.93	79.94	6.30	66.83	527.3	14.89	3.26	278	9314	4320	0.356	0.0113	0.134	1.15	0.22
H-2T	5.03	22.04	0.71	14.56	107.7	4.93	2.85	251	3469	2388	0.177	0.0090	0.044	1.81	0.11
H-3A	6.60	57.00	5.94	27.11	547.8	10.53	0.27	177	3360	2263	0.214	0.0017	0.123	1.35	0.13
H-3T	7.10	56.06	2.38	10.50	126.4	18.02	1.69	874	812	1036	0.188	0.0066	0.357	3.03	0.11
H-4A	5.72	12.93	0.64	4.72	40.5	3.57	0.31	276	1195	1289	0.151	0.0068	0.035	2.30	0.09
H-4T	7.09	79.85	3.69	34.88	510.8	17.44	3.25	553	2608	2021	0.282	0.0058	0.245	2.73	0.14
H-5A	5.18	21.88	0.85	9.42	36.9	3.66	1.59	299	582	468	0.124	0.0053	0.070	2.12	0.06
H-5T	5.99	39.45	4.60	2.75	31.0	1.39	0.99	216	319	346	0.115	0.0069	0.073	3.19	0.03
Y3-1A	14.91	60.04	4.00	177.7	183.0	15.34	5.13	175	8913	902	0.438	0.0116	0.051	0.35	0.08
Y3-1T	8.17	20.85	1.77	28.74	24.2	5.89	0.40	175	9029	2102	0.238	0.0097	0.016	1.43	0.09
Y3-2A	11.96	50.11	1.83	95.54	218.4	13.18	3.85	228	15420	1088	0.359	0.0131	0.087	0.72	0.11

　　造成这一规律的原因可能是，水稻的稻茎由节和节间两部分组成。茎上着生叶的部位，较致密，称为节，两个节之间的部分，中空，称为节间，其中致密的节部具有水平的隔板状结构，能够对垂向传输的营养盐或可溶性元素起到阻挡作用，因此具有较高的元素含量，而K 元素由于具有非常强的透过性，并且在节间部分其他无机元素的过量缺失给 K 元素的沉积创造了条件。有关这一规律的微观机制将在今后的研究中加以细致分析和解决。

（二）植物体汞、硒交互作用

　　水稻品种选择杂交稻（优 II-838）。水稻水培：处理按照表 14.86，CK（正常营养液）3 盆，CK0（Hg 2.5 nmol/L）3 盆，固定 Se 浓度，Hg 浓度梯度试验，5 污染程度×3 重复＝15 盆；固定 Hg 浓度，Se 浓度梯度试验，5 污染程度×3 重复＝15 盆。其中，Hg 为 $Hg(NO_3)_2$，Se 为 Na_2SeO_3。共计 36 盆。6 天更换一次营养液，培养 5 周。

表14.86　水培水稻试验设置的浓度梯度

处理	CK	CK0	Hg1	Hg2	Hg3	Hg4	Hg5
Hg（nmol/L）	0	0	0.5	1.0	同 Se3	2.5	5
Se（nmol/L）	0	50	50	50	同 Se3	50	50

处理		Se0	Se1	Se2	Se3	Se4	Se5
Hg（nmol/L）		1.25	1.25	1.25	1.25	1.25	1.25
Se（nmol/L）		0	12.5	25	50	125	250

东南景天（*Sedum alfredii* Hance）母株采自浙江富阳上台门铅锌矿区。东南景天水培处理按照表 14.87，CK（正常营养液）3 盆，CK0（Hg 50 nmol/L）3 盆，固定 Se 浓度，Hg 浓度梯度试验，5 污染程度×3 重复＝15 盆。根据浙江富阳稻米中 Se:Hg（摩尔比）基本在 50:1 左右波动的特征，Se 的浓度设定为 2500 nmol/L。其中，Hg 为 $Hg(NO_3)_2$，Se 为 Na_2SeO_3。培养过程中，监测营养液 Hg、Se 浓度变化。

表 14.87　水培东南景天试验设置的浓度梯度

处理	CK	CK0	Hg1	Hg2	Hg3	Hg4	Hg5
Hg（nmol/L）	0	50	12.5	25	50	100	200
Se（nmol/L）	0	0	2500	2500	2500	2500	2500

1. 土壤–水稻系统汞、硒 的环境行为

1）水稻吸收汞、硒

表 14.88 列出了富阳某乡水稻土和水稻样品中的 Hg、Se 含量。整体而言，相比于南极玄武岩发育的土壤背景值，水稻土的 Hg、Se 含量均有大幅提高，水稻土的 Hg 含量平均为 251±164 μg/kg，约是南极背景值（9±1 μg/kg）的 27 倍，Se 是 1049±816 μg/kg 约是南极背景值（212±54 μg/kg）的 5 倍（Yin et al.，2007）。其中，30%的水稻土 Hg 超过国家二级标准（300 μgHg/kg，pH＜6.5，GB15618—1995），在此，我们假定水稻土在未施加石灰的状态下 pH＜6.5。对比 Hg 污染较重的贵州赫章（0.14~0.58 mg/kg，平均 0.38 mg/kg），研究区的 Hg 含量与之相当（Feng et al.，2006）。表 14.88 还显示，糙米中 Hg 含量基本低于国家食品安全的限定值 20 μg Hg/kg，但有 10%高于绿色食品的限定值 10 μg Hg/kg（GB18406.1-2001）。米糠具有较高的 Hg 含量，一般是糙米 Hg 的 2 倍，但糙米和米糠的 Se 含量相当。水稻品种对 Hg、Se 含量的影响未观察到。

表 14.88　浙江富阳环境样品中的 Hg 和 Se 含量　　（单位：μg/kg）

性质	$BCF_{crice/soil}$		水稻土		糙米		米糠	
	Hg	Se	Hg	Se	Hg	Se	Hg	Se
N	53	53	53	53	53	53	33	33
范围	0.007~0.133	0.041~0.746	102~672	332~4678	1.2~16	42~3460	3.1~27.5	27~2091
平均值	0.031	0.170	251	1049	6.0	214	13.6	208
SD	0.021	0.114	164	816	2.8	476	5.3	366
CV（%）	68	67	65	78	47	223	39	176

表 14.88 还列出了富集系数（$BCF_{crice/soil}$），它被定义为糙米中元素含量与水稻土中该元素含量的比值，用于表征水稻对该元素的吸收作用。Hg 的 $BCF_{crice/soil}$ 平均为 0.031（0.007~0.133），约是 Se 的 1/5。这说明 Se 能被更有效的吸收，并积累在糙米中。为了进一步考察水稻吸收 Hg、Se 与土壤 13 个参数之间的关系，表 14.89 列出了计算的相

关系数。对于土壤 Hg_s 仅与 Hg_b、BCF_{Hg} 有显著正相关，与其他参数之间未观察到明显的相关性。因此，Hg_s 是采样点水稻吸收 Hg 的第一影响因素。为更清楚地观察，糙米 Hg（Hg_r）与 Hg_s 的关系作了图 14.148，由图可以看出在 $Hg_s > 300$ μg/kg 时，它们之间的线性关系较为明显，而在 $Hg_s < 300$ μg/kg 时，这种关系较弱。这说明 Hg 污染较重的地方，对于糙米 Hg 含量，Hg_s 有着更强的影响。另一方面，Wang 和 Greger（2004）对柳树（*Salix* spp.）的研究表明，柳树根系积累的 Hg 仅有 0.45%～0.62%可以被向上转运至茎叶部分，根系是 Hg 的主要积累器官，由此推测水稻的根部 Hg 只有很少量的可以向上转运至茎叶或籽粒部分，在这一地区 Hg 污染较重地区，由于污染降尘较为明显，水稻的叶片可能是重要吸收 Hg 的器官，经过向节部-稻穗的转运对籽粒的 Hg 也有一定贡献。

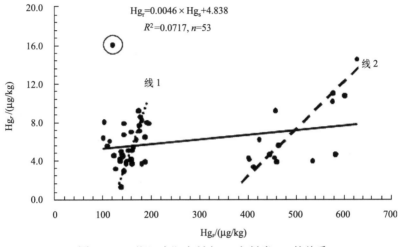

图 14.148　浙江富阳水稻土 Hg 与糙米 Hg 的关系

表 14.89 显示，米糠 Hg（Hg_b）与糙米 Hg（Hg_r）的相关系数（R^2）仅仅为 0.0947。这暗示即便转运到米糠部位的 Hg，也未必能被成比例的转运入糙米中。上述水稻植株对 Hg 的逐级截流效应与 Hg 的形态可能具有紧密联系，因为低的 pH 往往对应较高的糙米 Hg。通常而言，pH≈7.5，Hg 主要形态有 $Hg(OH)_2$、$Hg(OH)Cl$ 和 $HgCl_2$，而 pH<6.5 Hg 主要为 $HgCl_4^{2-}$、$HgCl_3^-$ 和 $HgCl_2$，各部分的比例与环境中的 Cl^- 浓度有关。这些不同形态的 Hg 生物有效性大不相同。可以想见在形态组成多变，加上水稻植株的逐级扣留效应，不同地点糙米中的 Hg 含量和水稻土中 Hg 含量的波动特征就可能不同步。

表 14.89　水稻 Hg、Se 与土壤 13 个参数之间的关系

	Hg_s	Se_s	Hg_r	Se_r	Hg_b	Se_b	BCF_{Hg}	BCF_{Se}	Clay	pH	OM	Mn_{ox}	Fe_{ox}
Hg_s	1.000												
Se_s	0.112	1.000											
Hg_r	0.267	−0.031	1.000										
Se_r	−0.119	0.763**	−0.175	1.000									
Hg_b	0.524**	0.119	0.307	−0.111	1.000								
Se_b	−0.248	0.864**	−0.225	0.987**	−0.101	1.000							

	Hg$_s$	Se$_s$	Hg$_r$	Se$_r$	Hg$_b$	Se$_b$	BCF$_{Hg}$	BCF$_{Se}$	Clay	pH	OM	Mn$_{ox}$	Fe$_{ox}$
BCF$_{Hg}$	−0.552**	−0.128	0.558**	−0.065	−0.202	−0.006	1.000						
BCF$_{se}$	−0.295*	0.381**	0.084	0.764**	−0.259	0.757**	0.359**	1.000					
Clay	0.131	0.253	0.037	0.091	0.528**	0.113	−0.049	0.076	1.000				
pH	0.312*	−0.130	−0.117	−0.239	0.486**	−0.239	−0.369**	−0.542**	0.333	1.000			
OM	0.290*	−0.044	−0.060	−0.261	0.425*	−0.319	−0.332*	−0.473**	0.301	0.473**	1.000		
Mn$_{ox}$	0.332*	−0.196	0.053	−0.193	0.089	−0.233	−0.268	−0.356*	0.293	0.549**	0.171	1.000	
Fe$_{ox}$	0.032	−0.127	0.272	−0.074	−0.061	−0.079	0.179	−0.133	0.108	0.280	−0.054	0.453**	1.000

**0.01 水平上显著相关；*0.05 水平上显著相关；r 代表糙米；b 代表米糠；s 代表水稻土。

对于 Se，Se$_s$-Se$_b$ 和 Se$_s$-Se$_r$ 相关系数 r 分别达到 0.763 和 0.864，水稻土 Se 含量与糙米 Se 具有指数增长关系（图 14.149）。同时在米糠 Se 和糙米 Se 之间也具有显著正相关性。这表明，水稻土中 Se 可以更容易被水稻吸收，转运至糙米中，而受 pH 的影响较小，这与稍后模型计算的一般土壤中 SeO$_3^{2-}$ 半数以上呈游离形态存在的结果是一致的。

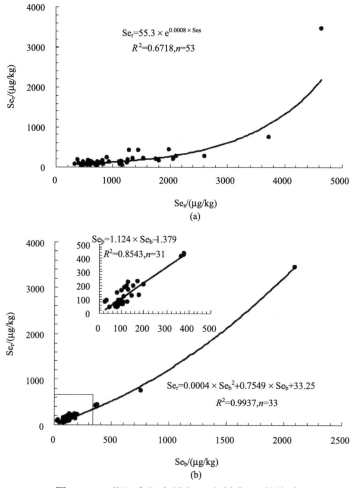

图 14.149　浙江富阳水稻土 Se 与糙米 Se 的关系

2）水稻汞、砷富集的相关性

水稻土、米糠、糙米中 Hg、Se 的相关系数分别是 0.112（p=0.429，n=53），−0.101（p=0.584，n=33）和−0.175（p=0.214，n=53），可以看出其相关性都未达到显著，说明在调查的 53 个水稻田，Hg 和 Se 在土壤中的含量，在米糠和糙米中的积累均无显著相关。这一现象在 Horvat 等（2003）对贵州 Hg 污染较重地区的调查中也有发现。其中，在水稻土中的 Hg、Se 含量之间相关性受这两种元素在稻田中的迁移行为的影响，尽管当地的冶炼高炉是 Hg、Se 的共同来源，理论上在未发生迁移的情况下，两者的含量空间变化应是高度相关的，但由于 Se 较 Hg 具有更强的向下迁移性，而且 Hg 的迁移受到 pH 控制，这样一来，在这两种元素沉降到稻田中后，由于发生了不同程度的迁移行为，并且地块之间差异很大，就出现了表土 0～15 cm Hg、Se 含量几乎不相关的情况。

尽管如此，Hg_r 和 Se_r（Hg_b 和 Se_b）之间微弱的负相关，表明较多的硒积累可能会在一定程度上降低 Hg 的吸收。这一规律与 Shanker 等（1996 a，b）和 Thangavel 等（1999）的报道类似，他们在对西红柿（*Lycopersicum esculentum*）、萝卜（*Raphanus sativus*）、马齿苋（*Portulaca oleracea* Linn），施加 Se 能有效降低地上部分对 Hg 的积累。Zhang 等（2006）的水培实验也证实这一点。这种交互作用机制推测是因为部分 Hg^{2+} 与 Se^{2-} 在根表/根际形成难溶性硒化物 HgSe，其 $\log k_{sp}$=52（25℃），减少了根部对 Hg 的吸收。与动物不同的是，这一过程发生在动物体内，由于 HgSe-SH（蛋白）形成后在一些器脏组织中存留下来，结果表现为 Se 的摄入多，Hg 在体内积累就多，出现同步积累，同时由于新形成的 HgSe-SH（蛋白）毒性低，因此，这也是 Se 解除 Hg 毒性的过程。

3）人发中汞、硒富集的相关性

当地居民的毛发 Hg 含量 0.183～2.895 mg/kg，平均为 0.593 mg/kg，远低于贵州万山汞矿 28.78～3056.51 mg/kg（Li et al.，2004），但与国内松花江流域近期的相当 0.38～2.01 mg/kg（Feng et al.，1997），也高于瑞典 Hg 污染区的 0.27 mg/kg（Oskarsson et al.，1994）和亚马逊的 0.27～0.78 mg/kg（Dorea and Barbosa，2004）。这表明当地的冶炼等工业活动已经严重影响到居民的生活环境和饮食安全。

对采集的 30 个人发样品 Hg 含量按年龄差异分成三组：<30、30～60 和>60，可以观察到年龄对 Hg 的明显影响（表 14.90），但人发 Se 的含量未呈现对年龄的依赖规律，Se 平均含量依次为 421 μg/kg、452 μg/kg 和 366 μg/kg。进一步分析发现，显示两者含量变化的相关性极差，几乎不相关性，与在海洋动物中观察到的规律不同（Arai et al.，2004；Yin et al.，2007）。

表 14.90 浙江富阳 30 个人发样品 Hg 含量按年龄差异

年龄/岁	n	范围	平均值	SD	CV/%
<30	5	241～467	381	86	23
30～60	22	183～2895	563	576	102
>60	3	651～1856	1161	624	54
总体	30	241～2895	593	556	94

图 14.150 对这一现象作了图示解释。由图可以看出，人发中的污染物主要来自居民的食物，如稻米、蔬菜、猪肉和淡水鱼等；部分来自生活的环境，如大气和饮用水。稻米中的 Hg、Se 含量有微弱的反相关，可能会对 Hg、Se 同步积累的关系有所扰乱。同时，蔬菜等外地供应食物（outer input）会进一步使 Hg、Se 含量之间的规律复杂化，这是因为外地食物的 Hg、Se 含量之间的关系可能与本地的又有差异，这样使得居民食谱的变化对 Hg、Se 积累规律有着明显的影响。由于在调查中未对食物组成等作细致的问卷调查，缺少食谱数据，所以给数据的解释带来困难。内陆居民这种复杂的 Hg、Se 来源与食鱼的海鸟、海兽和海岸居民是不同的，后者的 Hg、Se 主要是来自于海鱼，海鱼中具有这样的 Hg、Se 同步积累规律，当然，海鱼的这一规律也可能来自于食物链，海洋中由于同区域的介质（海水）均一，Hg、Se 含量基本恒定，Hg、Se 积累差异来自于个体之间的差异，就表现为多积累 Hg 的话，其在体内更多的和含 Se 的蛋白结合，Se 积累就多（Koeman，1975；Svensson et al.，1992；Bowerman et al.，1994；Jin et al.，2006；Xue et al.，2007）。

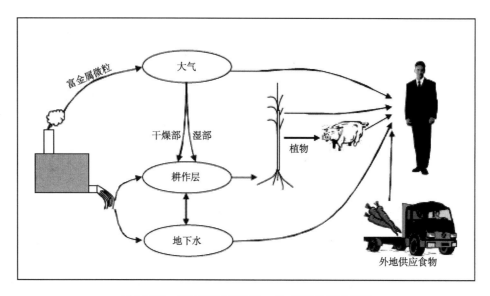

图 14.150　浙江富阳居民 Hg、Se 摄取来源示意图

此外，如表 14.91 所示，富阳和台州两地的蔬菜 Hg 含量大多超过国家食品卫生标准规定的 20 μg/kg。在不同蔬菜的 Hg 含量对比中，青菜作为日常主要菜种含有较高的 Hg 含量，按照每日消费蔬菜（DW）100 g，蔬菜平均 Hg 含量为 30 μg/kg，每日蔬菜来源的 Hg 就达到 3 μg；稻米的 Hg 含量一般在 5～10 μg/kg，按照 7.5 μg/kg 计算，每日大米消费按照 400 g 计算，稻米来源 Hg 约为 3 μg。对比可以看出，蔬菜带来的 Hg 摄入占有约 50% 的比例。因此，在保护污染区居民健康时，蔬菜环境品质的保护应该同等重视。同时值得注意的是，台州鱼腥草具有最高的 Hg 含量，此前本研究组人员发现它也具有二噁英类化合物的高积累特征。

表 14.91 浙江富阳、台州等地蔬菜的 Hg 含量 （单位：μg/kg）

蔬菜种类	样本数	范围	平均值
青菜-富阳	8	13.4～42.7	28.5
萝卜-富阳	4	1.6～12.7	5.5
红薯叶-富阳	4	7.4～70.6	45.5
黄豆（无荚）-富阳	2	3.2～4.8	4.0
青菜-台州	5	19.3～75.4	35.2
空心菜-台州	2	3.7～10.1	6.9
塌棵菜-台州	1	33.5	33.5
小葱-台州	2	4.9～9.2	7.1
莴苣-台州	2	20.2～22.4	21.3
豇豆-台州	1	0.8	0.8
鱼腥草-台州	1	86.9	86.9

2. 水稻水培系统中汞、硒的环境行为

1）水稻生长状况

由图 14.151 可以看出，对于设置的梯度，Hg0～Hg5 水稻长势和生物量相当，但在 Se0～Se5 系列的 Se3～Se5 生物量明显降低。这表明在上述浓度的处理中，从生物量和长势来说，当 Se 的浓度达到 0.05 μmol/L 或超过这一浓度时，Se 对水稻（杂交优 II-838）的毒性开始显现；而 Hg 在所试验的范围中（0.5～5.0 nmol/L），对杂交优 II-838 水稻的

图 14.151 水培水稻生长和生物量情况

毒性并不明显。这种现象与水稻根系的发育情况类似，在设置的对照组（CK）和 Hg0 水稻根系发育良好，且基本呈现白色（图 14.152），而在 Se3～Se5 水稻根呈现灰白色或灰色。可见，在中毒的植株中水稻的根、茎叶等发育都出现障碍，对 Hg、Se 的吸收和转运过程也会造成一定影响。

图 14.152　水培水稻根系生长和生物量情况

2）营养液中汞和硒离子形态

为了解 Hg(NO$_3$)$_2$ 和 Na$_2$SeO$_3$ 加入营养液之后的形态组成特征，利用 CHEAQS（WilkoVerweij 博士提供，荷兰）计算了 Hg、Se 的形态及比例（表 14.92）。由表可以看出，Hg 加入以后多达 98.7%上的 Hg 形成 Hg(EDTA)$^{2-}$，1.04%为 HgH（EDTA）$^-$，而自由 Hg^{2+}仅占 0.0000017%，其他可溶 Hg 离子主要有 HgCl（OH）和 HgCl$_2$ 比例小于 0.2%。不同处理情况下，不同形态化合物所占比例仅有小幅波动，但浓度波动较大，硒酸盐的添加对 Hg 形态的组成影响不大。Se 的形态组成中（SeO$_3$）$^{2-}$占 0.16%，主要是以 H（SeO$_3$）$^-$形式存在，占 99.72%（表 14.93）。

3）水稻吸收汞和硒

由图 14.153 可以看出，总体而言，水稻对 Hg 的吸收量小，而且向上转运很不规律。除了在水稻根 Hg 与营养液 Hg 之间，和稻穗 Hg 与稻茎叶 Hg 之间，具有显著的正相关外，稻根 Hg 与稻茎叶 Hg、稻穗 Hg 之间均无显著相关性。这表明，水稻根吸收 Hg 的过程主要是 Hg 被动吸附过程，表现为 Hg 在根表表面紧密结合，而可能没有进入到根表细胞内。因此，也不会被大量向上转运至茎叶和稻穗，这种吸附积累（包括下文论及的

表 14.92　Hg(NO₃)₂加入营养液之后的形态组成

Hg 形态	Hg1		Hg2		Hg4		Hg5	
	浓度/(mol/L)	%	浓度/(mol/L)	%	浓度/(mol/L)	%	浓度/(mol/L)	%
自由态 Hg^{2+}	8.31E-18	0.00000	1.66E-17	0.00000	4.16E-17	0.00000	8.32E-17	0.00000
$Hg(OH)^{+*}$	8.31E-16	0.00	1.66E-15	0.00	4.15E-15	0.00	8.31E-15	0.00
$Hg(OH)_2$(aq)	4.15E-13	0.08	8.30E-13	0.08	2.08E-12	0.08	4.15E-12	0.08
$Hg(OH)_3^-$	1.68E-22	0.00	3.36E-22	0.00	8.40E-22	0.00	1.68E-21	0.00
$Hg_2(OH)_3^+$	1.19E-32	0.00	4.77E-32	0.00	2.99E-31	0.00	1.20E-30	0.00
$Hg_3(OH)_3^{3+}$	5.82E-42	0.00	4.65E-41	0.00	7.28E-40	0.00	5.83E-39	0.00
$Hg(CO_3)$(aq)	1.53E-16	0.00	3.07E-16	0.00	7.67E-16	0.00	1.53E-15	0.00
$HgH(CO_3)^+$	9.82E-18	0.00	1.97E-17	0.00	4.91E-17	0.00	9.83E-17	0.00
$Hg(CO_3)(OH)^-$	7.11E-18	0.00	1.42E-17	0.00	3.56E-17	0.00	7.11E-17	0.00
$Hg(CO_3)_2^{2-}$	1.42E-23	0.00	2.85E-23	0.00	7.12E-23	0.00	1.43E-22	0.00
$Hg(NO_3)_2^+$	1.97E-21	0.00	3.95E-21	0.00	9.87E-21	0.00	1.97E-20	0.00
$Hg(NO_3)_2$(aq)	6.16E-25	0.00	1.23E-24	0.00	3.08E-24	0.00	6.17E-24	0.00
$Hg(PO_4)^*$	4.84E-18	0.00	9.68E-18	0.00	2.42E-17	0.00	4.84E-17	0.00
$Hg(PO_4)$(aq)	7.34E-16	0.00	1.47E-15	0.00	3.67E-15	0.00	7.35E-15	0.00
$Hg(SO_4)$(aq)	1.07E-18	0.00	2.13E-18	0.00	5.34E-18	0.00	1.07E-17	0.00
$Hg(SO_4)_2^{2-}$	1.15E-20	0.00	2.29E-20	0.00	5.73E-20	0.00	1.15E-19	0.00
$HgCl^+$	2.20E-15	0.11	4.41E-15	0.11	1.10E-14	0.11	2.20E-14	0.11
$HgCl(OH)$(aq)	5.73E-13	0.03	1.15E-12	0.03	2.87E-12	0.03	5.74E-12	0.03
$HgCl_2$(aq)	1.72E-13	0.00	3.44E-13	0.00	8.59E-13	0.00	1.72E-12	0.00
$HgCl_3^-$	3.13E-17	0.00	6.27E-17	0.00	1.57E-16	0.00	3.14E-16	0.00
$HgCl_4^{2-}$	2.67E-21	0.00	5.33E-21	0.00	1.33E-20	0.00	2.67E-20	0.00
$Hg(SeO_3)_2^{2-}$	5.74E-25	0.00	1.15E-24	0.00	2.87E-24	0.00	5.74E-24	0.00
$Hg(EDTA)^{2-}$	4.94E-10	98.71	9.87E-10	98.71	2.47E-09	98.71	4.94E-09	98.71
$HgH(EDTA)^-$	5.21E-12	1.04	1.04E-11	1.04	2.61E-11	1.04	5.21E-11	1.04
$HgH_2(EDTA)$(aq)	3.06E-15	0.00	6.12E-15	0.00	1.53E-14	0.00	3.06E-14	0.00
$Hg(EDTA)(OH)^{3-}$	6.68E-14	0.01	1.34E-13	0.01	3.34E-13	0.01	6.68E-13	0.01
总 Hg	5.00E-10	100.00	1.00E-09	100.00	2.50E-09	100.00	5.00E-09	100.00

续表

Hg 形态	Se0 浓度/(mol/L)	Se0 %	Se1 浓度/(mol/L)	Se1 %	Se2 浓度/(mol/L)	Se2 %	Se3 浓度/(mol/L)	Se3 %	Se4 浓度/(mol/L)	Se4 %	Se5 浓度/(mol/L)	Se5 %
自由态 Hg^{2+}	2.08E-17	0.0000017	2.08E-17	0.0000017	2.08E-17	0.0000017	2.08E-17	0.0000017	2.08E-17	0.0000017	2.08E-17	0.0000017
$Hg(OH)^{+*}$	2.08E-15	0.00	2.08E-15	0.00	2.08E-15	0.00	2.08E-15	0.00	2.08E-15	0.00	2.08E-15	0.00
$Hg(OH)_2(aq)$	1.04E-12	0.08	1.04E-12	0.08	1.04E-12	0.08	1.04E-12	0.08	1.04E-12	0.08	1.04E-12	0.08
$Hg(OH)_3^-$	4.20E-22	0.00	4.20E-22	0.00	4.20E-22	0.00	4.20E-22	0.00	4.20E-22	0.00	4.20E-22	0.00
$Hg_2(OH)_3^+$	7.46E-32	0.00	7.46E-32	0.00	7.46E-32	0.00	7.46E-32	0.00	7.46E-32	0.00	7.46E-32	0.00
$Hg_3(OH)s^{3+}$	9.09E-41	0.00	9.09E-41	0.00	9.09E-41	0.00	9.09E-41	0.00	9.09E-41	0.00	9.09E-41	0.00
$Hg(CO_3)(aq)$	3.83E-16	0.00	3.83E-16	0.00	3.83E-16	0.00	3.83E-16	0.00	3.83E-16	0.00	3.83E-16	0.00
$HgH(CO_3)^+$	2.46E-17	0.00	2.46E-17	0.00	2.46E-17	0.00	2.46E-17	0.00	2.46E-17	0.00	2.46E-17	0.00
$Hg(CO_3)(OH)^-$	1.78E-17	0.00	1.78E-17	0.00	1.78E-17	0.00	1.78E-17	0.00	1.78E-17	0.00	1.78E-17	0.00
$Hg(CO_3)_2^{2-}$	3.56E-23	0.00	3.56E-23	0.00	3.56E-23	0.00	3.56E-23	0.00	3.56E-23	0.00	3.56E-23	0.00
$Hg(NO_3)^+$	4.93E-21	0.00	4.93E-21	0.00	4.93E-21	0.00	4.93E-21	0.00	4.93E-21	0.00	4.93E-21	0.00
$Hg(NO_3)_2(aq)$	1.54E-24	0.00	1.54E-24	0.00	1.54E-24	0.00	1.54E-24	0.00	1.54E-24	0.00	1.54E-24	0.00
$Hg(PO_4)^-$	1.21E-17	0.00	1.21E-17	0.00	1.21E-17	0.00	1.21E-17	0.00	1.21E-17	0.00	1.21E-17	0.00
$HgH(PO_4)(aq)$	1.84E-15	0.00	1.84E-15	0.00	1.84E-15	0.00	1.84E-15	0.00	1.84E-15	0.00	1.84E-15	0.00
$Hg(SO_4)(aq)$	2.67E-18	0.00	2.67E-18	0.00	2.67E-18	0.00	2.67E-18	0.00	2.67E-18	0.00	2.67E-18	0.00
$Hg(SO_4)_2^{2-}$	2.86E-20	0.00	2.86E-20	0.00	2.86E-20	0.00	2.86E-20	0.00	2.86E-20	0.00	2.86E-20	0.00

续表

Hg形态	Se0		Se1		Se2		Se3		Se4		Se5	
	浓度/(mol/L)	%	浓度/(mol/L)	%	浓度/(mol/L)	%	浓度/(mol/L)	%	浓度/(mol/L)	%	浓度/(mol/L)	%
$HgCl^+$	5.51E-15	0.00	5.51E-15	0.00	5.51E-15	0.00	5.51E-15	0.00	5.51E-15	0.00	5.51E-15	0.00
$HgCl(OH)(aq)$	1.43E-12	0.11	1.43E-12	0.11	1.43E-12	0.11	1.43E-12	0.11	1.43E-12	0.11	1.43E-12	0.11
$HgCl_2(aq)$	4.30E-13	0.03	4.30E-13	0.03	4.30E-13	0.03	4.30E-13	0.03	4.30E-13	0.03	4.30E-13	0.03
$HgCl_3^-$	7.83E-17	0.00	7.83E-17	0.00	7.83E-17	0.00	7.83E-17	0.00	7.83E-17	0.00	7.83E-17	0.00
$HgCl_4^{2-}$	6.67E-21	0.00	6.67E-21	0.00	6.67E-21	0.00	6.67E-21	0.00	6.67E-21	0.00	6.67E-21	0.00
$Hg(SeO_3)_2^{2-}$	0.00	0.00	8.97E-26	0.00	3.59E-25	0.00	1.44E-24	0.00	8.97E-24	0.00	3.59E-23	0.00
$Hg(EDTA)^{2-}$	1.23E-09	98.71	1.23E-09	98.71	1.23E-09	98.71	1.23E-09	98.71	1.23E-09	98.71	1.23E-09	98.71
$HgH(EDTA)^-$	1.30E-11	1.04	1.30E-11	1.04	1.30E-11	1.04	1.30E-11	1.04	1.30E-11	1.04	1.30E-11	1.04
$HgH_2(EDTA)(aq)$	7.65E-15	0.00	7.65E-15	0.00	7.65E-15	0.00	7.65E-15	0.00	7.65E-15	0.00	7.65E-15	0.00
$Hg(EDTA)(OH)^{3-}$	1.67E-13	0.01	1.67E-13	0.01	1.67E-13	0.01	1.67E-13	0.01	1.67E-13	0.01	1.67E-13	0.01
总Hg	1.25E-09	100.00	1.25E-09	100.00	1.25E-09	100.00	1.25E-09	100.00	1.25E-09	100.00	1.25E-09	100.00

表 14.93　Se 加入营养液之后的形态组成

SeO₃²⁻形态	Se1		Se2		Se3		Se4		Se5	
	浓度/ （mol/L）	%	浓度/ （mol/L）	%	浓度/ （mol/L）	%	浓度/ （mol/L）	%	浓度/ （mol/L）	%
自由 SeO_3^{2-}	1.99E-11	0.16	3.98E-11	0.16	7.96E-11	0.16	1.99E-10	0.16	3.98E-10	0.16
$H(SeO_3)^-$	1.25E-08	99.72	2.49E-08	99.72	4.99E-08	99.72	1.25E-07	99.72	2.49E-07	99.72
$H_2(SeO_3)$（aq）	1.55E-11	0.12	3.11E-11	0.12	6.21E-11	0.12	1.55E-10	0.12	3.11E-10	0.12
总 Se	1.25E-08	100.00	2.50E-08	100.0	5.00E-08	100.0	1.25E-07	100.00	2.50E-07	100.00

注：Hg1～5 与 Se3 相同。

Se 的大量积累）使水稻的根系受到不同程度的毒害，结果导致水稻茎叶中的 Hg 含量平均为 61 μg/kg，甚至低于未施加 Hg 和 Se 的对照组（CK）水稻茎叶平均 Hg 含量 79 μg/kg。这一结果与此前，Wang 和 Greger（2004）对柳树（*Salix* spp.）的研究结果相近，他们发现柳树根系积累的 Hg 仅有 0.45%～0.62%可以被向上转运至茎叶部分，根系是 Hg 的主要积累器官。

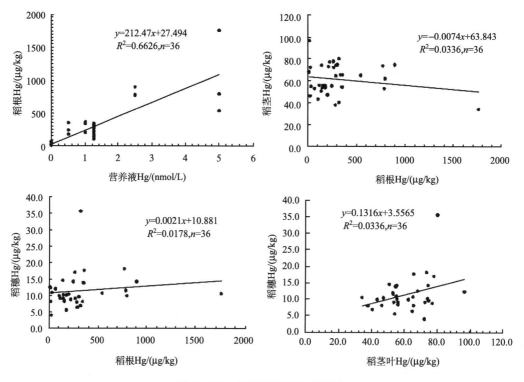

图 14.153　水培水稻对 Hg 的吸收

从与水稻根和水稻茎叶的 Hg 含量对比发现，对照组 CK 根的 Hg 含量小于水稻茎叶的 Hg 含量，这表明尽管营养液中只有非常微量的 Hg（可能来自蒸馏水和化学试剂），但由于水稻根系的正常发育，和高效的吸收转运过程，在水稻茎叶和稻穗部分同样可以达到较高的积累。反之，其他高 Hg 处理组，由于植物根系的活力降低，吸收转运功能衰退，其向上转运的总量反而很低。这一发现的启示是，稻田的 Hg 污染是否严重，除了评价其总 Hg 含量外，还应关注其形态组成和影响吸收、转运的环境因素，如根系活力。同时，为了治理或规避稻田 Hg 风险，也可以从在这些角度加以思考，减低水稻对 Hg 的吸收。

由图 14.154 可以看出，与 Hg 不同的是，总体而言，水稻对 Se 的吸收量较大，而且可以成比例向上转运。在水稻根与营养液，稻穗与稻茎叶，稻根与稻茎叶、稻穗，均具有显著的正相关关系，相关系数（R^2）一般在 0.5~0.9。这表明，水稻根吸收 Se 的过程主要是主动吸收过程，同时部分 Se 在根系表面紧密结合，这种吸附积累和 Hg 的积累使水稻的根系收到不同程度的毒害，结果导致水稻茎叶中的 Hg 含量平均为 61 μg/kg，甚至低于未施加 Hg 和 Se 的对照组（CK）水稻茎叶平均 Hg 含量 79 μg/kg。从与水稻根和水稻茎叶的 Se 含量对比发现，对照组 CK 根的 Se 含量大于水稻茎叶的 Se 含量，而且处理组的茎叶和稻穗中 Se 含量远高于对照组。

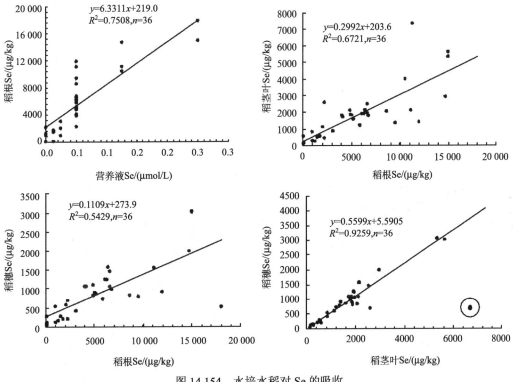

图 14.154　水培水稻对 Se 的吸收

为研究水稻根部的不同部位对 Hg 和 Se 的吸收与积累特征，将长约 20 cm 的水稻根系，自末梢向根基部，每 5 cm 间隔取样一个，分析测试其 Hg、Se 含量。结果见图 14.155，由图可以看出，在 Hg1~Hg5 水稻根部对 Hg 的吸收积累最高发生根的末梢生长增生区，然后向根基部依次降低，对 Se 的吸收积累与 Hg 基本相似，但在 Hg 处理浓度较高的 Hg4~Hg5，最高的 Se 积累发生在第二段上，这可能是高 Hg 的处理带来的 Hg 积累可能一定程度上破坏了根系末梢的分生和吸收过程。

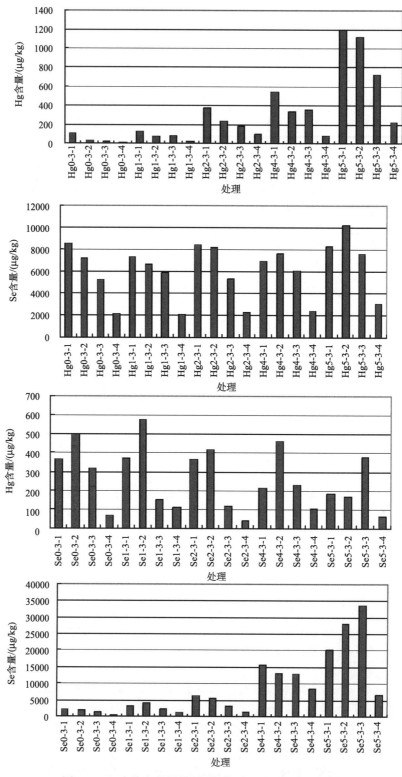

图 14.155　水培水稻根部不同部位对 Hg 和 Se 的吸收

对于 Se1～Se5 中，水稻对 Hg 的吸收积累最高值多在第二段，对于 Se5 水稻对 Hg 的吸收积累最高值在第三段，在 Se5 处理中对 Se 的积累最高值也发生在第三段。这些结果与水稻表现出来的可见症状是相一致的。

4）水稻汞、硒关系

按照两个系列进行了对比分析，一个是 Hg0～Hg5（$n=15$），另一个是 Se0～Se5（$n=18$）。由图 14.156 可以看出，关于水稻不同部位 Hg、Se 含量总体而言，相关性很差，如：相关系数（R^2）一般在 0～0.17。其中，Hg0～Hg5 稻根中 Hg、Se 含量呈现一定的负相关性，其余均无显著相关。

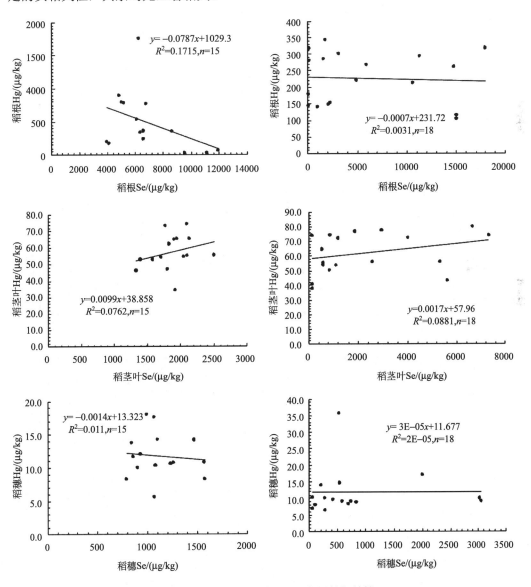

图 14.156　水培水稻 Hg、Se 积累的相关性

表 14.94　Hg(NO₃)₂ 加入营养液之后的形态组成

Hg 形态	CK0 浓度/(mol/L)	%	Hg1 浓度/(mol/L)	%	Hg2 浓度/(mol/L)	%	Hg3 浓度/(mol/L)	%	Hg4 浓度/(mol/L)	%	Hg5 浓度/(mol/L)	%
自由态 Hg^{2+}	1.53E-14	0.00003	3.82E-15	0.00003	7.64E-15	0.00003	1.53E-14	0.00003	3.06E-14	0.00003	6.12E-14	0.00003
$Hg(OH)^{+*}$	2.66E-12	0.01	6.64E-13	0.01	1.33E-12	0.01	2.66E-12	0.01	5.31E-12	0.01	1.06E-11	0.01
$Hg(OH)_2\,(aq)$	2.53E-09	5.06	6.32E-10	5.05	1.26E-09	5.06	2.53E-09	5.06	5.06E-09	5.06	1.01E-08	5.07
$Hg^-(OH)_3^-$	2.14E-18	0.00	5.34E-19	0.00	1.07E-18	0.00	2.14E-18	0.00	4.28E-18	0.00	8.57E-18	0.00
$Hg_2(OH)_3^+$	8.42E-26	0.00	5.26E-27	0.00	2.10E-26	0.00	8.42E-26	0.00	3.37E-25	0.00	1.35E-24	0.00
$Hg_3(OH)_3^{3+}$	2.50E-31	0.00	3.90E-33	0.00	3.12E-32	0.00	2.50E-31	0.00	2.00E-30	0.00	1.61E-29	0.00
$Hg(CO_3)\,(aq)$	9.34E-13	0.00	2.34E-13	0.00	4.67E-13	0.00	9.34E-13	0.00	1.87E-12	0.00	3.74E-12	0.00
$HgH(CO_3)^+$	3.14E-14	0.00	7.85E-15	0.00	1.57E-14	0.00	3.14E-14	0.00	6.29E-14	0.00	1.26E-13	0.00
$Hg(CO_3)\,(OH)^-$	9.04E-14	0.00	2.26E-14	0.00	4.52E-14	0.00	9.04E-14	0.00	1.81E-13	0.00	3.62E-13	0.00
$Hg(CO_3)_2^{2-}$	4.15E-19	0.00	1.04E-19	0.00	2.07E-19	0.00	4.15E-19	0.00	8.30E-19	0.00	1.66E-18	0.00
$Hg(NO_3)^+$	7.17E-18	0.00	1.79E-18	0.00	3.59E-18	0.00	7.17E-18	0.00	1.44E-17	0.00	2.87E-17	0.00
$Hg(NO_3)_2\,(aq)$	4.85E-21	0.00	1.21E-21	0.00	2.43E-21	0.00	4.85E-21	0.00	9.71E-21	0.00	1.94E-20	0.00
$Hg(PO_4)^-$	2.14E-12	0.00	5.34E-13	0.00	1.07E-12	0.00	2.14E-12	0.00	4.27E-12	0.00	8.56E-12	0.00
$HgH(PO_4)\,(aq)$	1.55E-10	0.31	3.88E-11	0.31	7.75E-11	0.31	1.55E-10	0.31	3.10E-10	0.31	6.22E-10	0.31
$Hg(SO_4)\,(aq)$	6.47E-16	0.00	1.62E-16	0.00	3.23E-16	0.00	6.47E-16	0.00	1.29E-15	0.00	2.59E-15	0.00
$Hg(SO_4)_2^{2-}$	3.30E-18	0.00	8.23E-19	0.00	1.65E-18	0.00	3.30E-18	0.00	6.59E-18	0.00	1.32E-17	0.00
$HgCl^+$	3.67E-11	0.07	9.18E-12	0.07	1.84E-11	0.07	3.67E-11	0.07	7.35E-11	0.07	1.47E-10	0.07
$HgCl(OH)\,(aq)$	1.82E-08	36.45	4.56E-09	36.44	9.11E-09	36.44	1.82E-08	36.45	3.65E-08	36.45	7.29E-08	36.47
$HgCl_2\,(aq)$	2.85E-08	56.94	7.12E-09	56.95	1.42E-08	56.95	2.85E-08	56.94	5.69E-08	56.93	1.14E-07	56.91
$HgCl_3^-$	5.66E-11	0.11	1.41E-11	0.11	2.83E-11	0.11	5.66E-11	0.11	1.13E-10	0.11	2.26E-10	0.11

续表

Hg 形态	CKO		Hg1		Hg2		Hg3		Hg4		Hg5	
	浓度/(mol/L)	%	浓度/(mol/L)	%	浓度/(mol/L)	%	浓度/(mol/L)	%	浓度/(mol/L)	%	浓度/(mol/L)	%
$HgCl_4^{2-}$	5.74E-14	0.00	1.44E-14	0.00	2.87E-14	0.00	5.74E-14	0.00	1.15E-13	0.00	2.29E-13	0.00
$Hg(SeO_3)_2^{2-}$	0.00E+00	0.00	2.39E-18	0.00	4.78E-18	0.00	9.55E-18	0.00	1.91E-17	0.00	3.83E-17	0.00
$Hg(EDTA)^{2-}$	5.21E-10	1.04	1.30E-10	1.04	2.60E-10	1.04	5.21E-10	1.04	1.04E-09	1.04	2.08E-09	1.04
$HgH(EDTA)^-$	2.41E-12	0.00	6.01E-13	0.00	1.20E-12	0.00	2.41E-12	0.00	4.81E-12	0.00	9.62E-12	0.00
$HgH_2(EDTA)(aq)$	6.76E-16	0.00	1.69E-16	0.00	3.38E-16	0.00	6.76E-16	0.00	1.35E-15	0.00	2.70E-15	0.00
$Hg(EDTA)(OH)^{3-}$	1.77E-13	0.00	4.42E-14	0.00	8.84E-14	0.00	1.77E-13	0.00	3.53E-13	0.00	7.07E-13	0.00
总 Hg	5.00E-08	100.00	1.25E-08	100.00	2.50E-08	100.00	5.00E-08	100.00	1.00E-07	100.00	2.00E-07	100.00

此外，进一步分析发现，同一处理的 3 个重复之间差异很大，这种差异可能主要源于植物个体的吸收特性，因此上述分析和对比中每一点就是具体一盆，每个处理有三个不同的点。同一处理的 3 盆对比表明，在水稻根部分却表现为非常一致的 Hg、Se 成正比例积累，特别是在 Hg1～Hg3，Se1～Se3；而对于 Hg4～Hg5 和 Se4～Se5 则表现出不规律或者相反的规律，由于 Hg4～Hg5 和 Se4～Se5 的浓度较高，所以在 Hg1～Hg5 和 Se1～Se5 整体分析时，更能影响整体的相关性。但整体上，这一试验显示水稻各个部位 Hg 和 Se 含量相关性很差，可能是因为 Hg 和 Se 的共积累交互作用是发生在 Se^{2-}或有机 Se，而水稻根部具有氧化环境，加入的 (SeO$_3$)$^{2-}$较难被转化为 Se^{2-} (Terry et al.，2000)。这一点和稍后讨论的东南景天根部出现的显著 Hg、Se 交互作用有所不同。此外，在木村营养液中 98.7% 上的 Hg 形成 Hg(EDTA)$^{2-}$，这一形态的 Hg 较难在水稻根系发生积累。

3. 东南景天水培系统中汞、硒的环境行为

1) 营养液中的汞、硒形态及浓度动态变化

为了解 Hg(NO$_3$)$_2$ 和 Na$_2$SeO$_3$ 加入营养液之后的形态组成特征，利用 CHEAQS 计算了 Hg、Se 的形态及比例（表 14.94）。电表可以看出，Hg 加入以后多达 93% 以上的 Hg 形成 HgCl$_2$ 和其水结产物 HgCl(OH)，Hg^{2+}仅占 0.0003%，其他可溶汞离子主要有 Hg(OH)$_2$ 5.06%，Hg(EDTA)$^{2-}$ 1.04%。不同处理情况下，不同形态化合物所占比例有小幅波动，但浓度是变化的。如：Hg^{2+}浓度所占总 Hg 的比例稳定在 0.0003%，浓度从处理 1(Hg1) 的 3.82×10^{-15} mol/L，升高到 Hg5 的 6.12×10^{-14} mol/L。Se 的形态组成中 (SeO$_3$)$^{2-}$占 0.36%，主要是以 H(SeO$_3$)$^-$形式存在，占 99.58%，它们的浓度分别为 9.10×10^{-9} mol/L 和 2.49×10^{-6} mol/L（表 14.95）。上述两种元素的形态随不同处理，浓度变化最为突出的是 Hg(EDTA)$^{2-}$，而亚硒酸盐的添加对 Hg 形态的组成影响不大。

表 14.95　Se 加入营养液之后的形态组成

SeO$_3^{2-}$形态	Hg1		Hg2		Hg3		Hg4		Hg5	
	浓度/(mol/L)	%	浓度/(mol/L)	%	浓度/(mol/L)	%	浓度/(mol/L)	%	浓度/(mol/L)	%
自由 SeO$_3^{2-}$	9.10E-09	0.36	9.10E-09	0.36	9.10E-09	0.36	9.10E-09	0.36	9.10E-09	0.36
H(SeO$_3$)$^-$	2.49E-06	99.58	2.49E-06	99.58	2.49E-06	99.58	2.49E-06	99.58	2.49E-06	99.58
H$_2$(SeO$_3$) (aq)	1.49E-09	0.06	1.49E-09	0.06	1.49E-09	0.06	1.49E-09	0.06	1.49E-09	0.06
总 Se	2.50E-06	100.00	2.50 E-06	100.00	2.50E-06	100.00	2.50E-06	100.00	2.50E-06	100.00

当然，这一结果是在初始状态下的模型计算值，而一般在微生物的参与下，特别是在根际部分，SeO$_3^{2-}$可被部分还原为 Se^{2-} (Terry et al.，2000)，Se^{2-}与 Hg 等金属离子具有很低的 K_{sp} 值，因此容易形成 HgSe 化合物，由此通过化学反应产生交互作用。在对营养液进行的为期 6 d 的监测中，pH 在 24 h 后就由初始的 5.84 上升为 6.0～6.2，此后基本保持恒定（图 14.157）。

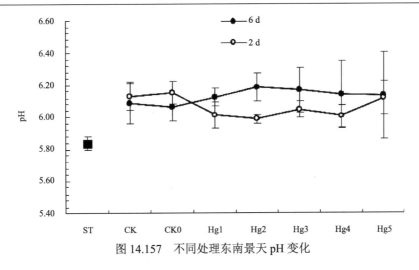

图 14.157　不同处理东南景天 pH 变化

图 14.158，显示了在 6 d 时间内栽培东南景天营养液的 Hg 浓度有大幅降低，首先在 24 h 内，从 8.6 μg/kg（Hg3）降低到 1.1 μg/kg（Hg3），直至到第 6 d 的 0.1 μg/kg（Hg3）。根据景天根部的 Hg 含量和生物量，不难得到根部的总积累量，总共加入的 Hg 量也可由加

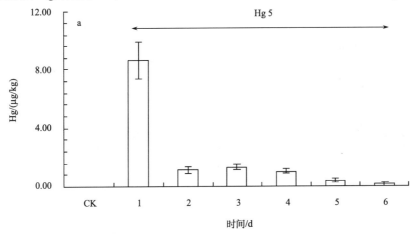

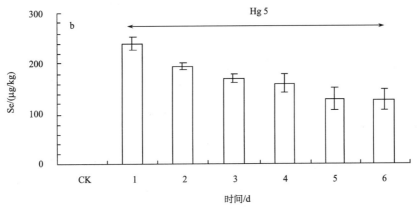

图 14.158　不同处理东南景天营养液 6 d 内 Hg 浓度变化

入的次数与单次加入量计算得到，进而可以得到根表的吸附量所占比例 67.4%，在容器器壁等的吸附也达到 30%，这与 Hg 的很强的吸附性能是一致的，此外，我们的实验表明当没有植物种植时，一般在 pH=6.0 营养液中，Hg 会在器壁上吸附 90%（表 14.96）。Se 的浓度降低也很明显，在有景天培养的容器中，东南景天根也积累有高达 42.8%的 Se，在营养液中以 $(SeO_3)^{2-}$ 和 $(HSeO_3)^-$ 保留 54.2%。

表 14.96 Hg 和 Se 在营养液和植株中的分配比率（以 Hg3 为例）

部位	Hg	Se
营养液	1.2%	54.2%
景天根	67.4%	42.8%
景天茎+叶	~1%	3%
其他（如：器壁吸附和挥发）	30%	<1%

2）东南景天体内汞和硒含量及汞-硒相关性

由表 14.97 可知，处理的东南景天，根部含有分别高于茎和叶部 48 倍和 114 倍的 Se 含量，这反映了一种正常的传输和积累途径：根-茎-叶。空白组的叶片中 Se 含量为 4.146±0.400 mg/kg。施用 Se 的处理组，叶片中 Se 含量是空白组叶片的 94 倍，这说明加入营养液中的 Se 具有较高的生物可利用性，因此，大量 Se 被吸收、转运并储藏在叶片中；相比而言，施 Se 与不施 Se 的东南景天茎部仅相差 1 倍。

表 14.97 东南景天阁部分 Hg、Se 含量

处理	Hg /nM	Se /nM	Hg		Se	
			根 mean±S.D.	地上部 mean±S.D.	根 mean±S.D.	地上部 mean±S.D.
CK	0	0	0.07±0.01a	109±14a	0.41±0.08a	35±15a
CKO	50	0	29.93±13.17b	157±38a	8.54±1.44a	701±106a
Hg1	12.5	2500	10.69±0.16ab	119±20a	349.8±30.2b	3810±493b
Hg2	25	2500	28.61±6.77b	102±18a	390.3±45.4b	4023±794b
Hg3	50	2500	41.62±7.91b	121±30a	410.3±38.4b	2930±106b
Hg4	100	2500	78.68±16.42c	129±36a	366.6±57.3b	2646±1301b
Hg5	200	2500	126.9±28.5d	158±32a	365.4±54.4b	2951±757b

注：茎中 Hg 和 Se 浓度单位为 μg/kg；根中 Hg 和 Se 浓度单位为 mg/kg。

对于 Hg，处理组（134±32 μg/kg）和空白组（109±14 μg/kg）的叶片中 Hg 含量相当，但处理组 Hg1-5 的根部 Hg 含量达到 52733±42157 μg/kg，远较空白组的高。对于处理组的各部位含 Hg 量顺序：根>>叶>茎。由此可见，一方面东南景天地上部对 Hg 的吸收是非常缓慢的，在施用 Hg 培养了近 6 周后，Hg 在茎叶部位的积累仍然很低；另一方面本

实验的 Hg 施用可能是过量的，过多的 Hg 可导致根部中毒，功能衰退，一些传输通道可能因此受到阻碍。结合前面景天根部高的 Se 积累和 Se 处理组根部普遍变黑的情况，景天的根部有可能经受了 Se 和 Hg 的联合毒性。两种毒物的挥发与吸收作用应该同时存在，但在这一实验中没有确切证据显示两种毒物存在明显的挥发与吸收作用。这一结果与此前的水稻水培，以及 Wang 和 Greger（2004）对柳树（*Salix* spp.）的研究结果相近，其研究发现柳树根系积累的 Hg 仅有 0.45%～0.62%可以被向上转运至茎叶部分。

更重要的是，Se 的施加使景天根部的 Hg 积累从 29928±13171 μg/kg（CK0）升高到 41622±7911 μg/kg（Hg3）。与此同时，叶片的 Hg 积累从 157±38 ng/g（CK0）降低到 121±30 ng/g（Hg3）。这说明在长达 6 周的培养过程中（营养液更换频率为 6 d 一次），SeO_3^{2-} 可被部分还原为 Se^{2-}（Terry et al., 2000），Se^{2-} 与 Hg 等金属离子具有很低的 K_{sp} 值，因此容易形成 HgSe 化合物，从而通过化学反应在根部产生交互作用，使更多的 Hg 在根表积累，而使叶片吸收的 Hg 量相应降低。

东南景天叶片中的 Hg 和 Se 的含量整体具有微弱的负相关，但按照 Hg1～Hg3 为低 Hg 处理，Hg4～Hg5 为高 Hg 处理，它们两段 Hg 和 Se 的含量相关性分别升高到 R^2=−0.3775（n=7）和 R^2=0.654（n=5）。茎部具有类似的现象。然而，根部无论是在 Hg1～Hg3 低 Hg 处理，还是 Hg4～Hg5 高 Hg 处理，Hg、Se 含量之间都有明显的正相关性。

由于生物量对生物体内的 Hg、Se 含量会有影响，所以在此将景天各部位的 Hg、Se 含量乘以其生物量，得到体内不同部位的积累量，并作相关性分析（图 14.159）。

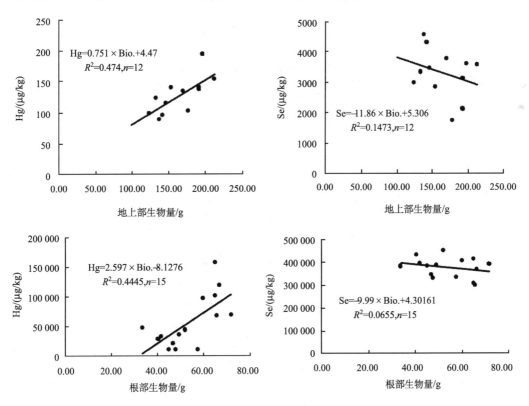

图 14.159　生物量对生物体内 Hg、Se 含量的影响

分析表明，在叶和根部均具有微弱的正相关。这一结果表面上与在动物体表现出来的 Hg、Se 同步积累一致，而与 Shanker 等（1996a，1996b）发现的高 Se 可以抑制 Hg 的吸收的结论相左。但进一步由 Hg 与生物量之间的关系可以看出，生物量大小对 Hg 的吸收积累起到明显促进作用，同样，生物量大小也提高了 Se 的吸收和积累，因此，它们的正相关关系，还不能确定是 Hg、Se 吸收上的相互促进的结果。

3）动植物汞-硒交互作用模型比较

这种在植物体和动物体之间的 Hg-Se 交互作用差异可以用下面一个示意图加以解释（图 14.160）。

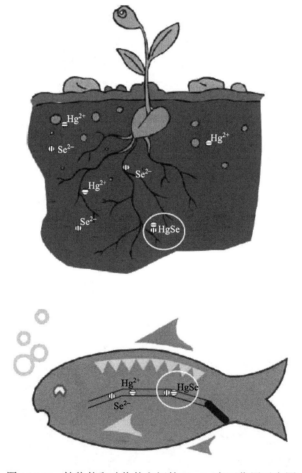

图 14.160　植物体和动物体之间的 Hg-Se 交互作用示意图

由图可以看出，在植物体的根际 Hg、Se 发生相互作用，可以在根表处形成难溶、难被利用的 HgSe 或其他化合物，从而在那里积累，而这部分 Hg 或 Se 一般不再向上迁移，所以在表现上，Hg、Se 浓度或含量的关系上表现为根部的 Hg、Se 同步积累，而在地上部则可能互为消长关系。动物体 Hg-Se 交互作用与此不同的是，它们是经动物摄入体内后发生作用的，两者结合的难溶物或稳定物质存留在不同器官或组织中，这样一来，在表观上我们所看到的就是：Hg、Se 在动物体内特别是在肝脏、肾、胰腺、毛发等处实现同步积累（Sun et al.，2006）。也就是说，动植物之间的 Hg-Se 交互作用差异可能不是其原理上的差异，而是由于发生部位，前者是在体内，后者是在体外；由此，对于植物高 Se 可以通过与 Hg 结合阻挡部分 Hg 进入体内，而对于动物高 Se 可以通过与 Hg 结合阻挡部分 Hg 排出体外。

参 考 文 献

Acosta J A, Cano A F, Arocena J M, et al. 2009. Distribution of metals in soil particle size fractions and its implication to risk assessment of playgrounds in Murcia City (Spain). Geoderma, 149(1): 101~109.

Adams M L, Zhao F J, McGrath S P, et al. 2004. Predicting cadmium concentrations in wheat and barley grain using soil properties. Journal of Environmental Quality, 33(2): 532~541.

Adhikari T, Singh M V. 2003. Sorption characteristics of lead and cadmium in some soils of India. Geoderma, 114(1): 81~92.

Appel C, Ma L. 2002. Concentration, pH, and surface charge effects on cadmium and lead sorption in three tropical soils. Journal of Environmental Quality, 31(2): 581~589.

Arai T, Ikemoto T, Hokura A, et al. 2004. Chemical forms of mercury and cadmium accumulated in marine mammals and seabirds as determined by XAFS analysis. Environmental Science & Technology, 38(24): 6468~6474.

Bargar J R, Brown G E, Parks G A. 1997. Surface complexation of Pb (II) at oxide-water interfaces: II. XAFS and bond-valence determination of mononuclear Pb (II) sorption products and surface functional groups on iron oxides. Geochimica et Cosmochimica Acta, 61(13): 2639~2652.

Baroni F, Boscagli A, Di Lella L A, et al. 2004. Arsenic in soil and vegetation of contaminated areas in southern Tuscany (Italy). Journal of Geochemical Exploration, 81(1): 1~14.

Barrow N J, Bowden J W, Posner A M, et al. 1981. Describing the adsorption of copper, zinc and lead on a variable charge mineral surface. Soil Research, 19(3): 309~321.

Basta N T, Pantone D J, Tabatabai M A. 1993. Path analysis of heavy metal adsorption by soil. Agronomy Journal, 85(5): 1054~1057.

Beauchemin S, Hesterberg D, Chou J, et al. 2003. Speciation of phosphorus in phosphorus-enriched agricultural soils using X-ray absorption near-edge structure spectroscopy and chemical fractionation. Journal of Environmental Quality, 32(5): 1809~1819.

Bech J, Poschenrieder C, Llugany M, et al. 1997. Arsenic and heavy metal contamination of soil and vegetation around a copper mine in Northern Peru. Science of the Total Environment, 203(1): 83~91.

Bogan B W, Trbovic V. 2003. Effect of sequestration on PAH degradability with Fenton's reagent: roles of total organic carbon, humin, and soil porosity. Journal of Hazardous Materials, 100(1): 285~300.

Bowell R J. 1994. Sorption of arsenic by iron oxides and oxyhydroxides in soils. Applied Geochemistry, 9(3): 279~286.

Bowerman W W, Evans E D, Giesy J P, et al. 1994. Using feathers to assess risk of mercury and selenium to bald eagle reproduction in the Great Lakes region. Archives of Environmental Contamination and Toxicology, 27(3): 294~298.

Bradl H B. 2004. Adsorption of heavy metal ions on soils and soils constituents. Journal of Colloid and

Interface Science, 277(1): 1~18.

Brus D J, De Gruijter J J, Walvoort D J J, et al. 2002. Mapping the probability of exceeding critical thresholds for cadmium concentrations in soils in the Netherlands. Journal of Environmental Quality, 31(6): 1875~1884.

Buchter B, Davidoff B, Amacher M C, et al. 1989. Correlation of Freundlich K_d and n retention parameters with soils and elements. Soil Science, 148(5): 370~379.

Businelli M, Altieri R, Giusquiani P L, et al. 1999. Complexation capacity of dissolved organic matter from pig slurry: a gel filtration and dialysis study. Water, Air, & Soil Pollution, 113(1): 385~394.

Camm G S, Glass H J, Bryce D W, et al. 2004. Characterisation of a mining-related arsenic-contaminated site, Cornwall, UK. Journal of Geochemical Exploration, 82(1): 1~15.

Cances B, Juillot F, Morin G, et al. 2005. XAS evidence of As (V) association with iron oxyhydroxides in a contaminated soil at a former arsenical pesticide processing plant. Environmental Science & Technology, 39(24): 9398~9405.

Carlon C, Dalla Valle M, Marcomini A. 2004. Regression models to predict water–soil heavy metals partition coefficients in risk assessment studies. Environmental Pollution, 127(1): 109~115.

Cavallaro N, McBride M B. 1984. Zinc and copper sorption and fixation by an acid soil clay: effect of selective dissolutions. Soil Science Society of America Journal, 48(5): 1050~1054.

Chang A C, Page A L, Hyun H. 1997. Cadmium uptake for Swiss chard grown on composted sewage sludge treated field plots: plateau or time bomb? Journal of Environmental Quality, 26(1): 11~19.

Cox L, Koskinen W C, Yen P Y. 1997. Sorption–desorption of imidacloprid and its metabolites in soils. Journal of Agricultural and Food Chemistry, 45(4): 1468~1472.

Datta A, Sanyal S K, Saha S. 2001. A study on natural and synthetic humic acids and their complexing ability towards cadmium. Plant and Soil, 235(1): 115~125.

Davis J A, Kent D B. 1990. Surface complexation modeling in aqueous geochemistry. Reviews in Mineralogy and Geochemistry, 23(1): 177~260.

Davydova S L, Plate N A. 1975. Problems of complex formation with macromolecular ligands. Coordination Chemistry Reviews, 16(3): 195~225.

De Brouwere K, Smolders E, Merckx R. 2004. Soil properties affecting solid-liquid distribution of As(V) in soils. Europan Journal of Soil Science, 55: 165~173.

Dórea J G, Barbosa A C. 2004. Fruits, fish, and mercury: further considerations. Environmental Research, 96(1): 102~103.

Efroymson R A, Smaple B E, Suter G W. 2001. Uptake of inorganic chemicals from soil by plant leaves: Regressions of field data. Environmental Toxicology and Chemistry, 20(11): 2561~2571.

Elliott H A, Liberati M R, Huang C P. 1986. Competitive adsorption of heavy metals by soils. Journal of Environmental Quality, 15(3): 214~219.

Elzinga E J, Sparks D L. 2002. X-ray absorption spectroscopy study of the effects of pH and ionic strength on Pb (II) sorption to amorphous silica. Environmental Science & Technology, 36(20): 4352~4357.

Farquhar M L, Charnock J M, Livens F R, et al. 2002. Mechanisms of arsenic uptake from aqueous solution by interaction with goethite, lepidocrocite, mackinawite, and pyrite: An X-ray absorption spectroscopy study. Environmental Science & Technology, 36(8): 1757~1762.

Fendorf S, Eick M J, Grossl P, et al. 1997. Arsenate and chromate retention mechanisms on goethite. 1. Surface structure. Environmental Science & Technology, 31(2): 315~320.

Feng W Y, Chai, Z F, Qian Q F, Guan M, 1997. Correlation between mercury and selenium in scalp hair of 29 pairs of women and their new born infants at a high-mercury and low-selenium area in China. Nuclear Technology, 20(6): 356~362.

Feng X, Li G, Qiu G. 2006. A preliminary study on mercury contamination to the environment from artisanal zinc smelting using indigenous methods in Hezhang County, Guizhou, China: Part 2. Mercury contaminations to soil and crop. Science of the Total Environment, 368(1): 47~55.

Gadde R R, Laitinen H A. 1974. Heavy metal adsorption by hydrous iron and manganese oxides. Analytical Chemistry, 46(13): 2022~2026.

Giménez J, Martínez M, de Pablo J, et al. 2007. Arsenic sorption onto natural hematite, magnetite, and goethite. Journal of Hazardous Materials, 141(3): 575~580.

Girouard E, Zagury G J. 2009. Arsenic bioaccessibility in CCA-contaminated soils: Influence of soil properties, arsenic fractionation, and particle-size fraction. Science of the Total Environment, 407(8): 2576~2585.

Gray C W, Dunham S J, Dennis P G, et al. 2006. Field evaluation of in situ remediation of a heavy metal contaminated soil using lime and red-mud. Environmental Pollution, 142(3): 530~539.

Gray C W, McLaren R G, Roberts A H C, et al. 1999. Solubility, sorption and desorption of native and added cadmium in relation to properties of soils in New Zealand. European Journal of Soil Science, 50(1): 127~137.

Gupta S K, Vollmer M K, Krebs R. 1996. The importance of mobile, mobilisable and pseudo total heavy metal fractions in soil for three-level risk assessment and risk management. Science of the Total Environment, 178(1): 11~20.

Han N, Thompson M L. 1999. Copper-binding ability of dissolved organic matter derived from anaerobically digested biosolids. Journal of Environmental Quality, 28(3): 939~944.

Harter R D, Naidu R. 1995. Role of metal-organic complexation in metal sorption by soils. Advances in Agronomy, 55: 219~263.

Hayes K F, Leckie J O. 1987. Modeling ionic strength effects on cation adsorption at hydrous oxide/solution interfaces. Journal of Colloid and Interface Science, 115(2): 564~572.

Hem J D. 1978. Redox processes at surfaces of manganese oxide and their effects on aqueous metal ions. Chemical Geology, 21(3-4): 199~218.

Hohl H, Stumm W. 1976. Interaction of Pb^{2+} with hydrous gamma Al_2O_3. Journal of Colloid and Interface Science, 55: 281~288.

Hoins U, Charlet L, Sticher H. 1993. Ligand effect on the adsorption of heavy metals: The sulfate—Cadmium—Goethite case. Water, Air, & Soil Pollution, 68(1): 241~255.

Holm P E, Christensen T H, Tjell J C, et al. 1995. Speciation of cadmium and zinc with application to soil solutions. Journal of Environmental Quality, 24(1): 183~90.

Hooda P S, Alloway B J. 1998. Cadmium and lead sorption behaviour of selected English and Indian soils. Geoderma, 84: 121~134.

Horvat M, Nolde N, Fajon V, et al. 2003. Total mercury, methylmercury and selenium in mercury polluted areas in the province Guizhou, China. Science of the Total Environment, 304(1): 231~256.

Houba V J G, Temminghoff E J M, Gaikhorst G A, et al. 2000. Soil analysis procedures using 0.01 M calcium chloride as extraction reagent. Communications in Soil Science & Plant Analysis, 31(9-10): 1299~1396.

Houba V J, Novozamsky I, Van der Lee J. 1995. Soil analysis procedures: other procedures. Department of

Soil Science and Plant Nutrition, Wageningen Agricultural University.

Huang R Q, Gao S F, Wang W L, et al. 2006. Soil arsenic availability and the transfer of soil arsenic to crops in suburban areas in Fujian Province, southeast China. Science of the Total Environment, 368(2): 531~541.

Huang W L, Weber W J. 1998. A distributed reactivity model for sorption by soils and sediments. 11. Slow concentration dependent sorption rates. Environmental Science & Technology, 32(22): 3549~3555.

Hubbard A T. 2002. Encyclopedia of surface and colloid science. Marcel Dekker, New York.

Impellitteri C A, Saxe J K, Cochran M, et al. 2003. Predicting the bioavailability of copper and zinc in soils: Modeling the partitioning of potentially bioavailable copper and zinc from soil solid to soil solution. Environmental Toxicology and Chemistry, 22(6): 1380~1386.

Jain A, Loeppert R H. 2000. Effect of competing anions on the adsorption of arsenate and arsenite by ferrihydrite. Journal of Environmental Quality, 29(5): 1422~1430.

Jiang W, Zhang S, Shan X, et al. 2005. Adsorption of arsenate on soils. Part 1: Laboratory batch experiments using 16 Chinese soils with different physiochemical properties. Environmental Pollution, 138(2): 278~284.

Jiang W, Zhang S, Shan X, et al. 2005. Adsorption of arsenate on soils. Part 2: Modeling the relationship between adsorption capacity and soil physiochemical properties using 16 Chinese soils. Environmental Pollution, 138(2): 285~289.

Jin L N, Liang L N, Jiang G B, Xu Y. 2006. Methylmercury, total mercury and total selenium in four common freshwater fish species from Ya-Er Lake, China. Environmental Geochemistry and Health, 28: 401~407.

Jing C, Liu S, Meng X. 2008. Arsenic remobilization in water treatment adsorbents under reducing conditions: Part I. Incubation study. Science of the Total Environment, 389(1): 188~194.

Jones K C, Johnston A E. 1989. Cadmium in cereal grain and herbage from long-term experimental plots at Rothamsted, UK. Environmental Pollution, 57(3): 199~216.

Kabata-Pendias A, Pendias H. 2001. Trace elements in soils and plants, 3rd ed. CRC Press, Boca Raton, Fla.

Kabata-Pendias A. 2004. Soil–plant transfer of trace elements—an environmental issue. Geoderma, 122(2): 143~149.

Kalbitz K, Wennrich R. 1998. Mobilization of heavy metals and arsenic in polluted wetland soils and its dependence on dissolved organic matter. Science of the Total Environment, 209(1): 27~39.

Koeman J H, Van de Ven W S M, De Goeij J J M, et al. 1975. Mercury and selenium in marine mammals and birds. Science of the Total Environment, 3(3): 279~287.

Kooner Z S. 1993. Comparative-Study of Adsorption Behavior of Copper, Lead, and Zinc onto Goethite in Aqueous Systems. Environmental Geology, 21: 242~250.

Lee S H, Lee J S, Choi Y J, et al. 2009. In situ stabilization of cadmium-, lead-, and zinc-contaminated soil using various amendments. Chemosphere, 77(8): 1069~1075.

Lehn H, Bopp M. 1987. Prediction of heavy-metal concentrations in mature plants by chemical analysis of seedlings. Plant and Soil, 101(1): 9~14.

Li Z, Ryan J A, Chen J L, et al. 2001. Adsorption of cadmium on biosolids-amended soils. Journal of Environmental Quality, 30(3): 903~911.

Liao X Y, Chen T B, Xie H, et al. 2005. Soil As contamination and its risk assessment in areas near the industrial districts of Chenzhou City, Southern China. Environment International, 31(6): 791~798.

Lindsay W L, Norvell W A. 1978. Development of a DTPA soil test for zinc, iron, manganese, and copper.

Soil Science Society of America Journal, 42(3): 421~428.

Ljung K, Selinus O, Otabbong E, et al. 2006. Metal and arsenic distribution in soil particle sizes relevant to soil ingestion by children. Applied Geochemistry, 21(9): 1613~1624.

Luo L, Zhang S, Shan X Q, et al. 2006. Effects of oxalate and humic acid on arsenate sorption by and desorption from a Chinese red soil. Water, Air, & Soil Pollution, 176(1-4): 269~283.

Luo Y M, Christie P. 1998. Bioavailability of copper and zinc in soils treated with alkaline stabilized sewage sludges. Journal of Environmental Quality, 27(2): 335~342.

Ma W, van der Voet H. 1993. A risk-assessment model for toxic exposure of small mammalian carnivores to cadmium in contaminated natural environments. Science of the Total Environment, 134: 1701~1714.

Maiz I, Arambarri I, Garcia R, et al. 2000. Evaluation of heavy metal availability in polluted soils by two sequential extraction procedures using factor analysis. Environmental Pollution, 110(1): 3~9.

Mamindy-Pajany Y, Hurel C, Marmier N, et al. 2009. Arsenic adsorption onto hematite and goethite. Comptes Rendus Chimie, 12(8): 876~881.

Manceau A, Boisset M C, Sarret G, et al. 1996. Direct determination of lead speciation in contaminated soils by EXAFS spectroscopy. Environmental Science & Technology, 30(5): 1540~1552.

Manning B A, Goldberg S. 1997. Arsenic (III) and arsenic (V) adsorption on three California soils. Soil Science, 162(12): 886~895.

Martınez C E, Motto H L. 2000. Solubility of lead, zinc and copper added to mineral soils. Environmental Pollution, 107(1): 153~158.

Masscheleyn P H, Delaune R D, Patrick Jr W H. 1991. Effect of redox potential and pH on arsenic speciation and solubility in a contaminated soil. Environmental Science & Technology, 25(8): 1414~1419.

McBride M B. 1980. Chemisorption of Cd^{2+} on calcite surfaces. Soil Science Society of America Journal, 44(1): 26~28.

McBride M B. 1994. Environmental chemistry of soils. Oxford University Press, New York.

McKenzie R M. 1980. The adsorption of lead and other heavy metals on oxides of manganese and iron. Soil Research, 18(1): 61~73.

McLaughlin M J, Parker D R, Clarke J M. 1999. Metals and micronutrients: Food safety issues. Field Crops Research, 60: 143~163.

McLaughlin M J, Zarcinas B A, Stevens D P, et al. 2000. Soil testing for heavy metals. Communications in Soil Science and Plant Analysis, 31: 1661~1700.

Meers E, Du Laing G, Unamuno V, et al. 2007. Comparison of cadmium extractability from soils by commonly used single extraction protocols. Geoderma, 141: 247~259.

Meeussen J C L. 2003. ORCHESTRA: an object-oriented framework for implementing chemical equilibrium models. Environmental Science & Technology, 37(6): 1175~1182.

Mengel K. 2001. Principles of plant nutrition, 5th ed. Kluwer Academic Publishers, Dordrecht；Boston.

Milne C J, Kinniburgh D G, Tipping E. 2001. Generic NICA-Donnan model parameters for proton binding by humic substances. Environmental Science & Technology, 35(10): 2049~2059.

Milne C J. 2000. Measurement and modelling of ion binding by humic substances. University of Reading.

Neuhauser E F, Cukic Z V, Malecki M R, et al. 1995. Bioconcentration and biokinetics of heavy metals in the earthworm. Environmental Pollution, 89(3): 293~301.

Nolan A L, Zhang H, McLaughlin M J. 2005. Prediction of zinc, cadmium, lead, and copper availability to wheat in contaminated soils using chemical speciation, diffusive gradients in thin films, extraction, and isotopic dilution techniques. Journal of Environmental Quality, 34(2): 496~507.

Oliver D P, Tiller K G, Alston A M, et al. 1999. A comparison of three soil tests for assessing Cd accumulation in wheat grain. Soil Research, 37(6): 1123~1138.

Oskarsson A, Lagerkvist B J, Ohlin B, et al. 1994. Mercury levels in the hair of pregnant women in a polluted area in Sweden. Science of the Total Environment, 151(1): 29~35.

Osterberg R, Mortensen K. 1992. Fractal Dimension of Humic Acids-a Small-Angle Neutron-Scattering Study. European Biophysics Journal with Biophysics Letters, 21, 163~167.

Ostergren J D, Brown G E, Parks G A, et al. 2000a. Inorganic ligand effects on Pb (II) sorption to goethite (α-FeOOH): II. Sulfat. Journal of Colloid and Interface Science, 225(2): 483~493.

Ostergren J D, Trainor T P, Bargar J R, et al. 2000b. Inorganic ligand effects on Pb (II) sorption to goethite (α-FeOOH): I. Carbonate. Journal of Colloid and Interface Science, 225(2): 466~482.

Pueyo M, Lopez-Sanchez J F, Rauret G. 2004. Assessment of $CaCl_2$, $NaNO_3$ and NH_4NO_3 extraction procedures for the study of Cd, Cu, Pb and Zn extractability in contaminated soils. Analytica Chimica Acta, 504(2): 217~226.

Quezada-Hinojosa R P, Matera V, Adatte T, et al. 2009. Cadmium distribution in soils covering Jurassic oolitic limestone with high Cd contents in the Swiss Jura. Geoderma, 150(3): 287~301.

Rauret G, Lopez-Sanchez J F, Sahuquillo A, et al. 1999. Improvement of the BCR three-step sequential extraction procedure prior to the certification of new sediment and soil reference materials. Environmental Monitoring and Assessment, 1: 57~61.

Roe A L, Hayes K F, Chisholm-Brause C, et al. 1991. In situ X-ray absorption study of lead ion surface complexes at the goethite-water interface. Langmuir, 7(2): 367~373.

Rouff A A, Elzinga E J, Reeder R J, et al. 2004. X-ray Absorption Spectroscopic Evidence for the Formation of Pb (II) Inner-Sphere Adsorption Complexes and Precipitates at the Calcite− Water Interface. Environmental Science & Technology, 38(6): 1700~1707.

Roychowdhury T, Tokunaga H, Ando M. 2003. Survey of arsenic and other heavy metals in food composites and drinking water and estimation of dietary intake by the villagers from an arsenic-affected area of West Bengal, India. Science of the Total Environment, 308(1): 15~35.

Roychowdhury T, Uchino T, Tokunaga H, et al. 2002. Arsenic and other heavy metals in soils from an arsenic-affected area of West Bengal, India. Chemosphere, 49(6): 605~618.

Sahuquillo A, Rigol A, Rauret G. 2003. Overview of the use of leaching/extraction tests for risk assessment of trace metals in contaminated soils and sediments. TrAC Trends in Analytical Chemistry, 22(3): 152~159.

Sample B E, Suter II G W, Beauchamp J J, et al. 1999. Literature-derived bioaccumulation models for earthworms: Development and validation. Environmental Toxicology and Chemistry, 18: 2110~2120.

Sauvé S, Hendershot W, Allen H E. 2000a. Solid-solution partitioning of metals in contaminated soils: dependence on pH, total metal burden, and organic matter. Environmental Science & Technology, 34(7): 1125~1131.

Sauvé S, Manna S, Turmel M C, et al. 2003. Solid− Solution partitioning of Cd, Cu, Ni, Pb, and Zn in the organic horizons of a forest soil. Environmental Science & Technology, 37(22): 5191~5196.

Sauve S, Mcbride M B, Hendershot W H. 1998b. Soil solution speciation of lead: Effects of organic matter and pH. Soil Science Society of America Journal, 62: 618~621.

Sauve S, Mcbride M B. Hendershot, W H. 1998a. Lead phosphate solubility in water and soil suspensions. Environmental Science & Technology, 32: 388~393.

Sauvé S, Norvell W A, McBride M, et al. 2000b. Speciation and complexation of cadmium in extracted soil solutions. Environmental Science & Technology, 34(2): 291~296.

Schuster. 1991. Soil organic matter-the next 75 years. Soil Science, 151: 41~58.

Shanker K, Mishra S, Srivastava S, et al. 1996a. Effect of selenite and selenate on plant uptake and translocation of mercury by tomato (Lycopersicum esculentum). Plant and Soil, 183(2): 233~238.

Shanker K, Mishra S, Srivastava S, et al. 1996b. Study of mercury-selenium (Hg-Se) interactions and their impact on Hg uptake by the radish (Raphanus sativus) plant. Food and Chemical Toxicology, 34(9): 883~886.

Signes-Pastor A, Burló F, Mitra K, et al. 2007. Arsenic biogeochemistry as affected by phosphorus fertilizer addition, redox potential and pH in a west Bengal (India) soil. Geoderma, 137(3): 504~510.

Smith E, Naidu R, Alston A M. 1998. Arsenic in the soil environment: A review. Advances in Agronomy, 64: 149~195.

Spark K M, Johnson B B, Wells J D. 1995. Characterizing heavy metal adsorption on oxides and oxyhydroxides. European Journal of Soil Science, 46: 621~631.

Sposito G, Weber J H. 1986. Sorption of trace metals by humic materials in soils and natural waters. Critical Reviews in Environmental Science & Technology, 16(2): 193~229.

Sposito G. 1984. The surface chemistry of soils. Oxford University Press; Clarendon Press, New York Oxford Oxfordshire.

Strawn D G, Sparks D L. 1999. The use of XAFS to distinguish between inner-and outer-sphere lead adsorption complexes on montmorillonite. Journal of Colloid and Interface Science, 216(2): 257~269.

Sturchio N C, Chiarello R P, Cheng L, et al. 1997. Lead adsorption at the calcite-water interface: Synchrotron X-ray standing wave and X-ray reflectivity studies. Geochimica et Cosmochimica Acta, 61(2): 251~263.

Sun L, Yin X, Liu X, et al. 2006. A 2000-year record of mercury and ancient civilizations in seal hairs from King George Island, West Antarctica. Science of the Total Environment, 368(1): 236~247.

Svensson B G, Schütz A, Nilsson A, et al. 1992. Fish as a source of exposure to mercury and selenium. Science of the Total Environment, 126(1-2): 61~74.

Száková J, Tlustoš P, Goessler W, et al. 2005. Comparison of mild extraction procedures for determination of plant-available arsenic compounds in soil. Analytical and Bioanalytical Chemistry, 382(1): 142~148.

Terry N, Zayed A M, De Souza M P, et al. 2000. Selenium in higher plants. Annual Review of Plant Biology, 51(1): 401~432.

Tessema D A, Kosmus W. 2001. Influence of humic and low molecular weight polycarboxylic acids on the release of arsenic from soils. Journal of Trace and Microprobe Techniques, 19(2): 267~278.

Tessier A, Campbell P G C, Bisson M. 1979. Sequential extraction procedure for the speciation of particulate trace metals. Analytical Chemistry, 51(7): 844~851.

Thangavel P, Sulthana A S, Subburam V. 1999. Interactive effects of selenium and mercury on the restoration potential of leaves of the medicinal plant, Portulaca oleracea Linn. Science of the Total Environment, 243: 1~8.

Tripathi R M, Raghunath R, Krishnamoorthy T M. 1997. Arsenic intake by the adult population in Bombay city. Science of the Total Environment, 208(1~2): 89~95.

Ure, A M. 1996. Single extraction schemes for soil analysis and related applications. Science of the Total Environment, 178: 3~10.

Veeresh H, Tripathy S, Chaudhuri D, et al. 2003. Sorption and distribution of adsorbed metals in three soils of India. Applied Geochemistry, 18(11): 1723~1731.

Violante A, Pigna M. 2002. Competitive sorption of arsenate and phosphate on different clay minerals and soils. Soil Science Society of America Journal, 66(6): 1788~1796.

Von O B, Kördel W, Klein W. 1991. Sorption of nonpolar and polar compounds to soils: processes, measurements and experience with the applicability of the modified OECD-Guideline 106. Chemosphere, 22(3): 285~304.

Wang Y, Greger M. 2004. Clonal differences in mercury tolerance, accumulation, and distribution in willow. Journal of Environmental Quality, 33(5): 1779~1785.

Warren G P, Alloway B J, Lepp N W, et al. 2003. Field trials to assess the uptake of arsenic by vegetables from contaminated soils and soil remediation with iron oxides. Science of the Total Environment, 311(1): 19~33.

Warwick P, Inam E, Evans N. 2005. Arsenic's interaction with humic acid. Environmental Chemistry, 2(2): 119~124.

Watanabe T, Shimbo S, Moon C S, et al. 1996. Cadmium contents in rice samples from various areas in the world. Science of the Total Environment, 184(3): 191~196.

Welp G, Brümmer G W. 1997. Microbial toxicity of Cd and Hg in different soils related to total and water-soluble contents. Ecotoxicology and Environmental Safety, 38(3): 200~204.

Weng L, Temminghoff E J M, Van Riemsdijk W H. 2001. Contribution of individual sorbents to the control of heavy metal activity in sandy soil. Environmental Science & Technology, 35(22): 4436~4443.

Wenzel W W, Kirchbaumer N, Prohaska T, et al. 2001. Arsenic fractionation in soils using an improved sequential extraction procedure. Analytica Chimica Acta, 436(2): 309~323.

Xian X. 1989. Effect of chemical forms of cadmium, zinc, and lead in polluted soils on their uptake by cabbage plants. Plant and Soil, 113(2): 257~264.

Xue F, Holzman C, Rahbar M H, et al. 2007. Maternal fish consumption, mercury levels, and risk of preterm delivery. Environmental Health Perspectives, 115(1): 42~47.

Yin X, Sun L, Zhu R, et al. 2007. Mercury-selenium association in antarctic seal hairs and animal excrements over the past 1,500 years. Environmental Toxicology and Chemistry, 26(3): 381~386.

Young S D, Tye A, Carstensen A, et al. 2000. Methods for determining labile cadmium and zinc in soil. European Journal of Soil Science, 51(1): 129~136.

Yuan G, Lavkulich L M. 1997. Sorption behavior of copper, zinc, and cadmium in response to simulated changes in soil properties. Communications in Soil Science & Plant Analysis, 28(6~8): 571~587.

Yufeng L, Chunying C, Li X, et al. 2004. Concentrations and XAFS speciation in situ of mercury in hair from populations in Wanshan mercury mine area, Guizhou province. Nuclear Techniques, 27(12): 899~903.

Zachara J M, Cowan C E, Resch C T. 1991. Sorption of divalent metals on calcite. Geochimica et Cosmochimica Acta, 55: 1549~1562.

Zachara J M, Kittrick J A, Harsh J B. 1988. The mechanism of Zn^{2+} adsorption on calcite. Geochimica et Cosmochimica Acta, 52: 2281~2291.

Zachara J M, Resch C T, Smith S C. 1994. Influence of humic substances on Co^{2+} sorption by a subsurface mineral separate and its mineralogic components. Geochimica et Cosmochimica Acta, 58(2): 553~566.

Zachara J M, Smith S C, Resch C T, et al. 1992. Cadmium sorption to soil separates containing layer silicates and iron and aluminum oxides. Soil Science Society of America Journal, 56(4): 1074~1084.

Zhang L, Shi W, Wang X. 2006. Difference in selenite absorption between high-and low-selenium rice cultivars and its mechanism. Plant and Soil, 282(1): 183~193.

第十五章 土壤中有机污染物的形态、过程与有效性

有机污染物（如多环芳烃、多氯联苯、农药、抗生素等）具有疏水性、稳定性、持久性和生物富集性等特点，一旦进入土壤后即开始在土水界面和生物体之间发生吸附-解吸、迁移转化、代谢降解和蓄积残留等一系列环境过程。有机污染物类型及土壤的理化性质（土壤粒径、有机质、土壤矿物、pH、离子强度等）是影响这些环境行为的主要因素。本章分别介绍了多环芳烃、多氯联苯、抗生素、酞酸酯和二苯砷酸在土壤中的分配特征、水土迁移性、生物有效性及其影响因素，为评估有机污染物在土壤中的生物地球化学过程及生态风险提供理论依据。

第一节 多环芳烃的分配特征、吸附-解吸与生物有效性

一、土壤中多环芳烃的分配特征

（一）土壤各粒级中多环芳烃的分配特征

供试 9 个土样采自浙江省台州地区农业土壤表层土（0～20 cm），编号为 LQS-041 和 LQS-210 土壤上种植的作物为甘蔗，LQS-076、LQS-042、LQS-177 和 LQS-162 土壤上为水稻，LQS-054 和 LQS-038 土壤上为葡萄，LQS-267 土壤上为蔬菜。土壤的基本性质见表 15.1。供试土样均分成黏粒（<2 μm）、细粉粒（2～20 μm）、粗粉粒（20～54 μm）、细砂粒（54～105 μm）和粗砂粒（>105 μm）五个组分（Amelung et al.，1998）。

表 15.1 供试土壤性质

土样号	pH (H₂O)	总有机碳 / (g/kg)	全氮 / (g/kg)	PAHs 总量 / (μg/kg)	粗砂粒	细砂粒	粗粉粒 / (g/kg)	细粉粒	黏粒
LQS-038	5.1	27.8	3.11	128.2	132.5	176.7	68.5	374.3	248.0
LQS-041	4.8	22.5	2.44	170.8	147.3	129.8	84.0	393.2	245.7
LQS-042	5.4	25.8	2.71	228.8	139.0	96.4	96.3	426.6	241.7
LQS-054	4.8	24.3	2.88	161.5	103.9	87.6	46.1	474.0	288.4
LQS-076	5.0	23.0	2.57	242.1	72.0	114.9	40.3	459.8	313.0
LQS-162	5.2	37.2	4.24	314.9	49.0	120.8	71.3	505.4	253.5
LQS-177	6.1	35.0	3.35	410.7	72.2	105.0	134.6	426.2	262.0
LQS-210	4.6	23.3	2.46	603.9	121.8	122.0	64.6	434.5	257.1
LQS-267	4.6	27.0	3.07	406.6	81.7	145.0	40.4	396.6	336.3

1. 土壤各粒级中多环芳烃的含量分布

由表 15.2 可知，PAHs 在不同粒径组分中的含量很不均匀，除粗粉粒和细粉粒外，PAHs 的最高含量在其他粒径组分中都会出现。从图 15.1 可以看出，PAHs 在不同粒径组分中的平均含量随着粒径的减小而降低，其中粗砂粒组分中 PAHs 平均含量显著高于粗粉粒、细粉粒和黏粒中 PAHs 平均含量（$p < 0.05$），其他粒径组分中 PAHs 的含量平均含量没有显著性差异。PAHs 在粗砂粒和细砂粒的两个组分中的含量较高，可能是因为这两个组分中的植物残体和碎屑较多，有机质含量较高的原因。Müller 等（2000）的研究表明，土壤粒径分组过程中分离出的悬浮组分（主要是一些植物残体和碎屑）虽然在土壤中的含量小于 1.2 g/kg，但却富集了较高浓度的 PAHs，平均浓度为 2548 μg/kg。

表 15.2　土壤不同粒径组分中 PAHs 含量　　　　　（单位：μg/kg）

土样号	粗砂粒	细砂粒	粗粉粒	细粉粒	黏粒
LQS-038	100.3	123.2	61.3	114.0	110.7
LQS-041	194.0	243.8	63.7	121.8	272.2
LQS-042	158.0	296.7	63.3	141.2	271.8
LQS-054	841.9	220.3	266.9	61.2	94.8
LQS-076	848.9	556.1	599.9	230.8	198.4
LQS-162	2865.2	1396.8	448.8	179.1	388.7
LQS-177	1646.3	899.5	190.5	313.1	241.5
LQS-210	1308.3	1474.5	745.7	785.7	248.8
LQS-267	1483.6	540.8	405.8	311.1	225.1

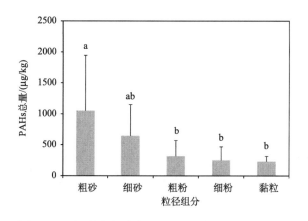

图 15.1　不同粒径组分中 PAHs 总量的平均值（$n=9$）

由图 15.2 可知，不同粒径组分中 PAHs 总量占土壤中 PAHs 总量百分比的平均值大小顺序为细粉粒>粗砂粒>黏粒>细砂粒>粗粉粒，其中粗粉粒中 PAHs 总量占土壤中 PAHs

总量百分比的平均值明显低于其他几个组分（$p<0.05$）。

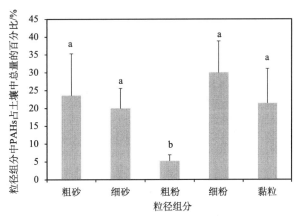

图 15.2 不同粒径组分中 PAHs 总量占土壤中 PAHs 总量的百分比平均值（$n=9$）

Krauss 和 Wilcke（2002）对 11 个城市土壤（0～5 cm）不同粒径组分中 PAHs 的分配特征研究表明，大多数土壤中 PAHs 的含量按下列次序降低：粉粒（20～2 μm）>黏粒（<2 μm）>细砂粒（250～20 μm）>粗砂粒（2000～250 μm）。Sequaris 等（2005）等用模拟实验研究了苯并[a]芘在耕地表层土壤（0～1 cm）不同粒径组分中的分配，结果表明，苯并[a]芘在不同粒径组分中的绝对含量大小按>20 μm、20～2 μm、2～0.05 μm 和 <0.05 μm 的顺序递减。本研究中 PAHs 在土壤粒径组分中的分配特征与文献的报道有所不同，可能与土壤质地和取样深度有关。本试验中的土壤质地较文献中的要黏重一些，且采样深度为 0～20 cm，而文献中土壤采样深度均未超过 5 cm。另外，PAHs 在土壤粒径组分中的分配特征还与进入土壤中的 PAHs 污染源的颗粒大小组成有关（Krauss and Wilcke，2002）。

在所有粒径组分中，4 环 PAHs 对 PAHs 总量贡献最大，都超过 40%，明显高于其他环数对总量的贡献（$p<0.05$）；2 环 PAHs 对 PAHs 总量的贡献最小，都低于 10%，明显低于其他环数对总量的贡献（$p<0.05$）。同一粒径组分中不同环数 PAHs 对 PAHs 总量的贡献大小与原土（未分级之前的原土样）中不同环数 PAHs 对 PAHs 总量贡献的大小基本一致，表明了土壤颗粒的粒径大小对不同环数 PAHs 的组成基本没有影响。不同粒径组分中 2 环 PAHs 对粒径组分中 PAHs 总量的贡献都没有显著性差异，黏粒组分中的 3 环 PAHs 对 PAHs 总量的贡献要显著大于其他粒径组分，而 5 环 PAHs 对 PAHs 总量的贡献要显著小于其他粒径组分（$p<0.05$）。细砂粒中 4 环 PAHs 以及粗砂粒和粗粉粒中 6 环 PAHs 对 PAHs 总量的贡献要显著高于黏粒（$p<0.05$），而其他粒径组分之间 4 环 PAHs 和 6 环 PAHs 对 PAHs 总量的贡献都没有显著性差异。

2. 土壤各粒级中有机质对多环芳烃富集能力比较

土壤有机质是土壤中疏水性有机污染物如 PAHs 的一个最重要的吸附剂。已有的报道表明，土壤对 PAHs 的吸附量与土壤有机质含量有较好的相关性（Means et al.，1980）。

将本实验中各粒径组分中有机碳含量与 PAHs 总量进行了线性相关分析，结果表明，不同粒径组分中 PAHs 总量与粒径组分中有机碳含量存在极显著的正相关（图 15.3）。其他的研究还表明，多环芳烃在土壤中的含量和分配不仅与土壤有机质的总量有关，而且还与有机质的质量有很大关系（Xing，1997）。

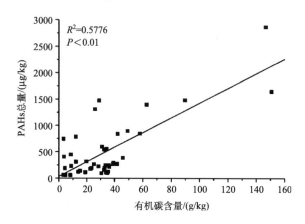

图 15.3　不同粒径组分中 PAHs 含量与有机质含量的相关性（n=45）

我们用每克有机碳（OC）中 PAHs 的含量来讨论土壤不同粒径组分有机质对 PAHs 的富集能力，它能在一定程度上反映土壤有机质的质量对 PAHs 在粒径组分中分配的影响。由图 15.4 可知，不同粒径组分有机质对总的 PAHs 以及 3 环和 4 环 PAHs 富集能力的大小顺序为粗粉粒>细粉粒>细砂粒>粗砂粒>黏粒，对 5 环和 6 环 PAHs 富集能力大小顺序为粗粉粒>细粉粒>粗砂粒>细砂粒>黏粒，对 2 环 PAHs 的富集能力为粗粉粒>细粉粒>黏粒>细砂粒>粗砂粒。粗粉粒有机质对 PAHs 的富集能力最强，黏粒有机质对 PAHs 的富集能力最弱。

Krauss 和 Wilcke（2002）研究表明，在轻度污染（20 种 PAHs 含量之和小于 7200 μg/kg）的土壤中，土壤不同粒径组分中有机质对 PAHs 的富集能力按下列次序降低：粉粒（20～2 μm）=细砂粒（250～20 μm）>黏粒（<2 μm）>粗砂粒（2 000～250 μm）。Müller et al.（2000）的研究也表明，粉粒（20～2 μm）和细砂粒（250～20 μm）对 PAHs 的富集能力要高于黏粒（<2 μm）和粗砂粒（2000～250 μm）。这与本研究结果基本一致，粉粒对 PAHs 来说是一个优先的吸附剂，可能是因为这个组分中有机质含有丰富的芳香结构对 PAHs 有较高亲和力的缘故（Wilcke et al.，1996）。

（二）土壤有机质组分中多环芳烃的分配特征

供试 9 个土样采自江苏省无锡地区农业土壤表层土（0～20 cm），土壤的利用方式和一些基本性质见表 15.3。

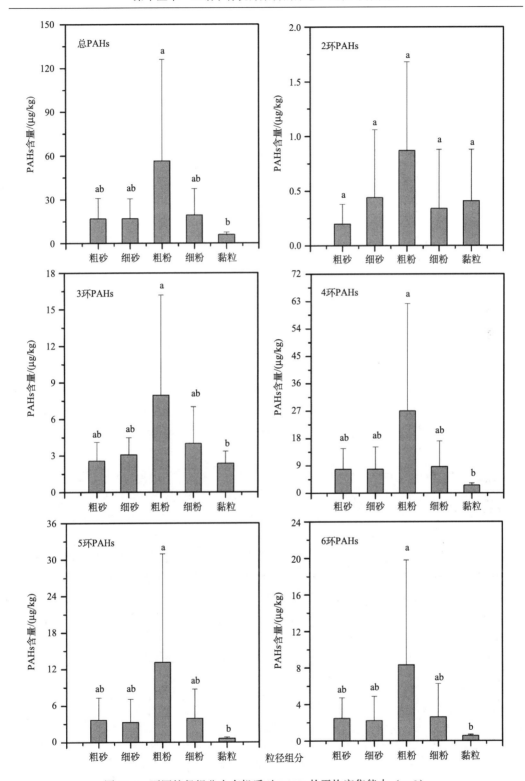

图15.4　不同粒径组分中有机质对 PAHs 的平均富集能力（$n=9$）

表 15.3 供试土壤性质

土样号	利用方式	pH（H₂O）	总有机碳	全氮	PAHs 总量
			/ (g/kg)		/ (μg/kg)
AZ-01	蔬菜	4.4	14.0	1.37	9500.3
AZ-02	水稻	5.4	18.1	1.69	5579.1
AZ-03	小麦	5.3	16.0	1.63	2491
AZ-04	水稻	5.3	17.7	1.61	1337.9
AZ-03	菜地	6.7	18.7	1.91	3165.2
AZ-06	水稻	5.9	18.5	1.80	1058.3
AZ-07	小麦	6.2	15.9	1.60	1752.8
AZ-08	蔬菜	7.8	15.0	1.68	5440.7
AZ-09	荒地	4.8	17.0	1.94	2436.2

1. 土壤轻组和重组中多环芳烃的分配

土壤中相对密度<2.0 g/cm³ 的组分，即游离态组分定义为轻组（light fraction，LF），有机矿质复合体组分为重组（heavy fraction，HF）。轻组有机质生物活性较高，易被土壤微生物利用，它在土壤中含量受农艺措施和气候的影响而变化（倪进治等，2000）；重组有机质一般以有机矿质复合体的形态存在，生物活性相对较低（Poirier et al.，2005）。根据有机质与矿物结合的松紧程度，又可将重组有机质分为松结态、稳结态和紧结态三种形态（熊毅，1984）。

由表 15.4 可知，轻组中 PAHs 总量的含量为 51 675.45～618 650.81 μg/kg，平均含量为 251 102.10 μg/kg（n=9），重组中 PAHs 总量的含量为 656.91～3869.10 μg/kg，平均含量为 1178.18 μg/kg（n=9）。轻组中 PAHs 的含量远远超过重组中 PAHs 的含量，这是因为有机质是 PAHs 的主要吸附剂，而轻组主要是由不同分解程度的植物残体和一些微生物结构体组成的有机质组分（倪进治等，2000），有机质的含量远远高于重组，因而对 PAHs 的吸附量也高于重组。Müller 等（2001）的研究也表明，PAHs 在比重<1.6 g/cm³ 和 1.6～2.0 g/cm³ 的组分中含量显著高于比重为 2.2～2.4 g/cm³ 和>2.4 g/cm³ 的组分。但不同组分中有机质对 PAHs 富集能力除比重<1.6 g/cm³ 的组分显著大于比重>2.4 g/cm³ 的组分外，其他组分之间都没有显著性差异。

图 15.5 是轻组和重组中 PAHs 总量占原土中 PAHs 总量的相对百分比，轻组中 PAHs 总量占原土中 PAHs 总量百分比为 17.9%～64.1%，平均百分比为 37.9%（n=9）。然而，轻组重量只占原土重量的 0.1%～1.4%。因此，在进行 PAHs 污染土壤修复时，如果先分离出土壤的轻组部分，也就去除了土壤中相当一部分 PAHs，这种修复方法无论从经济上还是时间上来说都是一种比较有前景的方法。而且，一般生物修复方法对高环 PAHs 的修复效果不太理想，而此种方法对不同环数的 PAHs 没有选择性，这可以从轻组、重组和原土中 PAHs 的组成可以看出（图 15.6）。

表 15.4 不同土样轻组（LF）和重组（HF）中 PAHs 含量

PAHs /(μg/kg)		苊 (Acp)	芴 (Flu)	菲 (PA)	蒽 (Ant)	荧蒽 (FL)	芘 (Pyr)	苯并[a]蒽 (BaA)	䓛 (CHR)	苯并[b]荧蒽 (BbF)	苯并[k]荧蒽 (BkF)	苯并[a]芘 (BaP)	二苯并[a,h]蒽 (DBA)	苯并[g,h,i]芘 (BghiP)	茚并[1,2,3-cd]芘 (INP)	总量
AZ-01	LF	875.2	930.9	23920.5	2982.5	91060.3	71018.9	39388.6	42653.9	56530.8	21816.6	48685.9	5085.1	47211.3	34834.8	486995.2
	HF	ND	10.9	239.0	20.0	700.5	531.5	284.5	370.1	473.4	175.7	358.7	41.5	354.9	308.4	3869.1
AZ-02	LF	ND	510.4	20716.3	1879.3	78671.9	63630.5	30247.2	36771.1	49819.1	19193.0	44460.6	4573.5	39502.9	30602.1	420578.0
	HF	ND	16.3	388.0	25.4	573.1	443.4	126.5	204.8	220.7	87.0	153.5	17.3	169.3	138.5	2563.7
AZ-03	LF	ND	5.3	4931.1	587.2	29453.9	25974.5	18827.2	21899.6	33093.9	13818.5	31821.8	3356.7	31565.5	23921.7	239256.9
	HF	0.1	7.5	113.9	11.1	185.3	134.6	54.9	84.9	90.2	34.3	64.8	8.2	76.7	62.8	929.1
AZ-04	LF	ND	94.1	1445.5	170.2	6949.5	6063.9	4093.4	5656.7	7736.6	3091.8	7196.4	736.6	7202.6	5521.9	55959.5
	HF	0.9	9.0	120.6	10.0	172.3	114.1	43.3	74.3	79.1	29.5	57.0	6.9	65.9	54.1	837.1
AZ-05	LF	ND	518.3	10681.5	1746.7	30307.6	26773.0	15740.4	19783.5	24430.4	10490.8	2510.9	2414.8	22795.6	18381.0	187074.4
	HF	2.5	16.1	179.3	26.7	317.5	243.7	107.2	154.1	177.6	68.2	141.6	16.0	156.5	135.3	1741.9
AZ-06	LF	ND	122.0	2043.4	237.6	5298.0	4726.7	2529.6	17983.1	4525.1	1821.1	4461.8	419.3	4227.3	3280.4	51675.5
	HF	1.0	11.8	137.7	9.1	130.3	93.3	28.3	51.5	55.3	19.5	35.3	4.4	43.0	36.5	656.9
AZ-07	LF	ND	552.3	4413.1	322.3	13743.2	11741.7	7683.7	11906.3	14904.6	5869.0	13652.0	1448.0	13508.9	10873.4	110618.4
	HF	ND	11.6	136.4	10.4	257.8	188.8	87.8	133.5	156.0	58.0	122.2	13.5	128.4	103.7	1407.9
AZ-08	LF	179.6	86.8	3487.9	95.6	14179.3	11634.8	6494.2	7957.3	10750.2	4757.9	10507.6	1092.9	10159.5	7696.6	89110.3
	HF	ND	10.6	242.4	20.0	547.7	490.9	218.4	319.6	320.2	133.9	286.3	26.7	262.7	199.1	3078.5
AZ-09	LF	443.2	325.2	24309.7	2511.6	96200.3	81159.0	48799.5	55562.4	73478.1	32042.7	76813.0	7159.7	68040.9	51805.7	618650.8
	HF	ND	8.0	97.3	8.1	154.0	105.9	58.1	88.1	106.7	42.4	77.8	9.6	88.3	75.2	919.5

注：ND 低于检出限。

由图 15.6 可知，原土、轻组和重组中不同环数 PAHs 占 PAHs 总量的百分比大小一致，都为 4 环>5 环>6 环>3 环。轻组中 3 环 PAHs 占 PAHs 总量的百分比显著低于原土和重组中 3 环 PAHs 占 PAHs 总量的百分比，而 5 环和 6 环 PAHs 占总量的百分比显著高于原土和重组。因而，用分离轻组的方法修复 PAHs 污染土壤的效果只与轻组结合 PAHs 量的多少有关，而与 PAHs 的不同环数组成无关。

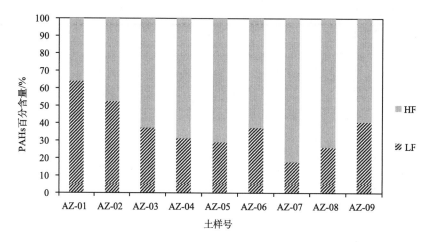

图 15.5　轻组和重组 PAHs 含量占原土 PAHs 总量的百分比

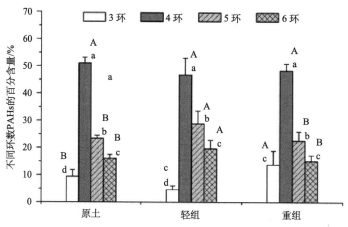

图 15.6　原土、轻组和重组中不同环数 PAHs 的平均百分含量

2. 不同结合态有机质中多环芳烃的分配

由图 15.7 可知，重组中 PAHs 主要分布在紧结态有机质组分中，占重组中 PAHs 总量的 80.8%~92.7%；稳结态有机质结合的 PAHs 占重组中 PAHs 总量的百分比最小，为 1.97%~6.9%；松结态有机质结合的 PAHs 占重组 PAHs 总量的 5.3%~13.0%。不同结合态有机质的生物有效性大小目前还未见报道，但根据不同有机质组分与矿物结合的松紧程度（从提取剂的强度判断），可以推断有机质组分的生物有效性程度大小顺序为松结态>稳结态>紧结态，那么与有机质不同组分结合的 PAHs 生物有效性程度的大小也应为

松结态-PAHs>稳结态-PAHs>紧结态-PAHs。从这种角度来看，PAHs 污染土壤的环境风险在于轻组结合的 PAHs 含量多少，如果我们分离出轻组结合的 PAHs，那么剩余重组结合的 PAHs 绝大部分生物有效性较低，环境风险也就相对较小。

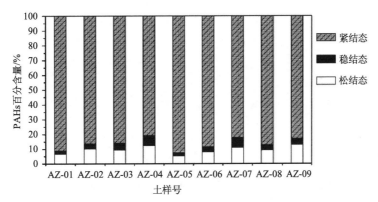

图 15.7　松结态、稳结态和紧结态 PAHs 含量占重组 PAHs 总量的百分比

3. 不同结合态有机质中多环芳烃的含量与有机碳的关系

很多研究都表明，土壤有机质是 PAHs 的一个主要吸附剂（Chiou et al.，1998；Means et al.，1980），我们将不同有机质组分结合的 PAHs 量与它们有机碳的含量进行了相关性分析，结果表明，不同有机质组分结合的 PAHs 量与它们有机碳的含量呈显著性正相关（$p < 0.01$）（见图 15.8）。其他的研究还表明，多环芳烃在土壤中的含量和分配不仅与土壤有机质的总量有关，而且还与有机质的质量有很大关系（Xing，1997）。

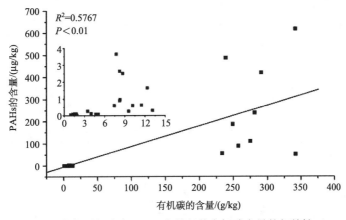

图 15.8　不同有机质组分中 PAHs 含量与其有机碳含量的相关性（$n=36$）

我们用每克有机碳（OC）中 PAHs 的含量来讨论不同有机质组分对 PAHs 的富集能力，它能在一定程度上反映有机质的结构组成对 PAHs 吸附的影响。由图 15.9 可知，轻组有机质对 PAHs 的富集能力远远高于结合态有机质组分；在结合态有机质组分中，紧结态有机质对 PAHs 的富集能力显著高于松结态和稳结态有机质，而松结态和稳结态有机质对 PAHs

的富集能力没有显著性差异，这可能是由于紧结态有机质的腐殖化程度比松结态和稳结态有机质高，芳环结构也较高的原因。Schnitzer 和 Schuppli（1989）研究表明，用 0.1 mol/L Na$_4$P$_2$O$_7$ 溶液提取的腐殖酸芳环结构要高于 0.5 mol/L NaOH 提取的腐殖酸。

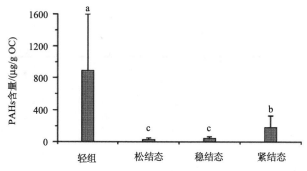

图 15.9　不同有机质组分对 PAHs 的平均富集能力（n=9）

二、有机-矿质复合体对多环芳烃的吸附-解吸

（一）天然土壤有机矿质胶体对菲的吸附-解吸

10 个土壤样品取自浙江台州的农业土壤，土壤类型为普通潮湿冲击新成土。土壤有机矿质胶体（<2 μm 组分）的分离采用湿筛法和沉降法。土壤有机矿质胶体的基本性质如表 15.5 所示。

表 15.5　土壤有机质矿质胶体的性质

土样号	有机碳 /（g/kg）	比表面 /（m²/g）	黏土矿物组成/%						
			蒙脱石	蛭石	高岭石	绿泥石	云母	混层	石英
LQS-038	33.7	319	12	16	17	26	26	0	3
LQS-041	39.0	362	13	15	17	22	30	0	3
LQS-042	41.8	347	14	19	21	19	24	0	3
LQS-054	30.4	324	11	15	18	19	34	0	3
LQS-076	32.7	227	12	14	15	18	25	13	3
LQS-079	34.6	297	12	12	15	20	31	7	3
LQS-162	45.8	325	11	15	14	19	26	12	3
LQS-177	35.1	332	10	12	12	16	35	12	3
LQS-210	35.8	348	21	12	14	17	21	12	3
LQS-267	28.3	324	12	16	7	23	25	14	3

1. 菲的等温吸附

由表 15.5 可知，供试土壤有机矿质胶体的有机碳（OC）含量为 28.3～45.8 g/kg，高于文献中所用的土壤和沉积物（Means et al.，1980）。所有的有机矿质胶体都具有较大的比表面积，范围为 227～362 m^2/g。在土壤黏土矿物（<2 μm）中，蒙脱石、蛭石和高岭石对吸附-解吸的影响最大（Ghosh and Keinath，1994）。土壤中其他矿物对吸附容量也有影响，但没有蒙脱石、蛭石和高岭石的影响大。蒙脱石和蛭石是 2∶1 型膨胀性黏土矿物，高岭石为 1∶1 型非膨胀性黏土矿物。蛭石的膨胀性有限，它的膨胀性介于蒙脱石和高岭石之间。因此，蒙脱石对有机污染物吸附的影响要比蛭石和高岭石大（Brady and Weil，1999）。在本研究中，LQS-210 中的蒙脱石含量最高为 21%，其他有机矿质胶体的黏土矿物中蒙脱石的含量相近。

吸附数据分别用线性和 Freundlich 模型进行了拟合，所得的参数和标准偏差列于表 15.6。由相关系数可知，Freundlich 模型对吸附数据的拟合较好。从 Freundlich 模型的 n 值（$0.739 < n < 0.989$）可以看出，所有的等温线都呈非线性，并且非线性程度随着样品吸附容量的增加而增加（$R^2 = 0.6225$，$p < 0.01$）。所有的有机矿质胶体对菲都具有较高的亲合力，能从水溶液中吸附大量的菲，K_f 值为 1.524～8.736（μg/g）/（μg/L）^{n}，比有机碳含量更高的土壤和沉积物对菲的吸附容量还要大（Lueking et al.，2000）。

表 15.6　土壤有机质胶体对菲的等温吸附参数

样品号	线性模型		Freundlich 模型			K_{oc}
	K_d^a	R^2	K_f^b	n	R^2	
LQS-038	1.670（0.121）^{c}	0.980	4.430（1.339）	0.823（0.061）	0.989	49.56
LQS-041	1.788（0.087）	0.991	4.798（1.452）	0.818（0.061）	0.992	45.85
LQS-042	2.196（0.143）	0.983	8.736（1.626）	0.739（0.040）	0.994	52.50
LQS-054	1.199（0.086）	0.980	4.666（1.125）	0.765（0.046）	0.993	39.39
LQS-076	1.424（0.055）	0.994	1.524（0.457）	0.989（0.058）	0.994	43.50
LQS-079	0.872（0.057）	0.983	2.769（0.885）	0.806（0.059）	0.991	25.23
LQS-162	1.544（0.072）	0.991	4.541（0.873）	0.805（0.038）	0.997	33.70
LQS-177	1.672（0.089）	0.989	6.687（0.953）	0.746（0.029）	0.998	47.63
LQS-210	1.330（0.065）	0.991	3.693（0.498）	0.818（0.026）	0.998	37.18
LQS-267	0.863（0.037）	0.993	2.020（0.352）	0.851（0.033）	0.997	30.48

a 单位为 L/g；b 单位为(μg/g)/(μg/L)^n；c 为参数的标准偏差。

从表 15.6 和图 15.10 可以看出，除了 LQS-162 样品外，土壤矿质胶体对菲的吸附容量一般随有机碳含量的增加而增加。其他的研究表明，土壤和沉积物对 PAHs 的吸附归因于 PAHs 分子在有机质中的分配（Chiou and Kile，1998）。因此，计算了所有土壤有机矿质胶体基于有机碳的分配系数 K_{oc}（$K_{oc} = K_d / f_{oc}$）值。由于从吸附等温线单个点计算出的分配系数 K_d（$K_{oc} = Q_e / C_e$）值会随着水相中吸附质浓度的不同而变化，所以我们使用了线性模型的斜率 K_d 值来计算 K_{oc} 值，所得的 K_{oc} 值列于表 15.6。由表可以看出，不同有机矿质胶体的 K_{oc} 值变化较大。虽然 K_{oc} 值的差异可能源于样品中有机质结构特征的差异（Lueking et al.，2000；Gunasekara and Xing，2003），但是 LQS-076 和 LQS-038 样品有机碳的含量较低，却具有较高的 K_{oc} 值，表明了矿物表面对吸附也有很大的贡献（Hundal et al.，2001）。

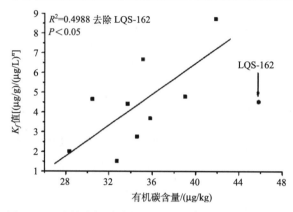

图 15.10　土壤有机质胶体的吸附容量与有机碳的相关性

　　比表面积（SSA）是有机矿质胶体的一个重要参数，但本研究中，土壤有机矿质胶体对菲的吸附容量与 SSA 没有直接的相关性。如果将 LQS-042 和 LQS-177 两个样品去除，有机矿质胶体的 K_f 值和它们的比表面就有显著的相关性（$p < 0.05$）（图 15.11）。图 15.11 表明了在大多数的土壤有机矿质胶体中，比表面对菲的吸附容量还是有显著的贡献。在所有的有机矿质胶体中，LQS-042 和 LQS-177 两个样品对菲的吸附容量特别高，这很难从比表面单个因素来解释。LQS-042 样品中的有机碳含量较高，并且比表面积也很大，有机碳的含量可能是它具有较高吸附容量的主导因素。LQS-177 样品的有机碳含量居中，并且 2:1 型矿物的含量也较低，但却具有较高的吸附容量，这可能与有机质和矿物的结合形式有关。LQS-177 样品中的矿物可能被有机质完全包裹在中间，整个有机矿质胶体就像一个单纯的有机质组分，这也可能是其具有较高 K_{oc} 值的原因。

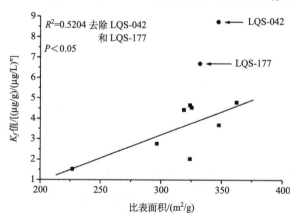

图 15.11　土壤有机矿质胶体的吸附容量与比表面积的相关性

2. 菲的吸附–解吸及滞后效应

　　所有样品对菲的解吸等温线也都呈非线性，并且 Freundlich 模型对解吸数据的拟合也比线性模型要好（表 15.7）。由表 15.6 和表 15.7 可以看出，10 个供试样品中有 7 个对菲的解吸容量要高于吸附容量。由图 15.12 可以看出，除了 LQS-177 样品外，所有的有机矿质胶体对菲的解吸都有滞后现象。为了比较滞后程度的大小，我们引入了滞后指数（HI），并且计算了在三个代表性浓度（C_e=1 μg/L、10 μg/L 和 100 μg/L）下的 HI 值（表 15.7）。在样品 LQS-076、LQS-210 和 LQS-162 中，HI 值随着平衡溶液中菲浓度的增加而降低，而其他样品中 HI 值随着平衡溶液中菲浓度的增加而增加。当 HI 值为零和负数时，表明吸附-解吸滞后现象不显著（Huang and Weber，1997）。因此，样品 LQS-177 对菲的解吸没有明显的滞后现象，这可能像上面所解释的那样，它的有机质与矿物结合的方式为矿物完全被有机质包裹，整个有机矿质胶体像一个有机质组分，它对菲的吸附机理为菲在有机相中的分配。对样品 LQS-079 和 LQS-042 来说，菲在平衡浓度较高（10 μg/L 和 100 μg/L）时有明显的滞后现象，而在平衡浓度较低（1 μg/L）时没有滞后现象。这可能与有机矿质胶体的性质以及吸附机理有关。

表 15.7　土壤有机矿质胶体对菲的解吸参数和滞后指数

样品号	线性模型		Freundlich 模型			滞后指数		
	K_d[a]	R^2	K_f[b]	n	R^2	C_e=1 mg/L	C_e=10 mg/L	C_e=100 mg/L
LQS-038	2.341（0.174）[c]	0.978	5.279（1.541）	0.837（0.065）	0.988	0.19	0.23	0.27
LQS-041	3.868（0.108）	0.997	5.421（0.967）	0.926（0.043）	0.997	0.13	0.45	0.86
LQS-042	4.051（0.217）	0.989	8.149（1.431）	0.848（0.043）	0.995	−0.07	0.20	0.54
LQS-054	2.321（0.154）	0.983	7.402（1.202）	0.768（0.037）	0.995	0.59	0.60	0.61
LQS-076	2.426（0.166）	0.982	8.316（2.474）	0.752（0.068）	0.985	4.46	2.16	0.83
LQS-079	1.059（0.051）	0.991	2.649（0.722）	0.831（0.054）	0.995	−0.04	0.01	0.07
LQS-162	1.950（0.133）	0.982	12.511（1.929）	0.635（0.034）	0.996	1.76	0.86	0.26
LQS-177	1.892（0.131）	0.981	4.934（1.471）	0.807（0.067）	0.988	−0.26	−0.15	−0.02
LQS-210	1.906（0.100）	0.989	5.555（1.163）	0.804（0.044）	0.993	0.50	0.46	0.41
LQS-267	1.396（0.034）	0.998	2.075（0.501）	0.926（0.052）	0.995	0.03	0.22	0.45

a 单位为 L/g；b 单位为（μg/g）/（μg/L）[n]；c 为参数的标准偏差。

通常，吸附-解吸的滞后现象主要有以下几个原因：①实验过程中的人为因素；②特定吸附位点的不可逆结合；③慢解吸；④吸附分子的包埋（Weber et al.，1998）。在本研究中，我们使用了聚四氟离心管来减少实验中由于离心管的吸附而造成吸附质的损失，对照也表明整个实验过程中没有吸附质的损失。就第二个原因来说，菲的极性较弱，并且不会电离，它与土壤有机质矿质胶体之间以形成化学键的形式结合不太可能（Weber et al.，1998）。本研究中所用的吸附剂是土壤有机矿质胶体（<2 μm 的土壤组分），它的有机质腐殖化程度较高，主要包含一些芳环和脂肪族结构（Guggenberger et al.，1995）。因此，我们可以认为，本研究中菲解吸的滞后现象可能归因于慢解吸和吸附分子包埋在样品高度聚合的有机基质中。其他的研究也表明，含有聚合程度和化学还原程度较高的有机质的土壤和沉积物，它们对吸附质表现出较高的亲和力，吸附等温线的非线性程度加大，并且滞后现象更加显著（Huang and Weber，1997）。

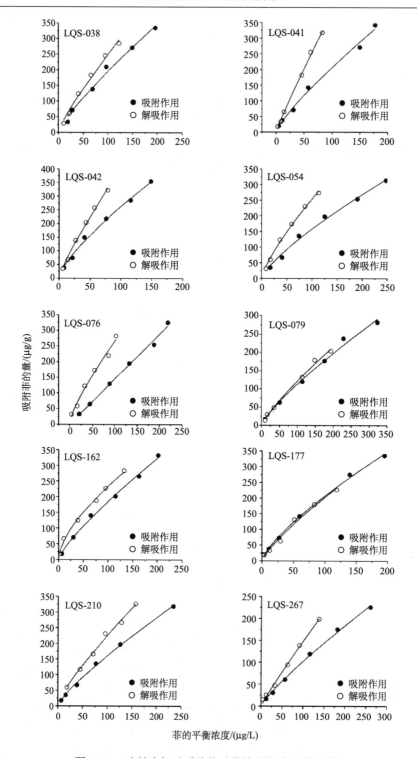

图 15.12 土壤有机矿质胶体对菲的吸附-解吸等温线

线性回归分析表明，如果将 LQS-041 样品除外，在平衡浓度为 100 μg/L 时计算的 HI 值与土壤有机矿质胶体的比表面积呈显著性正相关（$p<0.05$）（图 15.13）。在本实验中，有机矿质胶体的比表面积是用 EGME 吸附法测定的，EGME 分子同时具有极性和非极性基团，它能进入矿物和有机质的微小孔隙中（Quirk and Murray，1999），所测的比表面积是土壤有机矿质胶体的总表面积。因此，比表面积与滞后指数 HI 值的正相关更说明了本研究中解吸滞后现象的主要机理为慢解吸和吸附分子包埋在样品高度聚合的有机基质中。

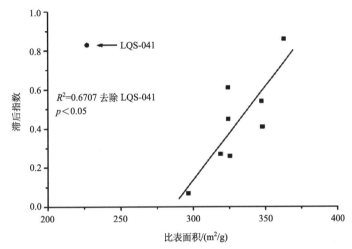

图 15.13　滞后指数（HI）与有机矿质胶体比表面积（SSA）间的相关性

（二）不同离子饱和矿物及其胡敏酸-矿物复合体对菲的吸附-解吸

实验所用胡敏酸购自 Fluka 公司，矿物为蒙脱石，采自浙江省。矿物粉碎后，过 100 目筛。称取一定量的矿物，加入 H_2O_2 去除矿物里的有机质，然后用沉降法分离出 <2 μm 组分，再分别用 0.5 mol/L 的 $CaCl_2$、$AlCl_3$ 或 $FeCl_3$ 溶液振荡浸泡矿物，制备成不同离子饱和的蒙脱石。分别称取 1 g 胡敏酸溶解于 0.5 mol/L 的 $CaCl_2$、$AlCl_3$ 或 $FeCl_3$ 溶液中，再分别加入相应离子饱和的蒙脱石，振荡浸泡，然后离心清洗。Ca、Al 和 Fe 的有机矿质复合体分别表示为 Ca-Mont-HA、Al-Mont-HA 和 Fe-Mont-HA。有机矿质复合体的基本性质见表 15.8。

表 15.8　供试样品的基本性质

样品号	比表面积/（m^2/g）	有机碳/（g/kg）
Fe-Mont	584.4	—
Fe-Mont-HA	609.4	19.7
Al-Mont	608.4	—
Al-Mont-HA	616.2	25.3
Ca-Mont	704.7	—
Ca-Mont-HA	667.7	13.5

由表 15.8 可知，Fe-Mont 和 Al-Mont 的比表面积都小于相应的复合体比表面积，而 Ca-Mont 比表面积大于其有机矿质复合体的比表面积。不同复合体的有机碳含量大小顺序为 Al-Mont-HA>Fe-Mont-HA>Ca-Mont-HA。在本实验中由于矿物量较少，没有测定不同离子饱和的蒙脱石所吸附阳离子量的多少，但可以从不同阳离子的有效半径和电荷数定性判断。在离子交换反应中,离子的电荷越高,有效半径越小,越易发生交换反应。Fe^{3+}、Al^{3+}、Ca^{2+}三种离子中，Ca^{2+}的电荷最低，离子的有效半径为 Ca^{2+}（100 pm）>Fe^{3+}（55 pm）>Al^{3+}（53.5 pm），因此不同离子饱和的蒙脱石对阳离子的吸附量的大小顺应为 Al^{3+}>Fe^{3+}>Ca^{2+}。而胡敏酸与矿物的结合一般是通过阳离子桥键的，所以不同离子饱和的复合体中有机碳的含量为 Al-Mont-HA>Fe-Mont-HA>Ca-Mont-HA。

1. 不同离子饱和的蒙脱石对菲的吸附

图 15.14 是不同离子饱和的蒙脱石对菲的等温吸附曲线。所有的吸附曲线都有一定程度的非线性，菲的吸附数据都能用 Freundlich 模型较好的拟合，所得的参数值列于表 15.9。不同矿物对菲的吸附容量（K_f）大小顺序为 Ca-Mont>Fe-Mont>Al-Mont，且 Fe-Mont 和 Al-Mont 的 N 值都大于 1，而 Ca-Mont 的 N 值小于 1。Ca-Mont 的 K_f 值最大，可能是 Ca 饱和的蒙脱石吸附的 Ca^{2+}离子较少，形成的水圈也较小，使得菲与矿物硅氧面之间的作用力相对较大的缘故。Jaynes 和 Boyd（1991）研究表明，矿物的硅氧面具有疏水性，能够从水相中吸附芳香烃。此外，Ca-Mont 的比表面积较大，也可能是它对菲吸附容量较高的另一个原因。

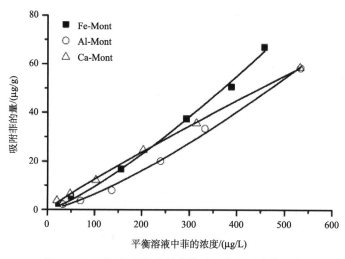

图 15.14　不同离子饱和的蒙脱石对菲的吸附等温线

表 15.9　供试样品对菲的等温吸附参数

样品号	吸附			解吸			相对比	吸附/解析
	K_f^a	N	R^2	$K_{f,d}^a$	N_d	R^2_d	（R）	（$Q/Q_{d.obs}$）
Fe-Mont	0.028	1.263	0.996	ND	ND	ND	—	—

续表

样品号	吸附			解吸			相对比	吸附/解析
	$K_f{}^a$	N	R^2	$K_{f,d}{}^a$	N_d	$R^2{}_d$	(R)	$(Q/Q_{d.obs})$
Fe-Mont-HA	2.341	0.799	0.995	ND	ND	ND	—	—
Al-Mont	0.015	1.322	0.997	0.027	1.403	0.997	—	—
Al-Mont-HA	1.136	1.025	0.996	1.323	1.075	0.996	0.73~0.87	0.67~0.86
Ca-Mont	0.184	0.918	0.999	0.768	0.720	0.995	—	—
Ca-Mont-HA	1.557	0.846	0.998	4.505	0.679	0.997	0.47~0.87	0.35~0.80
HA	2.273	1.283	0.997	ND	ND	ND	—	—

注：a 单位为（L/g）；b 单位为（μg/g）/（μg/L）^{n}；c 为参数的标准偏差。

2. 不同离子桥键的复合体对菲的吸附

不同离子桥键的有机矿质复合体以及相应离子饱和的矿物对菲的吸附等温线见图 15.15，Freundlich 模型拟合得到的参数值列于表 15.9。不同离子桥键的有机矿质复合体对菲的吸附容量（K_f）值都远远大于相应离子饱和的矿物对菲的吸附容量，表明了胡敏酸与矿物的结合对菲的吸附影响较大。不同复合体对菲的吸附容量大小与它们的有机碳含量多少趋势并不一致，表明了胡敏酸与矿物的结合方式不同，可能会影响它们的比表面积大小以及疏水性区域的可接近性，这些对菲的吸附都有影响（Murphy et al.，1990）。为了了解有机矿质复合体中胡敏酸和矿物对菲吸附的贡献，我们应用了一个简单的复合模型来估算（Li et al.，2003），假设矿物和胡敏酸对菲的吸附贡献是相对独立的，那么

$$Q = Q_{mineral} + Q_{om} = f_{mineral}K_{f,mineral}C^{N_{mineral}} + f_{om}K_{f,om}C^{N_{om}}$$

下标 mineral 和 om 分别指不同离子饱和的矿物以及与矿物相结合的有机质（胡敏酸），$f_{mineral}$ 和 f_{om} 分别为复合体中矿物和有机质的质量分数，单位为 g/g，且 $f_{mineral} + f_{om} = 1$，$K_{f,mineral}$ 和 $K_{f,om}$ 分别表示矿物和有机质的与吸附容量有关的参数，由单纯矿物和胡敏酸（HA）对菲的吸附等温线得到（表 15.9），有机质的质量分数（f_{om}）用有机矿质复合体中有机碳的含量除以胡敏酸中有机碳的含量 0.454 得到（Laor et al.，1998）。如果复合体中有机相对菲的吸附（N_{om}）大于矿物（$K_{f,mineral}C^{N_{mineral}}$），那么与单纯矿物相比，复合体对菲的吸附就会有较大程度的提高；相反，如果矿物对菲的吸附大于有机相，那么单位质量的复合体对菲的吸附就会下降，并且，胡敏酸的覆盖会使矿物有效表面积减小，会进一步降低对菲的吸附。在本实验中，有机矿质复合体对菲的吸附远远大于矿物对菲的吸附（图 15.15），因此，复合体中有机相对菲的吸附远远大于矿物对菲的吸附。

由图 15.15 可以看出，复合模型预测的有机矿质复合体对菲的吸附容量与单纯矿物相比有较大的提高，但预测值要略小于实验观测到的有机矿质复合体对菲的吸附量，可能是在有机矿质复合体的制备过程中，少量的阳离子被胡敏酸交换下来，增加了矿物的硅氧面，而硅氧面具有疏水性，能够从水相中吸附芳香烃（Jaynes and Boyd，1991），从而增加了复合体对菲的吸附。从 K_{oc}（K_f/f_{oc}，f_{oc} 为复合体中有机碳的质量分数）的值来看，不同复合体 K_{oc} 值的大小为 Fe-Mont-HA（118.8）>Ca-Mont-HA（115.3）>Al-Mont-HA（44.9），与复合体有机碳的含量高低不一致，表明了矿物表面对菲的吸附也有一定的

贡献。Ca-Mont-HA 的有机碳含量较低，而它的 K_{oc} 值却较高，可能就是因为菲在矿物表面的吸附增加了复合体对菲吸附量的缘故。由于纯矿物表面一些潜在的吸附位点在形成复合体后可能被胡敏酸覆盖而减少，特别是在胡敏酸含量较高时更可能发生，所以复合体中矿物对菲吸附的贡献还不能简单地只从纯矿物对菲的吸附数据来估算。

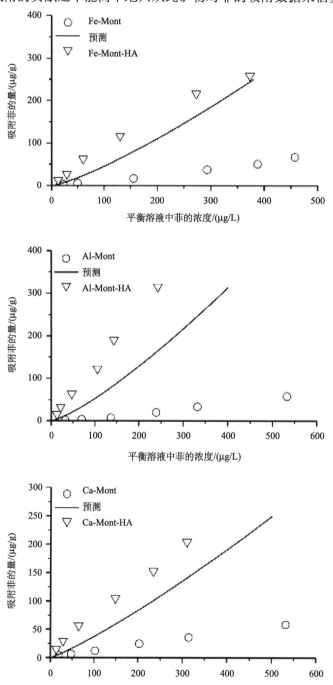

图 15.15　不同离子饱和的矿物以及相应有机矿质复合体对菲的吸附等温线

3. 不同离子饱和的复合体对菲的解吸

由图 15.16 可知，不同离子饱和的蒙脱石及其相应的有机矿质复合体对菲的吸附和解吸数据都能用 Freundlich 模型较好地拟合，拟合得到的参数列于表 15.9。从图 15.16 还可以看出，不同离子饱和的蒙脱石及其相应的有机矿质复合体对菲的解吸都有不同程度的滞后现象。为了能够估算矿物对菲解吸滞后现象的贡献，我们引入了方程（Li et al.，2003）：

$$R = \frac{Q_{d,\text{est}}}{Q_{d,\text{obs}}} = \frac{Q + f_{\text{mineral}}(Q_{d,\text{minearal}} - Q_{\text{mineral}})}{Q_{d,\text{obs}}}$$

方程成立的前提是假设溶液中菲在一个给定的平衡浓度下，复合体解吸实验中只有矿物吸附的菲发生了解吸。Q_{mineral} 和 $Q_{d,\text{mineral}}$ 分别为吸附和解吸实验矿物所吸附菲的量，f_{mineral} 为复合体中矿物的质量分数，Q 为复合体对菲的吸附量，$Q_{d,\text{est}}$ 为解吸实验复合体上吸附菲的估算量，$Q_{d,\text{obs}}$ 为解吸实验复合体上吸附菲的观测量，R 为解吸实验复合体上吸附菲的估算量与观测量的相对比值。$Q/Q_{d,\text{obs}}$ 为吸附和解吸实验中复合体吸附菲的观测量之比，数据的解释分为以下几种情况：①$Q/Q_{d,\text{obs}} \approx 1$ 表示没有解吸滞后现象；②$R \approx 1$ 和 $Q/Q_{d,\text{obs}}$ <1 表示复合体中矿物完全决定解吸滞后现象，而胡敏酸的作用可以忽略；③$Q/Q_{d,\text{obs}}$ 和 R 值在相同范围内，并且都 <1，表示矿物对解吸滞后现象影响不明显，滞后现象主要来自胡敏酸对菲的吸附；④R 值大于 $Q/Q_{d,\text{obs}}$ 值，并且都 <1，表示矿物和胡敏酸对菲解吸的滞后现象都有贡献。所有 Q 值的计算都运用 Freundlich 模型和表 8.2 中相应的参数。

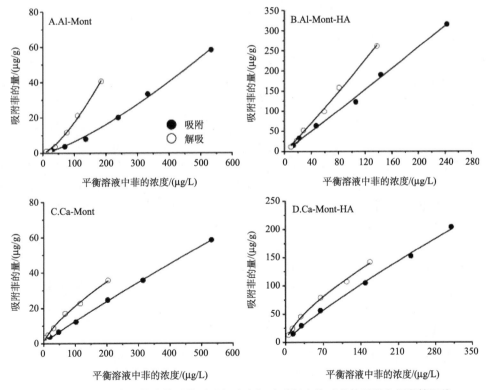

图 15.16　不同离子饱和的矿物以及相应有机矿质复合体对菲的吸附和解吸等温线

计算了溶液中菲的平衡浓度在 1～150 μg/L 时得到的 R 值和 $Q/Q_{d,obs}$ 比值，列于表 15.9。由表可以看出，R 值和 $Q/Q_{d,obs}$ 比值范围基本相同，并且都<1，说明了在本实验中 Ca^{2+} 和 Al^{3+} 桥键的有机矿质复合体对菲解吸滞后现象主要来自胡敏酸对菲的吸附，而矿物对菲解吸滞后现象影响不明显。

三、土壤中多环芳烃的迁移性与有效性

（一）土壤中多环芳烃的纵向迁移

土壤采自南京郊区某耕地，采样深度为地表下 60～100 cm，总多环芳烃本底值为 21 μg/kg。分别选取菲（PA）、芘（Pyr）、苯并[a]芘（BaP）、二苯并[a,h]蒽（DBA）等为代表性的 PAHs，进行人工污染土壤的制备，老化时间为一周。供试富里酸元素组成为 C:H:O=14:12:8，pH：5.0～6.0，纯度为 78.1%。

采用长 20 cm、内径 6 cm 的不锈钢柱作为填充土柱进行淋溶实验，土柱填充干容重为 1.34 g/cm³，上层 3 cm 填充人工污染土壤，下部 15 cm 填充清洁土壤，实际填充土柱土体长 18 cm，柱两端再分别填充 1.0 cm 石英砂以均匀布水。用富里酸提取的溶解性有机质（FDOM）溶液（C 550 mg/L，pH 6.5，CaCl₂ 0.005 mol/L，NaN₃ 100 mg/L）和空白对照背景离子溶液（C 0 mg/L，pH 6.5，CaCl₂ 0.005 mol/L，NaN₃ 100 mg/L）分别对土柱进行淋溶，孔隙水流速 2.1 cm/h（1.0 mL/min），连续淋溶 15 d。

1. 溶解性富里酸影响下多环芳烃在土柱中的淋溶

对照处理组仅在淋溶初期（3～5 PV）时有少量（<3 μg/L）低环 PAHs 被淋出，其后未见淋出。在 FDOM 持续淋溶条件下，不仅中低环的芘、菲，且五环的苯并[a]芘在淋出液中的浓度也显著提高，并有少量二苯并[a,h]蒽淋出，其穿透曲线如图 15.17 所示。菲在淋溶至第 31 个 PV 时出峰，相较之下芘和苯并[a]芘出峰时间略靠后，在第 43 个 PV 时出峰。淋出液中菲、芘、苯并[a]芘和二苯并[a,h]蒽的总量占初始人工添加到表层土壤中各单体总量的比例分别为 57.91%、68.16%、51.93% 和 1.64%。Smith 等（2011）研究发现在 DOC 存在下，菲、芘等五种 PAHs（$\log K_{ow}$ 4.15～5.39）从非水相液体（NAPL）向水相扩散的传质速率可增加 3 倍，并且 PAHs 的初始传质速率随 DOC 浓度的增加而增大，当 DOM 浓度升高，其对 PAHs 的吸附容量增大，导致溶液中 PAHs 的终浓度增加，包括 PAHs 溶解态和 DOM-PAHs 结合态。因而在农业上施用大量有机肥、工业有机污水渗漏等向土壤引入高浓度 DOM 的情况下，可能导致土壤中 PAHs 的表观溶解度增加，并与 DOM 随水力梯度迁移，进而污染地下水。

有机污染物在非均质多孔介质之间的运移，可用物理及化学非平衡吸附模型进行描述，前者认为水流及溶质迁移的非平衡过程受到物理因素的控制，而后者认为该非平衡过程由化学因素控制，少数研究者将两者结合应用（Simunek and van Genuchten, 2008）。Gidley 等（2012）研究表明，两区化学非平衡模型（two-site nonequilibrium model）计算的预测值与 PAHs 在添加了泥炭的砂柱中的淋溶实测值具有很好的拟合度。本书中菲、芘和苯并[a]芘的土柱淋溶曲线呈不对称分布，有明显的拖尾产生，表明 PAHs 与 FDOM

在土柱的迁移过程受到非平衡吸附的影响。目前关于模拟 PAHs 在土壤中迁移的工作多关注于 PAHs 自身在迁移过程中发生的吸附、解吸以及降解等，对加入 DOM 这类活动性运载体条件下两者共迁移的模型研究工作尚待进一步开展。

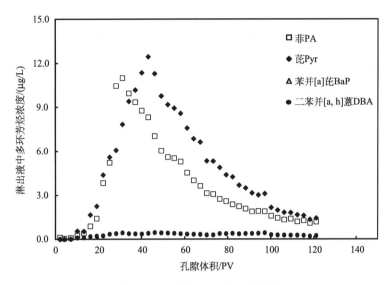

图 15.17　不同 PAHs 的穿透曲线

2. 淋溶后土柱各层次中多环芳烃各组分残留

表 15.10 所示为淋溶前后 FDOM 处理和对照处理的土柱表层（0～3 cm）土壤中菲、芘、苯并[a]芘和二苯并[a,h]蒽的含量与淋失率，其中淋失率=（淋溶前土壤 PAHs 单体含量-淋 溶后土壤 PAHs 单体含量）/淋溶前土壤 PAHs 单体含量×100%。与对照组相比，FDOM 淋溶处理后表层土壤中 PAHs 淋失率显著提高（$p<0.05$）。对照处理土壤中菲和芘的淋失率均超过 50%，表明人工添加条件下，中低环 PAHs 仅在水力驱动下也具有较强的迁移能力。FDOM 对 PAHs 各组分的亲和力强弱是其促进相应 PAHs 迁移性的重要影响因素。PAHs 及其代谢产物与有机质可经非共价键（疏水吸附、电荷转移，氢键）和共价键（酯、醚、碳-碳键等）作用结合（Richnow et al.，1994）。李圆圆等（2009）提出芘在富里酸上的吸附可能存在两种机制：一是烷基含量高的组分对芘表现为溶解作用，二是羧基及羰基含量高的组分主要吸附作用，可能由于氢键、配位键及 π 键等化学键作用。

表 15.10　淋溶前后各处理土柱表层（0～3 cm）PAHs 各组分含量及淋失率

多环芳烃（PAHs）	淋溶前土壤含量/（μg/kg）	淋溶后土壤含量/（μg/kg）		淋失率/%	
		FDOM 淋溶处理	对照	FDOM 淋溶处理	对照
菲（PA）	975	77	223	92.06	77.17
芘（Pyr）	1 107	88	503	92.07	54.50
苯并[a]芘（BaP）	1 099	170	742	84.52	32.42
二苯并[a, h]蒽（DBA）	3 622	2 484	3 580	23.27	1.16

对淋溶后土柱各层次中 PAHs 组分及浓度进行测定分析，土柱剖面各组分 PAHs 浓度分布如图 15.18 所示。FDOM 淋溶处理后，菲的残留量峰值出现于 –9～–12 cm，为 120.9 μg/kg；芘的残留量峰值出现于 –15～–12 cm，为 77.26 μg/kg；苯并[a]芘和二苯并[a,h]蒽的残留量峰值均保留在 0～–3 cm，分别为 170.2 μg/kg 和 2484 μg/kg。对照处理的四种 PAHs 残留量峰值均保留在 0～–3 cm，分别为 222.6 μg/kg、503.5 μg/kg、742.5 μg/kg 以及 3579 μg/kg。FDOM 存在条件下 PAHs 的淋溶迁移，可以看成是被土壤固相组分如有机质吸附的 PAHs 被 FDOM 解吸重新进入液相向下迁移的吸附-解吸动态再分配过程：在 FDOM 的运载下，部分 PAHs 从污染土壤表层进入下层清洁土壤并被其吸附，在持续 FDOM 淋溶条件下，直至上一层土壤中活动性 PAHs 迁移至尽，残留部分 PAHs 结合在土壤死空隙或刚性吸附区中（Faria and Young，2010），下层土壤继续发生吸附-解吸，因而出现一个随水流方向移动的锋面。FDOM 淋溶土柱表层残留的 DBA 含量低于对照组，而其他层次均高于对照组，表明在 FDOM 淋溶下，DBA 迁移量增加，但在土柱中尚未达到吸附平衡。由此可见，PAHs（尤其是高环 PAHs）在土壤中的纵向迁移一个长期而缓慢的过程。

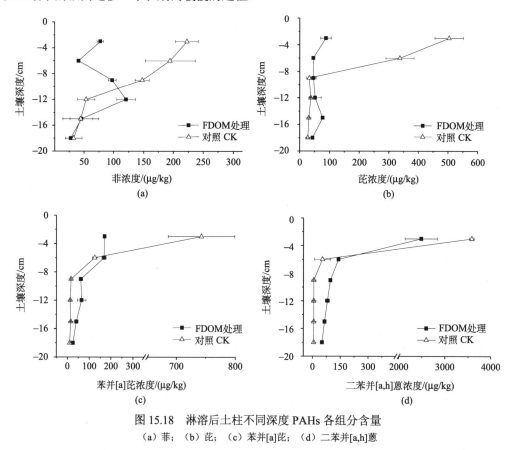

图 15.18　淋溶后土柱不同深度 PAHs 各组分含量
（a）菲；（b）芘；（c）苯并[a]芘；（d）二苯并[a,h]蒽

（二）土壤中苯并[a]芘的植物有效性

酸性红砂土（haplic-udic argosols）采自江西鹰潭中国科学院鹰潭农业生态试验站 0～

20 cm 土层。土样风干、混匀。其基本性质如下：有机碳 2.88 g/kg；全氮（TN），0.71 g/kg；全磷（TP），0.72 g/kg；全铅（TPb），12.0 mg/kg；DTPA-Pb，0.1448 mg/kg；pH（H_2O）5.0；阳离子代换量（CEC），2.19 cmol/kg；砂粒、粉粒和黏粒含量分别为 57.9%、26.9% 和 15.2%（%，v/v）；BaP，6.3 μg/kg。

黑麦草（*Lolium perenne L.* cv. Abundant）种子购自江苏省农科院，苯并[a]芘（纯度>97%）购自 Fluka 公司。盆栽试验 BaP 用量为 0 mg/kg、12.5 mg/kg、25 mg/kg、50 mg/kg 烘干土（分别以 BaP0、BaP12.5、BaP25 和 BaP50 表示）。

植株 BaP 积累量的 F 检验结果表明（表 15.11），不同处理、不同 Pb 用量、不同 BaP 用量间以及 Pb 与 BaP 的交互作用对植株 BaP 积累量的影响均不显著（$p > 0.01$）。在 BaP 用量为 0 mg/kg、12.5 mg/kg、25 mg/kg 时，不同 Pb 用量的处理间植株 BaP 积累量差异不显著，但 BaP 用量为 50 mg/kg 时，施 Pb 量为 0 mg/kg 的处理与施 Pb 量为 500 mg/kg、1000 mg/kg 和 2000 mg/kg 的处理植株 Pb 含量有显著差异（$p < 0.05$）。

表 15.11　土壤铅和苯并[a]芘水平对植物 BaP 积累量的影响　（单位：μg/盆）

	BaP0	BaP12.5	BaP25	BaP50
Pb0	0.65	5.19	7.06	12.5
Pb500	0.34	0.89	4.25	1.01
Pb1000	0.19	2.29	0.79	0.63
Pb2000	0.20	0.49	0.96	1.19
方差分析结果				
Pb 用量	$p = 0.002$			
BaP 用量	$p = 0.000$			
Pb×BaP	$p = 0.001$			

相关分析表明，植株干重与 BaP 积累量之间存在极显著线性相关（$p < 0.01$）。表明植株干重越大，其吸收的 BaP 的数量越多，而植株干重主要受 Pb 用量影响，由于 Pb 对植株生长的抑制，导致黑麦草 BaP 吸收量减少。Pb 用量与植株 BaP 吸收量之间存在极显著（$p < 0.01$）线性负相关，而不同 BaP 用量间植株 BaP 吸收量差异较小。表明植物能吸收少量 BaP，并且这种吸收量受土壤 BaP 用量影响较小，而 Pb 用量由于严重影响植株的生物量，导致植株对 BaP 的吸收量减少。

植株地上部 BaP 积累量的 F 检验表明，只有 BaP 用量为 25 mg/kg、Pb 用量为 500 mg/kg 的处理与其他处理差异显著外（$p < 0.01$），其余处理间的差异显著性均未达到 0.05 水平。说明不同土壤 BaP 用量对植株地上部 BaP 积累量影响较小，这进一步说明 BaP 不易从黑麦草根系转移进入地上部。不同 Pb 用量处理的黑麦草根系 BaP 吸收量之间也有一定差异。施 Pb 量为 0 mg/kg 时，BaP 施用量越大，根系的积累量越多。施 Pb 量为 0 mg/kg 但 BaP 不为 0 mg/kg 的三个处理 BaP 吸收量最高，并与其余所有处理间的差异达到 0.01 显著水平，其余处理 BaP 积累量差异未达到 0.05 显著水平。表明 Pb 抑制了黑麦草根系对土壤 BaP 的吸收。对于所有处理的土壤 BaP 用量和植物根系 BaP 积累

量进行相关分析，二者呈显著正相关（$p<0.05$）。根系 BaP 积累量与干重无显著相关性（$p>0.05$），表明 Pb 主要通过影响根中 BaP 浓度而影响植物对 BaP 的吸收。

第二节　多氯联苯的吸附行为与生物富集效应

一、土壤中多氯联苯的吸附行为及影响因素

土壤中的有机碳会影响有机污染物在土壤中的吸附-解吸，而作物秸秆焚烧已经成为普遍的农业现象，特别是在农业集约化程度较高的长三角等经济发达地区，燃烧产生的灰分对农药在土壤中的吸附行为的影响已有报道（Yang and Sheng，2003），但对 PCBs 在土壤中的水-土分配系数影响还未见报道。本研究借用了 Jonker 的聚甲醛片固相萃取方法（polyoxymethylene solid phase extraction，POM-SPE）方法（Jonker et al.，2003；Jonker and Koelmans，2001，2002；Joner et al.，2001）对农田土壤中灰分影响 PCBs 的土-水分配系数进行了研究，旨在为利用农业措施修复 PCBs 污染土壤提供科学依据。

实验所用土壤采自浙江富阳某农田表层（0~20 cm），土壤 pH 5.8，有机质 4.66%，土壤质地为黏壤土。稻草和麦草取当年产的水稻（*Oryza sativa* L.）和小麦（*Triticum aestivuml* L.）。土壤与秸秆未检出 PCBs。多氯联苯同系物分别为 CB1、CB5、CB29、CB50、CB87、CB154、CB188。

（一）秸秆焚烧灰分的含量对土壤中多氯联苯吸附的影响

实验中测定的 7 种多氯联苯同系物的 K_{POM} 值见表 15.12，同时将土壤中灰分含量对 PCBs 各同系物的 $\log K_s$ 作图（图 15.19）。

表 15.12　7 种 PCBs 的 K_{POM} 和 K_{ow} 值

PCB 同系物	1	5	29	50	87	154	188
$\log K_{POM}$	2.92	3.23	3.87	4.08	4.32	4.69	4.70
$\log K_{ow}$*	4.46	4.49	5.60	5.63	6.29	6.76	6.82

* $\log K_{ow}$ 引自 Hawker and Connell（1998）。

从图 15.19 可以看出，两种作物的灰分对多氯联苯 7 种同系物在土-水体系中的分配系数 K_s 都有影响，加入灰分量在 0.00~1.00%范围内，不同同系物中，$\log K_s$ 值的总体变化趋势是随土壤中加入灰分量的增加而增加。秸秆焚烧能改变土壤中有机碳的含量，特别是能增加土壤中黑炭的积累，而黑炭具有很强的吸附有机污染物的能力，特别是对非离子型有机污染物的吸附（Accardi-Dey and Gschwend，2003；Bundt et al.，2001；Cornelissen et al.，1997）。从图 15.19 还可以看出，在整个灰分含量从 0~1%的测试范围内，$\log K_s$ 与 $\log K_{ck}$ 差值最大的达到 0.54，即土-水分配系数相差 3.5 倍，说明灰分对 PCBs 的吸附作用是明显的。这种吸附能力的增加，使得土壤中 PCBs 的吸附-解吸平衡向吸附的方向发展，从而使得土壤溶液中 PCBs 含量下降，而被土壤颗粒锁定的 PCBs 量增加，从而导致土壤中 PCBs 的微生物降解变得缓慢，不利于微生物的降解。

为了进一步探讨灰分对 K_s 变化的影响，将 $\log K_s$ 的变化率（V_k）对土壤中灰分含量（C_s）作图，得到图 15.20。

将 V_k 定义为：

$$V_k = (\log K_s - \log K_{ck}) / \log K_{ck} \times 100\%$$

其中 K_s 是 PCBs 中某一同系物在土壤中含有灰分时的土-水分配系数，K_{ck} 是 PCBs 中该同系物在土壤中未加入灰分时的土-水分配系数。

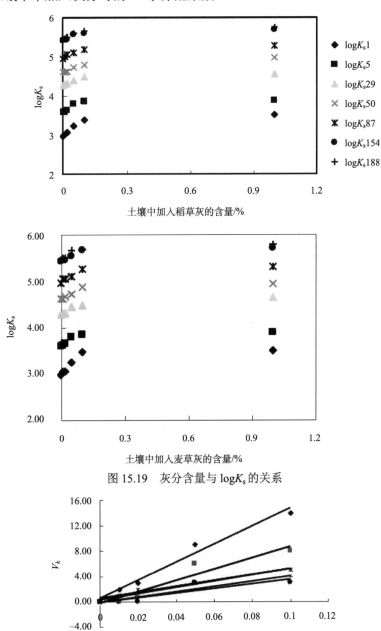

图 15.19 灰分含量与 $\log K_s$ 的关系

图 15.20 灰分含量与 PCBs 同系物 V_k 的关系

　　图 15.20 显示 V_k 与麦草灰分含量（C_s）的关系。可以看出：C_s 在 0%～0.1%时，灰分含量（C_s）对变化率影响曲线符合方程：

$$V_k = A \times C_s + D$$

其中 D 为常数相。

　　从图 15.20 还可以看出，不仅 V_k 和 C_s 表现出很好的线性相关（$r^2 > 0.85$），而且 A 值随 PCBs 同系物氯化程度增加而下降（从 CB1 的 1.41 到 CB188 的 0.35），这可能与 PCBs 的辛-水分配系数（K_{ow}）随氯化程度的增加而增加有关。高氯化程度的同系物 K_{ow} 较大，容易被土壤吸附，溶于水中的量本来就较小，故加入灰分后从水中吸附的量很少，对水中浓度的变化影响不大；相反，低氯化程度的同系物 K_{ow} 相对较大，加入灰分后对水中浓度的改变较高氯化程度的同系物明显，体现在 A 值随氯化程度的增加而下降。图 15.21 进一步反映了在灰分含量 0.05%时，各同系物的 V_k 值的变化情况。可以看出变化率最高的是 CB1，从 3-Cl 到 7-Cl 同系物的变化不明显，这可能是由于 PCBs 同系物的水溶性差异所导致，随着氯化程度的增加，同系物的水溶性下降，因而灰分对 PCBs 同系物土水分配系数的影响程度受同系物在水中溶解性影响。

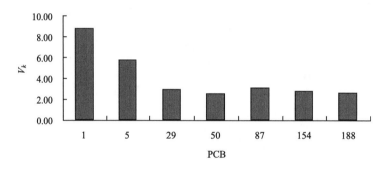

图 15.21　PCBs 同系物 V_k 变化差异

（二）秸秆焚烧灰分类别对土壤中多氯联苯吸附的影响

　　为了探讨灰分类别对土壤中 PCBs 同系物吸附行为的影响，分别选取 PCB5 和 PCB154 作为低氯代联苯和高氯代联苯的代表，在土壤灰分含量（w/w）相同的情况下，对稻草和麦草焚烧产生的灰分影响 PCBs 的土-水分配系数进行了比较（图 15.22）。结果发现两种灰分对 K_s 的影响差异不明显（$p > 0.05$），其他五种同系物情况与此类似。这和灰分影响土壤吸附敌草隆的结果不一致（Yang and Sheng，2003），可能是由于两类化合物性质不同带来研究结果的差异，多氯联苯各同系物在水相中的含量低，可能尚不足以造成差异。也可能和制备灰分时对温度没有严格控制有关，因为我们是模拟田间条件，Chun 等（2004）认为秸秆焚烧时的温度能影响灰分的结构组成和颗粒表面积以及颗粒表面的化学基团性质，从而影响其吸附特性，具体原因有待进一步研究。

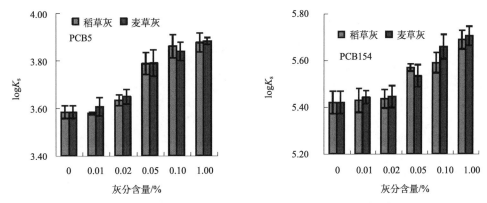

图 15.22　不同灰分对 PCB5 及 PCB154 的 $\log K_s$ 的影响比较

二、土壤中多氯联苯的生物富集效应

污染物的生物有效性受到土壤条件、农业耕作等诸多影响，所以土壤污染物全量并不能完全准确地反映其生物有效性和其危害程度，并且这些持久性污染物在环境中难以生物降解，易于通过食物链而逐渐被生物富集（Campfens and Mackay，1997），因此其在生物体内的富集和累积规律是另一评价污染物生物有效性的重要指标。

本节对污染地水稻样品进行了调查和分析，研究了持久性污染物在水稻不同组织和不同生育期的分布变化；并且对典型污染区蚯蚓体内污染物含量和污染土壤外加赤子爱胜蚓暴露后的污染物含量进行了分析和比较，通过植物与动物体内的生物估计与生物累积对污染土壤中多氯联苯的生物有效性进行科学评价。

（一）水稻中多氯联苯的生物富集效应

本研究将水稻植株按照人类可食、饲料、肥料的不同作用分类，分析了水稻地上可食（籽粒）、地上不可食（茎、叶、稻壳）和地下部分（根）中多氯联苯的含量，水稻样品中多氯联苯组分和总含量如表 15.13。测定结果显示水稻地下和籽粒中没有检测到多氯联苯，地上部分多氯联苯含量随着生育期的延长，总含量有增加趋势，总含量最高值为 3.37±0.38 μg/kg。水稻样品中多氯联苯的组成以 2、3 Cl 的低氯同类物为主，一方面是因为当地多氯联苯主要是由 PCB3 引起的，该混合物以低氯为主；另一方面是因为低氯组分空间位阻小，易于进入植物体内有关。

表 15.13　水稻生育期地上部分（茎、叶、稻壳）多氯联苯含量　（单位：μg/kg）

样品	同类物	苗期—拔节	拔节—抽穗	抽穗—成熟
FJR-01	PCB-28	0.51	0.54	0.79
	PCB-66	0.37	0.41	0.56
	PCB-77	ND	ND	0.24
	∑PCB	0.88±0.22	0.68±0.35	1.51±0.27

续表

样品	同类物	苗期—拔节	拔节—抽穗	抽穗—成熟
FJR-02	∑PCB-52	0.54±0.30	0.62±0.21	0.75±0.17
FJR-03	PCB-18	0.78	0.70	0.75
	PCB-28	0.57	0.51	0.71
	PC'B-44	0.36	0.73	0.61
	PCB-66	0.30	0.58	0.85
	PCB-77	0.43	0.21	0.65
	PCB-118	ND	0.28	0.24
	∑PCB	2.29±0.31	2.35±0.58	3.37±0.38
FJR-04	PCB-18	0.27	0.36	0.42
	PCB-28	0.42	0.44	0.40
	PCB-44	0.63	0.66	0.57
	PCB-66	0.33	0.50	0.80
	PCB-77	0.33	0.39	0.52
	∑PCB	1.99±0.23	2.36±0.64	2.71±0.51
FJR-05	∑PCB-44	0.30±0.15	0.31±0.17	0.51±0.06

多氯联苯具有脂溶性，可以通过大气沉降作用经植物叶片吸收直接进入植物体内，或者通过污泥施用和污水灌溉进入土壤中由植物根系吸收，并在植物体内迁移、代谢和积累，进而通过食物链危及人类健康。然而，Schwab 等（1998）研究发现蔬菜中的多环芳烃含量与大气沉降在植物露出地面的那部分有直接关系，从土壤中吸收和转移的并不明显。多氯联苯与多环芳烃性质相似，是非离子性化合物，K_{ow}值很大，在土壤中的移动性差。

在本次调查的水稻地下部分和籽粒中均未检测到多氯联苯，预示水稻茎叶中多氯联苯可能来自大气沉降，植物根系吸收及输送系统进入植物的可能性不大。Chu 等（1999）研究认为根吸收不是水稻多氯联苯的主要转移途径，大气沉降也许是大多数多氯联苯进入水稻的主要方式。叶子暴露在空气中，最易受大气的干、湿沉降中多氯联苯的污染。稻作物籽粒中没有发现多氯联苯，一方面是因为稻米被稻壳包裹，不易被外界污染；另一方面说明进入水稻体内的多氯联苯不易发生移动。但由于监测范围及水稻品种有限，有关的推测还需进一步验证。

前人通过对多氯联苯高风险污染区蔬菜和水稻进行了调查，发现植物体内含量和生长地土壤的污染程度有密切关系。特别是在纤维含量较高的丝瓜、青菜和空心菜中，多氯联苯含量分别达到 92.1 ng/g、82.7 ng/g 和 75.9 ng/g，水稻植株含量最高达到 35.8 ng/g，稻谷中为 38.5 ng/g（Bi et al.，2002）。

毕新慧等（2001）对浙江东南废旧电器拆解污染地水稻样品中的多氯联苯进行了测定，总含量在 1.6～32 μg/kg，研究还发现水稻各器官对多氯联苯吸收呈糙米＜稻秆＜稻壳＜稻叶的明显规律，稻叶中的浓度大约是糙米的 20 多倍。植物种类与多氯联苯的生物富集有关，不同的植物、不同的植物器官对污染物的吸收不同（Chewe et al.，1997）。水稻对多氯联苯的富集能力较低，但是本研究发现水稻地上部分存在多氯联苯污染，因此具有通过饲料在牲畜体内累积，再经过肉、乳等食品对人类健康产生威胁的潜在风险。同时，在 FJR-01、FJR-03 和 FJR-04 样品中还有共平面多氯联苯同类物 77、118 检出，它们作为二噁英的类似物，其生物毒性值得重视。另外，含有多氯联苯的水稻秸秆发生不完全燃烧时，有可能转化为毒性更强的二噁英，因此多氯联苯对水稻的污染仍应引起警惕。

　　生物浓缩和生物累积是生态毒理学研究中的重要参数。生物浓缩指生物从环境中蓄积某种污染物，出现生物体中浓度超过环境浓度的现象，又称生物富集（bioconcentration factor，BCF），即，

　　　　　生物富集系数（BCF）=生物体内污染物浓度/环境中该污染物浓度。

　　生物积累（bioaccumulation factor，BAF）指生物个体随其生长发育的不同阶段从环境中蓄积某种污染物，而使浓缩系数不断增大的现象，表示为，

　　生物积累系数（BAF）=某一生物体生长发育较后阶段体内蓄积污染物浓度/某一生物体生长发育较前阶段体内蓄积污染物浓度。

表 15.14　水稻中 PCBs 的生物富集和生物积累系数

项目	FJR-01	FJR-02	FJR-03	FJR-04	FJR-05
生物富集系数	0.004	0.0005	0.001	0.001	0.001
生物累积系数	1.72	1.39	1.47	1.36	1.70

　　表 15.14 显示，水稻对多氯联苯的富集能力不高，但是随着水稻生长期的延长，生物累积能力增大，由于多氯联苯化学物具有亲脂性和难降解的特性，因此动物对植物的消费可导致多氯联苯的生物转移和生物放大，多氯联苯可通过食物链威胁人类健康（Roeder，1998）。

（二）蚯蚓体内多氯联苯的生物富集效应

　　由于多氯联苯污染物的持久性以及蚯蚓对其的生物富集性（Egeler et al.，1997；Loonen et al.，1997），土壤中的污染物可以通过蚯蚓的吸收作用而在其体内累积，进而在食物链中传递和生物放大。本研究采集了典型区蚯蚓（*Allolobophora caliginosa*）生物样本，根据采集地命名为 FJE-04、FJE-05、FJE-6 a 和 FJE-6 b。离位试验是在实验室条件下，将赤子爱胜蚓（*Eisenia fetida*）暴露于污染土壤（FJS-01～FJS-06）中 28 d，分析典型污染物在蚯蚓体内的生物富集情况。

　　原位背暗异唇蚓体内多氯联苯组成和含量如图 15.23（a、b、c 和 d）。FJE-04 中共有 15 种多氯联苯检出，其中含量最高的是 PCB-18 为 18.2 μg/kg，其次是 PCB-8，含量为 15.1 μg/kg；FJE-05 中共有 11 种多氯联苯检出，PCB-28 含量最高为 11.5 μg/kg，其次是 PCB-8，含量为 12.2 μg/kg。FJE-6 a 蚯蚓样品采自 FJS-06 土壤采集地，FJE-6 b 样品采集 FJS-06 隔壁田埂，这 2 个蚯蚓样品中多氯联苯分别有 14 和 13 种同类物检出，其中相同同类物有 11 种，FJE-6 a 和 FJE-6 b 中含量最高的同类物都是 PCB-8，分别为 12.8 μg/kg 和 22.6 μg/kg。根据毒性当量计算公式，原位试验背暗异唇蚓体内共平面多氯联苯的毒性当量分别为 0.18 ng/kg、0.66 ng/kg、0.48 ng/kg 和 0.03 ng TEQ/kg。

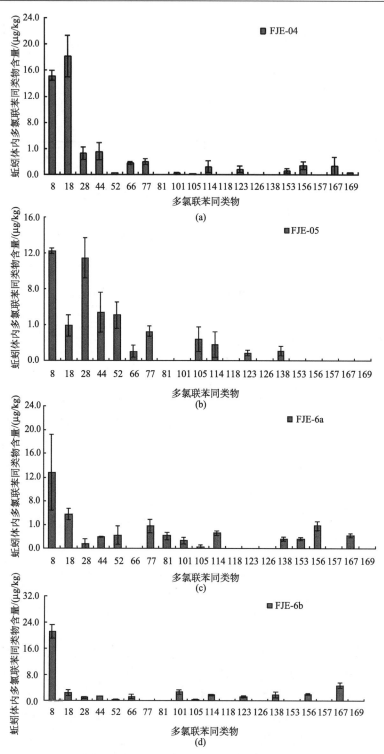

图 15.23　原位背暗异唇蚓体内 PCBs 同类物含量

　　2～6 氯的多氯联苯在蚯蚓体内都存在，但 2～4 低氯同类物含量占总量的 65%～88%。对于 5，6 氯同类物，如 PCBs-101、118、138 等，蚯蚓体内的浓度与土壤溶液中的浓度有紧密相关关系（Krauss et al.，2001），这可能是其体内低氯含量为主的原因之一，但更重要的途径是，蚯蚓可以通过摄食在消化器官内完成污染物的吸收作用，这解释了蚯蚓体内低氯含量高与土壤中的多氯联苯同类物组成有关，而且也解释了蚯蚓体内高氯取代物存在的原因。

　　图 15.24（a、b、c、d、e 和 f）是离位赤子爱胜蚓体内多氯联苯的生物富集结果。FJSE-01 蚯蚓体内共有 12 种多氯联苯检出，以 3，4 氯取代的多氯联苯为主，共平面多氯联苯毒性当量 0.26 ng·TEQ/kg；FJSE-02 蚯蚓体内的同类物检出数为 11，其中 PCB-18 的含量最高，占总量的 60%，共平面多氯联苯毒性当量 0.19 ng·TEQ/kg；而 FJSE-03 蚯蚓体内多氯联苯同类物总数和含量分布与 FJSE-02 相似，但是以 PCB-8 为主要成分，共平面多氯联苯毒性当量 0.18 ng·TEQ/kg；FJSE-04 蚯蚓体内多氯联苯含量较高，其中 PCB-8、PCB-18 和 PCB-28 是主要同类物组分，共平面多氯联苯毒性当量与 FJSE-03 相近，为 0.18 ng·TEQ/kg；相似的情况也在 FJSE-06 蚯蚓中出现；但 FJSE-05 蚯蚓中 5Cl 取代物的比例在同类物中较高，但蚯蚓多氯联苯总量相对较低，为 9.6 μg/kg。FJSE-05 和 FJSE-06 蚯蚓体内共平面多氯联苯的毒性当量分别为 0.15 ng·TEQ/kg 和 0.14 ng·TEQ/kg，毒性当量值相当。

　　原位和离位蚯蚓与土壤污染物的生物-土壤 PCBs 生物富集系数如图 15.25 所示。由于蚯蚓可以消化大量土壤，因此污染物可通过消化道暴露，也可以通过皮肤暴露，因此污染物的生物富集系数以土壤全量为基准。原位蚯蚓 FJE-04、FJE-05、FJE-6 a 和 FJE-6 b 的富集系数分别 0.03、0.38、0.20 和 0.22，显示出土壤多氯联苯含量越低，背暗异唇蚓的生物浓缩系数越高的规律。离位蚯蚓的生物富集系数在 0.04～0.09，虽然富集系数较为接近，但也表现出多氯联苯含量低的土壤中（FJS-05 和 FJS-06）中赤子爱胜蚓的富集系数较高的现象。

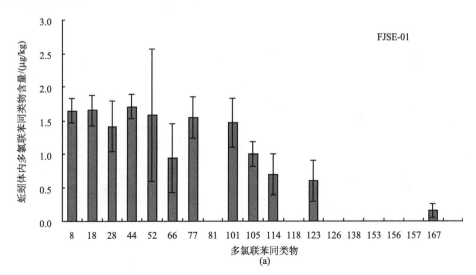

(a)

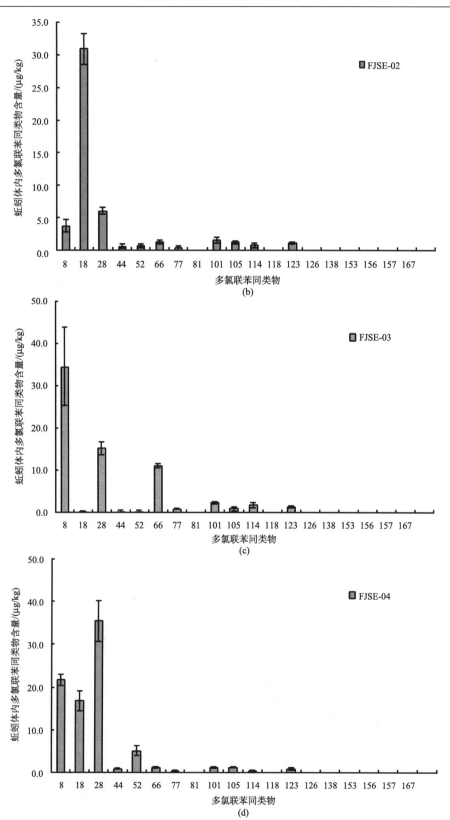

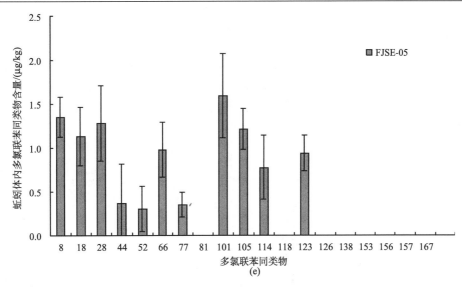

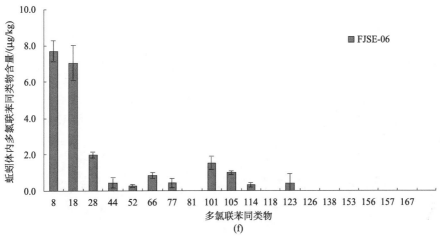

图 15.24 离位赤子爱胜蚓体内 PCBs 同类物含量

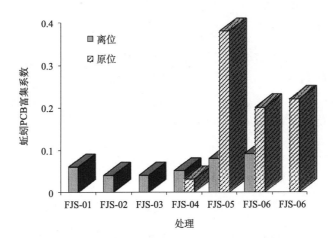

图 15.25 原位和离位试验蚯蚓-土壤 PCBs 生物富集系数

　　Zhao 等（2006）对中国南方某电子垃圾污染地蚯蚓（*L. terrestris*）中多氯联苯含量进行了分析，发现其体内含量高达 58.9 mg/kg DW，生物浓缩系数高达 80。Hallgren 等（2006）研究发现 *E. fetida* 对土壤多氯联苯的生物浓缩系数在 0.08～2.58。Krauss 等（2000）研究了蚯蚓对城郊土壤中 12 种多氯联苯的生物利用性，发现多氯联苯的富集系数在 0.71～70。蚯蚓-土壤的生物浓缩受到蚯蚓品种、污染物浓度和土壤性质等诸多因素的影响，因此生物-土壤浓缩系数理论在评价污染物生态毒性时也存在着一定的局限性。

第三节　抗生素的土水迁移性与生物富集效应

一、抗生素的土水迁移性

　　通常，完整的土水迁移应该包括扩散和质体流动两个过程，通过土壤系统的扩散分析方法和平衡吸附、土柱淋溶等试验设计，并形成数学发展式对迁移过程进行模拟和推测。但这需要长期、系统的研究基础。本章通过简单的分析模型，对兽用抗生素的土水迁移趋势进行初步探讨。

　　迁移模型的假设条件：①土壤的物理化学性质均一；②整个非饱和层的土壤湿度和淋滤速度均匀，且流动方向是一维的；③土壤污染浓度固定，并在均匀分布，不存在消减行为；④污染物在解吸和迁移过程中不发生降解、转化；⑤土-水体系中的平衡是瞬间形成并是线性的等温吸附；⑥水分在土壤中迁移是均匀一致的。

　　土壤污染物浓度一般包括土壤颗粒上的吸附量、土壤孔隙水中的浓度和孔隙空气中污染物的量。则根据质量平衡有，

$$M_t = M_s + M_w + M_a \tag{15.1}$$

式中，M_t 表示土壤中污染物的总量，mg；M_s 表示土壤颗粒吸附污染物的量，mg；M_w 表示土壤孔隙水中污染物的量，mg；M_a 表示土壤孔隙空气中污染物的量，mg。而：

$$M_t = C_t \times \rho_b \times V_{sp} \tag{15.2}$$

$$M_s = C_s \times \rho_b \times V_{sp} \tag{15.3}$$

$$M_w = C_w \times \theta_w \times V_{sp} \tag{15.4}$$

$$M_a = C_a \times \theta_a \times V_{sp} \tag{15.5}$$

式中，C_t 表示土壤污染物浓度，mg/kg；ρ_b 表示土壤容重，kg/L；V_{sp} 表示土壤体积，L；C_s 表示土壤吸附浓度，mg/kg；C_w 表示土壤溶液中污染物浓度，mg/L；θ_w 表示土壤孔隙中水容积比，cm³-水/cm³-土壤；C_a 表示土壤孔隙空气中污染物浓度，mg/L；θ_a 表示土壤孔隙中气体容积比，cm³-气体/cm³-土壤。

　　根据无量纲亨利常数（H′）定义，有，

$$C_a = C_w \times H' \tag{15.6}$$

　　因此，

$$M_a = C_w \times H' \times \theta_a \times V_{sp} \tag{15.7}$$

　　把式（15.2）、式（15.3）、式（15.4）和式（15.7）代入式（15.1），可得

$$C_t = \frac{C_s \times \rho_b + C_w \times \theta_w + C_w \times H' \times \theta_a}{\rho_b} \qquad (15.8)$$

根据 Freundlich 等温吸附有，

$$K_d = C_s / C_w{}^n \qquad (15.9)$$

式中，K_d 表示 Freundlich 拟合方程的土-水分配系数，L/kg；C_s 表示土壤吸附浓度，mg/kg；C_w 表示溶液中浓度，mg/L；n 表示 Freundlich 常数。

本模型开始就假设等温吸附是线性的，固 $n=1$，也就有，

$$C_s = K_d \times C_w \qquad (15.10)$$

把式（15.10）代入式（15.8）可得

$$C_t = C_w \left(K_d + \frac{\theta_w + \theta_a \times H'}{\rho_b} \right) \qquad (15.11)$$

式（15.11）中 C_t 为土壤污染物的浓度，mg/kg；C_w 为土壤淋溶液中的污染物浓度，mg/L。

因此，根据土壤污染物浓度、理化性质（K_d 和 H'）及土壤理化性质（θ_w、θ_a 和 ρ_b）即可估算该种土壤污染程度下，土壤中淋溶液的浓度，视为向土壤向周边地表水和地下水迁移的最大浓度（假如没有其他来源）。

土壤有机质是影响土壤有机物污染物环境化学行为的主要因素之一（Wang et al.，2006），而有机污染物的 Freundlich 拟合方程的土-水分配系数（K_d）通常也是根据辛醇-有机碳分配系数（K_{oc}）与有机碳分数（f_{oc}）获得，即为式（15.12）。

$$K_d = K_{oc} \times f_{oc} \qquad (15.12)$$

但是，辛醇-有机碳分配系数（K_{oc}）受测定条件和方法影响较大，不同结果可相差几个数量级，不适用于模型计算的运用（Staples et al.，1997）。但 $\log K_{oc}$ 与 $\log K_{ow}$ 之间存在一种倍数关系，其拟合斜率接近于 1。因此，本书采用较为常用的经验方程，根据辛醇-水分配系数（K_{ow}）来计算各污染物的 K_{oc}，具体如下（Carballa et al.，2008）：

$$\log K_{oc} = 0.74 \times \log K_{ow} + 0.15 \qquad (15.13)$$

兽用抗生素理化性质复杂，易受土壤矿物类型、阳离子交换量、pH、有机质含量等因素影响（Sassman and Lee，2005；Jones et al.，2005）。畜禽养殖废弃物的利用是农田土壤抗生素的主要来源之一。因此，本小节选择某规模化养猪场周边农田土壤作为研究点，通过模拟计算土壤淋溶液中的兽用抗生素浓度，探讨农田土壤兽用抗生素污染对地下水的影响。结果如表 15.15 所示。

从表 15.15 可以看出，多数抗生素在土壤中溶出浓度较高，这主要是其较低的 $\log K_{ow}$ 引起的，况且这些物质较易溶于水（水溶性在 15～17800 mg/L），因此，尽管在较低的土壤污染浓度下，其土壤淋溶液仍表现出很高的浓度。事实上，四环素类和喹诺酮类药物与土壤或底泥表现出较好亲和力，易通过阳离子键桥、表面配位螯合以及氢键等作用机制吸附在土壤中，表现出较强的土壤滞留性（Golet et al.，2003；Tolls，2001；Nowara et al.，1997）。而磺胺类药物在土壤中的吸附能力较弱，容易向地表水和地下水迁移

（Boxall et al.，2002；Thiele-Bruhn et al.，2004）。但从计算结果看，四环素类和喹喏酮类药物的淋溶能力高于磺胺类。这可能是这几类抗生素均含有极性功能基团（-COOH、-CHO、-NH$_2$ 等），与有机质或颗粒的特殊位点相互或协同作用，从而导致 K_{ow} 或 K_{oc} 模拟吸附性能的偏差（Golet et al.，2003；Ternes et al.，2004），而且，这些物质在不同的 pH 条件下表现出不同的化学形态（具有 2～3 个等电点），在用 K_{ow} 估算 K_{oc} 时需考虑 pH 条件的影响（Carballa et al.，2008）。两种大环内酯类抗生素预测值较小的原因是其具有较高的 K_{ow} 值。与周边地下水的检出结果相比，四环素类、磺胺类和喹喏酮类的土水迁移模拟的结果较大，可能是模拟过程中未考虑抗生素的降解、转化和矿物吸附等因素。而大环内酯类模拟结果较小的原因可能受其他污染来源影响，如生活污水的下渗，因为某些城市的生活污水曾检出较高含量的大环内酯类抗生素（Xu et al.，2007；Gulkowska et al.，2008）。也可能与这两种物质在水环境中较好的稳定性有关（红霉素在水中 t_{50}>1 年）（Zuccato et al.，2005）。

表 15.15　抗生素的一些理化性质和土水迁移的模拟结果

	$logK_{ow}$	亨利常数 / (atm-m^3/mol)	土壤平均含量[1] / (μg/kg)	计算值[2] / (ng/L)	井水抗生素含量[3] / (ng/L)
TC	−1.3	4.66E-024	7.3±9.3	2.54×10^6	6.2±6.1
OTC	−0.9	1.7E-025	21.6±5.6	3.92×10^6	24.7±33.2
CTC	−0.62	3.45E-024	95.8±88.8	10.95×10^6	1.49
DXC	−0.02	4.66E-024	51.2±21.6	2.14×10^6	56.6±36.7
SD	−0.09	1.58E-010	0.4±0.4	16.82×10^3	82.7±70.7
SMX	0.19	3.05E-013	0.9±1.1	25.69×10^3	122.7±60.6
SMT	0.89	6.42E-013	0.1±0.1	472.4	66.3±58.1
NFC	−1.03	8.7E-019	14.6±16.1	3.27×10^6	64.9±84.7
OFC	−0.74	4.98E-020	3.6±4.9	5.02×10^5	208.3±229.1
ETM-H$_2$O	1.6	5.42E-029	0.01±0.02	31.9	98.3±110.0
RTM	2.75	4.92E-031	0.1±0.01	20.3	70.4±85.1

注：计算值和井水含量无直接可比性，计算值仅为土壤淋溶液浓度。

1）为养猪场附近农田土壤抗生素含量的平均值（实际测得数据的平均值）；2）根据公式（2.11）～公式（2.13）计算的土壤淋溶液浓度；3）养猪场附近村庄井水的抗生素实际测得数据的平均值（n=5）。

二、抗生素的生物富集效应

大量的兽用抗生素应用，导致目前环境介质的抗生素污染较为严重。而兽药本身就是作为抗疾病或促进生长药物，其在生产前就已经过较为完整毒理学评估。因此，目前环境介质的污染浓度可能还不至于形成急性环境毒理学效应。但是，低剂量的抗生素长期暴露，可能会影响环境中各种微生物的种群数量及其他较高等生物（包括土壤和水环境的动植物）的种群结构和营养转移方式，破坏生态系统中的各种平衡；并在环境中诱发抗性细菌，通过繁殖和传播，最终影响人类健康。据报道目前环境四环素抗性基因簇多于 38 种，并已有研究表明底泥的抗生素污染可以引起微生物抗性基因的产生和转化（Kobayashi et al.，2007；Zhang et al.，2009）。

本节通过野外样品分析（兽用抗生素）来探讨抗生素污染可能引起的生物体内的富集效应。采集杭州附近某大型规模化养猪场中猪粪资源化环节中的蚯蚓样品（猪场粪便蚯蚓养殖大棚），同时在采集蚯蚓样品处采集养殖基质。采集苕溪流域某水库湖泊中的泥螺和珍珠蚌，在获取底栖生物处用底泥采样器采集该水库的底泥。

四环素类、磺胺类和喹诺酮类的 $\log K_{ow}$ 均小于 1.0，而大环内酯类和氯霉素类的 $\log K_{ow}$ 也仅在 1.6～3.1 之间。根据 $\log K_{ow}$ 与生物富集系数（BCF）相关性推测，兽用抗生素在生物体内的富集能力应该较小（Travls and Arms，1988；Arnot and Gobas，2006）。但从野外生物样品分析看（表 15.16），某些污染单体在生物体内具有较高富集效应，体内的检出含量甚至高于食品中允许的最高残留浓度，如四环素类的 CTC、DXC 和喹诺酮类的 OFC 等。两次蚯蚓样品的差异主要是由于养殖原料（猪粪）抗生素含量的差异引起，但养殖条件（如温度）可能影响蚯蚓的移动而影响蚯蚓对污染物的吸收。底栖动物的富集浓度明显小于蚯蚓，主要与生物体所接触的环境介质污染浓度（猪粪抗生素浓度远高于底泥）和生物体本身特性等因素有关（蚯蚓与污染介质的接触面大，而底栖动物接触面小，而且蚯蚓以该污染介质为食，而底栖仅在对应污染介质中摄食）。从污染单体富集情况看，富集量高的单体主要是由于介质污染浓度高，但介质污染浓度高的单体并没有完全表现高的富集效应（如 TC 和 OTC），这可能跟污染单体在生物体内的稳定性有关，也可能归因于这些污染单体与环境介质的吸附或螯合等特性，不易被生物体吸收而重新排出体外（Kinney et al.，2008）。另外某些抗生素在生物体内的消减速度也影响其在体内的累积（Wang et al.，2004；Le Bris and Pouliquen，2004）。高富集量的污染单体在食物链中的传递及其引起的生态环境风险需引起重视，而抗生素的长期低剂量暴露不容忽视。因为环境中低浓度的兽药也可能对环境介质中的微生物产生显著影响。如四环素对费氏弧菌（*Vibrio fischeri*）24 h 蛋白生物合成抑制浓度（EC_{50}）为 0.0251 mg/L（Backhaus and Grimme，1999），而 5.2 μg/L 的环丙沙星可引起 DNA 初级损伤（SOS 修复检验）（Hartmann et al.，1999）。对于食物来讲（泥螺和珍珠蚌），抗生素长期的、低剂量的抗性诱导和由此引发的人体健康风险更需要引人关注（Knapp et al.，2008）。

表 15.16 抗生素在蚯蚓、泥螺和珍珠蚌中的富集情况（μg/kg）

名称	2009 年 3 月采样		2009 年 7 月采样		2009 年 3 月采样			食物最大允许浓度[1]
	养殖物[2]	蚯蚓	养殖物	蚯蚓	底泥	泥螺	珍珠蚌	
TC	10051.2±1754.5	10.1±14.1	7019.2±5373.5	5.9±4.5	55.7	1.3	ND	
OTC	2522.7±1736.3	8.9±11.8	2237.0±1257.2	10.5±14.8	276.6	0.9	ND	100-600（TC、
CTC	44498.5±11557.0	116.6±64.1	149.7±50.9	1.1±0.2	131.6	42.4	27.0	OTC 和 CTC）
DXC	26446.8±1378.4	81.7±90.8	42477.5±26905.8	156.2±52.2	15.6	44.9	19.2	
SD	7.0±3.5	0.6±0.9	361.0±270.6	0.2±0.3	1.1	ND	0.1	
SMX	3.6±1.3	0.01±0.02	12.8±5.1	2.2±3.1	0.1	0.1	ND	25～300（SMT）
SMT	2.3±1.1	0.06±0.04	293.9±259.3	5.2±1.1	2.6	ND	ND	

续表

名称	2009 年 3 月采样		2009 年 7 月采样		2009 年 3 月采样			食物最大允许浓度[1]
	养殖物[2]	蚯蚓	养殖物	蚯蚓	底泥	泥螺	珍珠蚌	
NFC	47.8±26.0	ND	18.7±26.5	10.7±4.9	0.6	8.6	ND	
OFC	30.1±23.5	0.3±0.4	82.1±116.0	222.8±274.0	1.1	ND	1.0	
ETM-H$_2$O	0.3±0.03	0.05±0.09	0.1±0.1	0.6±0.4	0.1	0.02	0.05	50~100
RTM	0.3±0.2	0.02±0.01	0.6±0.1	0.8±1.1	1.2	0.2	0.04	（ETM）
CPC	0.3±0.4	2.2±1.3	2.5±1.5	2.1±1.3	0.2	0.1	0.4	CPC 是不允许
TPC	0.7±0.6	0.6±0.8	2.9±4.0	ND	ND	0.3	ND	检出；
FFC	0.2±0.2	0.2±0.3	7.2±5.5	1.2±1.6	ND	ND	ND	40（TPC）

1）食物中最大允许的抗生素残留量（主要针对畜禽产品：肉、奶和蛋等）；2）猪粪蚯蚓养殖大棚中的猪粪、土壤和其他材料混合物。

生物富集系数是描述生物对污染物质富集效应的指标，在污染物环境风险评价中占有非常重要的地位，反应污染物的生物累积性。由于 BCF 实际测定较为困难（成本高、周期长和操作复杂等），目前关于 BCF 研究多基于定量结构-活性关系（QSAR）模型和基于正辛醇-水分配系数（K_{ow}）的统计模型（Travls and Arms，1988；Wei et al.，2001；Arnot and Gobas，2006）。而基于 K_{ow} 的回归统计模型由于简单方便在中等亲脂性物质（$0 < \log K_{ow} < 6$）广泛运用。但实际上运用这些回归模型预测实际结果往往出现偏差，可能是因为实际环境中的 BCF 受生物脂质含量、生物体大小、污染物在生物体内代谢转化、环境介质中的有机质（碳）、温度和 pH 等因素影响。从理论上推测，多数的兽用抗生素的生物富集效应应该较小（极性大、亲脂性小），但从表 15.16 的富集情况看，某些兽用抗生素在蚯蚓或底栖动物上表现富集累积现象。说明兽药在这些生物中的富集机制并不完全等同于在溶剂间的分配，可能受生物的生理作用影响。对这些生物体的 BCF 与相应的 K_{ow} 相关性研究发现（图 15.26），蚯蚓的 logBCF 与 $\log K_{ow}$ 有极显著线性相关性，这与农药、持久性有机物等在植物、水生生物、无脊椎动物等的 BCF 研究相似，即 logBCF 与 $\log K_{ow}$ 之间有良好的线性相关（Travls and Arms，1988；Arnot and Gobas，2006）。但对于底栖动物，logBCF 与 $\log K_{ow}$ 的相关性较差，在 $\log K_{ow}$ 小于 1 时，logBCF 呈线性递增趋势，而当 $\log K_{ow}$ 大于 1 时却表现下降趋势，其拟合曲线与抛物线较为接近。而疏水性有机物的研究结果却是 $0 < \log K_{ow} < 6$ 时为线性递增，$6 < \log K_{ow} < 8$ 时为平台，$\log K_{ow} > 8$ 表现下降趋势（Arnot and Gobas，2006）。抗生素在较小 $\log K_{ow}$ 的值时就表现下降趋势可能是因为：这些底栖生物富集抗生素方式可能与植物根系吸收有机物相似，主要是底泥周边游离态的污染物（Travls and Arms，1988），而在本研究的抗生素中，较大的亲脂性物质往往表现为较小的水溶性，不利于生物体吸收。另外，本书 $\log K_{ow}$ 大于 1 的物质为大环内酯类和氯霉素类物质，而这两类物质在水体检出量较小，也可能是导致富集系数小的原因。因此，与疏水性有机物相比，抗生素在环境中的生物富集或累积性更为复杂，其实际环境中的 BCF 不能依靠单一的亲脂性指标进行简单判断。

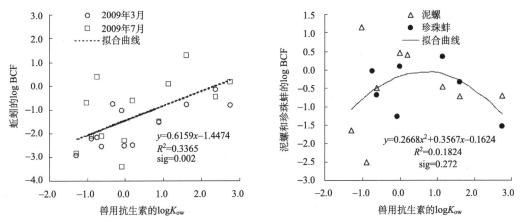

图 15.26　抗生素 logBCF 与 $\log K_{ow}$ 的相关性

第四节　酞酸酯的土水迁移性与有效性

一、酞酸酯的土水迁移性

我国农田土壤的酞酸酯污染程度多数达到 mg/kg 的数量级浓度，但主要的污染单体为邻苯二甲酸二乙酯（DEP）、邻苯二甲酸二正己酯（DBP）和邻苯二甲酸二（2-乙基）己酯（DEHP）（Zeng et al.，2008；Li et al.，2006；Hu et al.，2003；Ma et al.，2003），这与苕溪附近蔬菜基地的检出结果相同。地膜残留是土壤酞酸酯的主要来源，浙江省 2008 年的农用薄膜使用量为 5.21 万 t，其中，杭州和湖州地区的使用量约 1.22 万 t，占全省 23.4%（浙江省统计局，2009）。因此，选择杭州市郊典型蔬菜基地为代表点，探讨其土壤中酞酸酯向地表水迁移的特点。结果如表 15.16 所示。

表 15.16 显示，$\log K_{ow}$ 小于 5.0 的酞酸酯土水迁移的模拟结果较大，表明其由土壤向周边地表水和地下水的迁移能力较强，而且 $\log K_{ow}$ 越小，土壤淋溶液的浓度越大，就存在越大的淋溶风险。但这些物质在实际地表水检出结果却较小，其可能的原因有：①这些物质侧链较短，容易在土壤和水体中降解或挥发（蒸汽压较大）（Staples et al.，1997）；②易向地下水淋溶（Zhang et al.，2009）。长链物质（$\log K_{ow}$ 大于 5.0）的土壤溶出浓度较小，表明这类物质易在土壤中滞留，但吸附在有机或无机胶体上的化合物可以借助土壤优势流而向外向下移动（倪进治等，2006）。这类物质在实际地表水检出浓度较高的原因可能存在其他污染源。如污水或废水灌溉等。Bauer 和 Herrmann（1997）研究表明，家庭废弃物中的酞酸酯有 90% 是来自 DEHP；Cai 等（2007）也发现，城市生活污水处理厂的污泥酞酸酯含量在 11～114 mg/kg DW，其中 DEHP 占 24%～95%。可见，生活污水是河流湖泊等地表水中 DEHP 污染的重要来源。另外，地表水中的塑料制品（白色污染）也是影响水体 DEHP 含量的主要因素，因为目前塑料薄膜的主要增塑剂是 DEHP（Hu et al.，2003）。因此，在解决酞酸酯水环境污染的问题上，对于迁移性较强的污染单体（如 DEP、DBP 等），消减土壤污染含量或在地表径流中建造消减工艺（如生态沟渠）比较有效，但对于土壤吸附性较强的酞酸酯（DEHP）和邻苯二甲酸二正辛酯（DOP）

等，最好从生活污水或废水处理设施以及减少水环境的白色污染等着手。当然，本研究的土水迁移模型是简单的分析模型，酞酸酯的实际土壤环境行为比这复杂得多，要了解详细的迁移行为，需要在今后开展更为深入的研究。

表 15.17　PAEs 的一些理化性质和水土迁移的模拟结果

名称	$\log K_{ow}$	亨利常数 / (atm-m³/mol)	土壤平均含量 [1] / (mg/kg)	计算值 [2] / (ng/L)	地表水酞酸酯浓度 [3] / (ng/L)
DMP	1.6	1.97E-07	ND	—	164.2
DEP	2.42	6.10E-07	0.59±0.43	388517.7	439.6
DprP	3.27	4.03E-07	ND	—	326.0
DBP	4.5	1.81E-06	0.21±0.07	3996.1	937.6
DPP	4.1	3.06E-08	0.04±0.03	1504.8	456.7
DHP	6.82	2.57E-05	0.1±0.1	36.5	610.2
BBP	4.73	1.26E-06	0.05±0.04	643.0	437.2
DCHP	6.2	1.00E-07	0.06±0.01	63.0	437.3
DEHP	7.6	2.70E-07	1.48±0.39	143.1	2375.3
DOP	8.1	2.57E-06	0.14±0.05	5.8	718.8
DOA	6.11	4.34E-07	0.12±0.02	147.0	544.2

注：计算值与地表水浓度之间无直接可比性，计算值仅为土壤淋溶液浓度。

1）为蔬菜地土壤酞酸酯含量的平均值（实际测得数据的平均值）；2）根据公式（2.11）～（2.13）计算的土壤淋溶液浓度，其中无量纲的 H'=H（亨利常数）×41.6，ρb、θw 和 θa 分别取值 1500 kg/L、0.3 cm³-水/cm³-土壤和 0.13 cm³-气体/cm³-土壤，foc 为土壤有机碳分数=土壤有机质含量（百分数）÷1.724，苕溪流域有机质含量根据赵其国和史学正（2007）取值 3%。3）为蔬菜地旁边沟渠水的酞酸酯检出量（实际测得的数据）。

二、酞酸酯的有效性

（一）植物对酞酸酯的富集效应

在南京市郊典型设施农业基地和台州市某电子垃圾拆解区的农田中的蔬菜以及绿肥作物紫花苜蓿样品。调查区域各种植物样品的酞酸酯富集系数结果见图 15.27。由图可知，所有植物样品中的各种酞酸酯单组分的植物富集系数都超过了 20，最高的达 170 左右，而六种酞酸酯组分的总的富集系数介于 60～360。各种酞酸酯组分中，酞酸二正辛酯（DnOP）在各种蔬菜中的富集系数都是最大的，其次是酞酸丁基苄基酯（BBP）和酞酸二甲酯（DMP），而 DEHP 的富集系数则相对较低。各种植物相比，总富集系数的巨大差别说明各种植物对于各种组分的总的富集能力差别比较大，而萝卜（果实和叶子）、花椰菜以及胡萝卜（果实）是富集能力较强的。

Cai 等（2007）发现 DEP、BBP、DnOP 在蔬菜中的富集系数均大于 1，各种蔬菜中空心菜富集能力高于生菜、胡萝卜和红辣椒。本书台州调查区域内的所有蔬菜样品的酞酸酯组分的植物富集系数最小为 20，最高可达 170 左右，而总的酞酸酯富集系数更可达60～360，富集能力较强。其中 DnOP 在各种蔬菜体内的富集系数都是最大的，其次是

BBP，而 DEHP 的富集系数则相对较低。对于 DnOP 和 DEHP 两种高分子量的酞酸酯组分来说，其植物富集系数理论值应该较小，实际计算数据与理论上的差异应该主要取决于污染物的来源。DnOP 在土壤中的含量较低，但其在植物体内含量则提高了很多。较长的烷基链和疏水性使 DEHP 不容易在介质之间转移，也就是不容易从土壤中转移到植物体内，但是对于 DnOP 来说，由于大气可能是植物体内 DnBP 的一个来源，而计算过程中默认为 DnOP 全部是从土壤中吸收的，因而导致富集系数比理论偏高。从可食部分与非可食部分的富集系数差别来看，前者一般要高 2～3 倍，这意味着人们通过食用蔬菜的可食部分而导致酞酸酯转移进入人体继而产生危害的风险非常值得关注，而人体暴露风险。对于各种蔬菜来说，萝卜（果实和叶子）、花椰菜和胡萝卜（果实）的富集情况最严重，总的富集系数都超过了 250。究其原因，这与植物的生长方式及其酞酸酯吸收方式有着密切的。对于萝卜和胡萝卜这类地下茎膨大的蔬菜，其可食部分主要埋于土壤中，因此增加了从土壤中吸收酞酸酯的机会，再加地下茎类可食部分一般含有较多的脂类物质，这对于其吸附和吸收同样是脂类物质的酞酸酯提供了便利。花椰菜和萝卜由于叶面积巨大，在生长过程中才能从空气中更好的富集酞酸酯，花椰菜还通过球状果实吸收一部分酞酸酯，所以萝卜叶和花椰菜也有较高的酞酸酯富集现象。

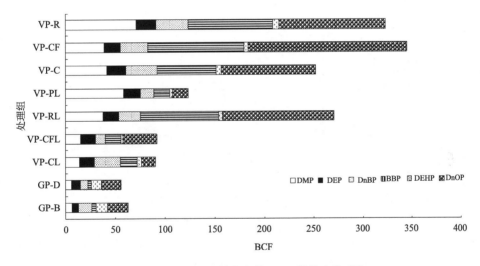

图 15.27　不同处理植物中的 PAEs 植物富集系数

GP-B 为撒播绿肥地块上的紫花苜蓿；GP-D 为条播绿肥地块上的紫花苜蓿；VP-CL 为菜地土壤生产的胡萝卜叶子；VP-CFL 为菜地土壤生产的花椰菜叶子；VP-RL 为菜地土壤生产的水萝卜叶子；VP-PL 为菜地土壤生产的小白菜叶子；VP-C 为菜地土壤生产的胡萝卜；VP-CF 为菜地土壤生产的花椰菜果实；VP-R 为菜地土壤生产的水萝卜

（二）蚯蚓体内酞酸酯的富集效应

　　本章通过室内培养试验来探讨酞酸酯污染可能引起的蚯蚓体内的富集效应。酞酸酯人工土壤暴露试验根据 OECD（1984）方法进行。

　　如图 15.28 所示，随培养时间的延长，蚯蚓体内的酞酸酯含量表现出递增趋势，但在一定时间之后（21 d）开始趋于平缓并略有下降，这与 Hu 等（2005）的研究结果相似。表明 PAEs 在蚯蚓体内有累积富集能力，其在生态系统中食物链的生物放大效应不容忽视。蚯蚓对不同污染单体富集能力差异较大（DEP 最大富集浓度为 197.4±28.8 μg/kg 鲜重，DBP 最大富集浓度为 1249.7±174.1 μg/kg 鲜重，而 DEHP 最大富集浓度为 2886.5±318.3 μg/kg 鲜重），主要与污染单体的 K_{ow} 有关，高 K_{ow} 的物质表现强的生物富集能力。这与 Travis 和 Arms（1988），Mackay 和 Fraser（2000），Zohair 等（2006）和 Kelly 等（2007，2008）关于有机污染物的生物富集效应的决定因素研究结果一致。但 DBP 表现出较高的富集效率（递增到最大值的相对速率较大），这可能是与高脂溶性的 DEHP 相比，DBP 的水溶解度较大（DBP 水溶解度为 11.2 mg/L，而 DEHP 仅为 0.27 mg/L），使得蚯蚓不仅从口腔摄入（土壤），而且可以通过体表吸收较多的 DBP。另外，生物对有机物的富集机制不完全等同于在溶剂间的分配，期间还受生物生理作用的影响。因此，不能把生物富集效应简单等同于 K_{ow} 问题。从平衡后（28 d）的富集浓度趋势看，DBP 下降略大于 DEP 和 DEHP，这可能是 DBP 对细胞的毒性比 DEHP 大，抑制蚯蚓对 DBP 进一步的吸收（ZEBET 数据库，online）。也可能与 DBP 较 DEHP 容易被蚯蚓代谢或被微生物降解有关，因为酞酸酯随烷基链含碳数的增加和分枝侧链的增加而生物降解性降低（高军和陈伯清，2008）。

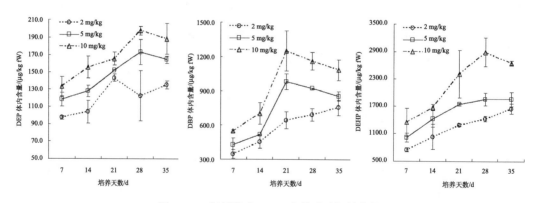

图 15.28　蚯蚓体内 PAEs 含量随时间的变化

第五节　二苯砷酸的吸附-解吸与迁移性

供试土壤为我国两类典型土壤，红壤和黑土。基本理化性质见表 15.18。

表 15.18　供试土壤基本理化性质

采样地点	土壤类型	pH	OM /（g/kg）	CEC /（cmol/kg）	游离氧化铁/（g/kg）	总磷 /（g/kg）	颗粒组成/%		
							黏粒	粉粒	砂粒
云南省高疗	红壤	5.4	7.5	11.8	128.9	1.19	55.4	41.4	3.2
黑龙江海伦	黑土	6.2	70.3	40.1	14.3	1.08	17.7	45.3	36.9

一、土壤中二苯砷酸的吸附-解吸作用

（一）土壤吸附二苯砷酸的动力学特征

1. 吸附动力学方程拟合

红壤对水溶液中二苯砷酸（DPAA）的吸附动力学如图 15.29 所示。吸附动力学可分为三个阶段，在吸附初期的 10 min 内，为极快反应阶段，水溶液中 DPAA 的浓度随时间急剧降低，吸附量急剧增加，吸附完成了 75%；10 min～4 h 之间，为快反应阶段，DPAA 的吸附量随时间显著增加，占平衡吸附量的 90%；4 h 以后，进入慢反应阶段，吸附量随时间缓慢增加，72 h 后，99% 的吸附完成，吸附量不再发生显著变化，吸附达到平衡。

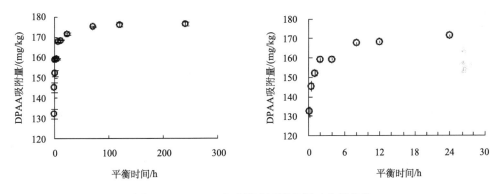

图 15.29　DPAA 在土壤表面的吸附动力学曲线

为了定量描述 DPAA 在红壤中的吸附特征，探讨其吸附机理，采用了几种吸附动力学方程对实验数据进行拟合，结果见表 15.18。其中 Lagergren 假二级动力学方程决定系数最高，达到 1.000，且拟合计算得出的平衡吸附量（q_e）与试验所得平衡吸附量 176 mg/kg 非常接近。假二级动力学方程是基于吸附质在吸附剂上进行化学吸附的假设，DPAA 在红壤颗粒表面的吸附遵循假二级动力学反应，说明吸附过程为化学吸附。假一级基于如下假设：吸附质占据吸附点的速率与未被占据的位点数目成正比。虽然假一级动力学方程和修正的假一级动力学方程对实验数据拟合的线性关系系数达到显著水平，但是计算所得的平衡吸附量与试验值相差很大，因此 DPAA 在红壤颗粒表面的吸附不符合一级反应。Elovich 方程和双常数方程拟合结果的决定系数相对较低，但也达到显著相关，也可用于描述 DPAA 在红壤颗粒表面的吸附过程。Elovich 方程曾成功的被用于无机砷在土壤表面和菲在黑炭表面的吸附体系，这个方程主要是描述吸附剂表面吸附点位能量不均匀时的复杂吸附表面的吸附动力学过程（周尊隆等，2010）。

表 15.19 DPAA 在土壤表面的吸附动力学方程拟合参数

方程名称	方程	R^2	拟合方程参数
Lagergren 假一级动力学方程	$\ln(q_e-q_t)=\ln q_e-k_1 t$	0.989	$q_e=20.44$
			$k_1=0.0901$
Lagergren 假二级动力学方程	$t/q_t=1/(k_2 q_e^2)+t/q_e$	1	$q_e=176.4$
			$k_2=0.0169$
修正假一级动力学方程	$q_t/q_e+\ln(q_e-q_t)=\ln q_e-k_3 t$	0.991	$q_e=49.59$
			$k_3=0.0385$
Elovich 方程	$q_t=(1/\beta)\ln(\alpha\beta)+(1/\beta)\ln(t)$	0.957	$\alpha=4.59\times10^{26}$
			$\beta=0.1721$
双常数方程	$\lg q_t=\lg a+b\lg t$	0.945	$a=150.0$, $b=0.0372$

2. 扩散机理

吸附质在多孔吸附剂表面的吸附过程理论上可分为 4 个连续阶段：容积扩散、膜扩散、颗粒内部扩散阶段和吸附反应阶段。其中的膜扩散和颗粒间扩散往往成为整个吸附速率的限速步骤。吸附质在颗粒间的扩散过程可通过 Weber-Morris 经验模型进行描述，

$$q_t=k_p t^{0.5}+I$$

式中，q_t 为吸附时间 t 的吸附量（mg/kg）；k_p 为颗粒内扩散速率常数（mg/kg h$^{-0.5}$）；I 为与边界层有关的常数。如果 q_t 与 t 之间存在线性关系，说明吸附过程仅由颗粒内扩散控制，则其斜率为颗粒内扩散速率常数。

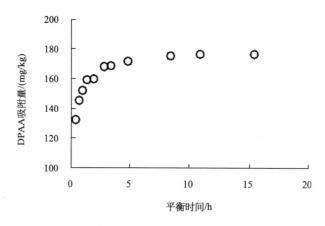

图 15.30 颗粒间扩散模型对 DPAA 在红壤颗粒中吸附动力学模拟

从图 15.30 可知，所获试验数据中的 q_t 和不具有线性关系，而是表现为直线增加后出现平台，决定系数 R^2 为 0.564，相关性不显著。因此，本试验中 DPAA 的吸附过程不仅仅是由颗粒内扩散控制，还可能存在 2 个或多个限速步骤。

（二）土壤吸附二苯砷酸的热力学特征

不同温度下 DPAA 在土壤表面的吸附特征见图 15.31。在低平衡浓度范围，温度对平衡吸附量的影响不明显，随着平衡浓度增加，出现 45℃下的平衡吸附量略高于 25℃下平衡吸附量的现象。两种温度下的 DPAA 的吸附等温线均能采用 Freundlich 模型进行很好拟合，决定系数均大于 0.99。不同温度下的吸附容量参数 K_f 分别为 78.50±0.63 和 71.74±1.88，进行 t 检验发现 K_f 具有极显著差异。参数 n 分别为 0.7945±0.0097 和 0.7824±0.0284，进行 t 检验发现 n 没有显著差异，表明参数 n 对温度变化不敏感。这是由于 Freundlich 模型的 n 参数主要反映了土壤颗粒表面的不规则程度，是土壤颗粒的性质，基本不受温度影响。此结果与萘在土壤上的吸附行为类似（石辉和孙亚平，2010）。

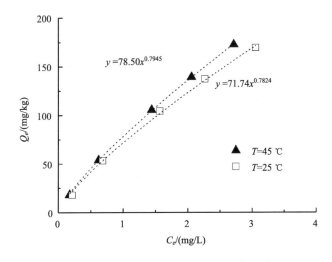

图 15.31　温度对土壤吸附 DPAA 的影响

通过下列公式可计算出 DPAA 在红壤表面吸附的热力学参数（Krishna et al., 2000）：

$$K_c = C_a / C_e$$

式中，K_c 为平衡常数，C_e 为溶液中平衡浓度（mg/L），C_a 为与吸附剂接触的吸附态浓度（mg/kg）。

标准状态下标准 Gibbs 自由能变与平衡常数的关系式为

$$\Delta G^0 = -RT \ln K_c$$

式中，R 为气体常数（8.314 J/（mol/K）），T 为绝对温度（K）。

Gibbs 自由能变与焓变 ΔH 和熵变 ΔS 三者关系式为

$$\Delta G^0 = \Delta H^0 - \Delta S^0 T$$

两种温度下计算得到的热力学参数见表 15.19。$\Delta G^0 < 0$，说明吸附过程是自发反应，但是温度从 25 ℃增加 45 ℃时，ΔG^0 的变化不大，说明温度升高对于吸附的促进作用较小。$\Delta H^0 > 0$ 说明吸附反应为吸热反应，$\Delta S^0 > 0$ 说明 DPAA 吸附过程中混乱度增加，并且在吸附过程中自由能改变量的贡献不容忽略。

表 15.20　　DPAA 在土壤表面吸附的热力学参数

温度	K_c	$-\Delta G^0$/（kJ/mol）	ΔH^0/（kJ/mol）	ΔS^0/（kJ/mol/K）
25℃	59.33	10.12	4.85	0.050
45℃	67.11	11.12		

（三）土壤中二苯砷酸的解吸作用

图 15.32 显示了红壤和黑土对 DPAA 的吸附等温线。由图可见，随着平衡浓度的增加，吸附量呈线性增加趋势。分别采用 Henry 模型、Freundlich 模型和 Langmuir 模型 3 种经验模型对吸附等温线进行拟合，并求出相应的拟合参数，结果见表 15.21。对于两种土壤的吸附等温线，3 种经验方程均能获得很好的拟合结果，决定系数均大于 0.9，其中 Freundlich 模型的拟合效果最佳，决定系数分别为 0.996 和 0.995。Freundlich 模型中的线性参数 n 可反映吸附的非线性程度以及吸附机理的差异，当模拟参数 n 大于 0.5，表明趋于线性吸附。DPAA 在红壤和黑土表面吸附等温线拟合的线性参数 n 分别为 0.798 和 0.743，表明吸附机理为线性吸附。Freundlich 模型中的吸附系数 K_f 值与 Henry 模型中的 K_D 值相差不大，也表明吸附机理趋于线性吸附。

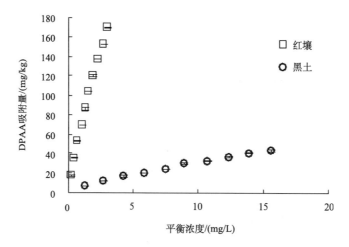

图 15.32　DPAA 在土壤表面吸附等温线

表 15.21　　DPAA 在土壤表面的吸附等温线和解吸等温线拟合

	土壤类型	Herny 模型 $q_e=K_DC_e$		Freundlich 模型 $q_e=K_jC_e^{n}$				Langmuir 模型 $q_e=(Q_LK_LC_e)/(1+K_LC_e)$	
		K_D	R^2	K_j	n	R^2	K_L	Q_L	R^2
吸附等温线	红壤	59.45	0.967	69.91	0.798	0.996	0.152	528	0.9957
	黑土	3.03	0.940	5.68	0.743	0.996	0.040	111	0.9918
解吸等温线	红壤	66.98	0.977	76.06	0.797	0.999	0.196	471	0.9990
	黑土	3.845	0.787	6.25	0.588	0.966	0.376	23	0.9853

从图 15.32 中可看出，红壤的吸附等温线形状十分陡峭，而黑土的吸附等温线较为平缓，表明两种土壤对 DPAA 的吸附能力存在很大差异。经验模型参数可反映土壤吸附能力的大小。Freundlich 模型吸附系数值表征土壤吸附能力的大小，其值越大，吸附能力越强。红壤吸附等温线拟合的 K_f 值（69.91）远大于黑土（5.68），表明红壤对 DPAA 的吸附能力强于黑土。Langmuir 模型中的 Q_L 为单分子层吸附时的最大吸附量。比较两种土壤对 DPAA 吸附的 Q_L 值，红壤的 Q_L 值（528）大于黑土（111），同样说明了红壤对 DPAA 的吸附能力强于黑土。有机污染物在土壤表面的吸附实际上是土壤中的矿物组分和土壤有机质两部分共同作用的结果。对于多环芳烃等非离子型有机化合物，污染物在有机质中的分配作用是主要的。对于离子型有机化合物，则存在离子交换机制，有机质只有在含量较高时，才能对吸附产生较大贡献。

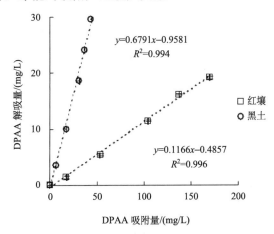

图 15.33　DPAA 在土壤表面吸附量与解吸量关系

有机污染物在土壤-水之间的分配可用标化分配系数 K_{oc} 表示：

$$K_{oc} = K_D / f_{oc}$$

K_D 为土壤-水分配系数，即 Henry 模型中的系数，f_{oc} 为土壤中有机质的质量分数。通过吸附等温线计算得到 DPAA 在红壤中 K_{oc} 值为 7.92 L/g，在黑土中为 0.04 L/g，结果存在巨大差异，表明 DPAA 在土壤有机质中的分配并不是控制吸附行为的主要因素。

DPAA 被在土壤表面发生吸附后，由于环境条件的改变，可通过解吸作用重新进入土壤溶液。在 2 种土壤中，DPAA 的解吸量随吸附量的增加而增加，呈极显著线性相关（图 15.33）。线性方程斜率可表征解吸率，红壤中 DPAA 的解吸率远小于在黑土中的解吸率。与黑土相比，红壤对与 DPAA 具有更强的固持能力。两种土壤的吸附-解吸线性方程斜率均小于 1.0，说明在解吸过程中，部分污染物被吸附到土壤颗粒上后，可能与颗粒中的某些组分发生键合作用，形成牢固的基团，在解吸时难以释放，即产生解吸迟滞现象。分别采用 3 种吸附模型进行等温解吸曲线的拟合（表 15.20），可发现 Freundlich 模型和 Langmuir 模型能够很好描述解吸过程，决定系数均大于 0.9。

二、土壤对二苯砷酸吸附的影响因素

（一）初始 pH

不同初始 pH 下红壤对 DPAA 的吸附量见图 15.34。

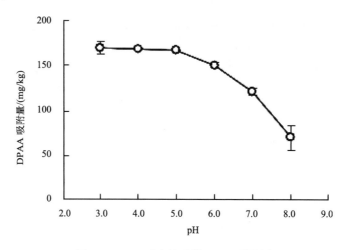

图 15.34　pH 对土壤吸附 DPAA 的影响

在 pH3.0~5.0，吸附量未发生显著变化，然而在 pH5.0~8.0，吸附量随 pH 的增加显著降低，从 pH5.0 时的 168 mg/kg 降为 pH8.0 时的 70 mg/kg，降低了 58.18%。这一现象可能与 DPAA 本身的结构性质有关。在 pH 小于 DPAA 电解常数时，DPAA 以分子状态存在，反之，DPAA 以阴离子状态存在。而红壤中含有大量氧化物，土壤表面电荷可随 pH 值发生改变，pH 增加，表面负电荷增加。因此，在低 pH 时，DPAA 分子大量吸附于土壤表面，而在高 pH 时，土壤中的正电荷逐渐减少，负电荷逐渐增加，与阴离子互相排斥，使得吸附量降低。

（二）离子强度

背景溶液离子强度的影响往往作为体现吸附质与吸附剂表面结合机制的宏观证据。如离子强度对吸附产生较大影响，表明吸附主要为离子交换机制，离子强度的增加增强了对吸附位点的竞争作用。本研究比较了不同浓度的 $NaNO_3$ 为背景溶液时 DPAA 在红壤表面的吸附，发现背景溶液对 DPAA 的吸附量产生影响非常小，可推断离子交换并非 DPAA 在红壤表面吸附的主要机制（图 15.35）。

（三）磷酸根

当磷浓度为 1 mg/L 时对土壤吸附 DPAA 的影响如图 15.36 所示。磷与砷为同一主族元素，磷酸根与砷酸根性质相似，大量研究表明，二者可在铁氧化物和土壤吸附表面进行交换，发生强烈的吸附竞争。为了解磷酸根是否也能对 DPAA 产生竞争吸附，本研究比较了磷浓度为 1 mg/L 时和不添加 P 时 DPAA 在红壤表面的吸附（图 15.36）。试验结果显示，当吸附溶液中磷酸根浓度为 1 mg/L 时，DPAA 的吸附量大幅降低，仅为未添加磷酸根处理的 31%，表现出对 DPAA 吸附的较强抑制作用。

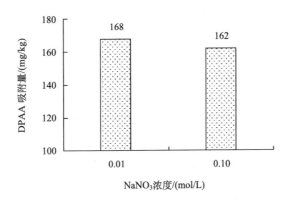

图 15.35　背景溶液离子强度对土壤吸附 DPAA 的影响

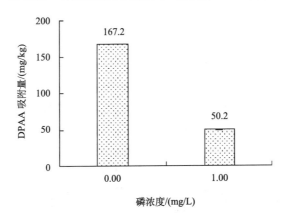

图 15.36　磷酸根浓度对土壤吸附 DPAA 的影响

三、土壤颗粒表面对二苯砷酸的吸附机制

DPAA 在红壤与黑土中吸附量与解吸量的显著不同可能是由于以下几点原因，土壤粒径分布，土壤中有机质含量、铁/铝氧化物含量，酸碱度及竞争性离子浓度。Ljung 等（2006）曾报道无机砷在土壤表面的吸附量与土壤中的黏土含量呈正比。但在本研究中红壤与黑土中的黏土含量基本一致，这表明土壤颗粒的大小并不是 DPAA 在土壤中吸附与解吸作用的主要影响因素，相反其分子结构中的官能基团可能发挥更重要的作用。

已有研究发现，有机物在土壤中的吸附机制多取决于自身同土壤有机质的疏水性作用，尤其是对非离子型有机化合物，该作用愈加明显（Nguyen et al., 2005；Spark and Swift，2002；Rutherford et al.，1992）。然而，离子型化合物的吸附机制则更大程度上受到配位作用的影响。本实验诸多证据表明 DPAA 在土壤中的吸附机制可能同自身结构中的砷酸基团有关，而苯基官能团则影响较小。将试验中两种土壤相比较，可发现红壤中具有较高含量的铁/铝氧化物，而黑土中则有机质含量较高。如前所述，红壤中 K_{oc} 值要远高于黑土。并且在解吸过程中，黑土并不能有效的固定 DPAA。再加上提高温度也未能显著提高 DPAA 在土壤中的吸附量。上述证据都表明，高有机质含量并不能促进 DPAA 的吸附，相反 DPAA 的吸附量却受游离氧化铁含量的显著影响。这一结果与 Maejima 等（2011）的结论相一致。在其研究中发现，包括 DPAA 在内的多种芳香族有机砷均能被高氧化物含量的土壤较为牢固的吸附，同时去除土壤中有机质，使得铁/铝氧化物暴露后，也能相应提高有机砷的吸附量，因此其推断芳香族有机砷在土壤中通过共价结合的方式同土壤黏土矿物相结合。

前人大量研究发现，无机砷在土壤中的吸附机制，主要是同土壤中的铁/铝氧化物形成化学键或是配位结合。与范德华力吸附及静电吸附相比，这种内圈层吸附结合力较强并具有较强的选择性（Luo et al.，2006；Waltham and Eick，2002；Goldberg，1986），会受到体系 pH 的极大影响（Xu et al.，2009；Grossl et al.，1997）。如前所述，本试验发现 DPAA 的吸附量受土壤 pH 影响较大。根据 DPAA 的解离系数可以推断，在酸性环境中，DPAA 分子结构上的砷酸基团处于分子态，不带电荷，易于被土壤中具有可变电荷的氧化物通过静电作用相吸附，并结合形成 As-O，DPAA 的吸附量得到提高。相反，在碱性环境下，DPAA 分子发生解离，自身带负电，而土壤中的氧化物在 pH 值高于其等电点时，自身也带负电荷。二者发生静电排斥，进而导致吸附量的降低（Lee and Tiwari，2012）。

本试验结果还发现，引入砷酸根的竞争离子磷酸根后，会导致红壤中 DPAA 吸附量的显著下降，这进一步表明 DPAA 在土壤表面的吸附数据专性吸附，需要特殊的吸附位点。然而，在黑土中 DPAA 的吸附却受磷酸根的影响较小，这可能是由于黑土中较多的有机质，覆盖在在黏土氧化物表面，减少了可供砷酸基团吸附的位点，因此其吸附量不受磷酸根影响。此外，提高离子强度可以增加溶液中带电离子的数目，如果吸附剂与吸附质之间为非专性吸附机制，则离子强度的改变会增强对离子交换位点的竞争作用，进而影响吸附量。但本研究发现离子强度的提高并未改变 DPAA 在土壤中的吸附量，也进一步证明 DPAA 以专性吸附为主。但 DPAA 在土壤中的吸附量要远小于前人研究中关于无机砷在土壤的吸附量，这可能是由于 DPAA 结构上的苯基基团，加大了自身结构的疏水性，极大影响了砷酸基团同铁/铝氧化物的配位，这一现象也发生在其他有机砷的吸附过程中（Jing et al.，2005；Lafferty and Loeppert，2005）。再加上 DPAA 吸附反应的吉布斯自由能较低，因此该吸附过程可能更趋向物理吸附。

四、土壤中二苯砷酸的迁移性

如前所述，了解 DPAA 在土壤中的吸附与解吸特征有助于了解 DPAA 在土壤中的迁移性，在此基础上，可以有效评价其可能产生的环境影响。洛克沙砷也是一类芳香族砷化合物，因毒性较低，曾作为兽药而被广泛使用。后续研究发现洛克沙砷会随粪便被排出体外，再经畜肥农用进入生态环境，其自身具有高迁移性，是某些地区土壤、沉积物及地下水中砷污染的主要来源。此外，洛克沙砷可以被微生物降解，会形成毒性更大的无机 As^{3+} 或 As^{5+}，加剧砷污染现象。DPAA 尽管在土壤中降解速率很慢，但其本身具有高毒性，因此更需要监测其在环境中迁移。本研究发现试验中所用的我国两种典型土壤均对 DPAA 的固定能力较弱，即便是在铁/铝氧化物含量较高的红壤中，其对 DPAA 的吸附量也远小于对无机砷及甲基砷的吸附量。此外，土壤中的有机质会进一步降低对 DPAA 的固定能力。考虑到，在受化学武器泄露危害较大的我国北方地区，其典型土壤即为有机质含量较高的黑土，因此亟需采取相应措施，加大对受泄露化学武器影响地区的农作物及土壤与地下水环境中该类有机砷的监测。同时，该地区的耕作模式也需进一步调整，控制磷肥的施用，以免加速 DPAA 等有机砷在环境中的迁移性，加剧砷污染现象。

参 考 文 献

毕新慧, 储少岗, 徐晓白. 2001. 多氯联苯在水稻田中的迁移行为环境科学学报, 21(4): 454~458.

高军, 陈伯清. 2008. 酞酸酯污染土壤微生物效应与过氧化氢酶活性的变化特征. 水土保持学报, 22(6): 166~169.

李圆圆, 李夏, 胡林潮, 等. 2009. 水田土壤富里酸组分的结构表征及对多环芳烃芘的吸附特征. 农业环境科学学报, 28(2): 269~274.

倪进治, 骆永明, 张长波. 2006. 长江三角洲地区土壤环境质量与修复研究Ⅲ. 农业土壤不同粒径组分中菲和苯并[a]芘的分配特征. 土壤学报, 43(5): 717~722.

倪进治, 徐建民, 谢正苗. 2000. 土壤轻组有机质研究进展. 环境污染治理技术与设备, 1(2): 58~64.

石辉, 孙亚平. 2010. 萘在土壤上的吸附行为及温度影响的研究. 土壤通报, (2): 308~313.

熊毅. 1984. 土壤胶体(第二册): 土壤胶体研究法. 北京: 科学出版社.

浙江省统计局. 2009. 2009 年浙江省统计年鉴.

周尊隆, 卢媛, 孙红文. 2010. 菲在不同性质黑炭上的吸附动力学和等温线研究. 农业环境科学学报, 29(3): 476~480.

Accardi-Dey A M, Gschwend P M. 2003. Reinterpreting literature sorption data considering both absorption into organic carbon and adsorption onto black carbon. Environmental Science & Technology, 37(1): 99~106.

Amelung W, Zech W, Zhang X, et al. 1998. Carbon, nitrogen, and sulfur pools in particle-size fractions as influenced by climate. Soil Science Society of America Journal, 62(1): 172~181.

Arnot J A, Gobas F A P C. 2006. A review of bioconcentration factor (BCF) and bioaccumulation factor (BAF) assessments for organic chemicals in aquatic organisms. Environmental Reviews, 14(4): 257~297.

Backhaus T, Grimme L H. 1999. The toxicity of antibiotic agents to the luminescent bacterium Vibrio fischeri. Chemosphere, 38(14): 3291~3301.

Bauer M J, Herrmann R. 1997. Estimation of the environmental contamination by phthalic acid esters leaching from household wastes. Science of the Total Environment, 208(1): 49~57.

Bi X, Chu S, Meng Q, et al. 2002. Movement and retention of polychlorinated biphenyls in a paddy field of WenTai area in China. Agriculture, Ecosystems & Environment, 89(3): 241~252.

Boxall A B A, Blackwell P, Cavallo R, et al. 2002. The sorption and transport of a sulphonamide antibiotic in soil systems. Toxicology Letters, 131(1): 19~28.

Brady N C, Weil R R. 1999. The nature and properties of soil 12th ed.

Bundt M, Krauss M, Blaser P. 2001. Forest fertilization with wood ash: Effect on the distribution and storage of polycyclic aromatic hydrocarbons (PAHs) and polychlorinated biphenyls (PCBs). Journal of Environmental Quality, 30: 1296~1304.

Cai Q Y, Mo C H, Wu Q T, et al. 2007a. Occurrence of organic contaminants in sewage sludges from eleven wastewater treatment plants, China. Chemosphere, 68(9): 1751~1762.

Cai Y, Cai Y, Shi Y, et al. 2007b. A liquid–liquid extraction technique for phthalate esters with water-soluble organic solvents by adding inorganic salts. Microchimica Acta, 157(1~2): 73~79.

Campfens J, Mackay D. 1997. Fugacity-based model of PCB bioaccumulation in complex aquatic food webs. Environmental Science & Technology, 31(2): 577~583.

Carballa M, Fink G, Omil F, et al. 2008. Determination of the solid–water distribution coefficient (K_d) for pharmaceuticals, estrogens and musk fragrances in digested sludge. Water Research, 42(1): 287~295.

Chewe D, Creaser C S, Foxal C D, et al. 1997. Validation of a congener specific method for ortho and non-ortho substituted polychlorinated biphenyls in fruit and vegetable samples. Chemosphere, 35(7): 1399~1407.

Chiou C T, Kile D E. 1998. Deviations from sorption linearity on soils of polar and nonpolar organic compounds at low relative concentrations. Environmental Science & Technology, 32(3): 338~343.

Chu S, Cai M, Xu X. 1999. Soil–plant transfer of polychlorinated biphenyls in paddy fields. Science of the Total Environment, 234(1): 119~126.

Cornelissen G, van Noort P C M, Parsons J R, et al. 1997. Temperature dependence of slow adsorption and desorption kinetics of organic compounds in sediments. Environmental Science & Technology, 31(2): 454~460.

Egeler P, Römbke J, Meller M, et al. 1997. Bioaccumulation of lindane and hexachlorobenzene by tubificid sludgeworms (Oligochaeta) under standardised laboratory conditions. Chemosphere, 35(4): 835~852.

Faria I R, Young T M. 2010. Modeling and predicting competitive sorption of organic compounds in soil. Environmental Toxicology and Chemistry, 29(12): 2676~2684.

Ghosh D R, Keinath T M. 1994. Effect of clay minerals present in aquifer soils on the adsorption and desorption of hydrophobic organic compounds. Environmental Progress, 13(1): 51~59.

Gidley P T, Kwon S, Yakirevich A, et al. 2012. Advection dominated transport of polycyclic aromatic hydrocarbons in amended sediment caps. Environmental Science & Technology, 46(9): 5032~5039.

Goldberg S. 1986. Chemical modeling of arsenate adsorption on aluminum and iron oxide minerals. Soil Science Society of America Journal, 50(5): 1154~1157.

Golet E M, Xifra I, Siegrist H, et al. 2003. Environmental exposure assessment of fluoroquinolone antibacterial agents from sewage to soil. Environmental Science & Technology, 37(15): 3243~3249.

Grossl P R, Eick M, Sparks D L, et al. 1997. Arsenate and chromate retention mechanisms on goethite. 2. Kinetic evaluation using a pressure-jump relaxation technique. Environmental Science & Technology, 31(2): 321~326.

Guggenberger G, Zech W, Haumaier L, et al. 1995. Land-use effects on the composition of organic matter in particle-size separates of soils: II. CPMAS and solution 13C NMR analysis. European Journal of Soil Science, 46(1): 147~158.

Gulkowska A, Leung H W, So M K, et al. 2008. Removal of antibiotics from wastewater by sewage treatment facilities in Hong Kong and Shenzhen, China. Water Research, 42(1): 395~403.

Gunasekara A S, Xing B. 2003. Sorption and desorption of naphthalene by soil organic matter. Journal of Environmental Quality, 32(1): 240~246.

H Hallgren P, Westbom R, Nilsson T, et al. 2006. Measuring bioavailability of polychlorinated biphenyls in soil to earthworms using selective supercritical fluid extraction. Chemosphere, 63(9): 1532~1538.

Hartmann A, Golet E M, Gartiser S, et al. 1999. Primary DNA damage but not mutagenicity correlates with ciprofloxacin concentrations in German hospital wastewaters. Archives of Environmental Contamination and Toxicology, 36(2): 115~119.

Hu X, Wen B, Shan X. 2003. Survey of phthalate pollution in arable soils in China. Journal of Environmental Monitoring, 5(4): 649~653.

Hu X, Wen B, Zhang S, et al. 2005. Bioavailability of phthalate congeners to earthworms (Eisenia fetida) in artificially contaminated soils. Ecotoxicology and Environmental Safety, 62(1): 26~34.

Huang W, Weber W J. 1997. A distributed reactivity model for sorption by soils and sediments. 10. Relationships between desorption, hysteresis, and the chemical characteristics of organic domains. Environmental Science & Technology, 31(9): 2562~2569.

Hundal L S, Thompson M L, Laird D A, et al. 2001. Sorption of phenanthrene by reference smectites. Environmental Science & Technology, 35(17): 3456~3461.

Jaynes W F, Boyd S A. 1991. Hydrophobicity of siloxane surfaces in smectites as revealed by aromatic hydrocarbon adsorption from water. Clays and Clay Minerals, 39(4): 428~436.

Jing C, Meng X, Liu S, et al. 2005. Surface complexation of organic arsenic on nanocrystalline titanium oxide. Journal of Colloid and Interface Science, 290(1): 14~21.

Joner E J, Johansen A, Loibner A P, et al. 2001. Rhizosphere effects on microbial community structure and dissipation and toxicity of polycyclic aromatic hydrocarbons (PAHs) in spiked soil. Environmental Science & Technology, 35(13): 2773~2777.

Jones A D, Bruland G L, Agrawal S G, et al. 2005. Factors influencing the sorption of oxytetracycline to soils. Environmental Toxicology and Chemistry, 24(4): 761~770.

Jonker M T O, Koelmans A A. 2001. Polyoxymethylene solid phase extraction as a partitioning method for hydrophobic organic chemicals in sediment and soot. Environmental Science & Technology, 35(18): 3742~3748.

Jonker M T O, Koelmans A A. 2002. Sorption of polycyclic aromatic hydrocarbons and polychlorinated biphenyls to soot and soot-like materials in the aqueous environment: mechanistic considerations. Environmental Science & Technology, 36(17): 3725~3734.

Jonker M T O, Sinke A J C, Brils J M, et al. 2003. Sorption of polycyclic aromatic hydrocarbons to oil contaminated sediment: unresolved complex? Environmental Science & Technology, 37(22): 5197~5203.

Kelly B C, Ikonomou M G, Blair J D, et al. 2007. Food web–specific biomagnification of persistent organic pollutants. Science, 317(5835): 236~239.

Kelly B C, Ikonomou M G, Blair J D, et al. 2008. Bioaccumulation behaviour of polybrominated diphenyl ethers (PBDEs) in a Canadian Arctic marine food web. Science of the Total Environment, 401(1): 60~72.

Kinney C A, Furlong E T, Kolpin D W, et al. 2008. Bioaccumulation of pharmaceuticals and other anthropogenic waste indicators in earthworms from agricultural soil amended with biosolid or swine manure. Environmental Science & Technology, 42(6): 1863~1870.

Knapp C W, Engemann C A, Hanson M L, et al. 2008. Indirect evidence of transposon-mediated selection of antibiotic resistance genes in aquatic systems at low-level oxytetracycline exposures. Environmental Science & Technology, 42(14): 5348~5353.

Kobayashi T, Suehiro F, Tuyen B C, et al. 2007. Distribution and diversity of tetracycline resistance genes encoding ribosomal protection proteins in Mekong river sediments in Vietnam. FEMS Microbiology

Ecology, 59(3): 729~737.

Krauss M, Wilcke W, Zech W. 2000. Availability of polycyclic aromatic hydrocarbons (PAHs) and polychlorinated biphenyls (PCBs) to earthworms in urban soils. Environmental Science & Technology, 34(20): 4335~4340.

Krauss M, Wilcke W. 2001. Biomimetic extraction of PAHs and PCBs from soil with octadecyl-modified silica disks to predict their availability to earthworms. Environmental Science & Technology, 35(19): 3931~3935.

Krauss M, Wilcke W. 2002. Sorption strength of persistent organic pollutants in particle-size fractions of urban soils. Soil Science Society of America Journal, 66(2): 430~437.

Krishna B S, Murty D S R, Prakash B S J. 2000. Thermodynamics of chromium (VI) anionic species sorption onto surfactant-modified montmorillonite clay. Journal of Colloid and Interface Science, 229(1): 230~236.

Lafferty B J, Loeppert R H. 2005. Methyl arsenic adsorption and desorption behavior on iron oxides. Environmental Science & Technology, 39(7): 2120~2127.

Laor Y, Farmer W J, Aochi Y, et al. 1998. Phenanthrene binding and sorption to dissolved and to mineral-associated humic acid. Water Research, 32(6): 1923~1931.

Le Bris H, Pouliquen H. 2004. Experimental study on the bioaccumulation of oxytetracycline and oxolinic acid by the blue mussel (Mytilus edulis). An evaluation of its ability to bio-monitor antibiotics in the marine environment. Marine Pollution Bulletin, 48(5): 434~440.

Lee S M, Tiwari D. 2012. Organo and inorgano-organo-modified clays in the remediation of aqueous solutions: an overview. Applied Clay Science, 59: 84~102.

Li H, Sheng G, Teppen B J, et al. 2003. Sorption and desorption of pesticides by clay minerals and humic acid-clay complexes. Soil Science Society of America Journal, 67(1): 122~131.

Li X H, Ma L L, Liu X F, et al. 2006. Phthalate ester pollution in urban soil of Beijing, People's Republic of China. Bulletin of Environmental Contamination and Toxicology, 77(2): 252~259.

Ljung K, Selinus O, Otabbong E, et al. 2006. Metal and arsenic distribution in soil particle sizes relevant to soil ingestion by children. Applied Geochemistry, 21(9): 1613~1624.

Loonen H, Muir D C G, Parsons J R, et al. 1997. Bioaccumulation of polychlorinated dibenzo-p-dioxins in sediment by oligochaetes: Influence of exposure pathway and contact time. Environmental Toxicology and Chemistry, 16(7): 1518~1525.

Lueking A D, Huang W, Soderstrom-Schwarz S, et al. 2000. Relationship of soil organic matter characteristics to organic contaminant sequestration and bioavailability. Journal of Environmental Quality, 29(1): 317~323.

Luo L, Zhang S, Shan X Q, et al. 2006. Arsenate sorption on two chinese red soils evaluated with macroscopic measurements and extended X-ray absorption fine-structure spectroscopy. Environmental Toxicology and Chemistry, 25(12): 3118~3124.

Ma L L, Chu S G, Xu X B. 2003. Organic contamination in the greenhouse soils from Beijing suburbs, China. Journal of Environmental Monitoring, 5(5): 786~790.

Mackay D, Fraser A. 2000. Bioaccumulation of persistent organic chemicals: mechanisms and models. Environmental Pollution, 110(3): 375~391.

Maejima Y, Murano H, Iwafune T, et al. 2011. Adsorption and mobility of aromatic arsenicals in Japanese agricultural soils. Soil Science and Plant Nutrition, 57(3): 429~435.

Means J C, Wood S G, Hassett J J, et al. 1980. Sorption of polynuclear aromatic hydrocarbons by sediments and soils. Environmental Science & Technology, 14(12): 1524~1528.

Müller S, Wilcke W, Kanchanakool N, et al. 2000. Polycyclic aromatic hydrocarbons (PAHs) and polychlorinated biphenyls (PCBs) in particle-size separates of urban soils in Bangkok, Thailand. Soil Science, 165(5): 412~419.

Müller S, Wilcke W, Kanchanakool N, et al. 2001. Polycyclic aromatic hydrocarbons (PAH) and polychlorinated biphenyls (PCB) in density fractions of urban soils in Bangkok, Thailand. Soil Science, 166(10): 672~680.

Murphy E M, Zachara J M, Smith S C. 1990. Influence of mineral-bound humic substances on the sorption of hydrophobic organic compounds. Environmental Science & Technology, 24(10): 1507~1516.

Nguyen T H, Goss K U, Ball W P. 2005. Polyparameter linear free energy relationships for estimating the equilibrium partition of organic compounds between water and the natural organic matter in soils and sediments. Environmental Science & Technology, 39(4): 913~924.

Nowara A, Burhenne J, Spiteller M. 1997. Binding of fluoroquinolone carboxylic acid derivatives to clay minerals. Journal of Agricultural and Food Chemistry, 45(4): 1459~1463.

OECD. 1984. OECD guideline for testing of chemicals No. 201. Organisation of Economic Cooperation and Development.

Poirier N, Sohi S P, Gaunt J L, et al. 2005. The chemical composition of measurable soil organic matter pools. Organic Geochemistry, 36(8): 1174~1189.

Quirk J P, Murray R S. 1999. Appraisal of the ethylene glycol monoethyl ether method for measuring hydratable surface area of clays and soils. Soil Science Society of America Journal, 63(4): 839~849.

Renkou X U, Yong W, Tiwari D, et al. 2009. Effect of ionic strength on adsorption of As (III) and As (V) on variable charge soils. Journal of Environmental Sciences, 21(7): 927~932.

Richnow H H, Seifert R, Hefter J, et al. 1994. Metabolites of xenobiotica and mineral oil constituents linked to macromolecular organic matter in polluted environments. Organic Geochemistry, 22(3~5): 671~681.

Roeder R A, Garber M J, Schelling G T. 1998. Assessment of dioxins in foods from animal origins. Journal of Animal Science, 76(1): 142~151.

Rutherford D W, Chiou C T, Kile D E. 1992. Influence of soil organic matter composition on the partition of organic compounds. Environmental Science & Technology, 26(2): 336~340

S Schwab A P, Al-Assi A A, Banks M K. 1998. Adsorption of naphthalene onto plant roots. Journal of Environmental Quality, 27(1): 220~224.

Sassman S A, Lee L S. 2005. Sorption of three tetracyclines by several soils: assessing the role of pH and cation exchange. Environmental Science & Technology, 39(19): 7452~7459.

Schnitzer M, Schuppli P. 1989. The extraction of organic matter from selected soils and particle size fractions with 0.5 M NaOH and 0.1 M $Na_4P_2O_7$ solutions. Canadian Journal of Soil Science, 69(2): 253~262.

Séquaris J M, Lavorenti A, Burauel P. 2005. Equilibrium partitioning of ^{14}C-benzo (a) pyrene and ^{14}C-benazolin between fractionated phases from an arable topsoil. Environmental Pollution, 135(3): 491~500.

Šimůnek J, van Genuchten M T. 2008. Modeling nonequilibrium flow and transport processes using HYDRUS. Vadose Zone Journal, 7(2): 782~797.

Smith K E C, Thullner M, Wick L Y, et al. 2011. Dissolved organic carbon enhances the mass transfer of hydrophobic organic compounds from nonaqueous phase liquids (NAPLs) into the aqueous phase.

Environmental Science & Technology, 45(20): 8741~8747.

Spark K M, Swift R S. 2002. Effect of soil composition and dissolved organic matter on pesticide sorption. Science of the Total Environment, 298(1): 147~161.

Staples C A, Peterson D R, Parkerton T F, et al. 1997. The environmental fate of phthalate esters: a literature review. Chemosphere, 35(4): 667~749.

Ternes T A, Herrmann N, Bonerz M, et al. 2004. A rapid method to measure the solid–water distribution coefficient (K d) for pharmaceuticals and musk fragrances in sewage sludge. Water Research, 38(19): 4075~4084.

Thiele-Bruhn S, Seibicke T, Schulten H R, et al. 2004. Sorption of sulfonamide pharmaceutical antibiotics on whole soils and particle-size fractions. Journal of Environmental Quality, 33(4): 1331~1342.

Tolls J. 2001. Sorption of veterinary pharmaceuticals in soils: a review. Environmental Science & Technology, 35(17): 3397~3406.

Travis C C, Arms A D. 1988. Bioconcentration of organics in beef, milk, and vegetation. Environmental Science & Technology, 22(3): 271~274.

Waltham C A, Eick M J. 2002. Kinetics of arsenic adsorption on goethite in the presence of sorbed silicic acid. Soil Science Society of America Journal, 66(3): 818~825.

Wang F, Bian Y R, Jiang X, et al. 2006. Residual characteristics of organochlorine pesticides in Lou soils with different fertilization modes. Pedosphere,16(2): 161~168.

Wang W, Lin H, Xue C, et al. 2004. Elimination of chloramphenicol, sulphamethoxazole and oxytetracycline in shrimp, Penaeus chinensis following medicated-feed treatment. Environment International, 30(3): 367~373.

Weber W J, Huang W, Yu H. 1998. Hysteresis in the sorption and desorption of hydrophobic organic contaminants by soils and sediments: 2. Effects of soil organic matter heterogeneity. Journal of Contaminant Hydrology, 31(1): 149~165.

Wei D, Zhang A, Wu C, et al. 2001. Progressive study and robustness test of QSAR model based on quantum chemical parameters for predicting BCF of selected polychlorinated organic compounds (PCOCs). Chemosphere, 44(6): 1421~1428.

Wilcke W, Zech W, Kobža J. 1996. PAH-pools in soils along a PAH-deposition gradient. Environmental Pollution, 92(3): 307~313.

Xing B. 1997. The effect of the quality of soil organic matter on sorption of naphthalene. Chemosphere, 35(3): 633~642.

Xu W H, Zhang G, Li X D, et al. 2007. Occurrence and elimination of antibiotics at four sewage treatment plants in the Pearl River Delta (PRD), South China. Water Research, 41: 4526~4534.

Yang Y, Sheng G. 2003. Enhanced pesticide sorption by soils containing particulate matter from crop residue burns. Environmental Science & Technology, 37(16): 3635~3639.

Zeng F, Cui K, Xie Z, et al. 2008. Phthalate esters (PAEs): emerging organic contaminants in agricultural soils in peri-urban areas around Guangzhou, China. Environmental Pollution, 156(2): 425~434.

Zhang D, Liu H, Liang Y, et al. 2009a. Concentration and composition of phthalate esters in the groundwater of Jianghan plain, HuBei, China. 2008 International Workshop on Education Technology and Training and 2008 International Workshop on Geoscience and Remote Sensing, Vol 2, Proceedings, 111~114.

Zhang X X, Zhang T, Fang H H P. 2009b. Antibiotic resistance genes in water environment. Applied Microbiology and Biotechnology, 82(3): 397~414.

Zhao X, Zheng M, Zhang B, et al. 2006. Evidence for the transfer of polychlorinated biphenyls, polychlorinated dibenzo-p-dioxins, and polychlorinated dibenzofurans from soil into biota. Science of the Total Environment, 368(2): 744~752.

Zohair A, Salim A B, Soyibo A A, et al. 2006. Residues of polycyclic aromatic hydrocarbons (PAHs), polychlorinated biphenyls (PCBs) and organochlorine pesticides in organically-farmed vegetables. Chemosphere, 63(4): 541~553.

Zuccato E, Castiglioni S, Fanelli R. 2005. Identification of the pharmaceuticals for human use contaminating the Italian aquatic environment. Journal of Hazardous Materials, 122(3): 205~209.